Introduction to Computer Science

擁抱
人工智慧新浪潮

計算機概論

全華研究室　王麗琴・郭欣怡　著

10版

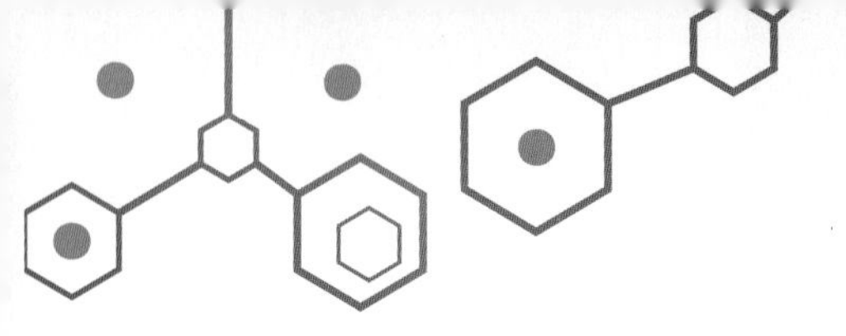

本書導讀

我們常常在學習中，得到想要的知識，並讓自己成長；學習應該是快樂的，學習應該是分享的。本書要將學習的快樂分享給你，讓你能在書中得到成長。

本書內容深入淺出，即使讀者沒有太多的背景知識，也能夠從中獲得啟發和理解。每一章都以易懂的方式介紹相關技術，且配合大量的圖解和實際案例，讓讀者在輕鬆學習的過程中，更能充分享受學習所帶來的快樂。

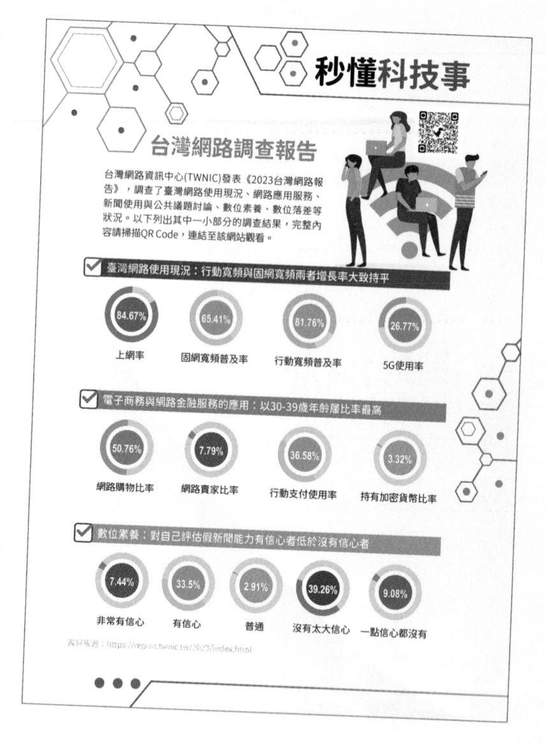

本書以電腦入門的初學者為主要對象，內容依照基礎理論與實際應用並重的首要原則，以期涵蓋電腦科學的各個層面。在每章章末都會加入「秒懂科技事」專欄，介紹目前科技的最新趨勢及技術，讓讀者能夠更快速地了解科技現況和未來發展，並且能夠跟上這些快速發展的趨勢。

本書將內容分為十四章：

- CHAPTER 01 資訊科技新未來
- CHAPTER 02 人工智慧與機器人
- CHAPTER 03 數字系統與資料表示法
- CHAPTER 04 電腦硬體與軟體
- CHAPTER 05 程式語言
- CHAPTER 06 網路與行動通訊
- CHAPTER 07 網際網路與物聯網
- CHAPTER 08 雲端運算與雲端工具
- CHAPTER 09 區塊鏈與金融科技
- CHAPTER 10 電子商務與網路行銷
- CHAPTER 11 資料庫系統與大數據
- CHAPTER 12 資訊系統
- CHAPTER 13 資訊安全與社會議題
- CHAPTER 14 資訊素養與倫理

除此之外，本書還設計了「學後評量」單元，讓讀者在吸收知識之後，也能驗收閱讀的成果。最後，感謝你閱讀本書，也希望你後續在學習電腦科學領域的過程中，獲益良多。

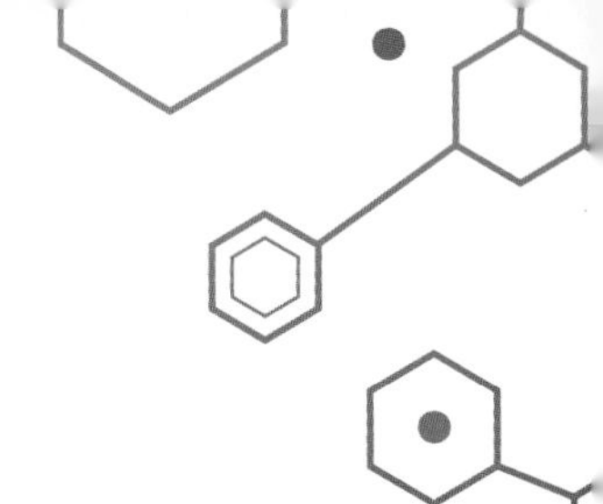

QR Code 使用說明

本書不定時會加入一些相關網站及相關影片，而這些補充資訊是使用QR Code製作，要閱讀這些資訊時，請使用QR Code相關App（例如QR Code掃描器），或是直接開啟行動裝置的相機功能，掃描書本中的QR Code圖示，即可顯示該QR Code的連結，點選後即可連結至相關網站或補充影片。

商標聲明

書中引用的軟體與作業系統的版權標列如下：

- 書中所引用的商標或商品名稱之版權分屬各該公司所有。
- 書中所引用的網站畫面之版權分屬各該公司、團體或個人所有。
- 書中所引用之圖形，其版權分屬各該公司所有。
- 書中所使用的商標名稱，因為編輯原因，沒有特別加上註冊商標符號，並沒有任何冒犯商標的意圖，在此聲明尊重該商標擁有者的所有權利。

contents

CHAPTER 01 資訊科技新未來

CHAPTER 02 人工智慧與機器人

CHAPTER 03
數字系統與資料表示法

CHAPTER 04
電腦硬體與軟體

CHAPTER 05 程式語言

CHAPTER 06 網路與行動通訊

CHAPTER 07 網際網路與物聯網

CHAPTER 08 雲端運算與雲端工具

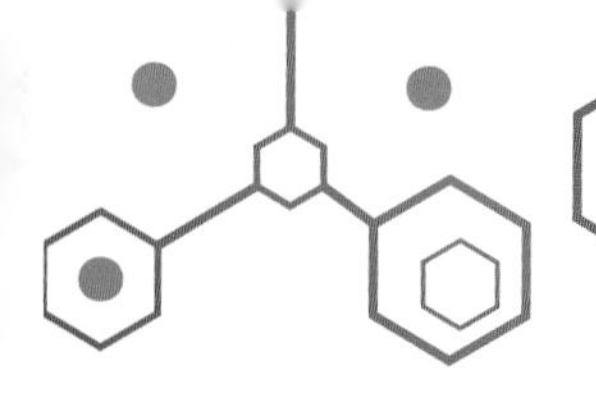

contents

CHAPTER 09 區塊鏈與金融科技

CHAPTER 10 電子商務與網路行銷

CHAPTER 11 資料庫系統與大數據

CHAPTER 12 資訊系統

CHAPTER 13
資訊安全與社會議題

CHAPTER 14
資訊素養與倫理

Introduction to Computer Science

資訊科技新未來

CHAPTER 01

1-1 資訊科技的影響

資訊科技(Information Technology, IT)發展日新月異，影響所及不僅遍及社會的各個層面，也使人類生活型態產生極大改變，更全面影響產業的發展。

1-1-1 資訊科技的正面影響

資訊科技應用為人類社會帶來了許多助益，像是**提升工作效率**、**儲存大量資料**、**生產力提升**、**便利的科技生活**等。

提升工作效率

系統平臺的運算處理速度快，能夠在非常短的時間內處理大量資料，遠遠超過人類的運算能力，可以幫助人類處理複雜的運算，很快得到結果，不但節省許多人力計算的時間，也增加工作效率。而日益發展的人工智慧，更能突破人類限制，取代人類做更多的事。

儲存大量資料

資料數位化可將龐大資料濃縮於無形，憑藉著這項優點，再搭配電腦強大的檢索能力，就足以取代實體資料的存取與保存。

生產力提升

由於科技發達與網路普及，讓全球擺脫了時間與空間限制，造就了電子商務的蓬勃發展，且電腦運算能力之向上提升與電子商務平臺的成熟化，都將使全球整體生產力不斷提升。

便利的科技生活

現代生活與科技息息相關，不管是食衣住行育樂，都和資訊科技產生密不可分的關係，舉凡寬頻網路、行動通訊、智慧型手機、GPS導航、網路購物、行動支付、遠端視訊會議、智慧醫療等，無一不是資訊科技發展所帶來的便利，大大提升了現今人類的生活品質。

1-1-2 資訊科技的負面影響

正當資訊科技日益發展，人類世界坐享便捷生活的同時，資訊科技所引發的問題也逐一浮現，而成為不可忽視且亟待解決的主要課題。

犯罪與安全威脅

科技生活固然為人類社會帶來了充分便利，同時卻也衍生了許多新型態的犯罪手法與安全威脅。資訊犯罪的類型很多，例如駭客入侵他人電腦竊取機密、違法成立色情網站或散布色情圖片、散布假新聞、網路詐欺藉此騙取他人財務、利用AI深偽技術替換人臉偽造不實影片、違反智慧財產權下載未經授權的音樂或軟體、網路霸凌等，這些都是現今科技所衍生的安全問題。

對電腦系統過度依賴

在企業組織均呈現重度依賴科技的情況下，系統平臺的穩定便越顯重要。企業E化固然可以讓企業降低成本，提升效率，但是一旦系統平臺發生當機或是遭受破壞時，也會直接造成企業損失。

健康傷害

過度使用3C產品會造成對身心健康的危害，如視力減退、腰酸背痛、手腕酸痛等問題，或是因過度沉迷於網路遊戲、虛擬世界、社群媒體而不可自拔所造成的心理健康問題。

數位落差

依照科技與通訊的接觸程度不同，不同的國家、企業、特定族群甚至個人，因其導入程度不同，而**產生資訊科技資源應用與分配不均的現象**，稱之為**數位落差**(Digital Divide)。

造成數位落差的原因很多，包括教育文化、科技發展、政府政策、資源分配、社會結構等層面，例如低收入家庭沒有購置科技產品的能力，也會大幅降低接觸科技的機會；先進國家與落後國家對科技建設的差異，也會造成數位落差；年長者相對於青少年，對於科技環境較易產生排斥與障礙，也是數位落差形成的原因之一。

1-2 智慧工廠

綜觀工業發展歷史，曾歷經機械化、電力動能、電子技術等重大變革，直到本世紀初的第四次工業革命，或稱「工業4.0」，主要建構在物聯網、雲端運算、大數據等數位基礎與網路技術的整合。隨著科技發達，人工智慧和機器學習也開始展現嶄新的能力，製造業的數位轉型越發成熟，「工業5.0」的到來正重新塑造製造業，引領製造業進入智慧工廠的時代。圖1-1所示為工業革命的演進過程。

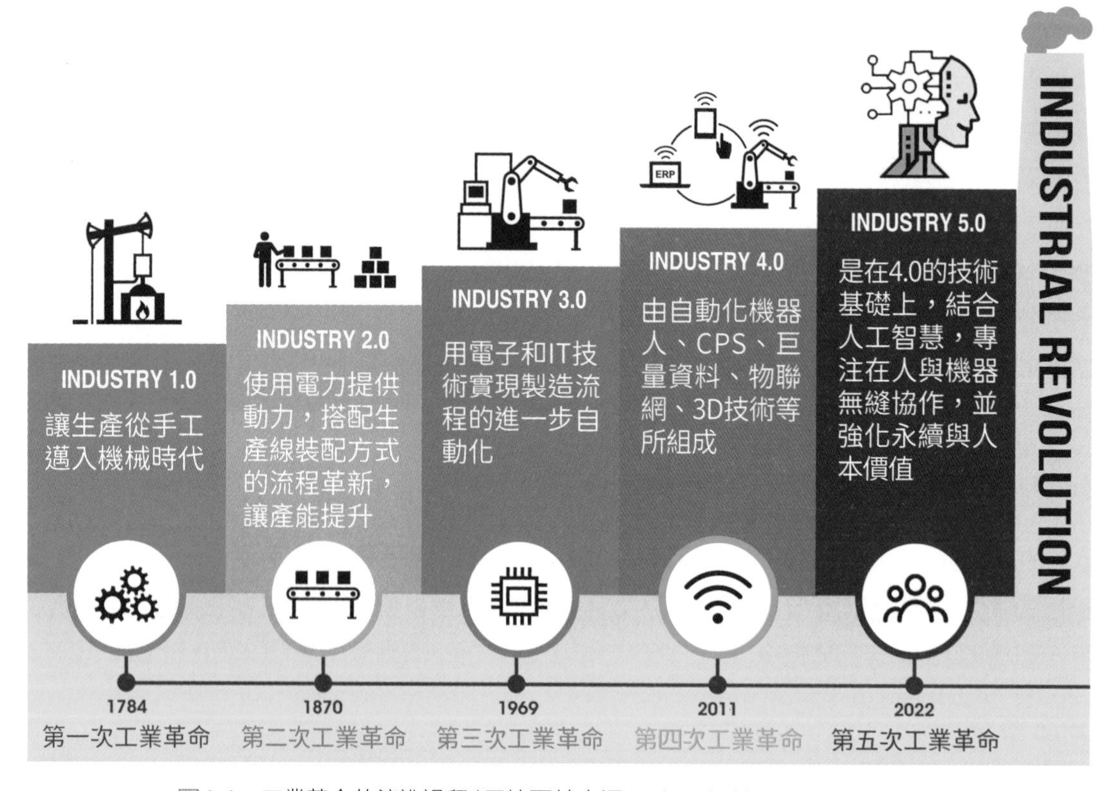

圖1-1　工業革命的演進過程(原始圖片來源：Elenabsl/Dreamstime.com)

1-2-1 工業 4.0

工業4.0 (Industry 4.0)一詞(臺灣稱**生產力4.0**)，是指第四次工業革命，於2011年德國漢諾威工業展首次被德國政府提出。簡單的說，在生產製造的過程中，大量運用自動化機器人、通訊與控制的**網宇實體系統**(Cyber-Physical System, **CPS**)及大數據分析，連結物聯網，以智慧生產、智慧製造建置出智慧工廠，形成智慧製造與服務的全新商機與商業模式，就是工業4.0的概念。

網宇實體系統又稱**虛實整合系統**，是工業4.0最關鍵的生產部分。CPS是一個結合實體與虛擬運算模型的整合系統，透過實體設備所蒐集、感測到之大量數據，搭配上電腦運算進而實現自我感知、決策與控制，來達到全面智慧化。

虛實整合系統可以緊密整合感知、跨平臺通訊、控制，可對產品的設計、製造產品的機器與生產系統，以及產品的售後服務帶來創新的應用。

工業4.0還是驅動**數位分身**(Digital Twin, **DT**)的主要原因，也是重要環節。數位分身為實體產品或系統的虛擬分身，藉由感測器蒐集實體產品的資料，提供給軟體世界中的虛擬分身，可即時監控實體產品狀態，有助於改良產品、或是開發新的商品，讓企業大幅縮減產品開發時程與降低研發成本。

1-2-2 工業 5.0

隨著產業數位化的快速發展，工業4.0已在全球達到廣泛應用，伴隨著人工智慧技術的成熟，帶動一些專家和學者開始思考如何更深入地融合人的創造性和創新能力，以實現更全面的產業進步。

工業5.0 (Industry 5.0)概念最早來自德國，歐盟執委會(European Commission)於2022年正式提出「工業 5.0」一詞，近年來逐漸成為產業界的熱門話題。工業5.0主要是以工業4.0的技術為基礎發展而來，人工智慧則在工業5.0中扮演了關鍵角色，同時也更著重凸顯人類在製造業中的不可替代性與價值，強調人機協作與共同創造價值的理念，也追求經濟、生態與社會的平衡發展，為產業發展帶來更為全面且具有人文關懷的進步。

以下為工業5.0的主要特色：

- **協同合作與共創**：工業5.0著重於人與機器的協同合作，推崇共同創造價值。人類的獨特技能、直覺和創造性思維與機器的效率結合，共同推動生產過程和產品創新。
- **人機協作**：工業5.0強調人機協作，透過先進的機器學習和感知技術，機器能夠理解和適應人類的需求，實現更加靈活與智慧化的生產流程。
- **持續學習與適應性**：工業5.0強調學習型製造，讓系統具備持續學習和適應的能力。透過不斷的數據反饋和分析，製造系統能夠迅速調整以應對市場變化和生產需求的變動。
- **社會影響和可持續發展**：工業5.0注重社會責任和可持續發展。這種工業模式致力於減少對環境的不良影響，並鼓勵生產過程中的能源效益和資源使用效率，以實現更永續的製造產業。
- **彈性生產和個人化製造**：工業5.0支持彈性生產，使製造過程更具靈活性，可以快速適應市場變化和客戶需求。同時，強調定制化生產，以滿足個人化和多樣性的市場需求。

總體來說，工業5.0著重在人類與機器的溝通協作，強調人類獨特的創造性和創新能力的重要性，也追求更為智慧、永續和社會責任的製造環境。

1-3 量子科技

量子科技被視為「下個世代的運算工具」，世界各國均投入大量資源研發量子科技技術。截至2022年，全球量子技術領域國家排名前5強依序為中國、日本、歐盟、美國與韓國。而臺灣科技部、經濟部及中研院也於110年共同籌組**量子國家隊**(Quantum Taiwan)，預計5年內投入80億台幣資金，進行量子科技軟硬體的研發。

1-3-1 量子電腦

現今電腦架構的設計一直以1945年提出的「**馮紐曼架構**」為主流，也確立了電腦運算採二進位制。不過，當電晶體微縮到極限之後，唯有根本改變電腦架構，才能突破運算限制。八十年代，近代知名理論物理學家**理查・費曼**(Richard P. Feynman)提出利用量子系統來實現通用計算設備的概念，可大幅減少處理時間，**量子電腦**(Quantum Computer)的概念便由此開始。

知識補充　馮紐曼架構

馮紐曼架構(Von Neumann architecture)是電腦系統的基本設計模型之一，是由20世紀中期匈牙利數學家**約翰・馮紐曼**(John von Neumann)所提出，其中對現代電腦影響最鉅者，就是**內儲程式**(Stored Program)的概念，也就是將程式與資料儲存在電腦主記憶體中，再依序執行指令及存取資料。此法大大改良了電腦的操作與計算方式，使電腦更具靈活性與通用性，而今日的數位電腦基本上都是採用這個概念所建構而成的。

首先探究量子電腦的原理。電腦是以0和1來表示並儲存包含數字、文字、圖片等所有訊息。傳統電腦的最小儲存單位為**位元**(bit)，而量子電腦的最小儲存單位為**量子位元**(qubit)。量子位元是以原子的能階作為單位，與傳統電腦最大的差異在於量子位元具有**疊加**(Superposition)與**糾纏**(Entanglement)的特性。其中疊加特性使量子位元能夠同時擁有0與1兩種狀態，其狀態會不斷變化，直到受到觀察並測量出結果為止而使計算能力大幅提升；而糾纏則是一種特殊的關聯，使量子位元之間相互影響，當量子位元彼此糾纏時，會形成單一系統並相互影響。藉由在系統中加入及糾纏更多量子位元，量子電腦就能指數性地計算更多資訊，並解決更複雜的問題。

而量子電腦的核心在於硬體，基礎是量子位元晶片，製造單個量子位元之外，還要有封裝並堆疊晶片的技術，讓量子位元在高密度的情況下還能有可行的布線方式、乾淨的環境與極低的串擾，有利於量子計算。

不同於傳統電腦以0和1來進行運算，量子電腦能夠進行平行運算，運算能力遠超過當今的超級電腦。

IBM Quantum System Two

IBM於2023年推出代號為「蒼鷺」的IBM Quantum Heron處理器(圖1-2)，具備133量子位元的計算能力，是IBM新一代高性能處理器的首款產品，預計將有更多的IBM Heron處理器加入實際應用。

而IBM同時推出首款模組化量子電腦「IBM Quantum System Two」，它配備三個IBM Quantum Heron量子處理器，是IBM以量子為中心的超級運算架構，主要用以支援電子控制系統，已在紐約上線運行。

圖1-2　IBM Quantum Heron處理器 (圖片來源：IBM)

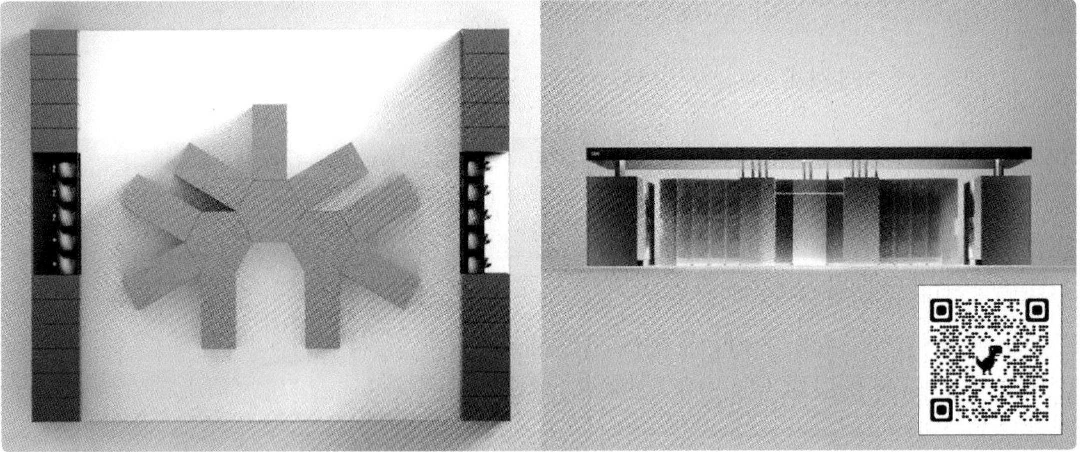

圖1-3　IBM Quantum System Two是模組化的量子電腦系統，其組合架構可以蜂巢式擴展

九章三號

中國於2020年首度發表76量子位元運算的量子電腦原型機「九章」，是由中國科學技術大學、中科院上海微系統所、中國國家平行計算機工程技術研究中心共同合作研發，其命名源於中國最早的數學專著《九章算術》。其後研究團隊於2021年推出113量子位元的「九章二號」，而2023年推出的「九章三號」(圖1-4) 已達255量子位元，其計算速度比目前全球最快的超級電腦「Frontier」要快上一萬兆倍，也比前代的「九章二號」提升了一百萬倍。

圖1-4　九章三號

知識補充　超級電腦－Frontier

目前全球最快的**超級電腦**(Supercomputer)，為美國橡樹嶺國家實驗室與AMD合作打造的「Frontier」，其運算速度達1.1 EFLOPS (exaFLOPS，等於每秒運算100京次，即10^{18}次的浮點運算)，是首部突破Exascale等級門檻的系統。

5位元超導量子電腦

我國中研院於2023年成功打造5位元超導量子電腦(圖1-5)，開創臺灣量子科技發展里程碑。目前中研院5位元超導量子電腦除了提供給計畫合作者研究測試以外，亦提供量子電腦做為極低溫CMOS以及參數放大器的開發平台，給其他研發單位使用。

圖1-5　臺灣首部自研自製5位元超導量子電腦

1-3-2 量子霸權

量子霸權(Quantum Supremacy)或稱**量子計算優越性**，是美國理論物理學家約翰・普雷斯基爾(John Phillip Preskill)於2012年所提出的概念，意指量子計算機在特定任務上超越傳統計算機的能力。研究小組預估**當量子電腦發展到50量子位元時，就能超越傳統電腦的運算能力。**

因此，Google於2019年在《Nature》期刊上刊登的論文以量子霸權為題，聲稱其具有53量子位元的「Sycamore」超導量子電腦已達到量子霸權的境界，可以用200秒運算出目前超級電腦需要1萬年才可以運算完成的工作，證明量子電腦已經突破現有電腦運行能力極限。然而，該宣稱引起了一些爭議，IBM表示Google假定的演算法並未充分發揮超級電腦的運算優勢，因此不應視此為達成「量子霸權」。

目前雖然已經能夠做出超越50量子位元的量子電腦，但目標除了提高量子位元的數目之外，由於量子位元必須在接近絕對零度下運作，因此量子科技還是有出錯率及故障率等難題尚待克服。但不能否認量子霸權的實現，將對加密、模擬等需要高度運算的領域產生深遠影響。

1-3-3 量子科技的發展與應用

量子技術被認為是下一世代技術，也是驅動人工智慧、醫療、通訊、半導體等重要變革的技術。量子電腦可以在數小時或幾天內，就解決一般電腦需要花上數十年才能解決的問題，因此可應用在人工智慧、材料科學、製藥、潔淨能源、全球暖化、計量學、健康、金融科技等問題。目前有多家科技大廠與新創業者開始布局量子運算，例如AWS (Amazon Web Services)公司，提供了量子運算雲端服務。

歐洲太空總署(ESA)

歐洲太空總署致力於探索太空也尋求將量子技術應用於太空領域，與歐洲通訊衛星公司、空中巴士等合作成立了量子任務，為下一代通訊衛星的發展做好準備。

萬事達卡(Mastercard)

萬事達卡金融服務公司利用抗量子技術開發下一代的非接觸式支付。萬事達卡還參與愛爾蘭量子運算計畫，整合多種量子位元技術的軟體平臺。

荷蘭皇家殼牌(Royal Dutch Shell)

荷蘭皇家殼牌公司與荷蘭萊頓大學(Leiden University)的物理學家及化學家合作，研究量子演算法如何幫助模擬複雜的分子。

1-4 數位學習

在科技及數位化內容的推波助瀾下，讓學習的方式有了更多元的途徑，數位學習已成為一種新型態的學習趨勢，透過雲端數位教材，讓學習不再受限於時間與地點，讓學習更便利。

1-4-1 數位學習新趨勢

全球受到COVID-19疫情的影響，使線上學習的人數大幅成長，也因而發展出許多新興的數位學習方式。

打破場地與學習框架

密涅瓦大學(Minerva University)號稱是沒有實體校園的大學(圖1-6)，該大學無固定校區，採取線上線下學習模式，課程全數採用線上方式授課，提供挑戰課程，要求學生在大學四年內須走訪全球七個國家，打破場地與傳統教學的框架，提升學習自由度，目的是要培養出能夠理解現代社會問題，並具有能力解決這些問題的學生。

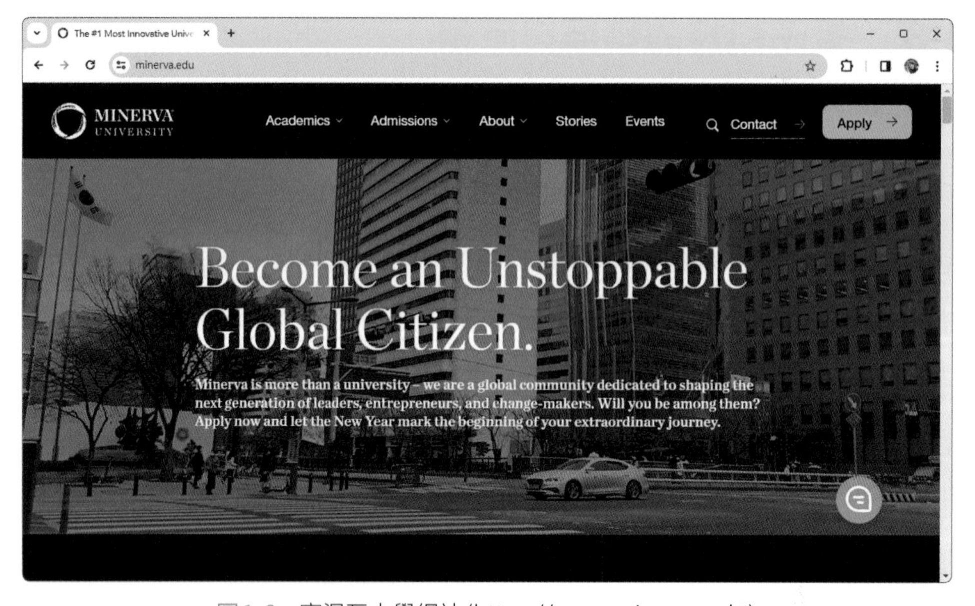

圖1-6　密涅瓦大學網站(https://www.minerva.edu)

個人化學習

個人化學習將以「**學習者為中心**」，根據每位學生的成績，提供符合自身優劣勢的個性化學習。在大數據分析、人工智慧等數位科技的輔助下，學生能依照自己的程度、興趣，擬定學習內容與進度，教學系統也可依據學生偏好，推播學生有興趣的學習主題，提高學習動機或降低輟學的可能性。

混合學習

混合學習是一種融合「**線上學習**」與「**面對面實體課程**」的學習方法，結合兩種學習方法的優點，能夠加強學生的學習效率，以及師生間的互動，提升學習成效。

混合式教學將部分教學內容放到網路平臺，讓學習者能依自己適合的時間、播放速度，來觀看線上教學影片或做課後練習等，接著運用實體課堂時間，藉由互動及討論，幫助學生學習新知識，並與其他同學討論實作等教學活動。

臺灣大學推出的數位教學平臺—NTU COOL，就是一個混合學習平臺，支援影片教學、線上互動、學習足跡紀錄等。能減輕授課負擔、增加教學設計之彈性和多元性、並瞭解學生學習特質，還能有效提升學生學習的自主程度。

微型證書

在過去，企業通常以傳統學歷作為徵才指標之一，而今對於能力的認證變得更加多元。Google與線上學習平臺Coursera合作，推出IT證書計畫課程(圖1-7)，學員在3～6個月內學習完成並取得證書，且該證書被Google視為等同大學文憑。線上學習平臺透過與企業合作認證課程，可以讓員工在職進修、增加技能，如此便能翻轉教育不平等的現況。

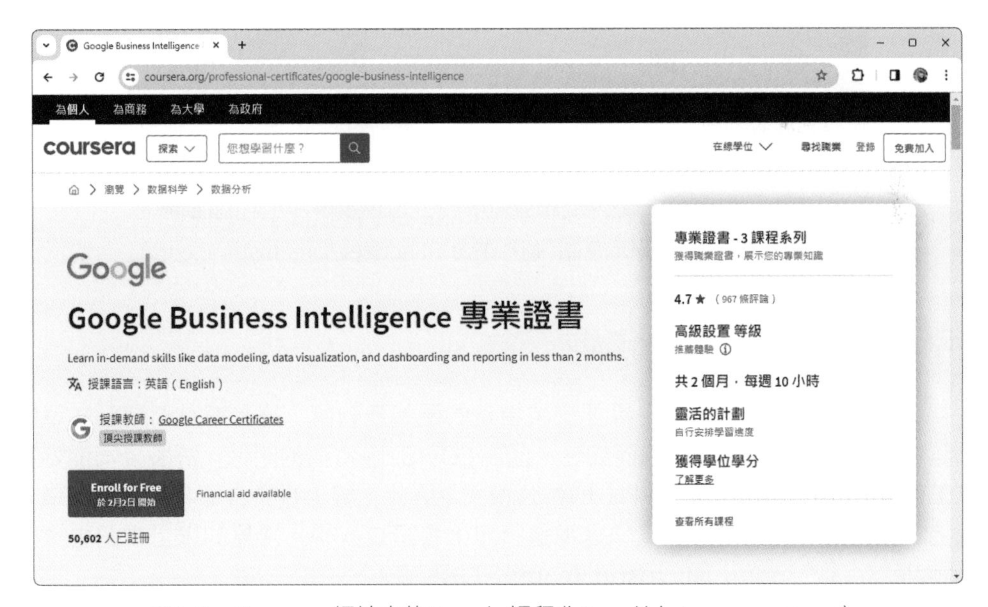

圖1-7　Coursera網站中的Google課程(https://zh-tw.coursera.org)

課程遊戲化及生活化

將遊戲及生活元素融入學習活動之中，設計挑戰與趣味兼具的教案，創造學習與生活的連結，讓學生明白「學習的意義」。

1-4-2 遠距教學

遠距教學(Distance Learning)打破了傳統教師與學生必須在同一時間、同一地點上課的限制，透過現今科技媒體與網路技術的發達，實現無所不在的學習環境，教師與學生已經不必一定得到學校面對面授課。隨著網路系統而發展的新興教學方式，可分為**同步教學**與**非同步教學**。

同步教學

利用相關設備(例如電子白板、線上視訊軟體)，透過網路進行即時互動教學，教師與學生在同一時間，可以在不同地點上課，如圖1-8所示。

圖1-8 遠距同步教學示意圖(圖片來源：Lacheev/Dreamstime.com)

知識補充 線上視訊會議軟體

以往視訊會議不是那麼的方便，需要安裝特定的硬體及軟體，還有單點對單點、單點對多點等，複雜的視訊會議系統。而如今，因為COVID-19疫情的關係，許多公司開始嘗試**在家工作**(Work From Home, **WFH**)的辦公模式，因此，線上視訊會議軟體需求大增。使用線上視訊會議軟體即可輕鬆又快速地進行線上會議或教學。常見的線上視訊會議軟體有Google Meet、Zoom、Microsoft Teams、LINE等。

非同步教學

教師將製作好的教學教材上傳至網路，學生可自行選擇觀看時間及內容，讓學習不受時間限制，例如**教育部因材網**(https://adl.edu.tw/)、**學習吧**(https://www.learnmode.net/)、**均一教育平台**(https://www.junyiacademy.org/)、**Hahow好學校**(https://hahow.in/)等網站都有提供豐富的教學資源。

1-4-3 大規模開放式線上課程

MOOCs (Massive Open Online Courses, **大規模開放式線上課程**)，又稱**磨課師**，是國內外大學興起的大規模免費線上開放式課程，教師以5~10分鐘的分段影片課程教學，輔以測驗及作業，安排學習互動，透過學習平臺，教師可掌握學習者的成效，學生可以依自己學習的速度安排學習進度。

目前熱門的MOOCs有Coursera、TED-Ed、edX、FutureLearn、Udacity等，而我國的臺灣大學、成功大學、清華大學、政治大學等多所大學皆有建置MOOCs。根據全球線上課程搜尋網站Class Central的統計，截至2021年，全球有超過1200所大學推出19.4萬堂課程，且使用人數突破2.2億人。即使在疫情過後，MOOCs和MOOCs平臺仍有所成長。

知識補充 Class Central

Class Central是線上課程的搜尋引擎及評論網站，該網站按課程主題、學校、課程平臺等方式分類，使用者可直接搜尋想要的課程，如圖1-9所示。

圖1-9　Class Central網站(https://www.classcentral.com)

Coursera

Coursera (https://www.coursera.org/)是一個免費的線上學習平臺，該網站的課程是由多所大學和教育機構所提供，開課的類別從生物學、物理學、統計、法律到人文學科都有，且教學影片可以選擇字幕，包括了英語、西班牙語、繁體中文等。

除了大學及教育機構推出的課程外，Google也在Coursera推出認證課程，這些課程都非常受到歡迎。

TED-Ed

TED-Ed是美國一個提供線上教學影片的非營利組織，TED三個字母分別代表了Technology (科技)、Entertainment (娛樂)及Design (設計)，使用者可以透過TED-Ed網站學習，並將這些課程應用於教學。除此之外，TED-Ed網站還提供建立自己課程的服務。

TED核心理念是「Ideas Worth Spreading」，透過18分鐘的演講方式，邀請各領域的人士分享他們的想法與故事，而這些演講影片都會以創用CC方式授權，上傳至網路上讓大眾觀看，如圖1-10所示。

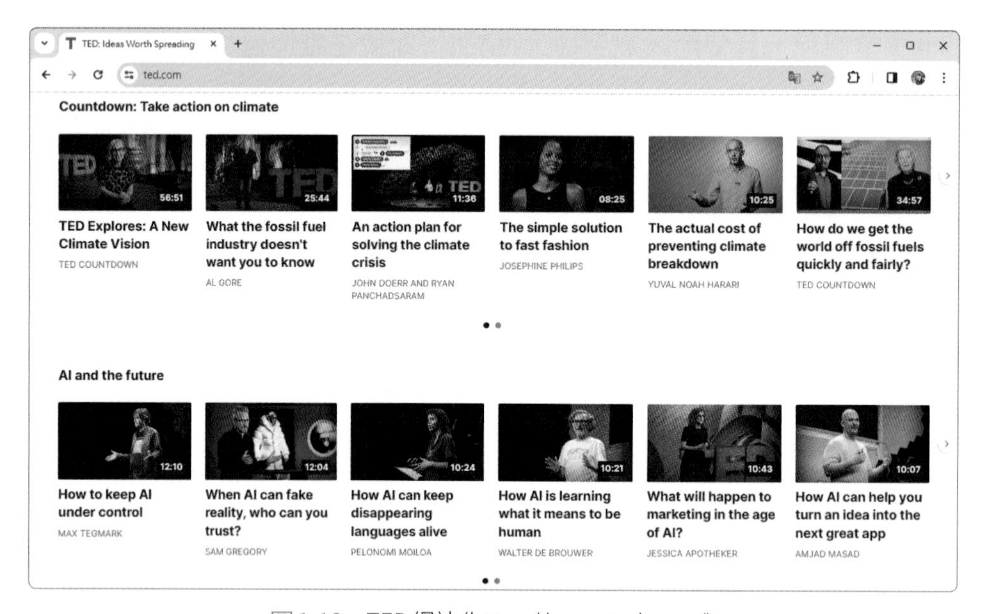

圖1-10　TED網站(https://www.ted.com/)

edX

edX (https://www.edx.org/)是由麻省理工學院和哈佛大學所創建的線上開放課程教學平臺，edX的目標不只是提供課程給大眾，最終希望能回饋學校，提升實體與線上教學。

FutureLearn

FutureLearn (https://www.futurelearn.com/)是英國第一個MOOCs平臺，提供免費、不採計學分的線上學習課程。FutureLearn與全球超過四分之一的頂尖大學合作，我國的臺北醫學大學也在其中，除了學校外，還有許多知名的組織，例如大英博物館、英國文化協會、大英圖書館、國家影視學院等，提供世界各地的網路使用者免費線上學習資源。

1-5 未來移動趨勢—ACES

在資訊科技與電子技術的帶動之下，自動駕駛和電動車成為近年來的熱門話題，除了實現更便利的智慧交通，也影響著未來的移動產業。未來移動的四大關鍵趨勢——「A.C.E.S」，分別代表著Autonomous(自動駕駛)、Connected(車聯網)、Electric(車輛電氣化)、Shared(共享交通)四大趨勢的縮寫。

1-5-1 自動駕駛

根據工研院的預估，全球電動車自動駕駛市場規模到2030年將上看8,000億美元的商機，而到2040年，每三輛車中將有一輛是自駕車。

自動駕駛技術主要透過感測器、雷達和攝影鏡頭等設備接收環境資訊，將感測資料結合控制系統即時預測人車動向並做出決策，實現車輛的智慧操作。未來可能應用於城市交通、運輸系統，改變人們對交通的認知。

美國汽車工程師協會(SAE International)於2018年將自動駕駛系統，依據自動化程度畫分為Level 0~ Level 5六個等級，如表1-1所示。

表1-1 自駕系統分類表

等級	名稱	說明
Level 0	無自動化配置 No Driving Automation	車輛無自動輔助功能。
Level 1	輔助駕駛 Drive Assistance	車輛能夠執行單一控制任務，如定速巡航、ABS剎車等功能，駕駛員承擔大部分車輛控制能力。 例 目前大多數車輛皆屬此類
Level 2	部分自動駕駛 Partial Drive Automation	車輛能同時執行多個控制任務，如同時進行自我調整巡航(ACC)與車道偏移輔助(LKA)功能。 例 特斯拉(Tesla)的Autopilot自動輔助駕駛系統
Level 3	有條件自動駕駛 Conditional Drive Automation	可在特定情境下交由系統掌控車輛行駛，而駕駛只需在系統提示時接管車輛。此階段意味人類已經可由駕駛轉變為乘客。 例 奧迪A8的Traffic Jam Pilot自動駕駛系統
Level 4	高度自動駕駛 High Drive Automation	車輛能夠在特定區域或路段下，透過自動駕駛系統自主操作，完全不需要車主的介入控制。 例 賓士的Automated Valet Parking自動代客停車系統
Level 5	完全自動駕駛 Full Drive Automation	車輛能在所有條件下自主操作，無須駕駛員。

賓士在斯圖加特機場導入Automated Valet Parking自動代客停車系統(圖1-11)，成為全球第一個商業化運轉的Level 4自動駕駛技術。車主只要將車子開到臨停區，接著拿行李下車後，開啟App啟動自動停車功能，車輛就會自行移動去尋找車位並停妥車輛。當車主回來取車，車輛也會自行從停車位開至臨停區，讓車主上車。

圖1-11　賓士在斯圖加特機場啟用自動代客停車服務(圖片來源：Mercedes-Benz)

德國汽車品牌Holon在2023年CES消費性電子大展上發表了自家所生產的全自動駕駛巴士(圖1-12)，車輛上的自動駕駛系統是由以色列汽車科技研發公司Mobileye Global Inc. 所提供，其餘汽車自動化移動服務技術則由美國自動駕駛解決方案提供商Beep所提供，具備Level 4自動駕駛功能，預計會在2025年底之前於美國投產。

圖1-12　這款自動駕駛巴士的最高時速為60公里，可乘載15人(圖片來源：Holon)

1-5-2 車聯網

車聯網(Internet of vehicles, IoV)是將物聯網應用在交通領域上的系統，透過無線通訊系統，使車輛之間能夠即時相互交換訊息，包括交通狀態、路況、事故警告等(圖1-13)。同時也能與交通基礎設施，如紅綠燈、道路標誌等進行通信。

圖1-13　車聯網示意圖

針對連線主體的不同，可分為**V2V** (車對車)、**V2I** (車對基礎設施與道路系統)、**V2N** (車對網路)、**V2P** (車對行人)與**V2D** (車對裝置)。例如Apple CarPlay (圖1-14)即屬V2D的應用；而車子透過車載系統的連線功能將資料上傳雲端或是手機，使車主透過手機App就能即時查看汽車油量與可行駛里程，遙控操作中控鎖、空調系統、燈光，以及尋車等功能，則屬V2N的高階應用。

圖1-14　Apple CarPlay可連接iPhone至汽車，以便直接從螢幕中操控導航、通話、音樂等各項功能

車聯網除了實現車輛間的即時行動通訊，它同時也是實現未來交通、打造智慧城市的關鍵，配合雲端平台、AI技術，以及各種感測器與系統管理，其應用可延伸至交通管理、即時導航、交通預測等，提高道路使用效率，並加強對交通狀態的即時監控。

1-5-3 車輛電氣化

車輛電氣化是將傳統燃油車轉變為電動車，這種技術有助於減少環境污染，提高能源利用效率。電動車的應用涵蓋私人交通、公共運輸和物流，並且隨著電池技術的進步，續航里程不斷增加。

圖1-15所示為英國新創電動車廠Ark推出的微型電動車「Ark Zero」，只需插入普通插座即可進行充電，能在6-8小時內充滿電，且充電費用不到1英鎊。

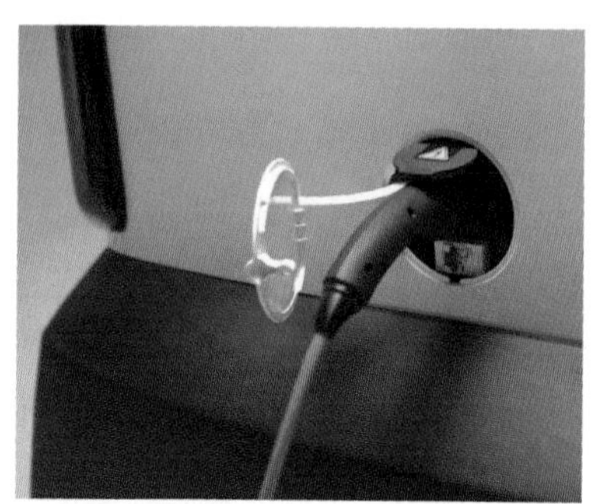

圖1-15　Ark Zero一次充電可行駛80.95公里（圖片來源：Ark）

1-5-4 共享交通

共享交通是一種交通模式，人們不必一定要擁有交通工具，只要透過共乘，或是共享汽車、自行車、電動滑板車等機制，優化城市運輸資源，提高交通運輸效率，也能減少交通擁塞與環境污染，並推動城市的永續發展。

目前臺灣的共享交通應用十分普及，較為人熟知的應用實例有YouBike、WeMo、GoShare、iRent、Uber等，用戶只要透過手機即可叫車或進行租借，使用上非常便利。

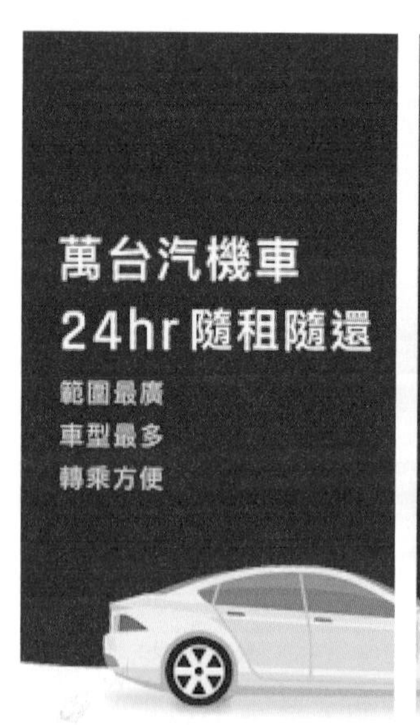

圖1-16　透過iRent專屬的手機APP即可自助租車，24小時隨租隨還

1-6 VR / AR / MR / XR

虛擬實境、擴增實境、混合實境及延展實境是近幾年在科技議題中最常出現的幾個關鍵字，而這些科技也將融入你我的生活，就像現在人手一支智慧型手機一樣。

1-6-1 虛擬實境

虛擬實境(Virtual Reality, **VR**)簡單的說，它必須是由電腦所產生的，**是一個3D的立體空間，而使用者有如身歷其境，並可以依個人意志，自由地在這個空間中遊走**，且可以和這個空間裡的物件產生互動，讓使用者感覺是虛擬世界中的一份子(圖1-17)。

圖1-17　虛擬實境讓玩家彷彿處於身歷其境的遊戲場景中(圖片來源：Elenabsl/Dreamstime.com)

虛擬實境裝置

虛擬實境大部分是透過一個**頭戴式顯示器**(Head-Mounted Display, **HMD**)播放各種3D虛擬場景。頭戴式顯示器是讓使用者直接把顯示器戴在頭上使用，又可區分為**浸入式**(Immersive)及**非浸入式**(Non-immersive)兩種，前者是**利用電腦視覺取代使用者所能看見的真實世界景象**，藉由這種視覺阻斷過程，使用者無法用視覺察覺出外界所發生的狀況；後者是**外界視覺景象並未完全被阻斷，使用者只是在眼罩上安裝一個透明鏡片，而電腦視覺資料就投影在這個透明眼罩上**。

當使用者戴上顯示器後(圖1-18)，就可以體驗逼真的立體感與空間感，使用者無論看到的、聽到的都是來自虛擬環境的感官刺激，而這種能讓使用者身歷其境的體驗，通常被稱為**沉浸式體驗**。

圖1-18　頭戴式顯示器(圖片來源：Pressmaster/Dreamstime.com)

虛擬實境的應用

虛擬實境常應用於醫學上的**手術模擬**、**射擊訓練**、**飛行訓練**、**導覽系統**及**電玩遊戲**等。例如航空飛行員，在一開始學習駕駛飛機時，基於安全與成本的考量，不可能直接實機操作，透過模擬訓練可以降低學習成本，並減少意外發生。

慈濟醫院運用VR遊戲概念設計出「應用虛擬實境模擬X光攝影室之系統」，讓醫師、放射師及實習生在正式為病人做X光檢查前的練習，不管病人的哪個檢查部位、角度，都能自由選取位置並反覆練習，實習生可以透過不斷嘗試調整照射病人患部中，達成最佳X光片的照射角度。

VR在娛樂產業的應用也是相當多元，因現今科技的發展，VR設備的價格已經不再那麼昂貴，因此這幾年許多VR遊戲如雨後春筍般出現。在臺北三創生活園區就開設了以VR遊戲為主的「VIVELAND VR虛擬實境樂園」，園區內有完整且多樣的軟硬體設備，並集結了許多VR遊樂內容，讓玩家體驗前所未有的真實感，如圖1-19所示。

圖1-19　VIVELAND VR 虛擬實境樂園介紹頁面(https://www.vive.com/tw/viveland/)

1-6-2　擴增實境

擴增實境(Augmented Reality, **AR**)**是一種混合虛擬實境與實體環境的概念**。擴增實境融合虛擬與實體世界，透過攝影機影像的位置與角度的精算，配合圖像分析技術，將電腦虛擬的影音疊合在使用者親眼所見的實體環境上，創造出**人體知覺與電腦介面合而為一的感官體驗，同時增強真實世界裡的資訊顯示與互動經驗**。

擴增實境裝置

AR眼鏡是擴增實境中最常使用的裝置，AR眼鏡具有**聲音辨識、手部追蹤、眼球追蹤**等基本功能，透過語音與動作可以去操控不同的虛擬物件，如圖1-20所示。

圖1-20　AR裝置使用示意圖

智慧型手機與平板電腦也是常見的AR裝置，只要透過行動裝置的鏡頭就可以做到各種AR辨識及應用。除此之外，還有TCL推出的RayNeo Air 2、SOLOMON推出的META-aivi、EPSON推出的MOVERIO (圖1-21)也都是AR裝置。

圖1-21　EPSON MOVERIO AR 智慧眼鏡 (https://www.epson.com.tw/)

擴增實境應用

隨著行動裝置的運算能力提高，擴增實境應用的範疇也逐漸擴大，目前大多應用在遊戲、醫療、教學、旅遊、工廠管理、工業維修、餐飲、裝潢設計等。

近年來市場上也推出各式各樣的AR體驗，大多是透過App進行，例如Pokémon Go將現實場景和虛擬的寶可夢結合呈現，透過智慧型手機的相機拍攝下真實世界的影像，再經由App將寶可夢影像投影到手機螢幕中，讓玩家感受到彷彿寶可夢中的人物真的在身邊一樣；IKEA讓使用者能直接透過行動裝置在自家內以擴增實境形式挑選，模擬家具擺放的樣子，最後再決定是否購買，如圖1-22所示。

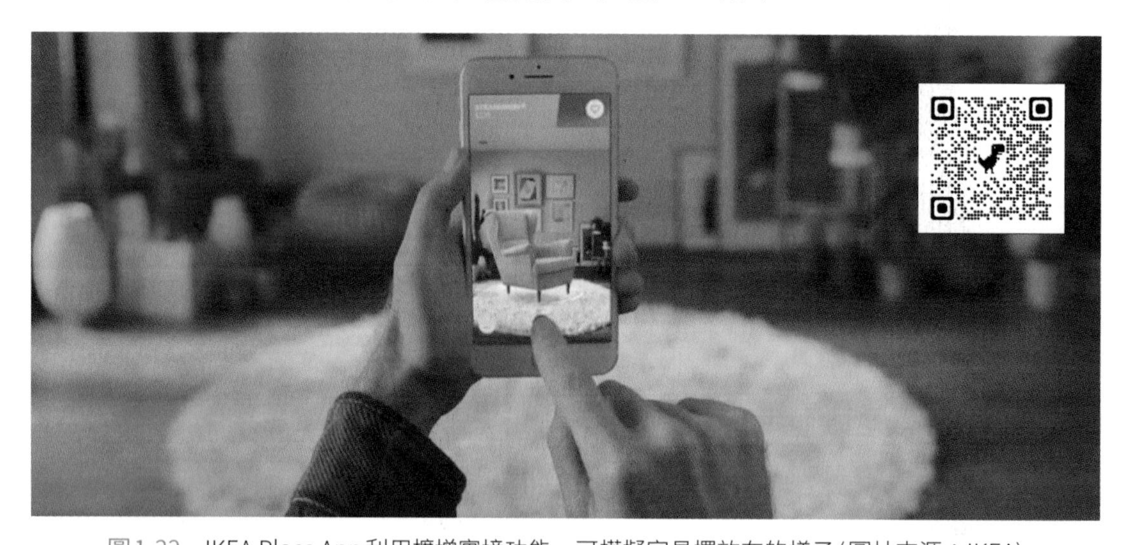

圖1-22　IKEA Place App利用擴增實境功能，可模擬家具擺放在的樣子(圖片來源：IKEA)

COVID-19疫情之下，許多學生留在家中學習、上班族在家工作，此時AR就可以用來探索世界，或是進行學習。例如Google推出的「藝術與文化」App，可以使用擴增實境走進舉世聞名的博物館，還能進行互動式藝術遊戲，如圖1-23所示。

iOS

Android

圖1-23　使用者可以透過走動方式來進行瀏覽，感覺自己就身處在博物館中

除此之外，可立拍、Snapchat、ARki、JigSpace、Instagram、Tiktok等社群媒體App的濾鏡也都有提供AR功能，例如變臉特效、更換顏色濾鏡、利用臉部表情或動作與圖像互動等。

1-6-3 混合實境

混合實境(Mixed Reality, **MR**)是介於VR與AR之間的一種綜合狀態，**藉由提升電腦視覺、圖形處理能力、顯示器技術和輸入系統所達成，將虛擬的場景與現實世界融合在一起**，創造出一個新環境，而這兩個世界的物件能共存，並同時進行互動。隨著5G網路布建更為完整，以及邊緣運算應用的發展，讓混合實境服務能夠更加發達。

混合實境裝置

混合實境主要有**全像攝影裝置**及**沉浸式裝置**，前者是能夠顯示數位物件，就像是在真實世界中一樣(例如Microsoft HoloLens、Apple Vision Pro、Meta Quest 3)；後者是藉由封鎖實體世界，並將其取代為完全沉浸式數位體驗，讓裝置能夠建立目前狀態的能力(例如Samsung HMD Odyssey+)。使用者可以透過**頭戴式顯示器**讓虛擬與現實結合，創造一種亦真亦假的使用體驗，如圖1-24所示。

圖1-24　戴上蘋果公司推出的混合實境頭戴裝置Vision Pro後，應用程式將直接顯示

混合實境應用

微軟建置了「Microsoft Mesh」MR平臺(圖1-25)，支援MR的虛擬會議、遠端協作、遠端學習或社交聚會等應用模式，讓使用者透過VR、AR頭戴裝置，或藉由電腦、行動裝置等設備，就可以進行跨平臺虛實整合互動，讓身處在不同空間的使用者，身歷其境的討論或是協同合作。

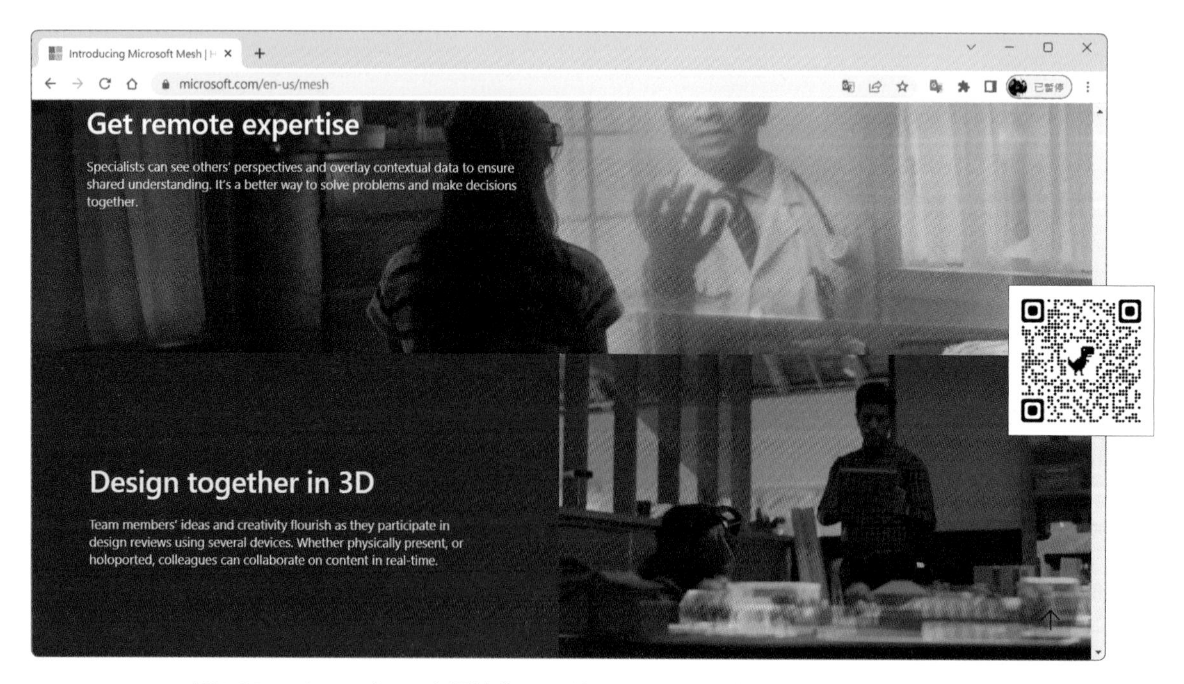

圖1-25　Microsoft Mesh網站(https://www.microsoft.com/en-us/mesh)

1-6-4 延展實境

延展實境(Extended Reality, **XR**)是高通技術公司於2017年提出，任何VR、AR、MR的應用都可以視為XR的一環，也可說是**虛擬現實交錯融合技術應用的全面整合**。

智慧XR警勤訓練

警政署建置的「智慧XR警勤訓練」系統，幫助第一線執勤員警，建立面對各種犯罪現場的空間臨場感，讓員警彷彿置身實際執勤現場。員警戴上具有空間定位感測功能的頭盔(圖1-26)，便能進入各種執勤場域的虛擬空間，體驗面對真實犯罪現場所需的對戰及溝通技巧，與各項警用裝備的使用時機，提升危機處理的應變能力。

圖1-26　員警訓練穿戴設備

Yahoo TV

Yahoo TV使用延展實境技術，打造虛實整合的舞台，透過LED顯示器搭建三面體實景、攝影動作追蹤系統、沉浸式聲光系統，呈現自然景深和自適應視角的3D視覺場景，帶來沉浸式娛樂視覺新體驗，即時將虛實場景混合的畫面帶到演出者及觀眾眼前，如圖1-27所示。

圖1-27　Yahoo TV使用延展實境技術，打造虛實整合的舞台(https://tw.tv.yahoo.com)

虛擬社交平臺

XRSPACE公司開發了「XRSPACE MANOVA」VR頭戴裝置，該裝置以直覺性的操作和社交功能為優先，使用者可以打造個人虛擬形象，在虛擬世界裡，可以逛街購物、到遊樂園玩、跳有氧舞蹈、開會、擁有虛擬住宅、個人影院等，如圖1-28所示。

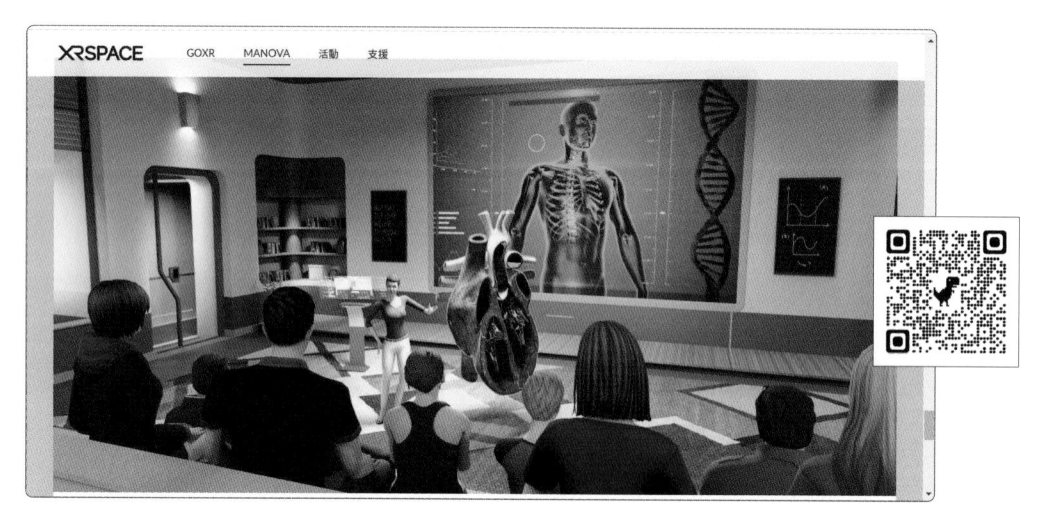

圖1-28　XRSPACE MANOVA網站(https://www.xrspace.io/tw/manova)

醫療領域

在醫療院所的遠距醫療上，XR可以打破距離的限制，讓醫護人員與病患在虛擬環境中進行互動。例如萬芳醫院建置可多人體驗的「VR團體衛教診間」，醫師及家屬即使沒有面對面，也能打破時空進入同一個虛擬空間中，搭配VR人體模型，聽取醫師講解器官構造及手術方式，達到最佳的醫病溝通成效，如圖1-29所示。

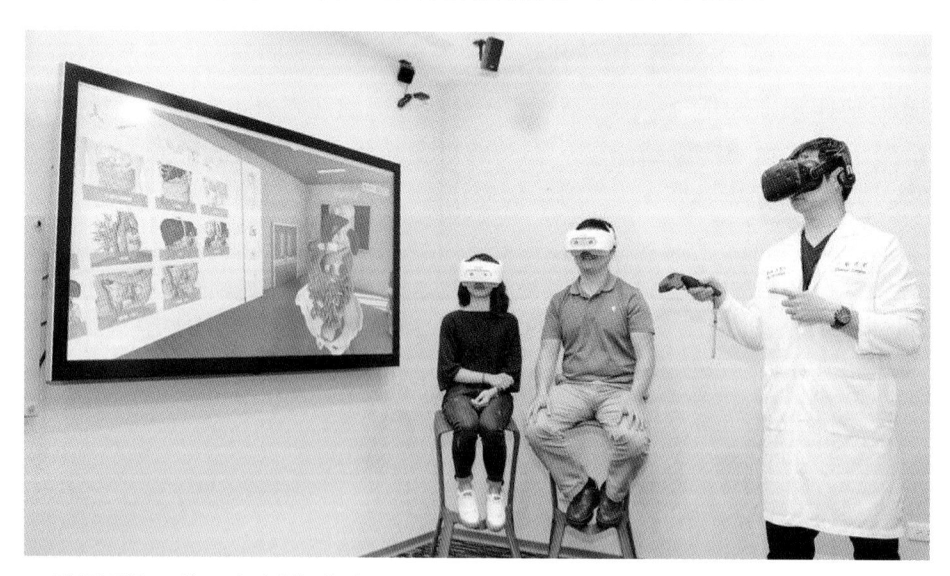

圖1-29　醫師透過VR的3D解剖模型解說，有助達到「醫病共享決策」的目的（圖片來源：HTC VIVE）

1-7 元宇宙

元宇宙(Metaverse)的概念並非現在才出現，但近幾年才真正受到廣泛注目，成為目前最流行的話題之一。到底什麼是元宇宙，這節就來認識它。

1-7-1 元宇宙的由來與現況

元宇宙最初的概念來自於**尼爾・史蒂文森**(Neal Stephenson)於1992年出版的科幻小說《潰雪》(Snow Crash)，書中的Metaverse是平行於現實世界的虛擬數位世界，人類在現實世界擁有的一切，在虛擬數位世界裡都可以實現，人類在現實世界無法完成的事情，也可以在這個數位虛擬世界裡完成。

除了《潰雪》之外，《脫稿玩家》、《阿凡達》、《一級玩家》、《無敵破壞王》等電影，也都使用了元宇宙的概念。而元宇宙概念目前還在發展中，但元宇宙必備了**虛擬世界、互動性、獨立經濟體系及創造性**等四個要素。

2021年，Facebook創辦人**馬克・祖克柏**(Mark Zuckerberg)指出「Metaverse是下一代的網際網路」，宣示要將Facebook轉型為元宇宙公司，因此將公司名改為「Meta」，並開發AR與VR的軟硬體相關內容。除此之外，中國搜尋引擎公司百度也註冊了「metaapp」商標。

不過，元宇宙的概念至今都尚未形成確定內容，而目前形態也還處於討論及爭議之中。發展到現在，目前的視覺及聽覺模擬較為符合，玩家只要戴上VR頭盔裝置(圖1-30)，就能利用視覺及聽覺連結元宇宙，瞬間從真實空間進入虛擬世界。除了視覺和聽覺之外，還有嗅覺、味覺、觸覺等感官感受及意識的模擬技術也持續發展中。

圖1-30　玩家戴上VR裝置就能連結元宇宙

1-7-2 元宇宙的發展

元宇宙是網際網路的未來發展型態之一，Metaverse Group公司聯合創始人**邁克爾・高德**(Michael Gord)表示，「元宇宙成為世界第一社群網路是不可避免的趨勢」。元宇宙利用創新的技術，讓使用者以數位公民進入虛擬網路世界，進行各種真實世界中的行為，並自由地在各種時空中穿梭。不過，現今科技並不足以支持元宇宙所要求的沉浸感，需待量子科技與物聯網發展成熟，才是元宇宙所需求的真正科技。

市場分析機構Gartner預測，到了2026年，全世界將有25%的人在元宇宙虛擬世界中待上一小時，包括工作、購物、教育、社交和娛樂。在幾年之內，元宇宙將發展成為一個營運穩定的經濟體，許多科技大廠也都在積極布局元宇宙產業。例如工研院針對運動及健身元宇宙，研發「iMetaWeaR多觸感擬真體感衣」，穿上後可感受各式運動帶來觸覺回饋，包括拳擊、西洋劍等，讓運動更身歷其境，如圖1-31所示。

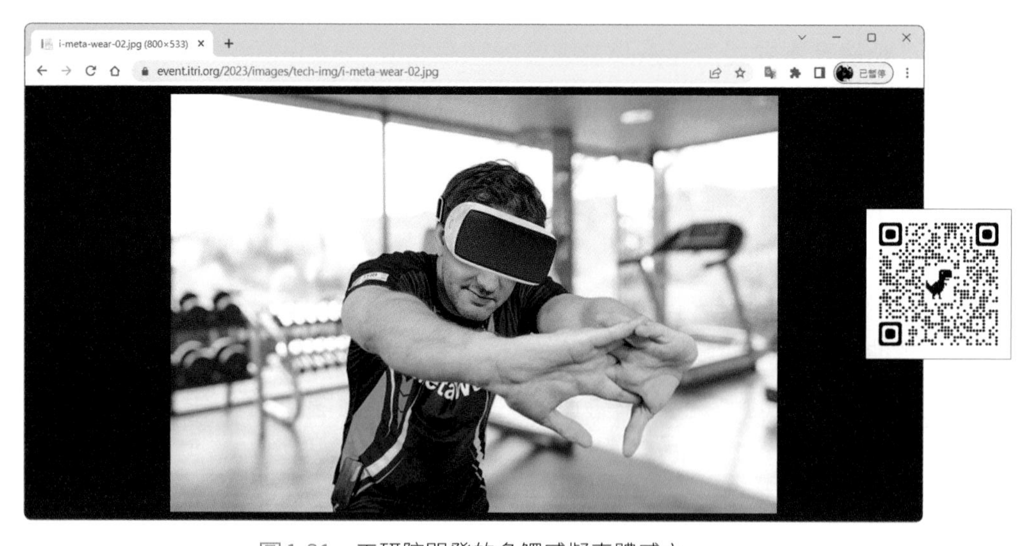

圖1-31　工研院開發的多觸感擬真體感衣

資策會產業情報研究所(MIC)表示，元宇宙與**數位轉型**將驅動軟體產業發展，並隨生態系持續成形，將引發辦公、娛樂與數位資產領域的變革契機。未來將不僅僅是「**線上+線下**」，而是虛擬辦公環境、XR遠距協作、AR現場支援等「**虛擬+實體**」的混合工作模式。

1-7-3 元宇宙的應用

元宇宙主要是透過VR、AR及MR技術實現，以連接現實生活及由多人共享的虛擬世界，讓居住在世界不同角落的人們一同在虛擬世界中玩遊戲，或是工作、和朋友相聚、看演唱會、看電影等。

元宇宙平臺依據使用方法和目的大致可分為以下類型：

- **3D移動式平臺**：主要用於遊戲、人際交流、經濟活動等，如Roblox、ZEPETO App、ifland App、Minecraft等平臺。
- **2D線上虛擬世界**：以2D建構線上虛擬世界，在虛擬世界中可以進行視訊會議、教育、學習、典禮、業務等活動，如Gather Town平臺。
- **3D線上虛擬世界**：以3D建構線上虛擬世界，在虛擬世界中可以進行視訊會議、教育、學習、典禮、業務等活動，如Spatial、Glue等平臺。
- **頭戴式裝置**：使用頭戴式裝置或眼鏡進入虛擬世界環境，即可進行遊戲、工作等。

虛擬網紅及VTuber

元宇宙讓人們充滿想像，讓真實與虛幻重新定義，娛樂產業也有了新型態，**虛擬網紅**(Virtual Influencers)及**虛擬YouTuber** (Virtual YouTuber, **VTuber**)，也應運而生，這將成為一種新趨勢。

不論是虛擬網紅還是VTuber，處處都可以看到娛樂事業走向虛擬化。例如日本的絆愛、寶鐘瑪琳、噶嗚・古拉(Gawr Gura)；臺灣的李聽、杏仁咪嚕(Annin Miru)；泰國的永遠21歲美少女AI Ailynn、曼谷淘氣鬼；中國的洛天依、七海Nana7mi等。光是統計過去兩年臺灣VTuber出道人數便將近900人，這些虛擬偶像隨著科技的創新，儼然成為新世代的明星。圖1-32所示為臺灣虛擬藝人經紀團隊「子午計畫」公司網站，負責旗下多名VTuber虛擬偶像的經紀、周邊產品、美術設計等業務。

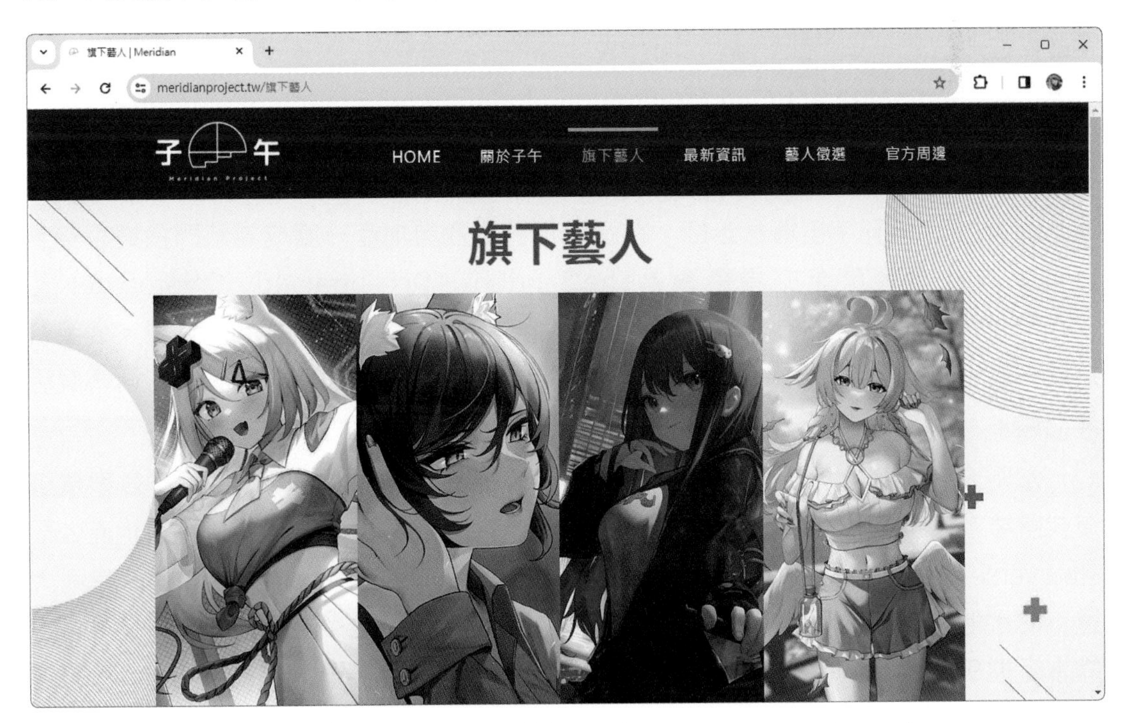

圖1-32　「子午計畫」公司網站(https://www.meridianproject.tw/)

Horizon Worlds

Horizon Worlds為Meta發表的**VR社交平臺**，它是一個虛擬空間，用戶可以創造自己的虛擬人物，在裡頭與他人進行互動，像是與朋友聚會、玩遊戲，也可以創建屬於自己的世界，如圖1-33所示。用戶僅需以Facebook帳號登入，即可在平臺上同時與多達20位用戶互動。目前Horizon Worlds僅開放加拿大、法國、冰島、愛爾蘭、西班牙、英國、美國等7個國家，尚未開放亞洲地區使用。

圖1-33 Horizon Worlds早期僅可透過 Meta Quest VR 頭戴式裝置遊玩，現已推出手機、網頁版本，不用VR裝置也能玩(圖片來源：Meta)

虛擬房地產

隨著2021年元宇宙概念走紅，在虛擬世界買賣房地產一度成為熱門投資趨勢。目前主流的虛擬房產交易平臺為The Sandbox、Decentraland、Cryptovoxels及Somnium，平臺買賣標的都是虛擬世界的房地產空間，並透過虛擬貨幣交易。使用者透過平臺，就能在元宇宙中買地蓋房，裝修自己的房子、開設店面等，也能再轉賣給其他買主。

當時元宇宙蔚為風潮，摩根大通在Decentraland中開設虛擬貴賓室，並創建沉浸式體驗，邀請虛擬貴賓前來，成為首間進駐元宇宙的華爾街銀行；元宇宙地產公司Metaverse Group公司於Decentraland平臺上購入一塊位於Decentraland「時尚大道」的土地，期待各大品牌進駐。如今元宇宙熱潮退燒，虛擬房地產的交易量與價值縮水近達9成，不過有很多人仍看好虛擬房地產，全球市場研究公司Technavio報告指出，2021年到2026年，元宇宙房地產市場規模將成長53.7億美元。

Decentraland是一個全3D模擬平臺(圖1-34)，使用的交易貨幣是Decentraland原生加密貨幣MANA。用戶可以在平臺上建立、探索和交易虛擬土地、物品和資產，並在自己的虛擬房產上建立各種虛擬內容，如遊戲、藝術品、社交場所等。

圖1-34　Decentraland網站(https://decentraland.org/)

虛擬辦公室

COVID-19疫情加速帶動企業數位轉型，新的工作方式急速發展，LINE、Google Meet、Gather Town等視訊功能大量應用在遠距工作及會議場景中，其中Gather Town獨樹一格朝元宇宙發展，讓使用者可以在虛擬空間建立專屬辦公室(圖1-35)。

Gather Town有別於一般的視訊會議軟體，它最大的特色除了可以建立屬於公司的虛擬辦公室，每個參與者也都有專屬人物圖示出現在地圖上，同事之間可以視訊或文字聊天、討論公事，甚至還有白板可以共同書寫開會。

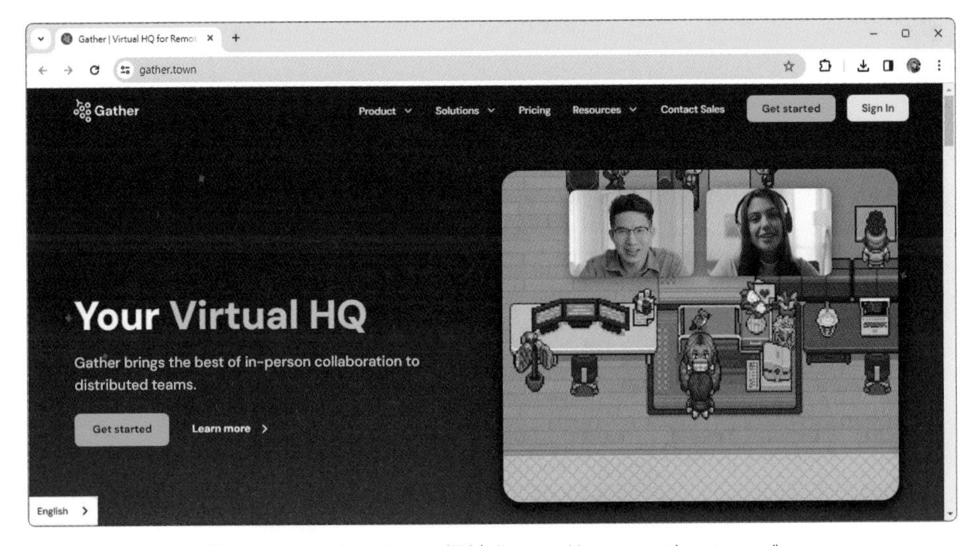

圖1-35　Gather Town網站(https://www.gather.town/)

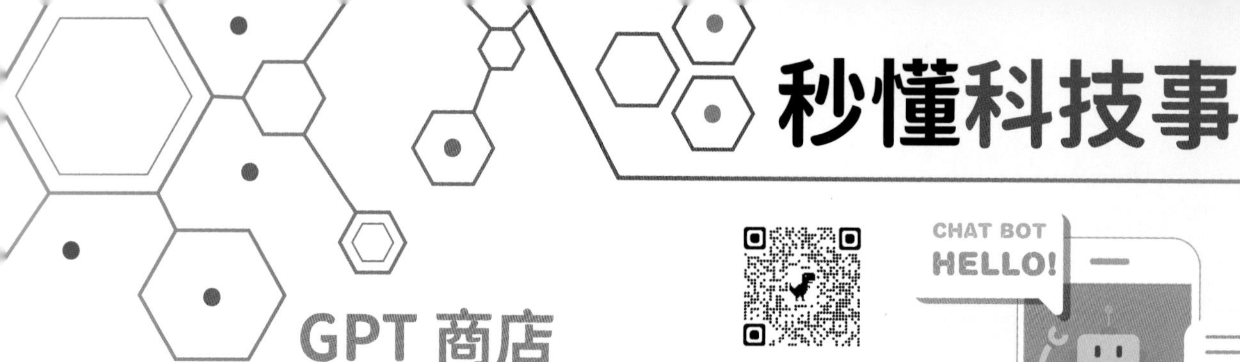

GPT 商店

OpenAI 於 2023 年開放用戶可打造基於 GPT-4 和 DALL-E 3 生成模型所驅動的各種客製化應用程式，即 GPT 小工具。2024 年 1 月，OpenAI 更推出 GPT 商店 (GPT Store) 平臺，讓開發人員可以在這裡上架自製的 GPT 小工具，並從中獲利。這將有助於推動 GPT 的發展，讓更多人可以使用 GPT 來完成各種任務。

GPT 商店的運作方式類似 Google Play 商店或 App Store 等應用程式商店。這裡彙集了按照各種任務所建立的聊天機器人，像是圖像產生器、文案產生器、Logo 產生器、學術資料 GPT 等。開發人員可以提交自製的 GPT 小工具，經過 OpenAI 審核後，即可上架。構建 GPT 不需要程式撰寫能力，開發人員只要以自然語言對話，就能透過 OpenAI 的 GPT 構建工具──GPT Builder，創建一個擁有專屬技能的 GPT 工具。

一般用戶則可以在平臺上瀏覽，並免費或付費下載取得這些 GPT 小工具。平臺開放不到三個月，就已上架超過三百萬個以上的應用。不過，目前只有升級為 ChatGPT Plus 或 ChatGPT Team 方案的付費用戶，才能使用 GPT 商店，免費版 ChatGPT 尚無法使用。

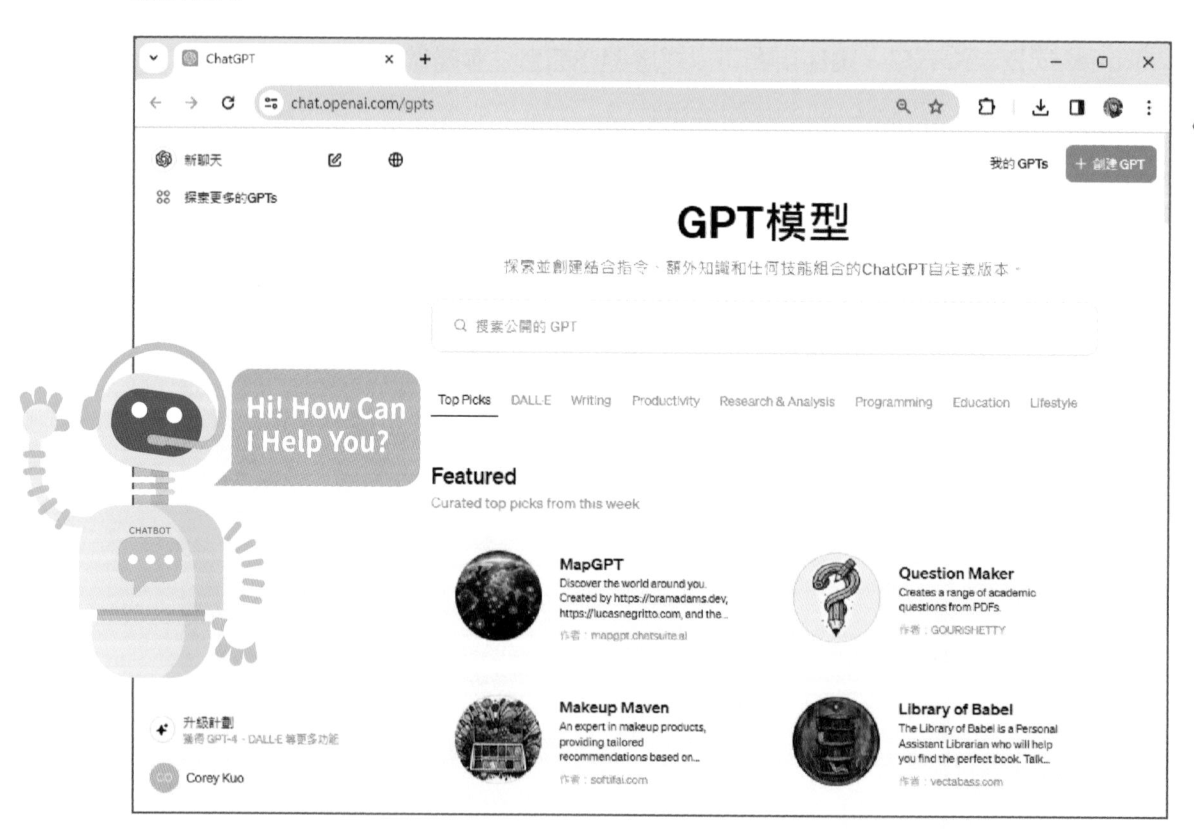

ChatGPT 官方網站：https://chat.openai.com/

Introduction to Computer Science

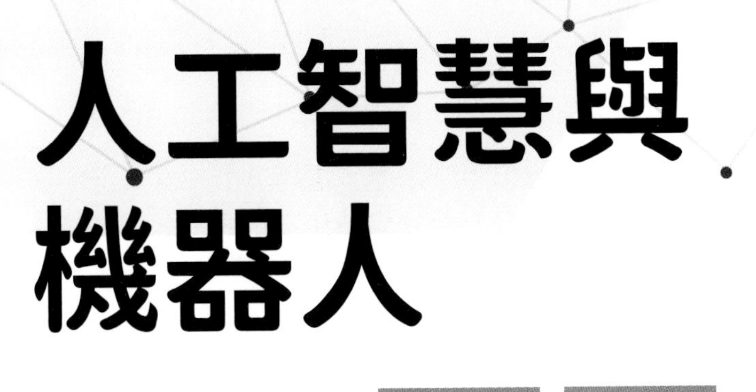

人工智慧與機器人

CHAPTER 02

2-1 人工智慧的發展

人工智慧(Artificial Intelligence, AI)**是透過機器來模擬人類認知能力的技術，是以電腦程式來讓機器有智慧或讓電腦會思考**。它所涉及的範圍很廣，涵蓋了感知、學習、預測、決策等方面的能力。人工智慧主要的研究目標，是希望機器能有像人類一樣的行為反應，以及機器也能做出合理的推理與決策。

2-1-1 人工智慧的起源

1950年，英國數學家及電腦科學家**艾倫・圖靈**(Alan Turing)提出了著名的**圖靈測試**(Turing Test)，用於評估一個機器是否能夠展現人類智慧。測試時會讓一名人類測試員單獨在一個房間裡，和身在他處的另一人以及一台電腦進行文字對話，但測試員並不知道回答的是人或電腦。經過一連串的對話問答，測試員須根據他們的對話內容來辨識誰是人、誰是電腦，如圖2-1所示。若電腦能夠讓測試員誤以為它是人類，這台電腦就算通過圖靈測試，亦即表示這台電腦具備了某種程度的智慧。**圖靈測試一直被認為是測試機器智慧的重要標準**，對人工智慧的發展產生極為深遠的影響。

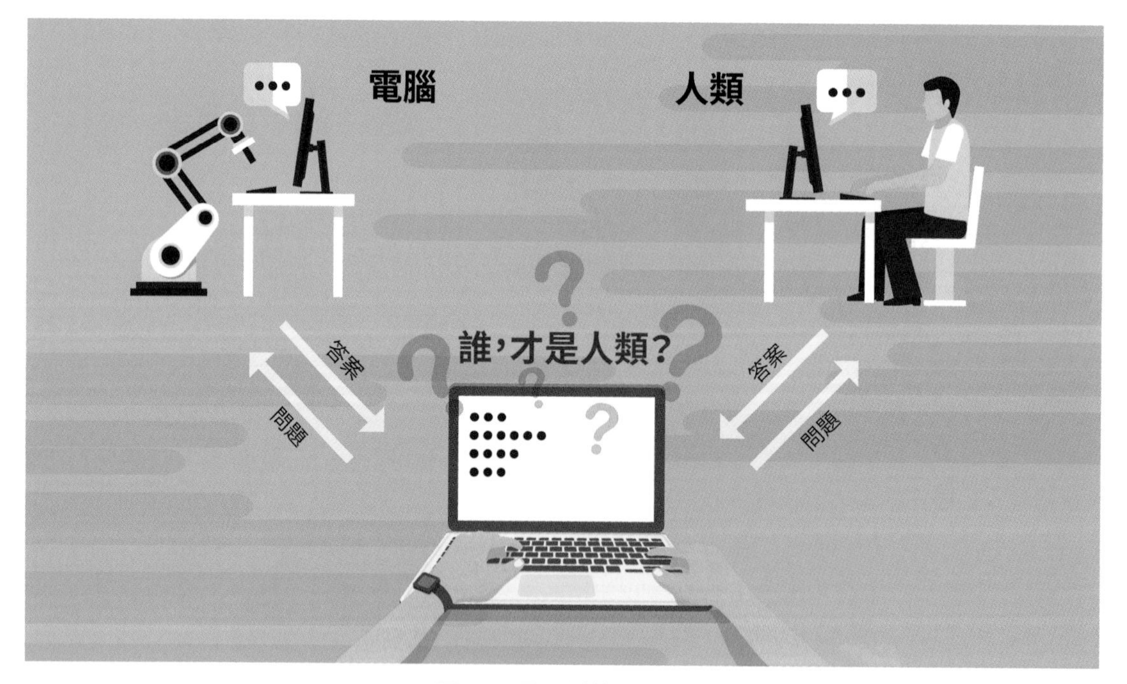

圖2-1　圖靈測試示意圖

此後，科學家一直在思考，如何讓電腦變得和人類一樣聰明？如何代替人們進行所有的工作？在這個過程中，人工智慧的發展並不是那麼順利，也歷經了幾次起伏，直到現在才有了重大進展，而這個進展目前仍是進行式。

2-1-2 人工智慧發展浪潮

1956年，**約翰・麥卡錫**(John McCarthy)及其他當時數一數二的人工智慧專家在美國達特茅斯學院(Dartmouth College)舉辦了一場研討會，會議中正式提出**人工智慧**的定義，宣告人工智慧作為一門學科的誕生，而這次開啟AI元件的歷史性活動，又稱為**達特茅斯會議**(Dartmouth Conference)。

第一波發展(1950~1960)

第一波人工智慧的發展，主要是針對特定問題，進行問題探索與解決。1958年，約翰・麥卡錫在當時已經存在的Fortran(世界上第一套高階程式語言)的基礎上，開發出**LISP**(List Processing)程式語言，成為早期AI專案常使用的工具。

LISP早期廣泛應用於AI及其他應用中，直到後來實用性較高、較容易上手的語言出現(如1991年發行的Python)，便取代了LISP的地位。

此階段的科學家試圖利用程式語言、演算法，將人類的知識與思考邏輯寫入電腦程式中，以解決特定問題。但由於連人類都還未能清楚理解自己的思考過程，根本不可能將人類的語言、思考方式、決策步驟寫入電腦程式中。於是人工智慧的第一波發展進入了寒冬期。

第二波發展(1980~1990)

第二波人工智慧的發展，主要以**專家系統**(Expert System, **ES**)為主。我們可以將專家系統看作是**一個具有專門知識和經驗的智慧型程式系統**，透過與使用者交談的方式輸入資料，並進行推論。舉例來說：我們使用「病蟲防治專家系統」，在此系統中輸入該病蟲災害的症狀，專家系統就可以依據此症狀，診斷出可能出現的病蟲災害，並提出有效的防治方法。

當時較著名的專家系統有：

- **EXSYS**：是由英國LPA (Logic Programming Associates)公司開發的專家系統開發平臺，主要提供一個用於建立和部署專家系統的開發環境，讓使用者能夠輕鬆創建基於規則的專家系統，進行知識表示、推理和解釋等任務。ExSys在當時被廣泛用於各種領域，包括醫療、金融、工程等。
- **MYCIN**：1974年由史丹佛大學開發，用以識別血液中的細菌，並根據患者的體重推薦抗生素。MYCIN使用簡單的推理引擎，以及包含約600條規則組成的知識庫。其運作方式如同醫生問診般與病患進行問答，最後給出可能性最高的診斷結果。
- **XCON**：是美國卡內基・梅隆大學於1978年為DEC公司製造的一款計算機配置專家系統，其主要用途是在電腦銷售過程中，為顧客設計並配置計算機系統的零組件，並提供客製的解決方案。

專家系統的主要難題除了如何萃取專家知識，還有太多複雜的問題(例如：天災預測)連人類都無法解答，且當時也缺乏處理龐大數據的訓練機器，於是人工智慧的第二波發展又進入了寒冬期。

第三波發展(1993~至今)

至1993年，人工智慧終於有了重大突破，科學家認為與其告訴機器每個對應的指令，更應該讓機器學會如何識字、自主判斷、歸納規則、自我學習，這也是**機器學習**(Machine Learning)的開端。

90年代中期，開始採用**神經網路**(Neural Network, NN)做為機器學習的基礎技術理論。神經網路是以模擬人類大腦運作方式來設計AI模型，依靠訓練資料來自動學習並建模，並隨著時間的推移提高其準確性。

1997年，IBM的超級電腦——深藍(Deep Blue)，戰勝了當時的國際西洋棋世界冠軍Garry Kasparov，成為首部在棋盤上擊敗人腦的電腦，成為AI發展的重要里程碑。

2011年，IBM的超級電腦——華生(Watson)，在美國智力競賽電視節目《危險邊緣》中，最終擊敗該節目的人類參賽者，成為節目的最新王者。

2013年，基於神經網路演化而來的**深度學習**(Deep Learning)模型在語音和視覺識別皆有突破性進展，也是目前人工智慧發展的核心技術。

過去幾十年AI技術的演進過程，迄今共經歷三波發展浪潮，如圖2-2所示。在目前所處的第三波發展中，可以發現AI已是各領域的重點趨勢，未來仍有很大的空間亟待探索與發展。

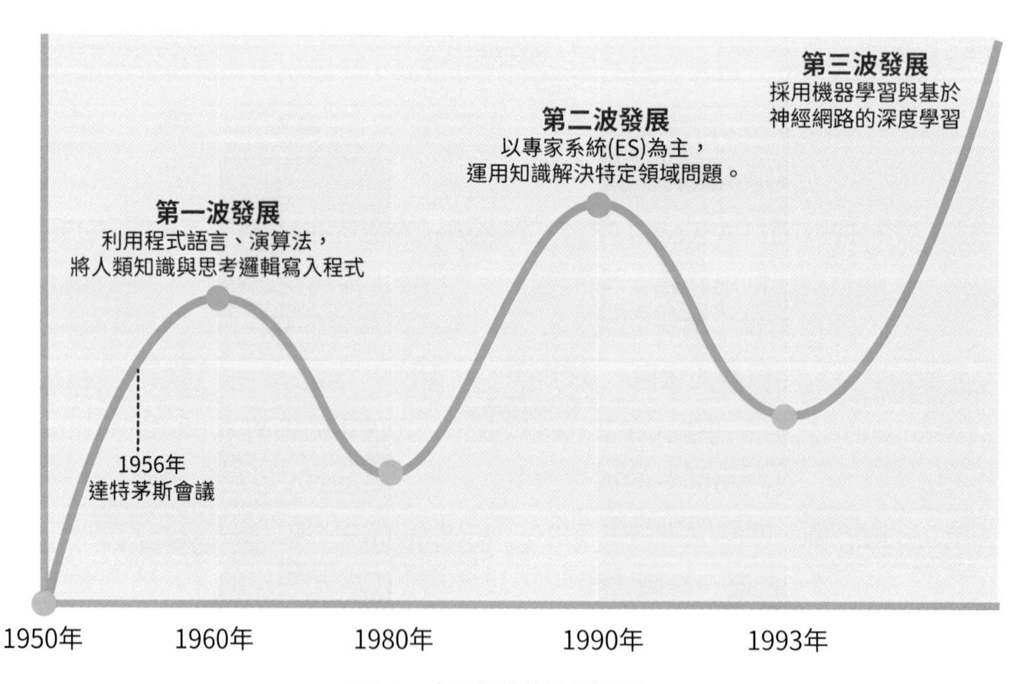

圖2-2　人工智慧的發展浪潮

2-1-3 人工智慧系統的分類

若依人工智慧系統的性能來區分，主要分為**弱AI** (Weak AI)與**強AI** (Strong AI)，其中強AI又可分為**通用人工智慧**(Artificial General Intelligence, **AGI**)以及**超級人工智慧**(Artificial Super Intelligence, **ASI**)兩種類型，如表2-1所列。

表2-1 **人工智慧系統的分類**

	分類	說明
弱AI	狹義人工智慧 (Artificial Narrow Intelligence, ANI)	是指經過訓練的AI，**著重在執行特定作業**。例如Apple的Siri、ChatGPT聊天機器人、達文西手術機器人，或是Google的自駕車。
強AI	通用人工智慧 (Artificial General Intelligence, AGI)	是指期望電腦除了具有認知能力之外，還**能夠推理、自學、溝通甚至擁有自我意識**。與弱AI相比，強AI能夠在多個領域中運作，也能像人類一樣學習、理解、感知，對目前科技來說，AGI仍是尚待實現的革命性突破。
	超級人工智慧 (Artificial Super Intelligence, ASI)	是指將超越人類大腦的智慧與能力，**擁有「自我」的概念**，像人類一樣辨識到自己的存在，並會產生想要生存的意向。除了電影情節中的想像之外，目前尚不存在。

2-2 機器學習

機器學習指的是**讓機器具備自我改進能力及自動學習能力，是一門設計與開發演算法的學科；讓電腦可以根據經驗演化它的行為，自動最佳化下一次結果**。例如Gmail中的垃圾郵件過濾為什麼可以那麼準確，甚至還可以根據每個人的特殊需求慢慢學習改進，這就是機器學習的成果。

機器學習可廣泛應用在電腦視覺、大數據資料分析、資料探勘、語言與語音辨識、手寫辨識、生物特徵辨識、環境辨識、醫學診斷、詐欺檢測、證券市場分析等，同時也是**人工智慧的核心技術**。

2-2-1 機器學習的流程

機器學習的運作流程，包含了**定義問題**、**蒐集資料**、**處理資料集**、**選擇並訓練模型**及**推論與預測**等五大步驟，如圖2-3所示。

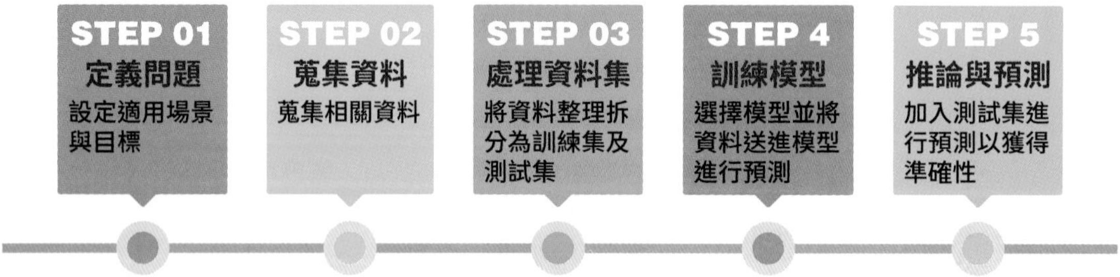

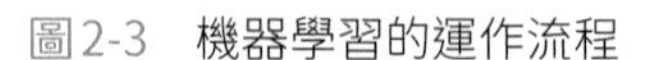

圖2-3 機器學習的運作流程

定義問題

在進行機器學習的設計之前，第一件事就是要想想，你要藉由機器學習做些什麼？用於何處？解決什麼問題？例如從一個人的購物紀錄，猜測他下一次想買什麼？

蒐集資料

定義完問題後，接著就要蒐集相關資料，讓機器學習的演算法從這些資料的特徵找出規律與模式。例如要訓練一個可以辨識小黃瓜、大黃瓜、櫛瓜等蔬菜的機器學習模型，那麼就需要蒐集這三種蔬菜的圖片，且要有各種品種及角度，並將這些圖片分門別類放進設定好標籤的資料夾中，蒐集的資料越多，機器學習的辨識率就越準確。

處理資料集

將蒐集來的資料進行整理，例如蒐集好的照片先篩選好它們的特徵數據，找出各個變數間的關係，透過各種工具或撰寫程式來進行資料處理，做好資料標記的動作。這些資料會拆分為**訓練集**(Training Dataset)做為模型的訓練資料，並保留一部分資料做為**測試集**(Testing Dataset)，用以評估模型表現。

選擇並訓練模型

當獲得資料集後，就可以依照目標選擇適合的模型演算法。機器學習有許多不同種類的演算法，可根據問題挑選適當的分析方法。選定模型後，就可將準備好的訓練集送到模型進行機器學習的訓練，讓機器學習演算法從中學習想要它學會的事。

推論與預測

訓練完模型後，會再加入準備好的測試集資料進行預測，來驗證它的準確性有多少。若準確率高，代表訓練成功；若準確率低，則調整參數並重新訓練模型。

2-2-2 機器學習的種類

機器學習演算法依其運作方式，可分為**監督式學習**(Supervised Learning)、**非監督式學習**(Unsupervised Learning)、**半監督式學習**(Semi-Supervised Learning)及**強化式學習**(Reinforcement Learning)等四種。

監督式學習

監督式學習是**從成對的「問題 vs. 標準答案」中找到規則，其資料包含多個特徵值，與其對應的標籤**。例如在訓練的過程中告訴機器答案，也就是「有標籤」的資料，讓機器各看了1,000張小黃瓜和大黃瓜的照片後，再詢問機器新的一張照片中是小黃瓜還是大黃瓜。監督式學習適用於經過人為標註過的資料，所以較為準確，但也較耗費人力成本。

監督式學習最常處理的兩個問題為**分類**(Classification)與**迴歸**(Regression)，從已定義的離散標籤中預測資料屬於哪種標籤，稱為**分類**，對應解決問題的演算法有**決策樹**(Decision Tree)、**K-最近鄰居法**(K-Nearest Neighbor, **KNN**)及**支持向量機**(Support Vector Machine, **SVM**)；若預測連續數值，稱為**迴歸**，常見的演算法有**線性迴歸**(Linear Regression)。

舉例來說，「氣象系統判定明天是否下雨」是屬於分類問題(判別有限類別中的某一種類)；「氣象系統預估明日PM2.5的含量」，則是屬於迴歸問題(估算一個預測值)。

簡單來說，預測項目是有限的類別，就是分類；如果要預測的是一個數值，例如股價、溫度等，這類問題就是迴歸。不管是分類還是迴歸，要透過演算法讓機器進行學習，那麼就要給予有正確答案的標註資料。

監督式學習其實常應用於應用程式中，例如Waze App的路線建議引擎，其演算法可以依照各種車況與情境預測出最快路線，做出更靈活的路線判斷與建議。

知識補充 Waze App

Waze App是Google旗下的手機導航軟體，是專為開車族而設計的交通導航應用程式。有別於一般導航服務是採GPS即時路況來提供路線建議，Waze則是以用戶回報的資訊(例如即時路況、道路工程、警察臨檢、車禍)來進行預測並提供路線建議。舉例來說，當某路段發生壅塞時，大多數的導航都會提供車主相同的另一條替代路線，但WazeWaze用戶可與其他駕駛共享即時交通路況，其演算法會隨著車主回報的資訊及壅塞程度，提出多種替代路線選擇，讓車主不會又塞進同一條替代路線上。

圖2-4 Waze App的社群回報功能，讓車主可提供塞車程度、車禍等即時路況，提供更準確的導航服務

非監督式學習

非監督式學習是**所有資料都沒有經過標註，機器透過尋找資料的特徵，自動對輸入的資料進行分類或分群**(Clustering)。例如從顧客信用卡交易狀況，分析哪些詐騙可能性較高；從顧客屬性及購買商品紀錄，將不同市場顧客分群，這樣就能針對特定的顧客發送相同的廣告；Google的圖片搜尋，當使用某關鍵字去搜尋圖片後，下方就會出現相關的關鍵字，如圖2-5所示。

圖2-5　搜尋「櫻花」後，就會顯示相關搜尋結果

分群又稱為**聚類**，能將數據根據距離或相似度分開，群內資料越相似，分群的效果就越好，常見的演算法為**K平均分群演算法**(K-means Clustering)、**生成對抗網路**(Generative Adversarial Network, **GAN**)、**關聯**(Apriori)演算法等。

與監督式學習相比，**非監督式學習可以減低繁瑣的人力工作，找出潛在的規則**。不過，也會造成較多功耗，甚至造成不具重要性的特徵被過度放大，導致結果偏差、無意義的分群結果。非監督式學習常應用於臉部辨識、基因序列分析、市場研究和網路安全性等方面。

半監督式學習

半監督式學習**介於監督式學習與非監督式學習之間**，一部分資料採用監督式學習進行作業，另一部分採用非監督式完成，可以讓預測比較準確，是目前最常用的一種方式。此方法**適用於需耗費大量時間與人力標記資料的狀況**，例如醫學影像。

半監督式學習常應用於語音與語言分析、蛋白質分類等複雜醫學研究，以及高階詐欺偵測。

強化式學習

強化式學習是**讓機器透過每一次與環境互動來學習，並會隨時根據新進來的資料逐步修正，以取得最大化的預期利益**。強化式學習**不標註任何資料**，但告訴它所採取的哪一步是正確、哪一步是錯誤的，根據反饋，機器自行逐步修正，透過一次次正確與錯誤的學習，最後的預測就會越來越精準。

強化式學習常應用於線上廣告買家的自動價格招標、電腦遊戲開發，以及高風險股票市場的交易。而在Google廣告、Amazon在網頁中呈現你最有興趣的商品、Facebook將你可能會感興趣的好友文章排序在上方等，都有應用到強化式學習。

馬可夫決策過程(Markov Decision Process, **MDP**)是強化式學習的經典理論，他的中心思想是「明天的世界只和今天有關、和昨天無關了(The future is independent of the past given the present.)」。

在馬可夫決策過程中，機器會進行一系列的動作，而每一個動作及環境都會跟著發生變化。原則上無需考慮以前的狀態，當前狀態便已傳達出、所有能讓機器算出下一步最佳行動的資訊，簡單來說，就是**每一個事件只受到前一個事件的影響**。打敗世界棋王的**AlphaGo**便是一個成功的應用。

「AlphaGo」是DeepMind公司所開發的人工智慧電腦，其設計原理與1997年擊敗西洋棋世界冠軍Garry Kasparovsparov的IBM超級電腦「深藍(Deep Blue)」不同。深藍是基於傳統的搜索演算法計算接下來的12步所有可能發生的棋局，並使用預先編寫的評估函數來評估局面優劣，來進行下棋決策；而AlphaGo則是仿效人類的直覺，基於深度學習的方法，以一套名為「**蒙地卡羅**」的運算技術為基礎，透過大量的棋譜和自我對弈進行學習，建立了神經網絡模型來預測最佳的走法，也能進而不斷改進自己的下棋策略。

在2016年1月28日，AlphaGo以5比0的成績擊敗歐洲冠軍樊麾。2017年擊敗了中國棋王柯潔，藉此向全世界證明一個具有自我學習能力的人工智慧，正走向一個新的里程碑。

AlphaGo能擊敗人類，主要是模仿人類棋士的空間比對與思考，採用深度學習、強化式學習及**深度強化式學習**(Deep Reinforcement Learning, **DRL**)等機器學習技術。

AlphaZero

「AlphaZero」是DeepMind開發的新一代人工智慧系統，於2017年12月首次公開發表。當時AlphaGo是透過深層神經網路進行決策，並使用人類專家下棋的資料進行監督學習，同時透過自我對弈來進行強化學習。而新一代的AlphaZero則是完全透過自學，它採用新的強化學習方法演算法展現驚人的學習成果，不再需要投注專家知識或訓練資料，只有透過與自己對弈來加強弈棋能力，在30個小時內經過490萬場的自我對弈後，就以100比0擊敗了AlphaGo。DeepMind希望往後能以此研發出阿茲海默症、帕金森氏症等重大疾病的治療方式。

2-2-3 機器學習實例

在機器學習實例中，**安德森鳶尾花卉資料集**(Anderson's Iris data set)是最著名的應用案例，最早是由美國植物遺傳學家埃德加・安德森從加拿大加斯帕半島上蒐集來的鳶尾屬花朵資料，目的是想量化雜色鳶尾花在不同環境的變異，之後英國的統計學家羅納德・費雪用在統計學領域中，作為判別分析的例子。

取得資料集

進行資料分析過程中，資料集通常可以依自己的需求準備，也可以從網路上尋找公開的資料集。

安德森鳶尾花卉資料集可以從scikit-learn工具庫中取得，該工具庫是一個利用Python程式語法撰寫整理的函式庫，涵蓋了大部分的機器學習演算法與實作功能。進入scikit-learn網站後，頁面分為六個類別，進入要使用的類別後，即可尋找相關的資料集，如圖2-6所示。

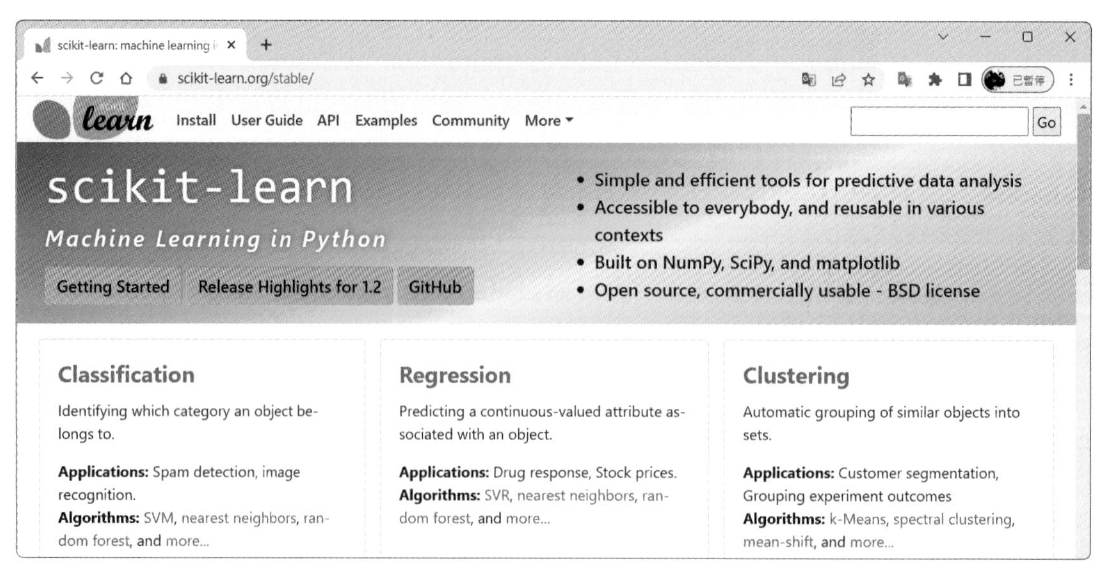

圖2-6 scikit-learn網站首頁(https://scikit-learn.org/stable/)

安德森鳶尾花卉資料集共有150個樣本，包含了4個特徵變數、1個類別變數。特徵變數分別為**花萼長度**(Sepal Length)、**花萼寬度**(Sepal Width)、**花瓣長度**(Petal Length)、**花瓣寬度**(Petal Width)；類別變數分別對應鳶尾花的三個屬種，分別是**山鳶尾**(Iris-setosa)、**變色鳶尾**(Iris-versicolor)和**維吉尼亞鳶尾**(Iris-virginica)，如表2-2所示。

表2-2　**安德森鳶尾花卉資料集部分數據**

花萼長度 Sepal Length	花萼寬度 Sepal Width	花瓣長度 Petal Length	花瓣寬度 Petal Width	屬種 Label
4.4	2.9	1.4	0.2	setosa
4.9	3.0	1.4	0.2	setosa
7.0	3.2	4.7	1.4	versicolor
5.0	2.0	3.5	1.0	versicolor
6.3	3.3	6.0	2.5	virginica
5.8	2.7	5.1	1.9	virginica

訓練模型

利用已知的鳶尾花資料構建機器學習模型，根據四個特徵，訓練機器學習模型來正確分類每個樣本的類別，如圖2-7所示。

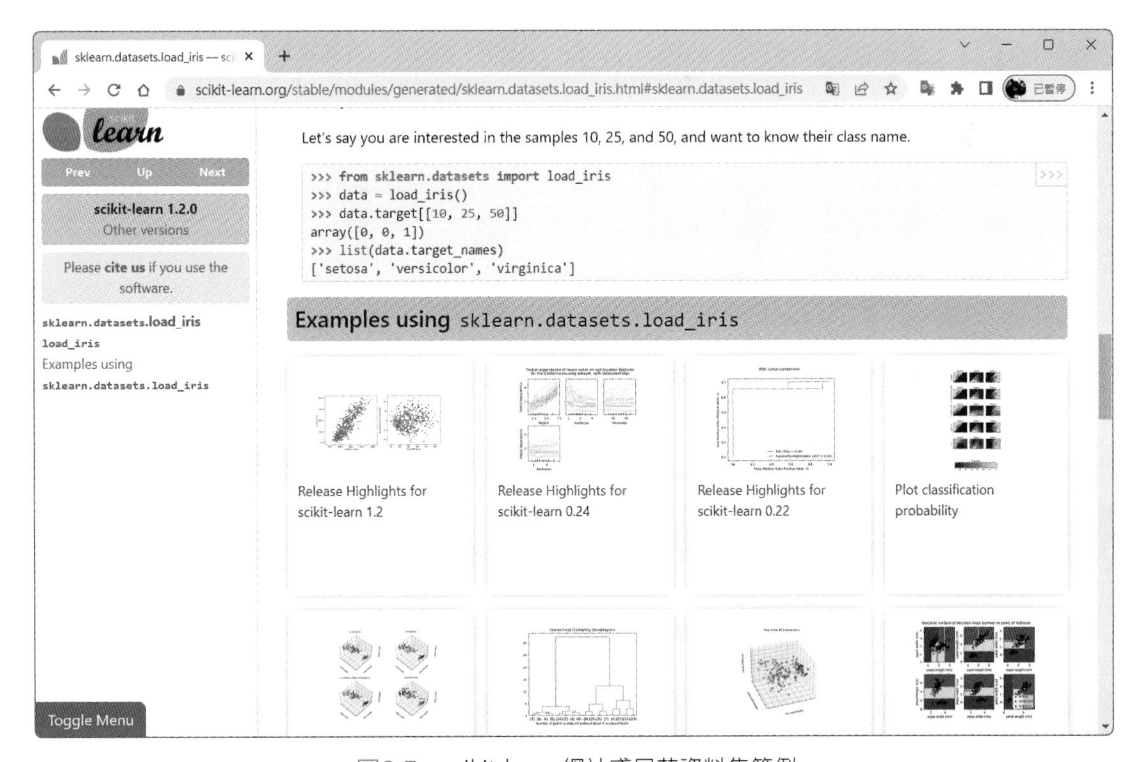

圖2-7　scikit-learn網站鳶尾花資料集範例

Kaggle網站

Kaggle是一個**進行資料挖掘和預測競賽的網路平臺**，提供企業和研究者在網站發布數據資料，資料科學家在網站取得資料，創造出最佳的預測模型並進行競賽，目前已是全球最大的資料科學家社群，網站中有超過二萬個真實的資料集，除了提供競賽外，還有Notebooks、Discuss、Courses等，讓許多資料科學家與AI專家學者在上面學習與交流。

Kaggle網站的資料集非常豐富，包含了商業、醫療、娛樂、電腦科學、網路社群、教育、藝術及時尚等。Kaggle網站還有許多會員分享的成果，會員將文章與程式碼分享出來，使用者只要進入「Notebooks」頁面，在他人分享的頁面中，按下「Copy & Edit」按鈕，就可以開始實作了，如圖2-8所示。

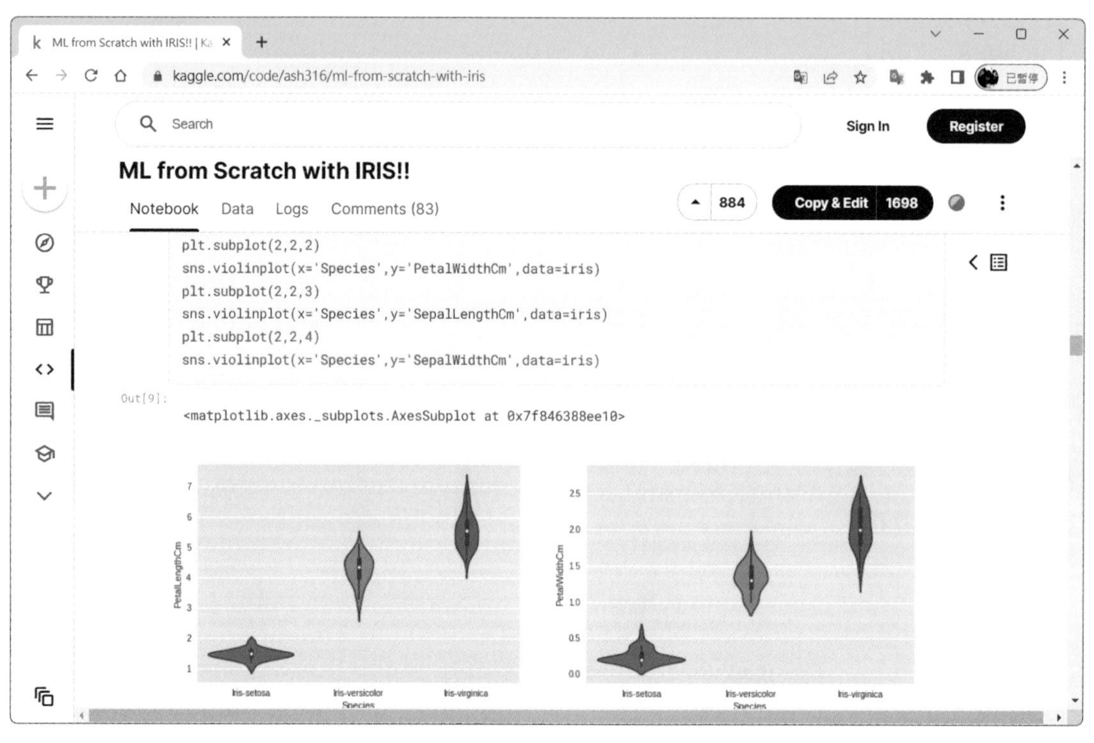

圖2-8　Kaggle網站(https://www.kaggle.com/)

知識補充　資料科學家

資料科學家(Data Scientist)這幾年成為最熱門的工作職缺之一，《哈佛商業評論》將他譽為「21世紀最性感工作」。資料科學家也包括資料工程、資料分析師，他們需要具備數據分析、統計、機器學習等多方面的技能，並能夠將這些技能應用到不同領域和行業中。主要工作就是為資料賦予價值。

2-3 深度學習

深度學習源於**神經網路**(或稱**類神經網路**)，神經網路是深度學習演算法的核心，讓電腦像是長了神經網路般，可進行複雜的運算，展現擬人的判斷及行為。讓電腦進行深度學習主要有三個步驟：**設定好神經網路架構、訂出學習目標、開始學習**。

2-3-1 神經網路的架構

神經網路(Neural Network, NN)就是利用電子科技模擬神經組織的運作而組成。神經網路中最基本的單元是**神經元**(Neuron)，一般稱作**節點**或**單元**。神經網路是由很多層的神經元所建構而成的深度學習網路。

神經網路將數個神經元集結成「**層**」，由**輸入層**(Input Layer)、**隱藏層**(Hidden Layer)、**輸出層**(Output Layer)組成。如圖2-9所示，最左邊是輸入節點，中間是數個神經元組成的隱藏層，最右邊是數個神經元組成的輸出層，所有的輸入節點會個別連結到隱藏層中的各神經元，隱藏層中的各神經元也會個別連結到輸出層中的各神經元。

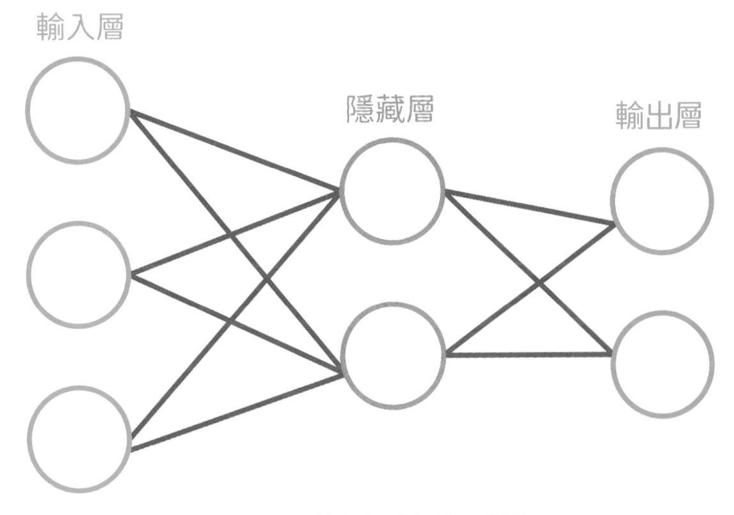

圖2-9　神經網路架構示意圖

為了方便以數學方式來處理，所有輸入的值會以**向量形式**來表示，所有從輸入節點到隱藏層中各神經元連結的強度會以**權值矩陣**(Weight Matrix)呈現，同樣的從隱藏層到輸出層所有連結的強度也會形成另一個權值矩陣。

輸入層

輸入層為**接受刺激的神經元**，表示輸入變數，處理單元則依問題決定。

隱藏層

隱藏層夾在輸入層與輸出層中間，不跟外部有直接的接觸，主要的功能是**對所接收到的資料進行處理**。

輸出層

輸出層中的神經元像是神經系統的啟動器，在**接收到傳遞的訊息後特定的神經元會做出反應**，其中反應訊號最強的神經元代表的項目就是這些資料辨識得到的結果。

神經網路可分為**標準神經網路**、**卷積神經網路**、**循環神經網路**及**長短期記憶神經網路**等模式，其中標準神經網路又稱為**全連結神經網路**，是最常見的神經網路，可以說是神經網路的萬用工具，也是最常搭配其他神經網路的模式。

2-3-2 卷積神經網路

卷積神經網路(Convolutional Neural Network, **CNN**)是**深度神經網路**(Deep Neural Network)領域的發展主力。主要是透過輸入層、**卷積層**(Convolution Layer)、**池化層**(Pooling Layer)、**全連接層**(Fully-Connected Layer)及輸出層，來模擬人類視覺的處理流程，其中卷積層及池化層就類似於人類的視神經，將影像中的特徵找出來，形成訊號，而全連接層及輸出層則像是大腦，處理接收到的特徵訊號，使機器可以像人一樣理解看到的事物。圖2-10所示為卷積神經網路架構示意圖。

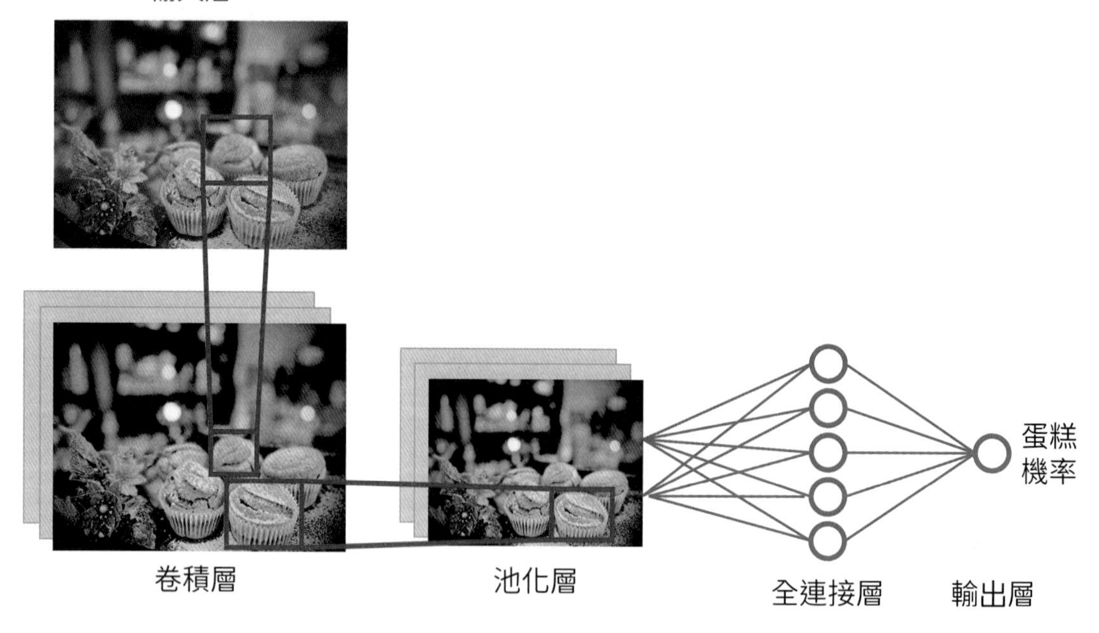

圖2-10 卷積神經網路架構示意圖

所以，**CNN適合用來進行影像辨識**，例如在停車場停車時，停車場會自動辨識車牌；Facebook將上傳的相片，自動標註相片中的人物。

卷積層

卷積層是CNN最重要的核心，例如在看一張照片時，通常會看到每一區塊有什麼，然後在腦海裡呈現出來。因此，讓機器判讀照片時，可以設計一些**濾波器**(Filter)去比較兩張圖片裡的各個局部，這些局部被稱為**特徵**，一張圖片裡的每個特徵都像一張更小的圖片，這些特徵會捕捉圖片中的共通要素，並把特徵強度的分數記錄在它的記分板。只要重複上述過程、歸納出圖片中各種可能的特徵，就能完成卷積。

池化層

池化層的功能在於**找出局部的特殊值**，池化亦可稱為**取樣**(Subsampling)。在一個到數個卷積層後加入池化層，可以幫助我們壓縮卷積層輸出的特徵圖，只留下主要特徵，使得整個網路的計算複雜度降低。池化會在圖片上選取不同窗口，並在這個窗口範圍中選擇一個最大值，經過池化後，其所包含的像素數量會降為原本的四分之一，但因為池化後的圖片包含了原圖中各個範圍的最大值，它還是保留了每個範圍和各個特徵的相符程度。

池化後的資訊更專注於圖片中是否存在相符的特徵，而非圖片中哪裡存在這些特徵。這能幫助CNN判斷圖片中是否包含某項特徵，而不必分心於特徵的位置。

全連接層

全連接層中的每個神經元會跟上一層的所有神經元連結，把我們經過數個卷積、池化後的結果進行分類。

2-3-3 卷積神經網路模型

CNN的經典模型有AlexNet、LeNet-5、VGG、NiN、GoogleLeNet，其中AlexNet這個模型在2012年的大規模視覺識別挑戰賽**ILSVRC** (ImageNet Large Scale Visual Recognition Competition)中，就獲得圖形辨識的冠軍，且錯誤率只有15.3%(第二名是26.2%)，便引起了廣大的迴響。

AlexNet

AlexNet是以ImageNet作為資料庫，從中取出一部分作為比賽用的資料，訓練資料包含了1,000個類別，每個類別約有1,000張照片，總計訓練資料1,200萬張照片。

AlexNet的架構有八層，共使用了五個卷積層、三個全連接層。第一層到第五層是卷積層，其中第一、第二和第五個卷積層後使用池化層，第六到第八層則是全連接層，如圖2-11所示。

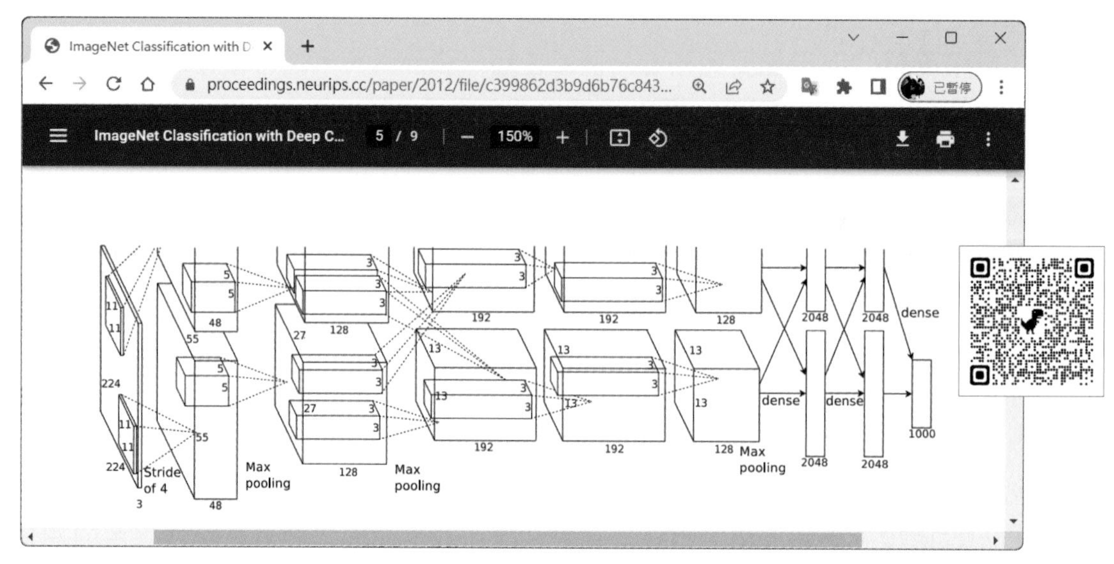

圖2-11　Alex Krizhevsky於2012年提出AlexNet模型

知識補充 ImageNet

ImageNet (https://www.image-net.org)是目前世界上最大的**影像識別資料庫**之一，由史丹佛大學授李飛飛教授於所開創的，其目的是希望能擴大及增進訓練AI所能使用的資料，而ILSVRC競賽所用的資料庫即為ImageNet，如圖2-12所示。

圖2-12　ImageNet網站(https://www.image-net.org)

ImageNet超過1,500萬張的照片，且每張照片都經過標註該照片屬於的類別，整個資料集總共包含了2.2萬種以上不同的類別。

LeNet-5

LeNet-5是卷積神經網路的始祖，用來辨識手寫數字影像。LeNet-5是由CNN之父**楊立昆**(Yann LeCun)團隊提出的架構，該架構由兩個卷積層、池化層、全連接層以及最後一層Gaussian連接層所組成，如圖2-13所示。

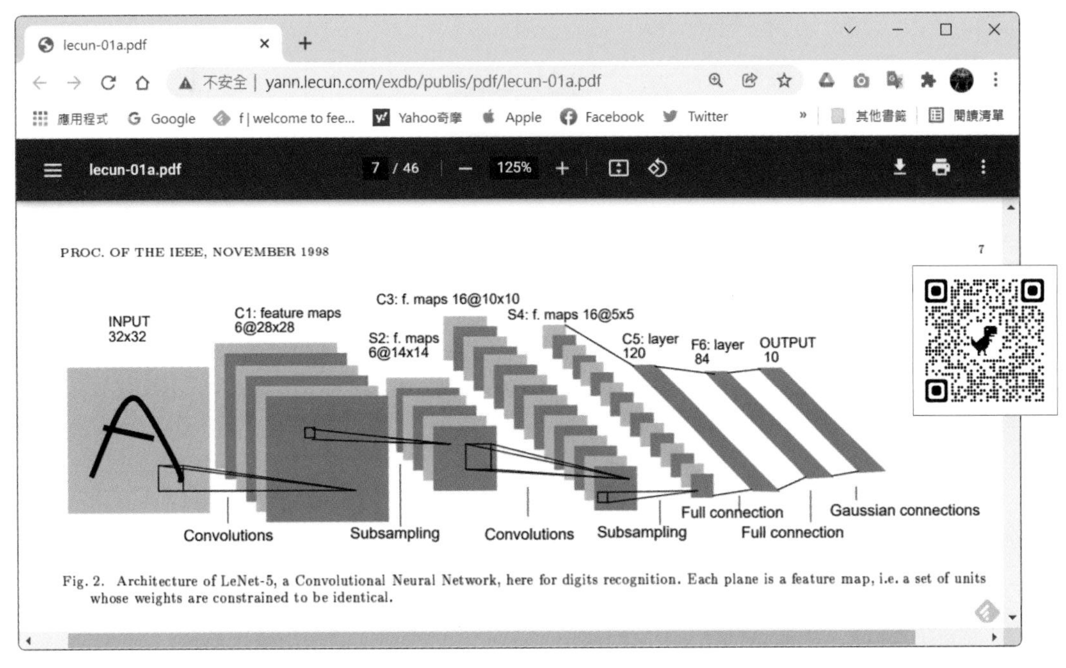

圖2-13　LeNet-5架構

2-3-4 循環神經網路

循環神經網路(Recurrent Neural Network, **RNN**)是一種「**有記憶體**」的神經網路，**適合運用在與時間有關及需要參考前後文等的應用**，例如自然語言處理、關鍵字辨識、語音辨識、時間序列預測等。

RNN的記憶方式是**將神經元的輸出，再接回神經元的輸入，這樣能使神經網路具有記憶的功能**。通常一般人在思考問題時，不會從零開始，而是根據自己以往的經驗與記憶做出判斷，例如在閱讀時，不會細看所讀的每一個字詞，而是會結合前面所看到的詞彙來理解意義，這說明了，人類的思考具備「連續性」，而傳統的神經網路做不到這件事，但RNN其實能解決這個問題，它就是能夠將資訊在網路中再次循環的網路。

圖2-14所示為典型的循環神經網路主體結構，X_t代表輸入層，A為重複模塊，X_t輸入至重複模塊A計算後，得到了輸出值h_t，重複模塊有一個箭頭指回自己，表示將A計算的狀態值傳送至下一個時間點做為輸入值。

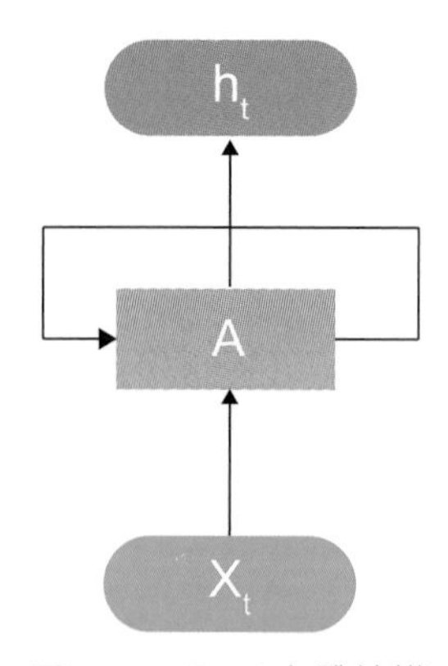

圖2-14　RNN主體結構

這個循環可依時間序展開，夠讓資訊從神經網路中的一步傳遞到下一步，即可看出是將一個結構體做多次的複製循環，如圖2-15所示。雖然這些環看起來讓RNN變得有點複雜，但是它其實與傳統神經網路類似，只是把同一個網路多次複製，將資訊傳遞到下一個網路。

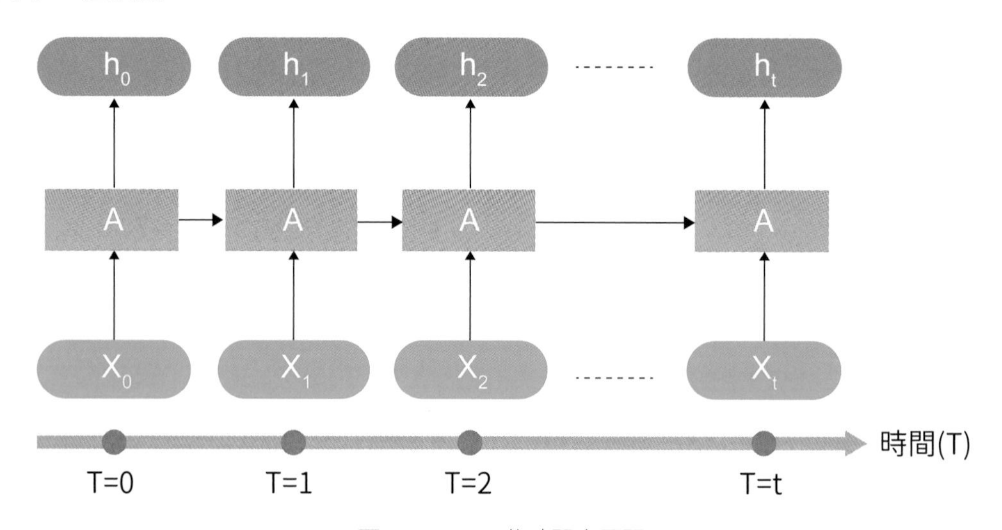

圖2-15　RNN依時間序展開

循環神經網路可支援任意長度的序列，但若序列過長會導致執行反向傳播演算法時，權重無法得到有效更新，甚至讓神經網路無法繼續訓練。

循環神經網路依據輸入和輸出數量的不同，大致上可分為**一對多**、**多對一**及**多對多**三種架構。

一對多

一對多的架構**輸入是單一資料，輸出則是序列資料**。例如輸入一張人物照片，輸出則是該照片內的頭髮、眼睛、鼻子等對於照片物件的描述。

多對一

多對一的架構**輸入的是序列資料，輸出則是單一結果，此架構常應用於情緒分析**，例如輸入對該地點的評論，這類文字描述屬於序列資料，輸出則是判斷該評論為正面還是負面。

多對多

多對多的架構**輸入是序列資料，輸出也是序列資料，依照輸入及輸出的序列資料長度是否相同，又可分為等長與不等長的情況**。每個輸入都有對應的輸出，可應用於語音增強，若為不等長架構，則可應用於**機器翻譯**，例如將日文句子翻譯成英文，輸入與輸出的句子長度就會不一樣。

2-3-5 長短期記憶神經網路

長短期記憶(Long Short-Term Memory, **LSTM**)神經網路是RNN改良後的模型，RNN有著長期記憶的問題，只要是超過一年的舊資料便無法找出紀錄、規律，LSTM解決了長期記憶不足的問題，所以**更適合處理和預測時間序列中間隔和延遲相對較長的事件**。

LSTM的架構與RNN相比，最大的差異是，LSTM多了三個控制開關，這些開關依照資料的權重決定是否要啟動。

- **輸入**：控制是否要將資料寫入記憶體。
- **遺忘**：是否要保留先前記憶體中的資料。
- **輸出**：記憶體裡的資料是否要輸出。

知識補充 NLTK

NLTK (Nature Language Tool Kit)是Python中一個經典的、專門用於進行自然語言處理的工具，它提供了各種工具和函數，用於處理和分析文本數據，包括詞彙處理、詞性標註、句法分析、語義分析等。NLTK還包括了許多語料庫和詞彙資源，可用於訓練模型和進行文本分析任務。NLTK被廣泛應用於學術研究、教育、產業應用等各個領域，是自然語言處理領域中的一個重要工具。

2-3-6 生成對抗網路

生成對抗網路(Generative Adversarial Network, **GAN**)是2014年蒙特婁大學博士生Ian Goodfellow提出的。卷積神經網路之父Yann LeCun曾經說過「GAN大概是這年來深度學習最好玩的一個應用了吧」。

生成對抗網路是一種人工智慧模型，其主要功能是**模仿**，讓電腦產出以假亂真的圖片、語音、影片、文字或是知名畫作，是目前**生成式人工智慧**(Generative Artificial Intelligence, **GenAI**)最常見的應用方法。

GAN是由**生成網路**(Generator Network)及**鑑別網路**(Discriminator Network)所組成，它會訓練生成網路來生成與真實數據相似的新數據，而鑑別網路則試圖區分真實數據和生成網路生成的假數據，透過兩者之間的對抗訓練來進行學習。

舉例來說，可以把生成對抗網路的原理，想像成一個偽鈔製造者(生成網路)和一個警察(鑑別網路)的遊戲。生成網路的目標是製造出看起來像真的鈔票，而警察的目標是區分真鈔和偽鈔。兩者透過反覆對抗的過程中，偽鈔製造者不斷改進自己的技術，而警察也不斷提高識別偽鈔的能力。最終，生成器製造出的偽鈔越來越逼真，以至於警察無法區分真假。

Chimera Painter

「Chimera Painter」是一個由Google開發的AI生成繪圖服務，可以幫助使用者透過簡易筆畫，就能快速創建多樣且獨特的角色。Chimera Painter使用的是生成對抗網路模型，Google團隊預先透過數千張生物圖像與標記內容，讓電腦學習識別各類的生物特徵，使用者只要在網站中透過微軟小畫家般的介面，配合點選各部位選項與簡易筆畫，即可快速創造各種幻想生物，如圖2-16所示。

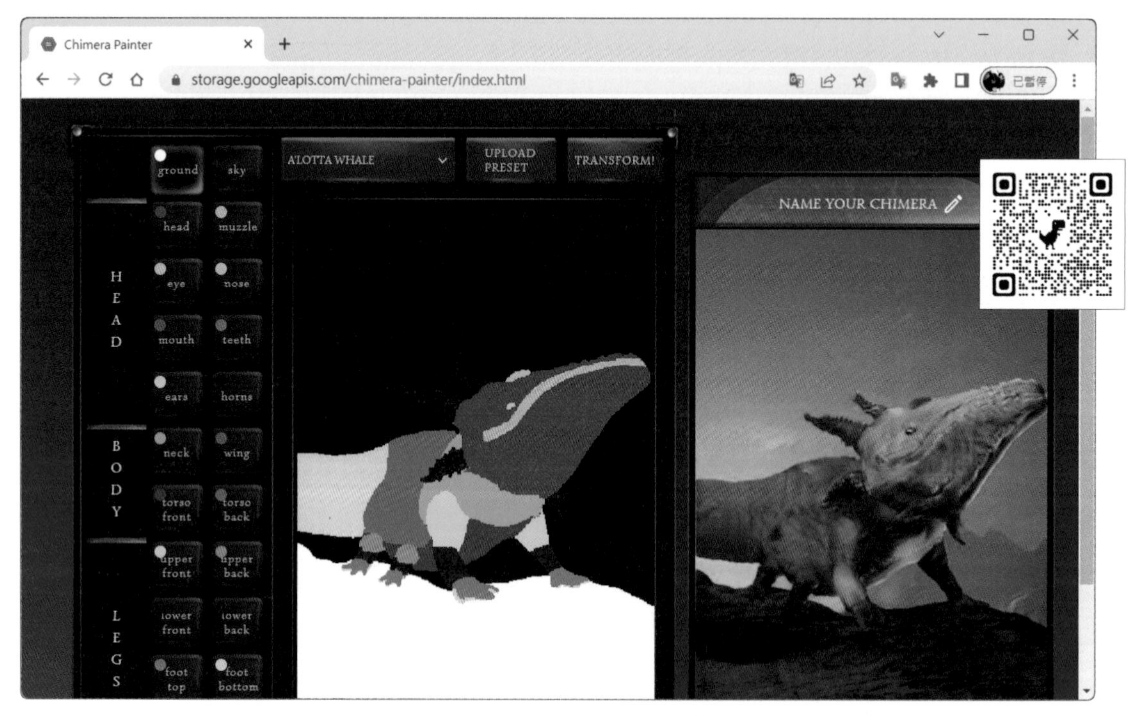

圖2-16　Chimera Painter網站

人臉變換

生成對抗網路也被大量應用在人臉變換。各式各樣的「變臉」應用程式，將自己變老、變年輕、變性，甚至生成載歌載舞的動畫片段，這些都是透過深度學習的GAN，去蒐集各種關於老人、年輕人、男人、女人的臉部特徵，再把使用者上傳的照片，比對資料庫裡特徵相近的臉，重新拼貼、挪移。

美國AI藝術家Nathan Shipley透過**AI StyleGAN**技術，將蒙娜麗莎、莎士比亞、伊莉莎白一世、喬治・華盛頓、芙烈達・卡蘿、瑪麗皇后一世等畫像真人化，將歷史人物帶到現代，如圖2-17所示。

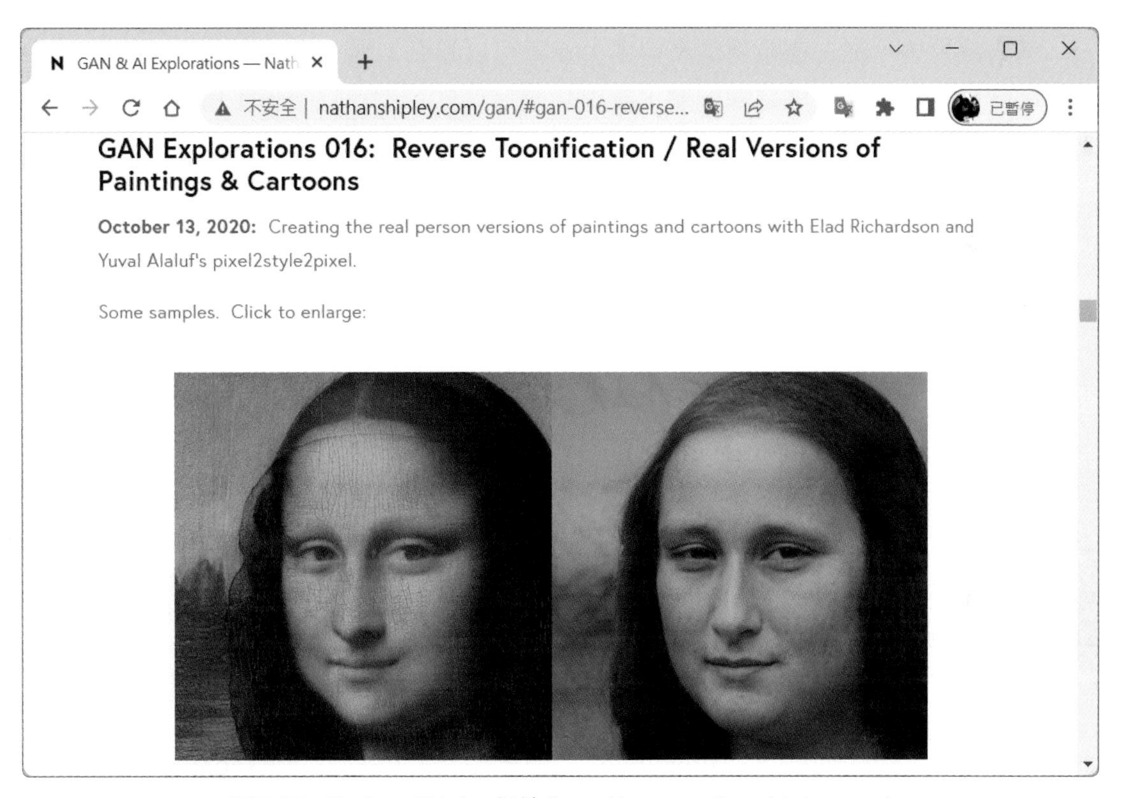

圖2-17 Nathan Shipley網站(http://www.nathanshipley.com)

StyleGAN

StyleGAN是由NVIDIA於2018年推出的生成對抗網路模型，讓AI分析不同的臉孔特徵，再拼湊成仿真度100%的虛擬人臉。StyleGAN的主要特色在於加入了「樣式轉換」機制，使得生成的圖像在外觀和風格上更加多樣化和真實，也具有更豐富的紋理和細節。由於StyleGAN在生成人臉方面的卓越表現，被廣泛應用在計算機圖形學、影視特效、遊戲開發等領域。此外，NVIDIA還釋出了StyleGAN開源碼(https://github.com/NVlabs/stylegan)，使用者可自行下載。

2-3-7 TensorFlow

TensorFlow是Google所開發，**用於機器學習的開放原始碼平臺**，AlphaGo便是建立在TensorFlow之上，還被用來尋找新的行星、幫助醫生篩檢糖尿病導致的視網膜病變等。除此之外，還被廣泛應用於電腦視覺、財務金融、語音辨識、自然語言處理、音訊辨識及生物資訊學等。

在TensorFlow中，還提供了TensorFlow Playground **類神經網路模擬器**，將類神經網路的運作視覺化，該模擬器不需下載任何軟體，直接在網路上即可操作建立類神經網路，且快速地得到訓練結果。

進入網頁後，從左邊看起是資料集，接著可以看到X_1及X_2兩個特徵的輸入層，中間是兩個隱藏層，最後則是輸出層，調整這幾個參數，就可以慢慢了解神經網路的基本架構觀念，如圖2-18所示。

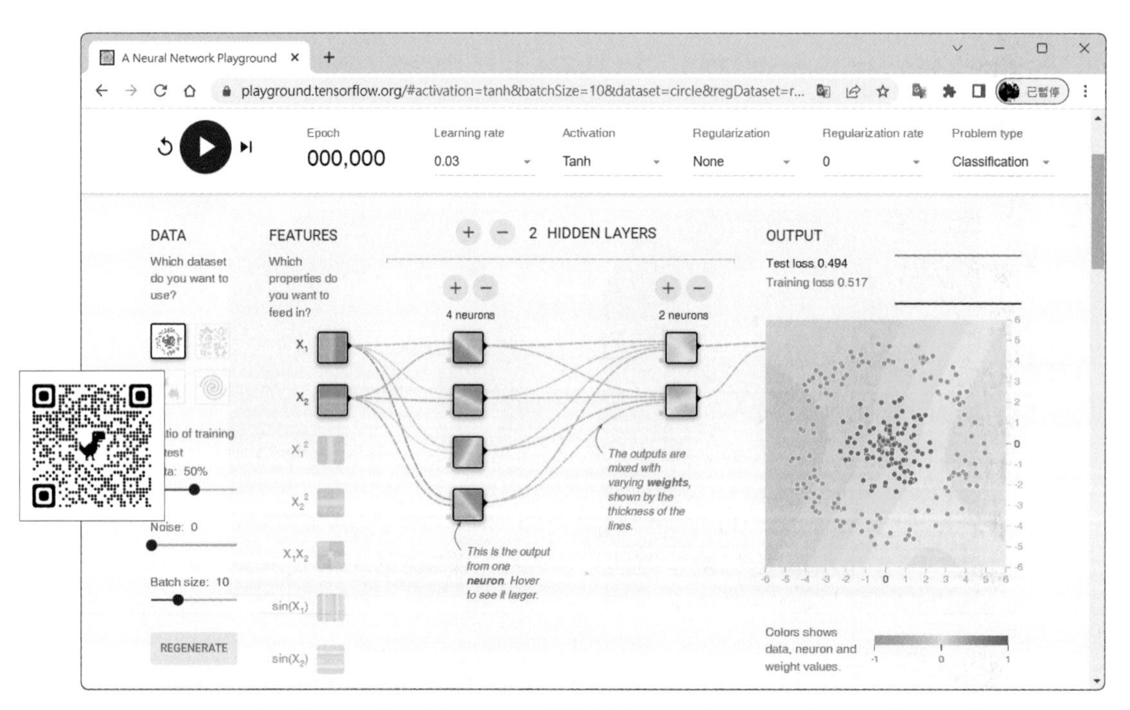

圖2-18 TensorFlow Playground網站(https://playground.tensorflow.org)

知識補充 Google Colab

Google所開發的Google Colab，是一個在雲端運行的程式編輯平臺，它支援Python程式及機器學習TensorFlow演算法，是Python、機器學習和深度學習的教學輔助工具。它提供了各種軟硬體環境，如第三方函式庫(如Keras、NumPy、Pandas等)及GPU，讓用戶可以在網頁瀏覽器中撰寫Python程式，執行時則由虛擬機提供強大的運算能力，可大幅降低學習成本，還能享受免費的硬體加速。

2-4 人工智慧的應用

人工智慧帶來了無限的可能，目前已經被廣泛應用在各行各業，並且為不同的領域注入了新的動力，接下來本節將介紹一些重要的應用。

2-4-1 電腦視覺

電腦視覺(Computer Vision)是人工智慧領域中的一門重要技術，主要是透過攝影鏡頭，結合邊緣運算、雲端運算、人工智慧軟體等各種技術，讓機器能夠從圖像或影片中自動提取有用的訊息，並對其進行分析與處理。其目的是**讓機器具有感知和理解視覺資料的能力，就像人類的視覺系統一樣**。簡言之，電腦視覺就是要「訓練」機器像人腦一樣去看懂圖像或影片的研究領域，重要的不僅僅是能「看見」，而是要像人腦一樣去「識別」所看見的事物。

而**模式識別**(Pattern Recognition)是電腦視覺中的一項應用領域，是指在特定環境中的客體、過程和現象進行自動識別與分類的技術。最典型的模式識別應用，就是相機的「人臉辨識」功能，透過模式識別讓相機可以識別人臉並進行對焦拍攝。

電腦視覺可應用在**圖像辨識**(Image Recognition)、物體檢測、動作追蹤、場景分割等用途。舉例來說，自駕車系統需要電腦視覺去偵測道路、號誌、障礙物或行人等行車環境，並做出路線預測；科技執法透過道路監視攝影機與車牌辨識系統，可自動偵測是否有違規行為發生；在國際機場辦理出入境時，自動通關閘口的**臉部辨識**(Facial Recognition)機器幾秒內就能確認旅客身分(圖2-19)。

圖2-19　機場的臉部辨識通關服務(圖片來源：桃園機場公司)

2-4-2 語音辨識

語音辨識(Speech Recognition)主要目的在**提供人性化的操作介面，希望電腦聽懂人類說話的聲音，進而命令電腦執行相對應的工作**。例如iPhone、iPad、Apple Watch內建的Siri語音助理、Amazon Alexa及Google助理等，可以聽懂人類的口語命令，協助我們查詢天氣、撥打電話等。

賓士(Mercedes-Benz)汽車自行研發的**MBUX** (Mercedes-Benz User Experience)車載資訊娛樂系統(圖2-20)，結合了AI語音辨識技術，只要透過「您好賓士」喚醒系統，就可以用聲音操控車內各項功能。駕駛若要調整車內空調溫度，只要開口說「您好賓士，這裡很熱」，系統就會自動調降空調溫度，方便又安全。

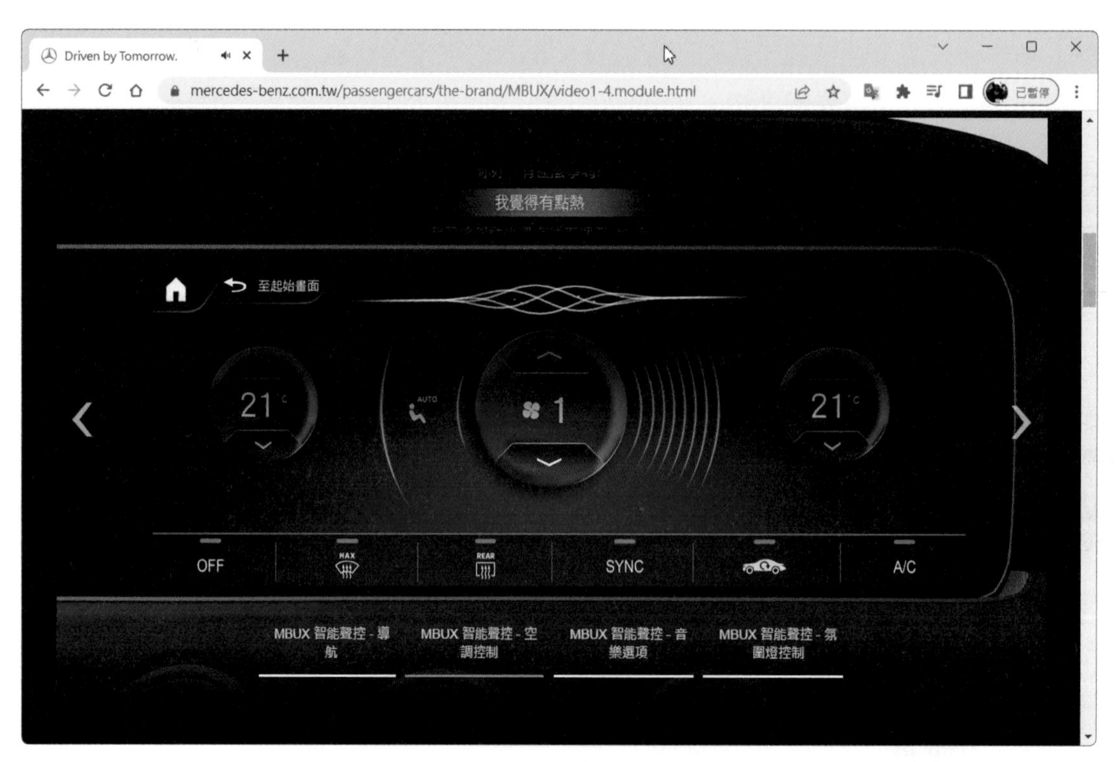

圖2-20　MBUX車載資訊娛樂系統

日本電信大廠NTT集團的NTT出版(NTT Publishing)與NTT TechnoCross合作，運用雲端語音資料轉換為文書資料的深度學習人工智慧，可以將30分鐘的演講，在30分鐘內即時轉換為文字資料。

COVID-19疫情導致企業開始嘗試使用AI面試，HireVue開發的AI招聘系統，結合了攝影機和電腦運算，分析求職在面試過程的細節，如臉部表情、眼神接觸，還能感受到求職者的興奮程度，最終將求職者面試成功的可能性分為高、中、低三個等級，再交由AI演算法來分析，可協助企業對人才進行初步篩選。

2-4-3 自然語言處理

自然語言處理(Natural Language Processing, **NLP**)科技就是發展出一套電腦可以接受人類語言詢問，再以類似人腦思考的模式辨析語意，進而再判斷、反應的程式語言。簡單來說，就是讓電腦**分析**(Analysis)所接收到的資訊，再**轉換**(Transfer)成另一種形式的有用資訊，最後再以另一種語言呈現出來，稱為**生成**(Generation)。

機器翻譯(Machine Translation)就是自然語言處理的應用之一。舉例來說，當我們用Google Chrome瀏覽器搜尋進入一個英文網頁，只要按下滑鼠右鍵，點選「翻譯成中文(繁體)」功能之後，就會發現整個網頁都被翻譯成繁體中文。

美國人工智慧研究實驗室「OpenAI」開發的AI聊天機器人「**ChatGPT**」是一個文本生成式AI服務，它除了英文之外，也能用西班牙語、法語、德語、意大利語、葡萄牙語、荷蘭語、俄語、中文、日語等各種語言回答問題，還能寫論文、算數學、寫詩、寫歌詞、寫程式等。ChatGPT是一種使用基於GPT 3.5/4架構的**大型語言模型**(Large Language Model, **LLM**)，它透過機器學習中的強化學習與**人類回饋增強學習**(Reinforcement Learning with Human Feedback, **RLHF**)進行訓練。這使得它能夠處理複雜的自然語言，在與用戶互動的對話過程很有真實感，就像是在與朋友對話一樣。只要在官網或APP中進行註冊即可使用。進入後輸入問題即可與AI進行對話，如圖2-21所示。

圖2-21　與ChatGPT交談(https://openai.com/blog/chatgpt/)

目前ChatGPT分為免費(GPT 3.5)與付費(GPT 4)的Plus及Team三種版本，付費版具有更新、更完整的資料庫及AI功能，除了更聰明之外，也能支援圖像辨識。

2-4-4 知識發現

知識發現(Knowledge Discovery)就是**從大量的資料中找出未知且潛在的有用知識**，並且加以利用這些知識，以便實現各種智慧性的應用。

例如當我們在電子商務平臺購物時，會看到「買了此商品的人也買了…」的訊息或「推薦商品」清單，剛好就是我們想買的同類型商品，如圖2-22所示。電子商務平臺透過他們所擁有的大量顧客的購買紀錄和瀏覽紀錄進行知識發現，找出類似的顧客喜好和行為特徵，將之運用到商品的推薦上。

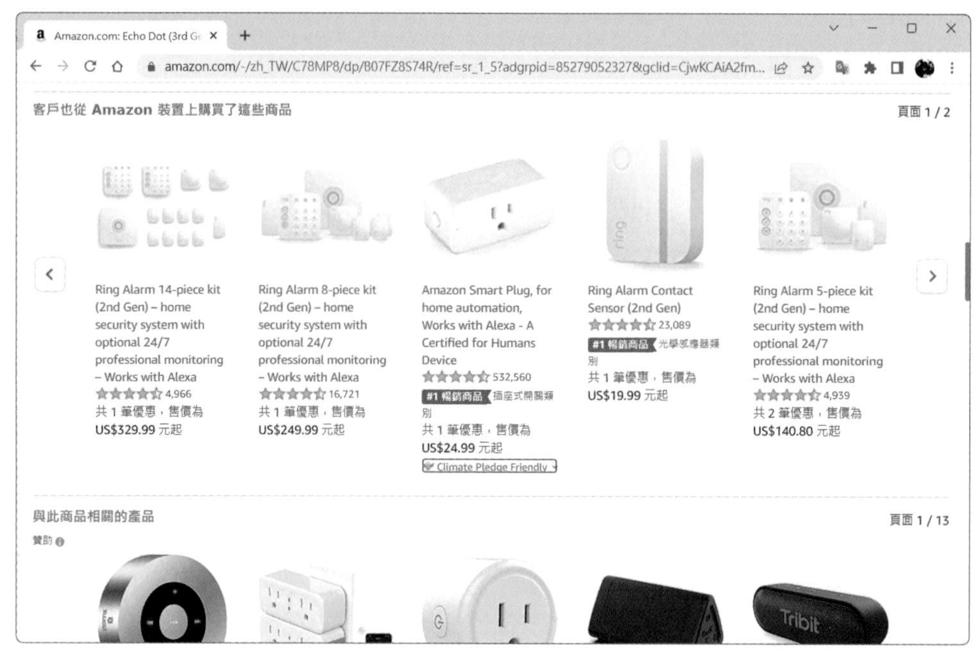

圖2-22 購物網站會在顧客瀏覽商品時推薦其他商品

知識發現與挖掘的過程包含了**資料篩選**(Data Selection)、**資料預處理**(Data Preprocessing)、**資料轉換**(Data Transformation)、**資料探勘**(Data Mining)、**知識評估**(Knowledge Evaluation)等步驟。

- **資料篩選**：將各個資料庫格式整理成一致，再從中篩選出與分析目標相關的資料。
- **資料預處理**：針對篩選出來的資料進行初步的檢驗及處理，以確保資料的正確性及完整性。
- **資料轉換**：將資料轉換成適合資料挖掘演算法處理的格式，以提高分析處理效率。
- **資料挖掘**：從資料庫中探勘出有興趣的樣本，或是建立預測描述未來可能發生事件的模型，此步驟為知識發現的核心。
- **知識評估**：確定其正確性與可用性。

2-4-5 醫學診斷與智慧醫療

在醫療應用方面，深度學習可以找出哪些病患最有可能得到特定疾病，以及患有這些疾病後，誰需要更頻繁地看醫生、更積極地用藥，以及開立特定處方籤。Google AI 研究團隊就透過**回饋式循環神經網路**和**前饋式神經網路**(Feedforward Neural Network, FNN)分析電子病歷，來預測病患住院期間的死亡率、意外的回院風險、住院天數和出院病情。

人工智慧也讓醫療變得更智慧，利用先進的網路、通訊、電腦以及AI技術，來提升醫療效率與醫療服務品質，減少工作中的差錯，使民眾獲得更適當的治療及預防保健服務，如圖2-23所示。

圖2-23　智慧醫療示意圖(圖片來源：elenabsl/Shutterstock.com)

智慧醫療業的應用領域極為廣泛，將會驅動遠距醫療、遠程患者監護、整合型電子病歷管理系統、臨床決策支援與照護服務、患者穿戴型裝置、線上醫療諮詢與掛號、AI看診等技術，以改善醫療成效、病患經驗，使醫療服務更可親，進而增加醫護體系的效能，照顧更多病患，避免醫護人員過勞。

現在也有許多醫院導入智慧醫療，例如臺北榮總和臺灣人工智慧實驗室協力建立的「臨床人工智慧腦瘤自動判讀系統」，系統就可以直接讓醫師校正和確認AI判讀的結果，同時也能持續訓練模型；義大醫院利用「人工智慧個案管理系統」，建立骨質疏鬆預警機制，AI系統會自動檢視患者的病歷紀錄，自動追蹤與辨識骨質疏鬆高風險族群，建議患者是否做骨質疏鬆症的檢查；中國醫藥大學附設醫院導入「AI門診」，整合各科別的大數據資料，訓練人工智慧系統建立高精準度的判讀模型，包括影像標記系統、超音波乳房腫瘤輔助分類系統、肝臟健康評估管理系統等醫療AI輔助應用。

2-4-6 智慧機器人

機器人是人工智慧最常見的應用，機器人從原先人工編寫程式而來的自動化，邁向了自主學習，讓機器人的應用更為廣泛，例如製造、太空探測、工業、農業、土木建設及環境探測等。

Halodi Robotics公司開發的全尺寸人形機器人**EVE**，該機器人嘗試在醫院工作，測試人形機器人能否能協助醫院醫護人員完成日常工作，以解決醫院人手短缺的問題，將較沒技術性的工作交由機器人處理，讓人手專注於需要技術的工作。測試結果得知EVE有能力減輕醫護人員200小時的簡單後勤工作，讓醫護人員有更多時間照顧病人，如圖2-24所示。

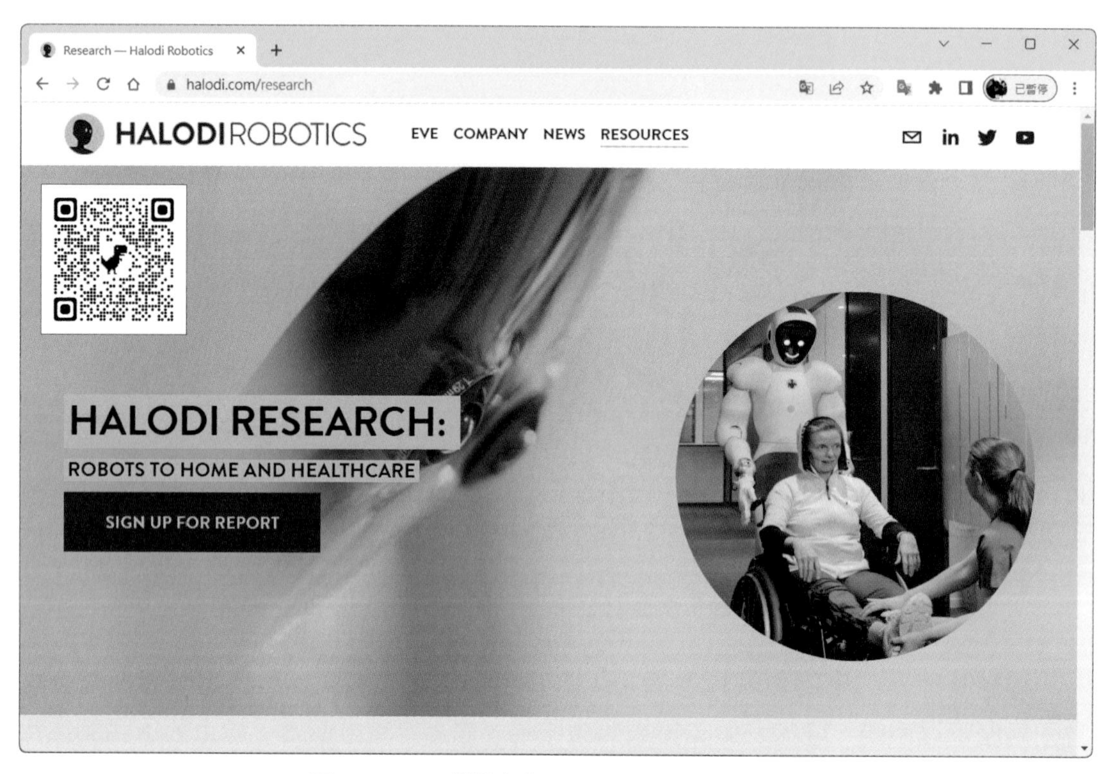

圖2-24 EVE機器人(https://www.halodi.com)

機器人依應用類型可分為工業型機器人和服務型機器人，根據工研院IEK Consulting資料顯示，**國際機器人聯盟**(International Federation of Robotics, **IFR**)預估，全球工業機器人的裝置量在2026年將達59.2萬台。市調機構富士經濟預測，2025年全球服務型機器人的市場規模將達到415億美元，應用領域涵蓋智慧家庭、醫療康復、農業、無人配送、無人巡檢等需求。

2-4-7 生成式 AI

生成式人工智慧(Generative Artificial Intelligence, **GenAI**)是透過機器學習模型研究歷史數據的模式，根據處理的內容，由AI自動生成新的數位內容，如文字、語音、圖像、視訊、商品、場景等，都可由AI演算法自動生成，而這些生成的資料與訓練資料會維持相似，但不是複製。

生成式AI所使用的生成模型有很多種，目前大多數都是依賴**生成對抗網路**來運作，從大量資料中透過GAN手法生成擬真資料；而**擴散模型**(Diffusion Model)則主要用於圖像生成和圖像修復，擴散模型的訓練目標是促使生成的圖像與真實圖像之間的差異最小化，透過逐步填充和更新圖像的像素值，直到生成完整的圖像。

隨著AI技術的日益成熟，各種生成式AI的應用工具也紛紛問世，透過這些服務，可以快速生成文字、圖像、語音、音樂、影片等各種形式的內容，可應用於創作、自動化任務、數據增強、數據生成、產品設計、影視特效、遊戲開發等各種領域。表2-3所列為熱門的生成式AI工具。

表2-3 熱門的生成式AI工具

應用領域	應用軟體及服務
文字	ChatGPT、Google Gemini、Copilot、Quora Poe、Writesonic、Jasper AI、Taiwan LLM ChatUI
圖像	Midjourney、DALL-E 3、Deep Dream Generator、Disco Diffusion、Leonardo AI、PhotoRoom、Bing Image Creator (影像建立者)
音樂	Soundful、boomy、Mubert、Splash
影片	Make-A-Video、Runway、Tavus、Synthesia、Fliki
語音	Speechify、Resemble AI、雅婷文字轉語音、Fliki

根據資策會產業情報研究所(MIC)於2023年第四季所做「生成式AI大調查」報告指出，有36%網友使用過生成式AI工具，其中有7成曾使用文字型工具，為最大宗的工具類型，其次依序為圖像型、程式碼型以及影音型工具；18到25歲族群使用過生成式AI工具的比例超過6成，為全年齡層最高。隨著生成式AI快速滲透生活領域，未來將成為國民的科技素養之一。

AI影片生成─Make-A-Video

Make-A-Video是Meta推出的AI影片生成器(圖2-25)，使用者只要輸入文字描述，再加上單張或多張圖片，即可透過進行訓練的人工智慧模型運作，在短時間內生成自然生動且獨特的影片內容。

Make-A-Video提供了現實、寫實及風格化三種影片類型，目前所有生成影片皆會有浮水印，確保觀眾知道該影片是透過AI生成，而不是真實拍攝。Make-A-Video會透過GitHub公開相關技術資源，並且提供開發社群研究使用。

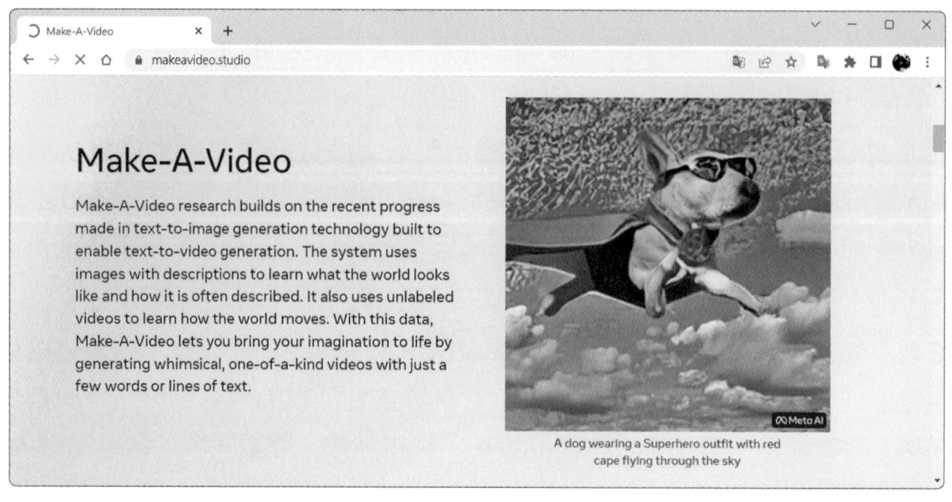

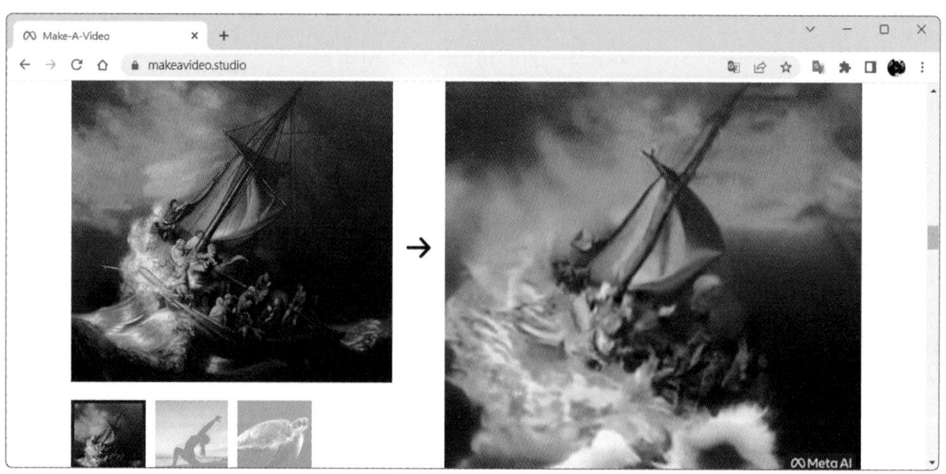

圖2-25　Make-A-Video網站(https://makeavideo.studio)

AI繪圖生成─Midjourney

AI繪圖近年成為熱門話題，AI的進步，讓即使沒有繪圖天分的人，也可以輕鬆成為藝術創作者，而隨著AI所使用的演算法愈來愈複雜且多變，因此AI繪圖開始被運用在商業和藝術等領域上。

AI繪圖的興起，讓繪圖生成平臺大受歡迎，其中Midjourney掀起了「人人都是藝術家」的風潮。創作者Jason Allen以Midjourney進行創作，耗時數週並仔細調校關鍵字及產出的成果，最終以「太空歌劇院」(Théâtre D'opéra Spatial)作品參賽(圖2-26)，在2022年的美國科羅拉多州博覽會美術大賽中，奪得「數位藝術類」獎項。

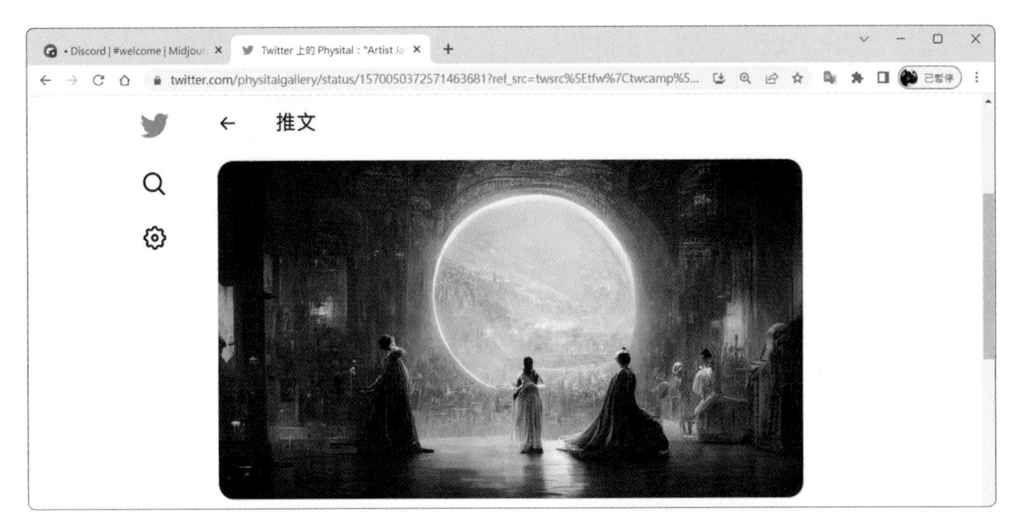

圖2-26　Jason Allen的作品《Théâtre D'opéra Spatial》獲得美國科羅拉多州博覽會數位藝術類首獎

Midjourney功能強大，已成為最主流的AI繪圖工具之一，使用者只要在網站中輸入關鍵字，就可以透過AI演算法產生相對應的圖片，其運算速度很快，自動生成一幅作品只需1至2分鐘，在短時間內就能創作出令人讚嘆的作品。

想要繪製自己的作品，只要在聊天框輸入「/imagine」，就會出現「Prompt」的框框，在框框裡輸入關鍵字或是句子，接著Midjourney就會開始創作了，完成後會看到四張概念圖，接著可以透過下方的按鍵來調整細節，U (Upscale)代表能選擇其中一張圖片，放大像素並提升細節；V (Variations)會根據所選的圖片來延伸畫面，如圖2-27所示。

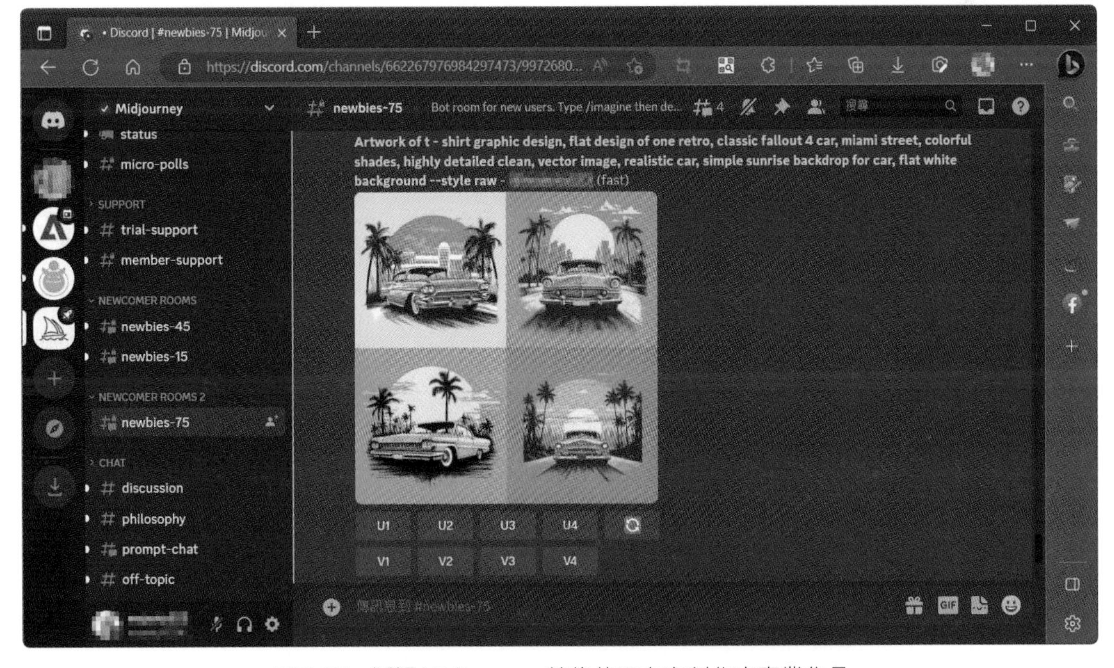

圖2-27　透過Midjourney就能使用文字創作出專業作品

2-4-8 陪伴式 AI

陪伴式人工智慧是一種設計用於提供情感支持、陪伴和互動的人工智慧技術。這種技術主要提供人性化的互動體驗，目的是開發出能夠模擬人類情感和理解用戶需求的人工智慧系統，以提供一種類似於人類陪伴的體驗。陪伴式AI可以表現出情感和情感回應，並與用戶進行對話、提供建議、分享訊息等，以幫助用戶減輕壓力、增加情感支持或提供娛樂。

圖2-28　ElliQ使用自然語言溝通，降低長者使用AI的門檻(圖片來源：ElliQ)

以色列公司Intuition Robotics針對獨居長者，開發出一款具有實體機身的陪伴機器人——ELLIQ (圖2-28)。

ELLIQ內建人工智慧科技，它能提醒用戶吃藥、喝水，會記錄使用者的生活習慣、情緒起伏及臉部表情，也會記住每個用戶的興趣和曾有過的對話，除了具備健康監測功能，也能滿足獨居老人需要找人聊天、陪伴的需求。

character.ai是一個透過神經語言模型建立的聊天機器人網站，它結合了深度學習與GAN，讓使用者可以從頭開始建構及訓練模型，創造出虛擬AI角色個性。同時也提供數百位擁有角色設定的AI聊天機器人，從各大名人、電影明星、VTuber、動漫等都有(圖2-29)。目前character.ai在美國已擁有420萬的APP每月活躍用戶。

圖2-29　在character.ai中，想和虛擬的特斯拉創辦人馬斯克(Elon Musk)聊天也不是問題

2-4-9 仿生機器人

仿生學(Bionics)是指以人造方式模仿自然界生物的生理構造、功能原理與生存策略，並透過機械工程技術實現，用以解決工程或生活上的難題。而**仿生機器人**(Bionic Robot)是指模仿生物體的外觀結構、運動原理和行為等特徵，所建造而成的機器人，可說是仿生學與人工智慧的結合。其主要目的是為了能夠延伸或替代生物的功能，以便在特定場景進行特殊任務。

仿生機器人的應用相當廣泛，例如仿生機器魚可用來進行水下探勘或水質監測；仿生鳥能在密林枝葉或建築物間輕鬆穿梭，可執行空污監測、海上巡邏、急難搜救、軍事勘察等任務；仿生機器手臂模仿人類手臂運動方式，可以用於醫療手術和康復治療；人形機器人則可與人互動、陪伴或是減輕人力負擔。

仿生機器人的設計主要包含下列三大技術領域：

- **生物學模仿：**仿生機器人的設計往往受到生物體的啟發，像是仿生機器魚的鰭狀結構模仿了魚類的游泳動作，人形機器人的關節結構和肌肉系統則模仿人體運動方式。
- **感知技術：**仿生機器人使用各種感測器來感知周圍的環境，包括視覺、聽覺、觸覺等。這些感知系統可以幫助機器人感知和響應外界的變化，使其能夠適應不同的環境和任務。
- **智能控制系統：**仿生機器人通常配備智慧控制系統，以模仿生物體的行為和反應。這些控制系統可以根據感知到的訊息和預設目標來調整機器人的行為，使其能夠執行各種任務，例如尋找目標、避免障礙物等。

仿生蜻蜓

德國Festo公司開發的仿生蜻蜓**BionicOpter**(圖2-30)，是一款模仿蜻蜓高度複雜飛行特性的超輕型飛行器，它就像真正的蜻蜓一樣，可以朝向空間的所有方向飛行、在空中保持靜止並緩緩滑翔而不需要拍打翅膀，不僅能夠突然停止或轉向、短時間內加速，還可以向後飛行。可應用於軍事偵察、環境監測、救援行動等任務。

圖2-30　Festo公司的仿生蜻蜓BionicOpter，以科技實現蜻蜓高度複雜的飛行技術

仿生四足機器狗

小米(Xiaomi)公司推出的仿生四足機器狗**CyberDog**(圖2-31)，其體型與一般小型犬相近，包括頭部、腿部和腰身比例皆參考自杜賓犬，能夠表現出前後跳等多種小型犬動作，也可以做出前空翻、芭蕾舞步、滑板、月球漫步等高難度動作。

CyberDog擁有多達19個感測器，能夠準確感應環境。同時支援人臉辨識、聲紋辨識和情緒識別等，懂得理解、回應，甚至預測主人的需求和情緒並做出回應，也能夠透過各種動作表達其心情。

圖2-31　小米推出的CyberDog 2仿生四足機器狗，其外型酷似杜賓犬

仿生機器人

英國Engineered Arts公司開發的仿生人形機器人**Ameca**，將臉部表情設定為一種交流工具。其臉部配備了17顆獨立馬達，並使用一組AI系統來模擬人類表情變化，可做出相當擬真的各種表情(圖2-32)。

Ameca被設計為一款與人類互動的機器人，可使用ChatGPT-3與人類流暢對答，在對話的過程中還能隨著談話內容做出自然豐富的表情動作。

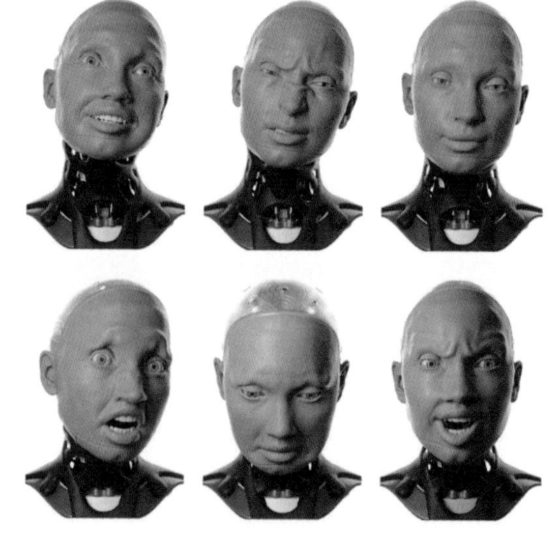

圖2-32　仿生人形機器人Ameca可做出各種表情

2-5 人工智慧的發展與衝擊

麥肯錫全球研究院(McKinsey Global Institute, **MGI**)認為，人工智慧正在促進人類社會發生轉變，將比工業革命發生的速度快10倍，規模大300倍，影響幾乎大3,000倍。人工智慧技術與應用正在快速演進，將驅動技術、產品、產業、業態、商業模式的演化，並使經濟、產業結構發生重大變革。

2-5-1 人工智慧發展趨勢

隨著神經網路、深度學習等技術的突破，帶動AI技術與產業的蓬勃發展，AI已經無所不在地存在於我們周遭環境中。為了迎接智慧化時代的來臨，世界各國紛紛投入AI的研究，甚至提升到國家戰略層級。

我國也推出「臺灣AI行動計畫2.0」，將以實現「以AI帶動產業轉型升級、以AI協助增進社會福祉、讓臺灣成為全球AI新銳」為願景。從產業端出發，透過深耕AI技術與發展AI產業及產業應用AI，帶動我國整體產業轉型升級。預計2023至2026年達成帶動AI產業化及規模化、以AI協助因應社會議題及促成AI國力躍進等目標。

全球知名資訊科技研究與顧問公司Gartner發布了《2021年人工智慧技術成熟度曲線》(Hype Cycle for Artificial Intelligence, 2021)，其中有四個趨勢正在推動近期人工智慧創新。

- **負責任的人工智慧(Responsible AI)**：在設計和開發人工智慧系統時，需考慮到包括使用者、社會大眾、政府和監管機構等相關者的需求和擔憂，提高人工智慧技術的**可信度**、**透明性**、**公平性**和**可審核性**，並對人工智慧應用所帶來的社會和倫理影響負起責任，確保其設計、開發和應用符合道德和法律標準。
- **小而廣的數據(Small and Wide Data)**：能夠實現更強大的分析和人工智慧、減少企業對大數據的依賴，並**提供更豐富、更完整的情境感知**。Gartner預測到2025年，70%的企業機構將被迫把重點從大數據轉向小而廣的數據，這將為分析工具提供更多的上下文，並減少人工智慧對數據的需求。
- **人工智慧平臺的操作化(Operationalization of AI Platforms)**：根據Gartner的研究，只有一半的人工智慧專案能夠從測試階段進入到生產階段，而這些專案的平均完成時間為9個月。人工智慧編排、自動化平臺和模型操作化等創新，正在實現**可重用性**、**可擴展性**和**治理**，加快人工智慧的採用和成長速度。
- **有效率的使用資源(Efficient Use of Resources)**：人工智慧所涉及到的數據、模型和計算資源複雜性與規模，**人工智慧創新需要最高效地利用這些資源**。

2-5-2 人工智慧的衝擊

AI的快速發展，同時帶來許多待解的疑慮和隱憂。根據資策會產業情報研究所(MIC)調查，民眾擔憂的前3大課題依序為過度依賴(64%)、虛假與偏誤(61%)以及隱私安全(43%)，其他如就業衝擊、觸犯法規，也是民眾擔憂的問題。

人工智慧成為新世代最重要的科技發展之一，全球都受到AI介入工作、經濟發展的影響，PwC (PricewaterhouseCoopers)公司針對2030年全球受AI經濟預期收益影響進行預測，以中國的26%為首、北美14.5%次居、其他周邊國家在5%至11%左右。以產業而言，若以GDP來評估，公共服務跟個人化服務，無論是叫車、訂餐或是醫療等，都受到影響且逐漸增加。以工作機會而言，會受到影響最大的區域是中國，其他如拉丁美洲、北美洲、北歐的影響也都持續增加。

工作被取代

隨著人工智慧的發展，許多工作將漸漸被取代，麥肯錫的《未來工作：自動化、就業與生產力》報告中指出，近六成的職業中，至少有30%的工作內容將被人工智慧取代。調查指出十大容易被取代的職務有**會計**、**醫生**、**保全人員**、**營銷員**、**軍人**、**接待員**、**工人**、**快遞員**、**公車司機**及**農民**。

而根據yes123求職網公布的「疫情年企業接班與轉型計畫調查」顯示，除了即將消失24.8%的工作機會，更有高達87%的勞工，擔心在「退休前」工作會被機器人或人工智慧取代。以10年後來看，在機器人自動化與AI的職場中，預估「勞力型」工作消失機率較高的是**產線作業員**、**售票員**、**加油站人員**、**量販店及超商店員**、**客服人員**。而「勞心型」工作消失機率較高的是**銀行櫃檯行員**、**翻譯人員**、**記者**、**金融交易員**及**生產線工程師**。

面對人工智慧的發展，人工智慧只會取代部分人力，而非全部。在職場上，整合和互動的需求更加重要，熟悉並使用AI工具將成為未來職場的關鍵技能。利用這些工具能夠快速生成內容，再通過人工判斷進行調整，從而提升工作效率，預計就業環境將因此迎來變革。無論在哪種崗位，為未來做好準備，分析人工智慧將對自己的工作帶來什麼影響，也要思考如何使用人工智慧為自己提升價值。

AI倫理

人工智慧加入仿生學、認知心理學後，自動化服務愈來愈深入每個人的生活，而人們也開始關注隱私權、資料蒐集的正當性，AI倫理議題也隨之而起。

經濟合作暨發展組織(Organisation for Economic Cooperation and Development, OECD)制定了《人工智慧原則》(Principles on Artificial Intelligence)，指出AI發展應具有**包容性**，AI系統的設計應**尊重法治及人權、民主價值觀及多樣性**，AI應當具有**透明性及負責性**，AI應當足夠**安全及可靠**，以及AI開發、執行等相關人員應**對AI負責**。

歐盟公布的「可信賴的人工智慧之倫理綱領」(Ethics Guidelines for Trustworthy AI)，則包括了**應由人類監督AI、AI應穩健與安全並值得信賴、重視隱私和數據管制、使AI具有透明及可追溯性、多元、非歧視與公平、尊重社會和環境維護、建立完善究責制度**等七大原則。

臺灣科技部也訂定了「**人工智慧科研發展指引**」，以人為本、永續發展及多元包容為核心價值，進而延伸出八項指引，包括共榮共利、公平性與非歧視性、自主權與控制權、安全性、個人隱私與數據治理、透明性與可追溯性、可解釋性及問責與溝通等，國內科研人員都要遵循，以避免AI造成社會災難。

深度偽照

深度偽造(Deepfake)是**深度學習**(Deep Learning)與**偽造**(Fake)混合而成的單字，又簡稱「深偽」。顧名思義，深偽技術**是一種透過人工智慧和深度學習的合成媒體技術**，來合成媒體資訊(圖片、聲音、影像等)，以生成高度逼真的假影像和假聲音，讓人難分真偽。運用深偽技術冒用重要人士影像發表不實影片，或者被不肖份子用來進行詐騙，對全球秩序與治安造成災難性的影響。

深偽技術通常基於深度神經網路，通過訓練模型來學習和模仿現實人物的外貌、動作和聲音。這些生成的假影像和假視訊可以用於製作虛假新聞、欺騙性影片、不實廣告等，對社會造成不良影響。例如，2018年，網傳時任美國總統歐巴馬的演說影片中，罵「川普是個徹頭徹尾的笨蛋」，被證實為後製合成的虛構內容，引起世界對於深度偽造的警覺；2021年，臺灣網紅小玉將臺灣女性名人合成至色情影片而遭起訴，被依違反《個人資料保護法》判處5年6個月徒刑；2024年，香港一家跨國公司遭受新形態的深偽詐騙，詐騙者利用深偽技術在視訊電話會議中冒充該公司財務長，致使財務人員受騙匯出超過2600萬美元。

深偽技術的出現，引發人們對訊息真實性和影片可信度的關注，並提出了對數字真實性和隱私安全的新挑戰。雖然深偽技術在某些情況下可以應用於創意藝術和特效製作，但也存在著潛在的濫用風險和倫理問題。因此，深偽技術的發展需要與相應的法律法規和倫理規範相結合，以確保其正確使用並保護公眾利益。

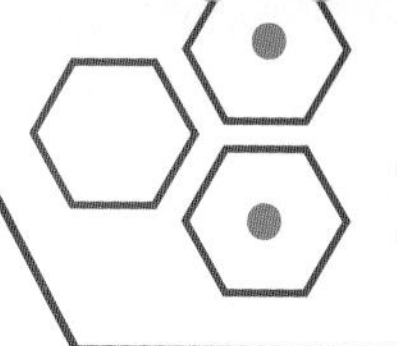

秒懂科技事

用文字生成影片—Sora

Sora 是 OpenAI 於 2024 年推出的影音生成式 AI 模型，其命名源自日文的「天空」，代表擁有無限創作潛力的含意。而它的功能如同其命名涵意，可以將單純的文字描述，填入天馬行空的想像畫面，轉換成高品質影片。

Sora 是基於 GPT 模型所開發出的 AI 繪圖模型—DALL．E，並經過約 10,000 小時的高品質影片訓練，能夠更忠實地遵循使用者的文字指令，生成情感豐富且引人入勝的角色，甚至能理解指令中提到的現實物理世界中的人、事、物。

使用者只要輸入一連串的文字敘述（或靜態圖片），即可自動生成長度可達一分鐘的 1080p 動畫，還能夠呈現不同風格（如：真實電影、動漫風或黑白紅畫面）的影片，並且在合理連貫性的情況下呈現各種角色、動作和背景細節。

Prompt:

A stylish woman walks down a Tokyo street filled with warm glowing neon and animated city signage. She wears a black leather jacket, a long red dress, and black boots, and carries a black purse. She wears sunglasses and red lipstick. She walks confidently and casually. The street is damp and reflective, creating a mirror effect of the colorful lights. Many pedestrians walk about.

生成影片可至 Sora 官方網站觀看：https://openai.com/sora

數字系統與資料表示法

CHAPTER 03

3-1 數字系統

目前我們所使用的電腦是屬於**數位**(Digital)式電腦，也就是說，電腦先將資訊轉換成不連續的數量(即數位)表示法，依此進行儲存與運算。由於電腦是以0與1來表示各種類型的資料，故適合電腦所使用的數字系統，就是二進位數字系統。

3-1-1 資料在電腦中的儲存單位

電腦屬於一種電子儀器，能區分高電壓和低電壓兩種信號。以電腦的運作原理來看，所有資料都是一連串高電壓和低電壓的信號。為了方便表達，我們便以「1」代表高電壓；「0」代表低電壓。因此，**當各種形態的資料要輸入至電腦中，都必須將這些資料轉換成「0」與「1」的數位形式**，如此電腦才能辨別和儲存。

我們將這個0或1稱為一個**位元**(BInary digiT, **Bit**)，而位元就是數位資訊中的基本單位，也是電腦儲存或傳遞的最小單位。但由於一個位元只能表示1或0，在電腦世界中根本不敷使用，於是以八個位元組成一個**位元組**(Byte)。

習慣上，用來表示檔案的大小，是以「**位元組**」作為計算單位，而不是以位元來計算。例如若某一圖檔的檔案大小為2.5MB，意即該檔需要以2.5×2^{20}個位元組來表示，此處的計量單位MB中的「B」，指的就是位元組的Bytes，而非指位元的Bits。

為了計量的方便，通常採用**千位元組**(KiloBytes, **KB**)、**百萬位元組**(MegaBytes, **MB**)、**吉位元組**(GigaBytes, **GB**)、**兆位元組**(TeraBytes, **TB**)、**拍位元組**(Petabyte, **PB**)、**艾位元組**(Exabyte, **EB**)、**皆位元組**(Zattabytes, **ZB**)……來表示更大的儲存單位，表3-1所列為各儲存單位之間的換算表。

表3-1 儲存單位之間的換算表

單位	中文名稱	英文名稱	轉換
bit	位元	bit	最小的單位
Byte	位元組	Bytes	1 Byte = 8 bits
KB	千位元組	KiloBytes	1 KB = 2^{10} Bytes = 1024 Bytes
MB	百萬位元組	MegaBytes	1 MB = 2^{20} Bytes = 1024 KB
GB	吉位元組	GigaBytes	1 GB = 2^{30} Bytes = 1024 MB
TB	兆位元組	TeraBytes	1 TB = 2^{40} Bytes = 1024 GB
PB	拍位元組	PetaBytes	1 PB = 2^{50} Bytes = 1024 TB
EB	艾位元組	ExaBytes	1 EB = 2^{60} Bytes = 1024 PB
ZB	皆位元組	ZettaBytes	1 ZB = 2^{70} Bytes = 1024 EB

3-1-2 認識數字系統

當人類對於計數的需求超出能夠簡單表示的能力範圍，便開始發明了許多記錄數字的方法。一開始**數字系統**(Number System)並沒有統一的規格，世界各地不同的民族與地區，以各自發展的方式來計算數目。直到印度人發明了阿拉伯數字，剛好符合人類以十根手指頭協助計數的習慣，便流通成為全球共通的數字系統。

自此人類便開始以0到9，以及「滿十進一」的進位概念來表示所有的數目。而目前人類所採用的這種以10為**基數**(Base)，使用「0、1、2、3、4、5、6、7、8、9」十個符號來計數的數字系統，即稱為**十進位數字系統**(Decimal Number System)。

同樣的道理，在電腦的世界裡只能接受「0」與「1」兩種符號。也就是以2為基數，並使用「0」與「1」兩個數字，因此，電腦所採用的數字系統為**二進位數字系統**(Binary Number System)。

但是利用二進位數字系統來顯示資料，通常過於冗長而不容易閱讀，因此，在電腦系統的資料顯示方面，因為配合一個位元組是由八個位元所組成的特性，所以我們也常採用**八進位數字系統**(Octal Number System)及**十六進位數字系統**(Hexadecimal Number System)來表示。分別說明如下：

十進位	以 10 為基數，並且逢 10 進位的數字系統。是用 0、1、2、3、4、5、6、7、8、9 等數字來表示數值，是我們日常生活中所使用的數字系統。
二進位	以 2 為基數，並且逢 2 進位的數字系統。是用 0 和 1 來表示數值，是電腦所使用的數字系統。
八進位	以 8 為基數，並且逢 8 進位的數字系統。是用 0、1、2、3、4、5、6、7 等數字來表示數值。
十六進位	以 16 為基數，並且逢 16 進位的數字系統。它是用 0、1、2、3、4、5、6、7、8、9、A、B、C、D、E、F 來表示數值。而其中的 A 表示 10、B 表示 11、C 表示 12、D 表示 13、E 表示 14、F 表示 15。

為了避免混淆，通常會在數值的右下方註明該數的基數，例如1101_2表示這是二進位的1011；567_8表示八進位的567；$41B2_{16}$表示是十六進位的41B2，而由於十進位是我們常用的數字系統，所以基數通常可以省略不寫。表3-2所列為各進制間的數值對照表。

表3-2　各進制間的數值對照表

十進位數字系統	二進位數字系統	八進位數字系統	十六進位數字系統
0	0	0	0
1	1	1	1
2	10	2	2
3	11	3	3
4	100	4	4
5	101	5	5
6	110	6	6
7	111	7	7
8	1000	10	8
9	1001	11	9
10	1010	12	A
11	1011	13	B
12	1100	14	C
13	1101	15	D
14	1110	16	E
15	1111	17	F

3-2 數字系統間的轉換

每個數字系統表示數值的方式不同，例如十進位的數字22，在二進位中是以$(10110)_2$來表示，在八進位中是以$(26)_8$來表示，在十六進位中是以$(16)_{16}$來表示。不管表示的方法是哪個數字系統，其值皆為22。接著說明各種數字系統間該如何轉換。

3-2-1 十進位轉換為二進位、八進位、十六進位

要將十進位轉換為二進位、八進位、十六進位時，可依照以下方式進行轉換：

- **整數部分：**將數字連續除以要轉換的基數，例如要轉換為二進位時，則除以2。再將一連串的餘數，由下往上、由左往右排列。

- **小數部分**：將小數連續乘以要轉換的基數，例如要轉換為二進位時，則乘以2。接著取其整數，再將一連串的整數，由上往下、由左往右排列。

範例 1

- 將十進位數字 22.25 轉換為二進位數字

整數部分	小數部分
2 | 22　22÷2餘 0 2 | 11　11÷2餘 1 2 | 5　5÷2餘 1 2 | 2　2÷2餘 0 2 | 1　1 　 0 由下往上取餘數 連續除以2 直到商為0	0.25 × 2 0　0.25×2　0.50 × 2 1　0.5×2　1.0 由上往下取整數 連續乘以2 直到小數為0

依照上述計算方式，得 $(22.25)_{10} = (10110.01)_2$

範例 2

- 將十進位數字22.25轉換為八進位數字

整數部分	小數部分
8 | 22　22÷8餘 6 8 | 2　2 　 0 由下往上取餘數 連續除以8 直到商為0	0.25 × 8 2　0.25×8　2.00 連續乘以8 直到小數為0

依照上述計算方式，得 $(22.25)_{10} = (26.2)_8$

範例 3

- 將十進位數字 22.25 轉換為十六進位數字

整數部分	小數部分
16 | 22　22÷16餘 6 16 | 1　1 　 0 由下往上取餘數 連續除以16 直到商為0	0.25 × 16 4　0.25×16　4.00 連續乘以16 直到小數為0

依照上述計算方式，得 $(22.25)_{10} = (16.4)_{16}$

3-2-2 二進位、八進位、十六進位轉換為十進位

在說明如何將二進位、八進位及十六進位數字轉換成十進位數字之前，我們先來了解下列的數值運算：

$$3456.78_{10} = 3000_{10} + 400_{10} + 50_{10} + 6_{10} + 0.7_{10} + 0.08_{10}$$
$$= (3\times1000) + (4\times100) + (5\times10) + (6\times1) + (7\times0.1) + (8\times0.01)$$
$$= (3\times10^3) + (4\times10^2) + (5\times10^1) + (6\times10^0) + (7\times10^{-1}) + (8\times10^{-2})$$

由上式得知，當要**將二進位、八進位、十六進位轉換為十進位時，只要將每個數值乘以該基數的次方**，就可以算出十進位的數值。在計算的過程中，要注意**整數計算要乘以正次方項，小數計算則要乘以負的次方項**。

範例 1

- 將二進位數字 1011.01_2 轉換為十進位數字

$$1011.01_2 = (1\times2^3) + (0\times2^2) + (1\times2^1) + (1\times2^0) + (0\times2^{-1}) + (1\times2^{-2})$$
$$= (1\times8) + (0\times4) + (1\times2) + (1\times1) + (0\times0.5) + (1\times0.25)$$
$$= 8 + 0 + 2 + 1 + 0 + 0.25$$
$$= 11.25_{10}$$

依照上述計算方式，得 $(1011.01)_2 = (11.25)_{10}$

範例 2

- 將八進位數字 413.62_8 轉換為十進位數字

$$413.62_8 = (4\times8^2) + (1\times8^1) + (3\times8^0) + (6\times8^{-1}) + (2\times8^{-2})$$
$$= (4\times64) + (1\times8) + (3\times1) + (6\times0.125) + (2\times0.015625)$$
$$= 256 + 8 + 3 + 0.75 + 0.03125$$
$$= 267.78125_{10}$$

依照上述計算方式，得 $(413.62)_8 = (267.78125)_{10}$

範例 3

- 將十六進位數字 $2D6.C_{16}$ 轉換為十進位數字

$$
\begin{aligned}
2D6.C_{16} &= (2\times16^{2})+(D\times16^{1})+(6\times16^{0})+(C\times16^{-1}) \\
&= (2\times256)+(13\times16)+(6\times1)+(12\times0.0625) \\
&= 512+208+6+0.75 \\
&= 726.75_{10}
\end{aligned}
$$

依照上述計算方式，得 $(2D6.C)16=(726.75)_{10}$

3-2-3 二進位與八進位的轉換

將二進位轉換為八進位時，將整數部分「**由右至左，每三個看成一組**」，小數部分「**由左至右，每三個看成一組**」，當最後一組不夠三個時，則自行補0，接著再將每一組轉換為八進位的位數即可。表3-3所列為二進位與八進位對應表。

表3-3　二進位與八進位的數值對應表

八進位	0	1	2	3	4	5	6	7
二進位	000	001	010	011	100	101	110	111

範例 1

- 將二進位數字 10011100100.01101_2 轉換為八進位數字

$$
\begin{aligned}
10011100100.01101_2 &= 010\ 011\ 100\ 100\ .\ 011\ 010 \\
&= \ \ 2\ \ \ \ 3\ \ \ \ 4\ \ \ \ 4\ \ .\ \ 3\ \ \ \ 2 \\
&= 2344.32_8
\end{aligned}
$$

依照上述計算方式，得 $(10011100100.01101)_2=(2344.32)_8$

範例 2

- 將八進位數字 2564.26_8 轉換為二進位數字

$$
\begin{aligned}
2564.26_8 &= 010\ 101\ 110\ 100\ .\ 010\ 110 \\
&= 10101110100.010110_2
\end{aligned}
$$

依照上述計算方式，得 $(2564.26)_8=(10101110100.010110)_2$

3-2-4 二進位與十六進位的轉換

將二進位數字轉換為十六進位時，將整數部分「**由右至左，每四個看成一組**」，小數部分「**由左至右，每四個看成一組**」，當最後一組不夠四個時，則自行補0，接著再將每一組轉換為十六進位的位數即可。表3-4所列為二進位與十六進位對應表。

表3-4 二進位與十六進位的數值對應表

十六進位	0	1	2	3	4	5	6	7
二進位	0000	0001	0010	0011	0100	0101	0110	0111
十六進位	8	9	A	B	C	D	E	F
二進位	1000	1001	1010	1011	1100	1101	1110	1111

範例 1

● 將二進位數字 10011100100.011012 轉換為十六進位數字

$$
\begin{aligned}
10011100100.01101_2 &= 0100\ 1110\ 0100\ .\ 0110\ 1000 \\
&= 4\quad E\quad 4\ .\ 6\quad 8 \\
&= 4E4.68_{16}
\end{aligned}
$$

依照上述計算方式，得 $(10011100100.01101)_2 = (4E4.68)_{16}$

範例 2

● 將十六進位數字 $2F8.A7_{16}$ 轉換為二進位數字

$$
\begin{aligned}
2F8.A7_{16} &= 0010\ 1111\ 1000\ .\ 1010\ 0111 \\
&= 1011111000.10100111_2
\end{aligned}
$$

依照上述計算方式，得 $(2F8.A7)_{16} = (1011111000.10100111)_2$

3-2-5 二進位的四則運算

資料在電腦中是採行二進位數字系統，又是如何進行運算的呢？其實只要把持著「**逢二進一**」的原則，其運算方式與我們所熟悉的十進位運算作法是相同的。接下來看看這些二進位資料是如何進行運算的。

- **加法運算**：只要將兩數所對應的位數，由右至左依序相加，若相加值大於等於基數，則產生進位值，加至左邊的位數。
- **減法運算**：兩數相減時，由右至左將對應的位數依序相減。若遇被減數小於減數的情形(即0 – 1)，則向左邊位數借1，以增加一個基數的值(即增加2)，再與減數進行相減即可。
- **乘法運算**：兩個二進位數字相乘時，算法亦同十進位數相乘，由右至左依序將所對應的位數相乘即可。
- **除法運算**：兩個二進位數字相除時，由被除數最左邊取與除數相同的位數相除，若所取數比被除數小，則再多取一位相除。

範例

兩數相加	兩數相減
1 (進位) 1011.01 + 11.11 ——— 1111.00 1+1=2，將相加之和除以基數2，得進位值為1，餘數為0	0 (借位) 1011.01 − 11.11 ——— 111.10 0小於1，故向左數借1基數值後相減，(0+基數2)−1，得差為1
兩數相乘	**兩數相除**
1010 × 11 ——— 1010 1010 ——— 11110	11 101 / 1111 101 ——— 101 101 ——— 0

3-3 數值資料表示法

在數位電腦的世界裡，是以「0」與「1」的二進位數字系統來表示整數與小數數值，但對於負數的表示可就沒那麼簡單囉！為了讓電腦也能夠正確表示及分辨出負數數值，所以發展出**帶正負符號大小表示法**、**1補數表示法**、**2補數表示法**及**浮點數表示法**等，可以明確表示負數的數值表示法。

3-3-1 帶正負符號大小表示法

帶正負符號大小表示法是最簡單的數值表示法，此法是以**最左邊的位元作為「符號位元」**，用來表示數值為正數還是負數。若符號位元為「0」，則表示該數值為正數；若符號位元為「1」，則表示該數值為負數。

也就是說，當我們使用n個位元表示正負整數，最左邊的位元是符號位元，剩下的「n−1」個位元才是整數的數值大小，所能表示的正整數範圍為「$0 \sim 2^{n-1}-1$」，負整數範圍為「$0 \sim -(2^{n-1}-1)$」。例如使用8個位元來表示數值，則可以表示$-(2^7-1) \sim 2^7-1$之間的整數數值。

但是此種數值表示法有個缺點，那就是同樣一個數字「0」，卻擁有「+0」以及「-0」兩個不同的表示法，所以沒有被電腦所採用。

3-3-2 1補數表示法

補數(Complement)的觀念是指兩數相加的和等於某一特定值，則稱這兩個數值互為該特定值的補數。例如4 ＋ 6 ＝10，則表示4的十補數為6，而6的十補數則為4。了解補數的概念之後，接下來我們正式說明1補數表示法。

以**1補數**(1's Complement)表示法表示數值，同樣以最左邊的位元為「符號位元」，以「0」與「1」來表示正負數。此法用來表示正數的方式與帶正負符號大小表示法是一樣的；當要表示負數時，則必須先將「**0轉換為1，1轉換為0**」，轉換後所得到的二進位數值，才是正整數所對應的負整數。例如以1補數表示法來表示+3為$(0011)_2$，-3則為$(1100)_2$。

但1補數表示法亦存在著「0」的表示法同樣有兩種的缺點。以八位元為例，+0 ＝$(00000000)_2$，-0 ＝$(11111111)_2$，所以較少被電腦採用。

3-3-3 2補數表示法

以**2補數**(2's Complement)表示法來表示數值，最左邊位元同樣用來表示正負數，其正數的表示法和帶正負符號大小表示法、1的補數是一樣的。當要表示負數時，必須先將「**0 轉換為1，1轉換為0**」，**之後得到的二進位數值，再加上**「**1**」，才是正整數所對應的負整數。例如以2補數表示法來表示+3為$(0011)_2$，-3則為$(1100)_2 + 1 = (1101)_2$。

而2補數表示法對於「0」的正負數表示法只有一種，以八位元為例，$+0 = (00000000)_2$，而$-0 = (11111111)_2 + 1 = (00000000)_2$，所求得的數值是相同的。所以目前的電腦是採用2補數表示法來表示數值。

- 求二進位數字 11010110_2 之1's補數

```
1   1   0   1   0   1   1   0₂
↓   ↓   ↓   ↓   ↓   ↓   ↓   ↓
0   0   1   0   1   0   0   1₂
```

依照上述計算方式，得$(11010110)_2$的1's補數為$(00101001)_2$

- 求二進位數字 11010110_2 之2's補數

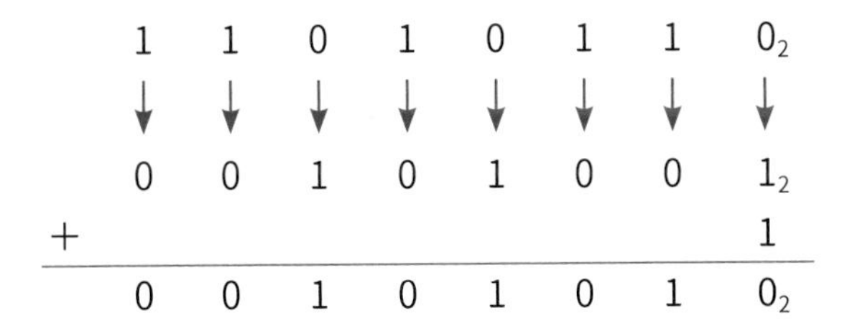

依照上述計算方式，得$(11010110)_2$的2's補數為$(00101010)_2$

3-3-4 浮點數表示法

浮點數表示法(Floating-point Representation)就是數學上的科學記號，是電腦表示實數最常用的方式，將一個數寫成：**尾數**(Mantissa)×**指數**(Exponent)，例如1023.32表示成科學記號則為「$1.02332*10^3$」，其中小數點的位置隨指數不同而浮動，稱之為浮點數。通常為了避免小數點任意浮動，而有**正規化**(Normalized Form)的寫法，其規則是：**0.1 < 尾數 <1**。

目前浮點數表示法以IEEE 754標準為主，它的格式架構主要分為**符號位元**、**指數**及**尾數**三部分。IEEE 754標準共定義了四種浮點數格式，其中最常用的基本格式是32位元的**單精準度**和64位元的**雙精準度**浮點數格式。

以單精準度浮點格式(32位元)為例，其最左邊位元為符號位元，接著用8個位元來表示指數；剩下的23個位元來表示尾數。由於二進位中所有科學記號的表示法其結果小數點左邊均為1故可省略不記。

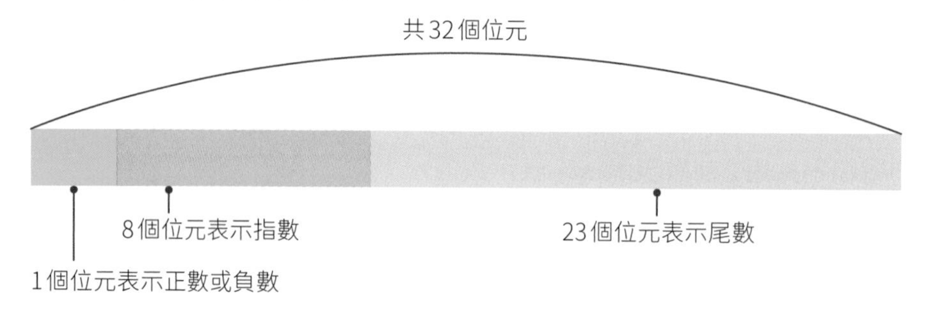

- **符號位元**：1個位元，正數或負數，以0表示正數；以1表示負數。
- **指數**：8個位元，以超127方式表示，這方式以偏差值127來儲存，8個位元所存的數值可從0到255，共有2^8種變化，若要儲存正指數和負指數，需做一些調整，**超127方式是將位元數值減去127所得的值，才是真正所儲存的值**。例如若位元數值為150，則其所存的數值為150 – 127 = 23；若位元數值為100，則其所存的數值為100 – 127 = -27。如此，就可表示-127到+128的所有整數值，其中保留-127和+128作為特殊用途。
- **尾數**：23個位元，從標準化的小數點後開始存起，不夠的位元部分補0。

- 將實數10110.100011按照IEEE 754標準儲存

STEP 1 將10110.100011先轉換成1.0110100011×2^4

➜因為是正數，所以符號位元為**0**

➜尾數為**0110100011**，不足23位元則補0

➜指數為4

STEP 2 指數部分為4，以過剩127方式儲存，必須先加上127，得131，再將131轉換成二進位，得**10000011**。

STEP 3 10110.100011若按IEEE 754標準儲存共32位元：

010000011011010001100000000000000

3-4 文字資料

為了讓文字能在數位電腦中顯示、處理、輸出與儲存，因此必須將文字以二進制規則制定一個標準，也就是文字編碼系統，這節就來認識一些常見的文字編碼系統。

3-4-1 認識文字編碼

由於電腦只能接受0與1的數位格式，所以英文字母、數字、符號等文字資料也都必須轉換成位元來進行儲存，而在解讀時，則須將這些位元轉回對應的文字資料加以呈現。但是電腦要如何正確辨識出不同的位元組合所代表的文字資料呢？這時，就必須定義一套可供電腦對應的**編碼系統**(Encoding System)。圖3-1所示為編碼系統的運作示意圖。

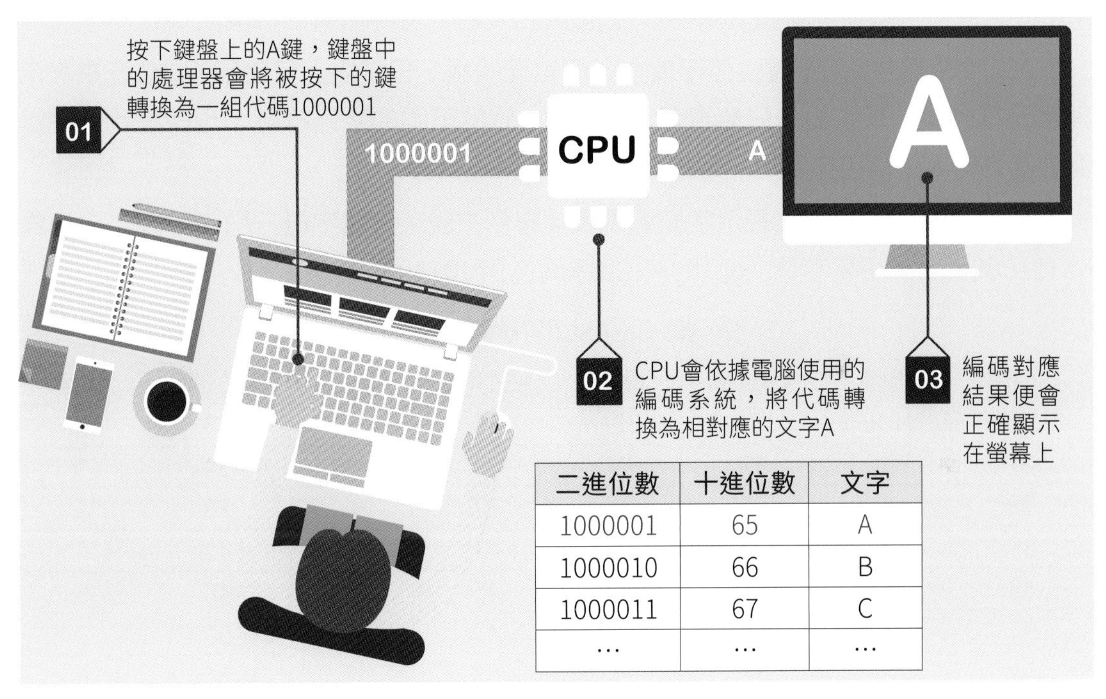

二進位數	十進位數	文字
1000001	65	A
1000010	66	B
1000011	67	C
…	…	…

圖3-1　編碼系統的運作示意圖

在常見的編碼系統中，英文、數字及特殊符號常用的編碼系統為ASCII碼。BIG-5碼則是常用的繁體中文編碼系統。而Unicode則是為了處理各種語系(如中文、日文、拉丁文等)所制定的編碼系統。

在Windows作業系統中的系統核心所採用的是Unicode編碼系統。所以當系統讀取到不同文字內碼時，就必須將文字在Unicode與其他編碼系統間進行轉換。

以中文的Big5碼來說，Unicode的對照表中共收錄了13,063個Big5碼。當在系統中鍵入一個中文字，系統會經由擷取Unicode的資料庫得知Big5碼與Unicode間的對應，並將文字由Big5碼轉換成Unicode。

再將轉換的範圍擴大，臺灣的中文內碼是Big5，日本的日文內碼是JIS碼。雖然兩國採用的是不同的內碼，但可藉由Unicode作為橋樑。假設我們在日文網站用中文輸入法鍵入中文，系統還是會將Big5碼轉換成Unicode。接著在傳送的過程中，瀏覽器會判斷網頁的語系，所以它會在系統內建的Unicode資料庫中找到JIS編碼，再自動把Unicode轉換成JIS碼，傳送至日文網站中。

3-4-2 ASCII 碼

美國資訊交換標準碼(American Standard Code for Information Interchange, **ASCII**)是美國國家標準局於1963年所制定，也是目前使用最廣泛的編碼系統。

ASCII編碼的字元符號雖然存放在一個位元組裡，但實際上**只使用7個位元來表示其字元符號**，所以它**最多只能表示128個**(2^7=128)不同的字元符號，也就是我們在鍵盤上看到的大小寫英文字母、阿拉伯數字、標點符號等。

表3-5所列為ASCII可顯示字元編碼表。舉例來說，大寫字母「A」的ASCII編碼為65 (01000001)，小寫字母「a」的ASCII編碼為97 (01100001)。

表3-5 ASCII符號對照表

ASCII碼	鍵盤	ASCII碼	鍵盤	ASCII碼	鍵盤	ASCII碼	鍵盤
0	NUL	7	BEL	10	LF	13	CR
27	ESC	32	SPACE	33	!	34	"
35	#	36	$	37	%	38	&
39	'	40	(	41	)	42	*
43	+	44	,	45	-	46	.
47	/	48	0	49	1	50	2
51	3	52	4	53	5	54	6
55	7	56	8	57	9	58	:
59	;	60	<	61	=	62	>
63	?	64	@	65	A	66	B
67	C	68	D	69	E	70	F
71	G	72	H	73	I	74	J
75	K	76	L	77	M	78	N
79	O	80	P	81	Q	82	R
83	S	84	T	85	U	86	V
87	W	88	X	89	Y	90	Z
91	[	92	\	93	]	94	^

ASCII碼	鍵盤	ASCII碼	鍵盤	ASCII碼	鍵盤	ASCII碼	鍵盤
95	_	96	`	97	a	98	b
99	c	100	d	101	e	102	f
103	g	104	h	105	i	106	j
107	k	108	l	109	m	110	n
111	o	112	p	113	q	114	r
115	s	116	t	117	u	118	v
119	w	120	x	121	y	122	z
123	{	124	|	125	}	126	~
127	DEL						

為了要能表示更多的字元符號，所以後來有廠商將ASCII碼擴充為8個位元，因此ASCII編碼中的第128~255字元稱為**擴充ASCII碼**(Extended ASCII Code)，它們不屬於ASCII標準碼，可因應不同的硬體、程式、字型或圖形由廠商自訂。

3-4-3 Big5

過去國人針對繁體中文設計了許多不同的中文編碼系統，常見的有Big5碼(又稱大五碼)、**中文資訊交換碼**(Chinese Character Code for Information Interchange, **CCCII**)、倚天碼、王安碼等，目前最普遍的就是由資策會所制定的Big5碼。

Big5碼是一套雙位元組字元集，以**兩個位元組表示一個中文字**(16位元)，第一個位元組稱為「**高位位元組**」，第二個則稱為「**低位位元組**」，高位位元組範圍為0x81～0xFE，低位位元組範圍為0x40～0x7E及0xA1～0xFE，目前共收錄約13,060個中文字碼與441個符號。

Big5碼有很多日常用字被視為異體字而未收錄，例如字典中的一些部首用字，如亠、疒、癶等，還有常見的人名用字，如堃、喆等。Big5碼內的一萬多個字，是根據臺灣教育部頒布的《常用國字標準字體表》、《次常用國字標準字體表》等用字彙編而成，並沒有考慮社會上流通的人名、地名、方言等用字，所以市面上支援Big5碼的軟體，會自行在原本的編碼外，加入一些符號及用字。

3-4-4 Unicode

近年來出現的**Unicode**(或稱**萬國碼**)編碼系統，是由美國萬國碼制定委員會於1988~1991年間所制定的。它是為了解決電腦在各個不同語系間，必須使用不同編碼系統的問題，所以Unicode編碼系統中涵蓋了英文、中文、日文、韓文、法文、以及拉丁文、希臘文、泰文等其他非英文系國家的文字。其編碼方式又可分為UTF-8、UTF-16及UTF-32等，分別以8位元、16位元及32位元為基本單位，在WWW上以UTF-8最為通行。

Unicode還負責統籌並制定全球使用表情符號的規範，目前最新版本為15.1。聊天傳送訊息時經常會使用到Emoji表情符號，可以讓使用者完整表達各種心情。完整的表情符號列表可以到Unicode網站查詢，如圖3-2所示。

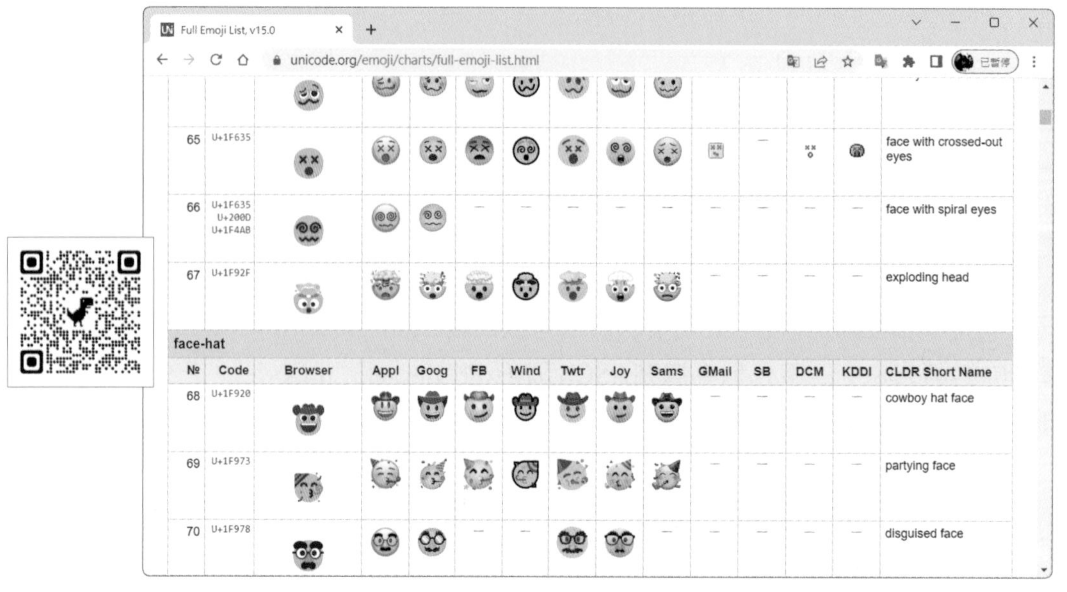

圖3-2　表情符號列表網站(https://unicode.org/emoji/charts/full-emoji-list.html)

3-4-5 全字庫

CNS11643中文標準交換碼全字庫(簡稱**全字庫**)為國家發展委員會所建置的網站(圖3-3)，該網站目的是提升國內中文電腦應用環境，並解決電腦中文字數不足問題，避免自行造字產生「同字不同碼」現象，而造成字元編碼混雜、需要轉碼等問題。

圖3-3　全字庫網站(圖片來源：https://www.cns11643.gov.tw)

目前全字庫收納逾10萬5,000字，可以使用總筆畫數、注音符號、倉頡碼、拼音、筆順序、部件及複合等方式查詢「外字」。使用者若發現電腦中沒有的中文字，就不必再自行造字，在電腦遇有缺字時，可立即下載字型，節省使用者造字時間。

除此之外，還提供字形下載及BIG-5、EUC、Unicode等中文繁體字的常用內碼與CNS中標碼互轉功能，如圖3-4所示。

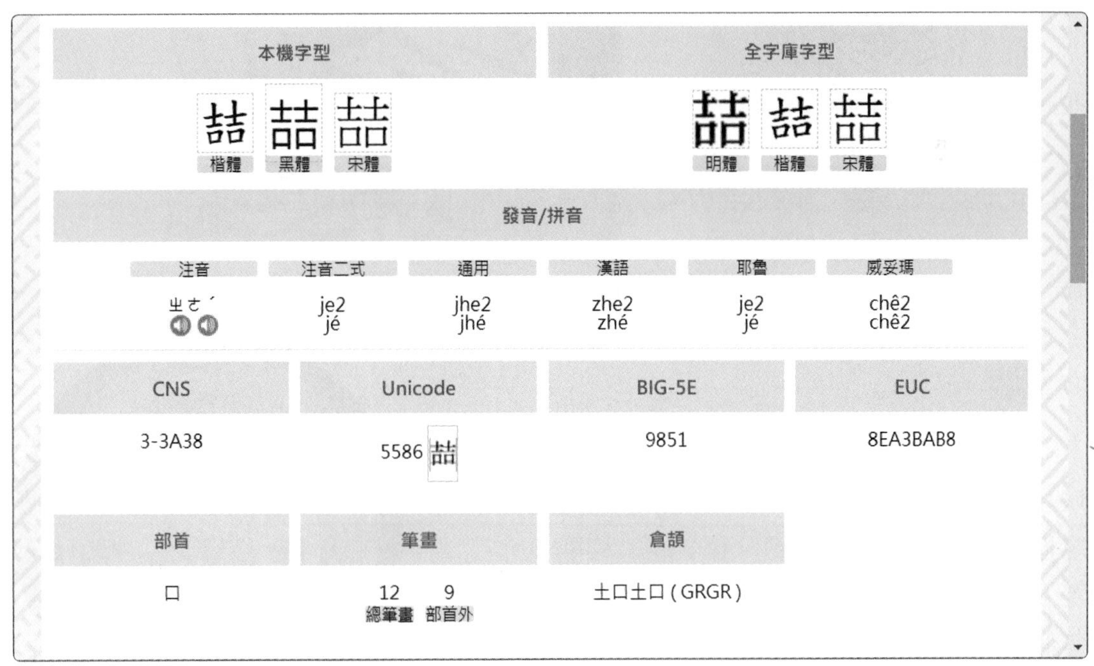

圖3-4　字碼查詢

3-5 影像資料

電腦中的影像資料同樣是由「0」與「1」的數位格式所組成。其轉換原理是先對影像的位置進行「取樣」，記錄影像中每一點的顏色、位置等資訊，再將這些資訊轉換成電腦可接受的數位訊號。而使用影像處理軟體編輯影像時，則是針對圖檔中的每個元素進行算術或邏輯運算，來改變影像的外觀。

3-5-1 數位影像類型

影像數位化的方式大多是利用數位相機、掃描器，或是直接利用電腦軟體繪製而成，由於數位影像的成像構成不同，又區分為**點陣圖**與**向量圖**兩種不同的影像格式。

點陣圖

點陣圖(Bitmap Image)是以像素來記錄影像，**像素**(Pixel)是指影像的最小完整採樣，而點陣圖就是以矩陣的方式來儲存每個像素。此種格式的圖片，**放大後就會產生鋸齒狀，圖片也就會失真**，如圖3-5所示。數位相機拍攝的圖片和掃描器掃進電腦的圖片，都屬於點陣圖。常見的點陣圖格式有JPG、TIF、BMP、GIF、PNG等。

圖3-5　點陣圖放大後就會產生鋸齒狀，而使圖片品質變差

向量圖

向量圖(Vector Image)是以**點、線、面**，以及點線面之間的屬性為基本架構；而這些屬性決定了畫面上所有點、線、面的相關位置。由於向量圖在存檔格式上可以完整保留各個點線面的相關屬性，因此改變顏色、大小、旋轉、移動等動作時，都**不會有鋸齒狀或是失真的問題發生**，如圖3-6所示。常見的向量圖格式有EPS、WMF、AI、CDR等。

圖3-6　向量圖不管如何縮放，都不會影響影像的品質

3-5-2 影像色彩模式

影像色彩模式是指色彩成色的方式，依照影像的用途，所適用的色彩模式也不一樣，常見的色彩模式有：

RGB

RGB是以光的三原色：**紅**(Red)、綠(Green)、**藍**(Blue)三種色光以不同的比例相加，來表示各種顏色。若將紅、綠、藍三原色光相加，會成為白色光，如圖3-7所示。主要應用於電視或電腦螢幕等發光媒體。

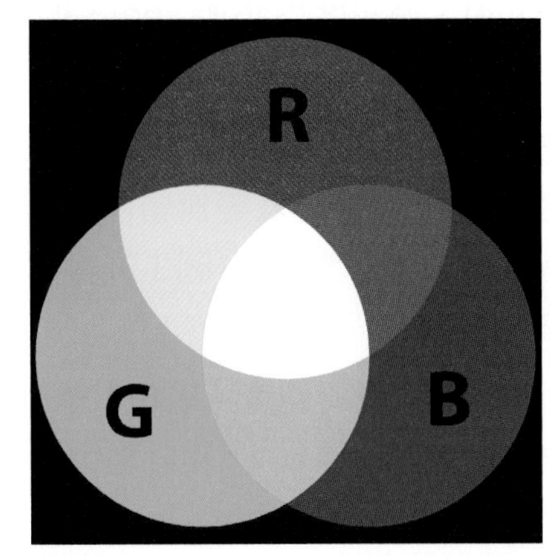

圖3-7 RGB色彩模式是利用紅、綠、藍三種色光混合，而三種光相加會成為白色光

CMYK

CMYK模式會為每個像素指派每個印刷油墨的百分比數值，是彩色印刷或列印所採用的模式，透過青色(Cyan)、**洋紅色**(Magenta)、黃色(Yellow)及**黑色**(Black)四色混合迭加後，來形成各種色彩，如圖3-8所示。

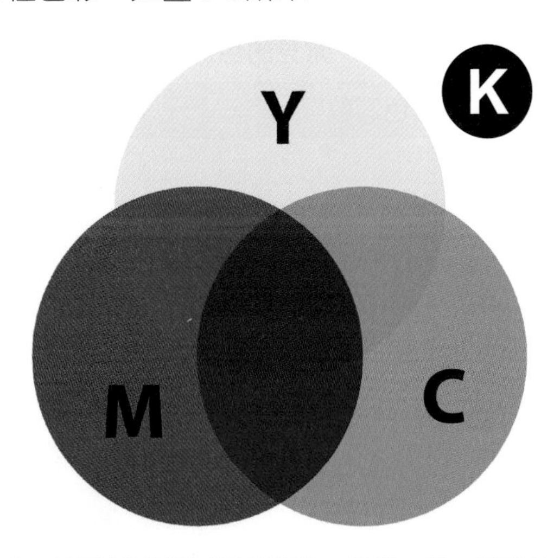

圖3-8 CMYK色彩模式是採用青、洋紅、黃、黑四色迭加

與RGB模式不同的是，因為顏色是越加越深，所以CMYK(0,0,0,0)會呈現白色；而CMYK(100,100,100,100)則為黑色。理論上來說，當青色、洋紅、黃色混合時，就會吸收所有顏色，而形成黑色，但由於印刷油墨都會含有一些雜質，所以混合出來的顏色並不是純黑色，而是深咖啡色，因此必須再加上黑色才能形成真正的黑色，將這些油墨混合時，形成的色彩則稱為「**四色分色印刷**」。而黑色用「K」來示，是為了避免和藍色混淆。

HSB

HSB又稱**HSV**模式，是一種基於人眼對色彩的視覺感知來定義的色彩模式。此模式中的所有顏色是用**色相**(Hue)、**飽和度**(Saturation)、**明度**(Brightness)三個特性來描述。

- **色相：**是色彩的基本屬性，也就是顏色的外貌，例如我們平常所說的紅、黃、綠、藍等顏色，屬於「**有彩色**」；而黑、白、灰等無顏色的色彩，屬於「**無彩色**」。色相值是依照色相環(圖3-9)的位置，以0~360度的數值來表示。
- **飽和度：**又稱為「**彩度**」，是指顏色的純度，以0~100%的數值來表示，數值越高表示色彩越純。
- **明度：**又稱為「**亮度**」，是指顏色的相對明暗程度，以0~100%的數值來表示，數值越高表示色彩越明亮。

圖3-9　色相環

3-5-3 影像色彩深度

影像的色彩深度是指**儲存每一像素的顏色所使用的位元數**。色彩深度越高，表示所使用的位元數越高，所能表示的顏色也就越多，因此色彩深度會直接影響到圖片的顯示品質與檔案大小。常見的色彩深度如表3-6所列。

表3-6　**常見的色彩深度**

類型	1個像素占的bit數	色彩數	範例圖片
黑白	1	2(黑、白)	
灰階	8	2^8=256	

類型	1個像素占的bit數	色彩數	範例圖片
16色	4	2^4=16	
256色	8	2^8=256	
全彩	24	2^{24}=16,777,216	

3-6 聲音資料

聲音的產生主要是依據空氣中連續變化的疏密波(聲波)所造成的，因此聲音是連續的類比訊號。若要在電腦中編輯或傳送聲音，就必須先將訊號數位化，轉換為0與1的數位格式之後，才能被電腦所接受。

3-6-1 音訊編碼

將聲音的類比訊號轉換成數位訊號的過程，就稱為**音訊編碼**(Digital Audio Coding)。音訊編碼的過程可分為三個步驟，首先是**取樣**(Sample)，在固定時間區段中取出聲音訊號(如每秒取樣1,000次)，接下來是**量化**(Quantize)，也就是將取出的每個訊號指定一個數值，最後透過**編碼**，將計量訊號轉換為位元格式的數位訊號，如圖3-10所示。

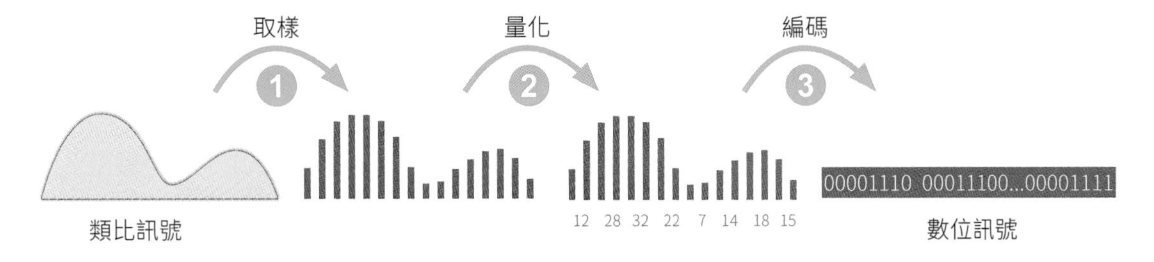

圖3-10　將聲音的類比訊號轉換為數位訊號

取樣

將聲音透過錄音筆或麥克風等錄音設備，轉換為電壓的變化，再經由電腦轉換為數位音訊。在進行取樣時，取樣頻率會影響數位化後聲音的品質。

取樣頻率(Sampling Frequency)又可稱為**取樣率**(Sampling Rate)，是指每秒鐘對聲波的取樣次數，單位為**赫茲(Hz)**。一般CD的取樣頻率為44.1 KHz，表示每秒鐘取樣次數為44.1×1,000次。取樣頻率越高，表示取樣次數越頻繁，取樣音質越接近原音，如圖3-11所示，但相對檔案也會比較大。

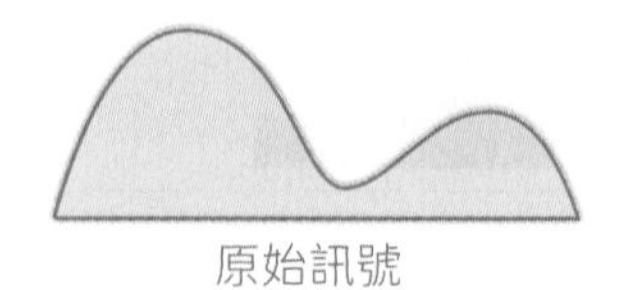

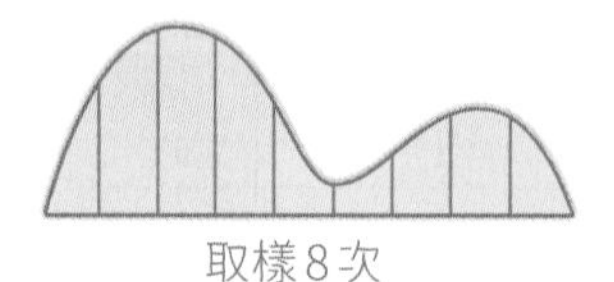

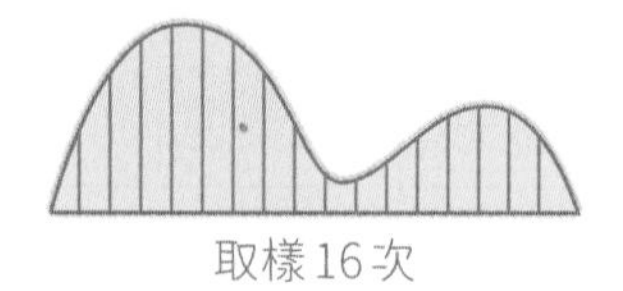

圖3-11　取樣頻率越高，越能表現出原本的聲音變化狀態

量化

取樣是將連續的類比訊號轉換為不連續的數位訊號，而量化就是將取樣的結果先區分成一段一段的固定區間，再以固定的位元數將各區間記錄成數字信號，而位元數的大小即為取樣解析度。

取樣解析度是指每一取樣結果的資料儲存量，其單位為位元。一般CD的取樣解析度為16 bits，表示每個取樣樣本以16 bits來表示，亦即可用2^{16}個級數來表現聲音。取樣解析度越高，表示所用位元越多，取樣音質越好，相對檔案也會比較大。

編碼

完成聲音取樣並進行量化之後，必須將量化後的音訊資料編碼成方便數位設備傳遞與儲存的位元數值，這個過程就稱為編碼。

3-6-2 檔案大小和品質

在聲音轉換過程中，使用越高的取樣頻率及取樣解析度，並採用雙聲道(立體聲)錄製，所得到的聲音品質就越好，但所需的儲存空間也就越大。目前市面上的音樂CD為了提高品質，大都是以44.1 KHz的取樣頻率和16 bits的解析度及雙聲道的方式來儲存音訊。音訊檔案大小的計算公式如下：

音訊檔案大小＝(位元解析度÷8)×取樣頻率(Hz)×錄音時間(sec)×聲道數量

檔案大小的單位是以**位元組**(Byte)計算，須將位元解析度單位(bit)轉換為位元組(1 Byte=8 bits)，故除以8

- 在取樣頻率為11 KHz與8 bits解析度下錄製一段40秒的單聲道錄音，其檔案大小為：

$$(8 \div 8) \times 11{,}000 \times 40 \times 1 = 440{,}000 \text{ Bytes}$$

- 在取樣頻率為44.1 KHz與16 bits解析度下錄製一段40秒的雙聲道錄音，其檔案大小為：

$$(16 \div 8) \times 44{,}100 \times 40 \times 2 = 7{,}056{,}000 \text{ Bytes}$$

知識補充　聲道數量

聲道數量是指在錄製聲音時，於不同收音點所採集的獨立音源訊號數量。立體聲是指錄音中至少有2個以上的聲道，可營造出立體的聲場效果，較生活化且寫實；而單聲道則只有1個聲音訊號，與立體聲相比，較平直且無趣。

3-6-3 常見的音訊檔案格式

在多媒體系統上的音訊與視訊，若只是存放與傳送其數位信號，資料量會很大，若要降低資料量，就須進行壓縮編碼。

依照壓縮的類型，檔案大小和音質也會有所不同，一般而言，**檔案大小依序為無壓縮＞非破壞性壓縮＞破壞性壓縮；音效品質依序為無壓縮＞非破壞性壓縮＞破壞性壓縮**。

常見的音訊檔案格式有：

- 破壞性壓縮：MP3、AAC、WMA、OGG等。
- 非破壞性壓縮：APE、FLAC、ALAC、TTA、WV等。
- 無壓縮：WAV、AIFF等。

依據聲音數位化與壓縮方式的不同，因而產生許多不同的聲音檔案格式。使用者可依各檔案格式的特性，選擇適合的檔案格式。例如：在非常重視音質的情況下，可使用不失真的WAV檔案格式；如果是要在網路上傳送，則可使用WMA、MP3等檔案較小的檔案格式。

3-7 視訊資料

視訊包含動態影像與聲音的結合，是日常生活中隨處可見的資料型態之一，舉凡電視節目、電影、影音光碟，或是電腦中的影音檔案等，都屬於視訊的一種。

根據錄製和播放的形式不同，視訊可分為**類比**和**數位**兩種格式。在早期，以攝影機所拍攝的畫面為類比式視訊格式，也就是在固定頻率下，錄製一張張影像以產生動態視訊的元素，通常需要較專業的技術進行後續編輯處理。

隨著資訊科技的發展，傳統的類比式視訊拍攝已提升為數位化攝影與剪輯。若將視訊內容進行數位化處理，就能在電腦中透過軟體來剪輯或編排。

3-7-1 視訊基本原理

視訊的構成元素其實是一張張靜態的畫面，其播放原理與動畫相同，都是利用人類「**視覺暫留**」的特性，只要快速播放這些連續的靜態影像，就能造成畫面的動態效果。以電視節目的播映來說，其作法是將視訊內容轉換成電子訊號，傳送至家家戶戶，再透過電視機將視訊內容以極快速度連續顯示在螢幕上，我們就能流暢地欣賞電視台製播的動態影像。

3-7-2 視訊長寬比

長寬比是視訊影像呈現的寬度與高度比例，通常會以「**寬度：高度**」格式表示。一般來說，傳統電視的螢幕長寬比為4:3 (640×480)；**高畫質電視**(High Definition Television, **HDTV**) 的長寬比為16:9 (1280×720)，如圖3-12所示。

圖3-12　左圖為4:3的傳統電視；右圖為16:9的HDTV

「16:9」寬螢幕長寬比是高解析度電視與歐洲數位電視的通用標準，不論是玩遊戲或是看電影，都能提供較優質的影像，而針對不同螢幕大小縮放及調整影像時，畫質也較不易失真。

若以「4:3」的螢幕播放使用寬螢幕製作而成的視訊，在螢幕上下就會出現黑色的邊。若使用寬螢幕播放以「4:3」比例製作而成的視訊時，視訊則會縮小並顯示在寬螢幕的中央。

3-7-3 視訊解析度

數位視訊的解析度是指視訊畫面「**寬×高**」的大小，以**像素**為單位，也是用來區分影片畫質等級的標準之一，解析度越高，可呈現越清晰的畫面。例如：HDTV解析度可達1920×1080，即符合Full HD規格要求；而**超高畫質電視**(Ultra HDTV, **UHDTV**)解析度可達3840×2160以上，其總像素數是Full HD的4倍。其他常見的視訊畫質規格，如表3-7所列。

表3-7　**常見的視訊畫質規格**

等級	解析度	常見應用
SD	720×480	傳統電視、DVD、DV帶錄影
HD	1,280×720	數位電視、相機及單眼錄影
Full HD	1,920×1,080	DVD、藍光(BD)影片
4K	3,840×2,160	顯示器、專業攝影機
5K	5,120×2,880	顯示器、專業攝影機
8K	7,680×4,320	顯示器、專業攝影機
10K	10,240×4,320	顯示器、專業攝影機、舞台巨型螢幕、XR應用

此外，在視訊解析度規格中，有時可看到字母p或i的縮寫，例如「1080p」，這是用來表示影片錄製時的掃描方式。「p」是指**逐行掃描**(Progressive Scan)，會一次擷取完整的影像；「i」則是指**隔行掃描**(Interlaced Scan)，會先掃描單數行畫面，再掃描雙數行畫面，最後將畫面交錯顯示。由於隔行掃描並非完整擷取，所以可比逐行掃描節省一半的資料量及傳送頻寬。

3-7-4 影像深度與影格速率

影像深度是指**儲存每一像素所使用的位元數目**。影像深度越高，所能表示的色彩也越多，呈現的影像色彩就越細緻。例如影像深度為24位元的全彩影片，可表現2^{24}＝16,777,216種色彩，但所佔用的記憶體空間也就越大。

影格速率指的是每秒顯示的影格數目，以每秒播放的**影格數** (Frames Per Second, **fps**) 為單位。影格速率越高，用來形成連續影像的每秒影格數也就越多，畫面動作也就越平順，但影格數越多，檔案就越大。

NTSC 視訊的影格速率是 29.97 fps；PAL 視訊的影格速率是 25 fps；而電影的影格速率則為 24 fps，一般用於 CD-ROM 或網路的視訊影格速率通常為 10 到 15 fps。

3-7-5 數位視訊的壓縮技術

當製作一個畫面大小為 320×200、全彩 (24 bits)、每秒 30 個畫面、長度為 30 分鐘的影片時，在未經任何處理的情況下，所需的儲存空間約 9.6 GB。但有了壓縮技術後，便可降低視訊檔案的大小，進而減少儲存空間及提高傳輸效率。

- 製作一個畫面大小為 320×200、全彩 (24 bits)、每秒 30 個畫面、長度為 30 分鐘的影片時，其檔案大小計算公式為：

一個畫面所需大小 = 3 Bytes(24 bits=3 Bytes)×320×200
= 192,000 Bytes
= 187.5 KB

30 分鐘所需的儲存容量 = 187.5(一個畫面所需大小)×30(每秒影格數)×60 秒 ×30 分
= 10,125,000 KB ≒ 9,887 MB ≒ 9.6 GB

- **MPEG-2**：1994 年發布的視訊和音訊壓縮國際標準，通常用來為廣播訊號提供視訊和音訊編碼等。主要的應用包含了數位電視視訊的傳播、高畫質數位電視及數位儲存媒體的應用，例如 DVD。
- **MPEG-4**：1998 年發布的視訊和音訊壓縮國際標準，主要應用於動態影像的壓縮，該檔案的壓縮比率高達 1:200。MPEG-4 的標準除了要將視訊資料壓縮到極低的位元比率之外，它還提供了使用者與視訊內涵之間的互動編輯能力。
- **H.264 / H.265**：為目前主流的視訊壓縮標準。H.264 屬於 MPEG-4 標準的第 10 部分，又名 **AVC** (Advanced Video Coding，**進階視訊編碼**)，其壓縮效能比 MPEG-4 要好。制定目標是希望能夠達到過去編碼規格的一半或以下。H.265 是以 H.264 為基礎的新一代視訊壓縮技術，又名 **HEVC** (High Efficiency Video Coding，**高效率視訊編碼**)，H.265 針對 H.264 的壓縮效率、編碼品質、演算複雜度等加以改良，因此具有更高的壓縮效率。

- **H.266**：H.266又名**VVC** (Versatile Video Coding，**多功能影像編碼**)，屬於H.265的後繼標準。在不影響畫質的情況下，過去使用H.265編碼，90分鐘的4K影片約佔10 GB的空間，若使用H.266編碼則只需約5 GB，檔案大小可減少約一半，同時H.266也支援HDR、16K、360°全景影片等。但因其專利權利金成本過高問題，使得H.266至今仍未受硬體廠商青睞而無法普及。
- **AV1**：AV1 (AOMedia Video 1)是由**開放媒體聯盟**(Alliance for Open Media, **AOMedia**)所制定的影片編碼格式，主要用於網路串流傳輸，它採用包括預測編碼、轉換編碼和運動補償等先進的編碼技術，來實現更好的壓縮效率。由於AV1是一個開放且免專利的標準，已有YouTube、Vimeo、Netflix、Facebook Reels及Instagram Reels等多家業者支援這項規格，成為目前網路視訊編碼主流標準。

3-7-6 常見的視訊檔案格式

一般常見的視訊檔案格式有**AVI**、**MPEG**、**MP4**、**MOV**、**WMV**，網頁上常用的影音格式則有**MP4**、**webM**、**3GP**等，使用者可依各檔案格式的特性，選擇適合的檔案格式。不同格式的視訊資料可以透過相關的視訊應用軟體來讀取、播放或是編輯，目前也有一些軟體可以提供不同檔案格式之間的資料轉換。

3-7-7 串流媒體格式

若要在網路上欣賞傳統的影音檔案(例如MIDI、WAV、MP3、AVI等格式)，通常需要將檔案完全下載到電腦中，再執行播放程式來觀賞。但因影音檔案通常都比較大，若等到完全下載再觀看，就會耗費較長的等待時間，因此，有了**串流媒體**(Streaming Media)的出現。

串流媒體的特色是**經由網路分段傳送資料**，所以其**最大優點就是可以邊下載邊播放**。在網路上要看串流影音檔案，需要有傳送影音檔案的影音伺服器，來進行傳送影音訊號的動作，當用戶端要看某一個影音伺服器上的影音資料時，會先從伺服器端下載檔案的某部分，然後開始進行播放的動作，而用戶端可以一邊下載，一邊播放，不需要等待檔案完全下載後才收看或收聽，但因串流影音內容是經過高度壓縮的，其觀看品質通常不及MPEG-2或AVI等傳統影音格式。

早期串流媒體格式以RM / RMVB獨強，後來有更多串流格式出現，目前常見的串流媒體格式有WMV、MOV、ASF、MP4等，這些檔案通常需要使用特定的播放軟體才能播放。

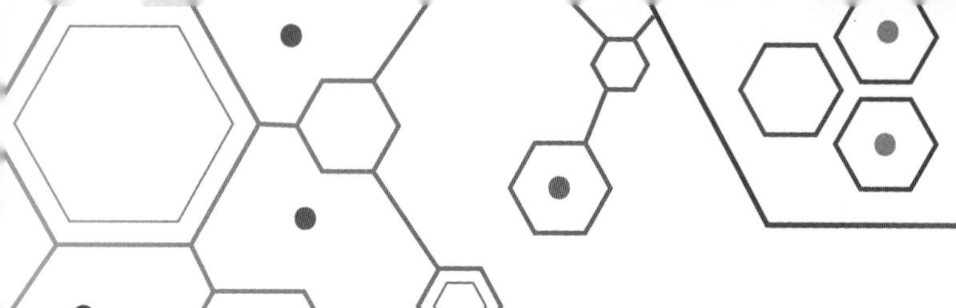

秒懂科技事

2023 最受歡迎的 Emoji

Emoji 是現代文字溝通中不可或缺的一部分，它們不僅豐富了文字的表達方式，還增加了溝通的趣味性和表情豐富度。每個 Emoji 都有其特定的含義或代表性，你知道在 2023 年，全世界的網友使用 Emoji 的頻率，最常使用的是什麼呢？

根據表情圖案百科 Emojipedia 公布，2023 年全球最受歡迎的表情符號 Emoji，使用排行榜前 5 名如下：

在前 5 名的名單中，除了放聲大哭 Emoji 之外，大多具有正面含義。其中位居榜首的喜極而泣 Emoji 已是蟬聯多年的冠軍，預估在 2024 年也可能會繼續保持榜首。

至於最受歡迎的 Emoji 第 6 至 10 名名單如下：

這份榜單比較前兩年的排行結果，幾乎沒有太大差別，但是過去民眾愛用的「讚」符號卻在今年退出前十名榜單。《紐約郵報》報導指出，Z 世代不喜歡在職場上收到「讚」符號，認為該符號會給人一種不屑一顧的感覺。

表情符號的誕生

表情符號最早可追溯至到 1982 年 9 月 19 日，美國賓州卡內基美隆大學 (Carnegie Mellon University) 電腦科學系的教授史考特・法爾曼 (Scott Fahlman)，在系所的電子布告欄上用了「:-)」，來表達自己挖苦的意思，這個「冒號括號」的組合被金氏世界紀錄認證為史上第一個數位表情符號。

Introduction to Computer Science

電腦硬體與軟體

CHAPTER 04

4-1 電腦基本架構

電腦主要是由**硬體**和**軟體**兩個部分所組合而成，兩者可說是缺一不可，就如同人一樣，除了要有具體的軀體－硬體之外，尚需有無法外顯的思想內涵－軟體。

4-1-1 電腦系統的組成

一個完整的**電腦系統**(Computer System)包含**硬體**(Hardware)、**軟體**(Software)、**資料**(Data)及**使用者**(User)四個元素。硬體係指組成電腦的各項實體設備；軟體則是用來指示電腦硬體要做什麼的指令或程式；資料是執行中所要處理或運算的來源內容；使用者則是實際使用電腦並下達指令給電腦的人，如圖4-1所示。

使用者
一般的電腦目前尚無法有智慧地完全自行運作，所以使用者當然也是電腦系統的一員。使用者並不是直接接觸電腦硬體，而是透過**作業系統**(Operating System, OS)，去指揮硬體進行某項作業。而且在大部分的情形下，使用者是利用**應用軟體**(Application Software)來輸入資料，以完成特定的工作。

圖4-1　電腦系統包含了硬體(實體設備)、軟體(指令或程式)、資料、使用者等(圖片來源：Freepik)

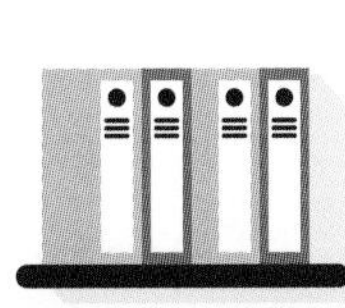

軟體

廣義而言，**軟體指的是所有操作控制電腦的技術和方法**；狹義而言，軟體指的是電腦上的**程式**(Program)。使用者藉由操作軟體，來指揮硬體進行指定的處理，所以沒有安裝軟體的電腦是無法運作的。軟體的產生主要具備以下三個目的：

- 控制電腦系統中的各項硬體元件。
- 作為使用者與電腦硬體間的溝通橋樑。
- 提供各種功能以滿足使用者的各項需求。

資料

資料是指使用者輸入並儲存在電腦中各種形式的數據內容。它可以是由鍵盤輸入的文字、數字及特殊符號，可以是由掃描器或數位相機所輸入的圖形影像，可以是經由麥克風所輸入的語音資料，也可以是由感測器所讀取到的溫度、溼度、地震震度、重量等數據。這些內容都必須轉換為數位資料格式才能在電腦中存取。

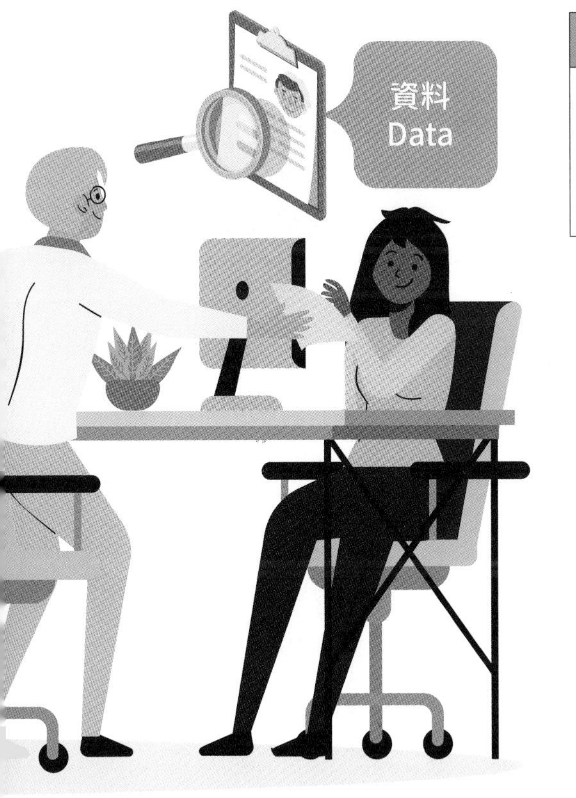

硬體

硬體指的是有形的實體設備，舉凡電腦的外觀及主機內可見的元件，一般稱為電腦的「硬體」。簡單地說，就是可以觸摸得到的都屬於硬體。例如顯示器、滑鼠、鍵盤、主機、印表機等。

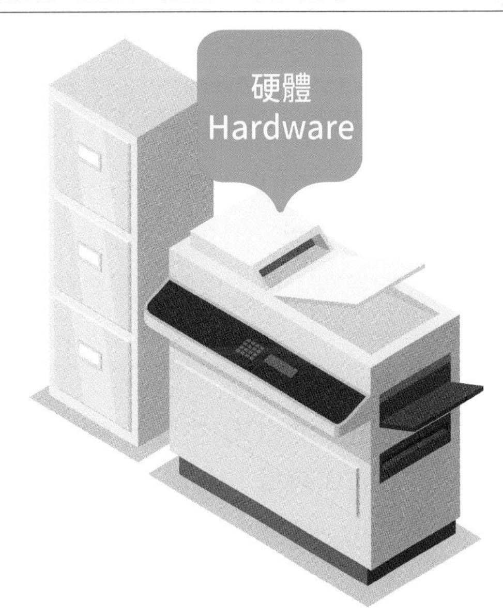

4-1-2 電腦硬體的架構

現代電腦的硬體架構，源自**馮紐曼**(John von Neumann)於1945年所提出的**馮紐曼架構**(Von Neumann Architecture)。根據此一架構，電腦硬體被劃分為**控制單元、算術與邏輯運算單元、記憶單元、輸入單元、輸出單元**等五大單元，這些單元有著密不可分的關係，分別說明如下。

控制單元

控制單元(Control Unit, **CU**)是整個電腦的運作中樞，主要**負責指令的解碼、控制資料的流向、指揮各單元之間的運作**。控制單元會發出控制訊號，協調各單元合力完成指定的工作。

算術與邏輯單元

算術與邏輯單元(Arithmetic/Logic Unit, **ALU**)主要是**負責算術**(例如＋、－、×、÷的計算)**和邏輯**(例如And、Or的判斷)**運算的工作**，它必須依據控制單元的指示，對所接收到的資料做前述運算的工作。它和「控制單元」合稱為**中央處理器**(Central Processing Unit, **CPU**)。

記憶單元

記憶單元(Memory Unit, **MU**)主要是**用來儲存資料或程式**，記憶單元又可分為**主記憶體**(Main Memory)和**輔助記憶體**(Auxiliary Memory)二種。主記憶體是程式執行時，暫時存放程式碼和資料的地方，例如主機板上的記憶體模組，而輔助記憶體主要是做為檔案、程式或資料長期儲存及備份之用，例如硬碟、光碟及隨身碟。

輸入單元

輸入單元(Input Unit, **IU**)主要的功能是**將外界的資料引入到電腦系統的記憶單元**。常見的輸入裝置有鍵盤、滑鼠、數位板、條碼閱讀機、掃描器、觸控式螢幕、麥克風等，而其輸入的資料可成為檔案或是動作指令。

輸出單元

輸出單元(Output Unit, **OU**)主要是**負責把電腦處理後的結果呈現給電腦的使用者**。常見的輸出裝置有印表機、喇叭、螢幕、繪圖機等。

4-1-3 匯流排

匯流排(Bus)是**連接不同單元與傳輸資料、訊號的通道**。在CPU內部由一排導線組合而成的管道，稱作**內部匯流排**(Internal Bus)，負責CPU內部各元件的溝通；連結CPU與其他外部元件的管道，或外部元件彼此之間的通道，稱作**外部匯流排**(External Bus)，像是記憶體匯流排、前端匯流排等都屬之。

匯流排一次所能傳輸的資料量叫做**寬度**(Width)，以位元為單位，寬度若愈大，則一次所能傳輸的資料量就愈多。匯流排依其傳遞內容的不同，可分為以下三種類型：

控制匯流排

控制匯流排(Control Bus)是用來**傳送CPU控制單元所發出的控制信號**，它的**傳輸方向是單向**的，控制單元經由控制匯流排傳送訊號以便控制各單元的運作。

位址匯流排

位址匯流排(Address Bus)是**負責傳送位址的管道**，透過位址資料的指引，CPU才能正確地存取記憶體內或輸入設備的資料。**位址**是資料或程式在主記憶體中的位置，就像門牌號碼，根據位址才能正確地找出資料的所在，位址匯流排的**傳輸方向是單向**的。

位址匯流排的寬度會影響定址能力，**定址**(Addressing)是指CPU所能直接存取之記憶體容量的大小。假設某部電腦的位址匯流排有32條位址線，而每條位址線有0、1兩種變化，因此，最大定址能力為$2^{32}=2^{2}\times2^{30}$ Bytes = 4 GB。

- 某電腦的位址匯流排共有36條位址線，則該電腦可定址的最大記憶體空間為何？

$$2^{36}\text{ Bytes} = 2^{6}\times2^{30}\text{ Bytes} = 64\text{ GB}$$

- 某電腦所能定址的最大記憶體空間為16MB，則該部電腦的位址匯流排應有幾條位址線？

$$2^{N}\text{ Bytes} = 16\text{ MB} = 2^{4}\text{ MB} = 2^{4}\times2^{20}\text{ Bytes} = 2^{24}\text{ Bytes}$$

N=24，所以該電腦的位址匯流排應有24條位址線

資料匯流排

資料匯流排(Data Bus)是**負責傳送資料的管道**，由於資料的傳遞有輸出、輸入兩個方向，例如算術邏輯單元先從記憶體取得資料來計算，算完後又回存到記憶體，因此，它的**傳輸方向是雙向**的。

4-2 中央處理器

中央處理器(Central Processing Unit, **CPU**)是電腦中最重要的一部分，它就像人類的頭腦一樣，是電腦處理資料的總指揮，它主宰著整部電腦的運作與執行，也是實際用來執行程式解碼、資料處理、邏輯判斷及運算的部門。

4-2-1 CPU 的組成

CPU又稱為**微處理器**(Microprocessor)，是將控制單元、算術與邏輯單元、**暫存器**(Register)、內部匯流排及**快取記憶體**(Cache Memory)等元件整合製作在一個積體電路中，如圖4-2所示。

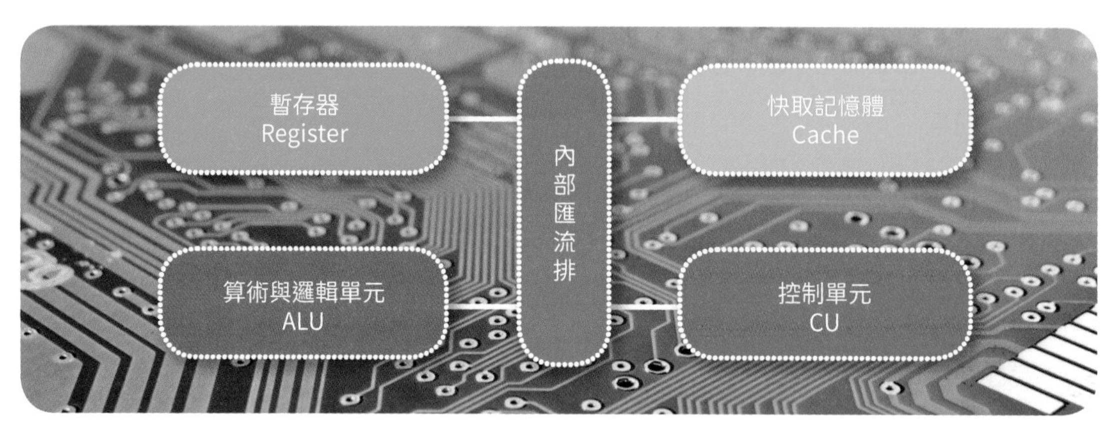

圖4-2　CPU內部架構圖

暫存器

暫存器是CPU內部的儲存區域，**用來暫時存放處理中的指令、資料、位址等**。暫存器根據負責的功能，又可分為多種，如表4-1所列。

表4-1　**暫存器的種類**

名稱	說明
程式計數器 (Program Counter, **PC**)	用來存放CPU下一個所要執行之指令在記憶體中的位址。
指令暫存器 (Instruction Register, **IR**)	用來存放CPU目前正在執行的指令，當CPU從記憶體中提取指令後，便直接存放到指令暫存器中。
記憶體位址暫存器 (Memory Address Register, **MAR**)	用來存放CPU所要存取之記憶體資料的位址。
記憶體資料暫存器 (Memory Data Register, **MDR**)	用來存放剛從記憶體取出並即將要運算的資料，或是進行算術、邏輯運算後，準備回存記憶體的資料。

名稱	說明
累加器 (Accumulator, **AC**)	用來存放ALU運算後的資料，它的內容是可以進行加減運算的。
狀態暫存器 (Status Register, **SR**)	又稱為**旗標暫存器**(Flag Register, **FR**)，用來存放ALU運算過程或運算結果之各種狀態，例如進位、溢位、正負符號的改變或零值的發生等。
一般用途暫存器 (General Purpose Register, **GPR**)	並沒有一定的使用功能，通常是用來作為存放臨時性資料之用。

快取記憶體

CPU執行工作時，都必須到主記憶體去提取指令、資料，不過主記憶體的存取速度遠比CPU慢了許多，因此，為了提升系統的效能，減少CPU等待主記憶體存取資料的時間，於是就在CPU和主記憶體之間增加了**快取記憶體**，用來存放可能會用到的指令或資料。

快取記憶體的存取速率非常快，大約高於主記憶體數十倍至百倍，當CPU把一筆資料處理完畢，會依序到L1、L2和L3快取記憶體中存取下一筆資料。因此，如果沒有快取記憶體，主記憶體會來不及準備CPU所需要的資料，導致CPU閒置，電腦運算效能就會變慢，所以快取記憶體非常重要，而其容量的多寡也會影響一部電腦的運算效能。

4-2-2 CPU 的運作

CPU從主記憶體擷取一個指令到完成指令運算的整個過程，通常必須經過指令的**擷取**、**解碼**、**執行**，以及**儲存**結果等步驟，這個過程稱為**機器週期**(Machine Cycle)，如圖4-3所示，其中擷取與解碼的步驟稱為**指令週期**(Instruction Cycle)；執行與儲存的步驟則稱為**執行週期**(Execution Cycle)。

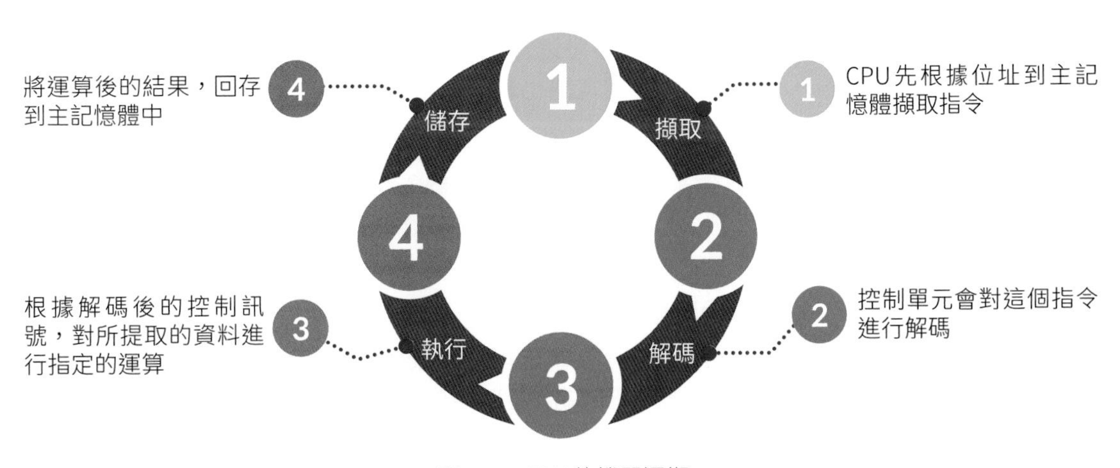

圖4-3　CPU的機器週期

4-2-3 CPU 的製程與封裝

CPU是一內部佈滿細微電路的晶片，內部中執行指令及處理資料的單元稱為核心，晶片在成形之前，是一個圓形盤上生成核心的電路，這個大圓盤稱為**晶圓**(Wafer)(圖4-4)，製成後才被切割成一片片小小的晶片，再經由封裝工作，就成為大家所看到的CPU。

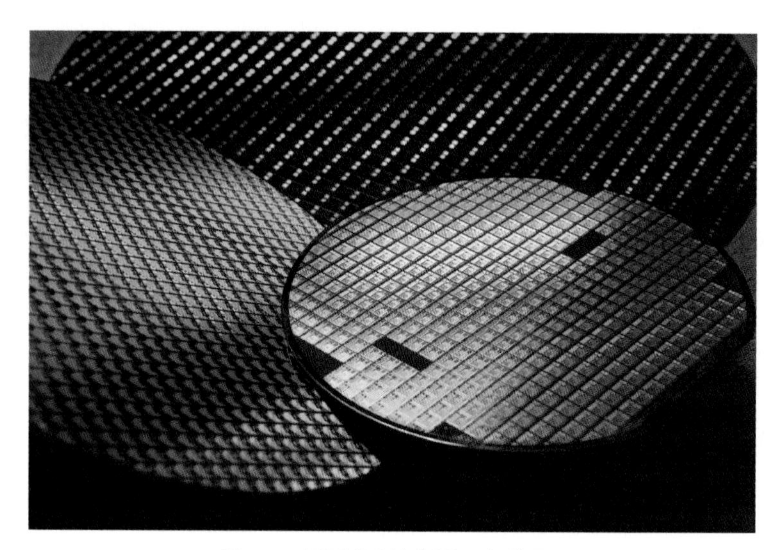

圖4-4 晶圓(圖片來源：台積電)

核心電路愈細密，晶片的體積就愈小，也就可以放入更多電路，所以這些細微的核心電路，會因為製造的技術進步而變得愈來愈小，也因為核心電路太過細小，所以必須要使用高倍數顯微鏡才看得到。

一般常聽到的0.13**微米**(Micrometer, **μm**)製程、14**奈米**(Nanometer, **nm**)製程、3奈米製程等，指的就是晶片裡頭的核心電路，使用哪種製程作為電路製造的標準。

知識補充 半導體製程單位

一般會以晶片上的電路線寬尺寸來表示半導體製程的進步，線寬越細，半導體的處理能力和數據儲存空間越高，而封裝後的積體電路也會越來越小。

半導體製程從早期的0.18、0.13微米，發展至90、65、45、22、14奈米，一直到10、7、5奈米，而目前最尖端的技術為台積電與三星量產的3奈米製程晶片。其中微米與奈米都是度量衡單位。1微米=10^{-6}公尺，也就是0.000001公尺；而1奈米=10^{-9}公尺，也就是0.000000001公尺。

台積電與臺灣大學、美國麻省理工學院攜手，發現二維材料結合半金屬鉍能達到極低的電阻，接近量子極限，有助於實現半導體1奈米以下的艱鉅挑戰。2025年後電晶體架構將進入**埃米**(Angstrom)時代。(埃米，符號為Å，1Å=10^{-10}公尺，亦即0.1奈米)

CPU原本是從晶圓上切割下來一片薄薄的晶片，還不能跟主機板連接，要使用塑膠或陶瓷等材料，包上一層外殼保護，避免細微的核心電路遭到損壞，並且植入一根根的腳位才能正常使用，如此的加工過程就稱為「**封裝**」，是CPU最後一道生產程序，因此，封裝和晶片腳位有很大的關係，所以封裝名稱大都會加入腳位數量來命名。

目前市場上常見的封裝形式有**PGA** (Pin Grid Array)和**LGA** (Land Grid Array)兩種類型，如圖4-5所示。PGA是針腳在CPU上面，對應的CPU插槽上有矩陣的接孔；LGA是CPU上面佈滿接點，而針腳則設計在插槽上。

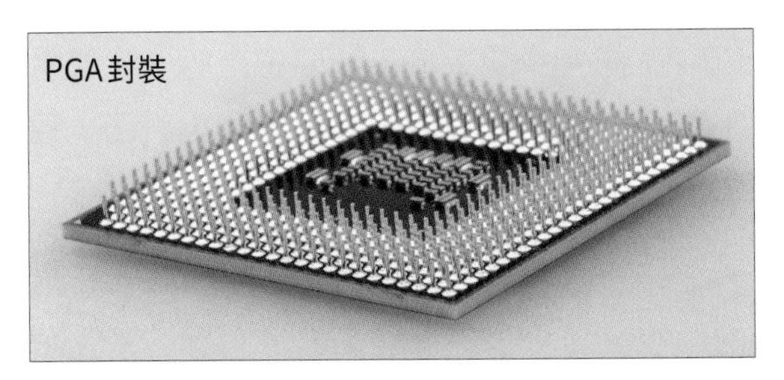

圖4-5　CPU常見的封裝方式

4-2-4 常見的CPU

目前市面上較為人熟知的CPU製造商有：Intel (英特爾)、AMD (美商超微)、ARM Holdings (安謀控股)、Qualcomm (高通)、nVIDIA (輝達)等。

CPU主要有x86架構及**ARM** (Advanced RISC Machine，**進階精簡指令集機器**)架構。x86架構是一種基於Intel的指令集架構，通常具有較高的性能和運算能力，較適合用於桌上型電腦或筆記型電腦。

ARM架構的CPU體積小、低耗電，較適合平板電腦、智慧型手機等行動裝置，Apple公司所生產的iPhone、iPad、MacBook、Mac等，皆使用自家的ARM架構處理器。圖4-6所示為iPhone 15 Pro智慧型手機主機板，其中紅色框選處為搭載的A17 Pro處理器。

圖4-6　iPhone系列手機使用的是基於ARM架構的處理器，其中包含CPU、GPU、快取等元件 (圖片來源：iFixit)

多核心CPU

以往CPU晶片中只有一個核心，主掌許許多多的運算工作，CPU運算負荷很容易滿載，處理速度無法提升，因此推出了多核心CPU的分工概念，就是**將多個核心電路濃縮在一個CPU晶片中**，就像一間工廠裝入了多條生產線一樣，一件事情有了分工，減少各CPU負荷滿載的機會，可以大幅加快處理速度。

多核心並不代表擁有多倍的運算效能，僅是提供較好的分工能力，而且並非核心數量越多，CPU就越快，還要注意核心時脈頻率的高低。另一方面，它和多CPU的概念也不相同(一張主機板上多個CPU)，多CPU就像有多間工廠各一條生產線，它們各自有出貨口，加快運作時，產品不會塞在出貨口；但多核心則是共用一個出貨口，效能滿載時很容易造成阻塞，所以多CPU是比多核心還要快一些。

Atom CPU

Atom CPU是Intel所生產的最小型CPU，大部分用在智慧型手機及平板電腦等行動裝置上。除此之外，Intel也發表多核心的Atom系列處理器，發揮更高效能，增強省電效能，可用於智慧型汽車、尖端醫療照護裝置、雲端微伺服器及物聯網等。

4-2-5 人工智慧處理器

要訓練複雜的生成式AI模型，勢必需要龐大的運算能力支援。因應人工智慧急速發展所帶動的硬體需求，AI裝置除了使用一般用途的CPU及用於加速運算的**圖形處理器**(Graphics Processing Unit, **GPU**)，為了更提升性能，許多廠商也會在系統中導入**APU** (Accelerated Processing Unit，**加速處理器**)及**NPU** (Neural Processing Unit，**神經處理器**)等專門處理AI任務的新型處理器。其中，APU是一種結合CPU和GPU功能的處理器，可使AI應用程式在裝置端就能執行邊緣運算，大大提升執行效能；而NPU則是專用於處理神經網路和深度學習運算的處理單元，可以更有效地處理大量數據並加速模型訓練和推理。

此外，Google的**TPU** (Tensor Processing Unit，**張量處理器**)(圖4-7)，是基於人工智慧及機器學習的硬體需求所打造的AI處理器，它具有高運算能力及工作效能，目前主要應用在人工智慧及機器學習的訓練上。

圖4-7　人工智慧處理器──TPU
(圖片來源：https://cloud.google.com)

與CPU相比，TPU的處理速度更快，工作效能也提升好幾十倍，每秒可處理百萬億次浮點運算；與GPU相比，TPU具有單位成本上高速運算的優點，以及使用特殊設計的陣列運算，因此可將功耗約控制在28至40瓦，進而大幅降低功耗。

知識補充 圖形處理器(GPU)

GPU是圖形處理器(圖4-8)，主要負責處理個人電腦、伺服器、遊戲機、智慧型手機上的影像運算工作，將3D的物件表現在平面的顯示器上，可以分擔CPU的影像處理工作。由於圖形處理器的功能慢慢被整合到CPU內，使得GPU的需求量大幅下降。

圖4-8　NVIDIA推出的圖形處理器(圖片來源：NVIDIA)

不過，近年來AI興起，科學家發現人工智慧的演算法使用GPU運算的效能比CPU高出大約100倍以上，因此開始大量使用GPU進行人工智慧運算，效能突飛猛進。

IBM推出的Telum處理器(圖4-9)，加入了深度學習推論能力，是IBM首款具有晶片上加速功能的處理器，能夠在交易時進行AI推論，該晶片包含8個處理器核心，採用了創新的集中式設計，充分利用AI處理器的全部能力，處理特定於AI的工作負載。

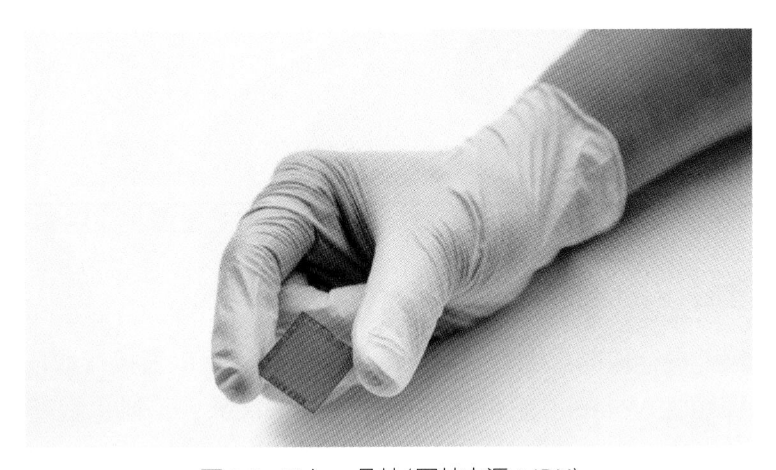

圖4-9　Telum晶片(圖片來源：IBM)

4-3 記憶單元

記憶體是電腦用來存放程式和資料的地方，這節就來認識記憶單元。

4-3-1 記憶體的分類

記憶體又可分為**主記憶體**與**輔助記憶體**(Auxiliary Memory)。主記憶體可進一步分為**隨機存取記憶體**(Random Access Memory, **RAM**)和**唯讀記憶體**(Read-Only Memory, **ROM**)，而一般常見的儲存設備，例如硬碟、光碟、隨身碟等，則屬於輔助記憶體。

與輔助記憶體相比，主記憶體的存取速度比較快，但容量比較小，主要為執行程式時使用，處理中的程式和資料會存放在主記憶體中；輔助記憶體的存取速度比較慢，不過容量比較大，適合用於存放暫時不用或需要長久儲存的程式和資料。圖4-10所示為記憶體的分類。

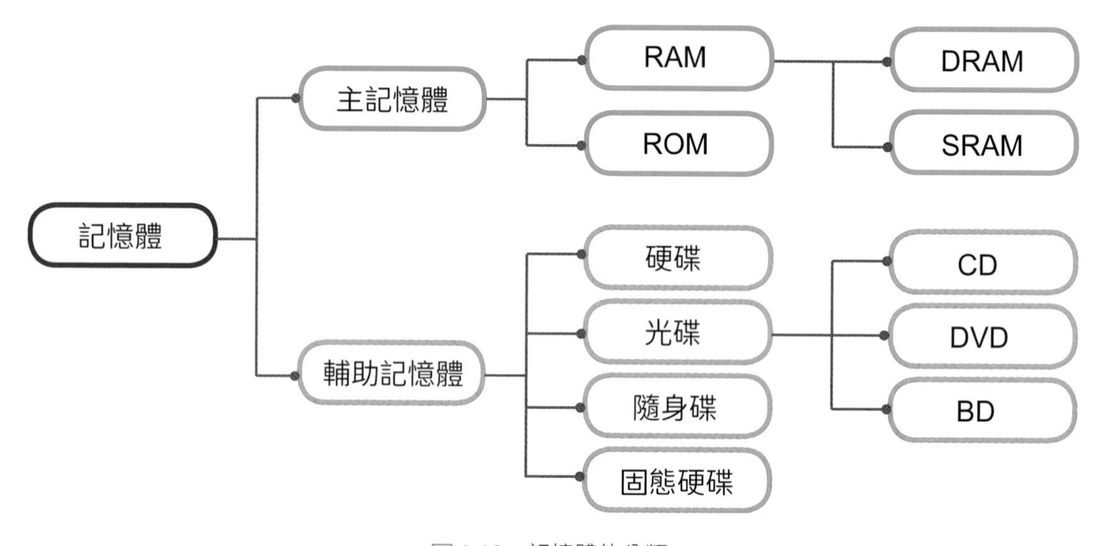

圖4-10　記憶體的分類

4-3-2 主記憶體

主記憶體依存取特性可分為隨機存取記憶體與唯讀記憶體，說明如下。

隨機存取記憶體(RAM)

RAM是可以隨機存取的記憶體。所謂的隨機，是指可以直接存取任何一個位址的資料。RAM是**揮發性**(Volatile)記憶體，一旦沒有了電源，資料也跟著消失，因此，RAM是用來存放處理中的程式或資料。

RAM可以進一步分為**動態隨機存取記憶體**(Dynamic RAM, **DRAM**)和**靜態隨機存取記憶體**(Static RAM, **SRAM**)。

- **DRAM**：它的存取速度較慢且**需週期性充電**，但價格較便宜且元件密度高，我們所說的**電腦記憶體**，指的就是DRAM。不同的DRAM技術發展出不同類型的DRAM，其中較常見的是**DDR4** (Double Data Rate 4)，圖4-11所示為DDR4及DDR5外觀。

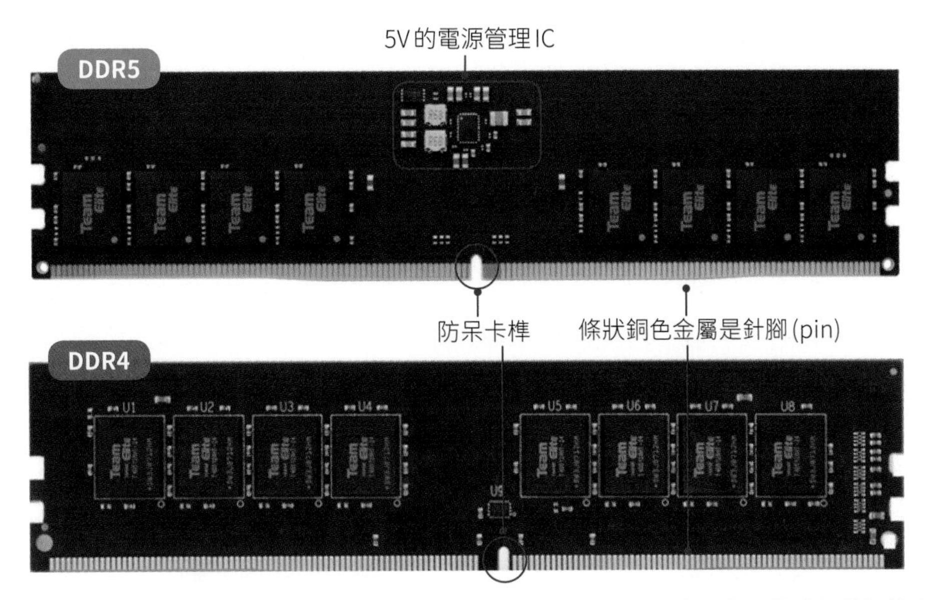

圖4-11　DDR5為288 pin，DDR4為284 pin，缺口位置也不相同，所以使用的記憶體插槽規格也不相容(圖片來源：十銓科技，https://www.teamgroupinc.com/tw/)

- **SRAM**：它的存取速度較快，**不需充電**，價格較貴，元件密度較低，主要應用於快取記憶體，SRAM的記憶體晶片都是設計在CPU內的。

唯讀記憶體(ROM)

ROM是**非揮發性**(Non-Volatile)的記憶體，即使電源消失，裡面的內容仍然存在，因此ROM主要是用來存放重要及不希望被任意更改的系統程式及資料，例如BIOS ROM。和SRAM一樣，ROM記憶體晶片也是直接插在主機板上的。

4-3-3 輔助記憶體

一般常見的儲存設備，都是屬於輔助記憶體，分別介紹如下。

硬式磁碟機

硬式磁碟機(Hard Disk Drive, **HDD**)就是一般所說的**硬碟**，硬碟是由多個碟片所組成，每個碟片的表面覆蓋一層磁性媒介，以磁性型態儲存資料，碟片會一片片堆疊在一起，由中央的旋轉軸帶動碟片一起旋轉。

讀寫頭位於讀寫臂上，負責讀取碟片上的資料，並由啟動軸控制讀寫臂的移動，以便將讀寫頭移動到所要存取資料的位置。

目前硬碟所採用的磁記錄技術，主要分為PMR（**垂直磁記錄**）與SMR（**疊瓦式磁記錄**）兩種類型，而新一代的HAMR（**熱輔助磁記錄**）技術也已開始應用。

除此之外，還有Western Digital (WD)公司開發的**MAMR（微波輔助磁記錄）**技術，使用鐳射熱能加熱磁碟寫入區域，減少寫入區域的矯頑力/保磁力，提高此區域的面密度，以增加硬碟容量，每平方英吋可達4 TB儲存容量。

WD推出26TB超大容量硬碟(圖4-12)，硬碟內部擁有十張物理碟片，每張容量約為2.6 TB ，在每個物理碟片上各使用了3D TLC **UFS** (Universal Flash Storage，**通用快閃記憶體儲存**)快取記憶體顆粒，能夠為硬碟提供更好的穩定性與讀寫速度。

圖4-12　WD推出的超大容量硬碟

固態硬碟及固態混合硬碟

固態硬碟(Solid State Drive, **SSD**)是**以快閃記憶體作為儲存裝置的硬碟**，具有低功耗、無噪音、抗震動等特點，這些特點讓存在其內的資料，得以更安全地保存。

固態混合硬碟(Solid State Hybrid Drive, **SSHD**)是固態硬碟與傳統硬碟技術的結合，採用了大容量的磁盤，並內建小容量的SSD作為硬碟的快取。所以，具有固態硬碟(SSD)的高效能及傳統硬碟(HDD)的大容量等特色。

磁碟陣列

容錯式磁碟陣列(Redundant Array of Independent Disks, **RAID**)簡稱**磁碟陣列**，主要利用虛擬化儲存技術將多個實體硬碟組合成一個硬碟陣列組（圖4-13），以提供單一的大容量邏輯硬碟。RAID的運作分為多種模式，常用的有：Raid 0、Raid 1、Raid 5和Raid 10等。

圖4-13　RAID磁碟陣列

網路儲存裝置

網路儲存裝置(Network Attached Storage, **NAS**)是**透過網路連線分享、集中管理檔案的儲存裝置**，不論身處何方，都可以透過瀏覽器或手機應用程式，存取儲存在NAS內的檔案，就像是私有的個人雲端儲存設備。

NAS就像是一台小型的雲端硬碟伺服器(有CPU、RAM、硬碟、網路介面卡等)，只要連上網路，就可以透過網路存取這台NAS伺服器，還可以將NAS空間分享給他人，或是建立特定群組，讓相同群組的人共享裡頭的檔案。

NAS通常有多顆硬碟，並會把硬碟組成RAID來提供服務，以提供高容量的儲存空間。NAS在使用上比外接硬碟來的方便，且建置條件、費用也比傳統伺服器來得容易及便宜，只要接上電源、網路線、儲存用硬碟(HDD、SSD)就可以立即使用。圖4-14所示為NAS外觀及NAS所使用的硬碟。

圖4-14　NAS外觀及硬碟

光碟

光碟(Optical Disc)是具有便利且可攜性高的光學儲存資料之碟片(媒介)。光碟儲存資料的軌其實是一個又長又緊密的螺旋，螺旋上有**平面**(Land)和**凹洞**(Pit)，光碟使用光學技術來讀取資料，當光碟旋轉時，雷射讀取頭會照射光線，以偵測平面和凹洞的變化，如圖4-15所示。

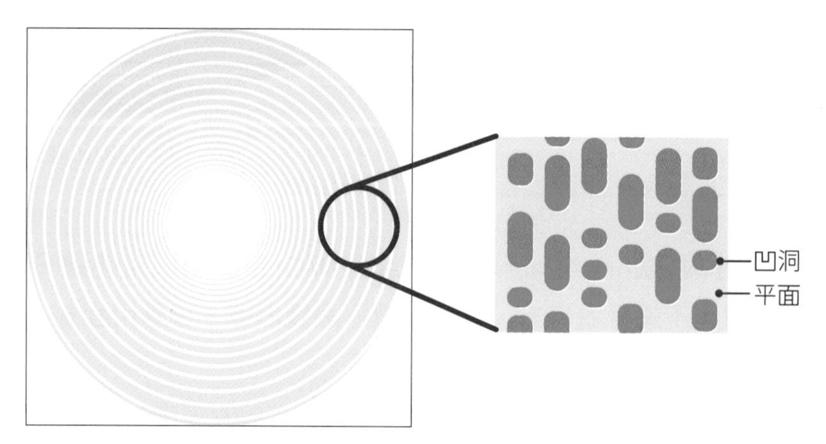

圖4-15　光碟的構造

常見的光碟類型有CD、DVD及BD等，CD與DVD光碟機是使用紅色雷射光來讀取或燒錄資料，而藍光光碟機則是**使用波長較短的藍色雷射光來讀取或燒錄資料**。表4-2所列為CD、DVD與BD的比較。

表4-2　CD、DVD與BD的比較

	CD COMPACT disc	DVD DVD	BD Blu-ray Disc
解析度	240、288	480i、576i	480i、576i、720p、1080i、1080p
雷射波長	780nm，紅色雷射	650nm，紅色雷射	405nm，藍色雷射
單倍速讀寫速度	150 KB/Sec	1,350 KB/Sec	4.5 MB/Sec
最高讀取速度	52倍	24倍	12倍
儲存容量	650M/700M	單面單層：4.7 GB 單面雙層：8.5 GB	單面單層：25 GB 單面雙層：50 GB
支援視訊編碼技術	MPEG-1	MPEG-1、MPEG-2	MPEG-2、H.264/MPEG-4 AVC

AD

歸檔光碟(Archival Disc, **AD**)是由Panasonic與Sony共同制訂開發的，**為一次寫入型儲存媒體**，單層儲存容量為300 GB，常應用在大型雲端資料庫。AD在常溫狀態下，可以保存50～100年，可以**防水**、**防塵**、**防電磁干擾**，因為是一次寫入，還能有效防止駭客偽造和竊取資料。

4-4 輸入與輸出設備

使用電腦時，常常會使用到或是看到各種不同的輸入與輸出設備，以下就針對使用者常用的輸入與輸出設備來進行介紹。

4-4-1 輸入設備

常見的輸入設備有鍵盤、滑鼠、掃描器、觸控式螢幕、數位相機、網路攝影機、麥克風等。

鍵盤與滑鼠

鍵盤(Keyboard)是最主要的輸入設備，大部分是透過USB埠連接到主機。覺得鍵盤和主機的連接線太佔空間時，可以選擇**無線鍵盤**(Wireless Keyboard)，所謂的無線鍵盤，就是使用紅外線、無線電、藍牙等來傳送資料。

在圖形使用者介面廣為使用的現在，**滑鼠**(Mouse)早已成為電腦系統最基本的輸入設備，常見的滑鼠種類有滾輪滑鼠、光學滑鼠、雷射滑鼠、無線滑鼠、藍光滑鼠、電競滑鼠等。圖4-16所示為無線鍵盤與無線滑鼠。

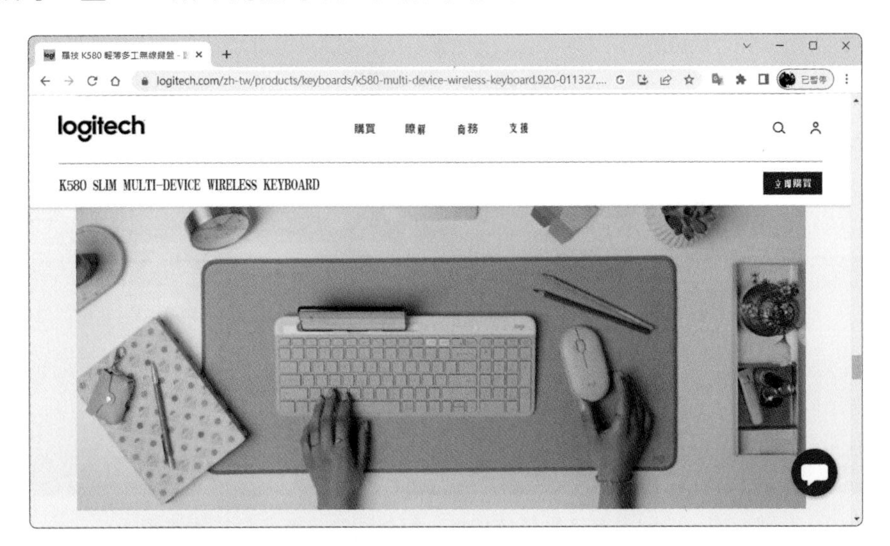

圖4-16 無線鍵盤與無線滑鼠(圖片來源：Logitech)

掃描器

掃描器(Scanner)是一種輸入設備，透過掃描器可以將圖片、相片、底片輸入到電腦中，成為一個影像檔案。

掃描器的品質是以**解析度**(dot per inch, **dpi**)為主，掃描器上標有兩種解析度，一種是光學解析度，另一種是最高解析度；前者指的是實際能解析的點數，後者指的是軟體補點運算後的解析度。

目前較常見的掃描器是屬於「平台式」掃描器，如圖4-17所示。

圖4-17　平台式掃描器

觸控式螢幕

觸控式螢幕(Touch Screen)是一種可用觸摸方式進行輸入的顯示器，只要在觸控式螢幕上用手輕輕的按下螢幕上的某個按鈕，即可進行動作。在日常生活中也常常可見觸控式螢幕的蹤跡，例如銀行或郵局的自動櫃員機、車站、醫院、機場、博物館、百貨公司等公共場所的導覽系統等。除此之外，觸控式螢幕也應用在行動電話、筆記型電腦、平板電腦(圖4-18)、數位相機等上面。

圖4-18　iPad具有多點觸控技術，可以同時辨識多點的觸控資訊

觸控式螢幕目前已發展到多點觸控技術，此技術可以讓使用者同時用雙手或是多個觸控點來操作翻轉、放大、縮小等動作。觸控裝置依原理不同，可以分成**電阻式**、**電容式**、**波動式**(聲波、紅外線)等，表4-3所列為不同觸控裝置的比較。

表4-3　不同觸控裝置的比較

類型	觸控點	感應方式	輸入介質
電阻式	單點偵測	電壓	手或其他介質
投射電容式	多點	人體靜電感應電容變化	手或其他導電體
表面聲波式	單點	偵測聲波	任何不會全反射的介質
紅外線式	多點	光訊號遮斷	任何可以擋光的介質

數位相機

數位相機(Digital Camera)是利用**CCD** (Charge Coupled Device，**電荷耦合元件**)或**CMOS** (Complementary Metal-Oxide Semiconductor，**互補金屬氧化半導體**)等感光元件的影像感應功能，來擷取景物所反射出來的光線，並將之轉換成可儲存的數位訊號，經格式轉換後儲存在內建的記憶體晶片或是記憶卡中。

數位相機大致可分為**一般型相機**、**微單眼(輕單眼)**、**單眼**等類型。目前市面上的數位相機大部分都具備了防手震、臉部自動對焦(自動捕捉人物的臉部)、情境拍攝模式(夜景、海邊、星空、雪景等)、錄影等功能，讓使用數位相機時，能更輕鬆地拍出好照片。除此之外，還有些相機內建Wi-Fi功能，可以將拍好的照片直接上傳至網路。

現今手機大多具備相機功能，因為方便隨時使用，已逐漸取代一般的數位相機。使用智慧型手機內建的相機功能，即可隨時拍照隨時上傳分享給他人，如圖4-19所示。

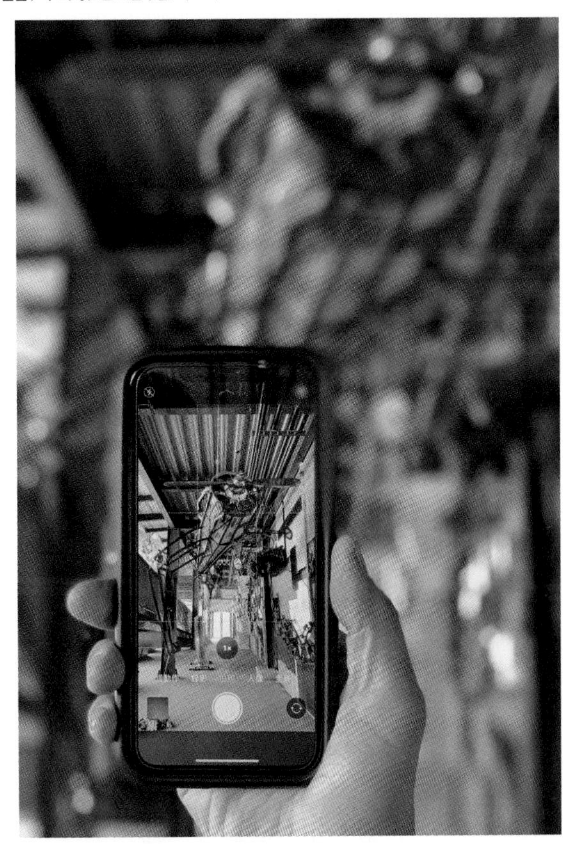

圖4-19　智慧型手機內建相機功能
(圖片來源：Tac)

網路攝影機

由於網路視訊會議的快速發展，造就了**網路攝影機**(Web Camera, **WebCam**)的盛行。只要在電腦上安裝網路攝影機(圖4-20)，透過視訊會議等通訊軟體，就能夠與遠方的朋友直接進行網路視訊，並互相看到彼此的動態影像。

圖4-20　網路攝影機
(圖片來源：Logitech)

麥克風

不論是線上直播、視訊會議、電競遊戲實況主，還是錄製 Podcast，都需要透過麥克風(Microphone)來捕捉聲音。麥克風的運作原理是透過聲波震動內部的振膜，再將振膜震動產生的電流轉換成聲音訊號。如果要將聲音透過麥克風傳送出去，只需將麥克風的接頭插入音效卡上的Line In插孔即可。現今市面上的筆記型電腦或是視訊鏡頭大多也都有內建麥克風，方便用戶直接使用而無需額外配備外接麥克風。

4-4-2 輸出設備

電腦處理資料的目的，就是要將最終的結果提供給使用者參考，而如何將結果輸出，便是輸出設備的工作了。接下來就介紹幾種常見的輸出設備。

顯示器

顯示器(Monitor)就是俗稱的「**螢幕**」，是電腦最基本的輸出設備。顯示器根據製造技術的不同，又可分為**陰極映像管顯示器**(Cathode Ray Tube, **CRT**)、**液晶顯示器**(Liquid Crystal Display, **LCD**)、**有機發光二極體顯示器**(Organic Light Emitting Diode, **OLED**)、**微發光二極體顯示器**(Micro Light Emitting Diode, **Micro LED**)等常見規格。表4-4所列為CRT、LCD、OLED、Micro LED顯示器的比較。

表4-4　**顯示器規格比較**

類型	材質	背光源	優點	缺點
CRT	陰極射線管	無	無觀看死角	耗電量高、輻射高
LCD	液晶	LED燈	亮度高、耗電量低、輻射低	容易因為散熱不良造成光衰
OLED	有機發光二極體	無	無觀看死角、耗電量低、面板可捲曲、超廣角	發光元件壽命較LED短
Micro LED	微發光二極體	無	亮度高，適合車用系統、色彩精準度高、使用壽命長	技術尚未純熟，成本高

知識補充 QLED

QLED (Quantum Dot LED，**量子點發光二極體**)是一種藉由**量子點**(Quantum Dot, **QD**)之特殊光電性質，來產生純色之紅、綠和藍光之三原色以作為顯示應用的新型顯示技術。

量子點是肉眼無法看見、極其微小的半導體奈米晶體，當受到光或電的刺激，量子點會發出有色光線，而光線之顏色則由量子點組成材料與形狀大小所決定，故可透過改變量子點形態而得到更純淨的單色光頻譜。因此，與傳統的LED顯色技術相比，QLED在色彩顯示上具備更佳的優勢。

電腦顯示器的尺寸與電視機一樣，都是使用**英吋為單位**，常見的顯示器尺寸有24"、27"、32" 等，而其中所謂的24" (即24吋)是指**螢幕對角線的平面直線距離**，並非表示螢幕的長度或寬度。

印表機

印表機(Printer)是最常見的輸出設備，它可以將電腦中的文件列印出來。印表機可略分為**點矩陣式印表機**(Dot-matrix Printer)、**噴墨印表機**(Ink-jet Printer)、**雷射印表機**(Laser Printer)，分別介紹如下：

- **點矩陣式印表機**：亦稱作**撞擊式印表機**，主要是**利用撞針直接撞擊色帶**，然後將色帶上的色彩印至紙上。此種印表機是屬於機械式，噪音大、列印品質差、速度慢，主要應用於一般公司行號列印三聯單。
- **噴墨印表機**：主要是利用噴嘴將墨水噴到紙張上，它所使用的耗材為**墨水匣**。
- **雷射印表機**：能列印出高品質的文件，有點類似影印機，它所使用的耗材為**碳粉匣**。雷射印表機的運作原理是**透過雷射光束，將資料投射在感光鼓上，再將碳粉附在感光鼓上，然後將資料轉印到紙張上**，雷射印表機主要分為黑白與彩色二種。彩色雷射印表機內有青色(Cyan)、洋紅色(Magenta)、黃色(Yellow)及**黑色**(Black)等四色碳粉匣(圖4-21)，當在列印資料時，便會根據這四種不同碳粉匣的組合，依比例調配出所要列印的顏色。

圖4-21　彩色雷射印表機的外觀

印表機的解析度是以**dpi**為單位，所指的是**每英吋中列印的點數**，當數量愈高，表示解析度愈高。而列印速度則是以**ppm** (page per minute) 為單位，ppm指的是**印表機每分鐘可以列印的頁數**。點矩陣式印表機的列印速度是以**cps** (character per second) 為單位，cps指的是**印表機每秒可以列印的字元數**。

喇叭

喇叭 (Speaker) 又稱為**揚聲器，是輸出聲音的設備**，使用上只需將喇叭的接頭插至音效卡上的「Line Out」孔，即可讓電腦播放出聲音。市面上還推出了無線喇叭，只要透過藍牙無線傳輸，即可將裝置內的音樂傳送到喇叭播放。

耳機

耳機跟喇叭一樣屬於**聲音的輸出裝置**，其在音效卡的插頭和喇叭相同。若想聽音樂而又不想打擾到他人時，便可使用耳機。

電子紙

電子紙 (Electronic Paper，簡稱**ePaper**) 是一種新型**超薄、超輕的顯示器**，它的外觀和一般的紙張非常接近，除了具有柔軟度而可以捲曲外，耗電量低亦是其一大特色，故可應用於數位書畫展覽、廣告看板、電子書、電子貨架標籤、大尺寸電子紙顯示看板、穿戴式裝置、行動裝置等產品。

圖4-22所示為BMW推出的BMW iX Flow概念車，此款車採用了**可變色電子紙**，能夠隨心所欲的讓車殼外觀變色。

圖4-22 BMW iX Flow概念車採用了元太科技的Prism™可變色電子紙

4-5 電腦軟體概論

軟體(Software)指的是一或數個程式的集合體，而程式則是由各種程式語言撰寫而成。在電腦的作業流程中，使用者常會將各種形式的資料輸入至電腦，然後再藉由軟體進行後續處理。接下來，將說明資料在電腦內部的呈現方式(亦即各種資料的編碼方式)、軟體運作原理，以及軟體的分類。

4-5-1 軟體運作原理

當今的電腦架構，都是依循著**馮紐曼模式**(Von Neumann Model)所組成的，而其中對現代電腦影響最鉅者，就是**內儲程式**(Stored Program)的概念。馮鈕曼是二十世紀著名的數學家，也可說是現代電腦發展的先驅，他在1945年提出了「**內儲程式**」的概念後，也奠定了現今通用電腦的模式，這裡所謂「**通用電腦**」模式，就是指電腦依其所執行的軟體，可作為各種用途。自此至今，電腦便一直採用這個概念建構而成。

在內儲程式的概念誕生之前，電腦是透過許多電纜線的排列與串接，來設定要執行的程式與工作任務，這種透過安裝線路的方式來設定運算程序，不但十分不便，電腦的作用也因此受限。

內儲程式的概念，主張將**欲執行的程式與處理的資料，先載入電腦主記憶體中，再交由CPU依序執行指令及存取資料**，如此一來，只要改變內儲程式，電腦就能執行完全不同的工作，讓電腦的應用更具彈性。內儲程式的概念不但改變了電腦的操作方式，也促進了電腦軟體的發展，更因此確立了現代電腦的架構。

現在操作電腦，已經不必直接接觸電腦硬體核心，藉著操作軟體，便可指揮硬體進行指定的處理，來幫助我們完成工作，可達成通用的效果。

4-5-2 軟體的分類

軟體依照不同的性質，大致上可以分為**系統軟體**(System Software)及**應用軟體**(Application Software)，如圖4-23所示。

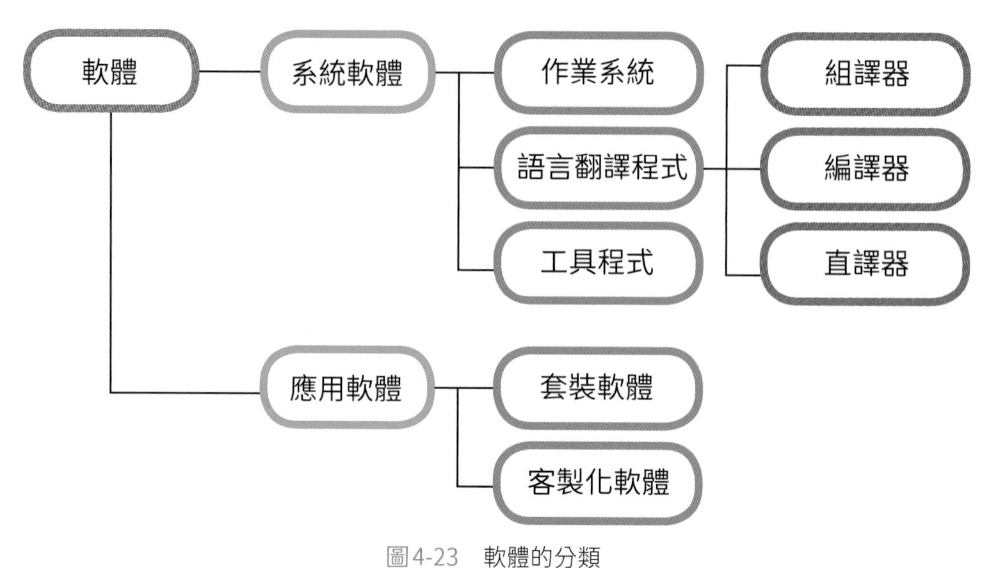

圖4-23　軟體的分類

4-5-3 開放原始碼軟體

開放原始碼軟體(Open Source Software)又稱**開源軟體**，是指電腦軟體的程式開發者在釋出軟體時，會將軟體的程式原始碼一併釋出，使用者能夠加以修改及散布，著名的Linux、OpenOffice、GIMP就是開源軟體。

開源軟體的授權基礎主要是根據**開放源碼促進會**(Open Source Initiative, **OSI**)的規範，內涵除了標榜原始碼的開放之外，亦包括了自由散布的形式、管道與授權方式等權利義務的規範，如下所列：

- 允許自由散布。
- 包含程式原始碼的自由流通。
- 授權條款應允許對原作品的修改以及衍生作品的產生。
- 需保持原作者原始碼的完整性。
- 授權條款對任何個人或群體均需一視同仁，不得有差別待遇。
- 授權條款不得對特定領域或活動的應用有差別限制。
- 授權條款對於衍生作品自動適用。
- 授權條款不得附屬於其他產品之下。

- 授權條款不得對隨同散布的其他軟體做出限制(例如規定需同為開放原始碼軟體)。
- 散布管道必須保持技術中立性，不限制特定方式或平臺才能取得。

GitHub

GitHub是一個透過Git進行版本控制的**原始碼代管服務平臺**，這裡是各種開源軟體的聚集地(圖4-24)，可以把程式碼上傳到平臺與人交流，也可以在這些平臺上找到開源專案，觀摩其他人的程式碼，或加入開源專案的協作，而原專案作者可以使用Git版本控制工具進行控管，進而達成一種**共同創作**的理念。

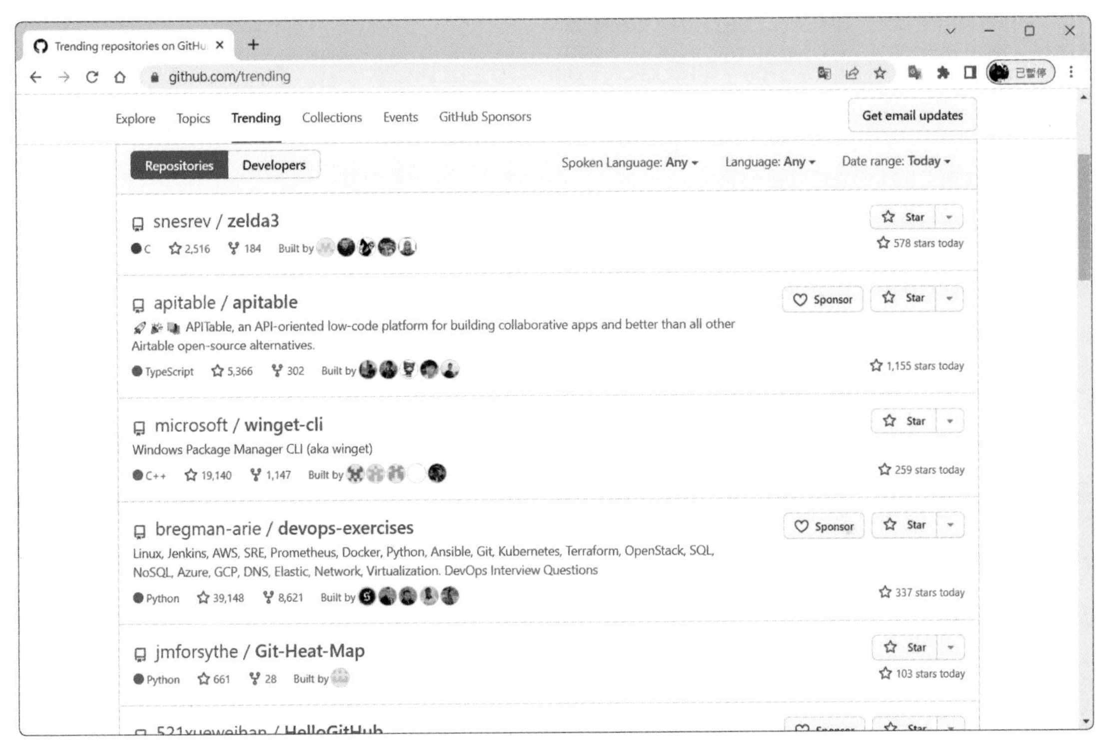

圖4-24　GitHub網站(https://github.com)

Git

Git (https://git-scm.com)是一套免費、開源的版本控制軟體，可以協助開發者進行**分散式版本控制**(Distributed Version Control)，Git會記錄每個檔案新增或刪除的時間，經過誰在什麼時間點的修改，每一次的修改內容又是什麼。因此可以把編輯過的檔案復原到先前的狀態，也可以顯示編輯過內容的差異。Google、Facebook、Microsoft、Twitter、Linkedin等公司皆使用Git作為版本控制系統。

4-5-4 自由軟體

自由軟體(Free Software)與開源軟體較為類似，概念是由美國麻省理工學院的Richard Stallman所提出，他認為自由軟體是全人類共同的財富，應該自由傳播。常見的自由軟體有Mozilla瀏覽器、Google Chrome瀏覽器、KMPlayer等。

所有自由軟體都是開放原始碼的，但不是所有的開源軟體都能被稱為「自由」。這裡的自由是指使用者擁有執行、下載、修改、散布、研究、更動和改善該軟體的自由，因此自由軟體不等於「不用花錢就可以用的軟體」。

如果軟體使用者能擁有**自由軟體基金會**(Free Software Foundation, **FSF**)所定義的四大自由授權條款的內容，則該程式軟體就是自由軟體。

- 依照你的想法執行該程式的自由。
- 研究該程式如何運作的自由。
- 再次散布程式副本的自由。
- 將你修改過後的版本散布給他人的自由。

4-5-5 軟體授權條款

開源專案其實大多伴隨**軟體授權**(Software License)條款，授權條款是用來管理軟體的使用與重新分配，常見的授權條款有GPL、LGPL、BSD、Apache、MIT等。

GPL (GNU General Public License)

GPL (通用公共授權條款)是使用者具有**可以自由使用的權利**，包含共享、修改及合法的自由運用，當使用者使用了以GPL授權的原始碼創作後，其使用到GPL授權的創作也必須以同等的授權方式釋出。Linux核心便是使用該授權條款。

GPL授權明定不允許由使用者用其他的授權方式包裝GPL授權之開源軟體，但如果授權相容於GPL時則不限。

LGPL (GNU Lesser General Public License)

由於GPL的條款太嚴格，因此出現LGPL，它是專門為具有函式庫特性定義的授權條款，與GPL最大的差異在「**引用**」的部分。若只在程式中引用了採用LGPL授權程式，而沒有針對該程式進行修改或衍生，則依據LGPL的條款，引用函式庫的程式便不需要公開程式碼。OpenOffice.Org便是使用該授權條款。

BSD (Berkeley Software Distribution License)

BSD來自加州大學柏克萊分校，是一個給予使用者很大自由的授權，使用者**可以自由地重製、散布、修改、商業化**。但所有以BSD授權所衍生出的產品，都必須要註明原始碼的出處、作者及原本的BSD授權。

BSD目前有New BSD License及Simplified BSD License，前者表示衍生作品不可使用原先參考的(BSD)開發者做推薦或是銘謝，而Simplified BSD License則沒有這項規定。

Apache

Apache是由**Apache軟體基金會**(Apache Software Foundation, **ASF**)所訂的，規範內容在法律用字上更為嚴謹，除了著作權的授權外，該授權條款亦明文授權開發者就該軟體主動貢獻所含之專利權，而本條款同樣也包含免責聲明，且要求散布時亦應提供此授權條款。

MIT

MIT來自**麻省理工學院**(Massachusetts Institute of Technology, **MIT**)，條款內容列示授權之利用樣態、著作權及免責聲明，並要求所有此軟體之副本均應保留該著作權及免責聲明。

表4-5所列為GPL、LGPL、BSD、Apache、MIT條款的比較。

表4-5　**授權條款比較**

條款	GPL	LGPL	BSD	Apache	MIT
公開原始碼	✓	✓			
以同樣方式授權	✓	✓			
標註修改的部分	✓	✓		✓	
必須包含Copyright	✓	✓	✓	✓	✓
必須包含License	✓	✓		✓	✓

知識補充 Copyleft

Copyleft (著作傳)的概念與Copyright授權方式(保留所有權利)相反，旨在保障自由，可以任意使用、研究修改、再次散布、改善並回饋；而著作傳的「傳」一字，表示永遠相傳、流傳，不再封鎖保護起來。Copyleft的精神在於利用著作權的授權概念，讓軟體的自由永遠地傳遞下去。

4-6 作業系統

作業系統(Operating System, OS)是**硬體與使用者之間的橋樑，它提供一個易於操作的環境，讓使用者可以有效地運用電腦**。人類無法直接與電腦溝通，但透過作業系統，我們只要經由應用程式下達指令，作業系統便會代替我們向電腦硬體發出作業要求，接著再將執行的結果回應給應用程式或使用者。

4-6-1 作業系統的功能

作業系統主要的功能有**提供操作電腦的介面、系統資源的管理與分配、檔案管理、控制和維護電腦運作**及**提供執行程式方便的環境**等。

提供操作電腦的介面

電腦硬體的運作牽涉許多細部的控制動作，對於使用者來說可能太過複雜且難以操作，所以作業系統就負責提供一個便利的**使用者介面**(User Interface, **UI**)，讓使用者不必觸及低層次的硬體細部操作，就能夠輕易地使用電腦。

系統資源的管理與分配

作業系統是電腦系統中的資源管理者，這裡所指的系統資源係指系統運作或程式執行時用以協助或處理工作的各項資源，包含CPU、記憶體、輸出入設備等。由於電腦中的系統資源有限，當發生多個應用程式同時提出工作要求，作業系統就必須監控各項系統資源的使用情形，並進行適當的分配與管理，使電腦能夠順利完成各項工作。

檔案管理

作業系統負責管控磁碟中的檔案，使用者不需知道檔案在磁碟中的實際儲存位置，就可以直接透過作業系統，對檔案做新增、讀取、刪除、變更檔案名稱及更改目錄等動作。

控制和維護電腦運作

作業系統會全程監視硬體和軟體的執行狀況，當系統發生錯誤時，作業系統會終止有問題的程式，以確保系統不受到傷害。

提供執行程式方便的環境

作業系統提供程式執行的環境，將程式載入到記憶體中，以便程式執行。而當使用者在執行程式時，作業系統也會視使用者的操作需求，隨時偵測電腦系統資源的使用情形，以確保程式能夠順暢地執行。

4-6-2 常見的PC作業系統

在個人電腦上所使用的作業系統有UNIX、Linux、macOS及Windows等。

UNIX

UNIX是一套具有完善網路通訊能力的**多人多工作業系統**，於1971年由貝爾實驗室所發展出來的。由於UNIX的**開放式系統架構**，經過長期的開發歷程，已發展出許多不同版本的UNIX系統，所以UNIX系統指的並非單一作業系統，而是一系列由UNIX發展而成的作業系統，如SunOS、Sun Solaris、IBM AIX、HP-UX、BSD、FreeBSD、Linux、NetBSD、OpenBSD、SCO UNIX、macOS X等，均為UNIX家族的一員。

UNIX的使用者介面原先多以文字模式為主，不過它也有圖形化的介面—X視窗。UNIX具有多人多工和完善的網路通訊能力，且在執行效能、系統穩定性與安全性上都很好，因此，常應用於工作站或伺服器上，而現在有許多提供網際網路服務的網站也都有採用UNIX作業系統。

Linux

Linux是由芬蘭人Linus Torvalds所設計的一個類似UNIX的核心程式，由核心程式搭配不同的應用軟體，而產生的「發行套件」，才是一般所言的Linux作業系統，與UNIX一樣，Linux亦是一種**多人多工的作業系統**。

Linux是一套**免費且開放原始碼的軟體**，所以衍生出許多不同的版本，目前常見的發行套件有Fedora Core、Ubuntu、Red Hat、Mandriva、SuSE等，這些發行套件都可以從網路上免費下載使用。

知識補充 Docker

一般大家買來的電腦上大部分皆已安裝作業系統，如果遇到要開發Liunx相關應用程式時，可能有人會選擇安裝二個作業系統，在重新開機時選擇要執行那一種，但每次切換作業系統都要重新開機，實在不方便。為解決這個問題，可以在主作業系上安裝一個**虛擬機器**(Virtual Machine, VM)，如VMWare、VirtualBox，如此便能安裝其他作業系統或者多種不同的開發環境，但此種方式執行效能較差，甚至有些硬體及應用程式無法運作，因此有了Docker。

Docker是開放原始碼容器化平臺，可以讓開發人員將應用程式包裝到**容器**(Container)(Docker運行應用程式的環境被稱作容器)，快速地建立、部署、執行及發布應用程式。相較於傳統的虛擬機器，Docker是一個輕量級的容器，只包含特定程式執行所需要的必要元件，不像虛擬機器要包含整個作業系統，所以檔案會比較小，執行效能也會比較高。

macOS

Apple公司所出產的麥金塔電腦，在軟硬體的結構上，跟一般的個人電腦並不相容，除了早期採用的是不同於一般個人電腦的Power PC微處理器(但自2005年起已改採Intel處理器)，其作業系統也使用獨立的macOS作業系統，它比微軟更早發展圖形化介面。

從Mac OS X後，作業系統的名稱大都以大型貓科動物來命名，到了2013年後的版本又改以景點來命名，圖4-25所示為macOS最新的作業系統Sonoma，其命名是源於美國加州南部盛產葡萄的索諾馬郡。

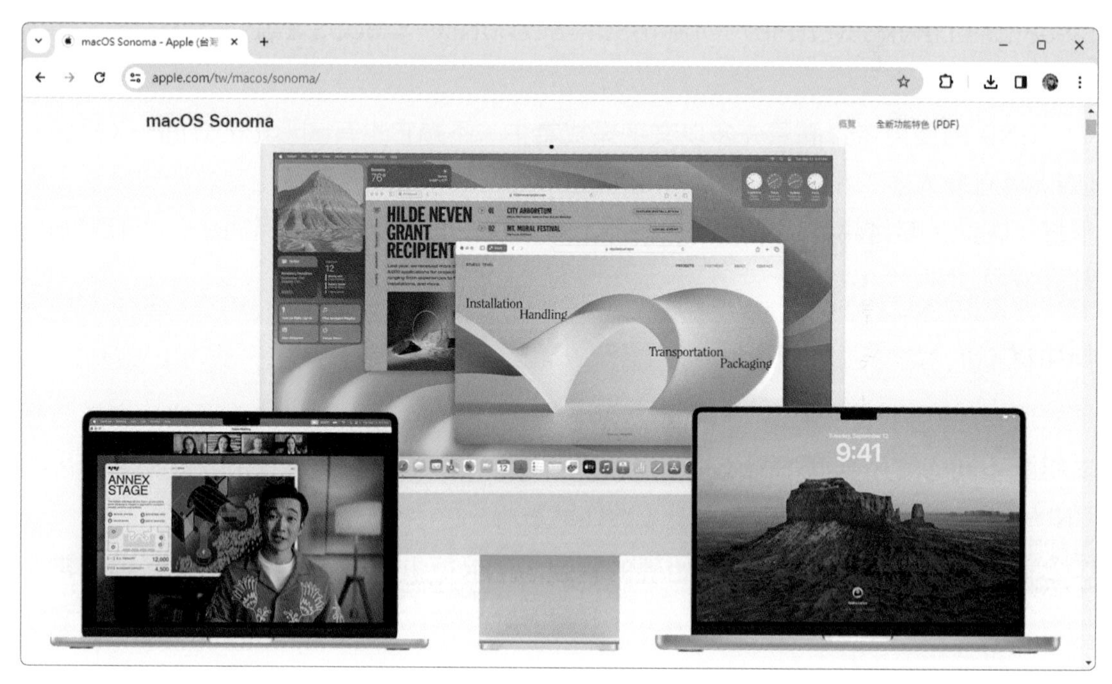

圖4-25　macOS Sonoma作業系統

Windows

Windows是微軟所開發的作業系統，從1985年的Windows 1.0版本，至今已發展到Windows 11。根據StatCounter於2024年1月的統計數據，Windows作業系統使用者中，使用Windows 10比例為66.45%，Windows 11為27.83%，二者為目前Windows作業系統版本主流。而舊版的Windows XP (0.57%)、Windows 7 (3.06%)、Windows 8 (0.26%)、Windows 8.1 (1.74%)，仍有少數使用者使用。

目前最新的Windows 11作業系統，其操作介面除了更現代化的設計，也更貼近行動使用，同時也整合線上協作與網路使用體驗，例如可直接運行Android應用程式、內建Microsoft Teams預設通話軟體、支援Xbox Game Pass Ultimate的Cloud Gaming服務等。圖4-26所示為Windows 11的操作介面。

圖4-26　Windows 11操作介面

4-6-3 行動裝置作業系統

行動裝置可視為一台小巧的電腦，目前常見的有智慧型手機及平板電腦，其運作也必須藉由作業系統做為運作的核心。行動裝置常見的作業系統就屬Apple的iOS及Google的Android等。

iOS

iOS是由Apple公司為行動裝置所開發的作業系統，主要應用於iPhone (圖4-27)，擁有圖形化的操作介面及觸控功能，並內建多種應用程式，可立即瀏覽網站、捕捉生活鏡頭、聽音樂、看影片、發送訊息給朋友、發送與接收郵件，還提供了ARKit技術，讓使用者可以直接使用iPhone體驗AR的樂趣。

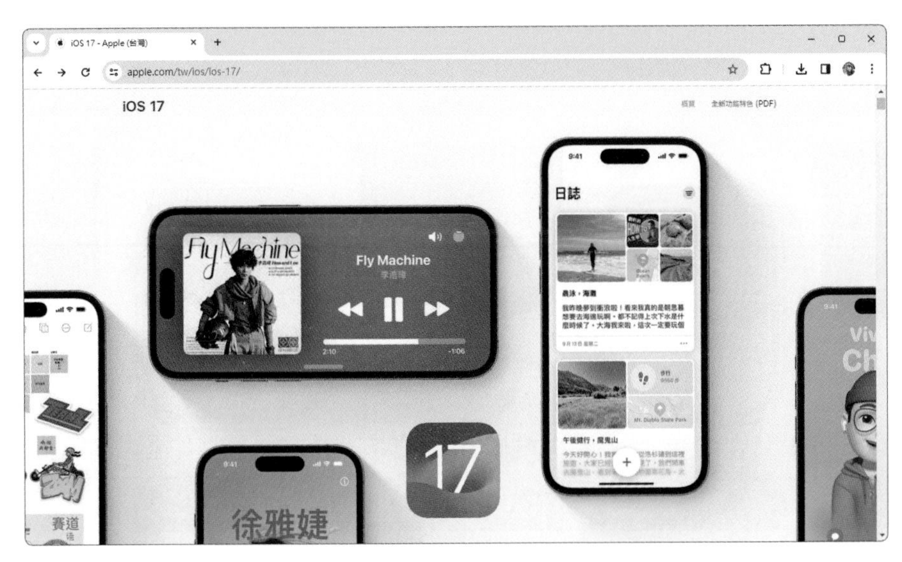

圖4-27　iOS的操作介面

iPadOS

iPadOS是由Apple公司專為iPad所開發的作業系統(圖4-28)，基礎功能建構在iOS的基礎上，但也增加了許多讓使用者可享用更豐富及多變的平板電腦專屬功能，例如重新設計了新的多工介面，使用者可以在同一畫面中，同時進行更多處理工作；更強化的文字輸入方法，只需動動手指，就能更輕鬆快速地選取及編輯文字。

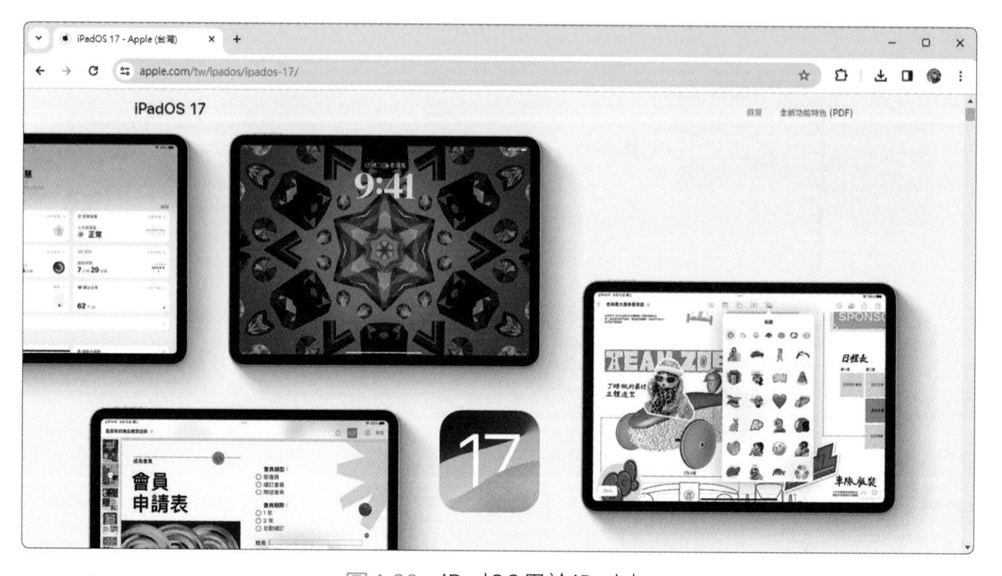

圖4-28　iPadOS用於iPad上

watchOS

watchOS是由Apple公司專為Apple Watch所開發的作業系統，是以iOS作業系統為基礎。Apple Watch智慧型手錶具有心率感應器，可用來感應穿戴者的心跳速度，還可以收發訊息、電話及郵件等，如圖4-29所示。

圖4-29　watchOS用於Apple Watch上

Android

Android是Google於2007年發布的作業系統，目前則由**開放手機聯盟**(Open Handset Alliance, **OHA**)開發，以Linux為核心。Android目前最新版本為「Android 14」，如圖4-30所示。

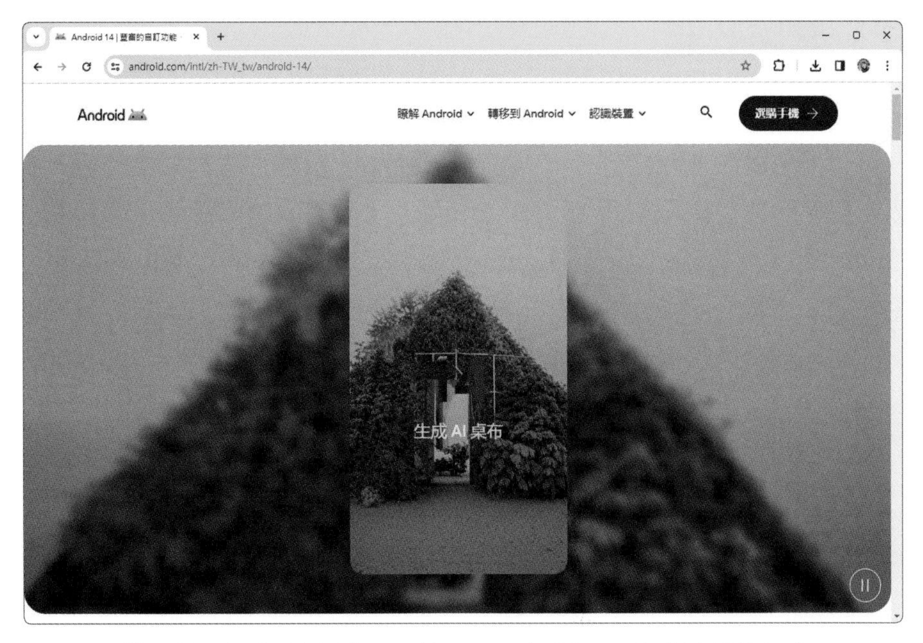

圖4-30　Android 14 (https://www.android.com/intl/zh-TW_tw/)

Android作業系統除了應用在智慧型手機和平板電腦外，數位相機、智慧電視、機上盒及車載系統等設備也都有使用Android作業系統。市面上雖然有許多同樣使用Android OS的智慧型手機，但各家廠商會套用自己所設計的UI介面，所以操作介面看起來會不太一樣。

Wear OS

Wear OS作業系統主要用於穿戴式裝置中，該作業系統具有在有需要的時候取得有用的資訊、語音指令、監控健康訊息、多螢幕控制與切換等特性，圖4-31所示為使用Wear OS作業系統的智慧型手錶。

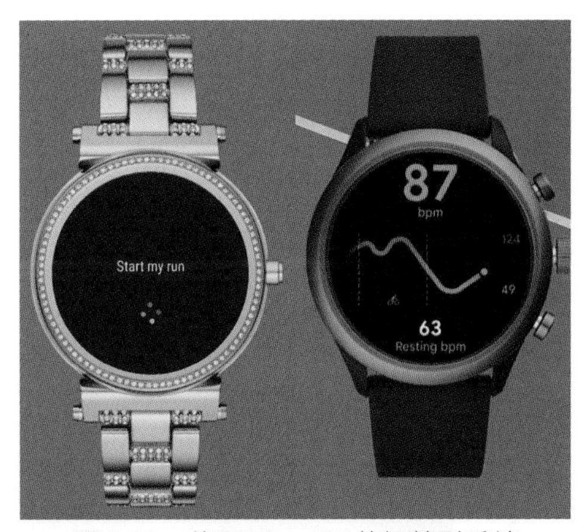

圖4-31　使用Wear OS的智慧型手錶
(圖片來源：https://wearos.google.com)

4-7 應用軟體

應用軟體(Application Software)是針對工作需求所發展出來的軟體，這節將介紹各種不同的應用軟體。

4-7-1 套裝軟體

套裝軟體是**針對一般使用者的需求，設計成一套軟體**，並進行大量的發行銷售。像是：人們要利用電腦進行文書處理方面的事務時，廠商就會針對這方面的需求，設計一套功能完備的文書處理軟體。一般在市面上發行的軟體大都屬於套裝軟體，像是Microsoft Office (圖4-32)、OpenOffice、Photoshop (圖4-33)、威力導演等。

圖4-32　Microsoft Office系列中的PowerPoint簡報軟體

圖4-33　Photoshop軟體

我們將市面上一些常見的應用軟體，依類型列於表4-6中。

表4-6 常見的應用軟體

軟體類型	常見的軟體
文書處理軟體	Microsoft Word、OpenOffice Writer、記事本(Notepad)、WordPad、Pages
電子試算表軟體	Microsoft Excel、OpenOffice Calc、Numbers
簡報軟體	Microsoft PowerPoint、OpenOffice Impress、Keynote
資料庫軟體	Microsoft Access、OpenOffice Base、Oracle、Informix、MySQL SQL Server、Sybase
影像處理軟體	Adobe Photoshop、GIMP、Adobe Lightroom、PhotoCap
繪圖軟體	OpenOffice Draw、LibreOffice Draw、Corel Painter、小畫家 Adobe Illustrator、CorelDRAW、Adobe XD、Sketch、Figma
排版軟體	InDesign、Scribus、QuarkXPress
影片剪輯軟體	威力導演、會聲會影、Adobe Premiere、OpenShot、iMovie
動畫軟體	Adobe Animate (原Flash)、SWiSH Max、Cartoon Animator 、Spine、Cool 3D Production Studio
網頁設計軟體	Adobe Dreamweaver、NVU、Kompozer、Fireworks、Notepad++ Webeasy Professional、Web Studio
網頁瀏覽軟體	Microsoft Edge、Opera、FireFox、Google Chrome、Safari
影音播放軟體	Windows Media Player、PotPlayer、RealPlayer、QuickTime 5KPlayer、KMPlayer
音樂編輯軟體	Adobe Audition、Audacity、GoldWave、mp3DirectCut
圖片管理軟體	Eagle、ACDSee、digiKam、IrfanView

4-7-2 客製化軟體

有特別的需求時，可委託軟體開發公司，**依實際的條件，量身訂作一套軟體**。例如人力資源管理系統、進銷存管理系統、會計資訊系統這類軟體。由於這類軟體是依據使用單位的需求而量身訂作的，所以價格上通常比一般套裝軟體高出一截。

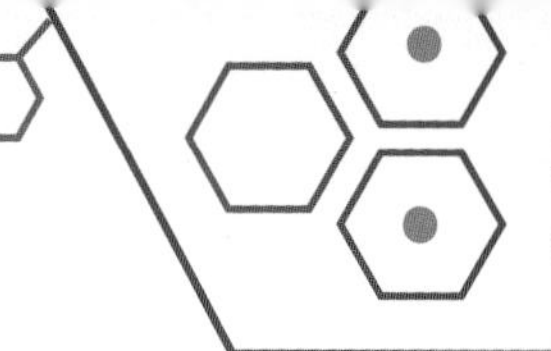

Chat with RTX

Chat with RTX 是輝達（NVIDIA）推出的 AI 聊天機器人應用程式，讓搭載 GeForce 顯示卡的 Windows PC，也能擁有生成式 AI 的功能。

使用者可在本地端將自有文件、筆記和各種資料，連接至大型語言模型（LLM），並運用進階人工智慧技術自訂 AI 聊天機器人，以便快速且安全地執行查詢，並獲取量身打造的個性化資訊。

與其他依賴雲端環境的生成式 AI 服務（例如 Copilot、Gemini）相比，最大的不同是 Chat with RTX 不用連網就能在電腦上執行生成式 AI。因為 Chat with RTX 的所有操作都在 PC 本機中進行，除了延遲性更低，可更快速執行查詢，也能確保資料安全與隱私。欲使用 Chat with RTX，需滿足以下軟硬體條件：

- **01** **配備 GeForce RTX 30 系列或更高版本 GPU**
- **02** **具備 8 GB 以上的 VRAM (Video RAM, 視訊隨機存取記憶體)**
- **03** **搭配作業系統 Windows 10 或 11**
- **04** **搭配最新的 NVIDIA GPU 驅動程式**

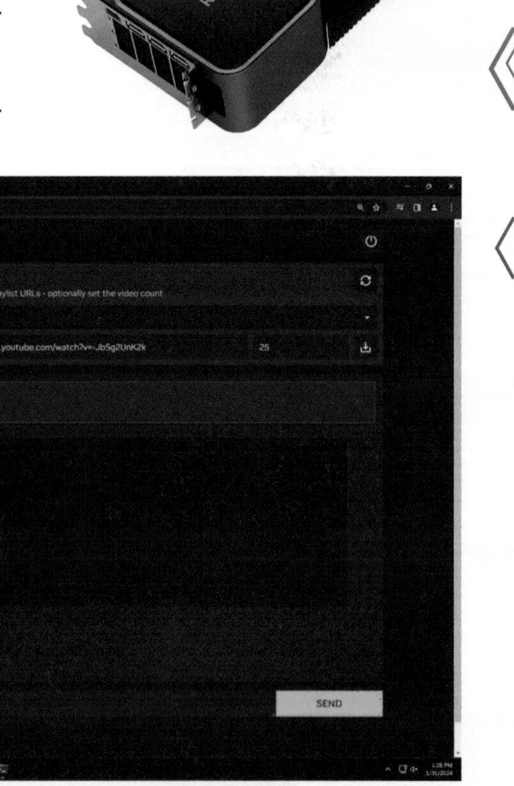

程式語言

CHAPTER 05

5-1 程式語言基本概念

人與人之間使用語言來進行溝通，人和電腦之間也是使用語言來進行溝通，電腦能夠理解的語言，就是**程式語言**(Programming Language)，是規範文字和符號的組合方式，以產生電腦能夠接受的指令，並告訴電腦如何運算這些指令。

5-1-1 運算思維與程式設計

蘋果執行長庫克(Tim Cook)曾經說過，學習編碼將比第二外語更加重要。程式設計能力將成為國人具備的基本能力。

微軟研究院全球副總裁周以真(Jeannette M. Wing)在ACM期刊裡面提到：**運算思維**(Computational Thinking)是運用電腦科學的概念基礎之上，牽涉了解決問題、設計系統、理解人類行為。她對運算思維的定義：「運算思維是一個思考的程序。它的目的是闡明問題，並呈現其解決方案，因而讓運算器(包括機器與人)能夠有效率地執行。」

培養運算思維能訓練邏輯思考、提升問題解決能力，也有助於了解電腦的運作模式，也就是電腦如何「**思考**」和執行指令。運算思維能幫助分析問題、找到核心議題，並採取適合的解決方法或工具(例如程式語言)。

運算思維具有四個核心能力：

- **拆解問題(Decomposition)**：將問題拆解成較易處理的小問題或數個步驟。
- **規律辨識(Pattern Recognition)**：檢視拆解後的問題，預測問題的規律或趨勢，並找出模式做測試。
- **抽象化(Abstraction)**：找出產生規律的規則或因素。
- **演算法設計(Algorithm Design)**：設計出能夠解決問題，並且能夠被重複執行的指令流程。

知識補充 演算法(Algorithm)

演算法是以有限步驟解決問題的方法，最早演算法是用在數學上，後來其他領域也都有用到演算法，像是程式設計、搜尋引擎、基因遺傳工程等。一般而言，一個演算法應具備輸入、輸出、明確性、有限性及有效性等五個特性，而描述演算法的方法有**文字敘述**(Statement)、**虛擬碼**(Pseudo Code)、**流程圖**(Flowchart)等。

5-1-2 程式語言的演進

由最早的機器語言到自然語言，程式語言的演進大致上可分為五個階段，而這五個階段又依照與CPU機械語言的相近度，區分為**低階語言**(Low-Level Language)和**高階語言**(High-Level Language)兩個層級。

低階語言比較接近電腦本身的語言，人類很難看得懂，**機器語言**及**組合語言**即屬此類；高階語言比較接近人類使用的語言，必須轉譯成機器語言，電腦才能夠讀取，由第三代語言之後的**高階語言**、**超高階語言**以及**自然語言**均屬於高階語言的範疇。

第一代語言(1GL)－機器語言

機器語言(Machine Language)是電腦**最原始的程式語言，全由1與0所組成**。CPU只認得電源的開、關狀態所產生的1與0訊號，機器語言使用機器碼(即1與0組成的二進位數字組合)，可以指揮CPU進行各種處理。

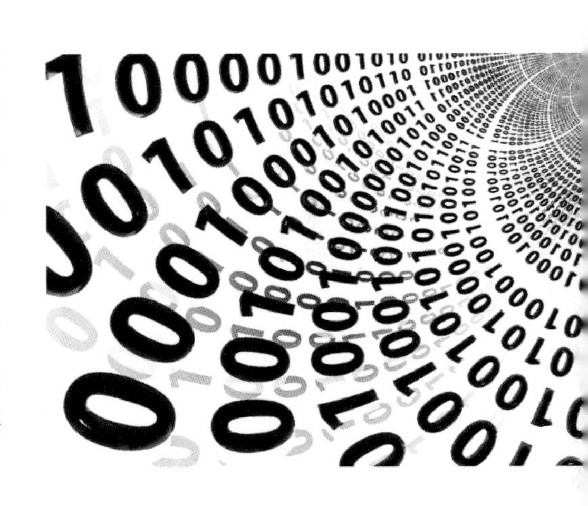

機器語言是CPU直接能讀取、執行的語言，不過很難閱讀和使用。不同種類的CPU，所使用的機器語言並不相同，因此在某一台機器上使用機器語言所撰寫的程式，並不能在其他機器上執行。

第二代語言(2GL)－組合語言

因為機器語言不容易撰寫，因此後來發展出新一代的語言，也就是**組合語言**(Assembly Language)，它改用簡短的字串取代機器語言的1與0組合。這些簡短的字串稱作**輔助記憶**碼(Mnemonics)，或簡稱**助憶碼**，類似英文，例如Add代表「加」，Sub代表「減」，Inc代表「遞增」。

由於CPU只認得機器碼，因此組合語言所撰寫的程式，必須經由**組譯器**(Assembler)轉換成機器碼才能執行，早期組合語言所撰寫程式的執行速度比高階語言要快，但現在由於記憶體普及，以空間換取時間下，兩者幾乎已經不相上下。

組合語言跟機器語言一樣，是直接對CPU的暫存器進行操作，因此也具有**機器相關**(Machine-Dependent)的特性，不同CPU使用不同的組合語言，不能在不同機器之間移植。組合語言和機器語言對硬體有比較強大的控制力，因此硬體設備的驅動程式多半是以這兩個低階語言撰寫的。

第三代語言 (3GL) －高階語言

由第三代語言開始，便進入高階語言的發展領域。高階語言的語法跟英文很接近，一行高階語言的敘述式，相當於低階語言的多行指令，比低階語言容易撰寫；它不會受到不同CPU的影響，具有**機器不相關** (Machine-Independent) 的特性，可以在不同機器間移植。高階語言所撰寫的程式，必須透過**直譯器** (Interpreter) 或**編譯器** (Compiler) 轉換成機器碼，CPU才能執行。

第四代語言 (4GL) －超高階語言

第四代語言也就是**超高階語言** (Very High Level Language)，它在語法上比第三代語言更接近人類語言，兩者最大的差別在於第三代電腦仍為程序導向語言，而第四代語言則為**非程序性語言** (Non-Procedural Language)，意即第四代語言的程式敘述與實際執行步驟不再具關連性。

具體來說，第四代語言是一種**以問題為導向的程式開發套裝軟體**。程式設計人員不必描述資料儲存的細節或者程式執行的過程與步驟，只須在軟體中以句子或**圖像** (icon) 方式定義電腦應具備的功能與執行任務，而指令製作的細節則交由軟體自動執行即可。所以，使用者不須費心思考指令的執行技術就能熟練地運用整個系統。

目前第四代語言的主要應用領域在於商務用途與資料庫上，建立在資料庫管理系統的基礎上，用以管理大量資料，如**結構化查詢語言** (Structured Query Language, **SQL**) 即屬此類。

SQL

第五代語言 (5GL) －自然語言

自然語言 (Natural Language) 也就是**以口語化的人類語言直接與電腦進行對話**，不必考慮程式語法。它提供開放式的語彙擴充，可隨時加入詞彙，但由於人類所使用的語言在詞彙定義上充滿了模糊性，像是同一個字在不同的句子中可能產生不同的意思，或是字面下所隱含的含意等，因此目前尚無完整的規則可供電腦遵循與判斷，可以想見還有一段發展的空間，目前大多配合人工智慧方面的運用。

5-2 常見的程式語言

這節將介紹一些常見的程式語言，因程式語言種類相當的多，所以本節將依照程式語言的特性來介紹。

5-2-1 程序導向語言

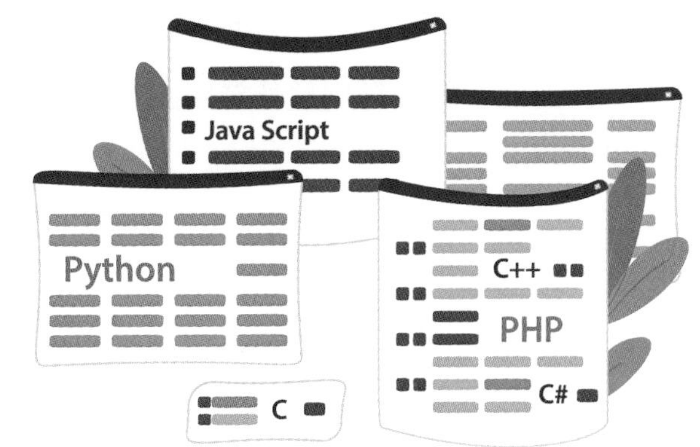

程序導向語言是一種**按照程式敘述的先後順序及流程來執行**的程式語言，要使用這類程式語言時，必須要透過程式敘述來告知工作的流程及要完成的工作。

FORTRAN

FORTRAN為FORmula TRANslation (意為：公式翻譯)兩個字所組合而成的縮寫，是IBM公司於1957年所開發的程式語言。FORTRAN主要應用在數學應用、經濟分析、科學研究和工程技術領域。

COBOL

COBOL為**CO**mmon **B**usiness **O**riented **L**anguage (意為：針對商業之通用語言)的縮寫。COBOL是全球最早的商用語言，語法與英文接近，不懂電腦的人也能看得懂，可以處理大量的資料輸出入以及統計分析，被廣泛運用在銀行、金融，及會計等商業機構的交易處理。

Pascal

Pascal是以法國數學家Blaise Pascal命名，為瑞士的Niklaus Wirth在1970年所開發的教學用語言。Pascal語言容易撰寫、層次分明，語法很周密，具有結構化程式設計的觀念，常被拿來當作教授結構化程式設計的工具。

BASIC

BASIC是**B**eginner's **A**ll-purpose **S**ymbolic **I**nstruction **C**ode的縮寫，其設計初衷是讓非專業的使用者能夠快速學習和使用程式設計，因此它具有簡單易懂、易學易用的特點。

BASIC語言通常用於學術教育、個人電腦、小型系統和初學者學習程式設計。它的語法簡單、直觀，並且具有易於理解的結構。BASIC提供了許多基本的命令和功能，包括條件判斷、循環、數學運算、輸入輸出等，使得用戶可以輕鬆地創建各種類型的程式，是一套適合初學者的程式設計語言。

C

C語言是貝爾實驗室的研究員Dennis MacAlistair Ritchie於1973年所開發，目的是為了開發UNIX作業系統。C是一種被廣泛使用的程式語言，幾乎所有的平臺都具有C的編譯器，因此它的可攜性強，而且同時具備高階語言和低階語言的優點。

C語言廣泛應用於作業系統、韌體的開發及維護。C語言可說是世界上應用最廣的程式語言，Yahoo!、Google及許多公司目前仍然在使用C語言來編寫相關的程式。

Go

Go（又稱Golang）是Google於2009年開發的開放原始碼程式語言，是靜態型別通用編譯語言，語法類似於**腳本語言**（Script Language），可以預先進行語法、型別檢查，對於追蹤錯誤更加方便。Go語言具有跨平臺、內建平行處理語法、內建函式程式設計、語法簡潔等優點。Go語言近年大受歡迎，調查發現，Go是最多開發者想學習的語言。圖5-1所示為Go語言官方網站。

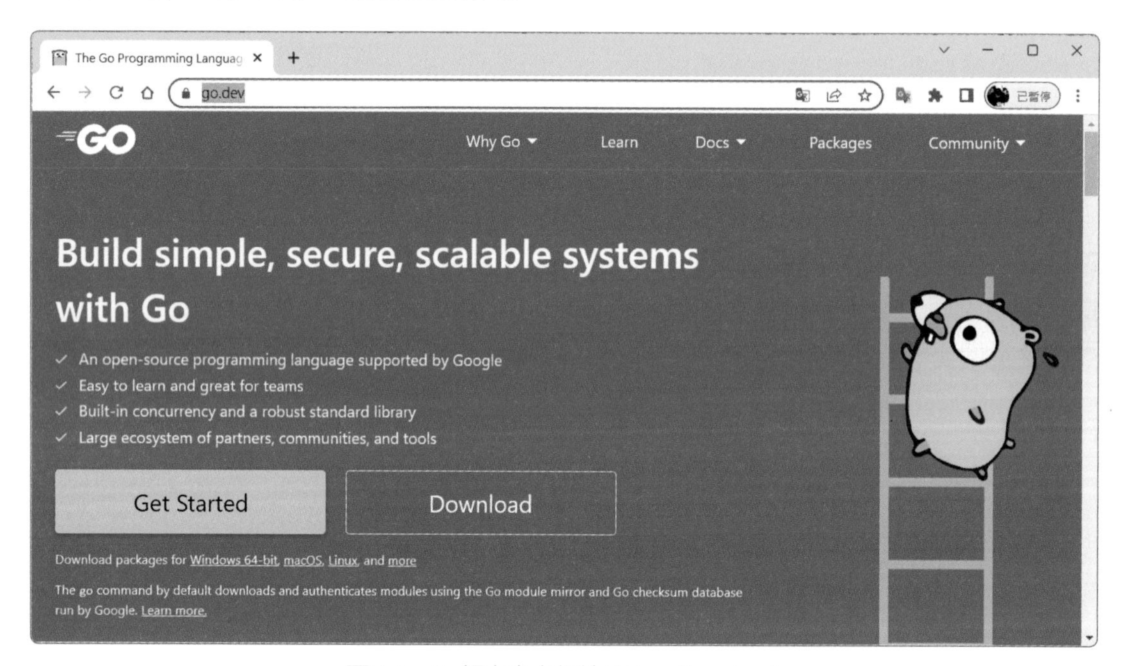

圖5-1　Go語言官方網站（https://go.dev/）

腳本語言

腳本語言一般都是以文字形式存在，是為了縮短傳統的「編寫、編譯、連結、執行」過程而建立的語言，主要特色為易學易用、靈活性高、跨平台，通常適用於文本處理、系統管理、自動化任務、網頁開發等領域。如C Shell、JavaScript、VBScript、Ruby、Perl、PHP等都是腳本語言。

5-2-2 物件導向語言

物件導向程式設計(Object-Oriented Programming, **OOP**)是以物件觀念來設計程式的方法。現實世界中所看到的各種實體，像樹木、建築物、汽車、人，都是**物件**(Object)。物件導向程式設計是將問題拆解成若干個物件，藉由組合物件、建立物件之間的互動關係，來解決問題。以物件為主進行設計，程式碼可以重複使用，因此能減少開發時間，也較容易維護。

物件導向基本概念

物件導向是一種軟體設計方法，它將現實世界中的概念映射到程式設計之中，也就是將程序導向的一條一條指令，改以物件及物件間的互動方式呈現。物件導向程式設計包括以下幾個基本概念：

- **類別與物件：類別**(Class)可說是**物件的「藍圖」**，物件則是類別的一個「實體」，類別定義了基本的特性和操作，可以建立不同的物件。舉例來說，「陸上交通工具」類別定義了「搭載人數」、「動力方式」、「駕駛操作」等特性，以這個類別建立出不同的物件，例如機車、汽車、火車、捷運等，這些物件都具備陸上交通工具類別的基本特性和操作，但不同物件之間仍各有差異。
- **屬性與方法：屬性**(Attribute)是**物件的特性**，例如狗有毛色、叫聲、體重等屬性；**方法**(Method)則是**物件具有的行為或操作**，例如狗有叫、跳、睡覺等方法。在物件導向程式設計中，物件會將處理的資料**封裝**(Encapsulate)起來，而程式中的所有存取與操作，皆須透過設定物件本身的屬性及方法來運作。當一個物件收到來自其他物件的訊息，會執行某個方法來回應。藉由這樣物件之間的互動，可以架構出一個完整的程式。

物件導向三大特性

- **封裝(Encapsulation)**：是將屬性與方法定義在物件裡，外部程式可以透過定義好的介面跟物件溝通，但無法得知物件內部的細節為何，此作法是將資訊隱藏，讓修改程式更具便利性。
- **繼承(Inheritance)**：是從現有類別衍生出新的類別，新類別又叫作子類別，被繼承的類別叫作父類別。子類別除了可以直接利用繼承而來的屬性和方法，也可以將繼承的屬性和方法**覆蓋**(Override)成新的定義，或是增加新的屬性和方法。每個子類別又可以衍生出新的類別，如此可以重複使用程式碼，節省程式的開發時間。
- **多型(Polymorphism)**：是指當不同的物件接收到相同的訊息時，會以不同形式的方法來進行處理。多型中單一物件實例，可以被宣告成多種型別，主要是為了開發出可擴充的程式，讓程式開發人員在撰寫程式時更有彈性。

以物件為主進行設計，程式碼可以被重複使用，因此能減少開發時間，也比較容易維護。幾種常見的物件導向語言分別介紹如下。

Smalltalk

1970年代開發的Smalltalk，被認為是第一個真正的物件導向語言，它在開發環境裡導入了圖形化的設計，影響到後來的**整合開發環境**(Integrated Development Environment, **IDE**)。雖然目前Smalltalk已逐漸被Java、C#等語言取代，但它仍然被視為是物件導向程式語言的重要里程碑。

C++

C++ (+念作Plus)於1985年問世，是以C語言為基礎，加入物件導向程式設計的功能所開發而成。C++是C語言的延伸版本，用來開發系統程式和應用程式。C++除了有C語言的優點，還有物件導向的特性，常用於開發各種嵌入式系統，如智慧手錶、汽車多媒體系統、遊戲等。

C++具有執行速度快、可攜性高、支援模組化的程式設計、用途廣等優勢，且還是各大程式競賽所採用的程式語言，Microsoft Oficce、Apple iOS、Firefox、Google Chrome等都是使用C++開發出來的。

C#

微軟於2000年發布的C# (#念作Sharp)，是為了能夠完全利用.NET平臺優勢而開發的一種物件導向程式語言。

C#語言是由C與C++演變而來，擁有C/C++的強大功能以及Visual Basic簡易使用的特性，其語法則與Java較為相似，許多網頁及服務平臺，都是以C#為基礎開發而成。C#廣泛用於開發各種類型的應用程式，包括桌面應用程式、Web應用程式、遊戲開發、行動應用程式等。

Java

Java於1995年問世，是以C和C++為基礎所發展的，與C及C++一樣是屬於編譯式語言，在執行前都需要先編譯。具有物件導向的特性，不同平臺的作業系統只需要安裝**Java虛擬機器**(Java Virtual Machine, **JVM**)，就可以使用瀏覽器執行Java程式，因此可攜性很高，具有跨平臺的特性。

Java廣泛應用於Web應用開發、行動應用開發、遊戲開發、物聯網應用程式等。Android Studio及處理大數據的軟體平臺Hadoop等，就是以Java為框架來進行撰寫的。

R語言

R語言是由奧克蘭大學Ross Ihaka與Robert Gentleman所發展而來，是一個**免費且開放原始碼的軟體**。R語言是直譯式語言，所以在程式執行之前，不需要自己編譯程式，具有簡單易上手、功能完整、擴充性強、跨平臺等優勢，且有許多免費的套件可以使用。

R語言常應用於數字分析、機器學習、統計應用等，且在矩陣處理、統計分析、金融應用、圖表繪製等都有便利的函數與工具可以使用。圖5-2所示為R語言官方網站，網站中提供了各種版本的R安裝檔。

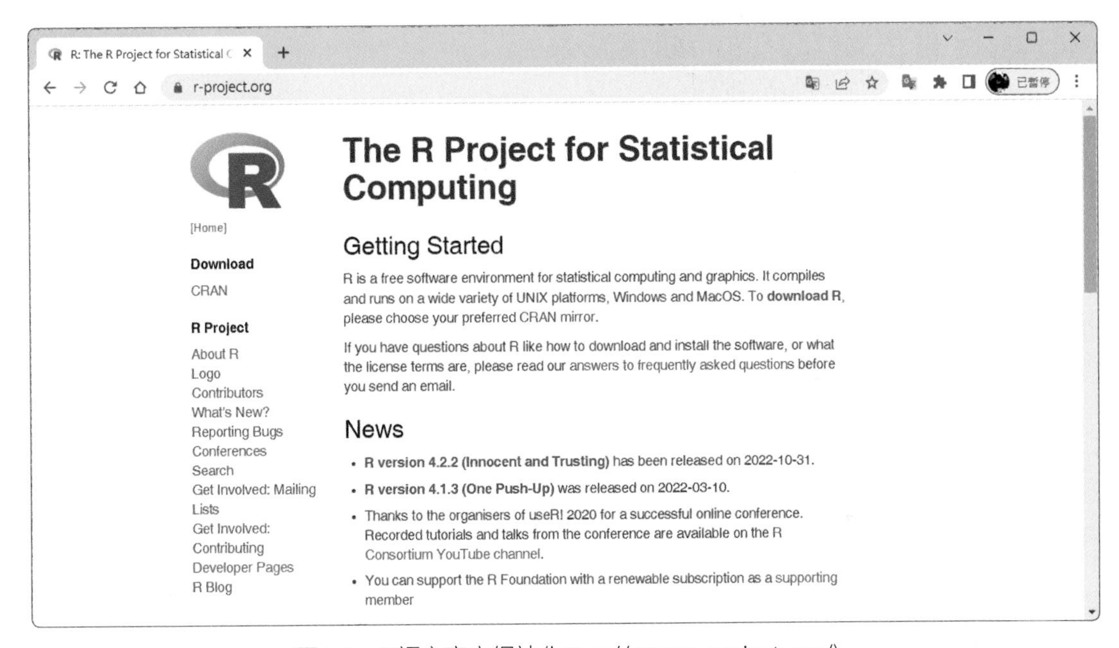

圖5-2　R語言官方網站(https://www.r-project.org/)

Python

Python是一個強大、快速、簡單易讀的物件導向程式語言，語法簡單易學，有完整的標準程式庫(模組)，可跨平臺使用，支援繼承、重載、衍生、多重繼承。Python經常被用於Web開發、GUI開發、遊戲、數據分析、數據科學、機器學習、自然語言處理等。

Python目前已超越C、C++、Java，成為各大學課程中的主流程式語言，美國的前十大Computer Science(電腦科學)系所中，就有八所採用Python作為入門語言。

隨著人工智慧、機器學習，以及數據分析的應用需求增加，Python因為簡單易用且能精簡呈現編碼內容，並擁有豐富的AI函數庫和框架，成為人工智慧領域中使用最廣泛的程式語言之一。圖5-3所示為Python官方網站。

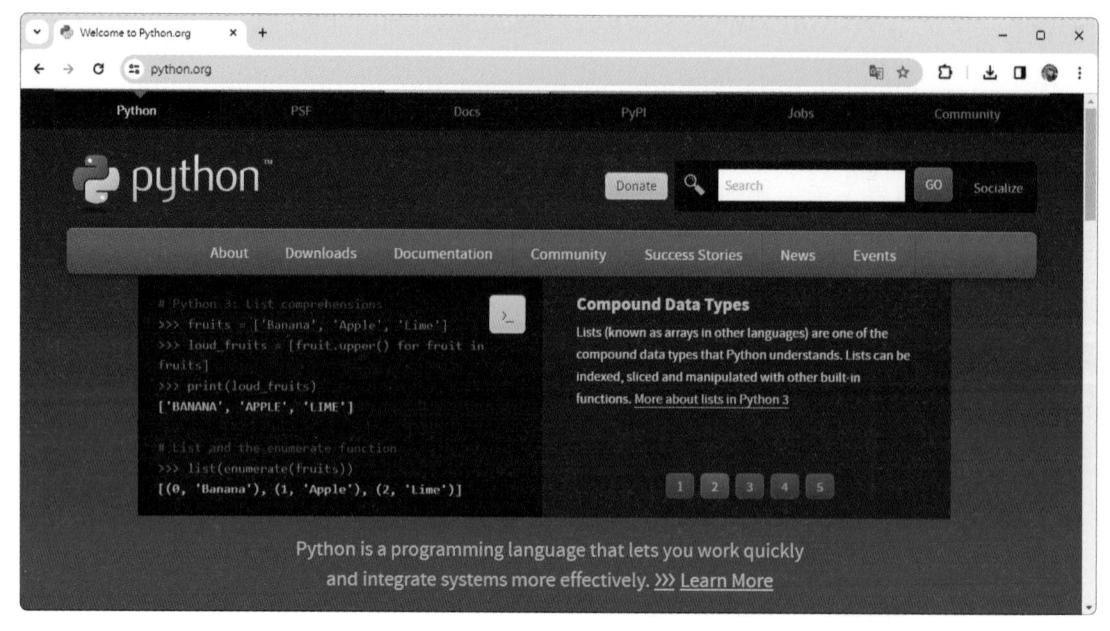

圖5-3　Python語言官方網站(https://www.python.org)

TIOBE

程式語言社群TIOBE是程式語言的流行指標，除了每月更新一次「TIOBE Index」排行榜(https://www.tiobe.com/tiobe-index/)，每年也會選出年度熱門獎，排行評分來自各界工程師、課程和第三方供應商，以及Google、Bing、維基百科等搜尋引擎數據。

TIOBE每年發表的年度程式語言獎，是頒發給一年中評分成長最多的程式語言，2023年的年度程式語言獎由C#獲得，2022則是C++獲獎，而2021及2020則由Python連續兩年獲得此獎項。

5-2-3　函數式語言

函數式語言的設計是來自於數學的函數概念，所有的功能都是透過函數來達成的，程式設計者可將不同的工作定義成一些獨立的函數模組，一個程式即由這些獨立的函數模組組合而成。函數式語言的代表，首推麻省理工學院於1958年所推出的LISP，其他如ML、Scheme、SLOS等，均屬於函數式程式語言的一種。

LISP語言是John McCarthy於1958年在麻省理工學院開發的程式語言，該語言開創了許多概念，像是遞迴、樹狀結構、條件表達式等，這些都影響了高階語言的產生及邏輯概念。該語言至今仍在人工智慧領域中被廣泛使用。

5-2-4 邏輯式語言

邏輯式語言是指著重於邏輯關係的程式語言，代表的語言首推1972年於法國所推出的PROLOG。邏輯式語言的程式是由一些邏輯性的敘述所組成，這些敘述包含物件彼此的邏輯及推理關係(在PROLOG中稱為Fact和Rule)，程式的執行是利用邏輯的推理來產生結果。

PROLOG語言是由法國的艾克斯-馬賽大學(Aix-Marseille Université)所設計出來的，它可以描述事實(Fact)、規則(Rule)及目標(Goal)，最初是應用在自然語言等領域，而今也廣泛應用在人工智慧領域及專家系統。

5-2-5 網頁設計程式語言

在設計網頁時，除了會使用到網頁製作軟體之外，也會使用網頁相關程式語言。網頁設計程式語言通常分為前端(瀏覽器端)和後端(伺服器端)兩類，它們分別負責網頁的使用者介面及後台功能。以下簡單介紹一些常用的網頁語言。

瀏覽器端的網頁標籤語言－HTML

超文本標記語言(HyperText Markup Language, **HTML**)是由許多的**文件標籤**(Document Tags)組合而成的，文件內容可以是文字、圖形、影像、聲音等。在文件中由「<」和「>」包含起來的文字，就是所謂的「文件標籤」。

文件標籤大多為兩兩一組，例如<html>表示開始，</html>表示結束，如圖5-4所示。不過，某些標籤只有單獨一個，例如
、<img>，而標記本身沒有大小寫的區分。

```
1  <!DOCTYPE html>
2  <html lang="zh-Hant-Tw">
3  <head>
4      <meta charset="UTF-8">
5      <meta name="description" content="跟我一起卡蹓馬祖，體驗馬祖的美食
6      <title>卡蹓馬祖</title>
7  </head>
8  <body>
9      讓人想一去再去的馬祖，看海潮，看山，看書，吹風，喝咖啡，別忘了發呆。
10 </body>
11 </html>
```

圖5-4　HTML的文件標籤

HTML5是HTML目前最新版本，由Opera、蘋果、Mozilla等廠商共同組織的**網頁超文本技術工作小組**(Web Hypertext Application Technology Working Group, **WHATWG**)所協力推動的一個網路標準。

相較於原本的HTML標準，HTML 5最大的特色在於提供許多新的標籤與應用，並簡化語法，還將原本屬於網際網路外掛程式的特殊應用，透過標準化規範，加入至網頁標準中，用以減少瀏覽器對於外掛程式的需求。

在網頁架構中，第一行為<!DOCTYPE html>(文件類型定義)，即表示該網頁是屬於HTML5的網頁，如圖5-5所示。

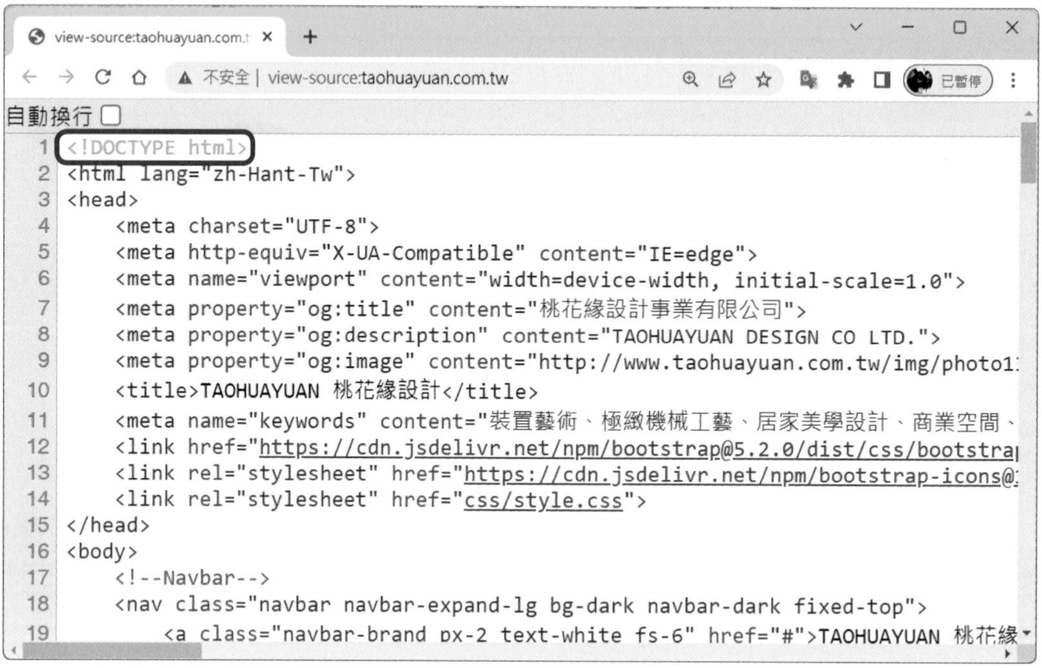

```
view-source:taohuayuan.com.t  ×  +
不安全 | view-source:taohuayuan.com.tw
自動換行
1  <!DOCTYPE html>
2  <html lang="zh-Hant-Tw">
3  <head>
4      <meta charset="UTF-8">
5      <meta http-equiv="X-UA-Compatible" content="IE=edge">
6      <meta name="viewport" content="width=device-width, initial-scale=1.0">
7      <meta property="og:title" content="桃花緣設計事業有限公司">
8      <meta property="og:description" content="TAOHUAYUAN DESIGN CO LTD.">
9      <meta property="og:image" content="http://www.taohuayuan.com.tw/img/photo1
10     <title>TAOHUAYUAN 桃花緣設計</title>
11     <meta name="keywords" content="裝置藝術、極緻機械工藝、居家美學設計、商業空間、
12     <link href="https://cdn.jsdelivr.net/npm/bootstrap@5.2.0/dist/css/bootstra
13     <link rel="stylesheet" href="https://cdn.jsdelivr.net/npm/bootstrap-icons@
14     <link rel="stylesheet" href="css/style.css">
15 </head>
16 <body>
17     <!--Navbar-->
18     <nav class="navbar navbar-expand-lg bg-dark navbar-dark fixed-top">
19         <a class="navbar-brand px-2 text-white fs-6" href="#">TAOHUAYUAN 桃花緣
```

圖5-5　以HTML5製作的網頁

編輯HTML文件時，可以直接使用Windows作業系統所提供的「**記事本**」軟體撰寫即可，因為HTML本身就是單純的文字。在記事本中編輯完HTML文件時，要將該文件儲存成「**htm**」或「**html**」格式。

瀏覽器端的網頁標籤語言－CSS

CSS (Cascading Style Sheets，**層疊樣式表**)是由W3C所定義及維護的網頁標準之一，它是一種**用來表現HTML或XML等文件樣式的語言**，使用CSS樣式表後，只要修改定義標籤(如表格、背景、連結、文字、按鈕等)樣式，其他使用相同樣式的網頁就會呈現統一的樣式，如此，便能建立一個風格統一的網站。

圖5-6的上圖使用了CSS來美化網頁，但若將CSS關閉，所有的裝飾元素都會消失，版面就會變得像圖5-6的下圖一樣，變得單調且凌亂。

圖5-6　上圖為使用CSS設定外觀的網頁；下圖為未使用CSS設定外觀的網頁

CSS主要分為**選取器**、**屬性**、**值**三個部分，選取器是指希望定義的HTML元素；屬性與值則是用來定義樣式規則，兩者合稱為特性。屬性與值之間要用半形冒號(:)隔開，多個特性之間以分號(;)隔開，最後將所有特性以大括號({})括起來。

瀏覽器端網頁程式語言

HTML與CSS都是屬於瀏覽器端的網頁標籤語言，供瀏覽器讀取並進行顯示，此外也有一些腳本語言，大多用來處理用戶端滑鼠與鍵盤操作的對應動作，其**程式碼是由瀏覽器負責執行的**，例如DHTML、XML、JavaScript、Java Applet、VBScript等，如表5-1所列。

表5-1 瀏覽器端的網頁程式語言

語言	說明
DHTML	DHTML (Dynamic HTML)是一種動態的網頁設計語言，它對每一個HTML標籤產生的文字或圖片加以命名，再利用JavaScript、VBScript或其他描述語言來控制使其達到動態的效果。
XML	XML (eXtensible Markup Language)是HTML的延伸規格，主要是用於描述資料，並建立有組織的資料內容；而HTML是用於呈現資料，並描述資料如何呈現在瀏覽器上。
JavaScript	可以內嵌於網頁內，也可以由外部載入，具有事件處理器，能擷取網頁中發生的事件，例如；在網頁中滑鼠的動作，或是按下表單中的按鈕，事件處理器就會對應這些事件，而執行相對的程式敘述。
Java Applet	可用於網頁的Java程式，但該程式必須透過瀏覽器解譯後才能執行。
VBScript	VBScript (Visual Basic Script)是與JavaScript類似的程式語言，是由微軟公司所開發的。在使用上，VBScript的語法架構相近於VB程式語言，而JavaScript則與Java、C語言類似。

伺服器端網頁程式語言

如果在網頁中牽涉到一些有關資料庫存取的網頁動作，大多須經由伺服器端進行處理與執行，因此，也有在伺服端所使用的網頁程式語言，表5-2列舉一些常見的伺服器端網頁程式語言。

表5-2 伺服器端網頁程式語言

語言	說明
ASP.NET	ASP (Active Server Pages)是一種在主機端執行的描述語言環境，是由微軟公司所開發，透過ASP網頁技術的協助，可以撰寫出動態、互動式的網站應用程式。
PHP	PHP (Hypertext Preprocessor)是一種網頁程式撰寫的程式語言，可以內嵌於HTML裡，並讓網站開發者快速地撰寫出動態網頁。
CGI	CGI (Common Gateway Interface)是一種讓Web Server與外部應用程式溝通的通訊協定，是網站和網頁觀眾互動的方法之一。CGI程式通常是以C語言或是Perl撰寫而成。
JSP	JSP (JavaServer Pages)是SUN推出的一種開發動態網頁應用程式的一種技術。

MVC架構

MVC (Model–View–Controller)是一種**軟體架構模式**，把系統分為**模型**(Model)、**檢視**(View)和**控制器**(Controller)等三個核心。MVC可以將系統複雜度簡化及重複使用已寫好的程式碼，且更容易維護，開發人員可以做適當的分工，團隊中的成員可以遵循一個標準模式，不管是彼此間的協調溝通或系統整合，可以讓程式開發的工作更順利，更有效率。

- **模型(Model)**：負責邏輯與資料處理，可直接與資料庫溝通。
- **檢視(View)**：負責使用者介面、顯示及編輯表單，HTML、CSS、JavaScript即屬View的部分。
- **控制器(Controller)**：為「模型」與「檢視」之間的橋樑，處理使用者互動、使用模型，並在最終選取要呈現的元件。

MVC架構已成為目前網站的開發主流，使用者在網頁(View)表單(請求)送出後，皆會透過控制器(Controller)接收，再決定給哪個模型(Model)進行處理，所有需求完成後，控制器(Controller)再回傳相對的結果，讓網頁(View)呈現相關資訊。

開發者可以直接使用現有且符合MVC架構的網頁框架來建置網站，如CodeIgniter、Cakephp、Zend frameworks、Ruby on Rails、Yii Framework等。除此之外，**App** (Application)的開發也是採用MVC架構。

知識補充　全端工程師

軟體工程師分為「網頁開發」及「App開發」，而網頁開發中又可以細分為「前端」、「後端」及「全端」工程師。**前端工程師**負責網頁與使用者互動的角色，需要程式編寫的能力，同時也要具備設計學、色彩學的知識；**後端工程師**則是負責資料傳遞與網站的溝通層面，最後呈現在頁面上，需要邏輯清晰以及程式編寫能力；**全端工程師**是綜合前端工程師與後端工程師的角色，必須精通MVC技術語法，包含伺服器、資料庫維護、版面調整、使用者體驗等。

Web API

Web **API** (Application Programming Interface，**應用程式介面**)是一種基於http協定下運算的API，一切透過網路進行交換資料的操作都是Web API。開發者可以使用API來存取該應用程式的資料或是服務等。例如想要使用Google Map的服務，就必須透過Google Map API將Google Map的功能導入自己的網站中。

其他像是使用社群連結進行會員註冊登入、社群嵌入分享、按讚按鈕、嵌入貼文、留言板、影音等，也都是Web API的應用。

5-3 App

隨著無線網路的日益普及，再加上智慧型手機及平板電腦的流行，各種只能在智慧型手機或平板電腦上使用的App也應運而生，例如LINE、Instagram、Candy Crush、TikTok、Netflix、Snapchat等。

App (Application的簡稱)是一種**微型應用程式**，它與一般桌上型電腦所使用的應用程式並不相同，App不管在功能上、程式大小上都較小，且價格相對便宜很多，又簡單易用，適用於智慧型手機或平板電腦等行動裝置。

5-3-1 App 銷售平臺

因為各廠牌的智慧型手機所使用的作業系統不一定相同，且App在不同作業系統中並不通用，所以，各作業系統均有屬於自己獨立的銷售平臺(例如iOS的App Store、Android的Google Play，如圖5-7所示)，當第三方軟體業者完成App製作後，就可上架至各專屬平臺進行販售，或是讓使用者免費下載使用。

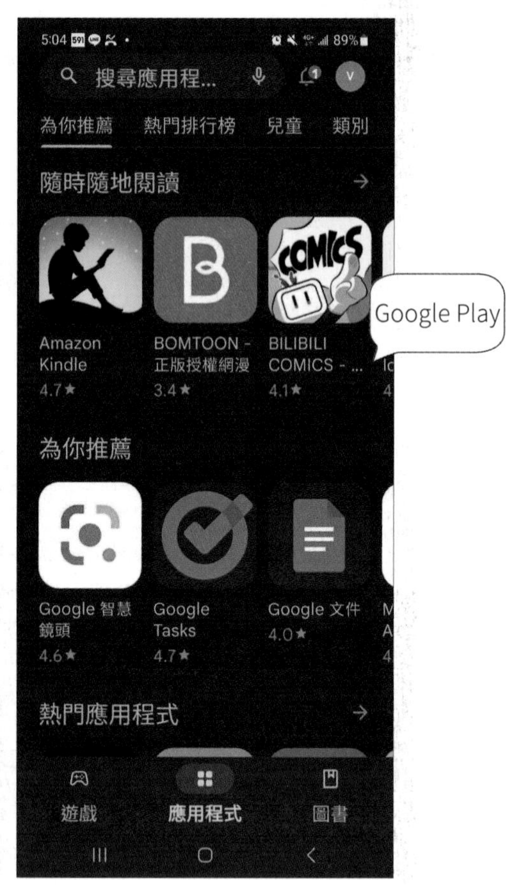

圖5-7 各家App銷售平臺

5-3-2 App 開發軟體

隨著行動裝置的普及，各行各業都開發了相關的App，不過App的開發，並非是所有人都能輕鬆從事的工作，要能開發出穩定且好用的App，是需要有程式設計與人機介面設計的基礎。

而不同系統的行動裝置，所使用的平臺及開發軟體也有所不同，例如要開發在Android裝置上使用的App，可以使用Android Studio或Xamarin；要開發在iOS裝置上使用的App，則可以使用Swift和Xcode。

Android Studio

Android Studio (圖5-8)是Google推出的Android作業系統的整合式開發環境，支援Windows、macOS及Linux作業系統。

Android Studio內建Android**軟體開發工具包**(Software Development Kit, **SDK**)，此開發工具包含了偵錯器、函式庫、文件、範例程式碼及模擬器(方便開發者測試的應用程式，可以設定不同規格，確認使用者介面的編排情況)等。若對Android Studio有興趣，可以至官網下載該軟體並安裝。

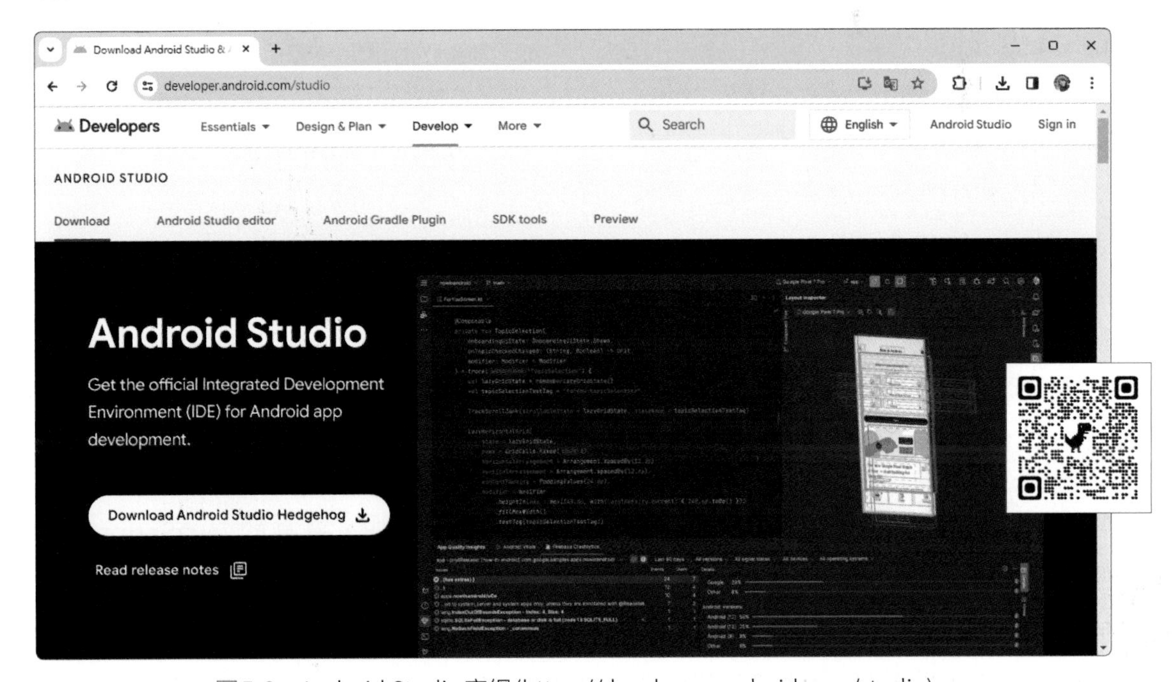

圖5-8　Android Studio官網(https://developer.android.com/studio)

Xamarin

微軟的Xamarin是一套基於C#語言的跨平臺開發工具，可以開發iOS、Android及**通用Windows平台**(Universal Windows Platform, **UWP**)的應用程式。開發者可以直接使用C#去呼叫Android、iOS的API的原生介面。Xamarin是使用Visual Studio整合開發環境(圖5-9)，具有程式碼自動完成、完整的專案範本程式庫、整合式原始檔控制等功能。

圖5-9　在Visual Studio中使用Xamarin

Xamarin包含了Xamarin.Andorid、Xamarin.iOS、Xamarin.Forms。Xamarin.Andorid及Xamarin.iOS能夠使用C#開發Andorid和iOS應用程式，而Xamarin.Forms只要透過同樣的C#程式碼，就可以一次產生Android和iOS的使用者介面，不需要寫兩次程式碼，節省開發時間。

React Native

React Native (圖5-10)是Facebook開發的跨平臺框架，是基於JavaScript標準語法的程式庫，只要懂JavaScript及CSS語言，基本上就能看得懂React Native程式碼。開發者可以透過React程式庫開發組合式的使用者介面。Facebook、Instagram的App就是使用React Native來進行開發。

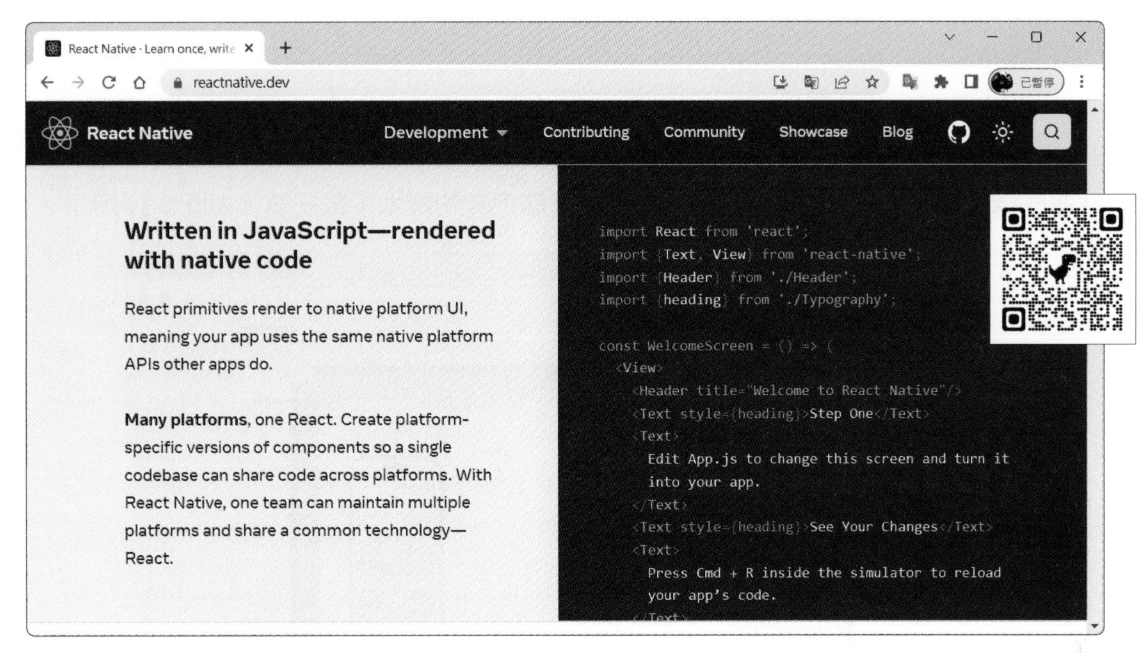

圖5-10　React Native官網(https://reactnative.dev/)

Swift

Swift是Apple公司推出的程式語言，可以開發iOS、macOS、tvOS與watchOS的App。該程式語言為免費且開放原始碼，可以應用在各式各樣的平臺上。對Swift有興趣的使用者，可以至官方網站下載(圖5-11)。

圖5-11　Swift官網(https://swiftlang.tw/download/)

Xcode

Xcode是Apple公司所開發設計的macOS及iOS應用程式整合開發環境，使用者只要擁有Apple ID，就可以直接在App Store上免費下載安裝最新版的Xcode，或是透過註冊成為Apple程式開發者，在開發者頁面選取適當的版本下載安裝，如圖5-12所示。

圖5-12　Xcode官網(https://developer.apple.com/xcode/)

Flutter

Flutter是Google所開發的開放原始碼跨平臺應用程式軟體開發框架，可以讓開發者開發出Android / iOS App行動應用程式、Web網頁服務、Windows / macOS / Linux作業系統軟體。它使用Dart程式語言，只要寫一次程式碼，就能同時讓多個平臺使用。圖5-13所示為Flutter官網。

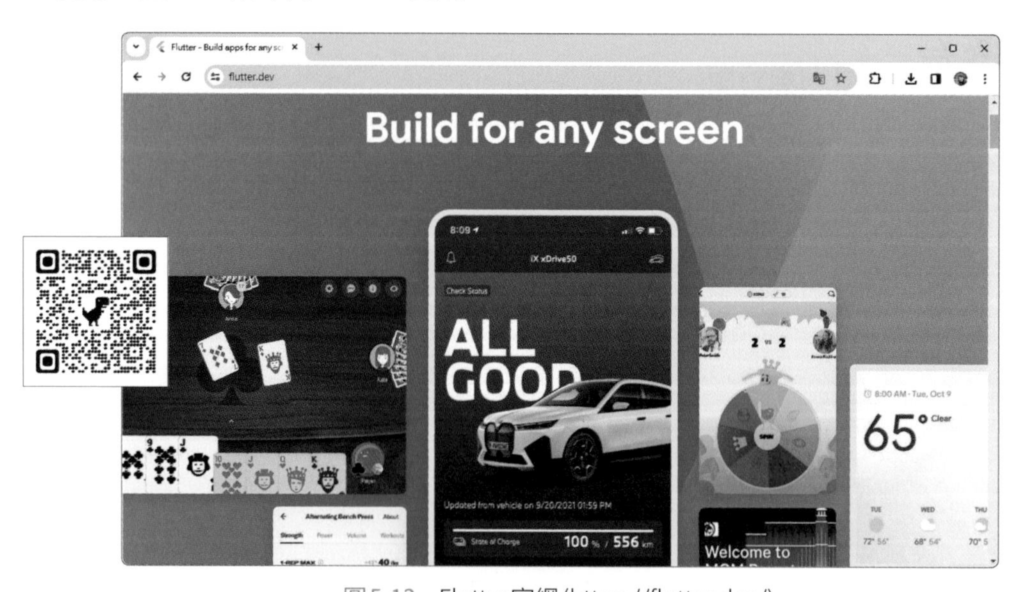

圖5-13　Flutter官網(https://flutter.dev/)

5-4 整合開發環境

整合開發環境(Integrated Development Environment , **IDE**)是一種輔助程式開發人員開發軟體的應用軟體，將編輯程式、編譯、測試、除錯與執行等功能整合在一起的程式開發軟體。

5-4-1 Google Colab

Google Colab (Colaboratory)是一個在雲端運行的整合開發環境，該環境提供開發者虛擬機，並支援加速硬體(GPU及TPU)，隨時隨地都可以編輯Python程式語言，如圖5-14所示。

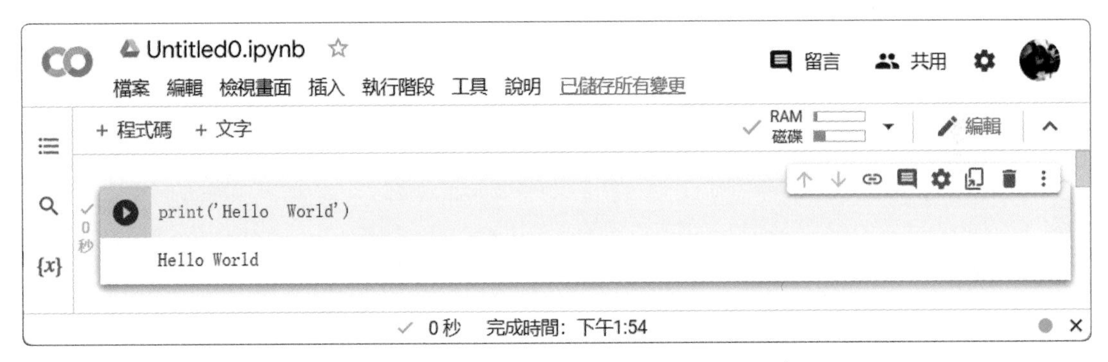

圖5-14 在Google Colab中編寫Python程式

只要有Google帳號，進入網站就可以開始使用，可以從官方提供的範例(圖5-15)、雲端硬碟、GitHub或自行上傳等方式建立筆記本，而程式碼預設會直接儲存在開發者的Google雲端硬碟中，執行時由虛擬機提供強大的運算能力，不會用到本機的資源。

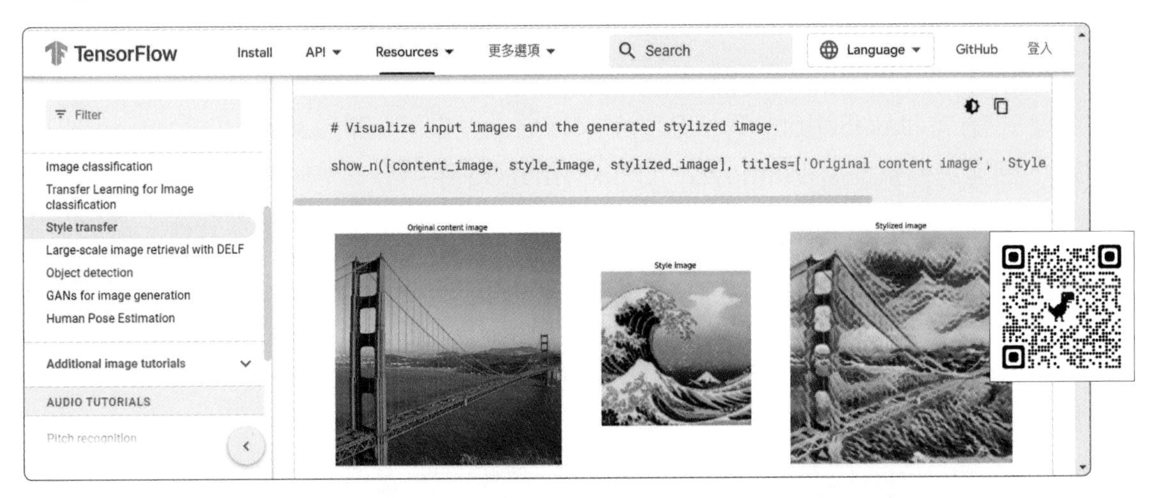

圖5-15 Google Colab網站(https://colab.research.google.com)

5-4-2 Anaconda

Anaconda是一個支援Python和R語言的整合開發環境，它整合了眾多程式編輯器，並提供了大量的Python和R套件，包括在科學計算、資料分析和機器學習會使用到的Numpy、Pandas、SciPy、Matplotlib和Scikit-Learn等，適用於Windows、Linux及macOS等作業系統。圖5-16所示為Anaconda網站。

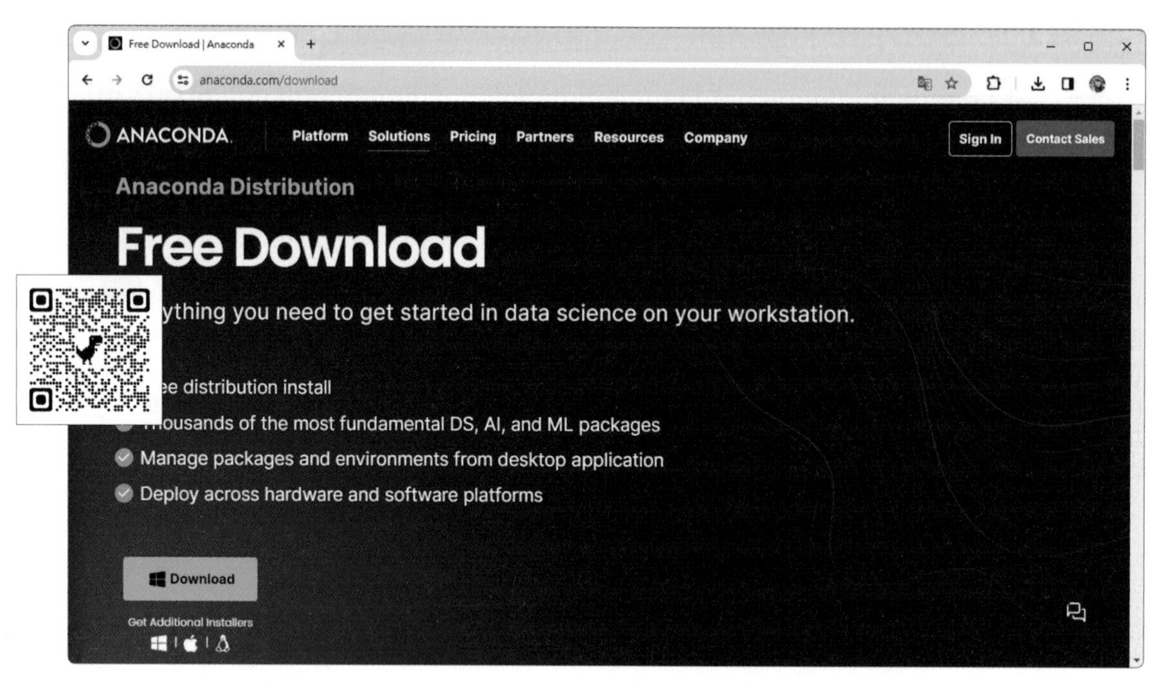

圖5-16　Anaconda官網(https://www.anaconda.com/download)

5-4-3 Visual Studio Code

Visual Studio Code是微軟開發的開放原始碼免費程式碼編輯器，支援幾乎所有的程式語言(JavaScript、TypeScript、Node.js、C++、C#、Java、Python、PHP、Go)，且可跨平臺使用(Windows、Linux、macOS等)。

Visual Studio Code簡單易學，程式穩定且快速，有豐富的擴充套件，可以對應各種程式語言的開發。Visual Studio Code除了可在官網(https://code.visualstudio.com/)下載桌機版本，也有推出網頁版(https://vscode.dev/)，開發者可以直接使用Microsoft Edge或Google Chrome瀏覽器進行開發，而且在Chromebook及iPad上，也能進入網頁版進行編輯。

Visual Studio Code操作視窗主要分成三個區塊，左邊是快速功能工具列，中間快速功能按鈕的顯示區，右邊是程式分頁的編輯區，如圖5-17所示。

圖5-17　Visual Studio Code操作視窗

5-4-4 Notepad++

Notepad++是由臺灣人侯今吾研發的純文字編輯器，可編寫HTML、CSS、C++、JavaScript、XML、ASP、PHP、SQL等50多種語言，體積輕巧不佔系統記憶體，支援多分頁功能及ANSI、UTF-8、UCS-2等格式的編譯及轉換。

Notepad++是一套開放原始碼自由軟體，有完整的中文化介面並支援多國語言撰寫。在官網(https://notepad-plus-plus.org/)的下載頁面中可選擇要下載的版本。使用Notepad++撰寫程式時，可設定要使用的程式語言，這份檔案就會以該程式語言的格式顯示，如此便能輕易分辨每個標籤，方便檢查程式碼，如圖5-18所示。

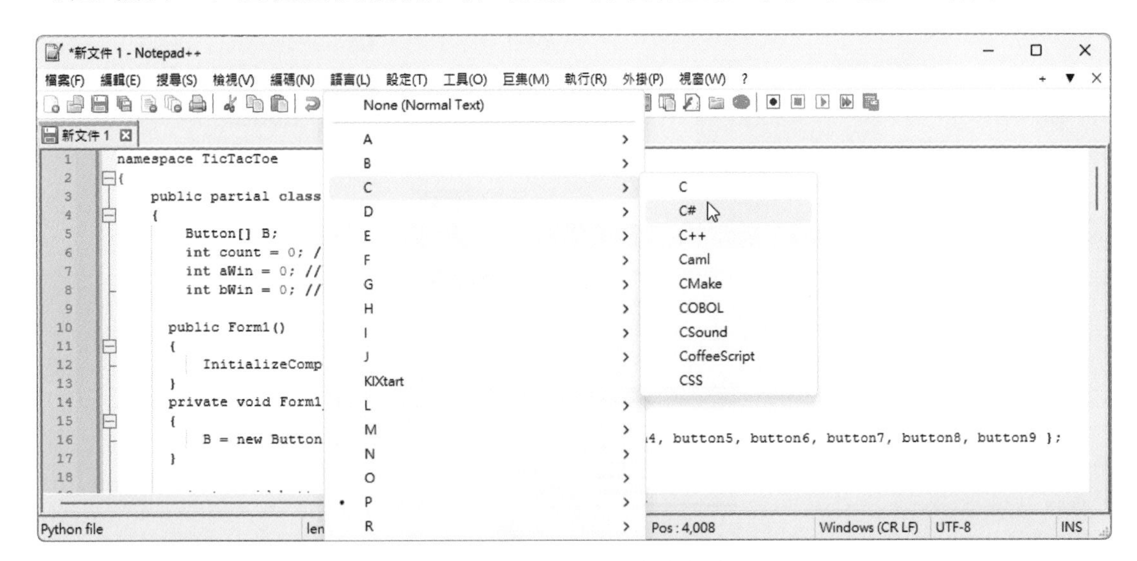

圖5-18　Notepad++操作視窗

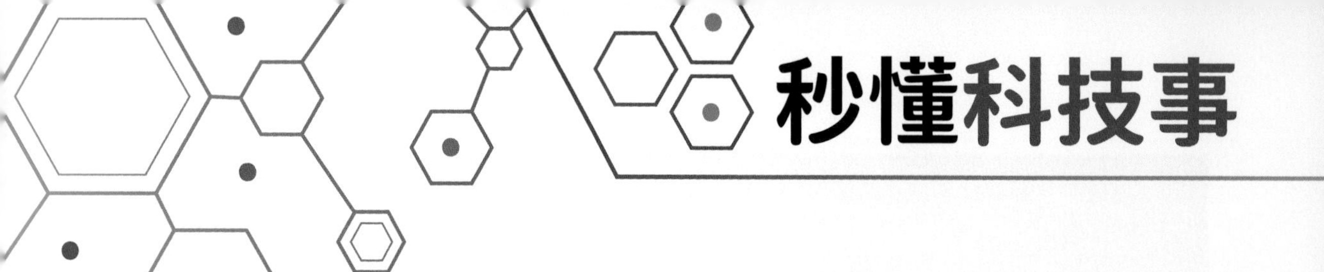

秒懂科技事

Low-Code / No-Code

GitHub前執行長克里斯・汪斯崔斯（Chris Wanstrath）提出了「程式設計的未來，就是不用寫程式。（The future of coding is no coding at all.）」的預測，這個預測在疫情期間又加快了Low-Code/No-Code（低程式碼/無程式碼）趨勢。

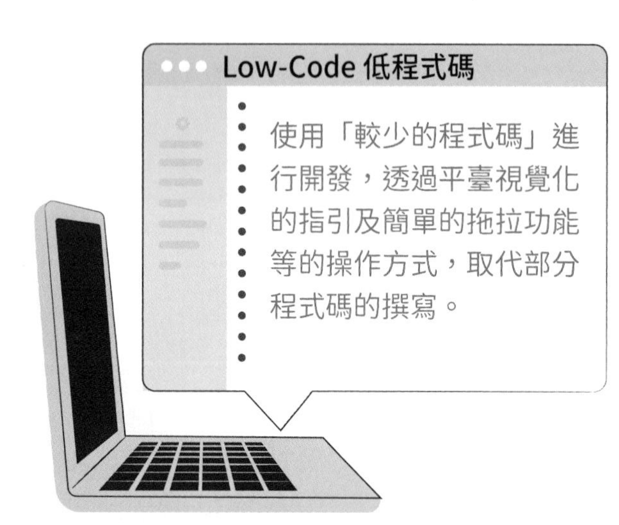

Low-Code 低程式碼

使用「較少的程式碼」進行開發，透過平臺視覺化的指引及簡單的拖拉功能等的操作方式，取代部分程式碼的撰寫。

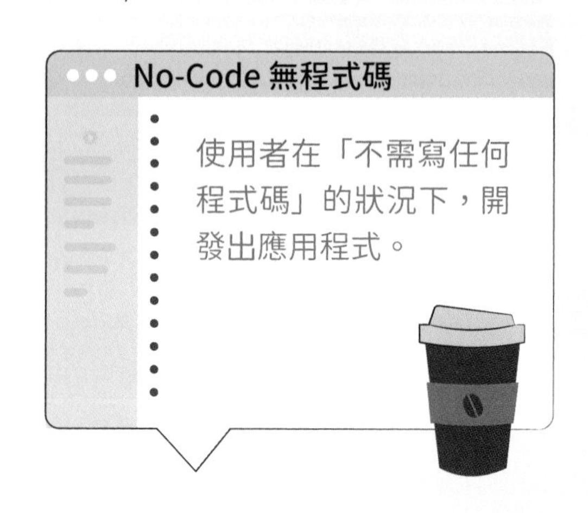

No-Code 無程式碼

使用者在「不需寫任何程式碼」的狀況下，開發出應用程式。

因為 Low-Code/No-Code（低程式碼 / 無程式碼）的發展，讓低程式碼開發平臺(Low-Code Development Platform, LCDP) 也應運而生。低程式碼開發平臺具有視覺化、易理解的優勢，使第一線的業務及營運人員也能輕易透過其附加功能來開發應用功能。同時，平臺具有靈活性，可快速進行功能變更或版本測試，並隨時根據使用者回饋，即時更新應用程式效能。

低程式碼開發平臺 LCDP

1. Bubble
2. AppSheet
3. Power Apps
4. WebFlow
5. Carrd
6. Thunkable
7. Voiceflow
8. Otter.ai
9. Airtable
10. ClickUp

網路與行動通訊

CHAPTER 06

6-1 電腦網路

想要深入了解**電腦網路**(Computer Network)的世界，就不可不知網路是什麼。其實，電腦網路在定義上非常簡單，就是指「**將一群電腦或周邊設備，透過特定的傳輸媒介與傳輸設備連接起來，構成一個可隨時、隨地存取的虛擬空間，並藉由這樣的連接方式達到『資源分享』的目的**」。

根據上面所下的定義，如果我們將兩台電腦連接起來，讓其中一台電腦中的資料可以分享給另一台電腦使用，這樣就可以算是最簡單的網路架構了，如圖6-1所示。

圖6-1　二台電腦就可以形成一個最簡單的網路架構

6-1-1 電腦網路的功能

電腦網路基本上具有**訊息傳遞**、**資料交換**、**分工合作**及**資源共享**等功能。

訊息傳遞

由於網路的普及，使得人與人之間的交流變得容易且多元，例如使用電子郵件、即時通訊軟體、網路電話等進行溝通之外，還可以透過網站、部落格互相吸收與分享各種訊息，或者利用視訊裝置將位於不同地方的人集結在一起，舉行視訊會議或遠距教學等，讓訊息的傳遞變得十分快速與便利。

資料交換

網路是資料交換最佳的管道之一，在文件數位化已臻完整的現在，利用網路傳送資料不但可以縮短資料傳輸的時間，也可節省郵寄與紙張的成本。

分工合作

電腦可以透過網路來達到彼此通訊，相互合作的目的，因此透過網路也能發展出緊密的合作關係。舉例來說，一台電腦的處理能力有限，但透過網路，就能連結很多電腦，這些電腦各自處理單一工作，或進行同步運算，在相互連結的架構之下，便能發揮最大的工作效能，加快目標的達成。

資源共享

在組織中架設網路，網路內的每台電腦就可以共享軟體與硬體資源，充分達到資源共享的目的。例如將資料統一集結在網路中的某一台電腦，只要透過網路，就能讓網路中的其他電腦也能分享這份資料。

在硬體共享方面，只要將印表機、掃描器等硬體設備安裝在某一台電腦上，其他電腦就可以透過網路共用這些硬體設備。在多人工作的環境中，利用網路創造資源共享的優勢，不但能提升工作效率，還能節省硬體的採購支出。

6-1-2 電腦網路的類型

根據網路的規模大小以及距離遠近，可將網路分為**區域網路**、**都會網路**及**廣域網路**等三種類型。

區域網路

區域網路(Local Area Network, **LAN**)的範圍大概是在一個辦公室、一層樓或鄰近幾棟大樓內(10公里以內)，通常是企業或組織自己建立的，是屬於一種**內部專用的網路**，該網路可以與其他網路隔絕，如圖6-2所示。

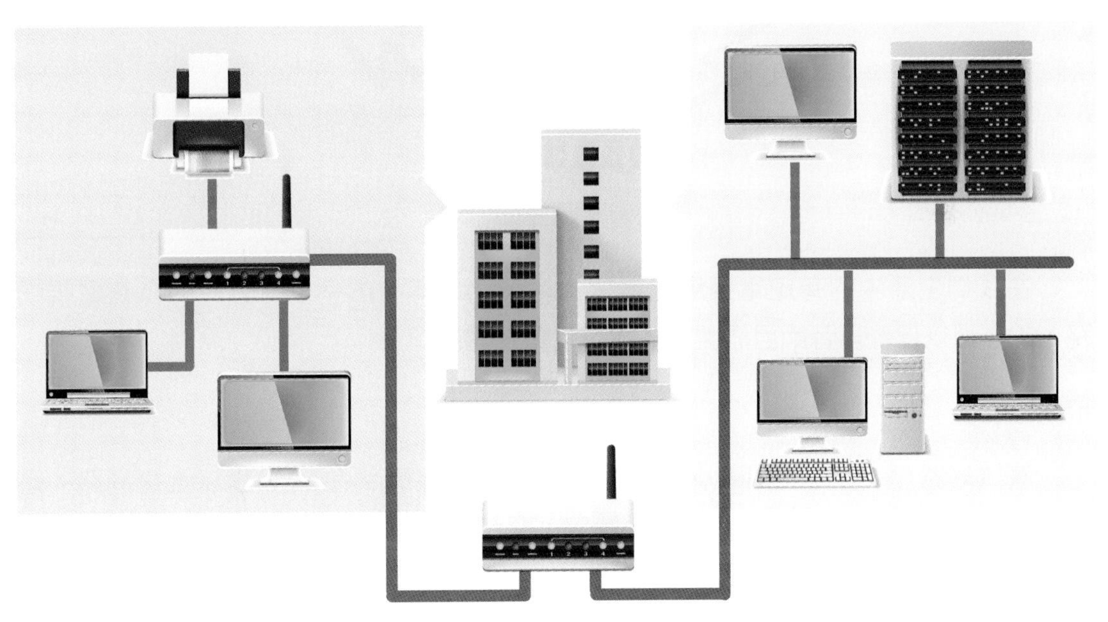

圖6-2　區域網路示意圖

都會網路

都會網路(Metropolitan Area Network, **MAN**)是指涵蓋範圍約在**50公里內之網路**，通常布建於一個城市或都會區的規模，都會網路也可以由數個區域網路相連而成，除了使用纜線，有的也利用光纖來連接。

例如一所大學的各個校區分散在城市裡，如果將這些校區的網路連結起來，便形成一個都會網路，如圖6-3所示。

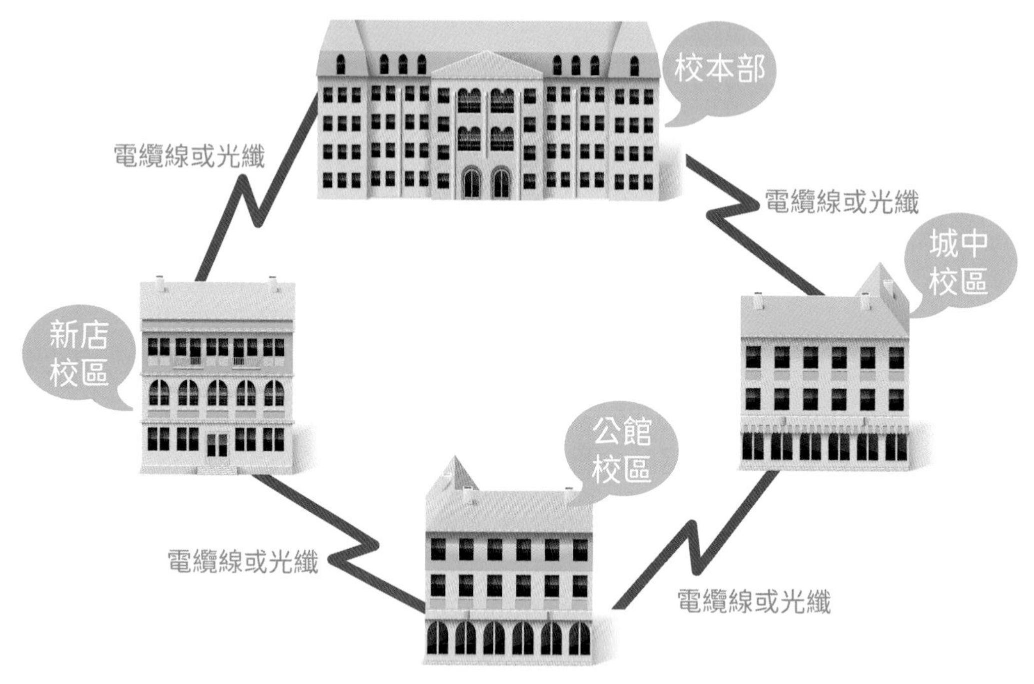

圖6-3　都會網路示意圖

在我們生活中的**有線電視網路**就是都會網路最典型的例子，現今的有線電視網路，除了可以傳輸影音節目訊號外，還可以傳輸電腦訊號。

廣域網路

廣域網路(Wide Area Network, **WAN**)是指涵蓋範圍約在**50公里以上**之網路，是規模很大的網路，範圍可以橫跨數個城市，穿越多個國家，甚至跨越洋洲，如圖6-4所示。電信網路業者利用**電信網路**(Telecommunication Network)的基礎架構，使用光纖、海底電纜、通訊衛星等傳輸設備，連接各區域網路、都會網路，形成廣域網路。

臺灣學術網路(Taiwan Academic Network, **TANet**)就是典型的廣域網路，它是由教育部所建立，連接全國各級學校的大型網路，也是目前國內最大的學術性網路。

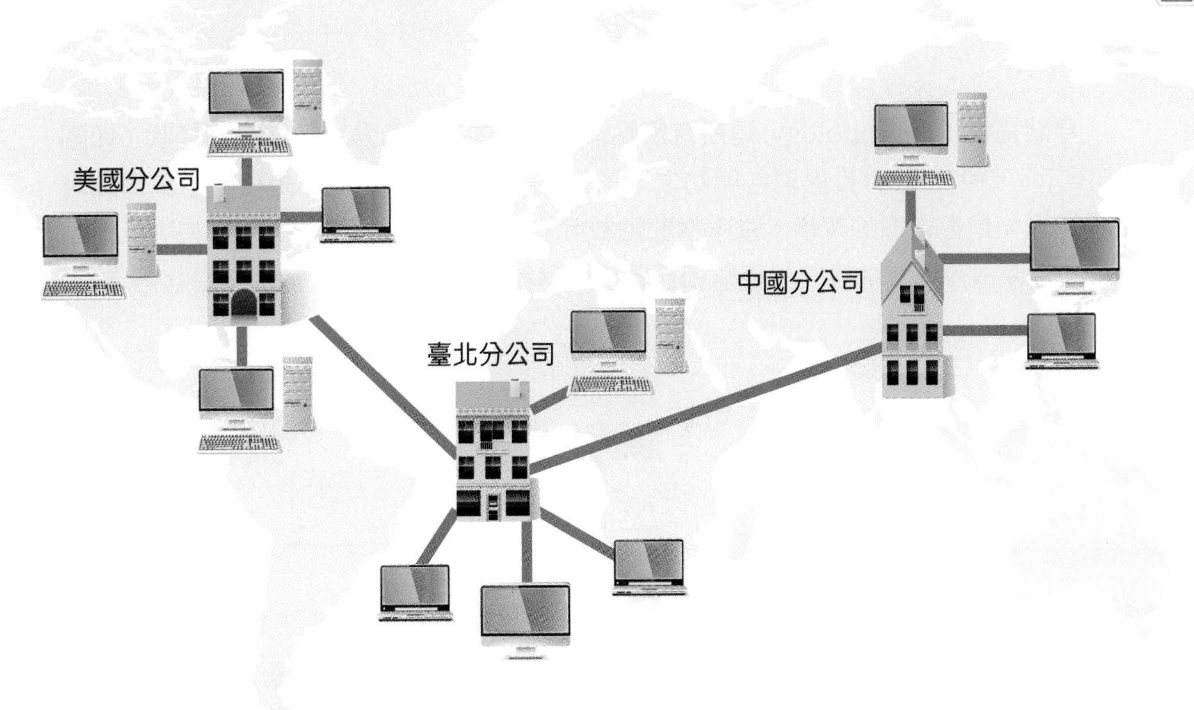

圖6-4　廣域網路示意圖

6-1-3 區域網路的拓樸

區域網路上節點的連結形狀，稱作**拓樸**(Topology)，拓樸結構會影響到傳輸的效能，以下介紹幾種常見的拓樸。

匯流排狀拓樸

匯流排狀拓樸(Bus Topology)是一種**線狀**的網路架構，如圖6-5所示，所有的電腦藉由一條通訊纜線作為主幹，而訊號在纜線中雙向傳送，達到相互連結通訊的功能。匯流排狀的網路拓樸雖然**架構簡單、易於擴展**，但是當網路流量很大，或是所連接的電腦數目增多時，會影響整體網路的效能。

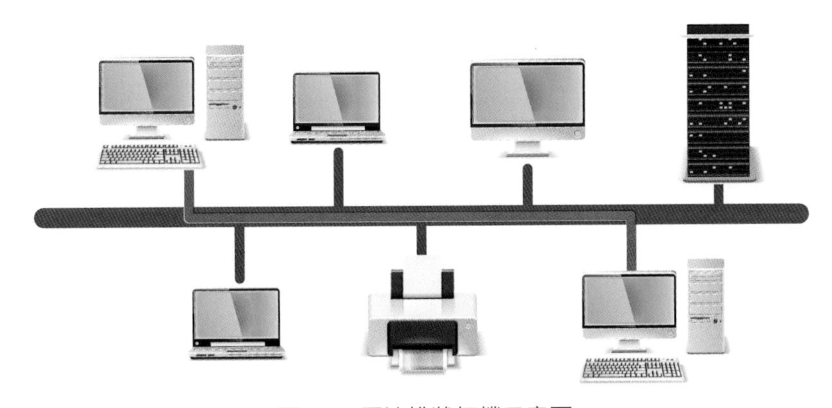

圖6-5　匯流排狀拓樸示意圖

星狀拓樸

星狀拓樸(Star Topology)是**所有節點都連接到中央的節點，形成一個星狀**，如圖6-6所示。中央節點負責處理各節點之間的通訊要求，每個節點都是透過中央節點來交換訊息，是最普遍的架構。當某個節點故障時，並不會影響到其他節點的通訊；但當中央節點故障，其他節點就不能相通。現今學校電腦教室網路大多採用星狀拓樸。

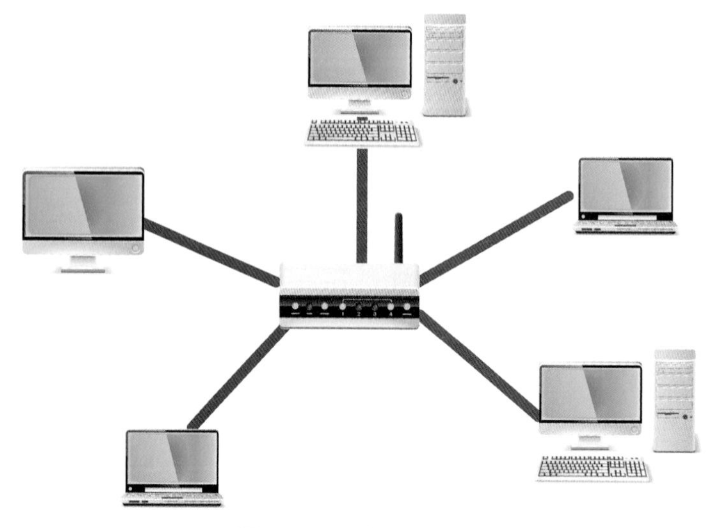

圖6-6　星狀拓樸示意圖

環狀拓樸

環狀拓樸(Ring Topology)是將**所有節點連接成一個環狀**，如圖6-7所示，訊息沿著**單一個方向**，依序進行傳送。**權杖環狀**(Token Ring)網路、**光纖分散數據介面**(Fiber Distributed Data Interface, **FDDI**)等架構都是環狀網路的典型範例。

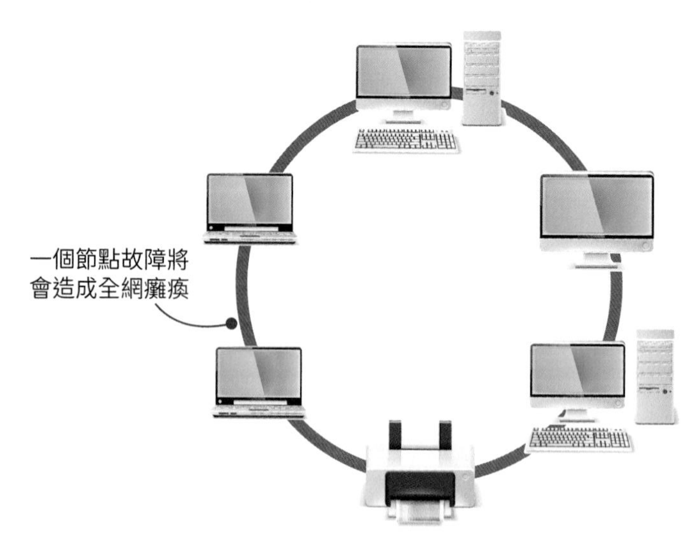

圖6-7　環狀拓樸示意圖

● 權杖環狀網路

權杖環狀網路又稱為**記號環網路**，是由IBM公司所提倡的網路規格。**權杖**(Token)如同令牌，擁有權杖的電腦才具有使用網路的權利，即能將資料送到網路上，權杖會由一台電腦傳給另一台電腦，直到它到達一台有資料要傳送的電腦，此時發送電腦會修改權杖內容，再將此權杖放回資料上，然後將它傳送到環狀網路上。

資料會通過每一台電腦，直到它到達一台與資料中地址相吻合之電腦。接受到資料的電腦會回送一個訊息給發送電腦，指示資料已收到了。在發送電腦確認後，它會重新建立一個權杖，並將它放回網路上，如圖6-8所示。

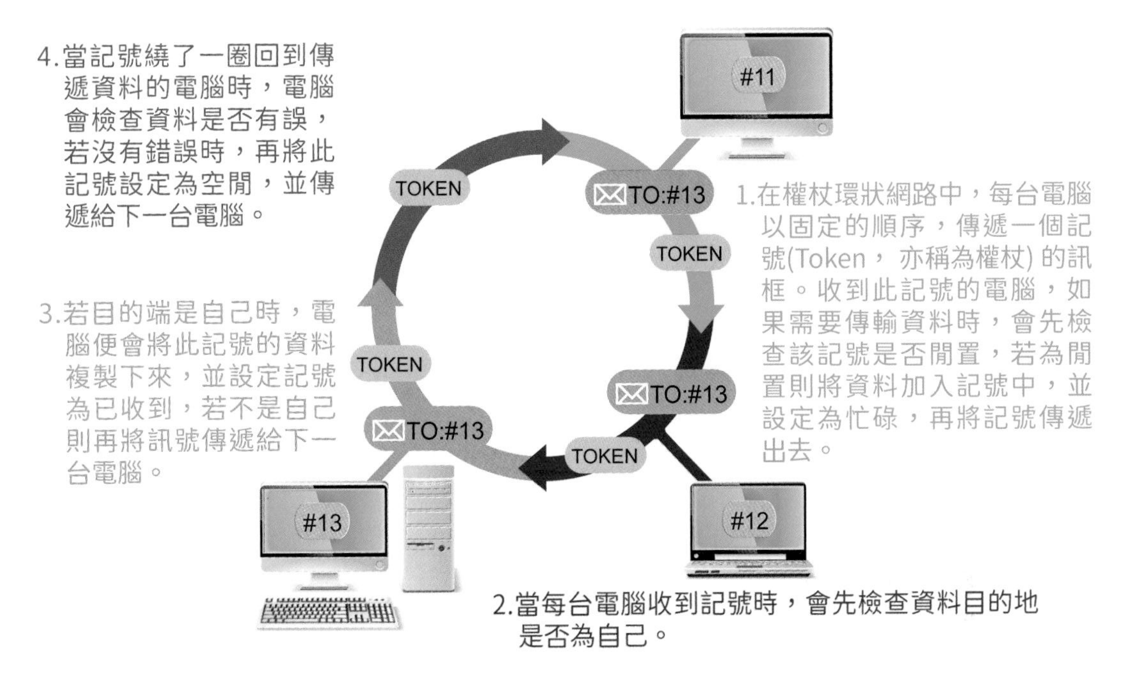

圖6-8　權杖環狀網路運作流程

● FDDI網路

FDDI網路是**美國國家標準局**(American National Standards Institute, **ANSI**)在1980 年所發表的ANSI X3T9.5標準。FDDI是一個**使用光纖傳輸的技術架構**，主要使用在主幹上，它的傳輸速率有100 Mbps，是採用雙環架構來克服網路斷線問題，其中一條是負責主要運作，另一條則是作為備用。

FDDI的優點是**傳輸速率快、傳輸距離遠**，還具有容錯性及頻寬分配之功能，適合使用在主幹上；缺點則是技術層次較高，且價格昂貴。

6-2 網路傳輸媒介與設備

網路中的設備要互相通訊時，必須藉由傳輸媒介才能達到資料傳輸的目的。除了傳輸媒介，網路還需要傳輸設備進行傳輸的處理。

6-2-1 有線網路傳輸媒介

傳輸媒介可分為有線傳輸媒介和無線傳輸媒介兩大類，而有線傳輸媒介包括**雙絞線**、**同軸電纜**、**光纖**等，分述如下。

雙絞線

雙絞線(Twisted Pair)主要是由**多條絕緣的銅線所組成**，銅線依照一定密度兩兩相互纏繞在一起，以減少電磁干擾並提高傳輸品質，如圖6-9所示，因此稱為雙絞線。

雙絞線具有成本低、容易安裝等優點，缺點則是**易受電磁干擾，且傳輸距離短**(約為100公尺左右)，因此，常用於電話線路與區域網路。

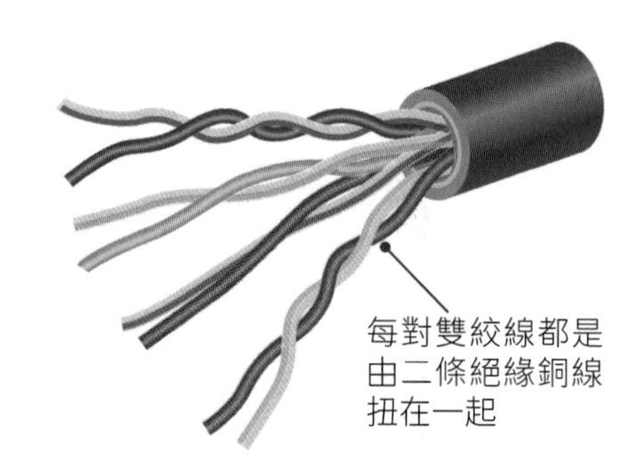

圖6-9 雙絞線外觀

同軸電纜

同軸電纜(Coaxial Cable)中心為單芯或多芯的金屬導線，包裹著絕緣體，再覆蓋一層金屬網狀導體，最外層有保護用的外皮，如圖6-10所示。金屬導線是真正用於傳輸訊號的，網狀導體則可以抵擋電磁波的影響。同軸電纜**一般應用於傳輸距離為200~500公尺，且傳輸速度為10 Mbps的區域網路**中。

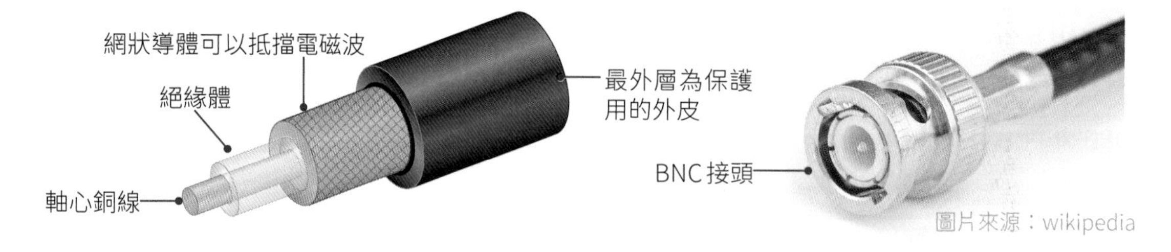

圖6-10 同軸電纜的內部結構圖

同軸電纜依直徑大小及阻抗(阻抗單位為歐姆)的不同，分為75歐姆的**粗同軸電纜**(Thick Coaxial Cable)以及50歐姆的**細同軸電纜**(Thin Coaxial Cable)二種，以滿足不同應用場景和需求。其中粗同軸電纜通常應用於有線電視，細同軸電纜則應用於乙太網路中。

光纖

光纖(Fiber Optical Cable)以頭髮般纖細的**玻璃纖維**為光纖核心，包裹一層材質，再加上外皮，如圖6-11所示。

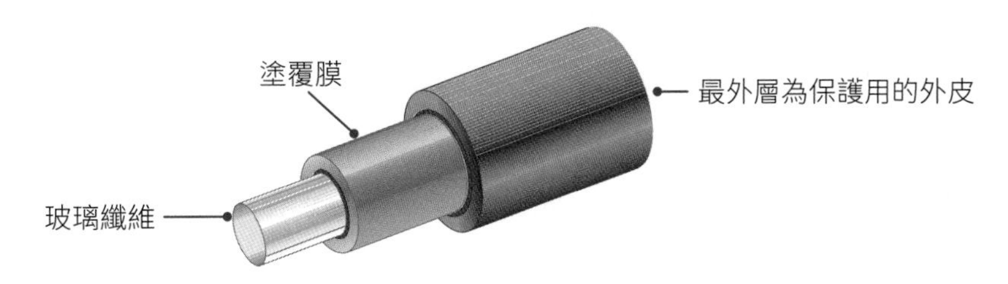

圖6-11　光纖核心的玻璃纖維

光波的行進是直線的，很容易被障礙物阻擋，因此須透過光纖纜線來傳送光波。而光纖是根據光的反射原理來傳輸光波，整條光纖就像一條周圍都是鏡子的管線，將資料轉換成光波後，射入光纖的軸芯，透過不斷地反射，而達成訊號傳送的目的。

光纖具有**體積小、重量輕、頻寬大、傳輸速率快、傳輸距離長、安全性高、且不受電磁干擾**等特性，與其他傳輸媒介相較下明顯具有優勢，所以在寬頻應用需求急遽增加的同時，逐漸取代傳統的銅線傳輸模式，而成為未來寬頻網路布建的趨勢。中華電信網路HiNet以及臺灣學術網路就是使用光纖為主幹。但由於光纖的布設需要特殊的設備與技術，且原料較昂貴，所以成本比較高。

表6-1所列為雙絞線、同軸電纜及光纖的比較。

表6-1　**雙絞線、同軸電纜及光纖的比較**

傳輸媒介	傳輸速度	傳輸距離	受外界干擾	價格
雙絞線	100 Mbps~10 Gbps	15~100公尺	易	低
同軸電纜	10 Mbps	200~500公尺	中	中
光纖	100 Mbps~10 Gbps	100公里內	不易	高

知識補充　頻寬常用單位

傳輸媒介在單位時間內所能傳輸的最大資料量，稱為**頻寬**(Bandwidth)。常用單位如下：

單位	說明	單位換算
bps (bits per second)	每秒傳輸**位元數**	
Kbps (Kilobits per second)	每秒傳輸**仟位元數**	1 Kbps ＝ 10^3 bps
Mbps (Megabits per second)	每秒傳輸**百萬位元數**	1 Mbps ＝ 10^6 bps
Gbps (Gigabits per second)	每秒傳輸**十億位元數**	1 Gbps ＝ 10^9 bps
Tbps (Terabits per second)	每秒傳輸**兆位元數**	1 Tbps ＝ 10^{12} bps

6-2-2 無線網路傳輸媒介

無線傳輸媒介包括**紅外線**、**雷射光**、**廣播無線電波**及**微波**等，分述如下。

紅外線

紅外線(Infrared, IR)是一種**可視紅光光譜之外的不可視光**，利用紅外線光束來傳送訊號，其頻率可達300 GHz～2×10^5GHz，適用於室內或是鄰近建築物之間等較短程的距離。紅外線傳輸既然是透過光來傳送訊息，所以它無法穿越不透光的物體，在傳輸時收訊端必須對準發訊端，且**收發端中間不能有任何障礙物**。

紅外線傳輸的應用多用於**電視遙控器**、**無線鍵盤與滑鼠的接收**、**筆記型電腦間的傳輸及手機間的傳輸等**，另外有些印表機也能接收紅外線所傳來的資料，以直接進行文件列印。

雷射光

雷射光(Laser)傳輸是**以光線為傳輸媒介**，透過極細小的雷射光束，以光束能量集中的方式將訊號射出，藉此傳輸資料。由於雷射不易散射的特性，因此其傳輸距離較紅外線長，傳輸頻寬也較無線電波來得大。

因為是以光線為傳輸媒介，所以其特質是無法穿透大多數的障礙物，且**傳輸路徑必須是直線**，因此較適用於空曠處或制高點。

廣播無線電波

廣播無線電波(Broadcast Radio)一般用於收音機與電視節目的廣播，特殊設計的**天線是傳送器也是接收器**。因為無線電訊號是以電波形式在空中傳播，所以使用無線電傳輸時不需要導線，且無線電波的穿透力較紅外線佳，因此非常適合沙漠、戰場等布線困難的場合。無線電的通訊距離和電波強度有很大的關係，**電波較強，波長較長，傳輸距離則越遠**。藍牙、Wi-Fi、行動電話系統等，皆以無線電波作為傳輸媒介。

微波

微波(Microwave)的頻率為300 MHz～300 GHz，**只能進行直線傳輸**，所以收發端之間同樣不能有障礙物阻隔，因此，微波基地台大多設置在高山上或高樓上。由於直線傳輸的特性，所以微波傳輸易受到地表曲面以及天候不佳的影響，為了避免地形及障礙物的干擾，通常可以設置微波中繼站來改變微波的行進方向，同時也擴大傳輸的範圍。

無線電視台的節目，就是透過微波傳輸，傳送至家家戶戶所設置的接收天線。衛星傳輸也是利用微波方式來進行傳輸的。

通訊衛星(Communication Satellites)被安置在與地球同步運行的軌道上，作為地面微波基地台的轉播站，**透過衛星頻道接收地面發出的訊號**，再發射到地表的另一端，以進行長距離的傳輸，如圖6-12所示。由於收發端都是向上透過衛星傳輸，所以超越了地面微波地形上的限制。只要結合衛星系統以及其他的通訊媒介，就能夠提供全球性的服務。

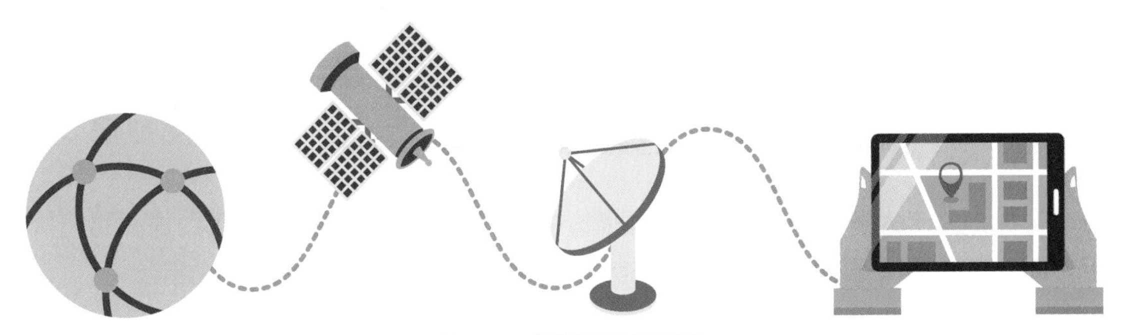

圖6-12　通訊衛星示意圖

衛星微波傳輸常見的應用有電視台的**SNG** (Satellite News Gathering，**衛星新聞採集**)即時轉播，以及交通工具的**GPS** (Global Positioning System，**全球定位系統**)應用，使用者只要加裝一個碟形天線或者接收器，就能夠透過衛星接收或傳送訊號。

6-2-3 網路傳輸設備

以下介紹幾種常見的網路傳輸設備。

網路介面卡

網路介面卡(Network Interface Card, **NIC**)是電腦與網路溝通的橋樑，網路卡的主要功能之一，是**將電腦內原本的資料轉換為串列的形式**。因為在電腦內的資料傳輸，可能是使用32或64位元的匯流排，但在將資料傳送到網路前，就必須透過網路卡先將資料封裝為一個個資料封包，再以串列的方式傳到網路上。

因此，網路卡包含一個收發器，負責將資料轉換為電子訊號。另外，網路卡還負責接收網路上傳送的封包，並判斷是否為該電腦的封包，如果是的話，就將這些資料轉換成電腦所需的平行資料；如果不是的話，就捨棄這個封包。

若要使用區域網路或ADSL上網時，那麼一定要有網路介面卡，一般的網路卡依速度可分為10Mbps、100Mbps等，而依使用線材不同，則包括RJ-45雙絞線、RG-58同軸電纜接頭。目前一般電腦中所使用的網路卡，大部分都是速度100Mbps、RJ-45雙絞線接頭的網路卡，如圖6-13所示。

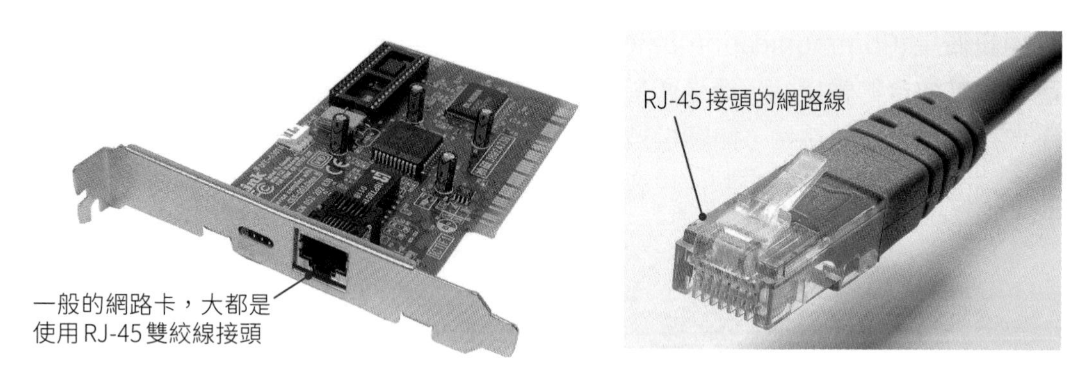

圖6-13　PCI介面網路卡及RJ-45接頭的網路線

早期網路卡大多是擴充功能卡的型態，目前市面上的主機板則皆已內建網路連接埠。此外，由於無線網路連線方式的需求日增，無線網路卡的使用也日益普及。

MAC位址

美國電機電子工程師協會(Institute of Electricals and Electronics Engineers, **IEEE**)制定了區域網路設定位址的方式，讓每一家網路卡製造商在製造網路卡時，可將所分配到的位址燒錄在網路卡晶片上，用於識別每個網路設備。

因此，每張網路卡都有一組唯一的位址號碼，稱為**實體位址**(Physical Address)，或稱為**MAC** (Media Access Control，**媒體存取控制**)位址，其長度為6 Bytes，通常以十六進位的數字表示，例如00-80-C8-3F-E3-B5。

中繼器

中繼器(Repeater)主要**用來將衰減的訊號增強後再送出**。因為隨著纜線變長，而訊號經過一段距離的傳輸會不斷地衰減，最後會變成無法解讀的訊號，所以可使用中繼器來增強訊號。圖6-14所示為中繼器運作示意圖。

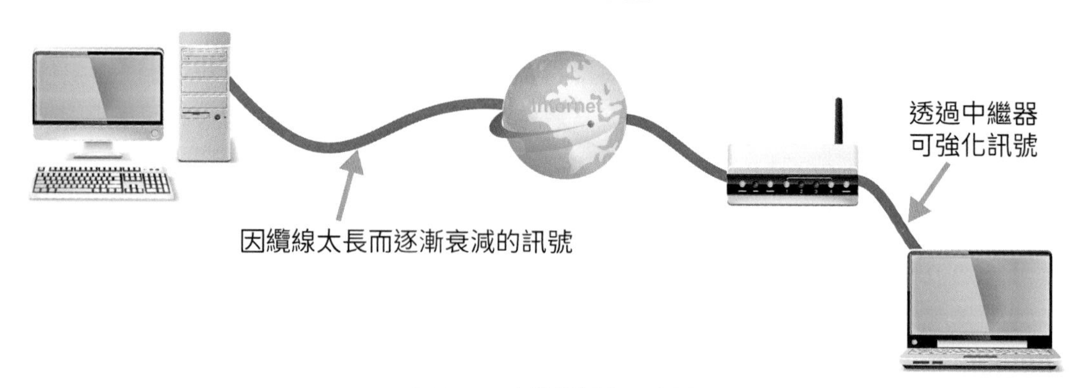

圖6-14　中繼器運作示意圖

集線器

集線器(Hub)是一種用來**連接多個網路線的裝置**。集線器中有好幾個輸入埠，讓連接的每台電腦都能夠連上網路，它好比是一個多輸入埠的中繼器。集線器中的所有連接埠會共享頻寬，因此，若集線器互相連結的電腦越多，就會影響網路的整體效能。圖6-15所示為集線器運作示意圖。

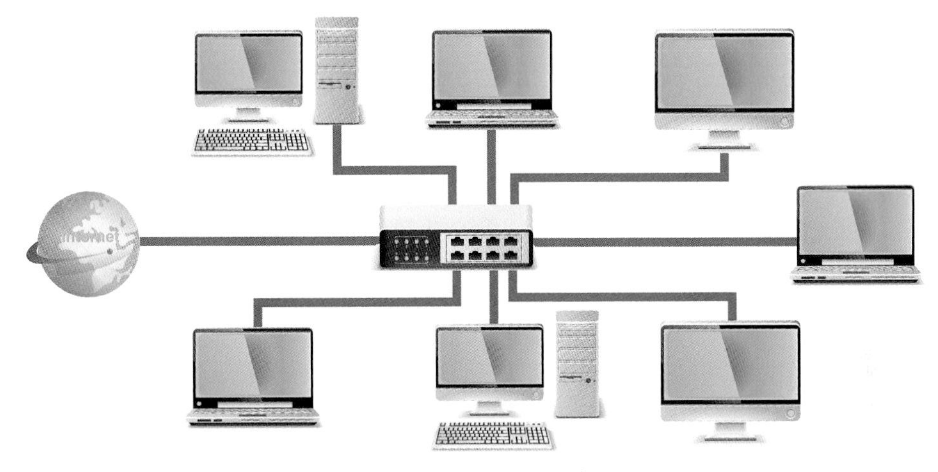

圖6-15　集線器運作示意圖

交換器

交換器(Switch)的功能與集線器類似，同樣具有多個連接埠以連結多個網路節點。但交換器會依據資料中的實體位址連接實際發生的通訊埠，而不會對其他通訊埠發出不必要的封包，因此，使用交換器可以減少不必要的資料傳送，讓網路的整體效能比較好。圖6-16所示為交換器的運作示意圖。

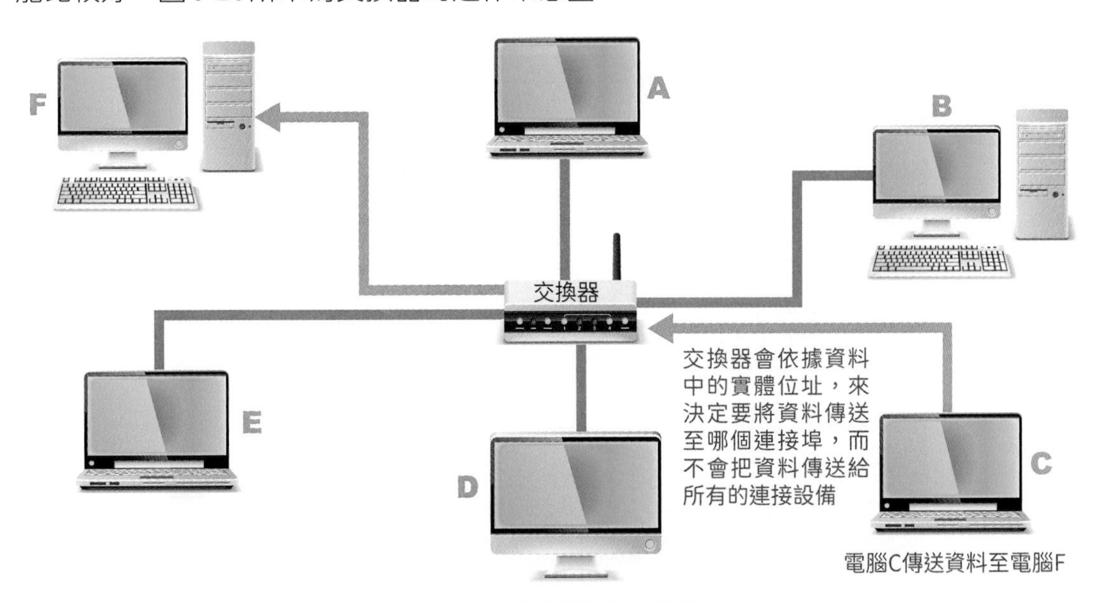

圖6-16　交換器運作示意圖

IP分享器

當家中有多部個人電腦，或是有多個連線設備(如筆電、手機、電視遊樂器等)想要同時上網，但只有一個合法的IP位址，這時可利用**IP分享器**(IP Sharing)來**將單一網路連線同時分享給多個連線設備使用**。以這種方式連線上網時，所有的連線設備是共用此一合法的IP位址，也共享相同的頻寬。

舉例來說，若家中申請了50M/5M的光纖上網服務，且配發一組合法IP位址，則同一時間所有的電腦不但共用這個IP位址，也一起共用50M/5M的頻寬。圖6-17所示為IP分享器的運作示意圖。

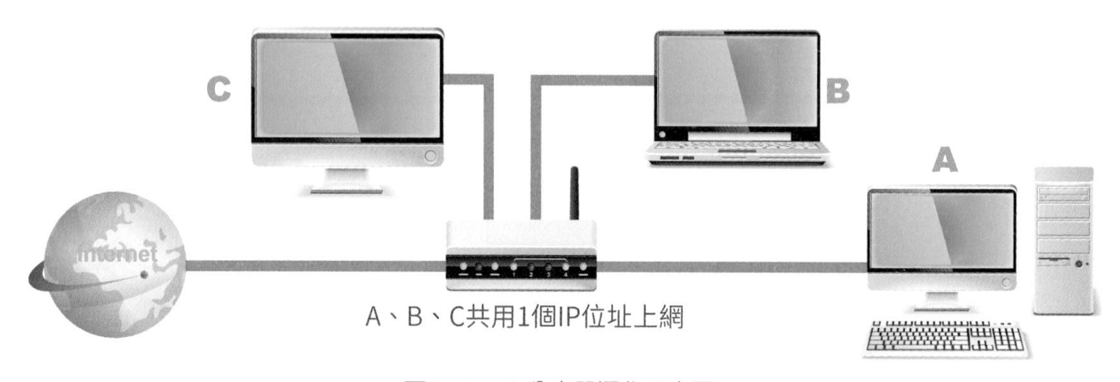

圖6-17　IP 分享器運作示意圖

路由器

路由器(Router)是一種**提供資料傳輸路徑選擇的裝置**，它**可以連接多個不同網路拓樸的網路**，並根據路由表決定封包的最佳傳送路徑，再將資料傳送到網路上，圖6-18所示為無線寬頻路由器實體外觀。

圖6-18　路由器外觀(圖片來源：華碩)

路由器將網路分為許多區段，各給予一個網路位址，每一台電腦也給一個特定的位址。當封包由一台電腦傳送到另一台電腦時，路由器會將附加在封包上屬於資料連結層的資訊拆掉，再進一步檢視網路層所包含的位址資訊。如此一來，路由器就可以判別這筆資料該傳到哪一台電腦。圖6-19所示為路由器運作示意圖。

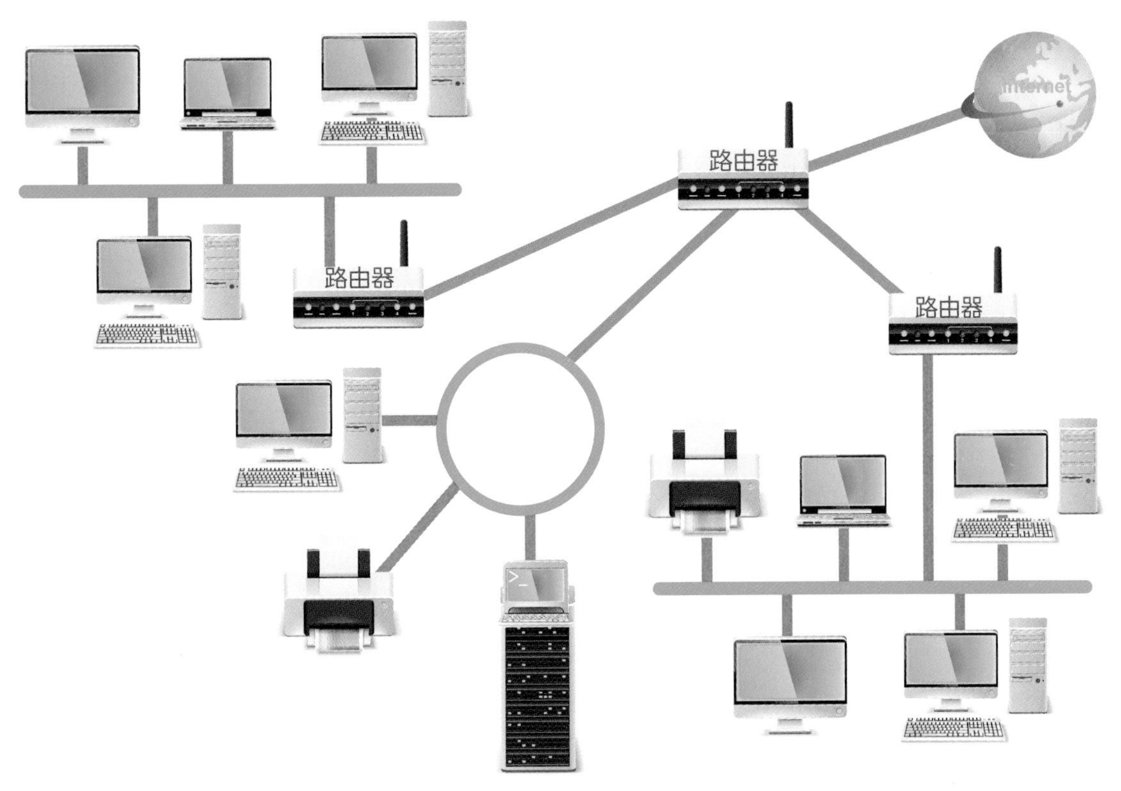

圖6-19　路由器可以彼此交換資訊，找出最適合傳遞封包的路徑

路由器根據功能不同，又可以細分為以下幾種類型：

- **核心路由器**：通常是由服務供應商(AT&T、Verizon、Vodafone等)或雲端供應商(Google、Amazon、Microsoft等)使用，提供最大的頻寬來連線額外的路由器或交換器。
- **邊緣路由器(Edge Router)**：又稱為**閘道路由器**，是位於網路外圍(邊緣)的路由器，常用於連接兩個不同環境的網路。例如在家庭或辦公室的小型網路中，用於分開區域網路與廣域網路。邊緣路由器通常會整合在防火牆功能中。
- **分發路由器**：又稱為**外部路由器**，會透過有線連線接收來自邊緣路由器的資料，並將其傳送給一般使用者。
- **無線路由器**：又稱為**家用閘道**，結合了邊緣路由器及分發路由器的功能，家中常見的Wi-Fi分享器就是屬於無線路由器，大部分的網路服務供應商都會提供標準無線路由器配備。

- **虛擬路由器**：是軟體的元件，將路由器的功能在雲端虛擬化，提供雲端路由器的服務，具有彈性高、可擴充及成本較低的特性，還能減少區域網路硬體設備的管理作業，適合網路複雜的大型公司。

閘道器

閘道器(Gateway)可以**連接兩個通訊協定完全不同的網路**，根據目的地網路系統的通訊協定，將所傳輸的封包轉換成對方可以理解的通訊協定之格式，如圖6-20所示。例如行動電話所發出來的電子郵件與網際網路的電子郵件之間，就是因為有郵件閘道這種系統存在，所以才能相互傳送訊息。

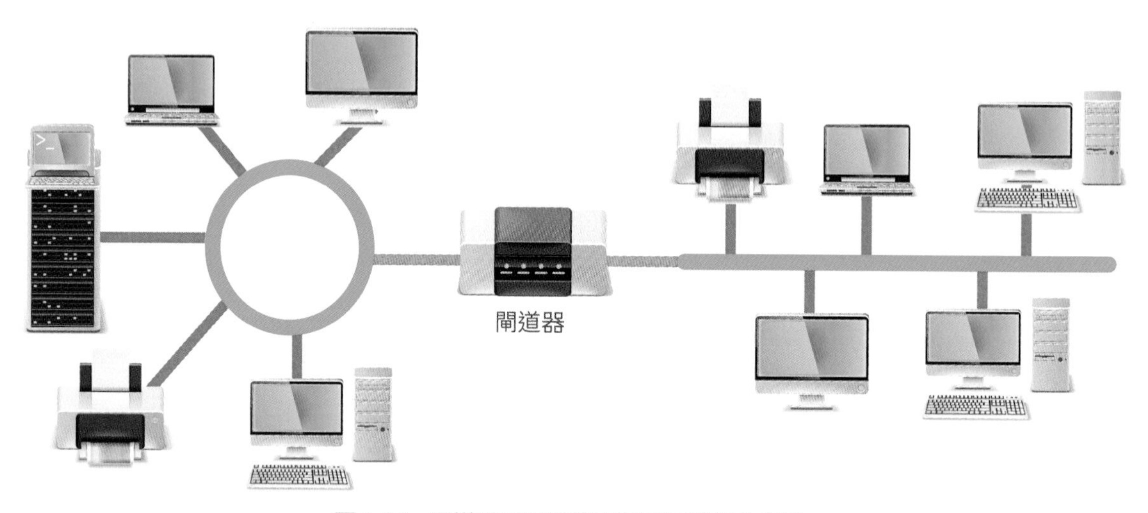

圖6-20　閘道器可以連接兩個不同型態的網路

知識補充　資料封包交換技術

網際網路是採用**分封交換**(Packet Switching)技術來傳輸資料，為了使網路上的資料傳送更有效率，要透過網路傳送資料時，會先將資料切割成許多較小區塊，這些區塊即稱為**封包**(Packet)，每一個封包中除了資料外，還包含了記載來源、目的地、次序、錯誤控制等資訊的表頭與表尾資料。

舉個例子來說，當某一位客戶(應用程式)將要托運的行李(資料)分為許多小包裹(封包)，然後在每個小包裹上加上個人的名牌，以防止包裹遺失，這就要根據記載於名牌裡的負責運送者(通訊協定)來做運送的工作。

分封交換會將訊息分割成更小的封包，透過不同的節點來傳輸，以加快資料的傳輸速度。傳送時則會根據網路流量的狀況，為不同的封包選擇合適的節點進行傳輸，每個封包經由不同的路徑來傳送，因此，封包可能會不按次序到達，接收端必須重新將封包組合起來。

6-3 網路參考模型與通訊協定

由於網路通訊系統中涉及複雜的軟體與硬體組織，如果沒有可以共同依循的標準，要成功達成網路的互連與分享，勢必會遭遇許多軟硬體與介面之間不相容以及衝突的考驗。網路參考模型的意義就在於規範網路環境中的各種軟硬體設備、通訊協定與操作介面，以達成不同電腦系統間相互進行通訊的目的。

6-3-1 OSI 參考模型

國際標準化組織(International Organization for Standardization, **ISO**)訂定了**開放式系統互連模型**(Open System Interconnection, **OSI**)，用來規範不同電腦系統進行通訊的原則。OSI參考模型分為**7層**，每一層分別負責特定的功能，每一層只能跟上下兩層進行通訊，在發送端將資料從上層傳送至下層時，會將該層的相關資料加到資料的**表頭**(Header)，在接收端將資料從下層傳送到上層時，則會根據表頭裡的資料進行處理，並將表頭去除，繼續往上傳送。圖6-21所示為OSI的運作示意圖；表6-2所列為每一層所負責的工作說明。

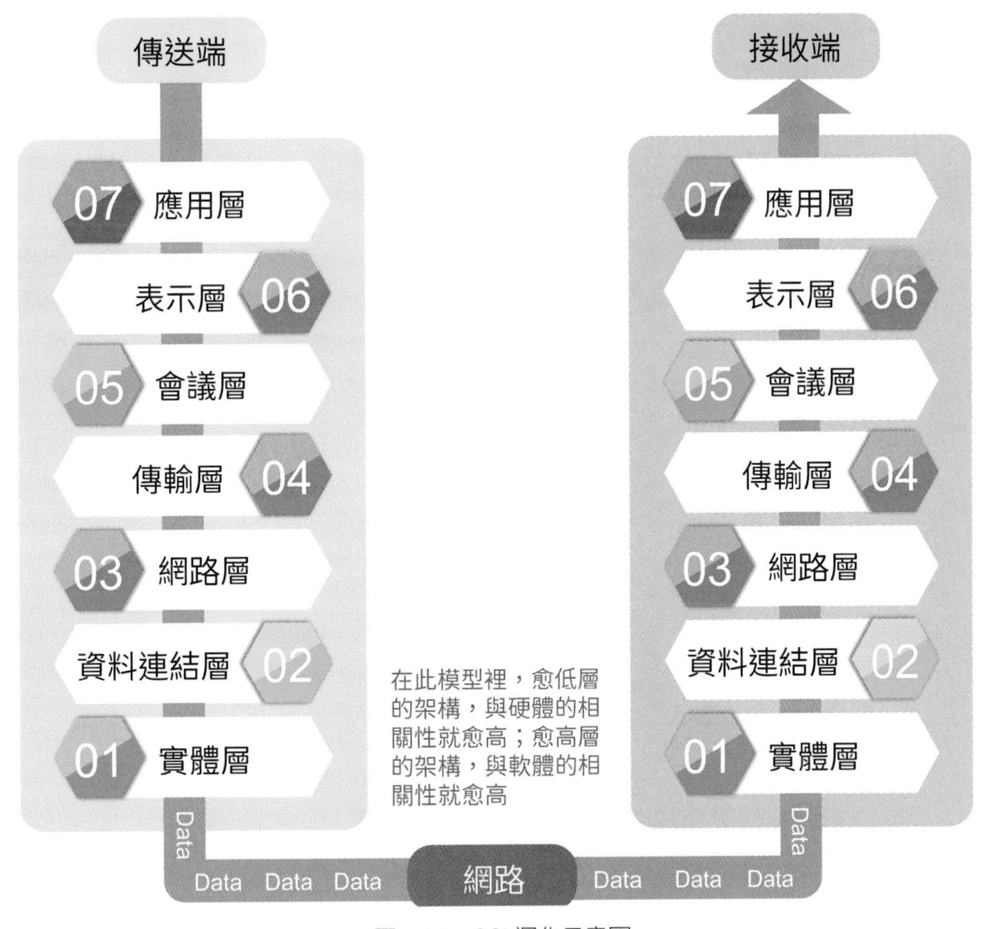

圖6-21 OSI 運作示意圖

表6-2　OSI參考模型每一層所負責的工作說明

層別	名稱	負責工作	相對應硬體設備
1	實體層 (Physical Layer)	將傳輸的資料轉換成傳輸媒介所能負載傳輸的訊號。	各種傳輸媒介、中繼器、一般型的集線器
2	資料連結層 (Data Link Layer)	主要負責流量控制、錯誤偵測及更正。	橋接器、交換器、網路卡、交換式集線器
3	網路層 (Network Layer)	決定封包傳送的最佳傳輸路徑。	路由器、IP分享器、IPX
4	傳輸層 (Transport Layer)	確保所有的資料單元正確無誤的抵達另一端。	TCP、UDP、SPX
5	會議層 (Session Layer)	建立、管理連線的傳輸方式、安全機制。	
6	表示層 (Presentation Layer)	負責處理資料的轉換，將資料編碼、壓縮、解壓縮、加密、解密，建立上層可以使用的格式。	壓縮及解密資料的軟體
7	應用層 (Application Layer)	提供應用程式和網路之間溝通的介面，規範應用程式如何提出需求，及另一端的電腦如何回應。	各網路應用程式、閘道器

6-3-2 DoD 參考模型

DoD (Department of Defense，**美國國防部**) 參考模型的誕生比OSI參考模型還要早，在60年代後期，美國國防部為了連接各地分散的網路，於是由ARPA (Advanced Research Projects Agency，**先進研究計劃署**) 設計了一個四層的網路模型架構，並建立起一組通訊標準協定，其中最廣為人知的就是目前網際網路所採用的TCP/IP通訊協定。圖6-22所示為DoD模型；表6-3所列為DoD各層說明。

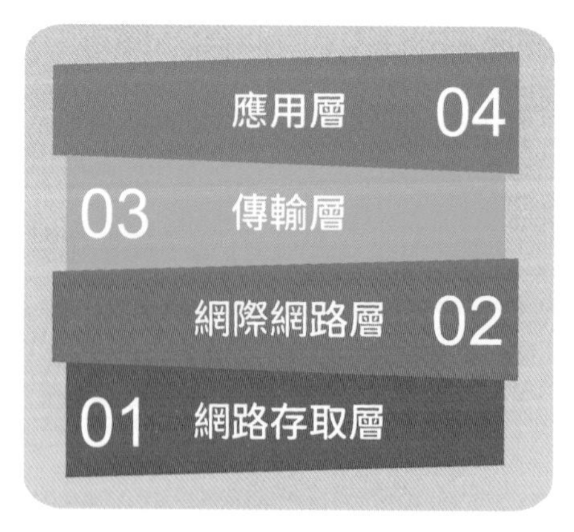

圖6-22　DoD模型

表6-3　DoD模型每一層所負責的工作說明

層別	名稱	負責工作
1	網路存取層 (Network Access Layer)	主要負責與硬體相關的基本通訊。
2	網際網路層 (Internet Layer)	等同於OSI架構中的網路層，主要為決定封包由發送端傳送到接收端的最佳傳輸路徑。
3	傳輸層 (Transport Layer)	等同於OSI架構中的傳輸層，主要負責資料連線時的傳輸錯誤處理與修正，並負責將資料分段或重組。
4	應用層 (Application Layer)	應用層是為了實現各種應用程式在不同主機上相互運作且通訊的多種協定，例如HTTP、FTP、SNMP、SMTP、POP3、DNS等協定。

6-3-3 網路通訊協定

協定(Protocol)是一套供想要通訊的雙方共同遵循以進行通訊的規則，透過相同的**通訊協定**(Communication Protocol)，就能使不同廠牌、不同系統的電腦相互通訊。例如在Internet上所遵循使用TCP/IP協定、Novell公司的IPX/SPX協定、HTTP通訊協定等均屬之。

現行的網路模式是可以支援多個傳輸協定的，又稱為**協定堆疊**(Protocol Stack)。例如Windows作業系統就可以支援多種通訊協定，比較常用的有TCP/IP、IPX/SPX、NetBEUI等協定，茲介紹如下。

TCP/IP協定

傳輸控制協定/網際網路協定(Transmission Control Protocol / Internet Protocol, **TCP/IP**)是網際網路廣泛使用的通訊協定的統稱，主要包含TCP、**UDP** (User Datagram Protocol，**用戶數據報協定**)、IP協定，其中TCP、UDP協定屬於傳輸層的協定，IP協定則屬於網路層的協定，其各自的內涵如表6-4所列。

表6-4　TCP/IP各通訊協定說明

通訊協定	所屬層別	說明
傳輸控制協定 TCP	傳輸層	在傳送前需先與接收端設備建立連線，待連線建立後才可進行資料傳送。傳送過程中如果發生錯誤，會要求重新進行傳送。TCP協定經由控制資料流量、檢測，確保資料能夠準確傳送到目的地。
用戶數據報協定 UDP	傳輸層	與TCP協定不同之處在於：UDP在傳送資料前不需先建立連線，UDP協定只負責把資料傳送出去，不會檢查資料是否正確無誤地被送達到目的地。

通訊協定	所屬層別	說明
網際網路協定 IP	網路層	負責在封包上加上IP表頭，表頭內含位址資訊，以便將封包傳送到目的地位址。

TCP/IP除了上述三種協定外，還包含了數種網際網路服務需使用的通訊協定，表6-5所列為這些協定的簡單說明。

表6-5　各種通訊協定說明

通訊協定	說明
HTTP (超文字傳輸協定)	瀏覽器與WWW伺服器之間傳輸資料的通訊協定。
FTP (檔案傳輸協定)	提供檔案傳輸服務的通訊協定。
SMTP (簡單郵件傳輸協定)	提供電子郵件傳送服務的通訊協定。
POP3 (郵局傳輸協定)	提供電子郵件接收服務的通訊協定。
IMAP (網際網路訊息存取協定)	提供電子郵件接收服務的通訊協定。
Telnet (遠端登錄協定)	提供用戶端以模擬終端機方式，登入遠端主機的通訊協定。
DHCP (動態主機設定協定)	提供動態分配IP位址服務的通訊協定。
SCTP (串流控制傳輸協定)	可改善TCP/IP協定使用單一網路介面的新通訊協定。它除了能提供可靠、有序的發送數據功能，且支援端點間可使用多個網路介面的功能，以提高網路穩定性。
ARP (位址求解協定)	於區域網路中，負責將IP位址轉換成實體位址的通訊協定。

IPX/SPX協定

IPX/SPX (Internet Packet eXchange / Sequenced Packet eXchange，**網際網路封包交換/循序封包交換**)是一個由Novell公司以全錄(Xerox)網路系統的**XNS** (Xerox Network System)通訊協定組為基礎，所發展出來的專屬通訊協定，負責在LAN中的各網路設備之間建立連線。

- **IPX協定**：所處理的工作屬於OSI架構中的**網路層**，主要負責在網路設備之間建立、維護和終止通訊的連線。當資料傳入的時候，IPX會讀取資料的位址，並將資料傳送至網路伺服器或工作站的正確位址；當資料欲送出時，IPX則必須決定資料封包的位址及傳送路徑，再將資料透過網路傳送出去。
- **SPX協定**：為OSI架構中的**傳輸層**協定，主要負責控制網路處理過程的錯誤檢查、處理與修正，例如丟失封包等狀況，以確保資料能夠正確無誤的送達。

NWLink (NetWare Link)則是Microsoft所發展出來的傳輸協定，其作用就等同Novell系統中的IPX/SPX協定。Windows系統可以利用NW Link來取得Novell的Netware伺服器服務，或者與Novell系統進行跨網通訊。

NetBEUI協定

在IBM最初進軍個人電腦網路時，需要一個僅供數十至數百個節點使用的基本網路通訊協定，基於這個訴求，便誕生了**NetBIOS** (Network Basic Input/Output System)。NetBIOS其實只有18個命令(Command)，用來使網路中的電腦能夠建立、維護並使用連接服務。

不久後，IBM又推出NetBIOS的延伸版本——**NetBEUI** (NetBIOS Extended User Interface)。NetBEUI雖然是NetBIOS的改良版本，但NetBEUI實際上已經算是一個傳輸協定，而NetBIOS卻只能算是一個**API** (Application Programming Interface，**應用程式介面**)，其功能只是讓系統能夠使用網路而已。

在小型或中型區域網路中，NetBEUI堪稱是一個優秀的傳輸協定，它可以迅速地將資料放進封包中傳送，接收到資料後，也同樣能夠迅速解讀內容。但NetBEUI的最大缺點是無法安排路由，電腦必須加裝其他如TCP/IP、IPX/SPX等協定，才能與其他網路下的伺服器或網路設備連接。

知識補充 乙太網路

乙太網路(Ethernet)是各種網路架構中使用最為普遍的一種，是全錄(Xerox)公司制定的區域網路架構，其傳輸速度為10 Mbps，而一般所說的區域網路架設，絕大多數都是使用乙太網路架構。乙太網路的普遍，主要是因為架構簡單及價格便宜的關係。

乙太網路使用了**載波感應多重存取/碰撞偵測**(Carrier Sense Multiple Access/Collision Detection, **CSMA/CD**)協定。

CSMA/CD協定應用於乙太網路架構上，它是由**IEEE 802.3**標準所定義。CSMA/CD是當區域網路上每個節點要傳送資料時，會先偵測網路傳輸通道內是否有其他的資料正在進行傳輸，當偵測到傳輸通道是閒置狀態時，各個節點才可以將資料送出。

由於二台電腦同時傳遞資料時，會導致資料**碰撞**(Collision)的發生，因此CSMA/CD感應到碰撞時，碰撞的雙方節點暫停送出資料，此時二台電腦都會各自等待一段隨機亂數產生的時間，然後再重新偵測網路狀態後，嘗試傳遞資料，這樣有助於降低資料碰撞的機率，而大幅提高網路效率。不過，應用此協定時也可能會因為使用者增加，而導致資料碰撞的機率大大的增加。此外，電纜的長度也會受限制。

6-4 無線網路

無線網路(Wireless Network)就是不需要實體的有線傳輸線材，而是透過無線電波為傳輸媒介。依照無線網路通訊範圍的大小，主要可以區分為**無線廣域網路、無線都會網路、無線區域網路、無線個人網路**等。依照不同的規模，所使用的無線通訊協定標準也各不相同。

6-4-1 無線廣域網路

無線廣域網路(Wireless Wide Area Network, **WWAN**)是指**傳輸範圍可跨越國家或城市的無線網路**。無線廣域網路可以分為蜂巢式電話系統(如GSM)及衛星網路，而臺灣地區行動電話所使用的**GSM** (Global System for Mobile Communication，**全球行動通訊系統**)、4G LTE、5G NR就是典型的無線廣域網路，如圖6-23所示。

圖6-23　行動電話通訊系統，就是典型的無線廣域網路

6-4-2 無線都會網路

無線都會網路(Wireless Metropolitan Area Network, **WMAN**)是指**傳輸範圍涵蓋整個城市或鄉鎮的網路**。無線都會網路所採行的傳輸標準為**IEEE 802.16**，該標準主要是針對微波和毫米波頻段所提出的無線通訊標準，其作用在提供高頻寬(約75Mbps)、長距離(約50公里)傳輸的跨都會區域無線網路。

WiMAX (Worldwide Interoperability for Microwave Access，**全球微波存取互通**)便是屬於無線都會網路，是由Intel、Nokia、Fujitsu Microelectronics America等公司於2003年所共同籌畫，並根據**802.16**發表WiMAX認證。WiMAX技術適合沒有ADSL或纜線網路的偏遠地區中，欲提供數據服務的設備商、服務業者，或是跨都會區的遠距離企業。我國於2005年以WiMAX做為4G網路發展技術，然而由於WiMAX不受國際支持而導致產業萎縮，臺灣WiMAX服務也於2015年走入歷史。

6-4-3 無線區域網路

無線區域網路(Wireless Local Area Network, **WLAN**)是指藉由**無線射頻**(Radio Frequency)銜接各種區域網路設備(例如個人電腦、集線器、交換器等)，或是提供不同區域網路彼此之間的數位資料分享的網路系統，免除布線困擾，克服環境上的障礙。

無線區域網路傳輸技術大約可分為**微波**、**展頻**及**紅外線**等三種方式，其中以展頻為目前無線區域網路使用最廣泛的傳輸技術，它原先是由軍方發展出來，用來避免信號的擁擠與被監聽。

Wi-Fi

Wi-Fi (Wireless Fidelity)是由**無線乙太網相容聯盟**(Wireless Ethernet Compatibility Alliance, **WECA**)所發表的一個認證標誌。依據**IEEE 802.11標準**所發展的，該標準主要是制訂利用無線電技術，可以架構出和有線區域網路相同的功能，使用此標準所建置的無線區域網路便可進行無線上網。

早期Wi-Fi認證標誌是使用a、b、g、n等英文字母來對應不同的無線網路標準，但隨著網路標準不斷推新，Wi-Fi聯盟決定改以數字來表示Wi-Fi標準和版本，以便更清楚識別各Wi-Fi標準的版本演進，如圖6-24所示。表6-6所列為Wi-Fi各版本的說明。

圖6-24 Wi-Fi 6認證標章

表6-6 Wi-Fi標準說明

IEEE標準	對應Wi-Fi名稱	使用頻率	最大傳輸速率	傳輸距離
802.11b	—	2.4 GHz	54 Mbps	約50公尺
802.11a	—	5 GHz	11 Mbps	約100公尺
802.11g	—	2.4 GHz	54 Mbps	約100公尺
802.11n	Wi-Fi 4	2.4、5 GHz	540 Mbps	約100-150公尺
802.11ac	Wi-Fi 5	5 GHz	6.93 Gbps	約35公尺
802.11ax	Wi-Fi 6	2.4、5 GHz	9.6 Gbps	約100公尺
802.11be	Wi-Fi 7	2.4、5、6 GHz	46 Gbps	約100-200公尺

註：Wi-Fi聯盟並未定義Wi-Fi 0/1/2/3的世代名稱

Wi-Fi Direct

Wi-Fi Direct是Wi-Fi無線連接技術，以Wi-Fi既有技術為基礎，最主要的應用是讓具有Wi-Fi功能的裝置，可以不必透過無線網路基地台，直接以點對點的方式與另一個也具有Wi-Fi功能的裝置連線，進行資料傳輸，其傳輸速度最高為250 Mbps，最遠距離約為300公尺，只要具備Wi-Fi Direct認證的產品，皆可在802.11 a、g及n的Wi-Fi標準下進行連線。

6-4-4 無線個人網路

無線個人網路(Wireless Personal Area Network, **WPAN**)位於整個**網路的末端**，其主要目的是讓資訊設備之間能以無線的方式傳輸資料。WPAN所使用的標準為**IEEE 802.15**，大家所熟知的**藍牙**(Bluetooth)即為WPAN常用技術之一。

認識藍牙

藍牙最初是由電信商愛利信(Ericsson)所主導開發的個人短距離傳輸技術，目前則由**藍牙技術聯盟組織**(Bluetooth Special Interest Group, **SIG**)負責掌管藍牙標準的制訂。

藍牙所採行的無線通訊標準為**IEEE 802.15.1**，以**無線電波為傳輸媒介**，常用於短距離的無線資料傳輸，例如手機、電腦和周邊設備，裝置與裝置之間透過藍牙晶片就可以互相溝通，而不需透過實體線路傳輸。

此外，許多汽車的**車載資訊系統**也都支援藍牙功能(圖6-25)，車主可以透過藍牙配對，將智慧型手機或是平板電腦中的資訊與車載資訊系統共享，例如導航、音樂、通話等。

圖6-25　車載資訊系統大多支援藍牙功能
(圖片來源：Erik Mclean/Pexels)

藍牙的規格

自1998年首度問世的藍牙技術，SIG所制訂的藍牙規格從最初的1.0，到現在的5.X版，已經更新了十幾個版本，目前最新標準為2023年公布的Bluetooth 5.4，除了傳輸速度的提升，有效傳輸範圍也越遠，支援功能也越強大。

6-4-5 無線感測網路

無線感測網路(Wireless Sensor Network, **WSN**)是指由許多的**感測節點**(Sensor Node)、一或數個**無線資料收集器**(Wireless Data Collector)，以及監控伺服器等設備所組成的無線網路系統。

在無線感測網路的布設實務上，必須先將大量的感測節點密集散布在需要進行感測的區域，偵測並感應各種環境資料後，再藉由網路將蒐集的資料經由無線資料收集器，傳回給監控伺服器或應用程式，進行進一步的分析與運算，以達成遠端監控的目的，其基本架構如圖6-26所示。

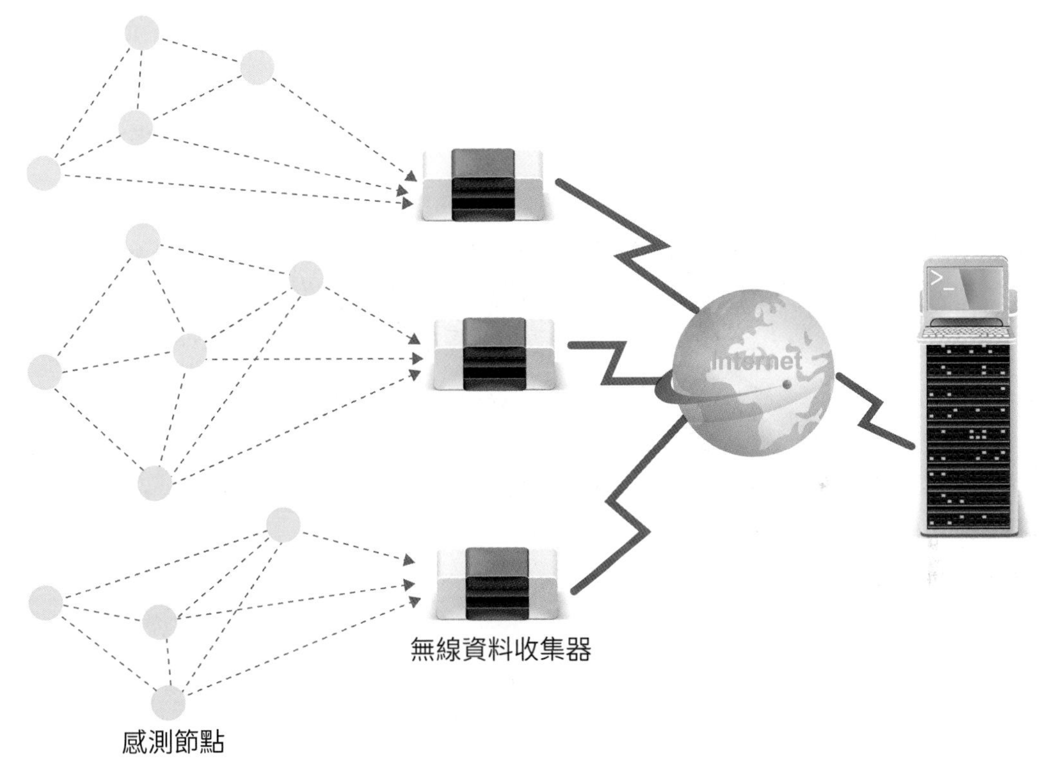

圖6-26　無線感測網路示意圖

- **感測節點：**能夠偵測到環境的變數，例如溫度、溼度、光度及磁場等的範圍。
- **無線資料收集器：**資料收集器透過資料網路將收集到的資料傳到後端的伺服器，讓管理者分析與應用。

無線感測網路使用的傳輸標準為**IEEE 802.15.4**，又稱**ZigBee**。ZigBee單一個網路內最高可以有65,535個節點，具有短距離(50公尺內)、低速率(250 Kbps)、低耗電、低成本等特性。

目前無線感測網路主要仍屬於任務導向的應用網路型態，依照任務的不同，感測器所偵測的資料來源可以是溫度、溼度、動作、光線、氣體、壓力等環境訊息，所以已逐漸應用在健康醫療、交通運輸、生物研究、居家照顧等領域。

6-4-6 近場通訊

近場通訊(Near Field Communication, **NFC**)又稱為**近距離無線通訊**，是一種短距離的無線電通訊技術，可在不同的電子裝置之間，進行**非接觸式的點對點資料傳輸**。自2002年問世，在目前日常生活中已是相當普遍的應用。

NFC所使用的頻率為13.56 MHz，傳輸距離為20公分內，資料傳輸速率有106 Kbps、212 Kbps及424 Kbps三種。目前近場通訊已通過成為ISO/IEC 18092國際標準、EMCA-340標準與ETSI TS 102 190標準。

NFC技術的應用包含**卡片模擬模式**(Card Emulation Mode)、**讀卡機模式**(Reader Mode)、**點對點模式**(Peer-to-Peer Mode)等3種模式。

卡片模擬模式

卡片模擬模式是裝置與接收器連結後，藉由近距離的感應動作，可以模擬多種實體卡片功能，如電子錢包、信用卡、門禁卡、優惠券、會員卡、車票、門票等。例如配備有NFC元件的手機，可以像悠遊卡一樣進行感應扣款，也可記錄銀行帳戶資訊。如圖6-27所示。

圖6-27 配備有NFC元件的手機，可以像悠遊卡一樣進行感應扣款

讀卡機模式

讀卡機模式與卡片模擬模式剛好相反，讓手機變成可以讀寫其他智慧卡的無線讀卡機。例如將NFC手機靠近背後貼有特定晶片的**智慧海報**(Smart Poster)，便能取得詳細的展覽訊息，或是直接連線進行線上購票。

點對點模式

點對點模式概念有點類似紅外線傳輸，依循ISO/IEC 18092標準，可以進行資料傳輸、名片交換等。例如兩台裝置彼此靠近便能傳輸照片、影音或者同步裝置。

6-5 無線射頻辨識

無線射頻辨識(Radio Frequency Identification, **RFID**)系統是一項重要的技術，本節將簡單介紹什麼是RFID及其應用。

6-5-1 認識 RFID

RFID系統是一種**運用無線電波傳輸訊息的識別技術**，此技術可以運用於產品條碼上，在產品上會有一個像米粒般大小的**電子標籤**(Tag)，此標籤透過**讀取器**(Reader)偵測，將標籤的資料送到後端電腦上整合運用，如圖6-28所示。

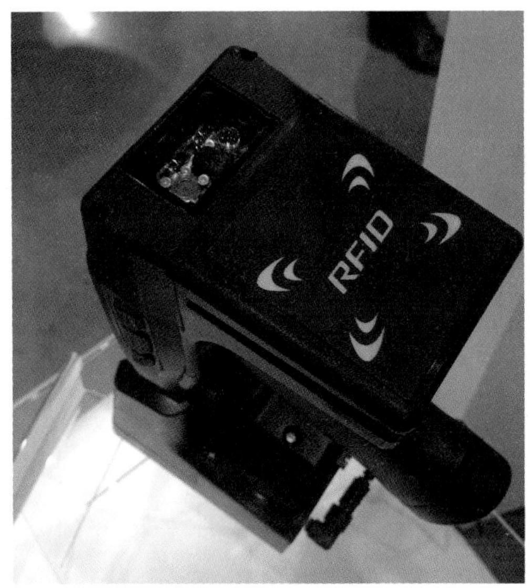

圖6-28　RFID電子標籤與讀取器

RFID具有**無方向性限制讀取資料、辨識距離長、辨識速度快、辨識正確性高、安全性高、壽命長、標籤穿透性佳與可在惡劣環境操作**等優點。

6-5-2 電子標籤與讀取器

電子標籤

電子標籤是**資料的存放元件**，可以儲存產品的價格、基本特徵、組裝日期、出貨工廠、目前位置及其他數據等，內含微細的晶片及天線，通常以電池的有無，區分為主動式、半主動式及被動式等類型，說明如下：

- **主動式(Active)**：內置電池，會週期性發射識別訊號，且具有體積小、價格便宜、壽命長及數位資料可攜性等優點。

- **半被動式(Semi-Passive)**：內置一個小型電池，只有在閱讀器附近才會觸發，跟被動式比起來，半主動式有更快的反應速度及更好的效率。
- **被動式(Passive)**：標籤本身不帶任何電池，是用閱讀器傳出來的無線電波能量來供給自身電力。

讀取器

讀取器可從電子標籤中讀取資料並傳送至電腦系統中，或將資料存放到電子標籤內的工具。

6-5-3 RFID 的應用

相較於現行商品上所使用的條碼(QR Code與Barcode)，RFID標籤不但可以容納更多的資訊，也可以透過無線自動傳輸資訊，如此就不需要花時間掃描產品，以下簡單介紹幾種RFID的應用。

倉儲與物流管理

生產線的產品配合建置RFID晶片的智慧型紙箱包裝，將可優化配送程序，且商品庫存盤點便可自動化。自產品製造完成，一直到送至銷售點，業主均可精準掌握產品的運送時間與存貨數量等資訊。例如美國零售業龍頭「Wal-Mart」，供應百貨公司的商品裝箱上，都使用了RFID技術，降低了人為訂單與多餘存貨的問題，還可進行商品追蹤及降低商品失竊率。

智慧卡

現在出門購物只要使用信用卡或嵌入IC晶片的**智慧卡**(Smart Card)，就可以輕鬆購物，或是搭乘交通工具。還有些智慧卡結合了非接觸式的RFID技術，只要將卡片靠近感應器就能快速的感應或扣款，「悠遊卡」及「一卡通」就是屬於此種智慧卡，透過RFID的記錄，旅客在使用悠遊卡時，便可在不同時間、不同地點、針對不同的讀卡機，正確且快速地完成扣款。

醫療照護

運用RFID技術可以進行藥物管理、病人辨識、疾病管理等，醫院可以即時追蹤病人，並偵測到病人目前的狀況。護理人員在治療前，只要掃描病人RFID標籤確認病人身分，並顯示病人的相關資訊，再即時傳回系統，再依據數據給予相關治療，便可大幅減少人工作業時間及錯誤率，提升護理作業效率及醫療安全。

6-6 行動通訊

無線通訊(Wireless Communications)是藉著電磁波經由空氣媒介傳送，來達到通訊的目的，而**行動通訊**(Mobile Communication)就是屬於無線通訊的一種。行動通訊主要是透過基地台來傳輸無線電波，連線裝置只需向電信業者申請「行動數據」服務，即可在基地台的涵蓋範圍內，透過行動通訊網路連接至網際網路。

6-6-1 行動通訊的發展

1940年摩托羅拉(Motorola)為美軍製造手持式無線對講機，開啟了行動通訊，而行動通訊科技的快速發展，也帶動了新應用及新服務，並改變了人與人之間互動聯繫的模式與習慣。

行動通訊系統一路從**1G** (1st Generation)、**2G** (2nd Generation)、**3G** (3rd Generation)、**4G** (4th Generation)，發展到現在的**5G** (5th Generation)，以及正蓄勢待發的**6G** (6th Generation)，從類比通訊到數位通訊，大大改變了生活模式。

1G行動通訊技術的主體是傳統的類比式手機，只建構有限性的移動通訊網路，並不包含資料的傳輸。自2G時代開始進入以數位語音通訊服務，一路歷經數十年發展，以及網路傳輸速率的快步提升，直到目前的5G行動通訊網路，將人與人之間的通訊，拓展至萬物相連的物聯網時代。表6-7所列為各代行動通訊技術的演進。

表6-7　行動通訊技術的演進

行動通訊技術	年代	主要功能	理論傳輸速率
1G	1980s	類比語音傳輸	2 Kbps
2G	1990s	數位語音服務與簡單文字資料	9.6 Kbps
3G	2000s	語音、行動連網、影像	2 Mbps
4G	2010s	語音、行動連網、HD影像	1 Gbps
5G	2020s	語音、行動連網、4K影像、物聯網	10 Gbps
6G	標準尚在討論階段	全息通訊、延展實境(XR)、自駕車、智慧城市、智慧交通、自動化物聯網	1 Tbps

6-6-2 蜂巢式網路

行動通訊系統建設是使用**蜂巢式網路**(Cellular Network)架構，該架構在設置基地台時，相鄰的基地台收發無線電波的範圍彼此是重疊且近似圓形，但概念上每一個基地台的電磁波範圍是以不重疊的六角形表示，此範圍稱為**細胞**(Cell)，多個小細胞彼此相連形狀就像蜂巢一樣，故稱為蜂巢式網路。之所以將基地台覆蓋面積設計成六角形，是因為面積利用效率高，可以用最少的基地台零死角覆蓋區域。

目前世界的主流蜂巢式網路類型有GSM、WCDMA / CDMA2000 (3G)、LTE / LTE-A (4G)、NR (5G)等。

蜂巢式網路的架構，包含**行動台**(Mobil Station, **MB**)、**基地台**(Base Station, **BS**)及**行動交換中心**(Mobile Switching Center, **MSC**)等部分，如圖6-29所示。

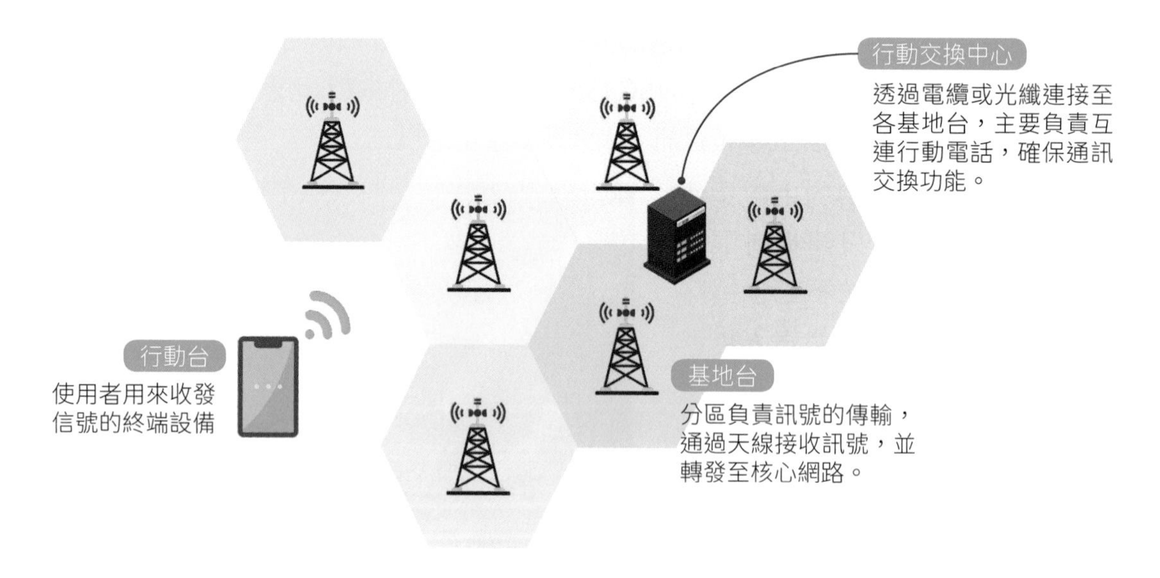

圖6-29 蜂巢式網路的架構

- **行動台**：行動台就是網路終端設備，主要功能為收發信號，例如手機，就是最常使用的行動台。
- **基地台**：基地台是行動台與行動交換中心之間的橋樑，基地台如同一格一格的細胞，分區負責訊號的傳輸，所以每一個基地台都有自己的無線電波涵蓋的範圍。基地台包含了無線電收發機及天線(通常放置在較高的位置，才會有良好的電波收發效果)等設備，提供後端網路與使用者行動電話間的溝通管道。
- **行動交換中心**：行動交換中心的功能是在無線系統間、電信網路間或其他資料網路進行訊號的交換。透過基地台取得與行動台的聯繫後，根據行動台用戶的需求，與其他網內或網外的行動交換中心，或是固定式網路的用戶進行通訊，以執行行動電話的搜尋、傳送與通話等處理。

6-6-3 4G

目前**4G** (4th Generation)技術的主流規格為**LTE** (Long Term Evolution，**長期演進**)。LTE是由**歐洲電信標準協會**(European Telecommunications Standards Institute, **ETSI**)所主導，其下載與上傳最高速率各可達到100 Mbps及50 Mbps，例如以下載1 GB影片需要的時間來說，使用3G需要約10分鐘，但若使用4G LTE，不用1分鐘即可完成下載。

4G LTE常用的頻段多集中於450 MHz～3,800 MHz區間，而臺灣電信業者所使用的頻段包括700 MHz、900 MHz、1800 MHz、2100 MHz和2600 MHz等，屬於較「**低頻**」的訊號，低頻訊號具有沒有方向性、低功耗、繞射能力比較強等特性，在障礙物多、大樓林立的地方，也能接收到4G LTE的訊號。

4G除了可提供手機、平板電腦等行動裝置上網之外，一般的個人電腦、筆記型電腦等，也都可以透過支援4G的無線網卡來連接網路。

LTE-Advanced

按照**國際電信聯盟**(International Telecommunications Union, **ITU**)所定義的4G標準，是「靜態資料傳輸速率可達1 Gbps、在高速行動狀態下可達100 Mbps」，就可稱為4G。但實際上4G技術發展至2009年，LTE網路雖然有能力提供理論值300 Mbps的下載速率和75 Mbps的上傳速率，但它仍屬過渡到4G的版本，技術上仍不足以合乎ITU提出的4G標準。

直到2010年，**LTE-Advanced** (縮寫為 **LTE-A**)標準正式問世，理論上可以提供1 Gbps的下載速率及500 Mbps的上傳速率，這才真正符合ITU所規範的4G標準。

顧名思義，LTE-Advanced是LTE的進階版本，它與LTE的主要差異如下：

- **更快的傳輸速度：**LTE-A可提供1 Gbps的下載速率，以及500 Mbps的上傳速率。
- **加入載波聚合及MIMO技術：**LTE-A支援**多重輸入多重輸出**(Multi-input Multi-output, **MIMO**)天線技術，提升了訊號傳輸量，減少因基地台容量不足而產生的斷訊現象。並結合**載波聚合**(Carrier Aggregation)功能，解決了LTE單一頻寬網速不足的問題，進一步提升頻譜利用效率。
- **更穩定的服務品質：**LTE-A在提供高速數據傳輸的同時，也更加穩定，能夠提供更好的服務品質和用戶體驗。
- **支援新功能：**LTE-A支援更多新功能和技術，例如：VoLTE、高品質視訊通話、更低的延遲等。

總體來說，LTE-A相對於LTE，在速度、效率和功能上都有較大的提升，為行動通訊帶來更好的性能和用戶體驗。

知識補充 VoLTE高音質通話

VoLTE是Voice Over LTE的縮寫，讀音唸做[volti]。顧名思義，VoLTE是一種建立在LTE基礎上，全程利用4G行動寬頻網路傳送語音的通訊服務。由於LTE的效率遠優於傳統通訊傳輸技術，因此，VoLTE的接通速度及通話品質更佳，可快速接通且不會降低網速。

舉例來說，傳統4G語音發話需5~7秒，對方才會收到響鈴，VoLTE最快1秒就能撥通。而傳統行動網路在接通語音電話時，會自動降低資料傳輸速率為3G網路，但VoLTE則不會，除了可以享有高音質通話品質，也能一邊通話一邊使用高速網路上網。

6-6-4 5G

由歐盟成立的5G研究專案大會**METIS** (Mobile and Wireless Communications Enablers for 2020 Information Society)在2012年11月正式啟動。國際電信標準制定組織**3GPP** (3rd Generation Partnership Project)於2017年12月通過了全球5G連網標準——**5G NR**，並於2018年6月公布第一版5G標準Release 15，全球也紛紛啟動5G布局。而我國NCC也於2020年核發首張5G特許執照，宣告正式邁向5G時代。

5G的特色

依據國際電信聯盟ITU於2015年為5G制定的三大應用需求，包括**增強型移動寬頻**(eMBB)、**超可靠低延遲通信**(uRLLC)、**大規模機器型通訊**(mMTC)，正說明了5G必須具有**高速率**、**大連結**及**低延遲**等三大特性，如圖6-30所示。

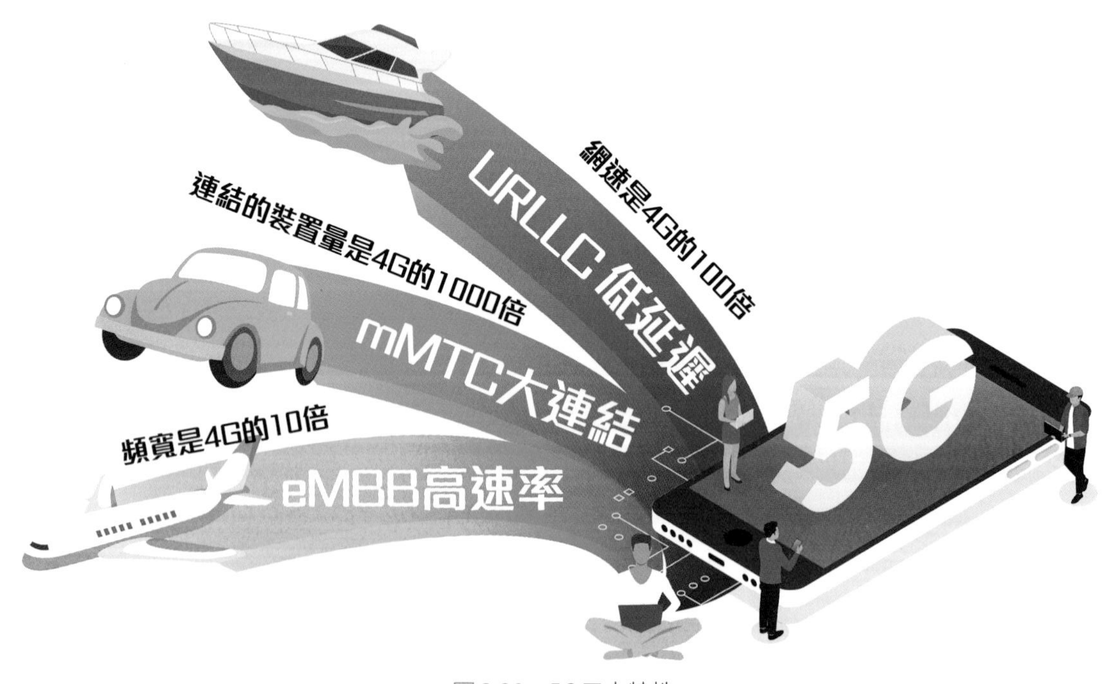

圖6-30 5G三大特性

5G的傳輸速率

根據ITU的IMT-2020規範，5G的資料傳輸速率需達到10 Gbps以上，且傳輸的延遲性要低於1ms以下，比4G高出10到100倍。例如下載2小時的4K影片，3G所需時間為3.4小時，4G需要7.3分鐘，而5G則不到4.4秒。

5G NR

相對於4G採行的是LTE技術，5G所採用的無線接入標準就是5G **NR** (New Radio，**新無線**)。5G NR是3GPP所制定的網路通訊標準，乃由4G技術為基礎發展而來，用以支援5G行動通訊。

3GPP所制定5G NR標準分為兩個階段，在2018年發布的Release 15版本所制定的是**NSA**標準，是在既有的LTE核心網路加上新的5G能力；而2020年發布的Release 16版本，則是全面使用5G的核心網路架構的**SA**標準。

5G組網模式

目前全球通用的5G網路組網類型，可分為**SA** (Standalone，**獨立組網**)與**NSA** (Non-Standalone，**非獨立組網**)兩種模式。其中SA的作法是完全不依賴4G，建置全新的5G基地台及核心網路，其傳輸速率不受限制；而NSA技術則是利用既有的4G基礎設施來部署5G網路，採4G / 5G基地台共構的模式，其優勢在於初期所需投入的資源成本較低，是目前主流的5G電信服務組網方式，但傳輸速率也相對受限，通常是部署SA網路的過渡選擇。

由於5G的高頻特性，基地台訊號覆蓋範圍較4G小，因此5G基地台的建置需要更多、更緊密，電信業者需要建置比4G網路更多2至3倍的基地台數量來支援5G，因此目前臺灣的5G網路採用NSA技術，未來再逐步建設SA模式，以實現真正的5G網路。

5G的頻段

目前5G頻段可分為6 GHz以下的**Sub-6** (頻段號1～255)，以及24 GHz以上的**mmWave 毫米波** (頻段號257～511)兩種類型。Sub-6的傳輸速率、低延遲及頻寬上都不及mmWave，不過，mmWave具有訊號覆蓋範圍小、繞射能力低、覆蓋能力低等缺點，因此必須建設更多的**小細胞基地台** (Small Cell)來增加整體訊號的覆蓋面積，建置成本高。

目前大多數國家的5G網路是以Sub-6技術為主，全球Sub-6的5G NR頻段就有80個以上，而目前臺灣電信業者的現行頻段包含n1 (2100 MHz)、n3 (1800 MHz)、n28 (700 MHz)、n41 (2500 MHz)、n78 (3.5 GHz)等。

6-6-5 5G的應用

5G將改變你我的生活，想像一下未來5G生活的場景：早晨起床，居家機器人自動端上熱騰騰的咖啡(圖6-31)；在家只要使用手機，就可以監控工廠的攝影機，輕鬆遠距操作機台，分析生產大數據。5G將有利於大數據、AI、物聯網、工業4.0 / 5.0、智慧城市、智慧醫療、VR / AR等應用。

圖6-31 5G生活場景

遠距醫療

工研院與三軍總醫院合作研擬打造5G行動醫療實驗場域，利用5G低延遲技術，進行遠距復健、手術會診與互動教學等，為民眾提供更便利的智慧醫療解決方案。例如日本營運商NTT DoCoMo展開「XR＋5G＋醫療」驗證計畫，與神戶大學、Medicaid、神戶市政府合作，利用5G來進行遠端手術機器人的驗證。

智慧工廠

瀋陽BMW生產基地將5G技術應用於汽車生產與研發領域，建置了5G汽車生產基地，由中國聯通和中國移動共同提供5G專網，以提升製造效能。工廠導入5G後，車輛遠程數據更新節省了上傳時間達85%，無人搬運車擺脫了有線的束縛，移動更加靈活，整體效率提升超過20%。

日月光也與中華電信、高通合作，啟用5G超高頻毫米波企業專網的智慧工廠，未來也將擴展至日月光其他25座智慧工廠。

無人機

無人駕駛航空器(Unmanned Aerial Vehicle, **UAV**)簡稱為**無人機**，因5G的可靠性、低延遲及大頻寬等特性，能提供即時影像回傳與AI辨識技術，代替常態性人工檢查作業，也能進入偏遠山區或難以到達的地方，提供人員掌握即時災情及巡檢效率，保障人員的安全性。

6-6-6 展望 6G

根據德國Dresden工業大學教授Fettweiss的觀點，未來網路通訊焦點將會是**觸覺網路**(Tactile Internet)，亦即在物聯網中，所有事物都可以進行交互作用。預計未來十年，物聯網連接裝置的數量將成長三倍，而AI科技所賦予的各領域應用，也更迫切需要更高速的網路效能結合。因此，6G無疑是一個引人注目的話題。

世界行動通訊大會(Mobile World Congress, **MWC**)連續在2021年與2022年特別設立6G論壇，邀請各國專家學者針對6G的發展願景、技術範疇、頻譜規劃、商用化時程進行討論；2023年6月，3GPP在台北召開全球會員大會第一場6G工作會議。雖然目前6G標準仍在開發階段，3GPP預估2028年可實現初步6G商用，ITU則預估在2030年可迎來全球6G商轉。

技術標準

就技術層面來看，6G被認為將持續在5G基礎上進一步演進，將具有超高頻段、極低延遲和極高頻寬等特性。預計其**傳輸速率可達1 Tbps** (每秒兆位元)，比5G提升1000倍，網路延遲也從毫秒(1ms, 10^{-3}秒)降到微秒(100μs, 10^{-4}秒)。這樣的高速傳輸能力將開創更革命性的應用，同時將使新興技術及其應用達到前所未有的水平。

應用場景

更高速、低延遲的6G除了提供更流暢的通話及視訊品質，預計將有助推動諸多新興技術的發展，如物聯網、人工智慧、自動駕駛技術、高畫質**延展實境**(eXtended Reality, **XR**)沉浸體驗、**全息影像**(Hologram)通訊、智慧城市、智慧交通、智慧醫療等領域，為人類生活帶來更多的便利和創新。

- **智慧汽車**：6G網路整合太空、天空和地面網路，提供完整覆蓋的網路，可建構更完善的車聯網，利用AR實現3D高畫質環景資訊或者遠端駕駛座車，融合人工智慧技術實現更成熟的自動駕駛技術。
- **模擬臨場體驗**：結合延展實境技術模擬真實世界，例如以VR模擬真實環境創造虛擬球場，讓球迷透過16K高畫質VR裝置就能近距離觀賽，同時在眼前傳輸比賽數據資料，並以多個角度呈現現場視角。
- **遠端醫療**：除了視訊連線之外，可透過感測器全程監控病患身體的生理數據，並透過全息投影技術即時呈現3D虛擬影像到醫師的面前，從而做出更精確的診斷。

6-7 低軌衛星通訊

人造衛星依照軌道距離地面的高度，由高至低可分為**同步衛星**、**中軌衛星**、**低軌衛星**等三種，其中同步衛星多應用於電視轉播及廣播通訊，中軌衛星則多用於GPS定位及軍事觀測，而低軌衛星則有高達70%做為通訊之用。

6-7-2 低軌衛星的運作架構

一般來說，軌道高度在距離地球表面2000公里以內的衛星，皆屬**低軌衛星**(Low Earth Orbit, **LEO**)。由於低軌衛星離地球最近，因此具備低延遲、高頻寬、低成本等特性，而且不受地形限制，在沒有布建基地台的地區(如高山或偏遠地區、海上、飛機上)也能接收到衛星的網路訊號，因此能補足既有行動網路通訊的不足，實現更全面的網路覆蓋率，而暢行無阻的網路通訊也將為物聯網、車聯網等新興應用開啟更多可能。

低軌衛星通訊的運作，是由地面用戶設備透過地面接收站與低軌衛星連接，地面接收站再將用戶數據傳輸到低軌衛星，衛星再將數據轉發給其他地面用戶或連接到地球上的網路，如圖6-32所示。這種架構可實現全球覆蓋，並提供高速、可靠的網際網路連接。而隨著5G / 6G網路的發展需求，低軌衛星通訊也成為構建全球通訊網路的重要技術之一。

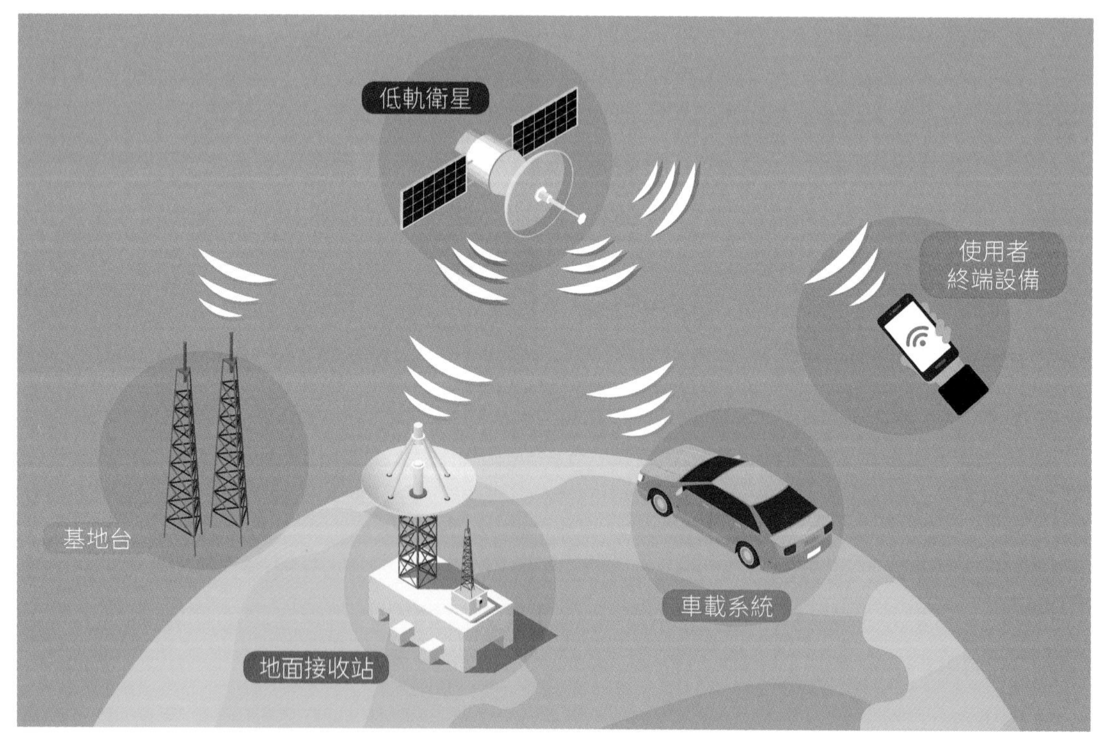

圖6-32　低軌衛星的運作架構

6-7-2 星鏈通訊系統

SpaceX的**星鏈**(Starlink)計畫，是一個透過數千顆低軌道衛星群來提供覆蓋全球的網際網路服務(圖6-33)，也是目前最知名的低軌衛星通訊應用之一。它可為偏遠地區、海上船隻或是移動中的車輛提供寬頻連網服務，能夠支援串流媒體、線上遊戲、視訊通話等。Starlink計畫預計要用42,000顆低軌衛星布建一個覆蓋全球的網路，最終目的要讓地球上的每個居民都能在任何地方上網。

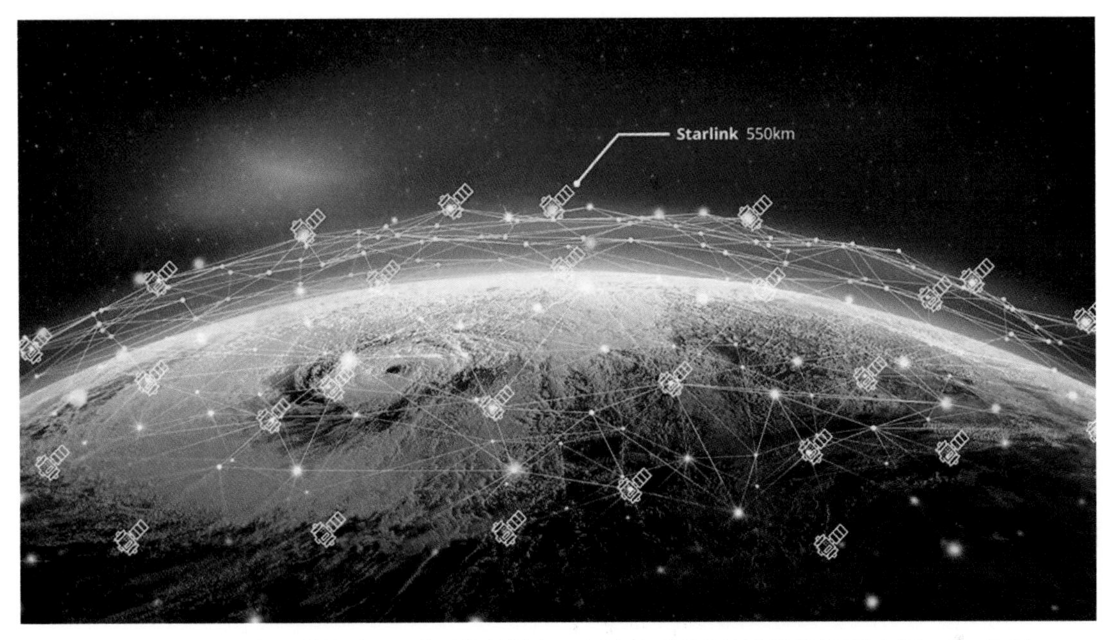

圖6-33　Starlink在距離地球550公里的軌道上，布建數千顆低軌道衛星(圖片來源：Starlink)

為布局衛星通訊，各雲端服務商同時透過結合雲端資料中心、雲端服務應用，以及衛星寬頻連網服務，為用戶提供無縫整合的雲端服務和網路通訊服務。例如Google Cloud與Starlink合作，在Google Cloud資料中心直接設置衛星接收基地站，以便讓Starlink網路更快存取Google服務；微軟的Azure Space計畫也與眾多衛星營運商合作，透過衛星與Azure模組化數據中心連線，讓身處偏遠地區的用戶也能隨時隨地使用雲端運算服務。

知識補充　太赫茲衛星

太赫茲(Terahertz, THz)波段是指頻率範圍0.1 ~ 10 THz的電磁波(註：THz = 10^{12} Hz)，由於其波段可滿足Tbps等級的大容量及高速需求，預計將成為6G網路的關鍵技術之一。而太赫茲衛星是指利用太赫茲波段進行通訊或觀測的人造衛星，衛星會搭載太赫茲波段的通訊設備，用於提供高速互聯網服務或其他通訊應用。為強化6G布局，中國已於2020年發射全球第一顆用於太赫茲通訊的6G衛星。

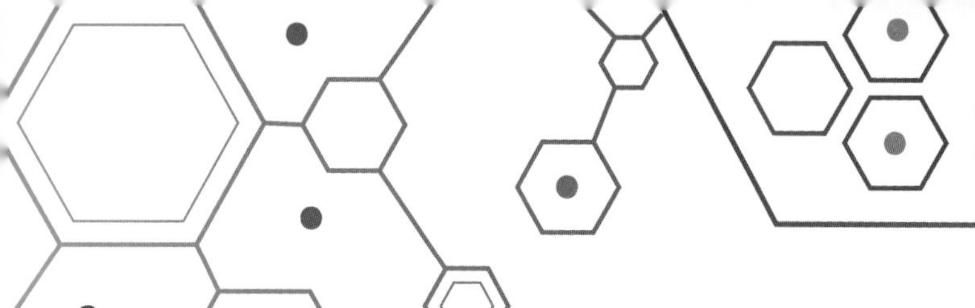

秒懂科技事

網路切片技術

中華電信
5G 緊急救護綠色廊道

網路切片技術是一種新興的網路架構和管理方法，旨在將單一物理網路基礎設施分割成多個獨立的虛擬網路，並且針對每一個虛擬網路可進行客製化的設計，成為一個網路切片 (Network Slicing)。每個網路切片都可以根據特定的應用需求和服務級別協定 (Service-level Agreement, SLA)，進行自定義配置和管理，以提供更靈活、高效的網路服務。

因為每個網路切片具有獨立的資源分配和管理，可以防止不同切片之間的資源衝突和干擾，因此適合仰賴網路穩定的產業，例如醫療保健、金融機構、物流、製造業等。

應用1

5G 網路

在5G網路中，網路切片技術被廣泛應用以支持各種不同的應用場景，例如**增強型移動寬頻** (eMBB)、**物聯網** (IoT) 和**超可靠低延遲通信** (URLLC)。每個網路切片可以根據具體的應用需求配置不同的頻寬、延遲和可靠性，從而實現對不同應用場景的個別支援。

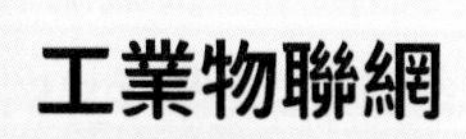

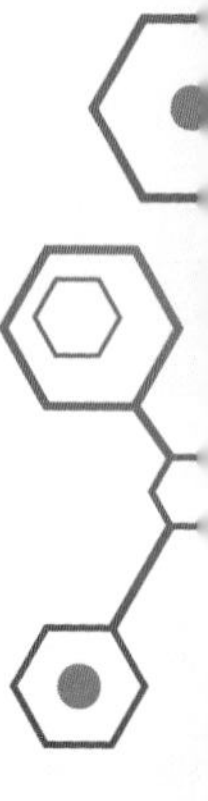

應用2

工業物聯網

在工業物聯網中，網路切片技術可用於實現工廠自動化、智慧製造等應用。例如，在智慧工廠中，可以透過網路切片技術對工廠生產線、設備監控系統等進行個別管理與配置，以加強對生產過程的細部管理和智慧控制，進而提升整體生產效率和品質。

應用3

智慧城市

在智慧城市中，網路切片技術可以用於實現智慧交通、智慧能源、智慧醫療等場景。例如，在救護車上可以透過網路切片技術，先將患者的生理數據傳送至醫院急診單位，在入院前事先進行病況的評估與判斷，並預先做好適當準備。

Introduction to Computer Science

網際網路與物聯網

CHAPTER 07

7-1 網際網路

網際網路(Internet)亦稱為**互聯網**，正以驚人速度擴張，與人們的生活、工作、休閒已密不可分。

7-1-1 Internet 的起源

Internet這個字，事實上是由字根「inter」(表示物與物之間的意思)與「net」(表示網路Network的意思)這兩個字組合而成。由字根上來解讀，就可以知道Internet就是由許多個別的、不同的網路連接起來的，也就是說，它是**將許多網路相互連接在一起，所構成的超大型網路架構**。

我們可以將Internet看作是許多「**區域網路**」的結合。大型網路底下有中型網路、中型網路底下有小型網路，Internet將所有的網路全部結合在一起，所以Internet可以算是全世界最大的電腦網路了。

再談到Internet的整個歷史，就得追溯至西元1962年。在當時，電腦可是極高貴的奢侈品，必定是頗有規模的大公司、或是政府機關才有能力配備電腦來使用，而當時的電腦都是非常龐大的**大型電腦**(Mainframe)。由於這些電腦都是花了巨額的款項所購買的，多數的大型主機都是放在機房或是電腦中心內，而一般的使用者就需藉由終端機，透過電話線連接到主機上工作，如果各終端機需要互相傳送訊息時，也需透過主機才行，當時的這種網路架構是屬於「**集中式處理**」。

Internet的由來源自於美國國防部的一項計畫，計畫內容是想要將座落於美國各地的電腦主機，透過高速的傳輸來建立連結、交換訊息，當時這項計畫的名稱為**ARPAnet**。ARPAnet最初的目的是支援美國軍事上的研究，希望可以建立起一個「**分散式架構的網路**」，避免中央主機遭受破壞，例如被轟炸等所引起的重大損失，以改善當時集中式網路架構的缺陷。

該計畫主要研究關於如何提供穩定、值得信賴，而且不受限於各種機型及廠牌的數據通訊技術。後來，ARPAnet的架構及其技術經實際運用後得到不錯的成效。在持續發展下，自1981年TCP/IP成為ARPAnet的標準通信協定，之後許多大學也普遍採行TCP/IP做為各電腦之間溝通的協定，使得ARPAnet日益擴張，成長非常迅速。於是美國國防部在美國大力推行「ARPAnet計畫」，而這個「ARPAnet」事實上就是Internet的前身。

在通訊設備技術突飛猛進的發展下，世界各國紛紛透過電纜線與美國連接，Internet遂成為一個跨國性的世界級大型網路，而**臺灣學術網路**(Taiwan Academic Network, **TANet**)也於1991年成為臺灣第一個連上Internet的網路系統。

7-1-2 網際網路的位址

現實生活中，如果我們要找到某人的住處，首先要知道其地址，才能依據地址找到其住處。而在網際網路中的電腦也必須具備一個地址(稱之為「**IP位址**」)，才能夠達成彼此相連，相互傳送訊息的目的。

IP位址的等級與結構

網際網路上的每一部電腦都有特定的**網際網路位址**(Internet Protocol Address，**IP位址**)，此位址代表著一台電腦或是主機的位址，就相當於電腦或主機在網際網路上的門牌號碼。**有了IP位址，電腦與電腦之間才能夠相互溝通，達到相互傳送訊息的目的**。

目前採用的IP定址方式為**IPv4** (Internet Protocol version 4)，是由一個32位元的二進位數字所組成，例如11001011010001111101010000000101，而為了方便記憶，我們通常會將這**32個位元分成四組8個位元，其間以「小數點」區隔，由於8個位元可以用來表示大小範圍介於「0～255」之間的十進位整數**，因此，上述的32個位元也可以用「203.71.212.5」四個十進位數字加以表示。

IPv4位址可分為二個部分，分別為**網路位址**(Network Address)和**主機位址**(Host Address)。其中網路位址是某一個網路在網際網路中的編號，而主機位址則是電腦在所屬網路中的編號。

11001011	01000111	11010100	00000101
203	71	212	5

IPv4位址又可分為A、B、C、D、E五種類型(Class)。會將IP位址分為不同的類型，主要目的是為了符合不同網路規模的需求，以及有效管理IP位址的分配與利用。圖7-1所示為目前所使用的IPv4位址格式；表7-1所列為各IP類型說明。

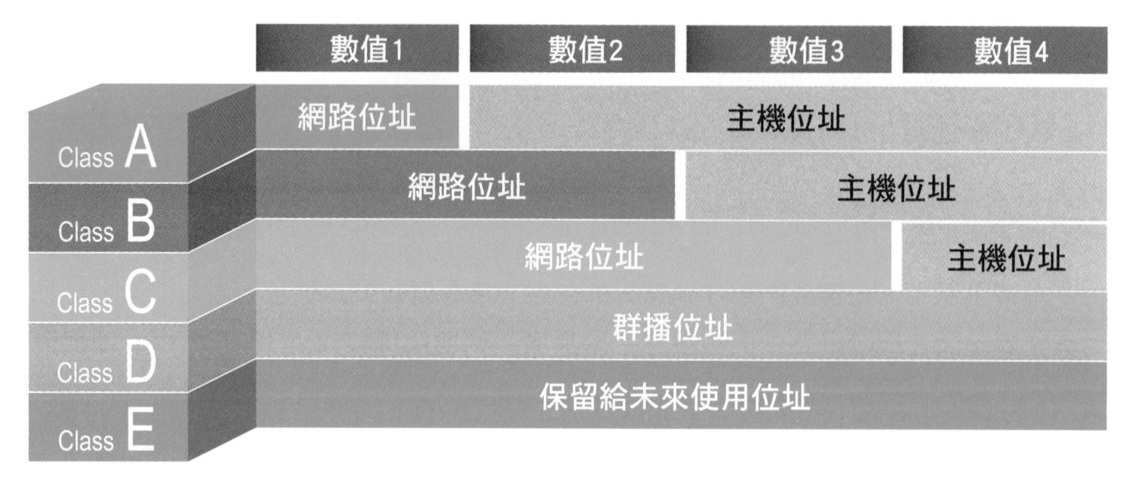

圖7-1 IPv4位址的等級範圍

表7-1 IP類型說明

類型	第1個數值的二進位值	IP位址第1個數值	使用單位
Class A	0 x x x x x x x	0~127	政府機關、國家級研究單位
Class B	1 0 x x x x x x	128~191	學術單位、ISP、大企業
Class C	1 1 0 x x x x x	192~223	一般企業
Class D	1 1 1 0 x x x x	224~239	保留作為特殊用途，例如廣播、學術等
Class E	1 1 1 1 x x x x	240~255	

- **Class A**：使用IP位址的第一個位元組為網路位址，其餘的三個位元組為主機位址。例如125.10.5.255，「125」為網路位址；「10.5.255」為主機位址。
- **Class B**：使用IP位址的第一個與第二個位元組為網路位址，其餘的兩個位元組為主機位址。例如168.10.10.255，「168.10」為網路位址；「10.255」為主機位址。
- **Class C**：使用IP位址的前三個位元組為網路位址，最後一個位元組為主機位址。例如207.168.10.220，「207.168.10」為網路位址；「220」為主機位址。
- **Class D**：作為**群播位址**(Multicast Addresses)，允許資料封包的內容可以被傳送到一群主機，而不只是單一主機。(群播位址是指一群特定主機以團體或是小組，取得等級D的IP位址，而當主機傳送資料時，只要指名此等級的IP 位址，所有團體成員或小組就會收到資料。)
- **Class E**：保留給未來使用。

查看電腦IP位址

只要在Windows作業系統的「命令提示字元」中使用「ipconfig/all」指令，即可查看自己電腦所使用的IP位址。

7-1-3 IPv6

目前網際網路主要使用的IP協定是IPv4，此協定是於1975年制定，其使用32位元來分配位址，目前所能表現出的位址數目已有不敷使用的情況，也因此產生了**IPv6** (Internet Protocol version 6)。

IPv6是用於替代IPv4的下一代IP協定，IPv6是使用**128位元**，所能表示的IP位址多達**2^{128}個**。一個IPv6位址範例：3ffe:0102:0000:0000:0000:0000:0000:0000，其使用了八組數字來表示IPv6位址，**每組數字為四個十六進位數字，各組數字間使用「:」隔開**。

IPv6的省略規則

由於IPv6的位址表示法太長，難以記住，所以位址有所謂的「省略規則」可幫助記憶IPv6位址，說明如下：

- **規則1**：每組數字的第一個0可以省略，若整組皆為0，則以0表示。例如「0DB8」可以省略為「DB8」、「0000」則可以省略成「0」。

```
2001:0DB8:02de:0000:0000:0000:0000:0e13
2001:DB8:2de:0000:0000:0000:0000:e13
2001:DB8:2de:000:000:000:000:e13
2001:DB8:2de:00:00:00:00:e13
2001:DB8:2de:0:0:0:0:e13
```

- **規則2**：連續出現「0000」時，則可以用雙冒號「::」代替。例如「:0000:0000:0000:0000:」可以省略成:0000:0000:0000::、:0:0:0:0:、:0::0:或::。

  但需注意的是，由於「::」表示連續且數量多的0，假設位址中出現2個「::」，就會讓人無法分辨實際代表的位址。因此，在位址省略規則中有明訂，一個IPv6位址只能出現一次「::」來省略0。

```
2001:DB8:2de:0:0:0:0:e13
2001:DB8:2de::e13
```

```
2001:0DB8:0000:0000:0000:0000:1428:57ab
2001:0DB8:0000:0000:0000::1428:57ab
2001:0DB8:0:0:0:0:1428:57ab
2001:0DB8:0::0:1428:57ab
2001:0DB8::1428:57ab
```

大多數使用應用程式的人們習慣使用網域名稱來連線，DNS伺服器會自動轉換網域名稱為IPv4/v6位址，所以一般使用者並不需要直接輸入IPv6位址，而目前的作業系統也都支援IPv6的設定。

IPv6所能夠表示的IP位址數已遠遠超過全世界的人口數，要保留那麼多的數目，主要是考量到未來網路將不只是用在電腦上，還會運用到家電產品，而這些家電產品就會需要有IP位址來與其他家電進行連線，如此一來，就可以透過網路來操控這些連上網路的家電產品。

7-1-4 子網路與子網路遮罩

IP位址的五種類型，分法雖然簡單，但卻缺乏彈性。舉例來說，假設一所大學分配到一個Class B的IP位址，由於一所大學裡會有很多單位與系所，如果讓大學中的所有單位都使用相同的網路，就十分不便。且在相同網路中的設備必須共享網路傳輸媒介的使用權，因此，相同網路中的設備數量越多，則整體的網路效能就會變得越差。

為了解決上述的問題，於是便有**子網路**(Subnet)的作法產生，子網路也就是**將一個組織的內部網路切割為數個更小的網路，可彈性配置網路位址，讓組織內的不同單位可以使用各自的網路，以提升網路的運作效能**。

IP位址主要是由網路位址與主機位址所組成，在子網路作法下，為了讓電腦能夠判斷出本身IP的網路位址和主機位址，必須藉由使用**子網路遮罩**(Subnet Mask)來辨別，而電腦在設定IP位址時，子網路遮罩的位址也需一併設定。

子網路遮罩是由**32個位元所組成**，其格式與IP位址相同，是以四組8個位元，其間以「小數點」區隔的數字所表示。IP位址中網路位址所使用的位元總數，以1表示；主機位址所使用的位元總數，以0表示。

例如以Class C的IP位址「207.168.10.220」來說，IP位址的前3個位元組為網路位址，最後1個位元組為主機位址，則子網路遮罩為「255.255.255.0」，如圖7-2所示。

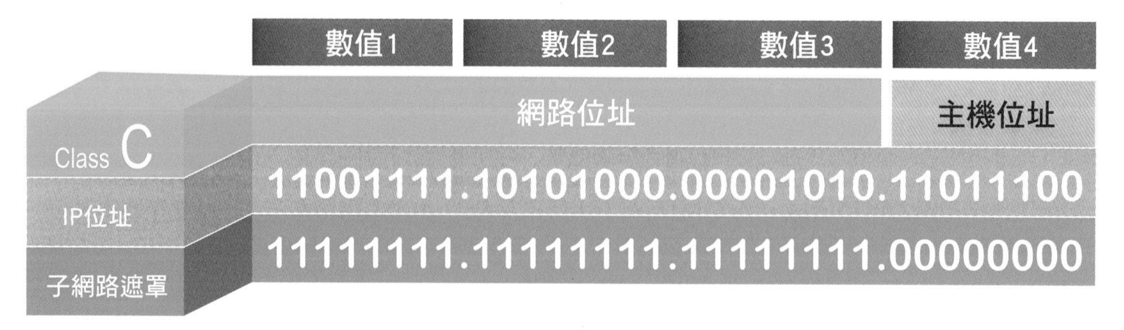

圖7-2　子網路遮罩位址

子網路遮罩的計算步驟如下：

1. 先將十進制IP位址及子網路遮罩位址轉為二進制位址。
2. 將兩個二進制位址做AND運算。
3. 比較運算結果與子網路遮罩是否相同。
4. 前三組IP相同則為同一子網域，不相同則非同一子網域。

舉個例子來說明：假設有三個IP位址，分別為192.168.1.3、192.168.1.5、192.168.4.1子網路遮罩均為255.255.255.0，計算結果為：

192.168. 1. 3	⟶11000000.10101000.00000001.00000011
255.255.255. 0	⟶11111111.11111111.11111111.00000000
AND後的結果	⟶11000000.10101000.00000001.00000000
	192 . 168 . 1 . 0

192.168. 1. 5	⟶11000000.10101000.00000001.00000101
255.255.255. 0	⟶11111111.11111111.11111111.00000000
AND後的結果	⟶11000000.10101000.00000001.00000000
	192 . 168 . 1 . 0

192.168. 4. 1	⟶11000000.10101000.00000100.00000001
255.255.255. 0	⟶11111111.11111111.11111111.00000000
AND後的結果	⟶11000000.10101000.00000100.00000000
	192 . 168 . 4 . 0

從以上計算結果可得知，192.168.1.3與192.168.1.5為同一個子網域，而192.168.4.1是不同的子網域。

知識補充　網路連線檢測

若要檢測網路上的某主機是否連線正常，只要在Windows作業系統的「命令提示字元」中使用「ping」指令，並輸入目的網域名稱，按下Enter鍵進行檢測。若是輸入「ping 127.0.0.1」指令，則可檢測自己電腦的網路環境是否正常。

7-1-5 網域名稱

要記住一長串的「IP位址」不是一件容易的事情，因此，網際網路管理組織另外發展一套與IP相對應的命名方式，一方面可以解決「IP」難記的問題，另一方面也便於組織有效管理網際網路上所有的IP。這套命名方式是利用一些有意義的名稱，或是具代表性的文字來命名，即稱為**網域名稱**(Domain Name)，通常可分為**主機名稱、機構名稱、類別名稱、國家或地理名稱**等部分。

www	chwa	com	tw
主機名稱	**機構名稱**	**類別名稱**	**國家或地理名稱**
通常是依主機所提供的服務來命名，例如提供WWW服務的主機名稱為www，提供FTP服務的主機名稱為ftp。	通常是指公司名稱、學校名稱、政府機關名稱等的英文名稱或是英文縮寫，例如chwa即是全華圖書股份有限公司名稱的縮寫。	是指其機關的性質，例如edu代表教育或是學術研究機構、gov則代表政府機構(參見表7-2)。	每個國家或地區均以此來辨別，例如臺灣以tw表示；英國以uk表示，若國碼省略不寫即代表美國(參見表7-3)。

其中，類別名稱及地理名稱皆屬**頂級域名**(Top-level Domain, TLD)，表示它們位於網域名稱分層管理結構中的頂層，統一由**網際網路名稱與數字位址分配機構**(Internet Corporation for Assigned Names and Numbers, **ICANN**)負責定義與管理，不能隨意命名或更改。類別名稱為**通用頂級域名**(gTLD)，地理名稱則為**國家頂級域名**(ccTLD)，表7-2及表7-3所列為常見的類別名稱及國碼分類。

表7-2 **常見的類別名稱**

分類	代表的單位或機構	分類	代表的單位或機構	分類	代表的單位或機構
com	一般公司行號	edu	教育或是學術研究機構	org	法人組織機構
net	網路機構	gov	政府機構	mil	軍事單位
idv	個人	int	國際組織	biz	商業機構

表7-3 **常見的國碼**

分類	代表國家或區域	分類	代表國家或區域	分類	代表國家或區域
tw	臺灣(Taiwan)	jp	日本(Japan)	cn	大陸(China)
kr	韓國(Korea)	hk	香港(Hong Kong)	sg	新加坡(Singapore)
au	澳洲(Australia)	uk	英國(United Kingdom)	fr	法國(France)
ca	加拿大(Canada)	eu	歐盟(European Union)	de	德國(Germany)

註：美國的國碼是省略的。

網域名稱是透過**網域名稱系統**(Domain Name System, **DNS**)來規範其命名規則與用法；而網域名稱則是透過**網域名稱伺服器**(Domain Name System Server, **DNS Server**)轉換為相對應的IP位址，如圖7-3所示。

圖7-3　網域名稱透過DNS Server轉換為相對應的IP位址

知識補充　新頂級網域

過去註冊網址時，僅有.com、.org、.net等傳統頂級域名可選擇，為豐富網域名稱的命名，ICANN於2012年正式開放**新頂級域名**(New gTLD)的申請。它與傳統頂級網域名稱不同的是，新頂級域名使用更多自定義的字元與字詞組成，例如：.taipei、.blog、.app、.guru、.photography、.technology等。與傳統頂級域名相比，新頂級域名不但簡短好記，也更能具體直覺地描述網址的主題、品牌、領域或所在城市。

7-1-6　網站位址－URL

WWW的網站中會存放各類文字、圖片、影片、動畫等資源，可以提供給使用者存取，當使用者透過瀏覽器要連結某一個網站時，首先必須輸入該網站的URL。

URL (Uniform Resource Locator，**全球資源定址器**)是用來指出某一項資源所在位置及存取方式，也就是所謂的**網址**。如果想要到特定的網站上瀏覽時，只要在網頁瀏覽器的**網址列**上，輸入完整的網址，便可以進入該網站中。URL的表示方法如下：

http:// www.chwa.com.tw [:80] /www/index.htm

通訊協定　伺服器名稱　通訊埠編號　路徑　文件名稱

通訊協定	表示該URL所連結的伺服器主機的服務性質，例如http是WWW服務、ftp是檔案傳輸通訊協定服務、telnet是遠端登入服務等。
伺服器名稱	提供服務的主機網域名稱。
通訊埠編號	是TCP/IP網路通訊協定所定義的服務使用連接點，特定的網際網路服務即使用特定的埠號，若不列出通訊埠編號，則使用該通訊協定之預設通訊埠，http的預設通訊埠為80，https為443，FTP為21。
路徑	表示文件檔案位於伺服器中的路徑。
文件名稱	這是檔案的名稱，包含主檔名和副檔名。

7-2 全球資訊網

全球資訊網(World Wide Web, **WWW**)是一個可讓世界各地共享資訊的網路服務，使用者只要透過瀏覽器，就能瀏覽獲取網頁中的各種資訊。

有了全球資訊網與網際網路，讓世界各地的人們得以相互交流，大幅改變了人類的溝通方式，位於不同國家的人們，可以透過WWW分享各類資訊，使得各種資訊的交流與傳遞達到前所未有的規模且影響深遠，而其應用也為人們的生活型態帶來許多改變。例如人們可以不用親臨圖書館，只要透過圖書館網站，便可查詢其館藏資訊，並存取其提供的電子期刊等數位資源；還可以透過WWW迅速獲得許多有用的資訊，例如疫情資訊、氣象預報、電子地圖街景服務、百科全書等。

7-2-1 WWW 簡介

WWW (唸作Triple W)運用了**超文本**(Hypertext)的技術，並整合HTTP、FTP、News、Gopher、Mail等相關的通訊協定，讓伺服器主機在Internet上提供多媒體整合之系統服務。只要經由瀏覽器，就可以欣賞它所提供的圖文影音並茂的資訊，所以WWW可以算是一套Internet上的多媒體整合系統，而瀏覽器向伺服器取得資料的通訊協定就稱為**超文本傳輸協定**(HyperText Transfer Protocol, **HTTP**)。

WWW是由**CERN** (Conseil Européenpourla Recherche Nucléaire, **歐洲粒子物理實驗室**)於1989年3月所研發。當時為了讓全世界的物理研究群，以簡單有效率的方式分工合作並分享資訊，所以WWW的計畫主持人，英國物理學家**提姆・柏納-李**(Tim Berners-Lee)提出了一個**分散式超媒體系統**(Distributed Hypermedia System)的計畫，而該計畫也就是WWW的開端。如今WWW不但成功整合Internet上的龐大資料，而且透過圖、文、影、音、動畫等技術，讓WWW的畫面變得多采多姿。

Tim Berners-Lee

WWW的文件整合方式是透過超連結互相參考，這些分散到各地的資料經過整合之後，就可以同時在使用者的電腦上，以多媒體的方式呈現出來。由於此種多媒體呈現方式是透過超連結而來，因此稱為**超媒體**(Hypermedia)。超文本是使用**超文本標記語言**(HyperText Markup Language, **HTML**)製作而成的文件。

7-2-2 網頁運作原則

網頁的運作是基於**用戶端-伺服器架構**(Client-server Model)。

當網頁設計者製作好網頁及相關檔案後，會先將整個網站發行到**網頁伺服器**(Web Server)上。網頁伺服器是用來存放網頁，並提供瀏覽服務的伺服器。

當瀏覽者想要瀏覽某個網頁，就會經由瀏覽器軟體，向網頁伺服器提出瀏覽請求，網頁伺服器接收到請求後，再將對應的網頁傳回至瀏覽者的瀏覽器上。

瀏覽器收到文件後，會解析其中的HTML、CSS和JavaScript等內容，並根據這些內容在瀏覽器上顯示網頁畫面。

圖7-4所示為網頁在網際網路上的運作示意圖。

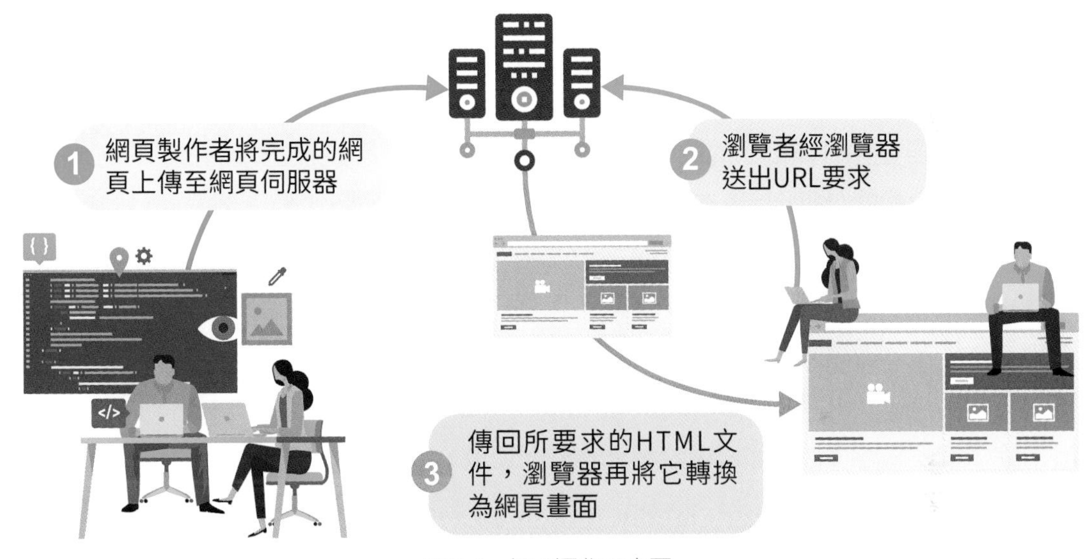

圖7-4　網頁運作示意圖

7-2-3 網頁設計

Internet的盛行帶動了網站架設的熱潮，全世界的網站如雨後春筍般不斷冒出，每天以驚人的速度在成長。這些網頁上存放著文字、圖片、聲音、影片、動畫等各種型態的多媒體資源，並透過**超連結**(Hyperlink)將這些資源整合在一起。

網站是指多個網頁的集合，由單一頁面進行存取，形成一個資訊平臺，可以讓團隊或個人透過它來展示各種資訊。

瀏覽網站時，進入網站所看到的第一個網頁畫面，稱為**首頁**(Homepage)，倘若將網站比喻成一棟大樓，那麼「首頁」就如同是大樓的大門。進入大門後，想必一定會選擇去某一樓某一個房間，而這些可提供瀏覽的地方，就稱為**網頁**(Web Page)，頁面間以超連結連接，如圖7-5所示。

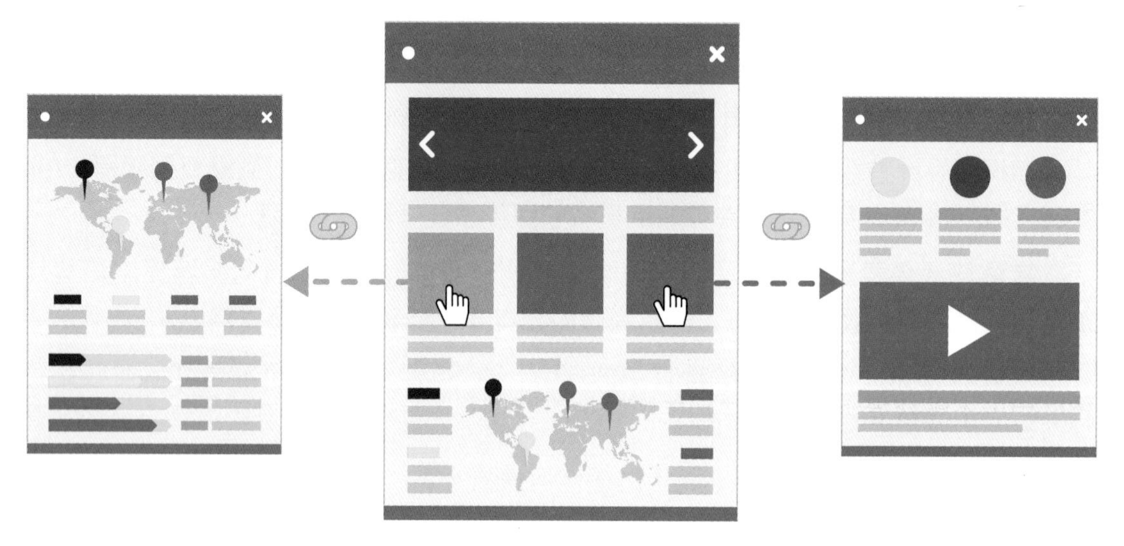

圖7-5 首頁可說是一個網站的入口，只要按下首頁上的超連結，就可以連結至想要瀏覽的網頁，達到網網相連的目的

網頁主要是由HTML構成的，早期在設計網頁時，必須熟記所有的HTML語法，在純文字編輯軟體(例如記事本、WordPad)上撰寫語法來製作網頁。

而現在有許多**所見即所得**(What You See Is What You Get, **WYSIWYG**)的網頁製作軟體，讓初學者也可以輕鬆製作網頁，常見的軟體有Adobe Dreamweaver、Namo WebEditor等。透過這些軟體開發成網頁檔案後，還須上傳至網頁伺服器並綁定網址，才能成為供人瀏覽的網站。

除了自己開發網頁之外，也可以透過微軟的SharePoint Designer，或是Google協作平台等工具來建立網頁。網路上也有許多網頁製作平臺服務，平臺上通常會提供易於使用的介面、豐富的模板選擇，以及基本的SEO行銷功能，就算使用者完全沒有程式語法基礎，也能簡易編輯快速上線。常見的有WordPress、Wix、Weebly、webnode、webflow等。

知識補充 一頁式網站

現在有許多公司、商店或個人在製作網站時，都採用簡單的一頁式網頁設計，而不是複雜的多頁式網站，一頁式網站大都是作為活動網頁、簡單形象網站、產品宣傳及一頁式商店等。

一頁式網站易於建立及維護，且很適合於智慧型手機或平板電腦上瀏覽，因瀏覽方式簡潔明瞭，使用者只要不斷向下滑動，就可以快速地閱讀完網站內容。

7-2-4 響應式網頁設計

早期的網頁設計大多以一般家用電腦或筆記型電腦的瀏覽者為主，但是隨著智慧型手機及平板的普及，傳統的網頁設計方式無法滿足所有的裝置，而造成瀏覽者在瀏覽頁面時的不便，為了解決這樣的問題，現在有越來越多的企業選擇使用**響應式網頁設計**(Responsive Web Design, **RWD**)的技術來製作網站。

所謂的響應式網頁設計(又稱**適應性網頁**、**自適應網頁設計**、**回應式網頁設計**、**多螢網頁設計**)是一種可以讓網頁內容隨著不同裝置的寬度來調整畫面呈現的技術，讓使用者不需透過縮放的方式就能順暢地瀏覽網頁，進而提升畫面的最佳視覺體驗及使用介面的親和度。

RWD網頁設計主要是以HTML5的標準及CSS3中的**媒體查詢**(Media Queries)來達到，讓網頁在不同解析度下瀏覽時，能自動改變頁面的布局，解決了智慧型手機及平板電腦瀏覽網頁時的不便，如圖7-6所示。

圖7-6　網頁內容隨著不同裝置的寬度調整畫面(圖片來源：Freepik)

媒體查詢是完成響應式網頁設計時的最佳工具，讓我們可以使用百分比寬度來進行版面配置，**媒體查詢主要是利用偵測螢幕的寬度來為網頁指定不同的CSS檔，而達到自動縮放的效果**。

7-2-5 Web 2.0 / Web 3.0

早期的Web 1.0是以訊息傳遞為主的階段，網頁缺乏互動性和社交功能，用戶只能被動地瀏覽網頁內容。在使用者導向的趨勢引領下，Web 2.0/3.0網路服務、直覺化介面操作設計，甚至行動網路用戶的增加，新型態的網路平臺設計概念便應運而生。

Web 2.0

Web 2.0指的是第二代網路服務應用模式，是2004年由全球最大的電腦資訊書籍出版商歐萊禮公司(O'Reilly Media)所提出。Web 2.0時代具有以下特徵：

- **以使用者為中心**：強調網路使用者的主控權，網路轉而成為開放的使用平臺。例如YouTube網站，在YouTube網站上可以觀看世界各地使用者所上傳的影音資訊，而自己也能上傳影音內容至網站中。
- **引領集體的智慧**：典型的例子就是**維基百科**(Wikipedia)。維基百科成立於2001年，該網站是一個由眾人所提供及合作撰寫的百科全書，任何人都可以用自己的意見參與線上百科全書的編輯與修改。
- **社群平臺的崛起**：社群平臺的興起不但能即時分享並散布個人想法，且創作者可以在平臺上成為自媒體。

Web 2.0的網頁內容是**經過篩選且個人化的服務，網頁會依據使用者的瀏覽習慣，提供個人化的網頁內容**。例如Facebook的「動態消息」網頁可依據使用者的設定，顯示動態消息的優先順序或特定朋友、應用程式的動態，讓使用者更輕易得到想要知道的訊息，而不用浪費時間接收不感興趣的資訊。

此外，Web 2.0網頁資訊是可跨平臺同步的，例如在不同的網站中以Facebook帳戶登入，就能將所有資訊統一彙整到Facebook的動態網頁中；使用Apple公司的iCloud雲端服務，可讓用戶將文件、照片、音樂、App等資料儲存在伺服器中，並自動同步至用戶的iPad或iPhone等其他裝置。

Web 3.0

Web 3.0是新一代的網路使用型態，在Web 2.0的基礎上加入了更多的智慧化、**去中心化**(Decentralized)和數據隱私保護等概念。Web 3.0包含了**可驗證性**、**去信任化**、**不經許可**、**AI與機器學習**、**連通性**與**無所不在**等重要特徵，被視為是驅動元宇宙的基礎建設技術。

在Web 3.0世界裡，所有權及掌控權均是去中心化，建設者和用戶都可以持有**非同質化代幣** (Non-Fungible Token, **NFT**) 等代幣而享有特定網路服務。Web 3.0將成為主流，而不再只是一個理論，因此讓許多企業開始投入研發。

例如由Twitter創辦人Jack Dorsey推出的「藍天(BlueSky)」，就是一個去中心化的社群媒體，試圖打造一個全面開放的平臺；遊戲大廠Ubisoft推出NFT平臺Quartz，讓玩家用NFT來交易遊戲道具；而Web 3.0創作者平臺也不斷出現，例如NFT音樂平臺Royal、寫作平臺Mirror.xyz、社交平臺Sapien等，這些都使用了去中心化技術。

7-3 物聯網

物聯網是指**透過各種現有的網際網路技術，讓真實世界中的各種實體與裝置彼此串連並交換資訊，構建一個物與物之間相互通訊連結的網路**，如圖7-7所示。

圖7-7　物聯網示意圖(圖片來源：Melpomenem/Dreamstime.com)

7-3-1 物聯網發展歷程

物聯網(Internet of Things, **IoT**)最初的概念源自**比爾蓋茲**(Bill Gates)在1995年《未來之路》(The Road Ahead) 一書之中；1998年，時任美國麻省理工學院Auto-ID Center (自動化身分辨識中心)主任**愛斯頓**(Kevin Ashton)正式提出物聯網一詞，因此被譽為「物聯網之父」。

2005年，**國際電信聯盟**(International Telecommunications Union, ITU)在《 ITU網際網路報告2005：物聯網》中指出，無所不在的物聯網時代即將來臨，在網際網路的基礎上，利用RFID、無線數據通信等技術，將可建構一個覆蓋世界上所有事物的物聯網。在這個網路中，物品能夠自動識別，彼此進行資訊交流，而無需人為的干預，並以Internet Of Things為名，正式提出「物聯網」架構，強調未來數位生活中網際網路將無所不在的發展趨勢。

2008年，Bosch、Ericsson、Intel、SAP、Google等國際會員，成立**IPSO** (Internet Protocol Smart Objects Alliance)聯盟，該聯盟致力於使物聯網設備能在基於開放標準下互相交流。

2010年進入第一代物聯網時代，無所不在的運算與感測形成智慧空間，各種智慧應用開始出現；2020年起，智慧機器與人工智慧普及化，開始進入**智慧聯網**(Artificial Intelligence of Things, **AIoT**)時代，只要在物件(例如家電產品、車輛或商品)上裝設電腦或感測器，透過無線技術，結合感測裝置與後端系統，彼此溝通並交換資訊以達成特定功能，準確即時且自動化的程序，更能節省大量人力成本。

7-3-2 物聯網發展趨勢

麥肯錫全球研究所(MGI)的報告顯示，2025年物聯網將在工廠、零售以及城市等九種環境中創造出3.9兆～11.1兆美金的產值；全球物聯網市場規模將從2021年的3,006億美元倍增至2026年的6,505億美元；而2024年全球微控制器市場規模預估為314.5億美元，預計到2029年將達到518.1億美元，以上顯見物聯網應用場景的成長速度相當驚人。

根據《Forbes》報導指出，預估到了2024年底，將有超過2,070億台裝置連接網路，包含各類機器、交通工具、家電、玩具等。物聯網的普及，數十億人口將透過數千個應用程式與千億台聯網裝置，藉由感測器蒐集各項資料，使得物聯網安全也成為了值得關注的議題。2021年上半年，IoT裝置資安攻擊事件就比去年同期大幅倍增，物聯網安全威脅已不能等閒視之。

而5G的發展及技術，也將在物聯網中帶來優勢，超可靠的特性，可以將物聯網部署於那些不容許任何差錯的環境，例如智慧交通；而低延遲的特性，讓業者可以將物聯網部署於那些不能接受任何延遲的環境中，例如自動駕駛、工業機器人、智慧家電等應用。

未來幾年內，**智慧聯網**(AIoT)將逐步改變電子產品的製造、研發、消費方式等，也會為企業與人們的生活帶來巨大的轉變。未來家中的任何裝置都將成為物聯網的一部分，還能以跨裝置、跨領域、跨系統平臺方式，整合家電、家具、警示系統、電燈、穿戴配件、智慧機器人等。

7-4 物聯網的架構

根據**歐洲電信標準協會**(European Telecommunications Standards Institute, **ETSI**)之定義，物聯網的基本架構主要分為三層，由下至上依序是**感知層**(Perception Layer)、**網路層**(Network Layer)、**應用層**(Application Layer)，每一層皆有其不同的職責，如圖7-8所示。

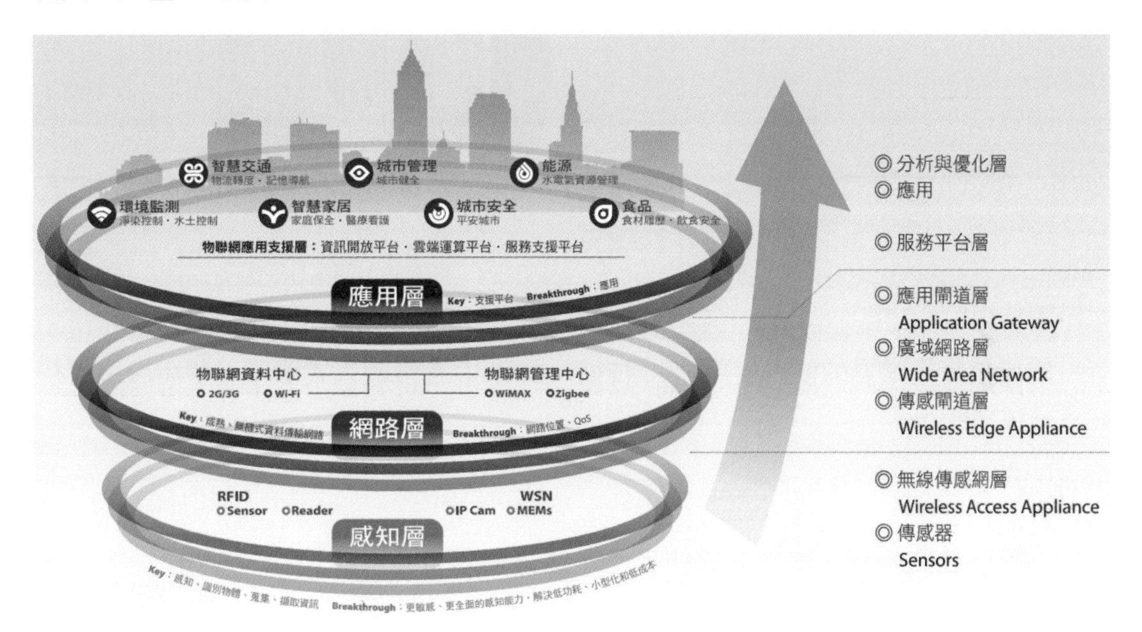

圖7-8 物聯網架構(圖片來源：資策會FIND(2010))

不過，隨著物聯網的持續發展，基本的三層架構在某些應用上有所不足，後續便有人提出四層及五層的架構。

四層架構由下上依序為**感知層**、**網路層**、**平台工具層**與**應用服務層**，亦即將原本的應用層，拆分成平台工具層及應用服務層，以便對軟體應用更進一步區分。而五層架構由下而上依序是**感知層**(Perception Layer)、**傳輸層**(Transport Layer)、**處理層**(Processing Layer)、**應用層**(Application Layer)、**商務層**(Business Layer)。

7-4-1 感知層

感知層可說是物聯網發展與應用的根基，透過各類**感測器**(Sensor)所擷取的數據，將匯集成龐大資料庫，以供後端決策制定的輔助。

感知層的技術層面

感知層的技術，主要可依感測技術與辨識技術來分別說明：

感測技術

感測技術主要是讓物體具有感測環境變化或物體移動的能力，而日常生活中常被用來嵌入物體的感測裝置，包括了紅外線、溫度、濕度(圖7-9)、亮度、壓力、音量、三軸加速度計等。

圖7-9 溫濕度感應器(圖片來源：小米官網)

辨識技術

辨識技術最常見的便是使用RFID技術，將RFID標籤嵌入物體中，便可讓裝置得知身分或狀態。

感測器

感測器**能夠探測、感受外界的反應，並轉化成可量化的訊號**。感測器的應用範圍非常廣泛，一般可分成家庭、商務、汽車、軍事、工業、醫療等，而在穿戴式裝置上的應用更是普及。在穿戴式裝置上常用的感測器有：用陀螺儀(圖7-10)感測水平的改變、用三軸重力加速器感測動作、走路或姿勢的變化、用計步器計算步數、用GPS感測所在的地理位置及運動、健身、減肥及睡眠品質等生理上的應用。

圖7-10 陀螺儀

表7-4所列為常見的感測器種類。

表7-4 **感測器種類**

種類	範例
聲波	音訊感測器、超音波感應器等。
控制與監測	觸摸式感測器、電流／電壓感應器、磁感應計及加速感應器／陀螺儀等。
環境偵測	紅外線熱能感應器／模組、紅外線偵測儀、煙霧偵測器、液位／流量感應器、近程感測器、溫濕度感測器、壓力感應器及氣壓計／高度計等。
生物感測器	電化學生物感測器、半導體離子感測器、光纖生物感測器、壓電晶體生物感測器、肌電圖(EEG)感測器等。市面上所販售的生物感測器中，最普遍的就是血糖感測器(Glucose Sensor)。

3D感測器

3D感測 (3D Sensing) 是**透過影像感測器、鏡頭、紅外線、處理器等零件，加上演算法，來捕捉特定影像、不被混亂的背景或距離干擾**。3D感測的應用範圍相當廣泛，包含了生物辨識、居家自動化、穿戴式裝置、機器人、遊戲、電視、汽車等，都是3D感測可以應用的領域。

3D感測技術大多採用光學方式，較常見的方法有**結構光** (Structured Light)、**飛時測距** (Time of Flight, **ToF**)、**立體視覺** (Stereo Vision) 等三大測距技術。

- **結構光**：是3D掃描的一種光學方法，原理為對目標物體打出條紋光，再透過打出去的光紋變化與原始條紋光比較，利用三角原理計算出物體的三維座標，再將獲取到的資訊進行深入處理的技術。結構光感測的距離最遠大約3公尺，容易被自然光影響，較難在戶外大範圍使用。
- **飛時測距**：將雷射光發射出去，再由偵測器接收散射光，去計算光子雙向飛行時間，進而推導出發射點與物件之間的距離，以掃描出被拍攝物的形狀，甚至人臉也能精準描繪出來，最後達到臉部辨識的功能。

  目前ToF技術又可細分為**iToF** (indirect-ToF，**間接飛時測距**) 及**dToF** (direct-ToF，**直接飛時測距**) 兩種，前者是發射特定頻率的光束來「**間接**」測量裝置與目標物的距離，主要應用在手機臉部辨識、手勢辨識等測距距離較短的場景中；後者則是發射雷射光束「**直接**」測量，主要應用在VR、AR及自駕車場景。

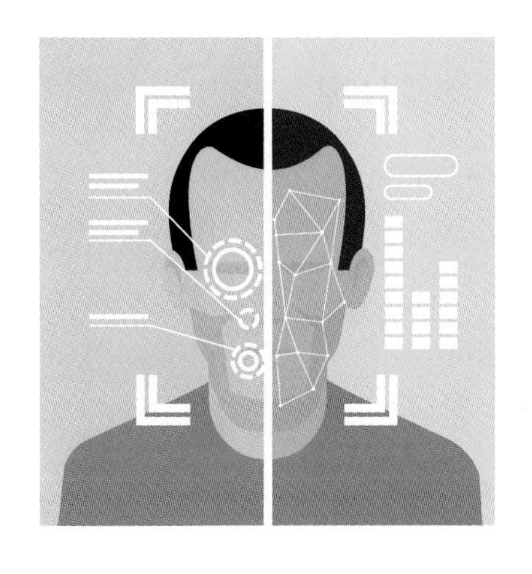

- **立體視覺**：是基於人眼視差的原理，在自然光源下，透過兩個或兩個以上相機模組從不同的角度對同一物體拍攝影像，並且擷取深度資訊，立體視覺是最接近人類大腦以視覺量測距離的方式，也是3D影像技術的重要部分。主要應用在虛擬實境、擴增實境頭戴式裝置、機器人等領域。

7-4-2 網路層

網路層扮演感知層與應用層中間的橋梁，用於**傳遞資訊和處理資訊，負責將分散於各地的感測資訊集中轉換與傳遞至應用層**。

為達到此目的，通常會將無線通訊技術嵌入於智慧裝置中，使其具有連上網路的能力，常見的無線通訊技術包括了**內部網路**(Wi-Fi Aware、Wi-Fi Direct、RFID、藍牙、Zigbee、WSN、NFC、紅外線)及**外部網路**(4G、5G、LTE)，智慧裝置透過無線或有線的方式連結至網際網路，將訊息傳遞至位於雲端的主機，使用者可以隨時掌握該裝置的狀態或對該物體進行遠端操控，如圖7-11所示。

圖7-11　行動裝置只要連上網路，就可以遙控家中或辦公室的任何裝置
(圖片來源：ProStockStudio/Shutterstock.com)

LPWAN

無線通訊技術是物聯網的傳輸基礎，而物聯網的發展，讓**低功耗廣域網路**(Low Power Wide Area Network, **LPWAN**)的應用需求大增，而相關技術也順勢而生。

LPWAN是**透過感測器收集資訊，並透過網路上傳至雲端**，是戶外大規模物聯網應用裡常見的無線技術。具有**低耗電、低速度、低資料量、低成本**等特性，因此非常適合用在智慧能源、智慧城市、智慧農業、停車位管理、農場牲畜追蹤、魚塭水質監控、土石流監控等低頻次資料傳輸的應用場域。

各種感測網路標準中，最熱門的莫過於LoRaWAN、NB-IoT、SigFox。這些感測網路類型都是針對物聯網中不同的應用需求和場景而設計的，各有其特點和適用範圍，可以根據具體應用的需求來選擇適合的網路技術。分別說明如下：

● LoRaWAN

LoRa (Long Range) 是一種由美國半導體製造商Semtech所開發，運作在實體層的通訊協定標準。LoRa的傳輸距離約2~5公里，在遮蔽物較少的郊區則為15公里，使用非授權的Sub-1GHz ISM頻段，適合應用在不用長時間連網，只需定期收到特定資訊，例如空氣品質、電錶、水錶等。

知識補充 ISM頻段

LPWAN頻段分為授權頻段以及免授權頻段，**ISM** (Industrial Scientific Medical Band) 即屬免授權頻段，是開放給工業、科學及醫學機構使用的頻段，無須許可證及費用，只需要遵守一定的發射功率(一般低於1W)，不要對其他頻段造成干擾，即可使用。授權頻道則取得許可的成本高昂，多為電信業者使用。

而LoRaWAN則是指在LoRa上運作的LPWAN通訊協定，它負責將IoT應用程式與LoRa訊號連結起來，其協定由LoRa聯盟負責定義和管理。

LoRaWAN的網路架構採用典型的**星形拓撲結構**，由應用伺服器、網路伺服器、閘道器與終端節點組成，任何人都能自行設置基地台來建置網路環境的模式。

● NB-IoT

NB-IoT (Narrow Band-IoT) 是由國際電信標準制定組織3GPP發展而來，具有**多連接**、**低功耗**、**低成本**及**廣覆蓋**等優點，使用需授權的**GSM**和**LTE**頻段，所以必須藉由電信業者買下頻段授權，使用者只能透過電信業者或第三方代理商取得授權技術和頻段，才能使用NB-IoT相關服務。NB-IoT是由現有電信業者推出的技術，不需重新布建網路，只要更新軟體，就能使用現有的4G、5G電信基地台和相關設備。

NB-IoT的覆蓋性很高，穿透力強，訊號也很強，一個基地台可以提供5~10萬個節點，其網路不限制傳輸訊息次數，所能攜帶的資料量也更高，因此適用於重視網路傳輸穩定性和即時性的智慧工業領域，或者是需要聲音、影像檔等高資料傳輸的IoT裝置。

● SigFox

Sigfox是由法國Sigfox公司開發的無線技術，也是一種網路服務，具有長距離、低功耗、全球聯網服務、簡易的使用模式，以及低總運營成本等特點，使用非授權的Sub-1GHz ISM頻段，傳輸距離在一般市區約5公里，郊區可達20~30公里，可傳輸12 Bytes以下的數據，由於降低了數據傳輸量，因此大幅節省物聯網裝置的電力消耗。

7-4-3 應用層

應用層是**物聯網和使用者(包括人、組織和其他系統)的介面**，它與行業需求結合，實現物聯網的各種應用。

應用層結合各種資料分析、運算技術，以及各應用子系統重新整合，將感測器所蒐集到的資訊，透過網路傳送至最上層的應用系統，將資訊做進一步的分析運算，找出每筆資訊的定位與意義。

因此，像是**雲端運算**(Cloud Computing)、**大數據**(Big Data)分析、**資料探勘**(Data Mining)、**資料倉儲**(Data Warehouse, **DW**)、**決策支援系統**(Decision Support System, **DSS**)、**商業智慧**(Business Intelligence, **BI**)等，都是應用層重要的技術。(這些技術將會在後面章節陸續說明)

7-5 AIoT 智慧聯網

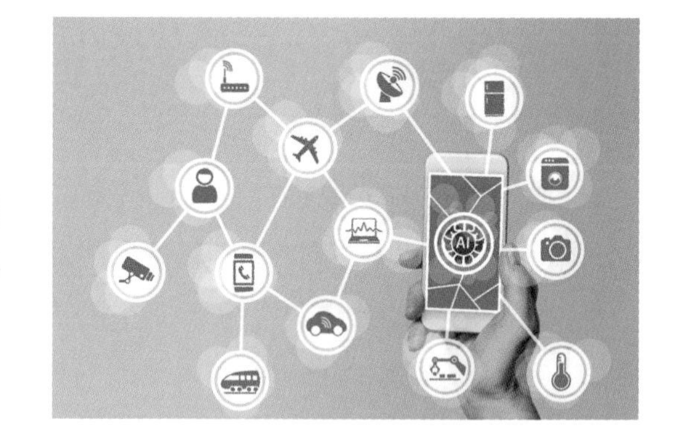

智慧聯網(AIoT)不僅影響全球產業，對每個人的生活方式也產生巨大影響，這節就來認識智慧聯網，以及智慧聯網在各領域的實際應用。

7-5-1 認識智慧聯網

AIoT這個名詞，簡單來說，就是指**人工智慧**(AI)結合**物聯網**(IoT)的新興智慧應用。隨著物聯網的基礎建設日益成熟，且人工智慧領域也快速進步，因而發展出的新興複合科技應用。

在AIoT中，物聯網設備通常具備感應器與連接性，透過互聯網連接到中央系統，而這些系統應用了人工智慧和機器學習演算法，以提高系統的智慧化和自主性。

AIoT所蒐集到的數據，不一定要像傳統物聯網那樣回傳雲端，而是可以就近於終端的邊緣節點進行即時處理與數據分析，也就是所謂的**邊緣運算**(Edge Computing)。

具體來說，AIoT建構原理就是透過物聯網的網路基礎設備，將物聯裝置上所蒐集到的大量資訊進行分析整合利用，再將這些大量數據以AI的深度學習技術找出模型，歸納出預測與異常模式，使其成為有用的商業智慧，再反饋給使用者，以更智慧的方式輔助人類的生活，讓物聯網進化成智慧聯網。

我們熟知的機器人、無人機、自駕車等，都與AIoT息息相關。除此之外，經濟、教育、環境、安防、交通或生活，也都可以透過物聯網數據輔以AI，發展創新應用。

7-5-2 工業物聯網

工業物聯網(Industrial Internet of Things, **IIoT**)是指將具有感知、監控能力的各種感測或控制器，以及智慧分析、人工智慧、機器學習等技術，融入到工業生產環節中，以大幅提升製造效率、提升品質、降低成本，是實現工業4.0/5.0不可或缺的環節。

在工業物聯網所架構的環境中，架構一個專為工業領域應用所設計的物聯網平臺，透過**機器至機器**(Machine to Machine, **M2M**)的通訊，將所有生產製造範圍內的機具設備、嵌入式裝置與控制系統整合在一起，進行智慧化的管理，而成為**智慧製造**(Smart Manufacturing)，如圖7-12所示。

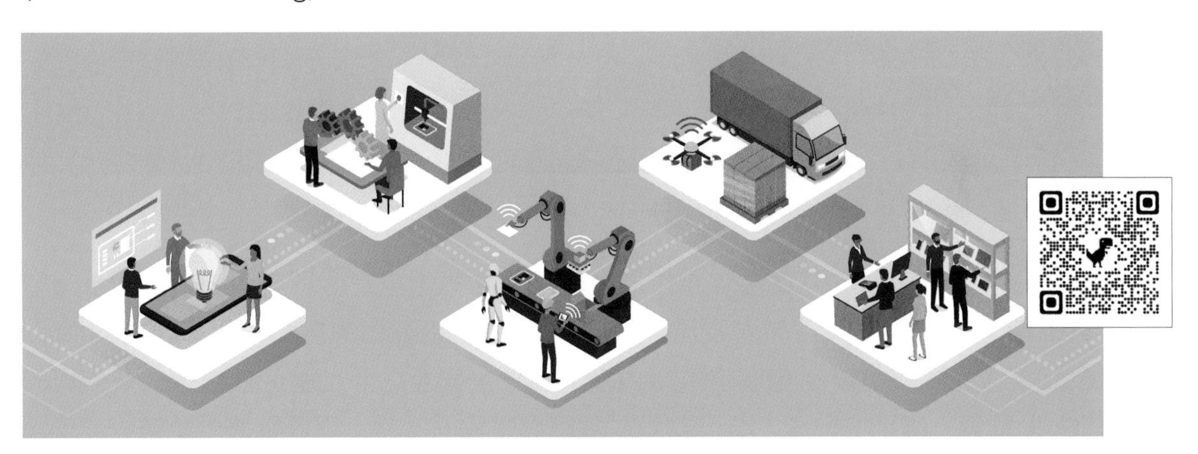

圖7-12　智慧製造示意圖

智慧製造提供了許多效益，許多的工廠從產品設計、分析、流程控管，到最後的成品測試，都是透過電腦及智慧化系統來掌握一切流程，以達到**工廠自動化**(Factory Automation, **FA**)的目標，管理階層能遠端遙控與監看生產作業，機台也可自動發送異常報告，以提高產品良率，還能節省人工盤點除錯的資源與時間，減少了營運成本。

晶圓製造龍頭台積電，從2011年開始導入大數據分析、機器學習、人工智慧等技術，開啟智慧化；2016年啟動深化機器學習計畫，成功開發出智慧診斷引擎、先進數據分析等平臺，而發展出獨門的製程精確控制系統，減短生產週期至少50%的進度。

工研院在「2030技術策略與藍圖」的計畫下，於智慧製造領域裡，會協助中小企業將設計、生產，到售後服務等各環節的製造資訊、技藝或經驗，加以數位化，以提升製造與設備效率、勞動生產力，並縮短產品上市時間、最小化資源的使用。

工研院將透過新興技術，協助業者建置智慧化系統，例如利用AR/VR (圖7-13)、數位分身等虛擬技術，整合製造系統的虛實兩端，打造出可視化功能。

圖7-13　運用AR/VR技術進行生產設計示意圖(圖片來源：Ekkasit919/Dreamstime.com)

日月光、高通及中華電信合作，在日月光高雄廠第二園區建置**5G mmWave智慧工廠**，結合mmWave毫米波建置的5G專網，以智慧化的**自動導引車**(Automated Guided Vehicle, **AGV**)，自動巡檢廠內及人員作業安全之外，還可以透過仁寶公司的5G AR眼鏡，讓現場檢修人員可以和遠端的專家協同維護，透過數據分析調校設備，如圖7-14所示。

圖7-14　5G mmWave智慧工廠(圖片來源：https://ase.aseglobal.com)

7-5-3 智慧交通

美國ITS協會將智慧交通定義為：「係利用先進電子、控制、電信、資訊等技術與運輸系統結合，以協助運輸系統之有效監控與管理，而達到減少擁擠、延滯、成本及提高效率與安全之目的」。

智慧交通主要的作用就是減少交通壅塞情形，透過物聯網及車聯網所形成之車路聯網協同運作，使交通更加安全與便利，提升運輸效率，減少交通事故。

智慧型運輸系統

智慧型運輸系統(Intelligent Transportation System, **ITS**)乃是應用先進的資訊、通訊、電子等技術，以整合人、路、車的管理策略，提供即時的資訊而增進運輸系統的安全、效率及舒適，同時也減少交通對環境的衝擊。

ITS系統應用的範圍小至個人，大至國家，例如大眾捷運系統、高速公路電子收費系統、公車亭的智慧站牌、臺灣高鐵的智慧軌道等，都是智慧型運輸系統的應用。

智慧軌道導入無人載具智慧巡檢、列車數值監控、車上運行攝影回傳及安全防護等技術，可以提升營運品質、運輸安全及防災應變。例如臺灣高鐵的**天然災害告警系統**(Disaster Warning System, **DWS**)，透過布設在高鐵軌道沿線的偵測器蒐集監控軌道周邊，若偵測到地震、異物入侵、邊坡滑動、落石等危險訊號，便發送停車指令停駛列車，確保營運安全，如圖7-15所示。

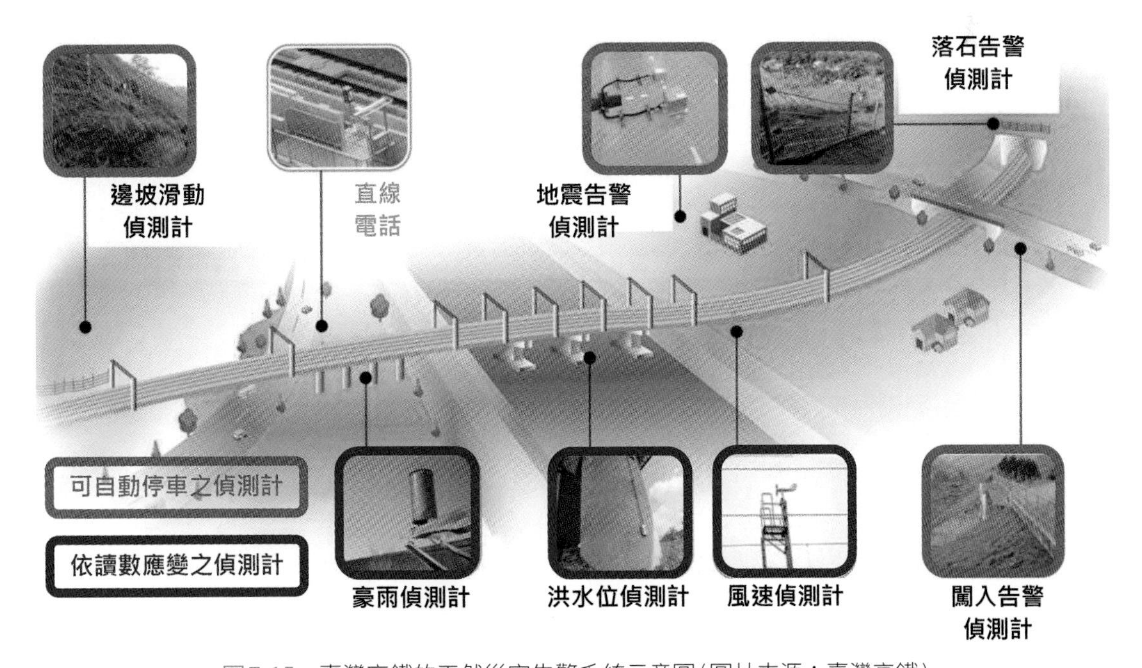

圖7-15　臺灣高鐵的天然災害告警系統示意圖(圖片來源：臺灣高鐵)

先進駕駛輔助系統

資訊科技的發展，帶動全球車廠致力於開發更智慧、更安全的車款，有越來越多的車輛導入**先進駕駛輔助系統**(Advanced driver-assistance system, **ADAS**)。ADAS是一套電子系統，它可用來提升駕駛的安全性及操控體驗，系統通常使用攝影機、雷達和光達等感測器來蒐集並感知周圍環境，並根據這些訊息提出示警，或是自動執行某些駕駛操作來避免碰撞。

ADAS包括像是自動緊急煞車、自動停車、主動車道維持輔助、盲點監測、自適應巡航控制等多種功能。例如，自動停車系統可以幫助駕駛輕鬆進行停車操作；主動車道維持輔助系統會在車輛偏離自身車道時，將車輛轉向回其車道或以方向盤震動來警告駕駛人。這些功能可以幫助駕駛者在行駛過程中更方便駕駛，更重要的是可以感知及應對潛在危險情況，以便有效降低交通事故的發生率。根據**美國國家公路交通安全管理局**(National Highway Traffic Safety Administration, **NHTSA**)的統計數據，配備ADAS車輛的碰撞率，比未配備ADAS的車輛低40%。

而ADAS的發展，正是推動自駕車研發的主要核心技術。自動駕駛汽車簡稱「自駕車」，又稱為**無人駕駛汽車**(Autonomous Car)，具有傳統汽車的運輸能力，不需要人為操作即能感測其環境及導航。特斯拉(Tesla)的自動駕駛系統(圖7-16)利用8台相機及12個感測器來蒐集環境資訊並偵測周圍環境，透過結合機器學習和圖像辨識技術的AI演算法，最後建構出擬真的3D向量空間圖，即時預測人車動向並做出決策。

圖7-16　特斯拉的自動駕駛系統(圖片來源：Tesla)

知識補充 eVTOL

電動垂直起降飛行器(Electric Vertical Takeoff and Landing, **eVTOL**)是一種使用電動動力來實現垂直起降的飛行器，它可以在狹小的空間中垂直起飛和降落，無需長跑道或特殊起降設施。與傳統的垂直起降飛行器(VTOL)相比，eVTOL使用電力驅動，不但更環保也更安靜，被廣泛認為是未來城市空中交通的一部分，可以提供更靈活、更快速的交通方式，同時減少對環境的影響。

圖7-17 Supernal研發的eVTOL「SA-2」

近年來，有許多業者紛紛投入eVTOL載具的研發，包括空中巴士(AIRBUS)的CityAirbus NextGen、本田(Honda)的eVTOL vol.2、現代(Hyundai)子公司Supernal的SA-2 (圖7-17)等。

而美國新創公司Alef推出的Model A (圖7-18)，則是具備eVTOL功能的電動**飛行汽車**(Flying Car)，它可以在路面上行駛，也可以在空中飛行，目前已在美國獲得合法飛行許可並量產。

圖7-18 Alef研發的飛行汽車「Model A」

7-5-4 智慧家庭

智慧家庭(Smart Home)是指結合互聯網、自動控制、感測器等技術，整合家中的各種裝置、數位電子產品、資訊家電與中央管理系統，以達到家庭網路「**設備自動化、功能智慧化**」的目的。例如用戶透過平板電腦、手機、智慧手錶等，即可控制家裡的冰箱、洗衣機、冷氣機、燈光、窗簾、保全系統，甚至灑水系統等(圖7-19)。

圖7-19 智慧家庭示意圖(圖片來源：ProStockStudio/Shutterstock.com)

7-5-5 智慧農業

智慧農業基於物聯網技術，可透過各種無線感測器，採集農業生產現場的光照、溫度、濕度等參數，進行遠程監控，並利用智慧系統進行定時、定量的計算處理，一邊監控作物生長狀況，一邊將資料傳送雲端，而農民只要透過手機或平板電腦連上雲端，即能輕鬆完成「巡田」任務，如圖7-20所示。

圖7-20　智慧農業示意圖(圖片來源：Ekkasit919/Dreamstime.com)

屏東帝王果園透過精準農業平臺LPWAN，管理火龍果園，整合IoT環境感測器、無線傳輸技術、無人機(圖7-21)、AI影像辨識等技術，蒐集微氣候、土壤、作物生長等大數據與影像，分析作物成長趨勢、防治病蟲害、規劃施肥等技術培育火龍果。

圖7-21　利用無人機巡田(圖片來源：Ekkasit919/Dreamstime.com)

7-5-6 智慧零售

全球零售業已掀起數位轉型，越來越多品牌導入「**智慧零售**」模式，讓傳統的商店逐漸轉型為智慧商店，改變過往消費者購物模式。智慧零售運用物聯網、AI、大數據等科技，提供顧客更方便、快速、安全的消費體驗，並整合品牌內的系統、資源、善用數據分析提高品牌營運效率。

當實體零售店安裝了具有人臉辨識的AIoT裝置後，可以判斷出顧客是否在某些貨架上露出驚訝或生氣的表情，擷取這些行為模式後，由AI進行分析，根據這些資料採取應對措施，例如妥善規劃店內人流動線、規劃熱門商品以及促銷活動的位置安排、在不同區域提供針對性的商品推播資訊等。

亞馬遜公司(Amazon)於2018年開了一間無人智慧商店Amazon GO，顧客只需要先用專屬App掃描確認身分，進入商店後，就會藉由店裡裝設的攝影機及感測器，與人工智慧、電腦視覺、深度學習演算法等技術，判斷顧客到底選取了哪些商品，並將商品加入虛擬購物車中，顧客拿了商品便可直接走出店門，虛擬購物車便會自動進行結帳，顧客也能馬上透過手機檢查購物金額是否正確。

除了Amazon Go外，Amazon還將無人店技術應用在Amazon Fresh生鮮超市，打造了Dash購物車(圖7-22)，讓僅購買少量商品的消費者可直接在購物車完成扣款，無需依序排隊離開，藉此加快結帳效率。Amazon在未來也準備將無人商店技術擴展至機場、電影院及球場等場景。

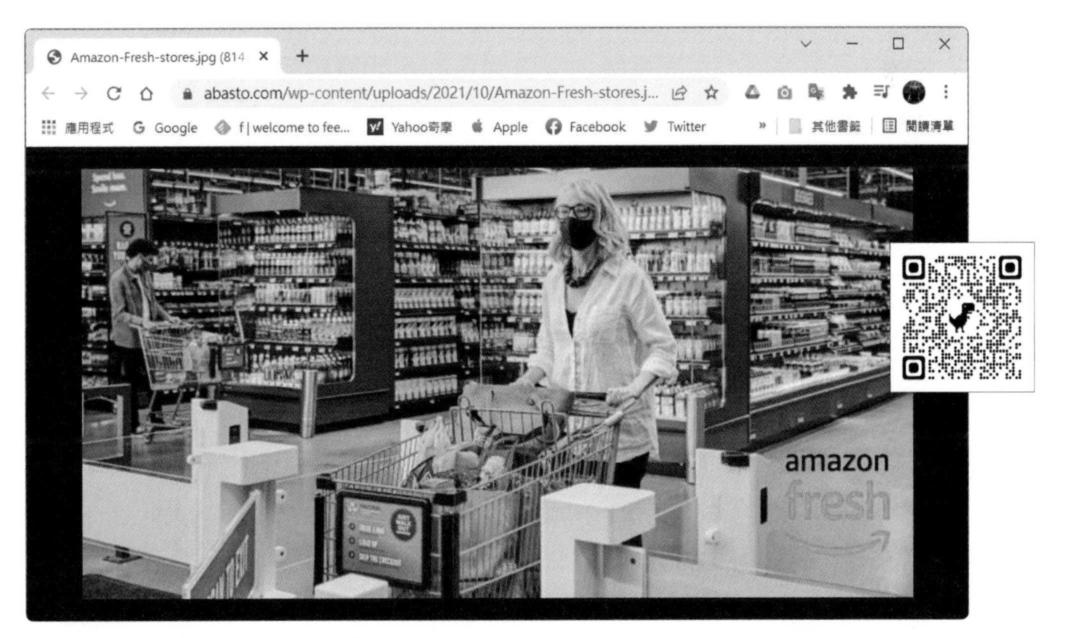

圖7-22　Amazon Dash Cart

7-5-7 智慧建築

近年來新一代的建築物紛紛加入智慧化的概念，並融入了綠能環保。所謂的「智慧建築」，**是透過多元的網路及科技設備導入及應用，使建築空間本身具備智慧化功能**，提升使用上的便利，使建築物更安全健康、便利舒適、節能減碳又環保，如圖7-23所示。

圖7-23　智慧建築示意圖

目前智慧建築發展的三大趨勢，包括**綠能環保**、**智慧感測**與**萬物互聯**等。智慧建築整合了監控、門禁、空調、照明、充電樁、電梯、消防、給排水等，建築內部設置環境感測器與網路通訊系統，可以全天採集建築內部的數據，像是室內亮度、溫度及人員數量等數據，再依這些數據判別內部的照明亮度、室內冷氣、人流走向等情況，便可自動關燈或是降低亮度，如此能有效避免不必要的能源浪費。

智慧建築可以減少能源消耗、降低維護成本、排除設備故障並防制各種異常災害，提供更安全舒適的居住環境等。在臺灣有許多智慧建築，如臺灣首座綠建築圖書館「北投圖書館」、士林電機仰德大樓、成功大學裡的「綠色魔法學校」、花博新生三館、臺北大巨蛋、南山人壽商業辦公大樓、臺北市萬華區青年公共住宅(圖7-24)等。

圖7-24　青年社會智慧住宅納入了智慧三表(水表、電表、瓦斯表)，並取得智慧建築銀級標章

7-5-8 智慧城市

智慧城市(Smart City)最初的概念來自IBM的「**智慧地球**」，是指將物聯網、AI、雲端運算、智慧型終端等工具，應用到城市裡的電力系統、交通系統、自來水系統、建築物、工廠、辦公室及居家生活等各種物件中，讓所有設備系統能形成有效率的互動，以提升政府效能，改善人民的生活品質。簡單來說，就是利用數位科技與數據來解決城市的問題，並提高生活品質。

而根據**聯合國歐洲經濟委員會**(UNECE)與**國際電信聯盟**(ITU)之定義：智慧城市是指運用資通訊技術與其他新興科技，提升資源運用效率，優化都市管理和服務，以改善市民生活品質，同時確保現在和未來於經濟、社會、環境與文化方面的永續發展，如圖7-25所示。

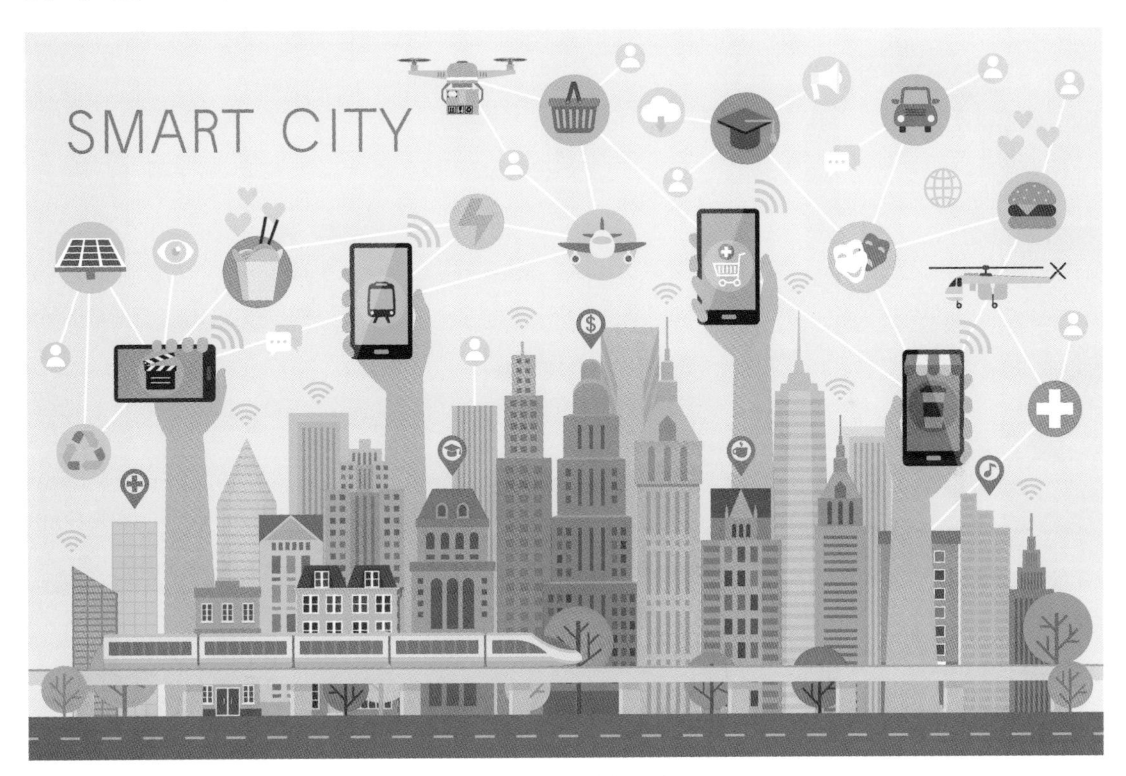

圖7-25　智慧城市示意圖

根據瑞士洛桑管理學院(IMD)發佈的《2023年全球智慧城市指數》(IMD Smart City Index 2023)報告排名，臺北市在受調查的全球141個城市，位居全球第29名，比起2021年從118個城市中排名第25名稍稍退步。

報告中名列前20名的城市主要來自歐洲和亞洲，其中瑞士蘇黎世自2019年以來排名持續保持全球第1，而全球排名第7的新加坡則維持亞洲第1，全球排名第12及16名的北京及首爾，則分列亞洲第2及第3名。

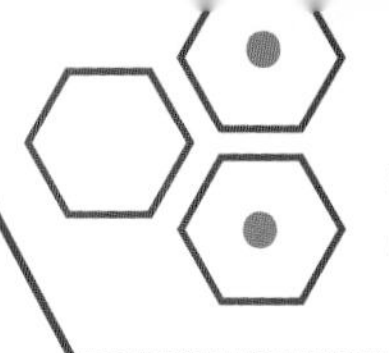

秒懂科技事

Matter 物聯網互連標準

Matter 是一個物聯網領域的開放連接標準，旨在提高智慧裝置之間的互通性和互操作性。早期智慧家電連接架構標準有 Wifi 2.4G、bluetooth、Zigbee、Z-ware 等，而蘋果 (Apple)、亞馬遜 (Amazon) 以及 Google 各裝置製造商的生態系統也各自為政，消費者一旦選定某一架構或廠商，其他周邊也只能購買相容標準的裝置。

而 Matter 的出現便是為產業提供一個統一的開放連接標準，即使製造商不同，也能達到物聯網設備之間的無縫通訊，統一智慧居家生態系統。

Matter 認證標誌是一個三箭頭同時指向中央的圖示，如右圖所示。要使用 Matter 標誌，產品必須證明符合 Matter 規範並獲得認證。只要在智慧裝置上看到這個標誌，無論是哪家製造商，或是使用何種底層連接技術，都能方便且順利地與其他 Matter 裝置進行互動。

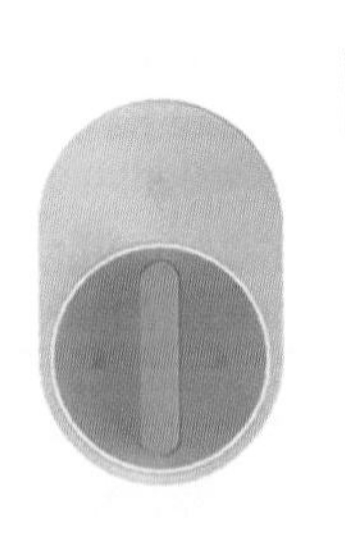

雲端運算與雲端工具

CHAPTER 08

8-1 雲端運算

雲端是你不能不知道的科技新知識，它正在改變使用電腦資訊的習慣，這節就讓我們一起認識雲端運算吧！

8-1-1 認識雲端運算

雲端運算(Cloud Computing)最早是由Amazon所提出的一種軟體技術，為因應網路購物平臺而生的，2007年Google正式提出「雲端運算」一詞，而這個技術，其實早就已經存在我們的生活中，成為生活中不可或缺的一部分。

雲端運算是一種**分散式運算**(Distributed Computing)的運用，主要概念是透過網際網路將龐大的運算處理程序，分解成無數個較小的子程序，再交由多部伺服器所組成的系統，進行運算與分析，再將處理結果傳回給使用者端。簡單地說，就是把所有的資料全部丟到網路上進行處理，如圖8-1所示。

圖8-1　雲端運算示意圖(圖片來源：freepik)

NIST (National Institute of Standards and Technology，**美國國家標準技術研究所**)對雲端的定義為：「雲端運算是一種模式，依照需求能夠方便地存取網路上所提供的電腦資源(如網路、伺服器、儲存空間、應用程式和服務等)，並可透過最少的管理工作，快速提供各項服務」。整體架構如圖 8-2 所示。

部署模式

私有雲　社群雲　公用雲　混合雲

服務模式

基礎設施即服務　平臺即服務　軟體即服務

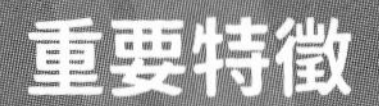

隨選自助服務　廣泛網路裝置存取
多人共享資源區　快速彈性重新部署
可被監控與量測

一般特徵

大規模　彈性運算　同質性　虛擬化　服務導向
高擴充性　低成本　使用者付費　進階安全性

圖8-2　雲端運算整體架構

雲端運算具有以下優點：

- 資料在雲端不怕遺失及不用備份。
- 軟體在雲端不必下載到電腦中安裝，且軟體會即時更新，可減少軟體、硬體及資訊技術基礎設施的成本。
- 無所不在的雲端，任何設備登入即可使用。
- 有無限的儲存能力及無限用戶。
- 部署速度快、風險更低。
- 提高計算能力，減少維護問題。

8-1-2 雲端運算的特徵

依據NIST的定義，雲端運算具有五大特徵：

- **隨選自助服務(On-demand Self-service)**：使用者可以依其需求要求運算資源，且要求資源的過程是自助式的配置。
- **廣泛網路裝置存取(Broad Network Access)**：經由網路提供服務，且有共通機制讓不同的用戶端平臺(如智慧型手機、平板及筆電等)都可以使用。
- **多人共享資源區(Resouce Pooling)**：用戶共享服務提供者的運算資源，服務提供者能隨時依使用者需求重新分配。
- **快速彈性重新部署(Rapid Elasticity)**：運算資源可以快速且有彈性地被提供或釋放，對使用者而言，是不需擔心運算資源匱乏的問題。
- **可被監控與量測(Measured Service)**：運算資源可依其所提供的服務特性被自動控管及最佳化。

8-1-3 雲端運算的部署模式

依據NIST的定義，雲端運算有：**私有雲**(Private Cloud)、**社群雲**(Community Cloud)、**公用雲**(Public Cloud)及**混合雲**(Hybrid Cloud)等四種部署模式，如圖8-3所示。

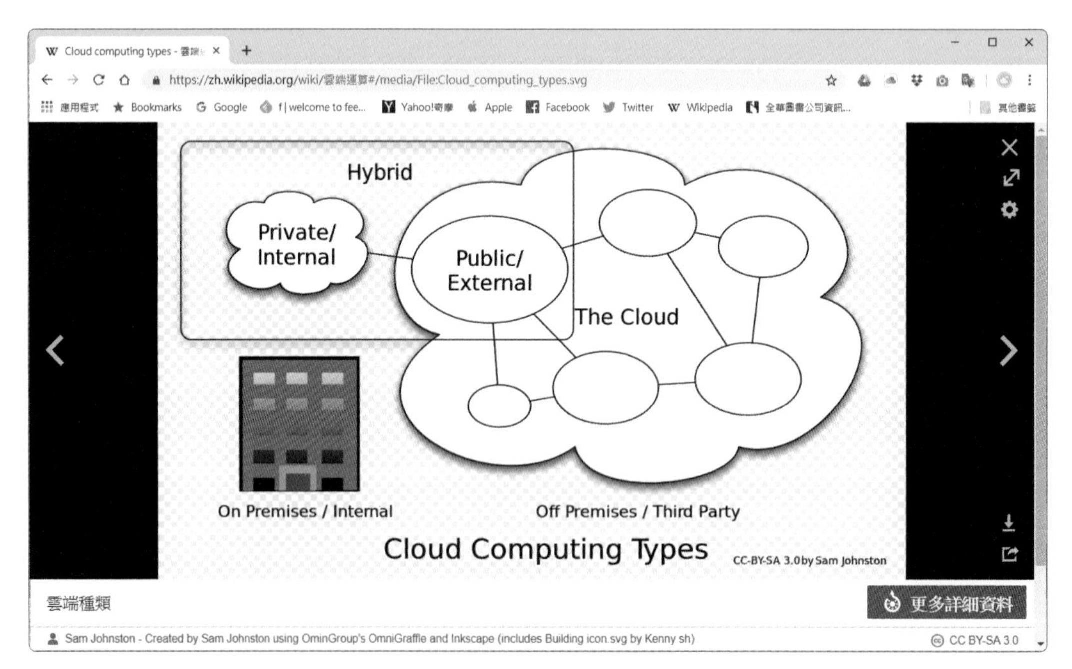

圖8-3 雲端運算部署模型

- **私有雲：為特定組織而運作的雲端基礎設施**，管理者可能是組織本身，也可能是第三方。具有可掌握、更具安全性、可根據企業需求客製化及資料傳輸效率高等優勢。
- **社群雲：**為幾個組織共享的雲端基礎設施，它們支持特定的社群，有共同關切的事項等。
- **公用雲：是第三方**(如Google、Azure、AWS等)**提供給一般公眾或大型產業集體使用的雲端基礎設施**。具有節省系統建造及維護成本、可供多個組織共用及彈性計價等優勢。
- **混合雲：由兩個或更多雲端系統組成的雲端基礎設施**，這些雲端系統包含了私有雲、社群雲、公用雲等。具有兼具安全性與便利、幫助企業節約成本及擴張性佳等優勢。

8-2 雲端服務與應用

透過雲端運算技術，網路服務提供者即可提供**雲端服務**(Cloud Service)，雲端服務是指**可以讓使用者直接透過瀏覽器，來使用網路服務提供者所提供的各項服務**，例如Google提供的Gmail、文件、日曆、雲端硬碟等，都是屬於雲端服務，如圖8-4所示。

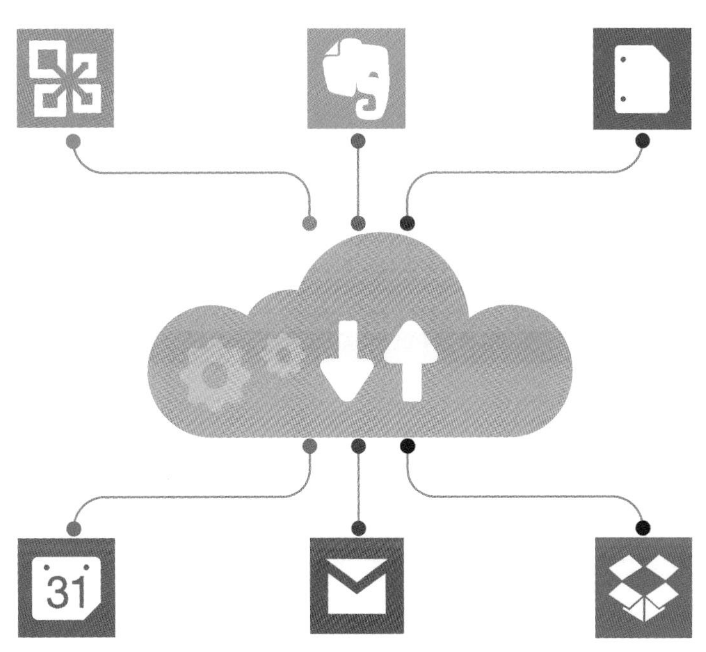

圖8-4　雲端服務示意圖

在使用這些雲端服務時，只需要透過瀏覽器，而無須安裝軟體，即可在電腦上收發電子郵件，或是使用線上文書、試算、簡報等應用軟體。雲端應用不但使用方便，同時組織也可以透過各種雲端服務，節省各種硬體成本。

8-2-1 基礎設施即服務

基礎設施即服務(Infrastructure as a Service, **IaaS**)**提供基礎架構為主的服務**，將基礎設備(例如資料庫)整合起來，讓一般企業及軟體開發廠商使用，用戶不需要採購伺服器、網路設備及軟體來自行建置機房，而大部分提供雲端機房的環境亦提供恆溫、24小時監控、機房本身又具備防震，可以減少企業內部機房的採購與維護硬體的成本。

IBM Cloud、Amazon EC2、OpenStack、中華電信的HiCloud等都是屬於IaaS。根據Gartner報告指出，2021~2022年全球雲端市場約成長21.7%，達4,820億美元的市場規模，其中SaaS服務約佔46%。

Amazon EC2

Amazon EC2 (Amazon Elastic Compute Cloud)是由Amazon所提供的雲端運算服務。EC2是一個虛擬伺服器，使用者可以透過它的網路服務介面來存取和設定雲端電腦，可依需求設定要使用的作業系統、CPU、記憶體、儲存容量、IP位址、防火牆、虛擬網路等。

OpenStack

OpenStack是一個自由、開源的雲端運算平臺，2010年由美國航空暨太空總署(NASA)和Rackspace共同發表的，採用集中式虛擬資源來建構和管理私有雲及公共雲。該平臺允許使用者將虛擬機器或其他應用部署在資料中心裡，還提供協作、故障管理等功能，確保服務的穩定性和可靠性。圖8-5所示為OpenStack官網。

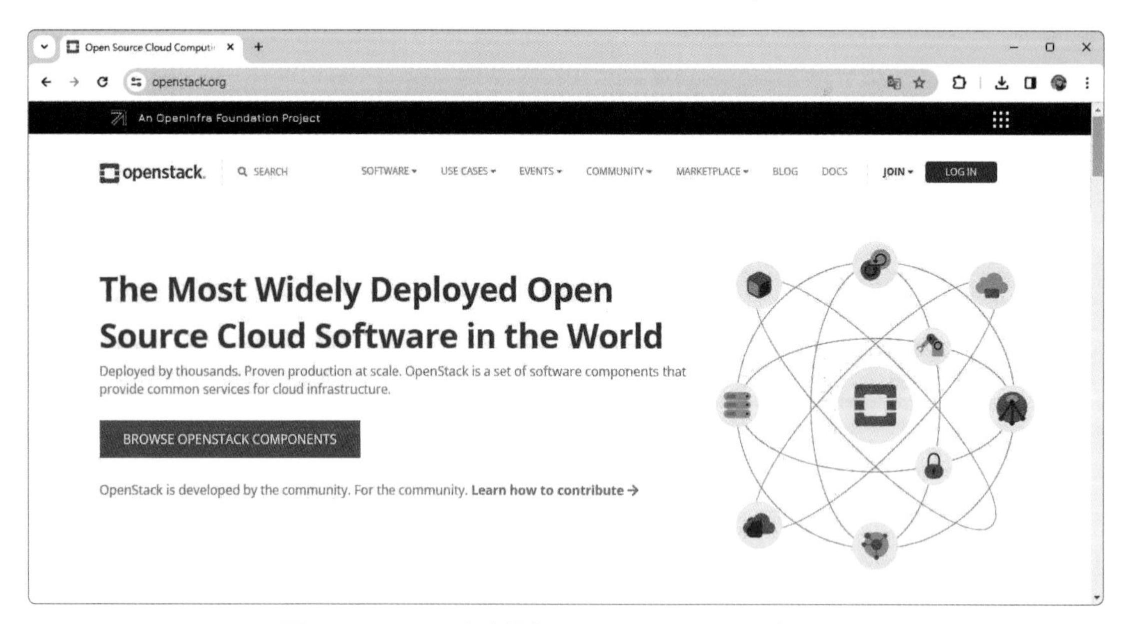

圖8-5　OpenStack官網(https://www.openstack.org/)

8-2-2 平臺即服務

平臺即服務(Platform as a Service, **PaaS**)是**提供系統平臺為主的服務**，讓人員可在平臺上進行程式的開發與執行。根據資策會的定義，PaaS指的是「將整合設計、開發、測試、部署、代管等功能的平臺提供給使用者的雲端運算服務，藉由打造程式開發與作業系統平臺，讓開發人員可以透過網路撰寫程式與服務，並依據流量或運算資源使用量來進行收費」。Google Cloud Platform、Microsoft Azure、Amazon Web Services、IBM Bluemix、Apple Store等都屬於Paas。

Google Cloud Platform

Google Cloud Platform (GCP)是Google於2008年推出的雲端服務平臺(圖8-6)，並於2022年正式更名為**Google Cloud**。

GCP平臺除了包含運算(Compute Engine、Google Kubernetes Engine)、儲存(Cloud Storage、Cloud Filestore)、資料分析(Big Query、Cloud Dataflow)、管理監控(IAM、Cloud Logging、Cloud Monitoring)等基本功能，也包括API管理(Apigee API平臺、API數據分析)、機器學習(Cloud TPU、Cloud Machine Learning Engine)等眾多產品。

圖8-6　GCP網站(https://console.cloud.google.com/)

GCP的資料中心及海底電纜遍布世界各大洲，且在臺灣彰濱工業區也設有公有雲資料中心，因此Google建構了**VPC** (Virtual Private Cloud)虛擬網路生態，使用者可以在網路上透過UI介面操作、透過程式呼叫GCP的API，或是用Cloud VPN、Cloud Interconnect的方案連線到Google Cloud後，就可以彈性地調度及取用全球或地區的資源。

Microsoft Azure

Microsoft Azure是由Microsoft所提供的雲端服務平臺，Azure最初是以IaaS提供基礎雲端服務，不過，現在也提供了PaaS及SaaS雲端服務。該平臺建置了自動化及可擴充性服務，使用者只需要建立一個自動化系統，有需要時再開啟，且開發資源庫也很豐富，能大幅降低應用程式的開發成本。圖8-7所示為Azure官網。

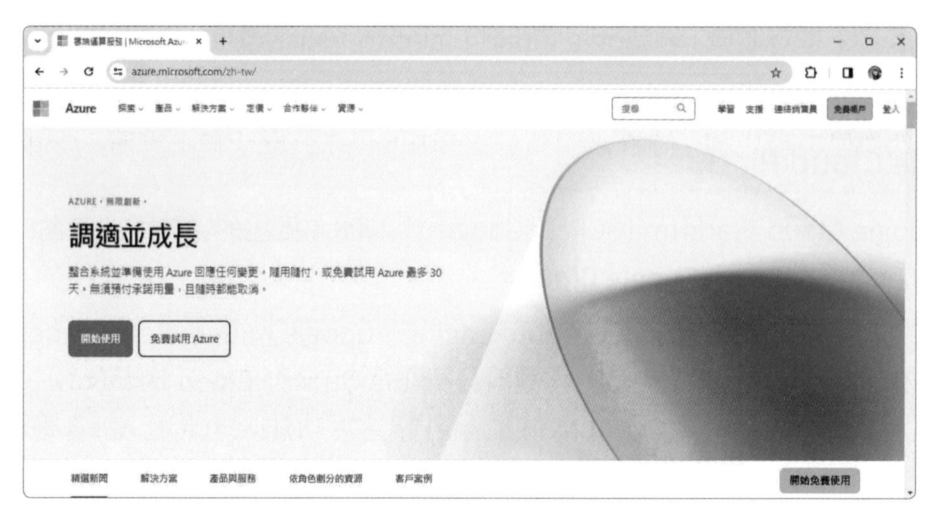

圖8-7 Microsoft Azure官網(https://azure.microsoft.com/zh-tw/)

Amazon Web Services

Amazon Web Services (AWS)是Amazon所推出的雲端運算服務，提供了雲端IT、雲端運算、人工智慧、大數據、物聯網等服務，透過全球資料中心提供超過200項計算、儲存等雲端服務。圖8-8所示為AWS官網。

圖8-8 AWS官網(https://aws.amazon.com/tw/)

8-2-3 軟體即服務

軟體即服務(Software as a Service, **SaaS**)是**提供應用軟體為主的服務**，讓任何使用者可以隨時隨地存取使用，使用者只需要向廠商訂購該服務，不需要布署資訊系統，也不需要支付軟體授權金，就能使用該軟體的服務。例如Google提供免費的Gmail電子郵件服務給大眾使用外，還針對企業推出付費的網路郵件服務，如此一來，企業就不需要另外採購電子郵件的軟體及硬體設備，只要訂購Google的Gmail服務，就能取代自建的電子郵件系統。

其他像是Facebook、Google Map、YouTube、Zendesk線上客服、Codepen線上程式編輯器(圖8-9)等，都屬於SaaS。

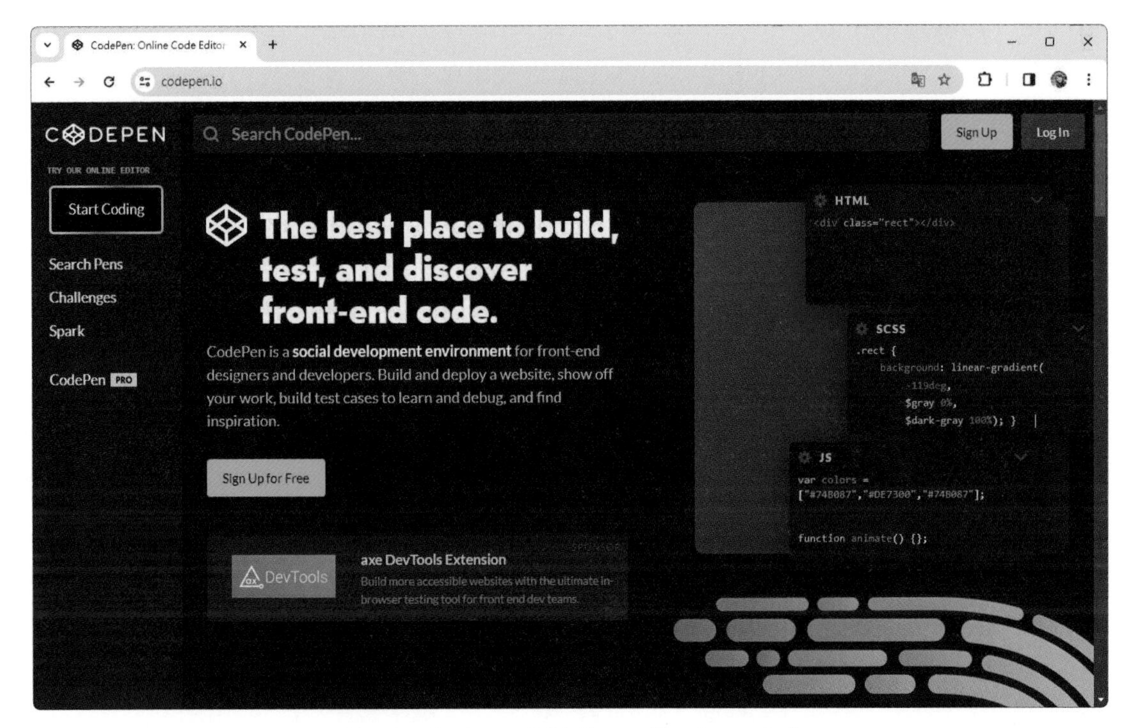

圖8-9　Codepen網站(https://codepen.io/)

除此之外，文件管理、群組管理、企業資源管理(ERP)與商業智慧(BI)等軟體也紛紛推出SaaS模式，供消費者與企業使用，例如鼎新的雲端ERP B2、Salesforce.com ERP&CRM、Cisco WebEx、趨勢科技的SPN (Smart Protection Network)。

8-2-4 資料中心

資料中心(Data Center)又稱「**數據中心**」，是指**專門用來執行應用程式或儲存巨量資料的特定地點**，它通常擁有大量的電腦系統、伺服器、網路通訊系統和儲存設備。而資料中心具有能量密度高、耗電量大及用水量多等特點，所造成的碳排放量，大約佔全球總量的2%，因此背負了「不環保」的惡名，有鑑於此，企業皆做出淨零排放及重視ESG的承諾。

人工智慧、物聯網、元宇宙、區塊鏈、智慧城市、智慧家電、影音串流、挖礦、電競、加密貨幣等新興科技，都須仰賴大數據支持，因此資料中心的需求也與日俱增，致使各雲端服務供應商在全球各地不斷增設其運算機房和資料中心。其中最受矚目的是「**超級資料中心**」(Hyperscale Data Center)，主要集中在歐美，Hyperscale指的是擁有數十萬台到數百萬台伺服器組成的資料中心，大部分是大企業才會擁有這樣的資料中心，如AWS、Google及Microsoft等。

全球超大規模資料中心數量至2022年底已增加到818座，其中逾半皆為AWS、Google、Microsoft等3大公有雲業者所設置。Google在臺灣建立的第一座資料中心位於彰濱工業區，也是在亞洲的第一座資料中心，已於2013年12月正式啟用，後續又宣布選在臺南科技工業園區及雲林科技工業區，將興建第二及第三座資料中心。微軟也宣布將在桃園南崁成立臺灣首座Azure資料中心區域，讓臺灣成為全球第66個資料中心區域。

彰化雲端資料中心

我國的台電也在彰化建置首座雲端資料中心(圖8-10)，上線後可儲存100萬TB以上資料，相當台電80年的智慧電網大數據分析資料，運轉可靠度可達99.982%，未來將大幅提升客服中心及民眾停電查詢等線上服務效率，預計2024年12月落成。

圖8-10　彰化雲端資料中心建築物外觀

台電利用雲端資料中心資訊智慧化服務，提高再生能源發電預測的精準度，讓電力調度更快速、更精準反應。透過智慧電表資料的分析，可以讓用戶了解、掌握自己用電型態，結合**需量反應**(Demand Response, **DR**)措施(是指電力公司藉由提供價格或電費扣減等誘因，引導用戶調整用電習慣的管理措施)，讓更多用戶在尖峰時段參與節能，減少用電。

彰化雲端資料中心規劃採用100%彰化綠電，另建築物也採取美國綠建築協會的能源與環境設計領導認證、臺灣黃金級綠建築標章，預計比臺灣企業傳統機房減少約25%電力耗損，每年可省下700萬度電，並減少3,500公噸二氧化碳排放，相當於九座大安森林公園碳吸附量。

知識補充　智慧電表

智慧電表(Advanced Metering Infrastructure, **AMI**)與傳統機械式電表最大的差異在於它能即時提供用戶用電的資訊，並記錄電力的使用情況，將用電數據即時回傳到電力公司的控制中心，可進行大數據分析，能讓電力公司精確掌握用戶的用電行為與習慣，用戶也能到電力公司的用戶網頁資訊平臺取得自己的用電累積度數，就能進一步分析用電習慣並找出適合的節能方法，達成節省電費支出的目標。

相關資訊可參考台電AMI智慧電表資訊網(https://service.taipower.com.tw/ami-meter/)。

8-2-5 雲端運算應用案例

以下列舉一些雲端運算應用的案例。

聯發科半導體設計導入雲端運算

臺灣聯發科利用雲端高效能運算，滿足複雜設計所對應的運算需求，利用雲端資源，爭取時效，提前交付生產。

在7奈米5G專案裡，聯發科除了自建雲外，也使用公有雲(AWS)，建置自己的混合雲環境，並將RD研發設計使用的**電子設計自動化**(Electronic Design Automation, **EDA**)工具，搬上AWS雲端執行，並新增上千台高階伺服器，以備研發單位進行大量運算，並同時兼顧使用者體驗與雲端資源運用，提早三個月發表7奈米5G手機晶片。

零售業者導入雲端POS系統

隨著雲端運算與行動科技的崛起，傳統的POS機已被行動裝置所取代，後台服務功能也走向雲端加App化。零售業導入雲端POS系統(圖8-11)，不僅能降低系統導入的風險與門檻、大幅減少店家投入時間與成本，透過數據蒐集，消費者在收銀機前的結帳、App上的點餐，到每天進店的次數，都能彙整到雲端的管理平臺。

透過這些紀錄，零售業者能精準掌握客戶偏好及行銷方案，也有助於即時精準掌握銷售情況以快速做出應對，更能輕鬆整合行動支付，迎接「嗶」經濟時代。

圖8-11 雲端POS系統(https://www.jinglin.tw/)

保險公司導入雲端機器學習

保險公司在傳統理賠審查，幾乎完全人工作業，費時費工，當受理案件數目增加，就會有人為疏失的可能，更無法即時偵測新型態的詐欺行為。美國富達保險公司利用雲端機器學習，結合流程機器人，將理賠案件的審查，加以自動化。導入雲端機器學習之後，大幅提升人工調查的派件品質，有效降低誤判。更透過機器學習提供的異常偵測，找出新型態的詐欺行為，便可及早規劃防範機制。

Airbnb

Airbnb成立於2008年，擁有超過700萬個房源，以及4萬項以上的獨特體驗，供客戶在Airbnb的公司網站預定。Airbnb成立的第二年，由於經歷了原始供應商的服務管理挑戰，決定將大部分的雲端運算功能移轉到AWS。Airbnb使用Amazon EFS及Amazon SQS等託管服務，大大減少了維護基礎設施所需的操作，如此一來，公司員工可以專注於構建新功能並為客戶帶來價值。

臺南市政府智慧停車柱

臺南市政府將路邊停車格透過科技的應用升級為智慧化，透過智慧科技所設置的停車柱、地磁偵測器等設施，可將資訊回傳到「智慧停車雲端數據平臺」，即能提供市民最即時停車資訊，如圖8-12所示。

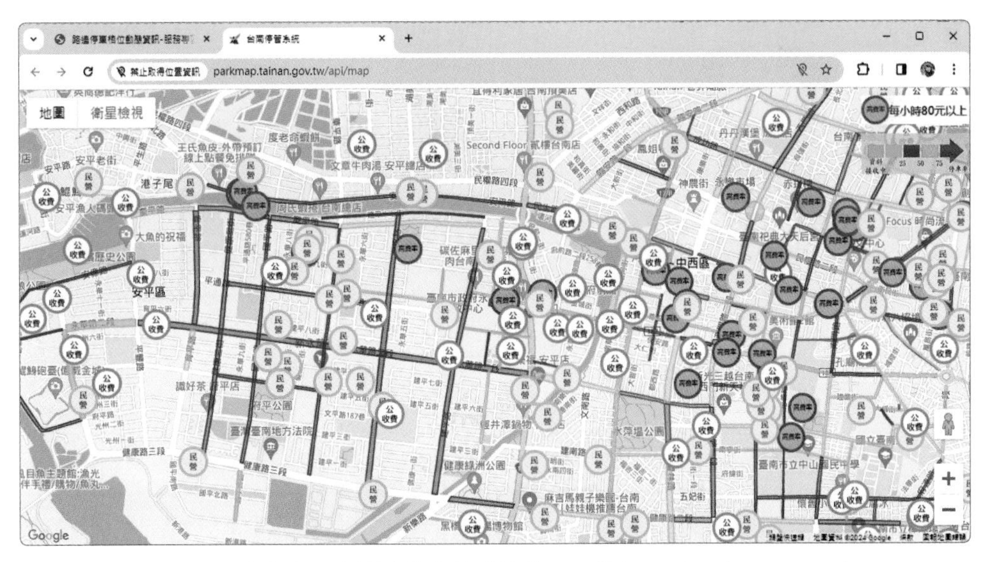

圖8-12　臺南市政府即時停車位系統(https://citypark.tainan.gov.tw)

臺南市府與宏碁智通及臺灣微軟，運用IoT、AI、Microsoft Azure雲端運算等科技，解決日常生活中的停車困擾。目前智慧停車柱與智慧地磁偵測系統所蒐集到的資訊，皆會上傳至微軟的Azure雲平臺系統，由後台傳送停車格位即時資訊至App、進行AI車牌辨識、自動計算停車費並開立停車繳費單、記錄繳費資訊等。

8-3 邊緣運算

近年來邊緣運算成為IT界熱門話題，這節就來認識邊緣運算吧！

8-3-1 邊緣運算的架構

邊緣運算(Edge Computing)與雲端運算一樣是**分散式運算**，係指將資料的處理與運算，往資料來源移動得更近一點，縮短網路傳輸的延遲，加快現場即時反應，以便更快地獲得資料分析的結果，讓雲端資料中心負載降低，提高資料分析的速度與效率等。

邊緣運算主要是透過**點**、**邊**、**雲**等三個元素構成，而這三個元素可以組織出**邊緣設備**、**邊緣網路**、**邊緣運算中心**及**雲端運算中心**四層架構，如圖8-13所示。

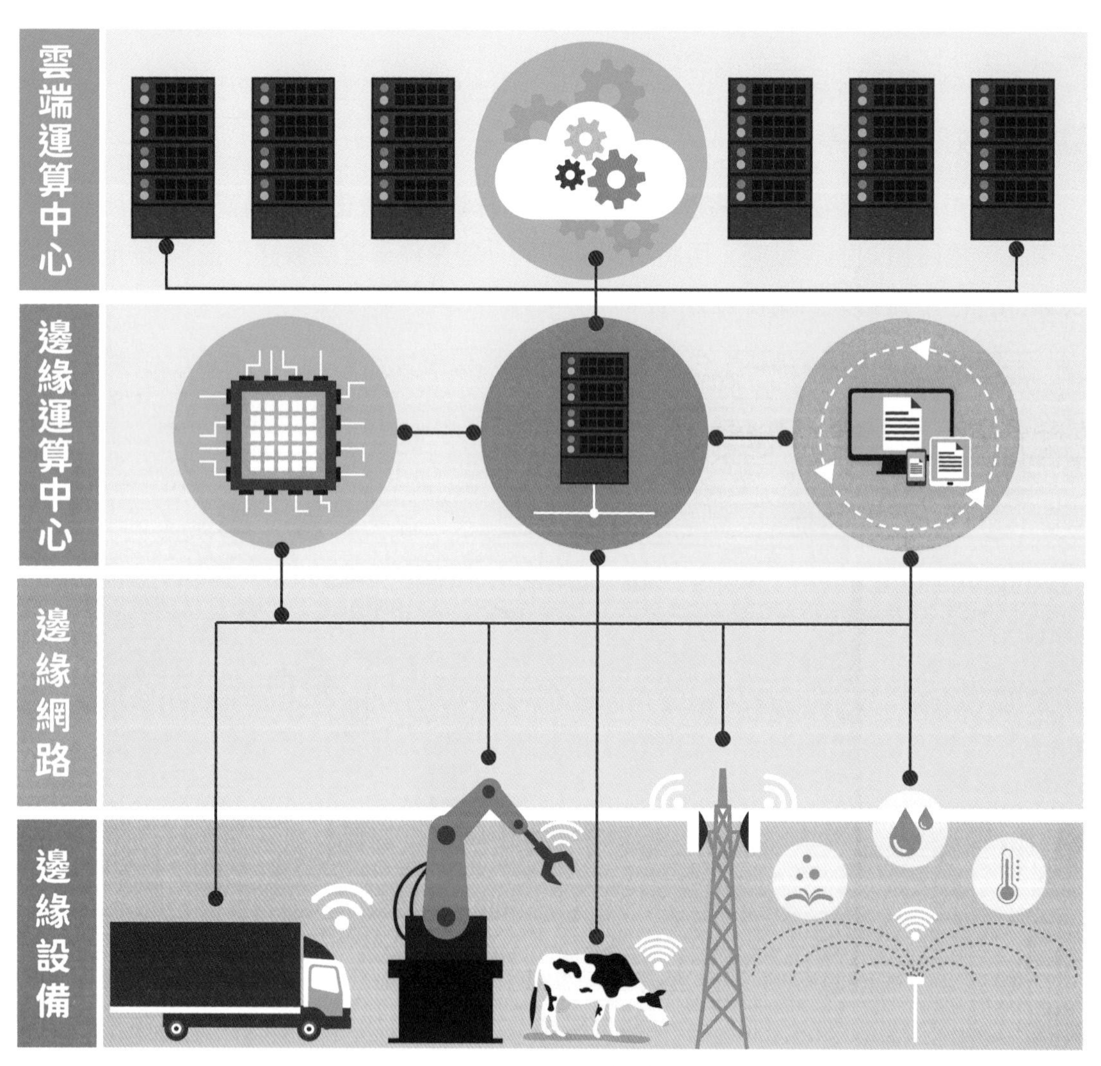

圖8-13　邊緣運算架構圖

- **邊緣設備**：是指數據資料的生產者，例如行動裝置、感測器等。
- **邊緣網路**：透過無線網路、有線網路或衛星傳輸等通訊網路，連接邊緣設備及邊緣運算中心，以傳遞數據資料。
- **邊緣運算中心**：是提供資訊源頭的運算、訊息轉發及資料存取等功能或決策服務，並提供雲端運算中心所需的資料。
- **雲端運算中心**：是蒐集與彙整的決策單位，將邊緣運算中心所提供的資料進行整體性的分析、建模、策略擬定等服務。

在混合雲架構中，邊緣運算是設備、雲端及資料中心之間的中介者，除了用於設備數據的存取外，同時也提供即時分析，以減少往返於資料中心及各雲端可能發生的延遲，還能減少頻寬成本。

8-3-2 邊緣運算應用

根據ITIS (Industry & Technology Intelligence Service，**產業技術知識服務計畫**)的報告分析，邊緣運算依照應用場域對資料傳輸時間、成本和效能的不同需求，可分為四大應用，如圖8-14所示。

圖8-14　邊緣運算的四大應用

8-4 霧運算

隨著物聯網的發展，霧運算的應用也開始備受矚目，這節就來認識霧運算吧！

8-4-1 認識霧運算

霧運算 (Fog Computing) 為雲端運算的延伸，介於雲端運算與邊緣運算之間。這個概念是由思科 (Cisco) 提出，2015年11月，ARM、戴爾、英特爾、微軟等公司以及普林斯頓大學也加入了這個概念陣營，並成立了**開放霧聯盟** (OpenFog Consortium)，該聯盟主要在推廣和加快開放霧運算的普及，促進物聯網發展。

根據開放霧運算聯盟的定義，霧運算**是一種水平的、系統級的分散式協作架構**，任何裝置若具備連網、運算以及儲存功能，就能夠成為一個霧運算的節點。霧運算擴大了雲端運算的網路運算模式，將網路運算從網路中心擴展到了網路邊緣，如圖8-15所示。

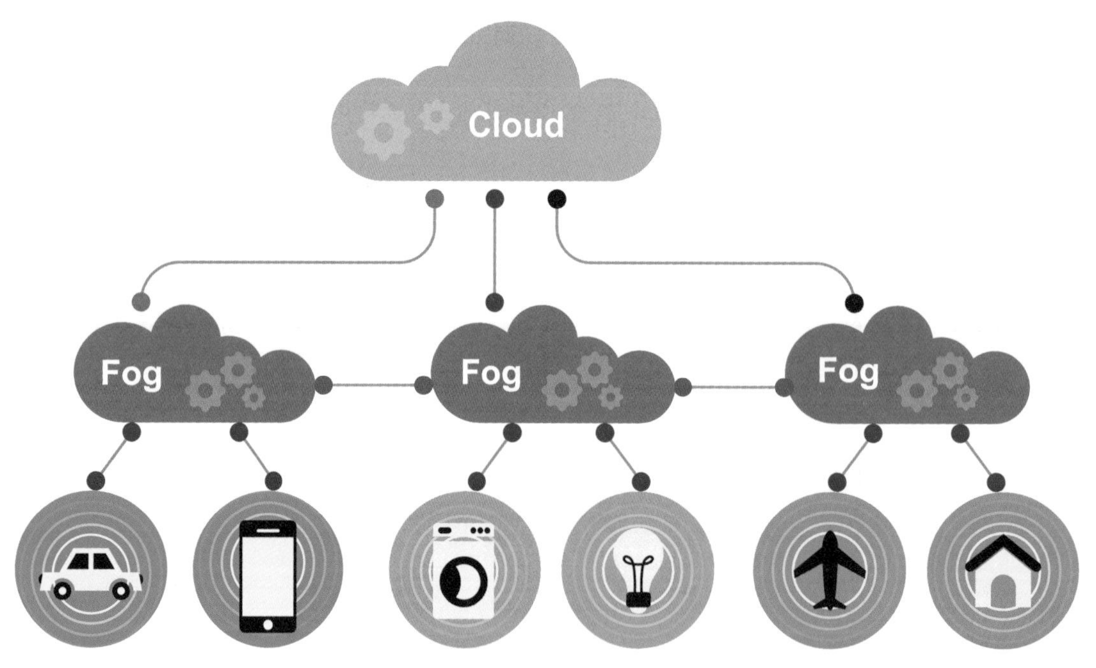

圖8-15　霧運算示意圖

霧運算與雲端運算相比，雲是在天空上，而霧則在你我周邊，而雲端強調中央伺服器，大家把數據上傳到指定的伺服器，再進行運算、下載或分享；而霧運算則強調數據儲存、運算和應用，都集中在彼此附近的網路設備，所以霧運算更接近終端用戶。

8-4-2 霧運算的應用

IoT的實際應用面臨延遲、網路頻寬等挑戰，這些問題在雲端運算架構下無法解決，而霧運算正是專門設計來滿足IoT、5G、AI、AR、車聯網等資料密集應用需求的通用技術。

智慧停車場

由於霧運算採用的架構更接近網路邊緣，因此存取速度就能非常快，實現超延遲的運算，所以可以應用在智慧停車場。

智慧停車場透過感應器可以知道那個位子的車輛離開了車位，並告知其他使用者這裡有車位。當汽車離開停車場時，會觸動到感測器，但感測器的處理能力有限，因此，感測器會將數據傳輸到附近的霧運算伺服器，當它收到此事件後，就會進行初步分析，並快速通知附近的警示系統，將停車位的警示關掉，以表示這個車位可供停車。

由於霧運算伺服器能力有限，並未能處理到影像的部分。因此，霧運算伺服器就會將車的影像傳輸到遠端的雲端伺服器中，處理汽車的影像，分析到汽車的車牌後，就會將車牌號碼送回到霧運算伺服器中。由於車輛從停車位到離開停車場會有段時間，此時霧運算伺服器就能利用這段時間等待雲端伺服器計算，並將車牌結果顯示為已離開，如圖8-16所示。

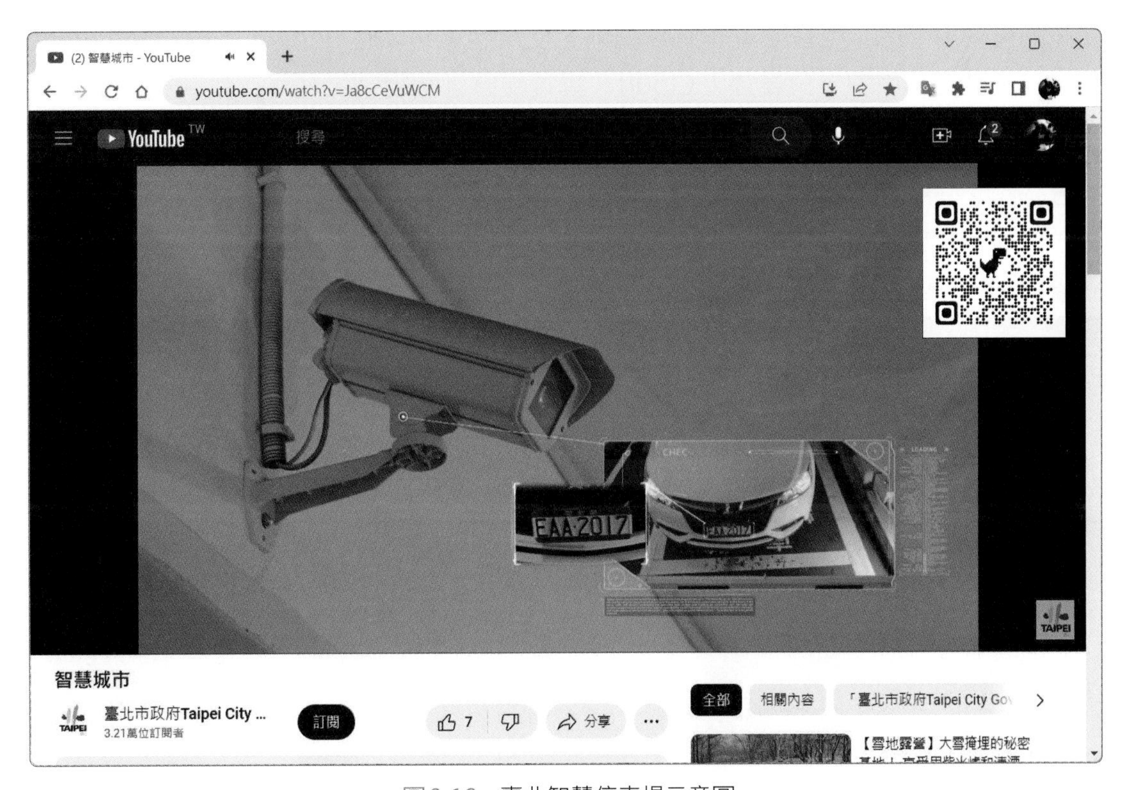

圖8-16　臺北智慧停車場示意圖

8-5 雲端工具軟體

雲端工具軟體種類繁多(如雲端硬碟、Google文件、Google協作平台、Google日曆、Google表單等)，皆可以獨立使用，還能與其他工具進行整合及多人共同使用。這節將介紹一些熱門的雲端工具軟體。

8-5-1 雲端硬碟

隨著雲端的興起，網路上也出現許多「雲端硬碟」服務，提供了許多免費的儲存空間，讓使用者儲存各式各樣的檔案，並與工作團隊即時分享檔案。目前較為大家所熟悉的雲端硬碟如表8-1所列。

表8-1　各家雲端硬碟服務比較說明

服務名稱	支援系統	網址
Dropbox	Windows、macOS、Linux、iOS、Android	www.dropbox.com
OneDrive	Windows、macOS、iOS、Android	onedrive.live.com
Google雲端硬碟	Windows、macOS、iOS、Android	drive.google.com

Dropbox雲端硬碟服務(圖8-17)的基本方案提供2 GB的免費儲存空間，只要註冊會員即可使用。除了上述幾家雲端硬碟外，使用者還可以在Google Play、App Store或Microsoft Store中，只要鍵入Cloud、雲端硬碟等關鍵字，就可以找到相當多雲端硬碟服務。

圖8-17　Dropbox雲端硬碟(https://www.dropbox.com/)

8-5-2 雲端辦公室軟體

若團隊成員要共同編輯報告，電腦中又沒有安裝相關軟體時，那麼可以使用雲端辦公室軟體，進行文書處理、試算表、簡報製作等。雲端辦公室軟體提供了線上共同編輯的功能，只要有網路的地方都可以使用。常見的雲端辦公室軟體有Google文件、Microsoft 365等。

Google文件

Google文件提供了線上編輯文件、試算表、簡報、繪圖、表單等服務。使用者只要擁有Google帳戶，便可在電腦、平板電腦、智慧型手機等裝置中，直接登入雲端硬碟來建立或編輯文件，並可線上存取檔案，或與他人分享。

- **文件：**與Microsoft Word有些相似，在Google文件中除了建立新文件外，也可以直接編輯Microsoft Word、PDF、HTML等類型的檔案。
- **試算表：**可以計算、分析資料，以及製作各式各樣美觀的圖表，具有支援線上編輯、存取、共用等特性。
- **簡報：**利用簡報軟體可以介紹一份產品、一件事情及一個回顧，Google簡報提供了許多功能，介面操作簡單，使用者可以方便地在線上操作使用，如圖8-18所示。

圖8-18 Google簡報操作介面

在Google文件中可以直接開啟Microsoft Office的Word、Excel、PowerPoint等格式的檔案，並進行編輯。除了編輯外，還可以將檔案另外儲存為.odt、.pdf等格式。

Microsoft 365

Microsoft 365是微軟推出的雲端辦公室軟體(https://www.office.com/)，它整合了OneDrive雲端硬碟空間，提供線上文件編輯服務，而編輯好的檔案會直接儲存在OneDrive中，便可與他人共用文件，並同時編輯。

使用者只要擁有Microsoft帳戶(Hotmail、OneDrive、Xbox Live)，就可以免費使用網頁版的Word、Excel和PowerPoint等線上文件編輯軟體，以及5 GB的OneDrive雲端硬碟空間。用戶可以在線上建立或開啟檔案，而這些文件可依照所設定的權限，開放給其他人瀏覽或進行線上編輯。如果想要取得更完整的功能或應用程式服務，可以付費訂閱相關方案，即可取得更多功能和更新。

圖8-19　Microsoft 365中的Excel操作介面

Microsoft 365

Microsoft 365是微軟推出的一種訂閱服務，Microsoft 365的方案包含家用與個人用，以及中小型企業用、大型企業用、學校用及非營利組織用。訂閱Microsoft 365可以獲取最新版本的Office軟體功能及安全性更新，還可以獲得額外的OneDrive雲端儲存空間。想了解更多的Microsoft 365資訊，可至Microsoft網站查詢(https://www.microsoft.com/zh-tw/microsoft-365)。

8-5-3 雲端問卷

雲端問卷可以協助使用者快速地製作出問卷，讓調查或蒐集資料變得更輕鬆，常見的有Google表單、Microsoft Forms、SoGoSurvey、SurveyMonkey、Typeform、SurveyCake等。

Google表單

Google表單是非常實用的工具，透過幾個簡單的步驟就能輕鬆規劃活動、製作問卷、幫學生出考題，或者收集其他資訊。除此之外，還可以進行統計的動作，並將統計結果匯入至Google試算表中，如圖8-20所示。

圖8-20　Google表單操作介面

Microsoft Forms

Microsoft Forms是微軟提供的免費線上調查和問卷工具，可輕鬆創建各種表單，包括問卷、評估測驗等，並邀請其他人使用任何網頁瀏覽器或行動裝置回應表單。

SoGoSurvey

SoGoSurvey是免費版的雲端工具，提供了問卷設計、分享和數據分析等功能，還可以將問卷結果匯出成XLSX及CSV格式。

SurveyMonkey

SurveyMonkey提供了付費及免費版，免費版本有些限制，例如每個問卷最多10個問題、最多100名問卷受訪者、支援15個問題類型等。

Typeform

Typeform是免費的線上問卷工具(圖8-21)，使用響應式網頁設計技術，讓問卷調查能在各種裝置、螢幕大小和平臺上正常顯示，預設提供5,000個受訪者、3份問卷及20個問題項目。

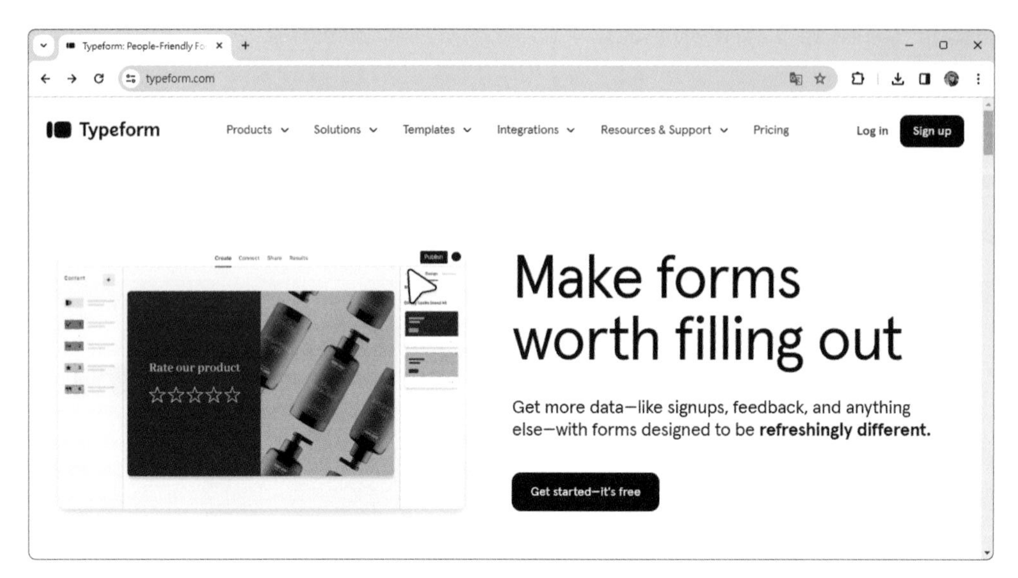

圖8-21　Typeform網站(https://www.typeform.com/)

SurveyCake

SurveyCake是由臺灣新創公司25sprout所開發的線上問卷系統服務(圖8-22)，提供超過50種專業範本、超過10種問卷題型，每個問卷擁有專屬的短網址和QR Code，可輕鬆蒐集使用者意見，並且提供即時互動圖表分析。

圖8-22　SurveyCake網站(https://www.surveycake.com)

8-5-4 Google 協作平台

Google協作平台(Google Sites)是一個建立網站及網頁的工具(圖8-23)，訴求是讓不會設計或寫程式的人，也能輕鬆又快速地建立協作平台，且檔案、YouTube影音、日曆、地圖、Google文件、表單等，都可以直接插入於頁面中。除此之外，還能讓多人一起共同編輯，適合於團隊合作及專案管理時使用。

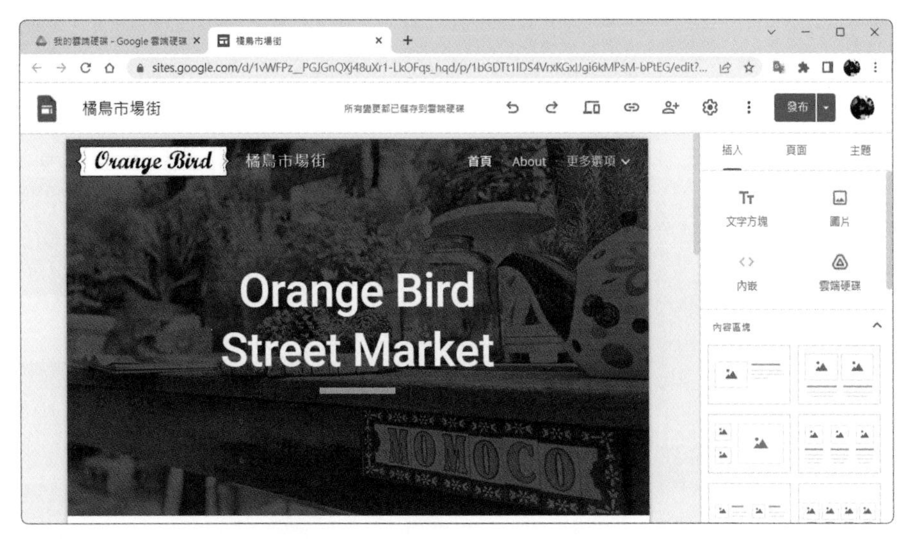

圖8-23　Google協作平台操作介面

Google協作平台支援響應式網頁設計技術，網頁在不同解析度下瀏覽時，能自動改變頁面的布局，解決了智慧型手機及平板電腦瀏覽網頁時的不便，如圖8-24所示。

圖8-24　Google協作平台可以在各種裝置上顯示

8-5-5 線上影像處理軟體

隨著網紅及YouTuber等自媒體的興起，拍照與攝影類的軟體也跟著熱門起來。網路上也有許多線上版的影像處理軟體。

Photopea

Photopea與Photoshop類似，使用者不必安裝軟體，可免費使用，提供了各種影像編修的功能，還支援PSD、AI、XCF、Sketch等檔案格式，如圖8-25所示。

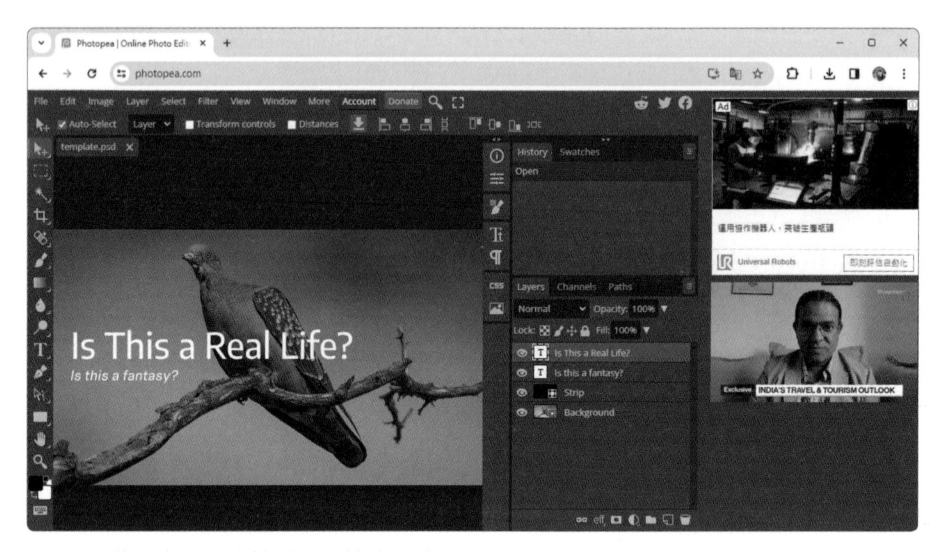

圖8-25　使用者可以直接編修照片或開啟Photoshop檔案(https://www.photopea.com/)

removebg

removebg是一個可以快速幫人像照片去背的線上工具，不需要註冊帳號，直接上傳照片，就能立即將人像照片去背，並下載成圖檔，如圖8-26所示。

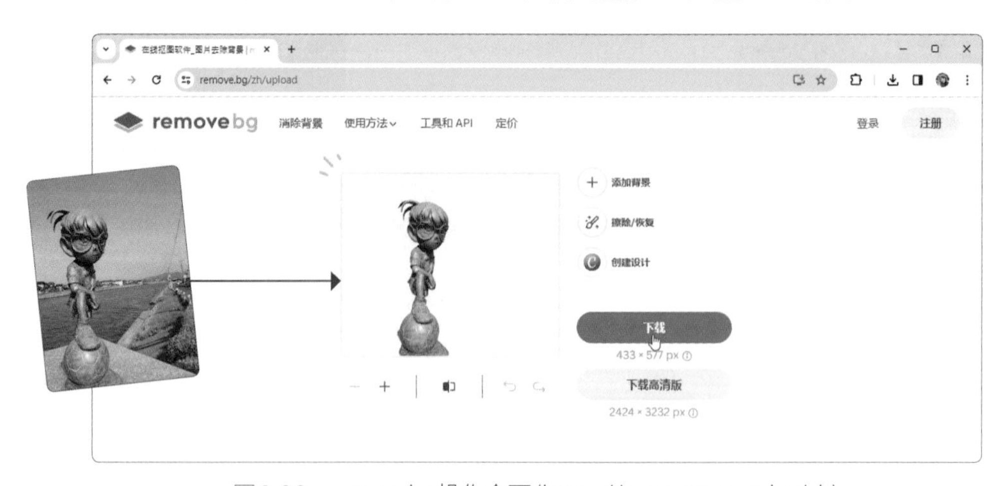

圖8-26　removebg操作介面(https://www.remove.bg/zh)

8-5-6 雲端相簿

網路上有許多個人化的網路服務，相簿平臺就是其中之一，它讓使用者可以輕鬆分享生活中的照片。提供相簿平臺服務的網站有很多，像是Flickr、Google相簿等，而各大部落格也都有提供相簿功能，可以上傳大量的相片。

Flickr

Flickr提供了免費空間，讓使用者可以上傳自己的相片，只要加入該網站會員，即可建立自己的相簿，且還可以在Android、iOS等系統的行動裝置中安裝App，便可隨時隨地使用Flickr上傳和分享相片。

Google相簿

Google相簿可以備份相片及影片，且可以使用電腦、智慧型手機或是平板電腦等裝置存取相片或影片。只要擁有Google帳戶，即可免費使用。Google相簿具有強大的辨識功能，會分析相片內容，自動辨識出相片裡的人物、景色、地點及情境等。而辨識人物臉孔這方面，更是強大，會自動依據人物臉孔做出分類，查看不同人物的相關照片。

在Google相簿中，可以對相片進行套用濾鏡、裁剪、旋轉或調整亮度／對比／陰影等基本編輯功能，如圖8-27所示。若是付費加入Google One會員，便可取得魔術橡皮擦、HDR、所有樣式及美術拼貼、肖像模糊效果、肖像打光、抽色等完整相片編輯功能。

圖8-27　Google相簿提供相片編修的功能

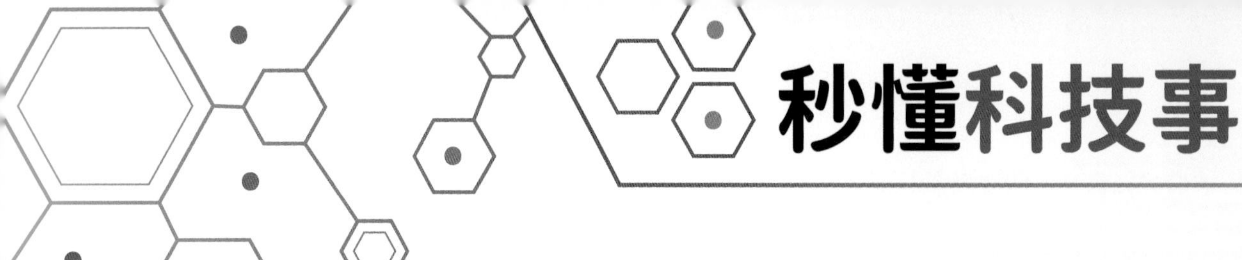

秒懂科技事

RDMA 遠端直接記憶體存取

RDMA（Remote Direct Memory Access）是一種高效能、低延遲的傳輸技術，作用是希望大幅提升遠端機器之間溝通的效率。RDMA 採用乙太網路連線，它允許硬體直接存取另一部伺服器的記憶體資料，而無需透過作業系統或中央處理器。這種繞過傳統 TCP/IP 協定直接存取記憶體的方式，可以大大提高數據傳輸的效率和性能，也節省了網路頻寬利用率。

一般來說，資料中心在傳輸資料時，通常使用 TCP/IP 協定，以網路封包進行傳輸，而多次的封裝不僅佔用 CPU 資源，也耗費更多傳輸時間。而 RDMA 可以不佔用 CPU 直接存取記憶體資料，大大降低了資料傳輸的延遲。因此 RDMA 通常應用於高效能計算（High Performance Computing, HPC）互連技術和大規模資料中心這類需要大量數據傳輸和低延遲的場景。根據實驗數據顯示，資料中心內部使用 RDMA 傳輸資料，可降低 90% 的延遲時間；在處理 40 Gbps 的網路封包時，可以節省 80%~90% 的 CPU 運算資源。

在HPC中，RDMA可應用於加速計算節點之間的數據傳輸，進而提高計算性能和效率。

在大型資料中心中，RDMA可用於加速資料庫、分散式文件系統和分析框架等應用程序之間的數據傳輸，提高數據處理效率。

在雲計算環境中，RDMA可用於加速虛擬機器之間的數據傳輸，使雲服務提供商可以更有效地利用硬體資源。

在機器學習和人工智慧應用中，RDMA可用於加速機器學習模型的訓練和推理，進而提高算法的執行效率和速度。

在金融服務行業中，RDMA可用於加速交易系統和數據分析平台之間的數據傳輸，進而提高交易執行速度和分析效率。

區塊鏈與金融科技

CHAPTER 09

9-1 區塊鏈

傳統的中心化系統通常是由一個中心組織來進行控管，所有的數據和交易都須透過這個組織來進行處理。因此存在單點故障的風險，也容易被篡改。基於對系統的安全性及穩定性的需求，**區塊鏈** (Blockchain) 便一躍成為眾所矚目的熱門議題。

9-1-1 認識區塊鏈

區塊鏈的概念是由**中本聰** (Satoshi Nakamoto) 於 2008 年的《比特幣白皮書》論文中首次提出，使用了**去中心化** (Decentralized) 的**分散式帳本技術** (Distributed Ledger Technology, **DLT**)，整合複雜的密碼學來加密資料，採用分散式的共識演算法，藉由分散式節點進行數據的儲存、驗證、傳輸，形成一個大型**電子記帳本**，任何寫入的資料都會視為「**區塊**」鎖住，不允許更改，因此能解決版權、信用及資訊不透明等問題。

版權問題

透過導入區塊鏈技術、版權認證機制，可解決內容盜版、抄襲，還能讓使用模式紀錄變得更加容易，同時也讓內容被使用情況更容易被追蹤。

信用問題

過去兩個互不認識和信任的人要達成協作必須要依靠第三方，例如轉帳時必須要有像銀行這樣的機構存在，但透過區塊鏈技術，可以實現在沒有任何中介機構參與的情況下，完成雙方可以互信的轉帳行為。

資訊不透明問題

區塊鏈有可追蹤的特性，能夠完整記錄產品生產到流通的全部過程，如此便能打擊仿冒品。區塊鏈技術基礎是開放的，除了交易各方的私有訊息被加密外，區塊鏈的數據對所有人開放，任何人都可以透過公開的介面查詢。

9-1-2 區塊鏈的特性

在金融領域上，過去是由政府或是可信任的金融機構作為中間者，確保我們的借貸、匯款、交易等手續，而區塊鏈技術具有**去中心化**、**匿名性**、**不可竄改性**、**可追蹤性**及**加密安全性**等特色，可以讓各參與者在互不相識的情況下建立信任機制。

去中心化

我們一般常見的銀行是具中心化性質的第三方機構，而在區塊鏈中沒有第三方管理機構或硬體設施，也就是說沒有所謂的管理員，每個使用者都是平等的、擁有相同的權限，如果有其中一個人想要改變內容，需要經過大家同意。

匿名性

區塊鏈的匿名性讓節點得以不具名參與其中。區塊鏈中是使用一個隨機生成的地址或密鑰來代表節點身分，只要不跟別人透露，就沒有人知道節點背後的人是誰，能保護用戶的隱私。

不可竄改性及可追蹤性

區塊鏈中的每一筆資料一旦寫入就不可再更改，只要資料被驗證完就會永久寫入該區塊中。此特性使用了 **Hashcash 演算法**，藉由將前一個區塊的 **hash (哈希) 值**加入新區塊中，讓每個區塊環環相扣，所以能具有可追蹤且不可竄改的特性。

加密安全性

區塊鏈的加密性質，實現了個人資產完全自主管理，也解決了人與人之間的信任問題，大幅提升安全性與交易效率。

9-1-3 區塊鏈的運作

以金融轉帳流程為例，當 A 要匯款給 B，該筆交易資訊被稱為「**區塊**」，網路上參與交易流程的人稱為**節點 (礦工)**，每個節點會為區塊進行真偽驗證，透過驗證的區塊才會被允許進入區塊鏈並記入公開的帳本內，最終 B 才能得到款項，如圖 9-1 所示。

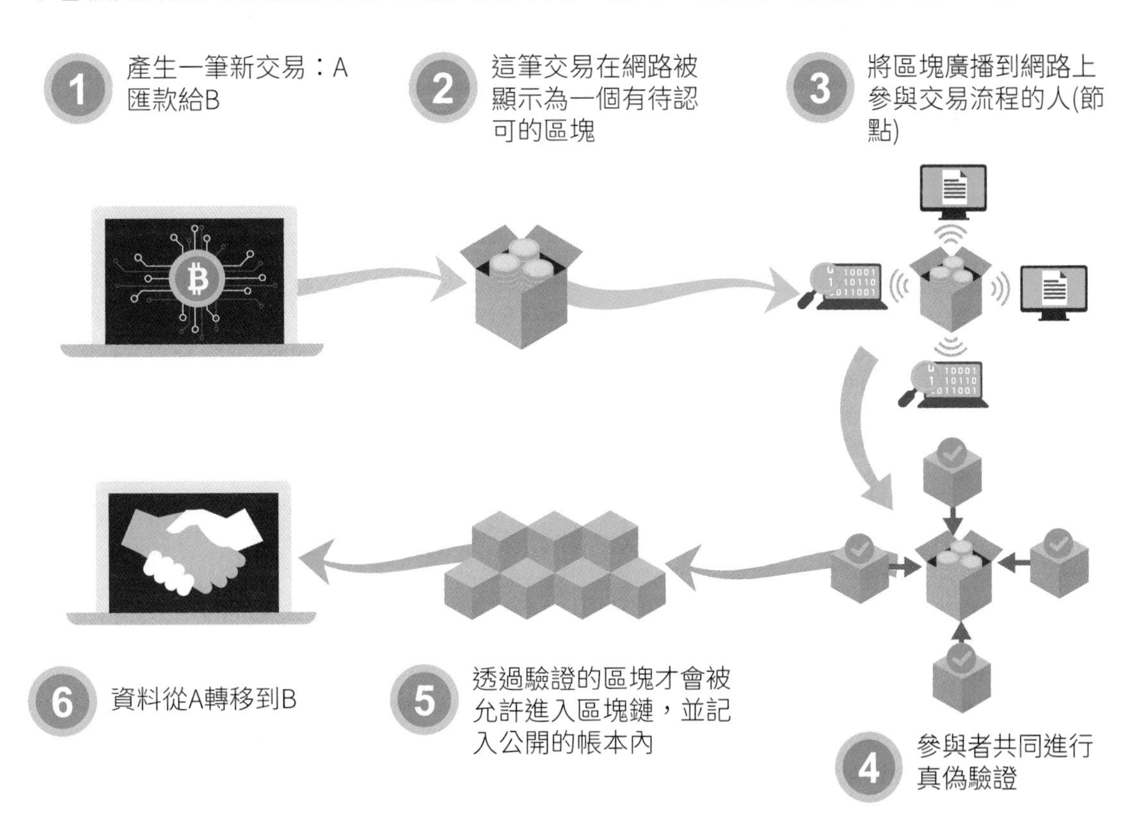

圖 9-1　區塊鏈運作 (以金融轉帳為例)

9-1-4 區塊鏈的種類

區塊鏈主要可被分為三種類型，分別是**公有區塊鏈**(Public Blockchain)、**私有區塊鏈**(Private Blockchain)及**聯盟區塊鏈**(Consortium Blockchain)，各自的去中心化程度與信任程度皆有所不同。

公有區塊鏈

公有區塊鏈是**任何人都可以加入和參與**，完全公開、透明的區塊鏈，所有人都能夠自由參加，能夠按照達成共識所扮演的角色而受到獎勵，是目前大多數區塊鏈的型態。具有所有交易皆公開透明、去中心化程度高，具不可篡改、匿名公開等優勢，但缺點是因採共識決議，所以交易速度相對較慢。

一般常聽到的區塊鏈，大多屬於公有區塊鏈，包括有**比特幣**(Bitcoin)、**以太坊**(Ethereum)及**萊特幣**(Litecoin)等。

私有區塊鏈

私有區塊鏈是一種**分散式對等網路**，須有授權才可以進入，適合單一公司、單一機構內部使用，能提升公司內部交流的效率，具有交易速度快、保有內部隱私、交易成本低等優勢，缺點是完全中心化、遭駭風險較高。例如基於以太坊的私有區塊鏈平台Quorum、奧丁丁的食品區塊鏈溯源平臺OwlChain等，皆屬私有區塊鏈。

聯盟區塊鏈

聯盟區塊鏈介於公有區塊鏈與私有區塊鏈之間，結合了兩者的主要特色，**須有授權或為聯盟成員才可進入，可由多個組織一起分擔維護區塊鏈**。相較公有區塊鏈，能降低節點數量、提升運作效率，與私有區塊鏈比較，則能減輕交易對手的風險。具有交易速度快、擴充性高等優勢，缺點是相關技術要求較複雜及架設成本高。Hyperledger(超級帳本)及R3 Corda便是屬於聯盟區塊鏈。

表9-1所列為區塊鏈種類的比較。

表9-1 區塊鏈種類比較

	公有區塊鏈	私有區塊鏈	聯盟區塊鏈
進入限制	無	有	有
讀取者	任何人	僅限受邀使用者	相關聯使用者
寫入者	任何人	獲批參與者	獲批參與者
所屬者	無	單一實體	多方實體
交易速度	慢	快	快

知識補充 Hyperledger

Hyperledger是Linux基金會於2015年發起的推進區塊鏈數位技術和交易驗證的開源項目，由30個創始會員組成，目前已有上百個會員，包括IBM、SAP、Intel、J.P.Morgan、accenture、AIRBUS、HITACHI、百度、CISCO等，是全球最大的區塊鏈聯盟。圖9-2所示為Hyperledger官方網站。

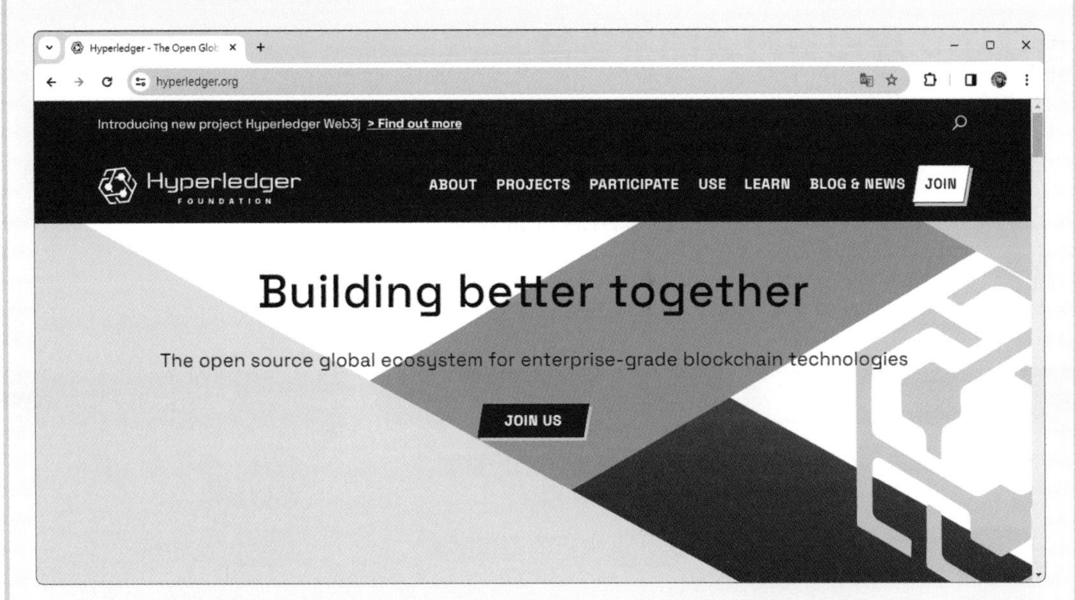

圖9-2 Hyperledger官方網站(https://www.hyperledger.org/)

Hyperlecger聯盟採取開源、協作的方式，建置具有區塊鏈關鍵特性及跨產業別的區塊鏈技術平臺，以促進區塊鏈技術的發展及全球商業交易的轉型，並確保區塊鏈技術平臺，能適用於任何一家公司或行業。

Hyperlecger管理多個開源區塊鏈專案及開發工具，其中最為人熟知的就屬Hyperledger Fabric及Hyperldger Composer。

- HyperLedger Fabric：是一個企業級的分散式帳本平臺，提供一個模塊化的架構，以滿足企業的不同需求。它具有高度可擴展性、部署靈活和深度加密等特性，支援多種共識機制、智慧合約和身份管理功能。
- Hyperldger Composer：是一套用於建構區塊鏈業務網路的協作工具，讓所有者和開發人員能夠簡單快速地建立**智慧合約**(Smart Contracts)及區塊鏈應用程式來解決問題。智慧合約是能夠自動執行合約條款的電腦程序，將合約中的交易條款或商業規則內嵌在區塊鏈系統，在交易的環節中適時地執行，達成資產交換自動化。

9-2 區塊鏈的應用

區塊鏈可應用在任何領域，如存在性證明、智慧合約、物聯網、身分驗證、預測市場、資產交易、電子商務、社交通訊、檔案儲存、資料API等，為人類生活帶來極大的改變，並在各種領域發揮效力。

9-2-1 虛擬貨幣與加密貨幣

虛擬貨幣(Virtual Currency)又稱**數位貨幣**(Digital Currency)，相對於實體貨幣，不具有可見性，沒有可觸摸的實體存在，在任何轄區內均不具法定貨幣功能，由非國家政府之開發者發行及管控，在特定虛擬社群成員中接受和使用的數位貨幣。例如遊戲點數、LINE Point、**比特幣**(Bitcoin)等，都算是虛擬貨幣。

虛擬貨幣依貨幣之流通方向及使用環境主要有：

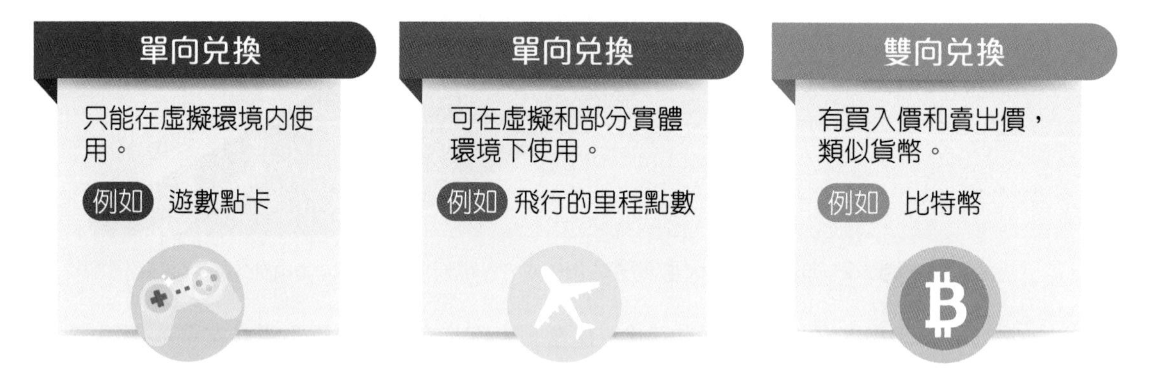

加密貨幣(Cryptocurrency)是一種**透過區塊鏈技術的應用而成的電子貨幣**，必須**透過密碼學來加密每個貨幣**，透過加密，可以確保流通貨幣的資料正確且不被竄改。而加密貨幣是虛擬貨幣的一種，而比特幣是虛擬貨幣，也是加密貨幣，習慣上大家會一起使用「虛擬貨幣」及「加密貨幣」兩個詞語。

加密貨幣具有「**去中心化**」的特性，因此不會受到第三方的外力干涉，交易不會記錄在銀行，也並非各國政府發行的法定貨幣，而是直接記錄在區塊鏈上，所以每筆資料有安全性高、匿名及不會被竄改的特性，且只能使用電子(網路)方式進行交易、轉移、儲存。

常見的加密貨幣

目前全球加密貨幣種類超過700多種，其中**比特幣**就佔了所有虛擬貨幣市值的絕大部分。表9-2所列為各種加密貨幣說明。

表9-2　各種加密貨幣說明

種類	說明
比特幣 Bitcoin (BTC)	於2009年問世，是由被譽為「比特幣之父」的中本聰所發明，其真實身分迄今仍是謎團。德國是第一個正式認可比特幣為合法貨幣的國家，比特幣目前在國際間被當作支付貨幣，也被視為投資商品，身兼「貨幣」和「商品」兩種特質，在不同的國家各自有不同的監管方式。取得方式除了直接以金錢購買比特幣，也可透過**挖礦**(Mining)的方式獲得。
以太坊 Ethereum (ETH)	由程式設計師維塔利克．巴特瑞恩(Vitalik Buterin)於2013~2014年間所提出區塊鏈創新開放基礎平臺的理念。以太坊是去中央化應用程式的平臺，能執行智慧合約。2014年7月，以太坊發行了7,200萬以太幣(Ether)；2015年7月，以太坊網路發布，以太坊區塊鏈正式執行，並以以太幣作為以太坊區塊鏈內的通用支付工具，開始進入各大交易所交易。以太幣的產生方式和比特幣相似，都是透過挖礦協助運算、維護區塊鏈運行而獲取。
幣安幣 Binance Coin (BNB)	是加密貨幣交易所「幣安」在2017年推出，類似以太幣，主要用於支付該交易所的手續費，但在旅遊、娛樂、金融等場景都可使用。幣安幣會定時「銷毀」部分貨幣，以維持供給量。
泰達幣 Tether (USDT)	是Tether公司推出的，用來穩定美元(USD)的代幣，1USDT=1美元，用戶可以隨時使用USDT與USD進行1:1兌換。
艾達幣 Cardano (ADA)	是在Cardano區塊鏈平臺交易的貨幣，目的是建立出比以太坊更完善、先進的智慧合約，並且提供點對點支付功能，達到交易安全、快速、低手續費的目標。
瑞波幣 Ripple (XRP)	由OpenCoin公司發行，是世界上第一個開放的支付網路，透過這個支付網路可以轉帳任意一種貨幣，特色是能快速在全球移轉數十種不同的貨幣，同時許多金融機構普遍認為瑞波幣交易系統更安全、手續費更低。 瑞波幣的功能，就如同兩種法定貨幣之間的橋樑，企業可以使用瑞波幣在全球執行所需的資金流動，且不需要支付額外的費用。除此之外，瑞波幣還具有P2P兌換與支付、P2P網路信貸及個人網路清算等功能。
狗狗幣 Dogecoin (DOGE)	和其他加密貨幣不太相同，狗狗幣的目的並非用於投資，大多是在美國社群上拿來打賞用的，後期則常用於慈善活動，例如牙買加雪橇代表隊在因為沒有經費參與2014年冬季奧運，因此在狗狗幣社群上發起募款，成功募到相等於5萬美元狗狗幣。
萊特幣 Litecoin (LTC)	為李啟威(Charlie Lee)所創辦，是一種點對點的電子加密貨幣，基於一種開源的加密協議，不受到任何中央機構的管理，架構與比特幣類似，且在技術上也具有相同的原理，在比特幣的基礎上，做了一些優化和改進。
柴犬幣 Shiba Inu (SHIB)	於2020年8月由一位自稱Ryoshi的人物或組織創建的，是基於以太坊技術衍伸的加密貨幣。
Polygon (Matic)	Matic幣是Polygon區塊鏈上的原生加密貨幣，採用ERC20格式發行，可以參與Polygan的權益證明賺取獎勵，以及用來支付交易手續費。

早期加密貨幣只能用於網路線上商店，但近期有越來越多的實體商店也開始接受以加密貨幣支付的方式。例如俄羅斯總統下令軍隊攻入烏克蘭後，烏克蘭政府呼籲網民捐款，並表明接受比特幣、以太幣及USDT加密貨幣形式的捐款，發布加密貨幣錢包地址後，4小時內籌到價值逾330萬美元的加密貨幣捐款。而根據BTC Map網站(圖9-3)統計數據顯示，截至2023年底，全球已經有超過6,000家商店、據點可以直接使用比特幣購物，或是兌換成各國法定貨幣。

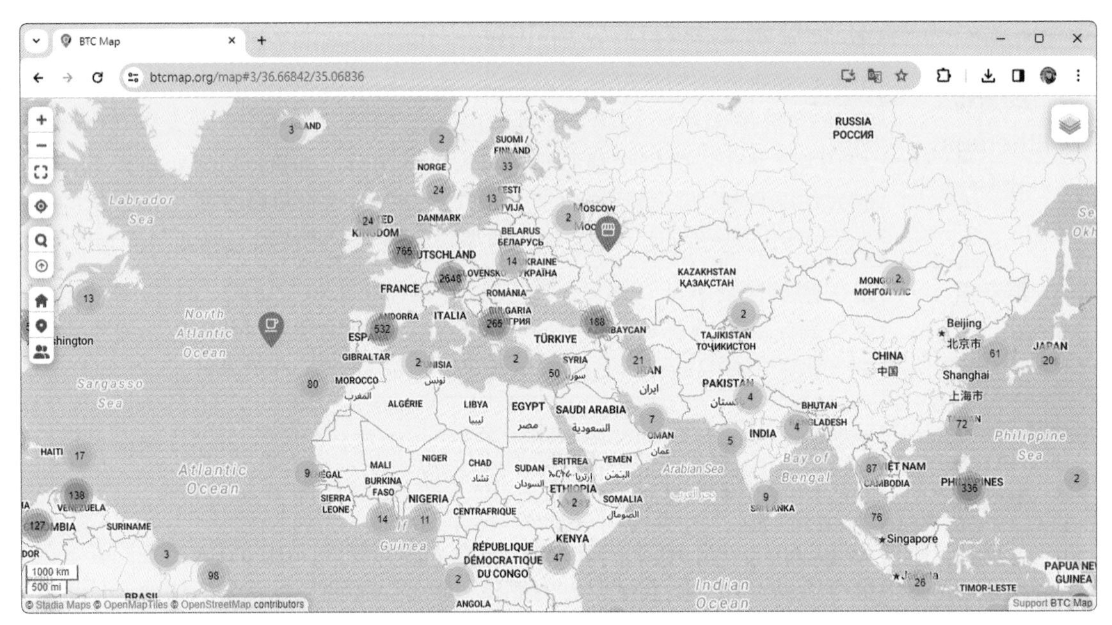

圖9-3　BTC Map網站上的地圖，顯示提供比特幣購物或場外交易的店家名單及數量 (https://btcmap.org/map)

知識補充　挖礦

加密貨幣發行都有其貨幣產生的機制，以比特幣來說，約每十分鐘會由程式碼發行新的比特幣，人們可利用電腦運算取得這些比特幣的擁有權，這個過程就好比獲得剛出土的金礦，因此獲取新發行比特幣的行為就被稱為**挖礦**(Mining)。

比特幣的獎勵機制與開採礦物類似，因此將礦工開採礦物的過程比喻成「挖礦」；投入比特幣挖礦的人則被稱為「礦工」；比特幣則為「礦場」；專門用來挖礦的設備為「礦機」；結合大量個人算力的挖礦平臺為「礦池」。

加密貨幣交易平臺

想要買賣加密貨幣，可以透過線上交易平臺，依其運作模式不同，可區分為**中心化交易所**(Centralized exchangem, **CEX**)、**去中心化交易所**(Decentralized Exchange, **DEX**)兩種。

- **中心化交易所**：類似私人機構或公司開設提供買賣的平臺，用戶註冊會員完成後，經過身分認證並審核通過，就能進行掛單交易，而由交易所進行資產託管，用戶沒有私鑰和資產的實際控制權，是目前常用的交易方式。常見的中心化交易所有Binance (圖9-4)、Bitfinex、HTX及MAX等。

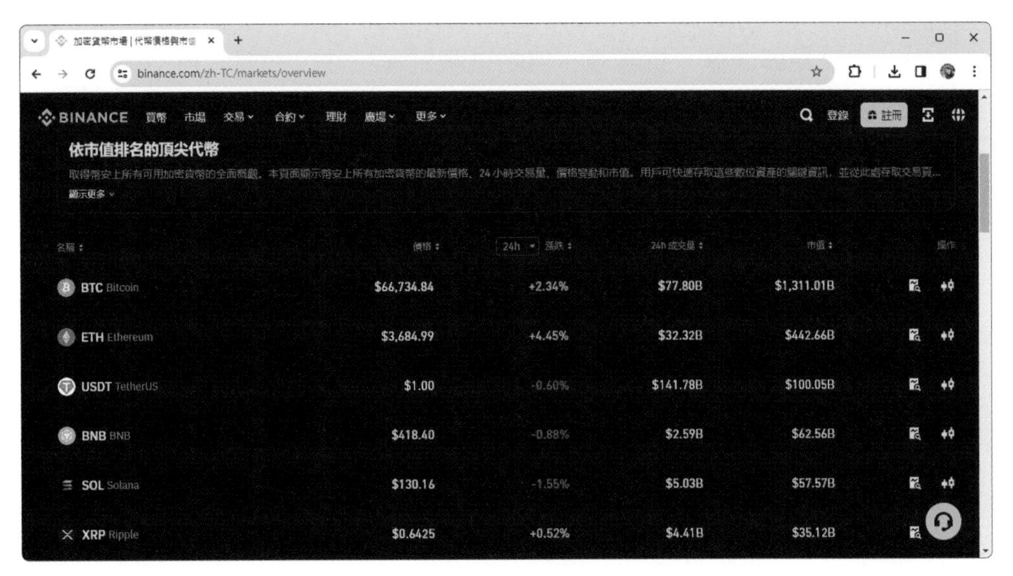

圖9-4　Binance是目前世界加密貨幣交易量前三名的平臺，提供不同國家語言 (https://www.binance.com/zh-TC)

- **去中心化交易所**：類似P2P交易平臺，使用智慧合約自動化履行協議，大家可以在平臺上掛單，不需將加密貨幣資產轉入平臺，直接在區塊鏈上進行交換，完成交易後發回使用者的錢包或保存在區塊鏈的智慧合約中，資產掌握在用戶手中，此方式大大的提升安全性以及中心化交易所被駭的問題。常見的去中心化交易所有Uniswap (圖9-5)、dYdX、Compound等。

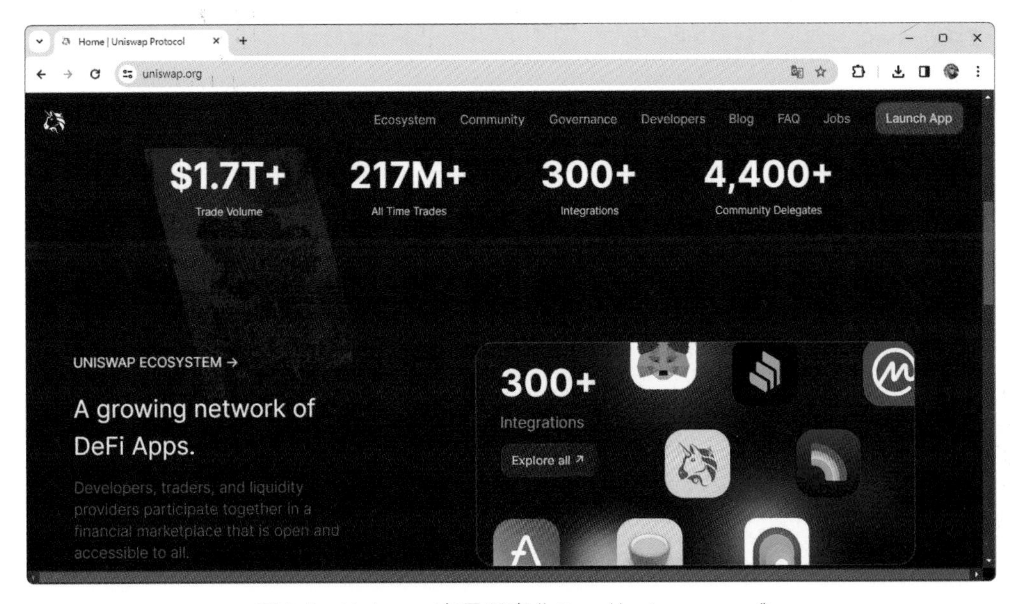

圖9-5　Uniswap交易平臺(https://uniswap.org/)

9-2-2 去中心化金融

去中心化金融(Decentralized Finance, **DeFi**)是指**建立在區塊鏈網路之上的金融應用**，例如保險、借貸、投資、期權、預測市場、支付等，打造無需許可且高度透明的金融服務，以供所有人使用，且無需任何中央授權即可運行。跟傳統金融相比，去中心化金融擁有**交易即清算、抗審查、無地域限制**等特性，只要有連上網路的設備，就能自由享受金融服務。

DeFi是以區塊鏈多節點、分散式帳簿的特性來架構智慧合約，於交易條件滿足時，按照智慧合約自動完成合約內容，雙方直接交易，取代傳統金融中的金融機構作為中介機構的作法，如圖9-6所示。

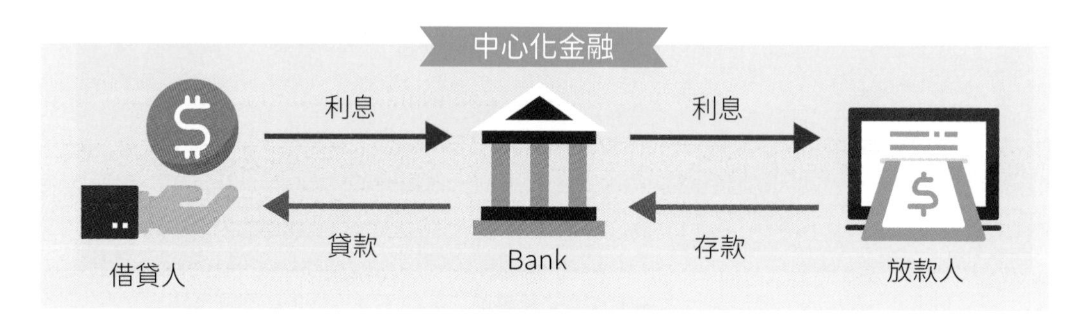

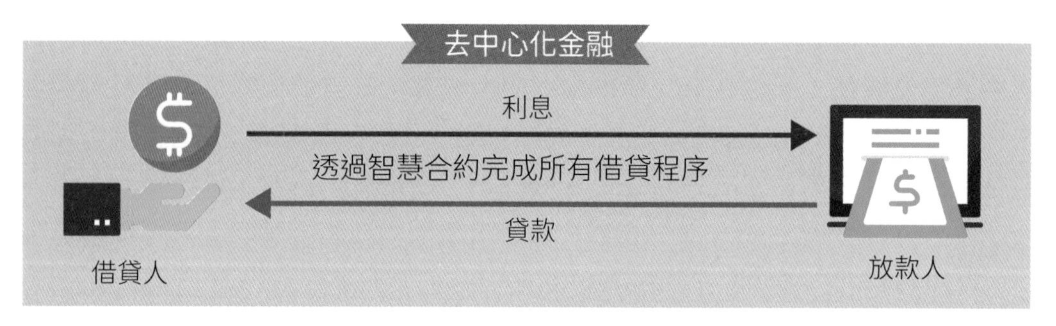

圖9-6 中心化金融與去中心化金融比較圖

DeFi是被看好的新金融服務，但在交易安全與可靠性，還有許多問題尚待解決，像是不可撤銷的交易具有相當高的風險，例如Compoud平臺因為程式碼錯誤，誤將價值近9,000萬美元的加密貨幣發送給用戶，只能請求用戶主動歸還。

DeFi在缺乏監管機構下自由度相對高，但對用戶而言也比較缺乏保障，若用戶存於傳統銀行的錢遭盜領，銀行、保險公司或國家會給予賠償，但在DeFi中，沒有專責機構管控，若平臺倒閉、出現程式碼漏洞、被駭客入侵，投資者將求償無門。區塊鏈處於灰色地帶的性質，易滋生洗錢、非法交易等各種犯罪行為，更成為駭客攻擊收取贖金的途徑。

9-2-3 非同質化代幣

非同質化代幣(Non-Fungible Token, **NFT**)是指**具有唯一性及不可分割性的數位資產**，利用區塊鏈的加密技術及去中心化等特性，所產生的獨特數位編號，就像身分證字號，絕不重複。

這些資產的所有權是在鏈上流轉的，從數位商品(如存在於虛擬世界中的物品)到物理資產的債權(如房地產)都可以用NFT表示，讓在網路世界的原生創作與內容，如同實體資產一樣，可以被溯源和認證。

每一個NFT作品都具有不可替代與複製的特點，購買者是購買藝術作品、音樂及數位圖片的「**所有權**」，而非作品本身。NFT不僅可以標記原創，還能結合智慧合約，進行自動化的交易、結算、所有權分割等功能。

NFT應用實例

NFT自2021年掀起一波熱潮，有許多藝術家、運動員、音樂家等知名人士參與。

- 網路之父**伯納斯・李**(Tim Berners-Lee)在1989年寫下9,555行的全球資訊網原始代碼，由本人親自製作成NFT，以540萬美元賣出。
- Twitter執行長Jack Dosey將個人在Twitter上的第一則推文以NFT形式出售，最後以275.5萬美元價格賣出。
- 無聊猿是**無聊猿俱樂部**(Bored Ape Yacht Club, **BAYC**)創作的NFT商品，透過五官、服裝與顏色搭配隨機生成各種形式的猴子圖片，創造出10,000個完全不同的JPG圖片(圖9-7)。而美國職業籃球運動員**史蒂芬・柯瑞**(Stephen Curry)以55個以太幣買下一張無聊猿NFT圖片。

圖9-7　各種無聊猿NFT在OpenSea上出售
(https://opensea.io/collection/boredapeyachtclub)

- 美國藝術收藏家Pablo Rodriguez-Fraile在2020年以近6萬7,000美元，買下數位藝術家Beeple創作的《十字路口》(Crossroad)影片作品。經過4個多月，便以660萬美元高價售出。

在國外，選舉募款、遊戲虛擬資產、運動明星賽場上的精彩片段、音樂人創作、AV女優等，都在發行NFT，而臺灣也有發行各式各樣的NFT，如霹靂布袋戲、鹽酥雞、雞肉飯、虎年玉璽酒數位套組等，除此之外，還有許多藝人也搭上這股熱潮，例如周杰倫發行一萬隻起價28,000元的「幻想熊」NFT，四十分鐘銷售一空。

NFT會有如此高的價值，其主要原因有**信仰與支持**、**稀缺性**、**冠名權**及**投資性**。

2021年NFT掀起一股熱潮，收藏家或是名人紛紛將資金投入其中，2022年更是NFT交易最熱絡的一年，根據CryptoSlated統計顯示，2022年推出約85,000個NFT系列，總交易量高達555億美元。然而2023年隨著虛擬貨幣市場進入寒冬，連帶影響NFT市場迅速面臨泡沫化，大量拋售導致NFT供過於求，價值大跌。根據dappGambl於2023年研究顯示，在73,257個NFT收藏中，有69,795個市值為0，比例高達95%。

NFT交易平臺

購買NFT就像購買任何物品一樣，都會有市場或是平臺可以交易，每個NFT就是一件商品，可以至對應的平臺交易。常見的NFT交易平臺有Opensea、SuperRare、Lootex、Oursong、Nifty Gateway、Binance、LooksRare、X2Y2等。

OpenSea是目前全球最大的NFT交易平臺(圖9-8)，提供了一個點對點交換的系統，讓使用者與區塊鏈上的其他人互動，並不擁有任何人的NFT資產，任何人都可以在OpenSea免費建立和購買NFT。

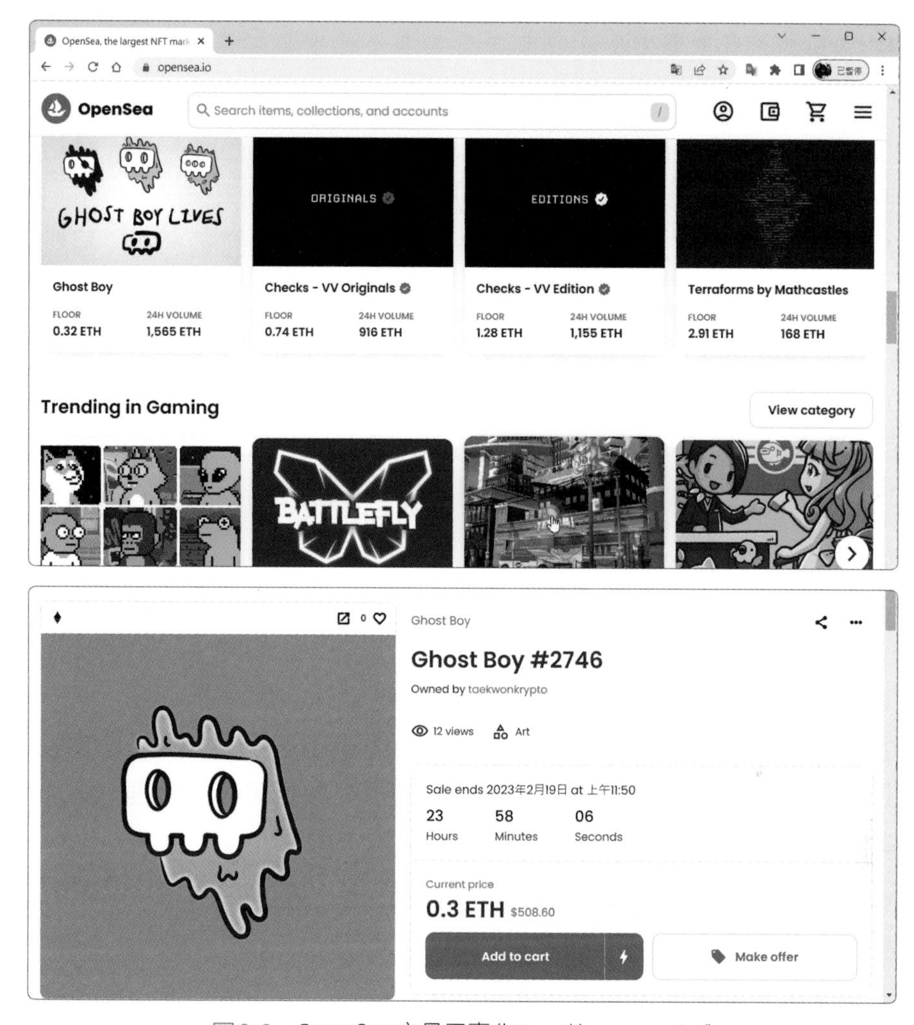

圖9-8　OpenSea交易平臺(https://opensea.io/)

發行NFT

任何人都能輕易將自己的創作製成NFT後進行販售，現在大部分的NFT發行平臺都有設計簡易上架功能，而作品上架前需要先擁有一個**加密貨幣錢包**(如Metamask、Math Wallet、Alpha Wallet、Trust Wallet、Coinbase Wallet等)，而錢包需購入加密貨幣，最後只要把檔案上傳，寫好作品描述、作者簡介，便可在交易平臺查詢、登記販售，並交易自己發行的NFT。

將作品製成NFT的過程稱為**鑄造**(Minting)，其手續費則稱為**礦工費**(Gas fee)，將用來支付將你的NFT作品上到區塊鏈上的費用。

NFT的隱憂

NFT市場正在蓬勃發展，在「萬物皆可NFT」熱潮下，許多**著作權及安全性問題**也一一浮現，從2021年7月，全球有逾65萬筆與NFT投資詐騙相關的惡意連結。其中，臺灣占全球總偵測數量8%。

最大NFT交易平臺OpenSea的員工利用內線資料買賣NFT賺錢；駭客利用平臺漏洞，以不到15萬美元的價格購入市值超過100萬美元的NFT；連鎖茶飲店春水堂遭歹徒冒用身分，在Oursong上販售盜用春水堂珍珠奶茶圖片和商標文字的山寨NFT；歌手陳零九發行的YOLO-Cat遭詐騙業者仿冒發行等，這些都是NFT交易所衍生的相關問題。

雖然任何人都能發行NFT，但目前沒有方法可以確認著作權是否屬於發行NFT的人。現有法律對NFT數位市場，在智慧財產權相關規範不足，這是各國政府目前法令難以界定的範疇。在加密貨幣的世界裡，從事任何投資、交易前，都須先調查產品的真實性、蒐集資訊、做好研究，以防成為下一個受害者。

9-2-4 遊戲化金融

遊戲化金融(Game Finance, **GameFi**)最早是在2019年，區塊鏈遊戲發行平臺Mix Marvel戰略長Mary Ma所提出。當傳統遊戲加入了區塊鏈，可以解決玩家花了很多心力在遊戲裡面建設的世界，購買的寶物不會因為遊戲停止更新關閉就消失。因此，遊戲化金融代表的是**遊戲世界裡存在的資產，如果玩家在遊戲裡打造的裝備，可以透過鑄成NFT的方式在線上轉賣，就可以流通並創造價值**。

GameFi類遊戲與傳統手遊最大的不同就是以**邊玩邊賺**(Play to Earn)方式參與遊戲，這點也是GameFi遊戲最基本的核心。圖9-9所示為GameFi遊戲類型排行。

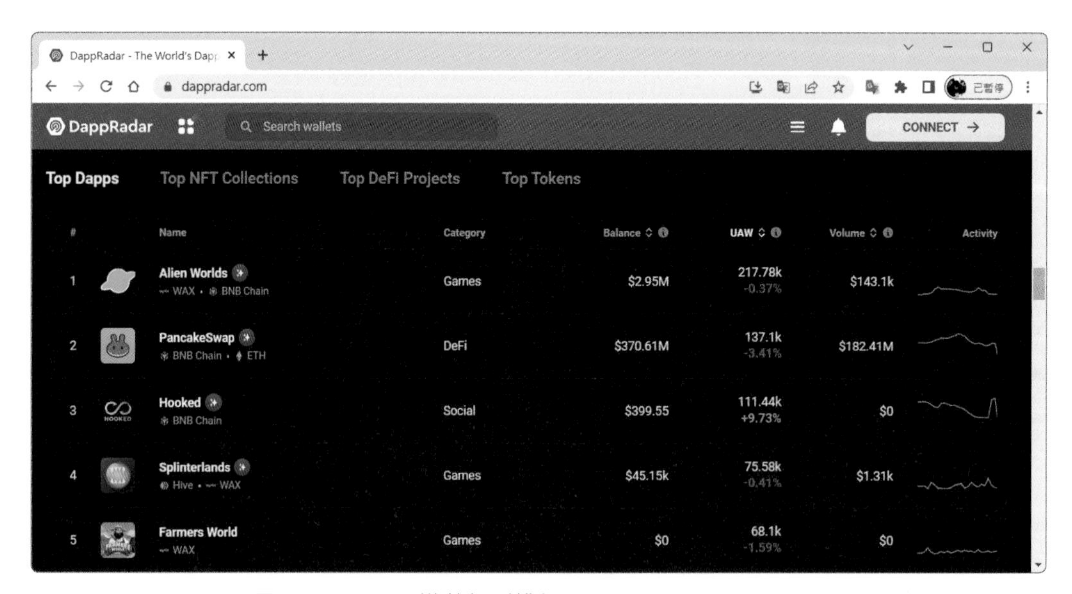

圖9-9 GameFi遊戲類型排行(https://dappradar.com)

DApp

DApp (Decentralized Application，**去中心化應用程式**) 是指**建構在區塊鏈上的應用程式**，所有的數據皆公開透明且不可篡改。不依賴任何中心化的伺服器運作，可以全自動的運行，遊戲資產的所有權隸屬於玩家，開發商無權控制。

當DApp在區塊鏈上運行時，往往需要消耗一些燃料驅動執行，這些燃料通常是使用DApp上流通的加密貨幣(如ETH、ESO、TRON、IOST)。

DappRadar

DappRadar是全球最大的DApp、NFT等數據分析平臺。DappRadar成立於2018年，具有追蹤DApp數據功能(包括投資組合追蹤器、NFT估值計算器、代幣瀏覽器等)，每年有400萬名獨立用戶，追蹤27種不同公有鏈上超過8,300個DApp。DappRadar計畫推出原生代幣$RADAR，藉此推動DappRadar生態系統的治理潛力。

Axie Infinity

Axie Infinity是以區塊鏈概念打造的精靈戰鬥遊戲(圖9-10)，該遊戲開創了邊玩邊賺的創新模式，玩家只要在平臺內購買NFT形式的虛擬寵物和道具，即可透過對戰和寵物養成買賣來賺取利潤。

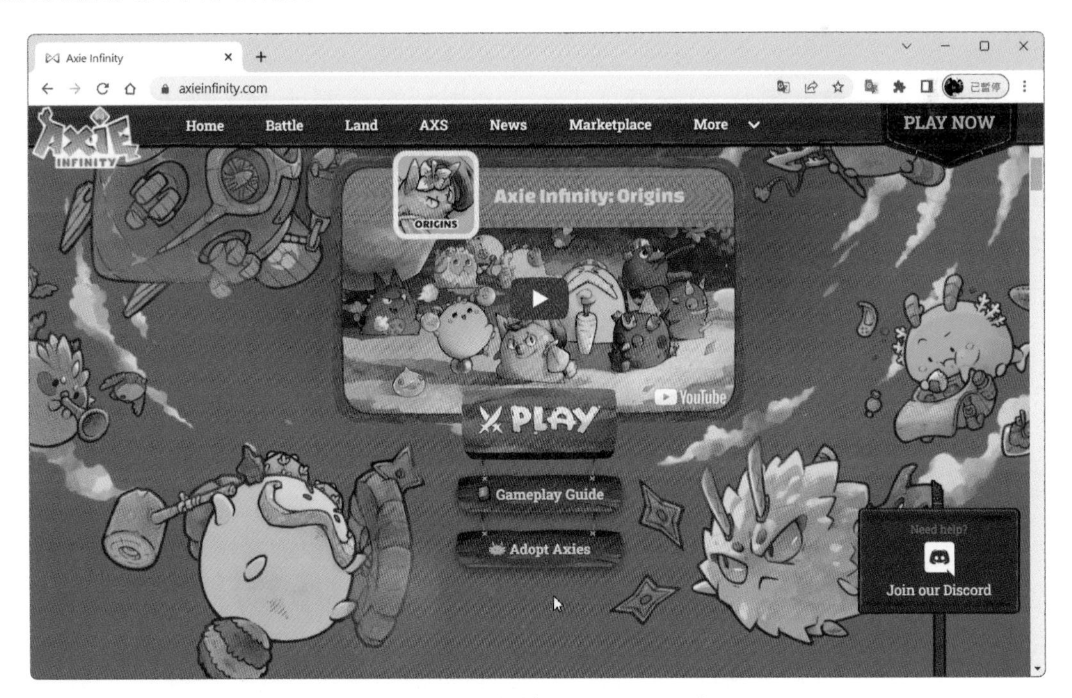

圖9-10 Axie Infinity網站(https://axieinfinity.com)

The Sandbox

The Sandbox是一個基於以太坊，去中心化的遊戲平臺(圖9-11)，用戶可以創造並擁有屬於自己的遊戲世界。平臺還推出了元宇宙活動，在元宇宙的虛擬世界中，玩家可賺取SAND幣，在遊戲內創建、購買土地等NFT資產。

在The Sandbox中可以購置**LAND**(遊戲中的虛擬土地)，每個LAND都是NFT，LAND擁有人可以舉行不同活動、遊戲、創造屬於自己的世界等，並可以跟進入的人收費。

圖9-11　The Sandbox網站(https://www.sandbox.game/)

許多知名企業、名人紛紛購入The Sandbox的虛擬土地，Adidas旗下品牌Adidas Originals，購買了「12×12 (144 parcels)」虛擬土地，價值約178萬美元(約5,000萬新台幣)；美國饒舌樂手史努比狗狗(Snoop Dogg)以45萬美元購入一塊虛擬土地，打算用來開發他自己的**史努比宇宙**(Snoopverse)；華納音樂與The Sandbox推出音樂元宇宙，將在The Sandbox中建造演唱會舞台。

9-2-5 去中心化自治組織

去中心化自治組織(Decentralized Autonomous Organization, **DAO**)是2016年開始出現在網路上的運作模式。傳統的組織(如政府或公司)都是「中心化」的運作模式，把所有的資源集中管理和運用，DAO則**強調社群共享共治，不需要人來管理的組織**，一群網民在區塊鏈共同發起了一個DAO的項目之後，**所有的共識和協定都寫在智慧合約裡，由電腦自動執行**，組織的一切治理、營運和交易都按照預設規則去運作。

DAO也可以泛指某種加密貨幣的區塊鏈項目，例如可以把比特幣看成是一個自動化管理的支付交易系統，持有比特幣的人就是組織成員，目的是共同維護好一個區塊鏈帳本。

DAO具有**透明化、公平性、無國界參與、社群性**等特點，但DAO目前在法律上的定位模糊未能受到法律的保障，故被視為無限責任公司，也就是參與者有可能須負損失的無限責任。

DAO的應用領域相當廣泛，例如投資、慈善機構、募款、借貸、金融、遊戲、藝術品、社群、創作、仲裁等。

Compound

Compound是一個去中心化的借貸協議金融組織，用戶可在上面進行流動性挖礦等，並獲得其治理代幣COMP作為獎勵。持有COMP者，就能夠提案變更組織協定，或是參與投票，來決定Compound的未來走勢。

仲裁法庭DAO — Kleros

Kleros是一個基於以太坊網路的平臺，利用智慧合約建立一個公正且自動化的仲裁系統。其治理代幣名為PNK，PNK持有者可以在Kleros法庭質押他們的代幣，藉此獲得擔任陪審員的資格，並能得到以太幣作為仲裁獎勵。

MePunk

MePunk是一群對NFT有共同理念的虛擬貨幣信仰者，依照DAO運作模式所發起的「幣圈」社群，它基於以太坊區塊鏈，提供了獨特的虛擬人物資產。每個MePunk個人化頭像都是經過畫家客製化設計並鑄造為NFT，持有者可以在不同的平台上展示和交易他們的MePunk。而持有MePunk也會成為在Discord社群中的通行證，在MePunk Discord社群中，會員可以學習許多虛擬貨幣科普、國際幣種交易、套利、挖礦等完整資訊(圖9-12)，大幅縮短幣圈新手在蒐集資訊的時間成本。

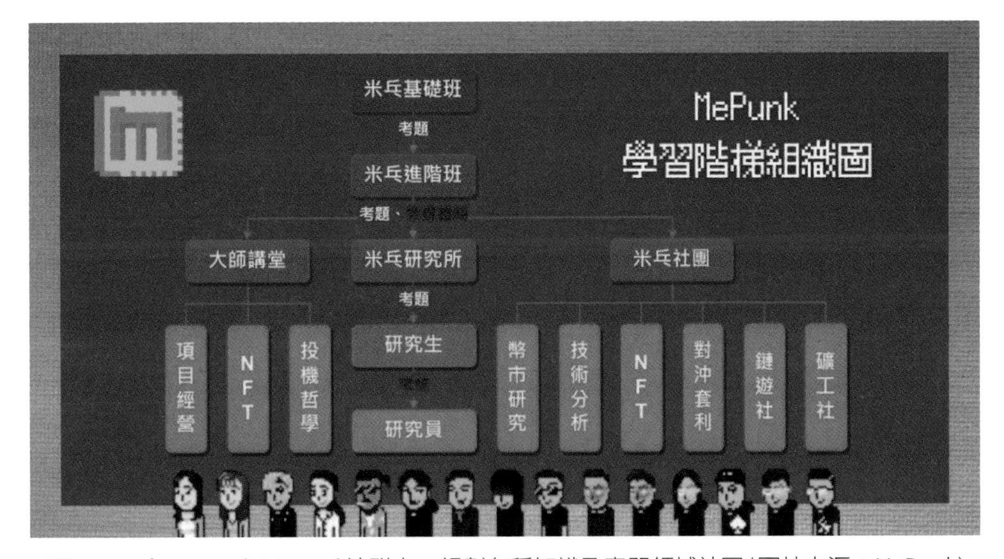

圖9-12　在MePunk Discord社群中，規劃各種知識及專門領域社團(圖片來源：MePunk)

9-2-6 區塊鏈與產業之整合

區塊鏈也可廣泛應用在多元產業領域，包括醫療健康照護、農產履歷、製造業供應鏈、保險、房地產、旅遊、金融管理等，皆能有效提升產業效率。

農業區塊鏈溯源認證

將區塊鏈技術導入在「**農產履歷**」上，可以針對育苗、種植、生長、採收、運送、分裝跟販售等流程進行詳細且獨立的記錄，讓產銷流程成為可追溯的資料。

科技整合可為產業創造更多便利與經濟價值。像是透過物聯網結合布設在農園中的感測器，將偵測到的環境數據以及農產品相關履歷、檢驗證明和經銷商等資訊，經由區塊鏈彙整記錄在雲端資料庫中。並利用區塊鏈的**不可竄改**特性為食安把關，讓產銷履歷資料更加透明，更能建立消費者的安心感，如圖9-13所示。

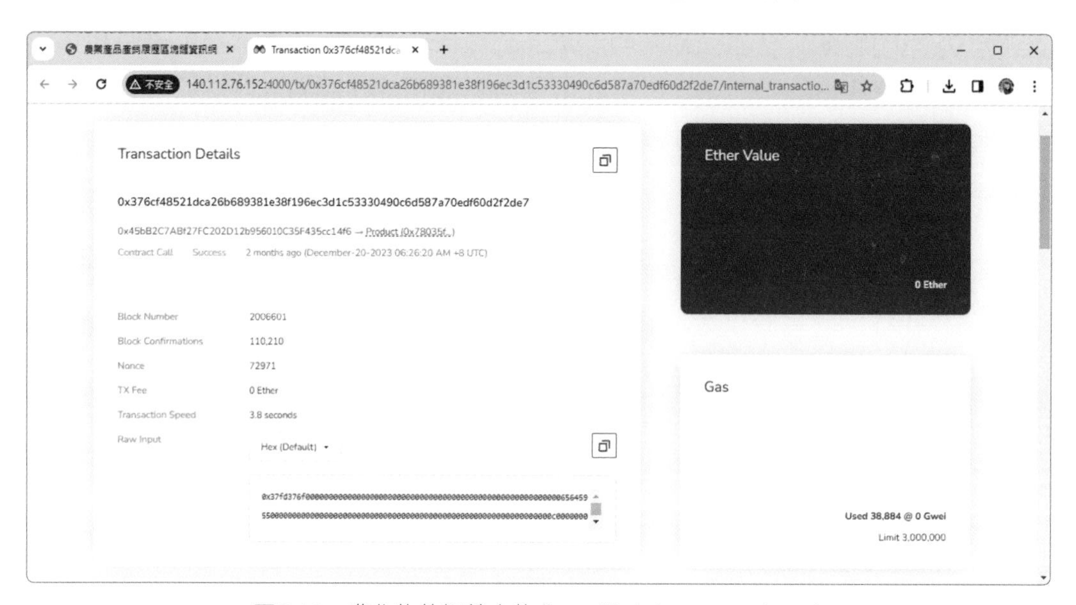

圖9-13 農作物的智慧合約(http://atb.bse.ntu.edu.tw)

保險理賠

台灣人壽與高雄榮民總醫院共同簽署醫療理賠區塊鏈合作備忘錄，為了免除民眾往返醫院申請就醫證明的舟車勞頓，台灣人壽和高雄榮總合作利用區塊鏈的優點，推出「eClaim 理賠區塊鏈」平臺。

傳統的理賠流程從出院到理賠金給付，需要約13天的時間，但透過區塊鏈理賠，出院到領到理賠金的時間可縮短至4~5天。區塊鏈理賠，不僅省下往返醫院申請病歷的奔波，還可隨時查看以區塊鏈技術加密的傳送紀錄和個人醫療資料，讓原本只屬於醫院的病歷，成為個人擁有，變成方便自主管理的可攜式病歷，未來也可用於其他醫院就診或諮詢。

數位化學習歷程檔案

區塊鏈技術用於「數位化學習歷程檔案」，能簡化驗證學習歷程、成績、文憑和證書的過程，學生可以不用再整理備審資料，也可預防成績造假或文憑偽造的問題。

臺灣新創公司圖靈鏈開發出**圖靈證書**(Turing Certs)，這是一張區塊鏈加密簽章的數位畢業證書，此證書透過區塊鏈的不可竄改、透明公開等特性，確保證書來源的真實性，且採用數位方式，記錄及保存學生的個人生涯學習歷程檔案，讓學生不管升大學、考研究所或未來求職的歷程都能完整收錄運用。圖9-14所示為圖靈證書數位履歷平臺。

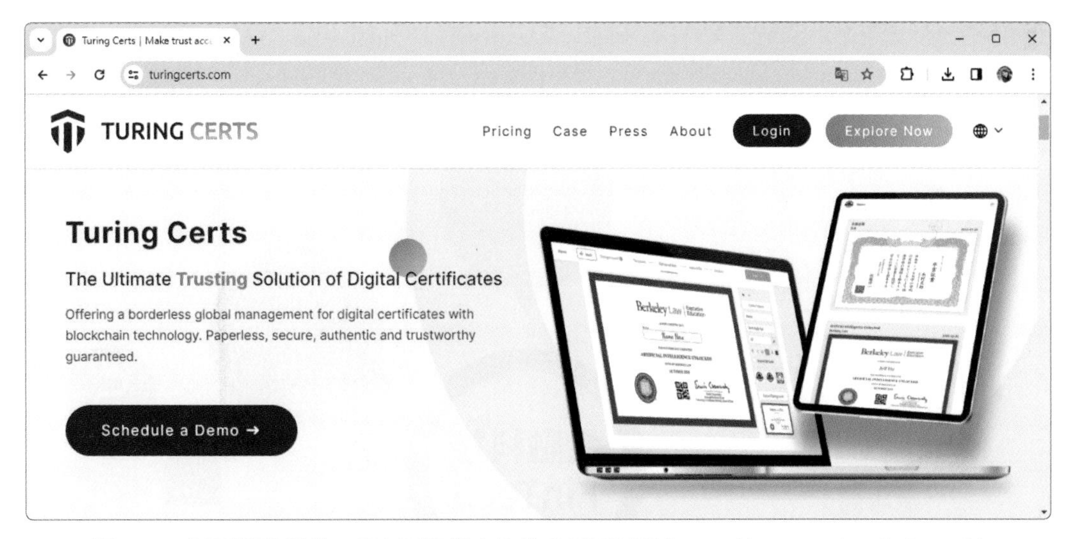

圖9-14　圖靈證書提供一個在區塊鏈上的數位履歷平臺(https://certs.turingchain.tech)

圖靈證書透過符合W3C DID標準的數位身分，讓所有證書、證明，難以再被偽造且永久保存於網路，也因此學生能於世界各地輕鬆驗證自身經歷。圖靈證書至今已為17所大學、9家企業與教育單位提供數位發證服務。

學生在獲得數位證書後，只要登入圖靈鏈的網站，就可以看到自己的數位畢業證書，並可將其連結於自己的求職網站，也能在企業提出認證需求時，一鍵認證自身所有經歷。企業則可以透過圖靈證書所採用區塊鏈的特性，保證其所驗證的履歷為真實不可偽造的，大量降低誤信履歷之風險。

DID

去中心化身分(Decentralized Identifiers, **DID**)是指讓使用者獲得完整的資料主控權，並保障使用者的隱私權，也能達到身分識別的目的。為了致力於DID技術通過全球標準化程式，目前已經提出的標準主要有W3C的DID標準(https://w3c-ccg.github.io/did-primer/)及DIF (Decentralized Identity Foundation)的DID Auth (https://identity.foundation)。

9-3 金融科技

金融科技(Financial Technology，簡稱**FinTech**)的崛起，不但改變了人們對消費金流的使用方式，也衝擊了既有的金融體系營運與獲利模式。

9-3-1 認識金融科技

金融科技簡單的說就是**金融+科技**，利用如大數據、機器人、人工智慧、區塊鏈等創新的科技，來解決金融服務業的問題。2015年世界經濟論壇(WEF)將金融核心服務分為六大領域，包含了**支付**、**保險**、**募資**、**存貸**、**投資管理**及**數據分析**，如圖9-15所示。

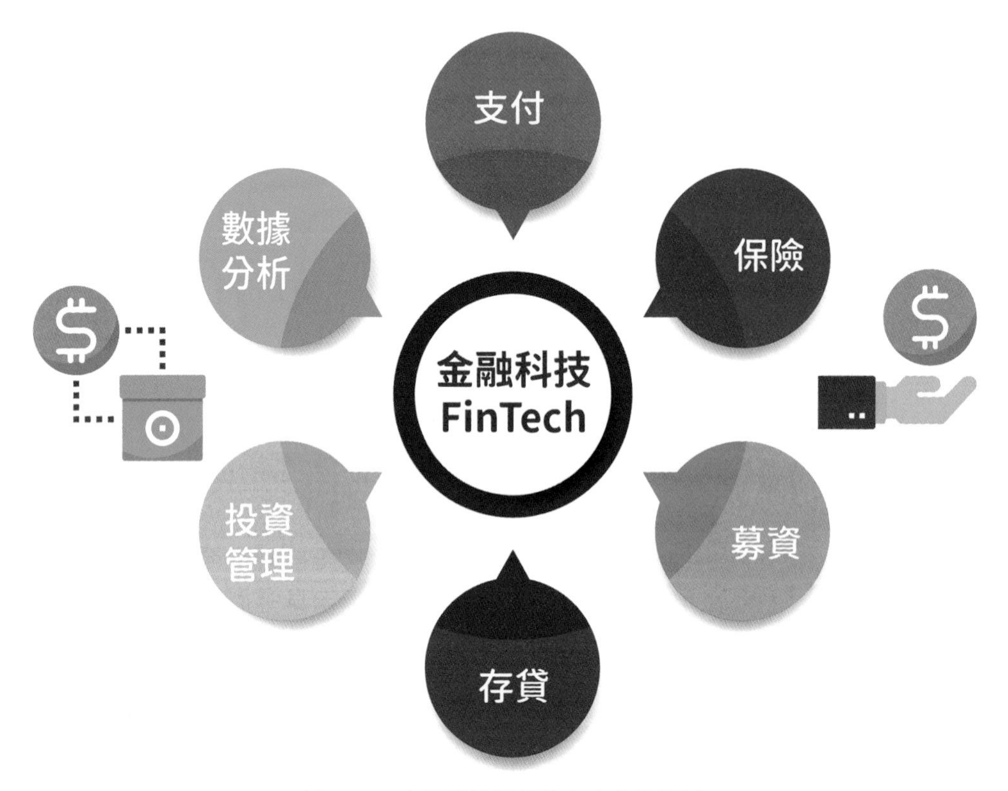

圖9-15 金融科技涵蓋的六大金融領域

人們的生活早已被金融科技佔據，日常生活中使用網路銀行、行動支付、手機無卡感應付款、App一鍵下單等，都是金融科技的實際應用。金融科技的廣泛應用使我們省去不少和銀行交易的時間，消費者可足不出戶，透過電腦網路、應用程式或理財機器人，便可隨時隨地使用金融服務。

我國政府目前對於金融科技的政策也相當支持，由金管會委託金融總會規劃成立**金融科技創新園區 FinTechSpace**，匯集國內外金融科技新創產業進駐，積極發展相關業務及創新實驗。

9-3-2 金融科技環境三要素

金融穩定學院(Financial Stability Institute, **FSI**)於2020年發布報告，提出**金融科技樹**(Fintech Tree)的概念，表示下列三者是構成金融科技環境的元素：**樹冠－金融科技活動**(Fintech Activities)、**樹幹－賦能技術**(Enabling Technologies)及**樹根－政策輔佐**(Policy Enablers)等。

其中，**金融科技活動**是指金融科技內的各種產品和商業模式，例如數位銀行、數位支付、電子貨幣等服務；**賦能技術**是指金融科技革命的底層技術，例如雲端計算、人工智慧、生物識別技術、分散式帳本技術等技術層面；**政策輔佐**則是監管機構為促進金融科技發展而採取的行動，例如開放設立純網路銀行、成立金融科技創新園區、設置金融監理沙盒等作為。

由圖9-16來看，公共政策與建設的支援，對於金融科技樹的穩定與發展而言，是最為重要的根基；而金融科技技術的多元發展，則可促使金融產業多元創新；最終才能在各金融產業之間，產出各種金融科技業務項目與服務。

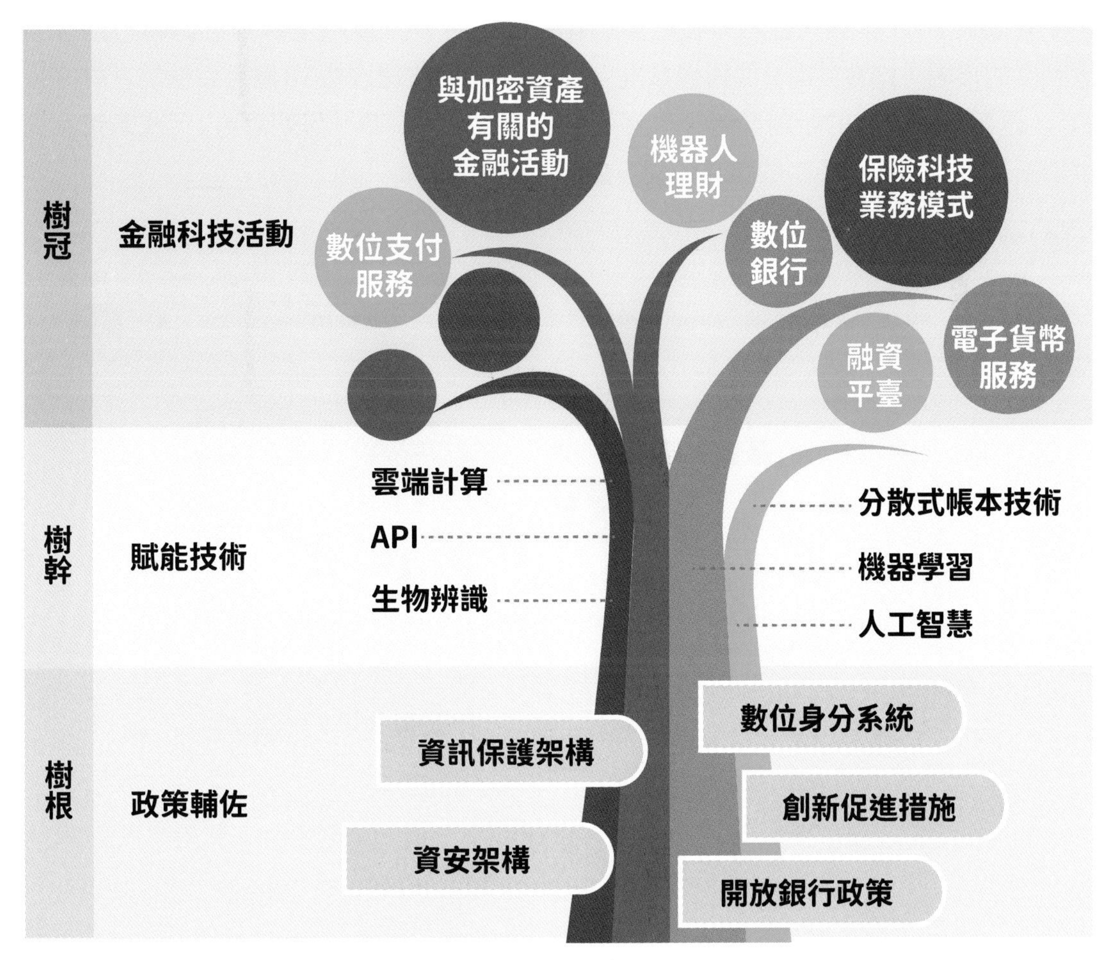

圖9-16　金融科技環境示意圖

資料來源：Financial Stability Institute(2020), Policy responses to fintech: a cross-country overview https://www.bis.org/fsi/publ/insights23.pdf

9-3-3 金融監理沙盒

金融監理沙盒(Financial Regulatory Sandbox)是英國**金融行為監理總署**(Financial Conduct Authority, FCA)於2015年提出「**創新試驗場**」(Regulatory Sandbox)之倡議文件，將這個概念應用在金融科技的創新上，解決現行法規與新興科技的落差，故透過設計一個風險可控管的實驗場域，提供給各種新興科技的新創業者測試其產品、服務以及商業模式，這個模式就被稱為**監理沙盒**。

透過在測試過程中與監管者(通常為政府主管機關)的密切互動合作，針對在測試過程中所發現或產生的技術、監管或法規問題，一同找出可行的解決方案，並作為未來主管機關與立法者，修改或制定新興科技監管法規的方向跟參考。

除了英國擁有相關監理沙盒制度外，新加坡、澳洲等國家也紛紛建立了監理沙盒制度。英國提供企業不論核准與否都可進入監理沙盒，以測試產品服務、降低進入市場所需時間及成本；新加坡申請需先註冊、佐證創新程度及效益，但未規定執行時間長短；澳洲首創採用免牌照、免審查監理沙盒制度，降低起步門檻、鼓勵新創。

我國於2017年通過金融科技發展與創新實驗條例，成為全球第五個執行監理沙盒制度的市場，迄今共有9件通過核准。2021年歷經監理沙盒18個月實驗的「好好投資」，是第一家通過的新創業者，也獲得金管會核准改制為「好好證券」，成為首家提供創新基金交換服務機制的證券公司，如圖9-17所示。

圖9-17 好好證券官網(https://www.fundswap.com.tw/)

9-4 金融科技的應用

在全球金融科技已廣泛的被應用，且出現許多新型態金融場景，這節將針對金融科技在各金融領域之應用，分別說明。

9-4-1 普惠金融

全球經濟發展之下，伴隨而來的貧富差距、財富分配不均問題日益嚴重。因此，聯合國於2005年提出**普惠金融**(Financial Inclusion)的概念，指出「**普惠金融是經濟成長、創造就業機會及社會發展的驅動者或加速器**」，並提倡「**金融是為所有人服務，而不只是有錢人**」，其核心要讓社會大眾都能平等享有金融服務，尤其是被傳統金融忽視的偏鄉產業、小微企業、無信用記錄的社會新鮮人等。

金融科技正是推動普惠金融的重要力量，它能打破時間與地域限制，讓社會上不同的人都能享受到完善的金融服務。

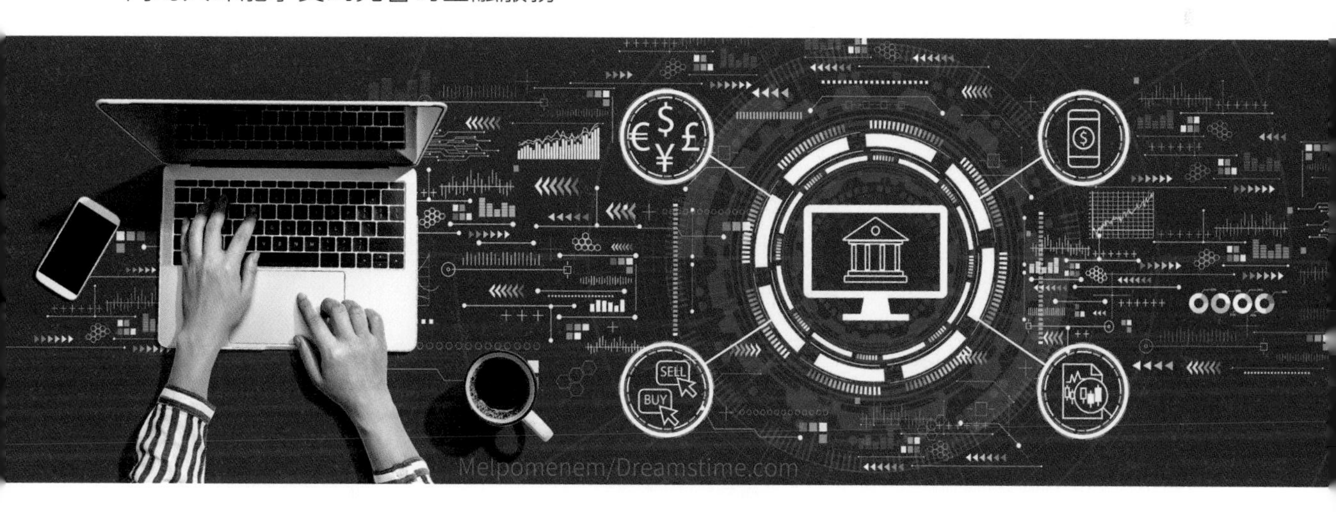

在臺灣，國發會將「推動普惠金融」納入2021～2024年國家發展計畫中，金管會依臺灣金融市場發展現況，明訂「普惠金融衡量指標」，針對可及性、使用性及品質三大面向，評估臺灣普惠金融發展狀況及政策執行成效，並鼓勵金融業持續推出符合社會各界需求的金融服務，以促進社會公平與成長。

保險

保險業引入數位科技中數位通路的概念，結合線上通路、社群媒體、行動裝置、電商平臺等管道，讓資訊傳遞更快、更透明。另外，保險業者或銀行可以使用客戶的大數據資料進行分析，了解其風險影響狀況，對於像是汽車安全險或旅遊平安險，有更多的影響風險資料可供評估。

P2P借貸

P2P借貸(Peer to Peer Lending)是指**透過網路平臺撮合借貸雙方，讓有資金的人透過該平臺可以將錢借給需要資金的對象，並從中賺取利息跟拿回本金**。而在借貸過程中，P2P貸款平臺就扮演媒合與信用評估的角色，是一種個人對個人的C2C信貸模式。

自2005年，全球第一家P2P網路借貸平台Zopa在英國開設以來，P2P借款已在歐美蓬勃發展多年，以英國的Zopa及美國的Prosper、Lending Club最具代表性。而中國首家P2P平臺「拍拍貸」於2007年成立，高峰時期就擁有5,000家的P2P貸款平臺。目前臺灣的貸款平臺則有必可BZNK、鄉民貸、好樂貸等。

數位金融

「零接觸」的新形態金融服務，已成為生活日常。數位金融是最常見的金融行為，包含了日常的電子支付(圖9-18)、信用卡付款、網路銀行App等，數位金融可說是普惠金融最為重要的一環。而臺灣為因應無現金社會的到來，正朝向2025年達到行動支付普及率90%的目標邁進中。

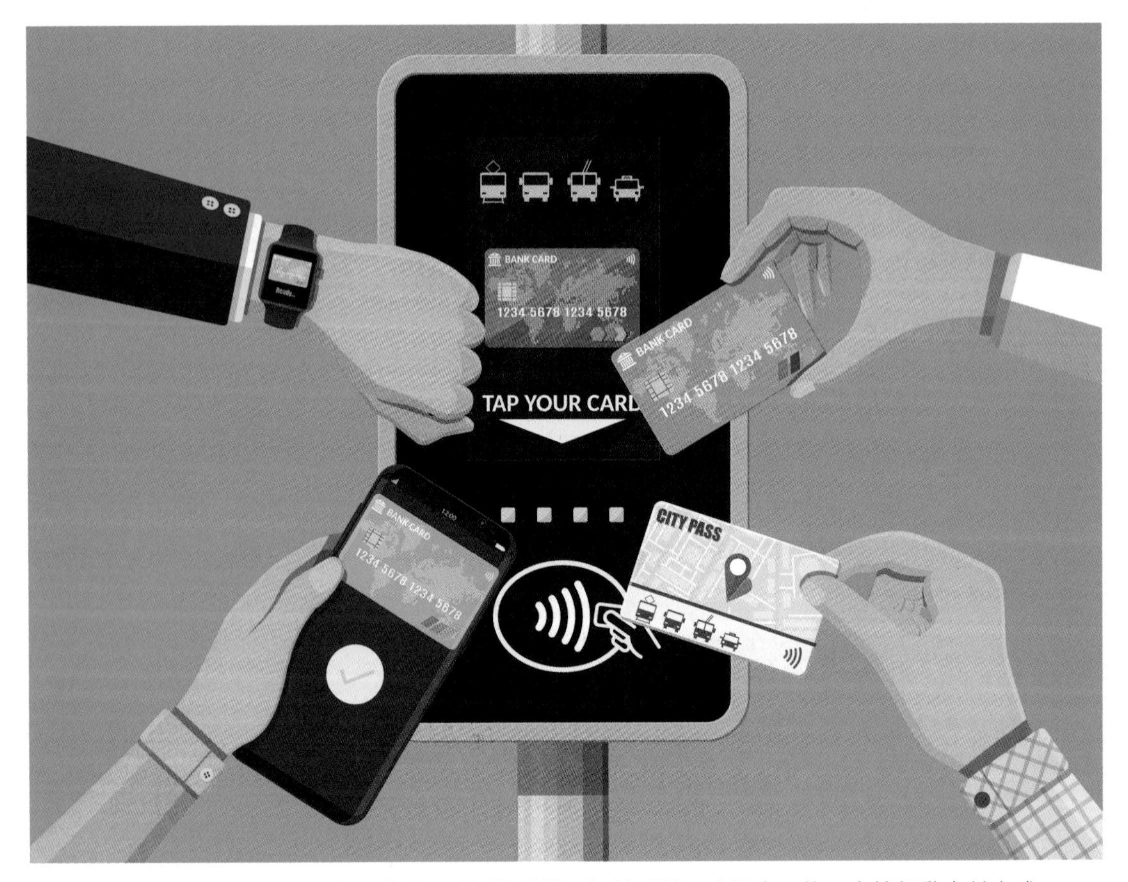

圖9-18 大眾運輸支援多元支付，可透過手機、智慧手錶、交通卡、信用卡等行動支付方式

9-4-2 群眾募資

群眾募資(Crowdfunding)又稱**群眾集資**、**公眾集資**或**群募**，在中國大陸則大多稱為**眾籌**或**群眾籌資**。

群眾募資是指**透過網路上的平臺，展示及宣傳創意作品，有興趣支持、參與及購買的群眾**，可藉由「贊助」的方式，讓此計畫、設計或夢想實現。例如在1997年，英國的Marillion樂團就利用群眾募資的方式，募得六萬美元的費用，完成在美國巡迴演出的夢想。

群眾募資的組成

一個成功的群眾募資案例，組成的關鍵因素有**專案推動者**、**個人**、**群體**及**適合的平臺**，如圖9-19所示。

圖9-19 群眾募資的組成

群眾募資的回饋方式

一般的群眾募資，是將贊助者投入的資金視為捐贈及回饋性質，臺灣的群眾募資大多屬於後者。而回饋捐款者的方式眾多，通常依據籌措資金的目的及回報方式，主要分為商品型群眾募資及股權型群眾募資兩類。

- **商品型群眾募資**：當捐贈一定金額時，會得到相對應的紀念品或是服務，臺灣目前的募資平臺多屬於此類。商品型群眾募資又可分為**KIA** (Keep-it-All) 及**AON** (All-or-Nothing，全有全無)兩種，前者是當提案失敗時，提案者可留下捐贈的款項；後者則是當提案失敗時，需將款項全數退回捐贈者。

- **股權型群眾募資**：贊助者投入資金後，獲得組織的股權，若未來該組織營運狀況良好，價值提升，則贊助者獲得的股權價值也相對提高。

除了常見的商品型群眾募資及股權型群眾募資外，還有一種**「債權型群眾募資」**，提案者向個人或組織募集資金，並在未來某個承諾的時間償付本金與利息，類似「借錢」，不過目前臺灣法律尚未開放使用現金紅利、有價證券作為報償。

國內外常見的群眾募資平臺

國外較知名的群眾募資平臺有Kickstarter (圖9-20)、DonorsChoose、Indiegogo、GoFundMe等；而國內的募資平臺則有flyingV (圖9-21)、嘖嘖等。

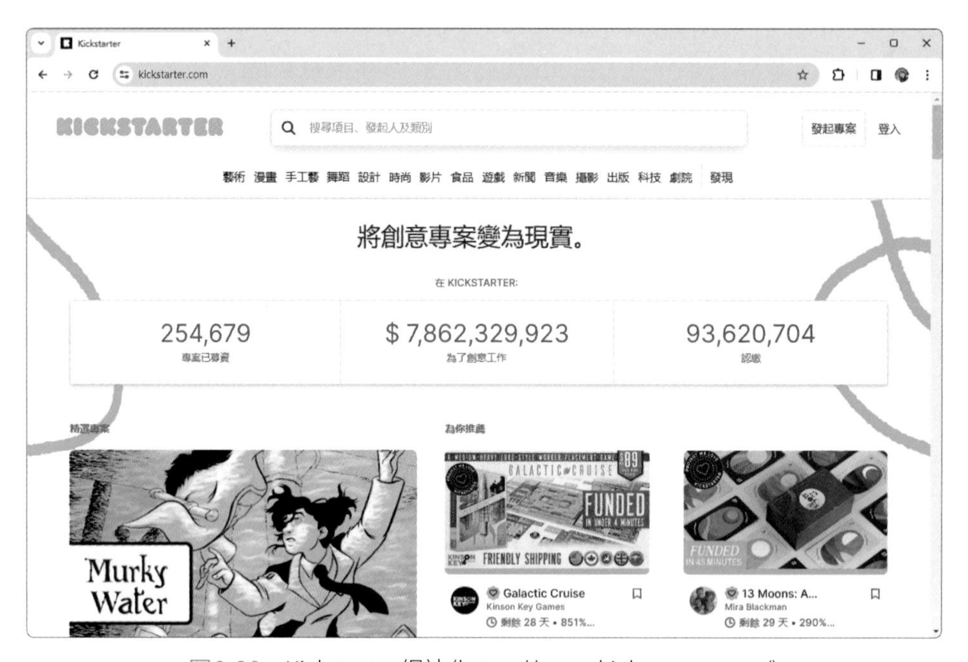

圖9-20　Kickstarter網站(https://www.kickstarter.com/)

圖9-21　flyingV網站(https://www.flyingv.cc/)

9-4-3 投資管理

隨著大數據及演算法的日益成熟，**理財機器人**(Robo-advisor)也成為一股趨勢。臺灣於2017年5月開放機器人理財，它能提供自動化、客製化投資的網路平臺，讓投資者以低廉的成本得到財富管理或投資的建議。

理財機器人會透過簡單的問題來了解客戶的投資意向、風險屬性，經由AI演算法計算出屬於客戶個人專屬的投資組合。並藉由數位科技的應用進行帳戶管理，再接著由機器人分析資產管理，由目前的資料推測出未來的損益，調整投資策略。大幅應用機器人流程自動化，不僅大量節省營運成本，更提升消費者的體驗滿意度。

目前臺灣的機器人理財服務，主要分為針對民眾提供線上投資理財服務的理財機器人，像是復華投信「強勢通」、元大「ETF AI 投資平台」、中信銀「智動GO」與「智主投」等。還有針對銀行理專提供挑選基金的量化系統功能，例如「TAROBO大拇哥投顧」。

中國信託銀行推出的智慧理財服務「智動GO」(圖9-22)，是以人機模式解決客戶投資難題，該服務運用AI智慧演算模型、自動買賣基金的機制，提供投資新手完全代操的基金理財服務。

圖9-22　中信智動GO網站
(https://www.ctbcbank.com/content/dam/minisite/long/fund/ROBOGO/)

根據證期局統計數據，至2023年9月底，國內已有16家業者開辦理財機器人業務，客戶數突破17萬人，理財資產規模已達到75.52億元。

9-4-4 純網路銀行

數位科技的快速變化帶動一波金融改革，**全球純網路銀行**(Internet-only Bank)(簡稱「**純網銀**」)逐漸崛起，我國也於2018年開放對純網銀的執照發放，顛覆了傳統銀行的營運模式。

純網路銀行與一般銀行最大的不同，在於「**不能設立實體分行**」，完全運用網路來進行所有的銀行業務，而可承做的業務則與傳統銀行相同。

它不只是將銀行業務改由網路運作如此簡單而已，相較於傳統銀行，純網銀更重視「**金融服務**」，純數位化的服務結合大數據技術的收集與分析，以便提供更優質的金融科技服務。

相較於全球同業，我國純網銀起步較晚、業務也相對保守。目前金管會核准的純網銀名單有「將來商業銀行」、「LINE Bank 連線商業銀行」(圖9-23)與「樂天國際商業銀行」，這些銀行將所有業務網路化，可提供較佳的活儲利率或跨提優惠，但受限於法規，轉帳提款及貸款金額較傳統銀行少。

圖9-23　LINE Bank使用介面

而純網銀的便利，同樣可能帶來使用上及安全性的隱憂。像是由於純網路銀行的業務均存放於系統中，內部員工擁有最大的系統訪問權限，如此便很難避免員工監守自盜的操守問題；而管理階層或職員的技術能力若不足，也容易產生操作失誤；對於資訊操作不熟悉的用戶，在無人協助下，也難以取得金融服務；另外由銀行服務全體網路化，也會面臨如網路病毒、駭客、網路釣魚等資安威脅，都是純網路銀行必須面對的問題。

9-4-5 API 經濟

API (Application Programming Interface，**應用程式介面**)是一種在使用者允許之下，開放給第三方交換資料的程式碼，以便讓各系統順利傳遞訊息並執行指令，加快彼此溝通的時間。

相較於只能在企業內部使用的**Private API** (私有API)，**Open API** (開放API)是一種對外開放、眾人共享的應用程式介面，它允許API之間互相溝通與互動，因此可以在共享的資訊中更有效地發揮資訊功能，進而延伸更便利、更多元的服務。

若運用在金融上，銀行可透過財金公司標準化的Open API，將金融資料分享給**第三方服務提供者**(Third-party Service Providers, **TSP**)，並在用戶同意的情況下，直接在銀行以外的平臺進行查詢、付款或轉帳，而不用另外登入網路銀行或是行動App。此舉不但更能落實普惠金融，也為用戶帶來更即時且多元的金融服務。

我國金管會自2019年起，分三階段推動**開放銀行**(Open Banking)，第一階段是公開資料查詢(例如存款利率 / 外幣匯率)，第二階段則是客戶資訊查詢(例如信用卡交易明細、存款帳戶餘額)，未來即將開放的第三階段「開放交易資訊」，代表客戶可以直接在TSP業者的介面上，進行像是定存轉活存、信用卡分期處理等交易。

臺灣集中保管結算所開發的「集保e手掌握」App，可透過Open API串接國內11家合作銀行，用戶在完成銀行端之身分驗證及選擇授權範圍後，就能在「集保e手掌握」App中，即時查詢多家銀行的帳戶餘額以及交易明細(圖9-24)。

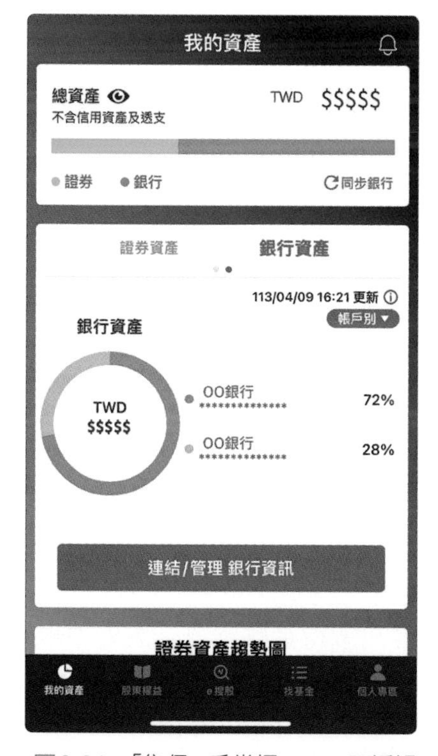

圖9-24 「集保e手掌握」App可透過API查詢多家銀行的帳戶餘額及交易明細

秒懂科技事

綠色金融

> ESG 分別是**環境保護** (Environmental)、**社會責任** (Social) 及**公司治理** (Governance) 的縮寫，是評估企業永續經營的重要指標。

自聯合國氣候變遷大會 (COP26) 承諾全球將邁向 2050 前淨零碳排以來，國際金融組織紛紛響應以金融的力量促進社會淨零轉型，喚醒全球對暖化及氣候變遷的危機意識，期望能將資金有效導入解決氣候問題，及提供資金協助開發中國家或脆弱地區對抗氣候變遷。因此，近年各國紛紛提出了綠色金融 (Green Finance) 的機制，逐步要求企業揭露綠色金融相關的資訊。

綠色金融又稱永續金融 (Sustainable Finance) 或氣候金融 (Climate Finance)，是指將 ESG 因素納入金融機構的投資和業務決策中，以促進可持續發展和環境保護的金融活動。根據聯合國環境署 (UNEP) 定義，只要是以「友善環境」為目標而創建的金融商品或服務 (如債券、貸款、債務機制、保險和投資等)，都可稱為綠色金融。

金融業者利用自身融資的影響力，擴大對環保、能源轉型、低碳經濟、綠色消費等相關產業的投資，也可以開發出更多綠色商品及服務，讓一般消費者做出更友善環境的選擇，同時減少放款給其他造成全球暖化、環境污染的產業。

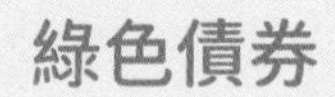

綠色債券

將募集資金全數投入於再生能源、節能減碳、動物保育、氣候變遷、綠建築等。

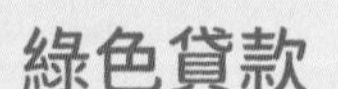

綠色貸款

貸款的資金必須用在對環境友善的綠色項目，如發展再生能源，藉以推動環保及永續發展。

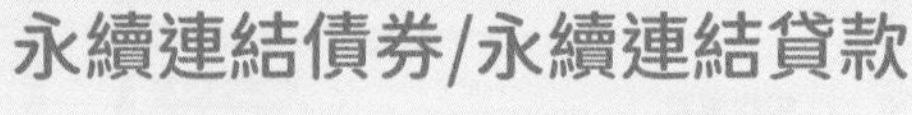

永續連結債券/永續連結貸款

所借的資金沒有用途限制，只要金融機構和借款企業事前就永續關鍵績效指標達成共識，即可自由運用資金。

綠色基金

發行或管理以投資國內並以環保(綠色)、公司治理或企業社會責任(綠色)為主題之基金(含ETFs)或全權委託投資帳戶。

綠色存款

在金融機構投入一筆定期存款，協助銀行將此筆資金運用在其指定的綠色融資專案，以開展綠色計劃或達成環保效益。

電子商務與網路行銷

CHAPTER 10

10-1 電子商務的基本概念

隨著Internet的盛行，商業行為的「**e化**」也成為勢在必行的首要改革，許多傳統企業與新興產業紛紛跨足電子商場，**電子商務**(Electronic Commerce, **EC**)遂成了熱門的消費模式，更為企業帶來了無限商機。

10-1-1 電子商務的定義

所謂的「電子商務」，是指**將傳統的購買與銷售、產品與服務等商業活動，透過網際網路進行販售，發展成一個虛擬的電子商場**(圖10-1)。只要透過電腦以及網際網路，就能在虛擬空間中進行推廣、行銷、販售、購買、服務等實際的商業行為。例如線上購物、網路下單、網路拍賣、線上出版、網路廣告等，均屬電子商務行為。

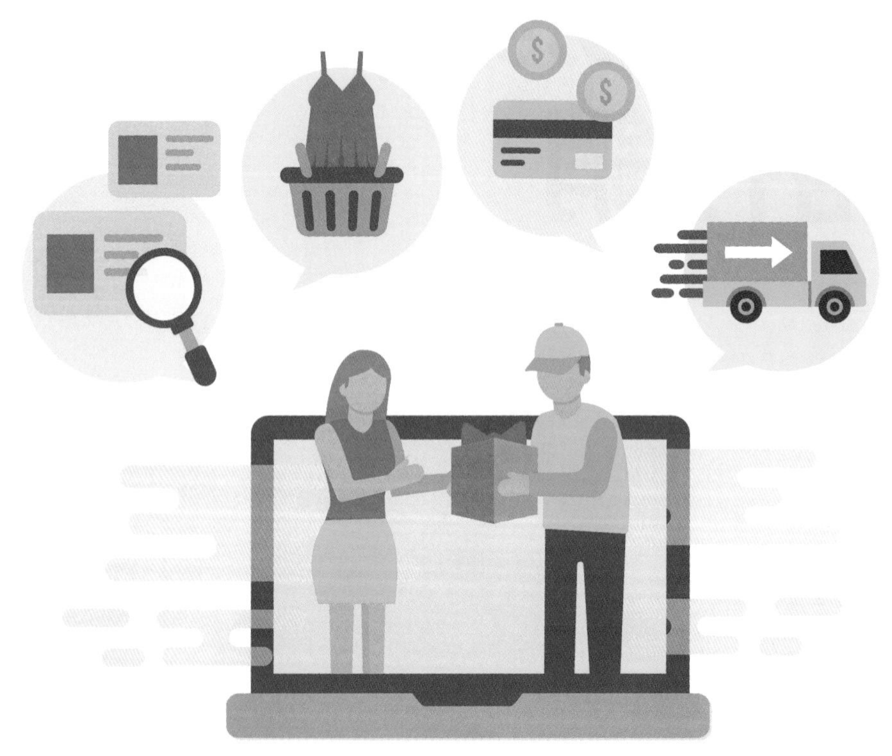

圖10-1　電子商務在虛擬的網路空間中，進行推廣、行銷、販售、購買、服務等實際商業行為
(圖片來源：Freepik)

10-1-2 電子商務的演進

從70年代開始，電腦的發明也逐步帶動電子商務的發展。早期的電子商務僅侷限於大型企業，主要是透過大型電腦進行**電子資料交換**，利用網路在企業間傳送業務上的商業文件。

而現在我們所熟悉的電子商務，可實際在網路上進行實體交易的模式，其發展則起源於90年代初期，是由美加地區所新興的一種企業經營模式，它所倚賴的則是遍布全球的網際網路通道與WWW的興起。

當網路上所能傳遞的資料格式越來越豐富，或者軟硬體技術越來越成熟，都可能創造更多的商業模式。資訊科技的發展影響著商業模式的逐步轉型，更帶動顧客消費行為的改變，這樣的連帶關係使得**資訊科技**、**商業模式**、**消費行為**三方均受到循環影響，因而促使電子商務的蓬勃發展，如圖10-2所示。

圖10-2　資訊科技、商業模式與消費行為的連帶關係，帶動電子商務的繁榮

10-1-3 電子商務的發展趨勢

資策會產業情報研究所(MIC)在2014年《國際電子商務發展趨勢報告》中指出，電子商務產業發展主要有**大數據**、**智慧化**、**行動化**及**自造化**等四大趨勢。

- **大數據**：運用大數據分析各種消費數據，挖掘關鍵情報，了解消費者輪廓。
- **智慧化**：藉由智慧化裝置及應用概念(例如物聯網)，為消費者創造更貼近需求之購物及服務體驗。
- **行動化**：以行動裝置為商務入口，藉由行動裝置的特性，滿足消費者即時需求。
- **自造化**：消費者藉由網路購物或社群媒體更加展現自我風格，比以前更熱衷於個性化及客製化商品的消費。

這四大趨勢在十年後看來依舊如此，但隨著科技的進步，有更多的創新趨勢與應用正一一浮現，分別說明如下。

直接面對消費者

直接面對消費者(Direct to Customer, **DTC**)又稱**D2C**，是指商家**不經過傳統的經銷商、批發商、中間商、電商平臺等第三方**，直接將產品從官網送到消費者手中的銷售商業模式。DTC商業模式強調的是**以消費者為中心**，提供顧客更完整的消費體驗，透過自建官網、App或直營門市，去掉中間通路商，直接銷售給消費者，再透過社群平臺與消費者互動，讓品牌與消費者產生連結，培養忠實會員並建立長遠的關係。

全通路零售

面對激烈的電商競爭，為了打造更完整的購物體驗，許多電商業者開始將品牌經營策略轉往**全通路零售**(Omni-Channel Retailing)的方向。全通路零售是指**整合所有相關通路、行銷工具，為消費者提供無縫、輕鬆、流暢的消費體驗**。不管是在訊息的傳遞、會員的資料、會員在多通路上的行為等，彼此並非獨立運行，讓消費者在不同的通路上，皆能享有更完美的購物體驗。

深度零售

未來的零售業樣貌將以**深度零售**(Deep Retail)為核心，講求與消費者更人性化的溝通，從顯性需求深入到隱性需求，從「我們」的群體式銷售提升到以「我」為中心的個人化經營。

業者必須思考如何為顧客創造**個人化購物體驗**，才能讓顧客產生心理認同，並增加顧客對品牌的好感度及信任感。除此之外，也應朝著數位科技應用的方向進化，像是使用臉部辨識、即時數據蒐集、情緒解析、演算分析等零售科技來幫助銷售。

語音商務

在AI語音技術及語音智慧裝置的蓬勃發展下，**語音商務**(Voice Commerce)備受關注，在英國已有超過20%的家庭使用語音智慧裝置，且有62%的使用者曾經使用裝置進行線上購物。其具體應用像是消費者對著Amazon Echo說出想買的商品，就能連結到Amazon購物網站，由Alexa智慧語音助理幫忙下單。

共享經濟

共享經濟(Sharing Economy)是指透過平臺，將自身閒置資源(如設備、空間、交通工具等)，透過服務與他人分享，並從中收取費用的一種新型態經濟模式。不但能夠更有效地利用現有資源，提高資源利用率，同時也有助於減少浪費和資源消耗。

例如Uber、GoShare、YouBike等共享交通服務；Airbnb、沙發衝浪等共享房屋服務；JustCo、WeWork等共享辦公室服務。還有如共享行動電源、共享雨傘等，各種共享經濟型態正如雨後春筍般出現。

多元支付

傳統電商常見的支付方式有信用卡、ATM轉帳、超商取貨付款、宅配貨到付款等，但近幾年使用行動支付的比率升高，甚至開始有只帶手機出門的趨勢，能讓消費者更方便地購買商品已成為主流趨勢。

而**先買後付**(Buy Now, Pay Later, **BNPL**)這種新興支付模式也在近年開始流行。目前臺灣主要先買後付業者包括「AFTEE先享後付」、「Atome」、「慢點付」、「Fula付啦」、「zingala銀角零卡」等，蘋果公司也於2023年在美國推出「Apple Pay Later」服務(圖10-3)，讓消費者可以先享受、後付款。(於本書10-3-3節有詳細說明)

消費者申請時只需填寫一些資料，審核快速便利，因此相當受到年輕族群青睞，預估2025年先買後付支付方式將占整體電商交易的12%。

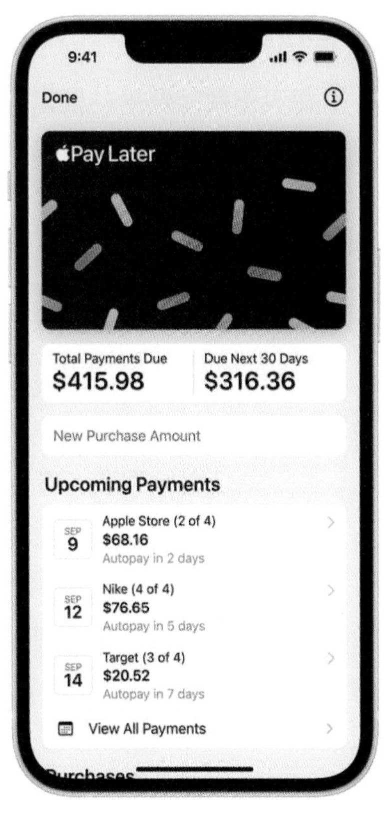

圖10-3 Apple Pay Later

擴增實境產品體驗

使用擴增實境技術可以讓消費者更加了解產品及體驗，此類購物模式稱為**擴增實境購物**(Augmented Shopping)。例如亞馬遜推出了AR View功能，消費者可以透過智慧型手機鏡頭，把網路上的商品虛擬放置在自己家中，藉此查看商品的擺放效果，為買家提供更好的購物體驗，選擇合適的商品，如圖10-4所示。

圖10-4 利用擴增實境功能，可模擬商品擺放的效果

社群電商化

每天瀏覽社群網站是當今消費者的習慣，因此社群電商化也是電子商務目前的主流趨勢。根據權威顧問公司We are social於2023年的統計，臺灣人每日平均花費2小時6分鐘使用社群平臺，擁有如此龐大的用戶流量，再加上資訊傳播快速的特性，使得各大社群平臺紛紛開始跨足電商，讓消費者在社群平臺上就能完成購買。

AI參與更多電商運營

隨著人工智慧技術的成熟，許多電商紛紛導入AI技術來協助公司營運或銷售。像是針對客戶擬定推薦名單、個人化行銷、AI客服機器人，或是供應鏈管理、倉儲自動化、物流最佳路線判定，以及需求預測等，皆可透過AI提供莫大的協助。

例如亞馬遜平台(Amazon.com)使用「Perci」這套AI工具，來為平臺上的賣家們生成賣場商品文案，並分析顧客評價，也會建議SEO的關鍵字，相當具有效益。

臺灣家樂福為了優化線上購物流程，也將生成式AI技術導入自家的外送平台「家速配」App，推出「智能食譜」服務(圖10-5)。消費者只要透過App中的AI機器人聊天互動、確認食材與需求，它就會推薦適合的菜色食譜，並提供所需食材清單供用戶選購，一鍵下單就送到家。

圖10-5 家樂福家速配的「智能食譜」以AI提出食譜建議，讓用戶可直接線上下單備料並宅配到家

10-1-4 電子商務的優勢

由於網路上無限擴充的市場規模、交易安全機制的技術成熟，以及逐漸普及的網路消費行為，使得目前的電子商務行為日益蓬勃。一般而言，電子商務所具備的優勢，主要分為下列幾點：

- **便利的消費環境**：一天24小時不打烊的營業時間，且沒有地域限制。不論何時何地，只要連上網路就能享受各種電子交易服務，如圖10-6所示。
- **最即時的互動**：透過網路留言板、電子郵件、線上語音或即時通訊等方式，可直接聯繫客戶，快速回應客戶的詢問以及訂單，提供即時的客戶服務。
- **降低成本**：電子商店不需實體銷售店面，因此可縮減人力支出，也減少存貨空間的浪費，降低創業成本。而透過網路上的廣告託播，亦可減少實體廣告的費用與紙張的浪費，降低行銷成本。
- **增加交易效率**：作業流程數位化加快了訂單的處理速度，縮短整個交易流程，買方可以更快取得訂單資訊，賣方也能更早得到商品或服務。

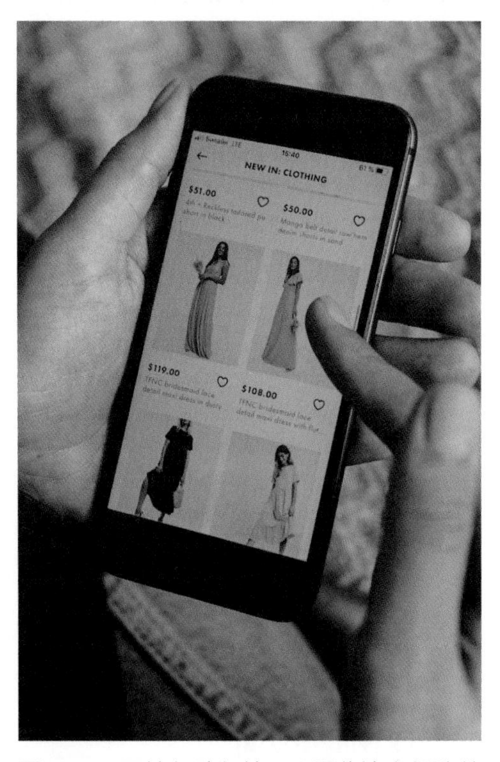

圖10-6　不論何時何地，只要能連上網路就能進行消費(cottonbro/Pexels)

- **拓展市場**：網路是一個無國界的廣大消費市場，透過電子商務可以達到全球化的行銷，拓展更開放的產品通路與消費市場。

10-1-5 新零售 2.0

「新零售」一詞，是由時任阿里巴巴集團董事長馬雲於2016年阿里巴巴集團雲棲大會上提出，馬雲指出「未來10年20年之後，沒有電子商務只有新零售」。

所謂新零售是指**以消費者的需求及體驗感受為中心**，結合電商、實體賣場和倉儲物流，透過人工智慧、物聯網、大數據分析等技術進行數據的統整與結合，並支援物流、金流、商流，以及線上線下的所有銷售通路，以更多新的資訊技術，創造新機會和挑戰，獲得更多利潤。

新零售的發展，主要有三個特徵：

- **以消費者為中心**：過去業者多以公司既有產品與服務為出發點，新零售的核心價值是「以消費者為中心」，藉由了解消費者需求提升市場規模。
- **多管道、全場域**：透過不同通路(如電商平臺、官網、社交平臺、實體店等)及全時段和消費者接觸、了解、引導、推銷，拉近與消費者的距離。
- **精準溝通**：貼近消費者的生活，增加接觸及成交的機會，藉由蒐集消費者的消費行為及資訊，分析消費者行為及偏好、調整或推出產品及服務，並精準地在不同通路推播與潛在客群相關的訊息。

例如全聯福利中心在實體門市與網路商店並行經營，讓線上、線下業績能夠相輔相成。藉由推出自有行動支付服務「pxpay (全聯支付)」、「pxgo! (全聯線上購)」App (圖10-7)、官網電商平臺，和零售業虛實融合的規劃，全聯將實體本業緊扣電商服務，並順應消費者購物型態的改變，推動實體電商，將虛實融合為消費者打造一個「無界零售」的時代。

圖10-7　pxpay與pxgo! 頁面

新零售從原先講求「服務商品化、商品服務化」的新零售1.0，演變成現今「**以人為核心，不以物為核心**」的新零售2.0。2.0時代，AI的介入讓電商行銷更為精準，AI自動分析數萬種商品，找出消費者感興趣的商品標籤，判斷出消費者尋找商品的模式意圖，最後依照此模式來推薦適合的商品。還有**多元取貨方式**，讓「以人為核心」的主張更加完善。

10-2 電子商務的架構與模式

電子商務是將傳統的交易通路擴展至網際網路上實現，其間牽涉了許多不同層面的流通與連繫，所以其運作流程自然也比銀貨兩訖的傳統交易要來得複雜許多。這節就來認識電子商務的架構與經營模式。

10-2-1 電子商務的架構

一般來說，電子商務的交易過程，應包含商品配送的**物流**(Logistics Flow)、購買標的所支付的**金流**(Cash Flow)、資料加值及傳遞的**資訊流**(Information Flow)，以及代表產品所有權移轉的**商流**(Business Flow)四個層面的相互交換(圖10-8)。

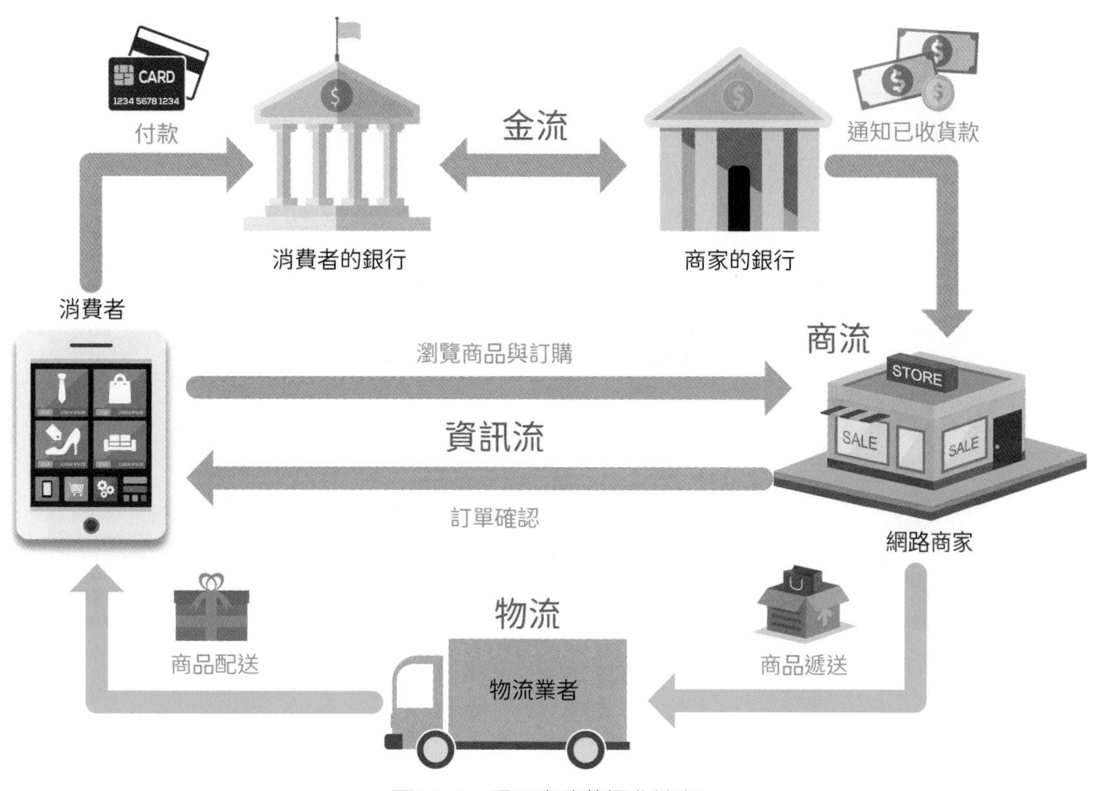

圖10-8 電子商務的運作流程

- **物流：**是指**實體物品的移動**，也就是商品從生產地、經銷商、轉運站、一直到消費者手中的整個運輸流通過程。
- **金流：**是指交易過程中，有關**資金移轉的流通以及交易安全**的相關規範。
- **資訊流：**主要功能在於**控制各種資訊的交換**，以達成商品銷售、寄送等工作。換句話說，資訊流就是「網站」本身的內容與架構，以及消費者資料的建立。
- **商流：**代表的是交易過程中，**整個商品所有權的移轉流程**以及其中的商業決策。

10-2-2 智慧物流

智慧物流(Intelligent Logistics)使用AI、物聯網與大數據科技，並透過各種感測器、RFID技術、GPS系統和自動化物流設備等，實現物流的**自動化**、**可視化**與**智慧化**。

許多電商業者皆積極部署智慧化應用，例如Yahoo!、PChome、Momo購物、全聯皆建置智慧倉儲系統，提升營運與運送效率。永聯物流打造了全臺最大規模冷鏈物流園區(圖10-9)，導入了自動材積量測儀、自動開箱機、搬運機器人(AGV)等自動化設備，人員只需要負責包裝，每件包裹從揀貨、理貨到包裝只需3分鐘。

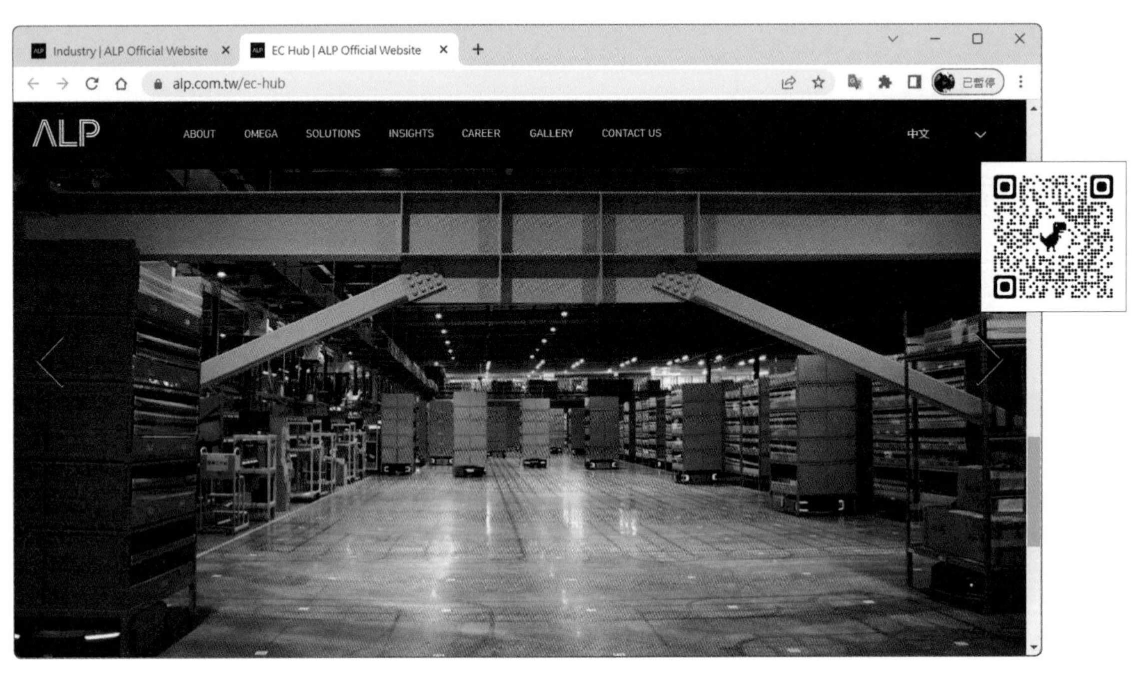

圖10-9　永聯物流電商專倉導入無人搬運車等大量自動化設備(https://www.alp.global/)

知識補充　第三方物流與第四方物流

- **第三方物流**(Third Party Logistics, 3PL)：也稱作**委外物流**(Logistics Outsourcing)或是**合約物流**(Contract Logistics)，是指獨立於供需雙方，協助賣方或買方在商品交易過程中，提供完整專業的倉儲物流服務。
- **第四方物流**(Fourth Party Logistics, 4PL)：是指一個供應鏈的整合者，提供物流規劃、諮詢、物流資訊系統、供應鏈管理等整合平臺之物流資訊服務商。第四方物流能幫助企業降低物流成本及有效地將資源整合，並善用資訊技術將物流資源整合，為顧客創造更高的附加價值。

10-2-3 電子商務的經營模式

電子商務的經營模式依交易對象的不同，大致可分為G2B、B2B、B2C、C2B、C2C等基本模式，以及近年來因行動網路的崛起所帶動，可密切結合線上營銷與線下實體通路的O2O及OMO模式。

G2B

政府對企業的電子商務(Government to Business, **G2B**)模式為政府與企業之間的交易，像是政府將採購方式導入電子商務，則企業可以直接在線上進行競標、傳遞產品，以節省舟車往返的費用，簡化採購流程，以加強行政效率，也能促進採購作業的公開與透明化。例如政府電子採購網包含政府各機關招標採購資訊與相關公告，以及政府採購公告資訊系統。

B2B

企業對企業的電子商務(Business to Business, **B2B**)模式是企業之間的交易，簡單來說，B2B就是企業和其上游廠商或下游廠商間的交易行為，例如當下游廠商生產產品時，會向上游廠商購買材料，才能進行產出的動作，這樣的交易行為就屬於B2B，此種模式可以增加企業生產力、提高工作效率、降低營運成本等。

B2C

企業對消費者的電子商務(Business to Consumer, **B2C**)模式為企業對消費者所提供的服務，是目前最常見的模式。企業利用網路將產品直接於網路上銷售，或是提供消費者諮詢服務。在此模式中常見的交易行為有網路購物、線上購票、證券下單等。

C2B

消費者對企業的電子商務(Consumer to Business, **C2B**)模式與B2C模式剛好相反，是以消費者為核心的商業模式，由消費者先發出需求，再由企業承接，提供客製化的服務。例如一群個體消費者因為共同的購買需求，而集結起來向企業提出集體議價需求，美國的Priceline旅遊網站就是此種模式，利用這種方式交易，消費者不但能以較優惠的價格購入商品，廠商也能達到單次大量銷售的目的。

C2C

消費者對消費者的電子商務(Consumer to Consumer, **C2C**)模式主要是消費者之間的商品交易，交易兩方都是消費者。拍賣網站是很典型的C2C電子商務模式，網站本身提供一個交易平臺，讓消費者販售自己的東西。例如Yahoo!奇摩拍賣、露天市集、蝦皮購物、旋轉拍賣等拍賣網站，以及Airbnb訂房網站，皆屬C2C模式。

10-2-4 O2O

線上對應線下實體(Online to Offline, **O2O**)又稱為**離線商務模式**，是指**消費者在網路上付費，或透過網路帳戶，在實體店面享受服務或取得商品**。在線上透過促銷、打折、服務預訂等方式，把實體商店的消息推送給網路用戶，從而將他們轉換為實體商店客戶，例如Uber、foodpanda、foodomo、Uber Eats、KKday、OPEN POINT等就是屬於O2O模式。

OPEN POINT O2O會員服務平臺跨通路與各消費產業結盟，串聯彼此的客戶及點數，共同經營會員。例如，只要消費者造訪OPEN POINT App活動頁面購買KKday行程商品，就能享有OPEN POINT點數2倍送等活動。7-ELEVEn、全家、家樂福、大潤發及全聯則與foodpanda合作，打造O2O外送服務平臺，於2,500家門市提供外送、店取等整合性服務，如圖10-10所示。

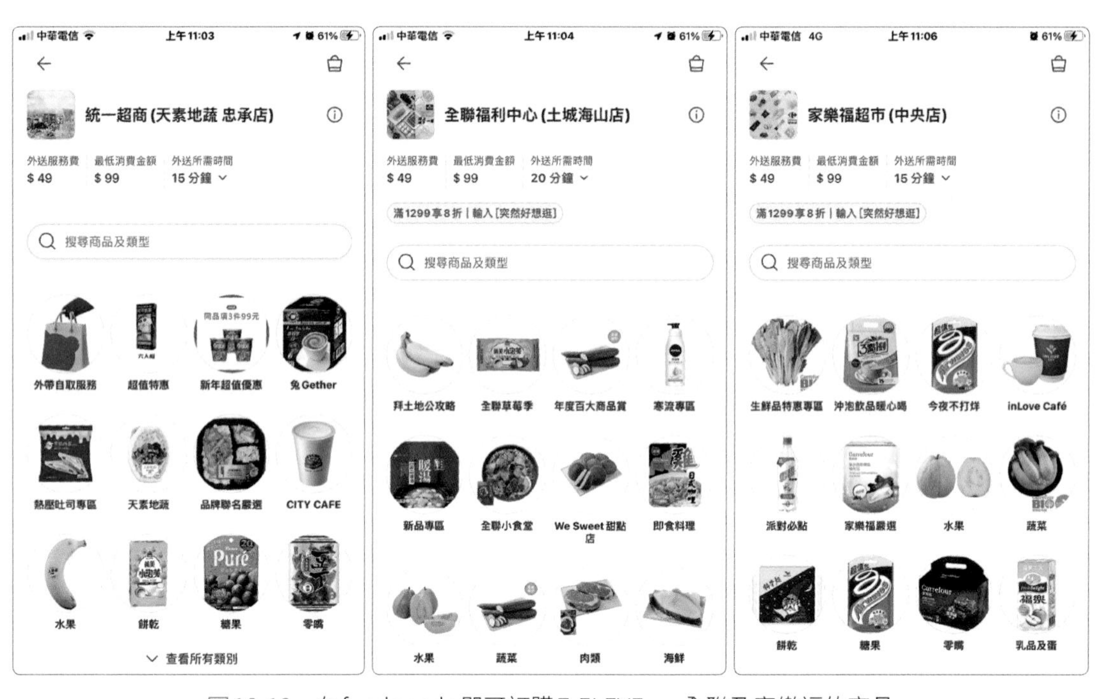

圖10-10 在foodpanda即可訂購7-ELEVEn、全聯及家樂福的商品

10-2-5 OMO

線上與線下虛實融合(Online Merge Offline, **OMO**)是**以人為核心的銷售、購物模式**。2017年李開復在《經濟學人》雜誌中的The World in 2018特輯所提出的概念，指出「未來世界即將迎來OMO，且將對經濟與消費生活帶來改變影響」。

OMO可以說是O2O的升級版，從「**線下體驗，線上消費**」提升為「**線上融合線下，數據驅動消費**」。OMO可以掌握消費者在門市、電商的瀏覽、購物紀錄，藉此了解潛在喜好與當下需求，讓線上與線下的通路彼此相互導流。實體門市所扮演的角色，將不完全是以「銷售」為主，而是要透過直觀的應用或沉浸式體驗與顧客展開個性化的互動。

OMO更著重在掌握顧客在消費旅程中的位置，以蒐集到的完整顧客資料為依據，確實地將消費行為分群、分眾，達到精準行銷。圖10-11所示為O2O與OMO的比較。

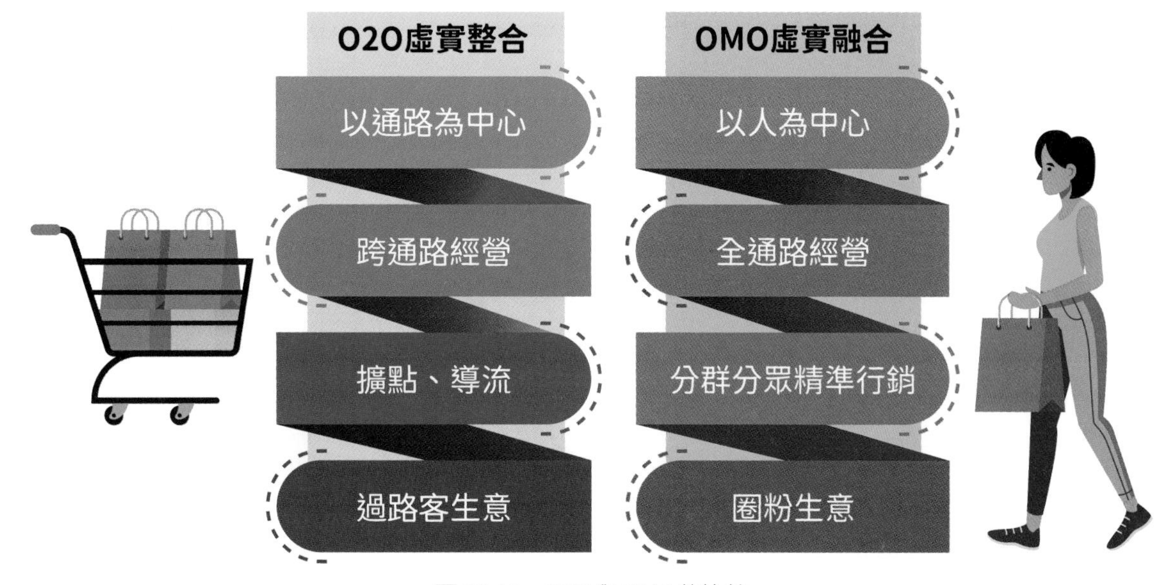

圖10-11　O2O與OMO的比較

全家便利商店運用了OMO虛實融合營運策略，將消費者平常買咖啡「寄杯」的概念移植到全家便利商店App上，將App中的「隨買跨店取」功能串連全台門市，取代過去紙本「寄杯單據」，讓門市咖啡銷售結合線上與數位科技操作，曾在雙11活動創下1.5億業績及超過500萬杯銷量的成績，平均每家店單日銷售杯數更較平日成長3倍。全家便利商店運用OMO，從「消費者」的角度出發，針對每位消費者提供貼近個人化的銷售服務，做到真正的精準溝通，更全面掌握消費者資料，還提升了會員的黏著度。

Nike在紐約市開設一家名為Nike House of Innovation 000的實體店面，強調親身體驗與快速便利，消費者能夠先上網瀏覽並預約中意的鞋子，再到實體店的「專用通道」中找到登錄自己姓名的櫃子，用手機解鎖後就能夠試穿了。

像這類**線上購買、門市取貨**的**BOPIS** (Buy Online Pickup In Store) 模式，不僅融合了網購的便利性，也滿足消費者能快速拿到商品的需求，更是帶動品牌全通路銷售引流導購的關鍵。

10-3 電子商務付款機制

早期在網路上買東西，大多使用ATM轉帳付款，而隨著線上金流與物流服務的發展，消費者有更多元的付款方式可選擇。

10-3-1 常見的付款方式

一般網路購物常見的線上付款方式為信用卡，而除了線上付款方式之外，還有ATM、貨到付款、超商付款、ATM虛擬帳號等。

信用卡

使用信用卡在網路上購物，對消費者來說是一種十分普遍及接受度高的線上付款方式。因為只要擁有一張信用卡，無須再另外申請其他帳戶或憑證，就可以進行線上交易。然而只要擁有信用卡帳號就能進行消費，而無須經由其他驗證程序，因此也面臨較多冒用或盜用上的安全問題。

ATM轉帳

自動提款機(Automated Teller Machine, **ATM**)轉帳，是指消費者在訂單成立後，透過實體或網路ATM，先將商品款項匯款給賣方指定帳戶，賣方確認收到款項後，才會將商品寄出。因為是先付款後寄貨的交易方式，所以可能會面臨買方已匯款，但賣方卻未將商品寄出的情況，是對買家較沒有保障的付款方式。

貨到付款

貨到付款是指賣方先將商品寄出，買方收到商品後，同時向貨運人員支付商品款項。因為是確認收到商品後才付款，所以相較於ATM轉帳方式，貨到付款方式對消費者而言較有保障。

超商付款取貨

當訂單成立時，賣家會先將商品透過便利超商的取貨付款服務，寄至消費者指定門市，消費者再到門市取貨同時完成付款。這種方式的好處是超商門市眾多，具有密集的寄件及取件點，同時由於寄件及收款都是透過第三方的超商物流及金流代為處理，所以是相對比較有保障的交易方式。

ATM虛擬帳號

除了ATM轉帳外，還有銀行提供「ATM虛擬帳號」收款機制，當消費者選擇ATM虛擬帳號付款時，系統會自動產生專屬的虛擬帳號，而每次產生的帳號均不相同，消費者就可以持此虛擬帳號到網路銀行轉帳或前往ATM櫃員機轉帳，如圖10-12所示。

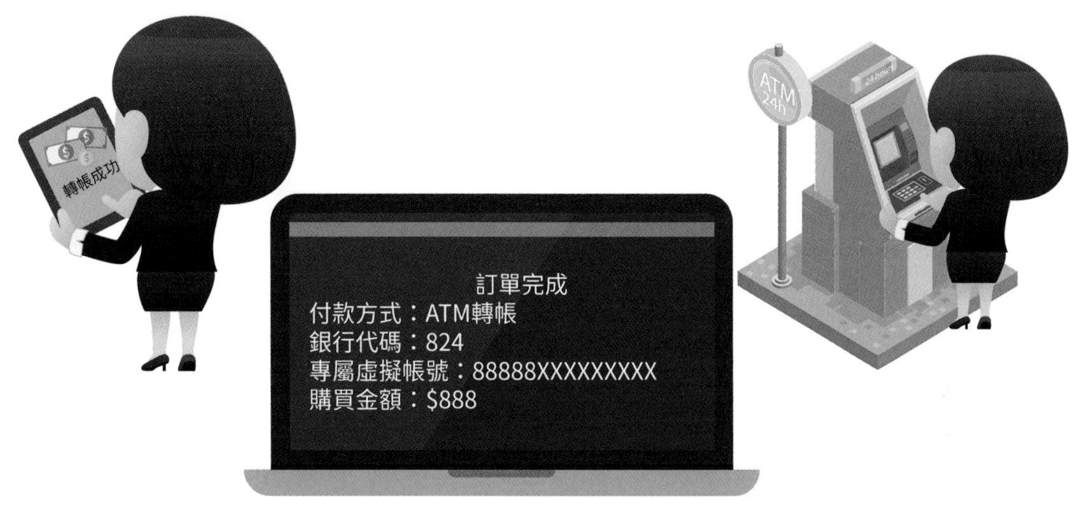

圖10-12　ATM虛擬帳號示意圖

10-3-2 行動支付

隨著科技進步與消費型態的改變，塑膠貨幣已經漸漸朝向行動貨幣時代邁進，讓我們出門不必帶現金，也不需要分數張卡片，只要帶上手機或是支援行動支付的穿戴裝置，就能享受行動支付帶來的便利。

以目前國內常用行動支付服務之現況來區分，大致可分為**國際行動支付**、**電子支付**、**電子票證**和**第三方支付**(Third-Party Payment)等四種付款型態，其使用技術與法規限制不盡相同。不過由於悠遊卡、一卡通等實體電子票證都有向「金融監督管理委員會」(簡稱金管會)申請兼營電子支付，因此金管會將電子票證整併至電子支付之中，並改稱「儲值卡」，顯示支付工具的虛實整合亦成趨勢。

國際行動支付

出門可以不必帶錢包，只要有一支具有NFC功能的智慧型手機，即可將手機變成信用卡或悠遊卡。消費者必須申請一張晶片信用卡，並綁定在手機上，再以感應方式刷卡付費。

如圖10-13所示，使用者手機中內建了Apple Pay，只要將手機靠近NFC感應裝置，即可完成刷卡付款的動作，與使用實體信用卡付款的方式十分類似。

圖10-13　將手機靠近NFC感應裝置，即完成刷卡付款的動作

除了Apple Pay外，Google Pay及Samsung Pay也都是使用NFC傳輸技術來達到付款的動作，如表10-1所列。

表10-1　Apple Pay、Google Pay及Samsung Pay說明

名稱	說明
Apple Pay	可以綁定多張信用卡，可利用Touch ID及Face ID登入信用卡付款，目前提供iPhone 6以上、iPad及Apple Watch使用。
Google Pay	從Google Play商城下載支付App，再綁定信用卡，支援所有Android系統的手機或具有NFC技術的裝置。可用於網路、實體店面、所有Google 服務消費及個人間轉帳。
Samsung Pay	綁定信用卡後，選擇要使用的信用卡進行支付，使用磁條感應技術，並支援NFC感應式刷卡機，提供Galaxy S6、Note5或以上的手機使用。

電子支付

電子支付是特許行業，其管轄單位為金管會，它與第三方支付的差別，在於電子支付用戶會有一個專屬的線上帳戶，**具有儲值、轉帳、外幣小額匯兌**等功能。目前臺灣電子支付有歐付寶、橘子支付、ezPay簡單付、街口支付、全盈+PAY、全支付、PChome國際連等專營業者，以及兼具儲值交通卡功能的一卡通Money、悠遊付、icash Pay等電子票證業者。

- **街口支付：**提供**掃描條碼**(主掃模式)與**出示付款碼**(被掃模式)兩種支付方式，消費者只要下載App後，綁定信用卡，即可使用行動支付服務。
- **歐付寶：**提供多元金流服務，如超商繳款、線上金流、信用卡刷卡、ATM轉帳、快速收款連結、物流寄送、超商到店取貨付款、電子發票等。

- **悠遊付**：是悠遊卡公司所推出的電子支付業務，能掃碼支付、付款轉帳、管理悠遊卡，若綁定銀行帳戶，則可進行儲值，最高可儲值五萬；若綁定數位悠遊卡，就能用手機搭乘大眾交通工具(註：目前iOS尚未開放乘車功能)。

電子票證(現稱儲值卡)

國內電子票證大多具有交通票證功能，也不斷擴大消費市場，可進行實體特約商店的小額支付。與其他行動支付不同的是，電子票證通常不需記名，直接購買實體卡片即可使用，但在儲值額度和交易額度上也有較嚴格的限制。臺灣目前通行的電子票證主要有悠遊卡、一卡通、愛金卡(icash)，如圖10-14所示。

圖10-14 電子票證也能在特約商店感應付款(圖片來源：麥當勞)

第三方支付

第三方支付(Third-Party Payment)機制是指**透過一個獨立於買賣雙方之外的中立第三方，來負責買賣雙方之間的金流交易，可提供交易付款的便利性、安全性與保障性**。

透過第三方支付機制，消費者上網購物付款後，款項直接轉入第三方支付帳戶保管，待買方確認收到貨品後，再將款項支付給賣方，如此便能減少詐騙或交易糾紛。消費者所登錄的帳務資料也因統一留存於第三方支付平臺而非商家，可避免資訊外洩之風險，其交易流程如圖10-15所示。

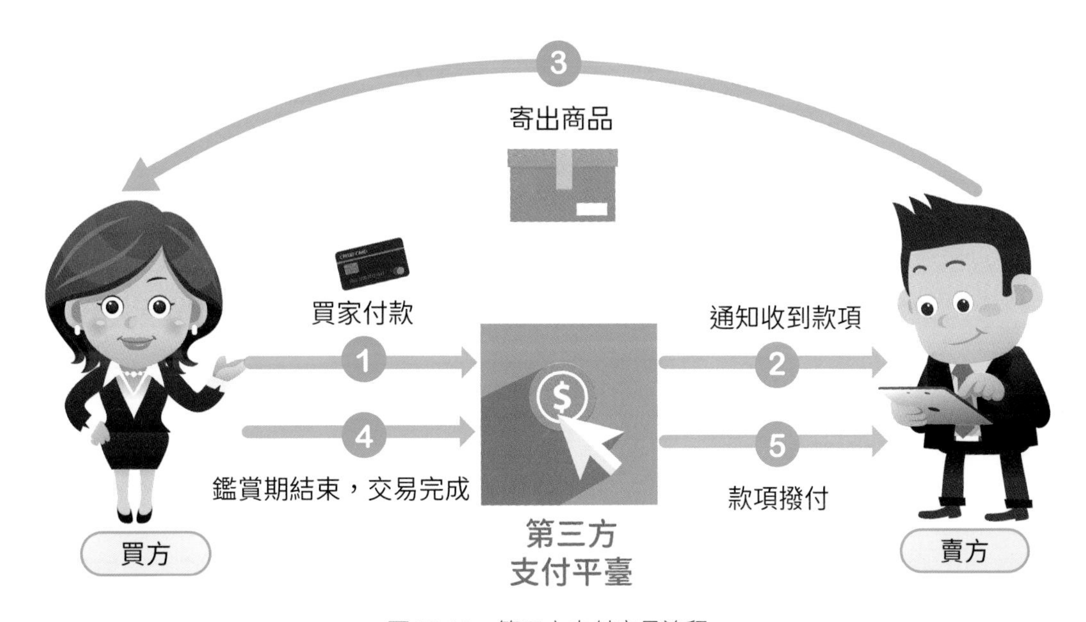

圖10-15 第三方支付交易流程

相較於電子支付的業務範圍，第三方支付公司只能負責買賣雙方金流的代收代付作業，主管機關是數位發展部。目前臺灣已有6,000多家以上的第三方支付平台，像是PayPal、LinePay、Pi拍錢包、OPEN錢包、全家Fami Pay、全聯PX Pay、新光三越skm pay等，皆屬於第三方支付服務。

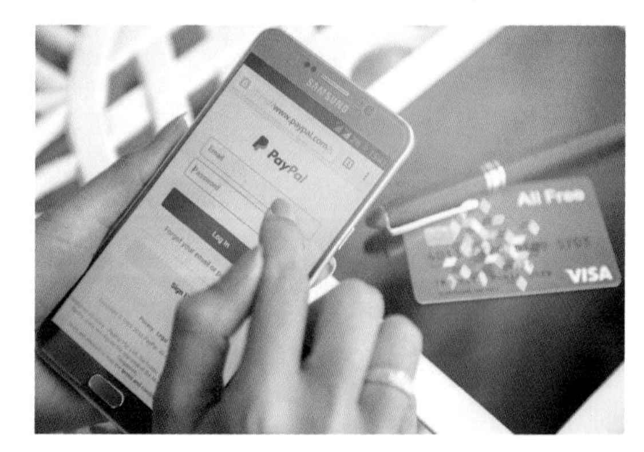

- **PayPal**：是全球最普遍的線上金流服務公司，擁有2億以上用戶，它提供便利的收付款機制，個人或企業只要擁有電子郵件地址及密碼，就可以在網路上利用信用卡、銀行轉帳等方式收付款。
- **LINE Pay**：是LY Corporation推出的行動支付工具，只要在手機上綁定信用卡資料即可使用。用戶可於結帳頁面直接跳轉LINE App進行結帳，或是在實體合作商家中透過QR Code進行結帳付款(圖10-16)，也可與LINE好友相互轉帳，使用非常多元且方便。

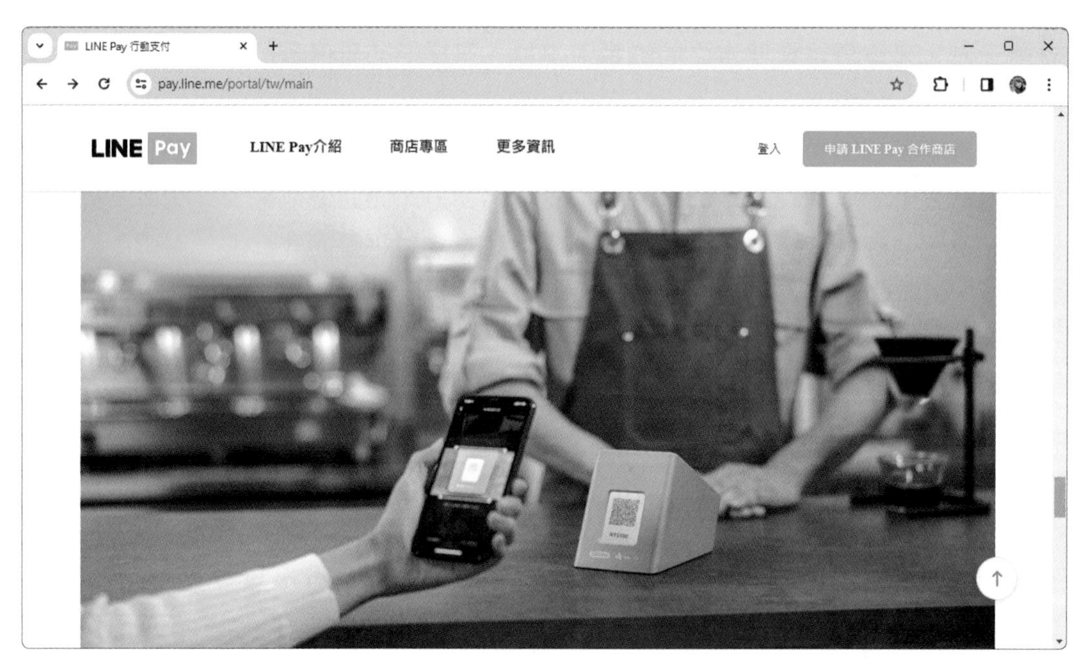

圖10-16　使用LINE Pay付款

第三方金流服務平臺

為滿足中、小型企業或是個人賣家在電商金流上的需求，也有許多第三方金流服務平臺提供代收代付的金流服務，賣方通常須支付年費及手續費給第三方金流服務平臺，消費者便可在網站上透過平臺提供的各種支付方式付款，而當交易金額入帳後，銀行便會進行撥款的動作。

若消費者是在電商平臺(例如蝦皮購物、PChome商店街等)購買，銀行會先撥款給平臺，再由平臺扣掉抽成後，將剩餘款項撥給商家；消費者若是在網路開店平臺(例如91APP)架設的商店購買，則銀行的撥款對象是網路開店平臺商或是第三方金流平臺(例如綠界、紅陽、藍新)。

- **綠界科技**：成立於1996年的綠界科技，是臺灣最早創立的第三方支付平臺，有與統一超商合作店到店取貨付款，也提供各大企業物流倉和宅配服務，只要註冊成為個人會員即能開始收款，僅收取手續費就可以使用信用卡和非信用卡的金流服務。看準電商趨勢發展，於2023年推出BNPL先買後付無卡分期服務。
- **紅陽科技**：主推便利的刷卡服務，可提供不綁約的刷卡機租借服務給展場需求的廠商，也可以提供一般攤位使用無線的實體刷卡機，推廣「手機就是刷卡機」的服務(圖10-17)，擁有十多種小額付款的金流服務模式。

圖10-17 紅陽科技推出手機就是刷卡機的服務(https://www.sunpay.com.tw)

- **藍新科技**：以電子支付會員制度為主，可一次開通所有金流支付工具的整合刷卡機，不需POS機就可以獨立運作，提供客製化後臺系統，並將所有交易紀錄電子化管理。
- **iePay**：是由國內思遠資訊所提供的線上金流服務，它提供多樣線上付款方式，如線上刷卡、超商取貨付款、iePay小額付款、晶片卡WebATM線上轉帳、玉山銀行eCoin、PayPal外匯刷卡、7-11 ibon、全家FamiPort等付款服務，而賣家只要透過一個帳務查詢後台，即可管理所有買家的付款資料。
- **PChomePay支付連**：是PCHome商店街市集旗下的子公司，2016年與台灣票據交換所、上海商業儲蓄銀行共同宣布推出首創全台電子商務網路支付、以eACH平臺進行銀行帳戶線上扣款服務。

10-3-3 先買後付

先買後付(Buy Now Pay Later, **BNPL**)支付方式開始興起，該支付方式可以**讓消費者先享受、後付款**。先買後付的概念與傳統的分期付款很像，不同的是，先買後付不需要信用卡，就能購買商品。因為不是所有消費者都可以通過銀行的審核申請到信用卡，因此先買後付的機制，對收入不穩定的自由工作者、無能力辦卡的學生族或剛出社會還沒有很多經濟基礎的人而言，是很方便的方式。

先買後付在2009年就已經開始，但當時並沒有引起市場過多的關注，直到瑞典金融新創公司Klarna，將該模式導入電商支付，此概念才真正的被大家所關注。在美國，Apple、PayPal等公司都引進了BNPL，PChome也併購了一間新創的網路貸款公司，正式進入BNPL時代。

BNPL運作方式

BNPL的運作方式是當消費者向商家購買商品後，商家便將商品給消費者，但不會跟消費者收取費用，而是直接跟BNPL平臺收取費用，也就是消費者先跟BNPL平臺借錢買商品，而消費者拿到商品後，再於規定的期限內將款項支付給BNPL平臺，若延期支付將會被收取滯納金，如圖10-18所示。

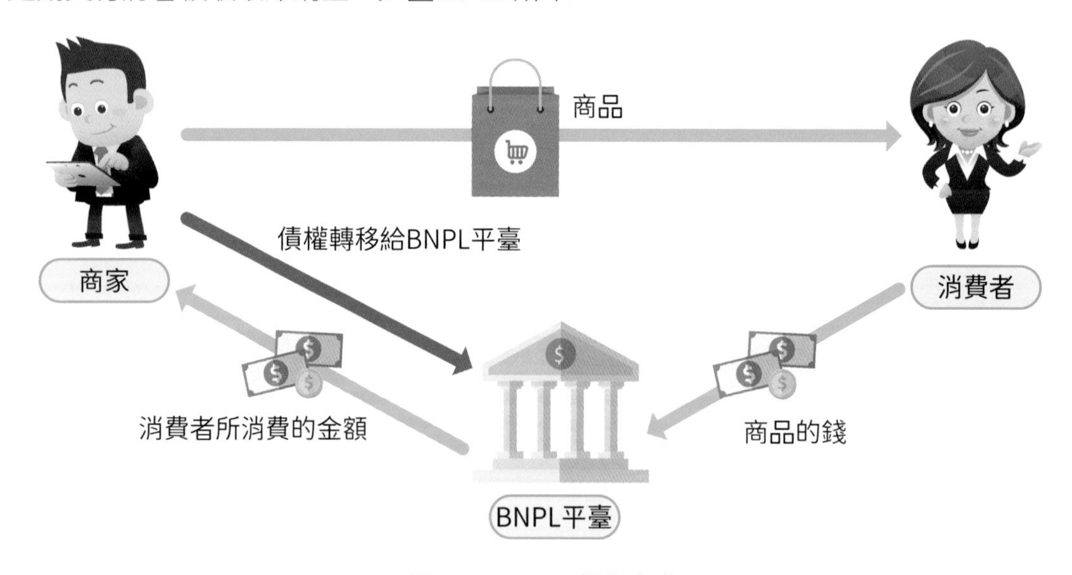

圖10-18　BNPL運作方式

BNPL平臺的主要收入，來自於跟用戶與合作商家收費，也就是消費者每筆費用遲繳的滯納金(有些平臺沒有收取)及合作商家的每筆交易抽成。

BNPL平臺

BNPL平臺允許消費者以零利率分期付款購買商品，平臺不會向消費者收取利息，而主要的收入來源是商戶費用和逾期還款費。隨著越來越多人使用這種新興的支付模式，許多公司推出了BNPL服務，如Klarna、Affirm、Atome、Afterpay、中租零卡等。

- **Klarna**：成立於2005年，是瑞典金融科技公司所開發的平臺(圖10-19)，致力於要讓顧客和商品之間的距離不再遙遠，於是將「先買後付」導入電商平臺。它為客戶提供4期付款、30天付款、6~36個月分期付款等付款方式。它擁有一套AI風險評分系統，可以判斷消費者的違約率及是否核准該項交易。目前合作的商家包括Adidas、Samsung、ASOS、H&M、Nike、Spotify、IKEA等。

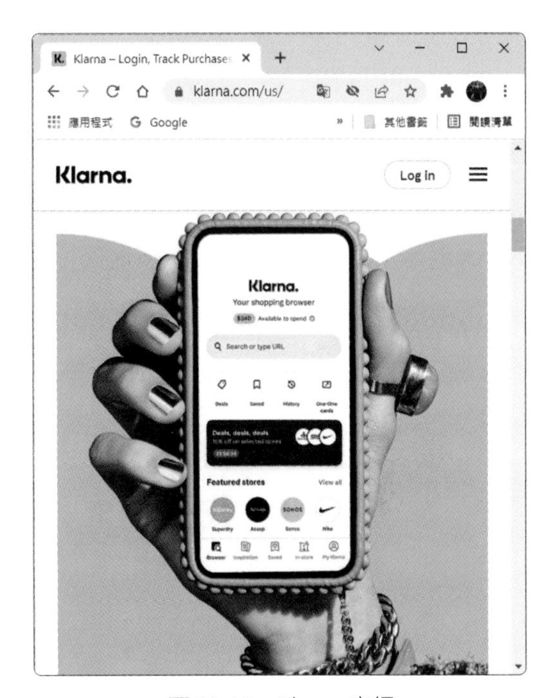

圖10-19　Klarna官網
(https://www.klarna.com)

- **Affirm**：成立於2012年，只要商品超過50美元就可以使用分期付款，期限為3~36個月，可貸金額高達17,500美元。Affirm還是美國亞馬遜購物網站的先買後付服務商，將亞馬遜平臺整合到Affirm電子錢包，凡訂單金額達50美元以上，就能使用先買後付功能，每月無息分期付款。
- **Atome**：總部位於新加坡，在亞洲經營新加坡、中國大陸、馬來西亞、印尼、臺灣等九個市場，消費者可以在不同商店結帳金額3期免息分期付款，如圖10-20所示。

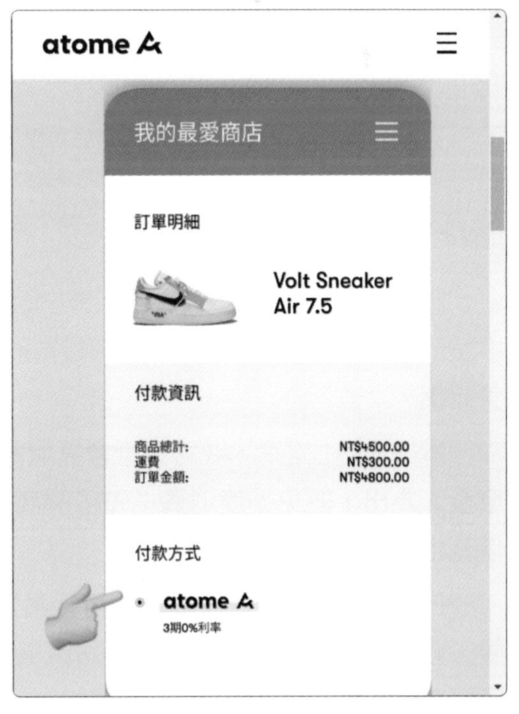

圖10-20　Atome官網
(https://www.atome.tw)

- **Afterpay**：成立於2014年，是來自澳洲的金融科技新創，2021年支付服務公司Square宣布收購該公司，Afterpay在全球有超過1,600萬個消費者和近10萬的商家，使用者能依照自己個人還款能力決定付款方式。
- **zingala銀角零卡**：由中租控股推出的無卡分期服務，是臺灣首創免綁卡、免儲值的後支付消費平臺(圖10-21)，付款、繳費都可以透過App一次完成。支援超過4萬家等眾多知名品牌及電商通路，東森購物、巨匠電腦、特力屋、嘖嘖募資等都是合作商家。

圖10-21　zingala銀角零卡網站(https://www.zingala.com/)

BNPL隱憂

因BNPL市場成長太快，引起監管單位注意，開創此項新模式的英國市場，就有專家建議，BNPL產品應納入**金融行為監管局**(Financial Conduct Authority, **FCA**)的監管範圍。

針對BNPL議題，我國金管會提醒民眾利用BNPL服務時，應具有風險意識，並注**意量入為出，避免過度消費；先了解商品交付條件、還款條件及相關費用計收；了解借款相關支出並做因應**。

BNPL無需太多條件審核即可輕易獲取消費額度，雖然取得很便利，但仍潛藏風險，容易造成過度消費的情況，屆時無法按時還款，所產生的違約利息可能比信貸還要更高。消費者在使用前要謹慎思考，先評估自身的消費能力。

10-4 行動商務

隨著無線網路的日益普及，再加上手機、平板電腦、筆記型電腦等行動設備的輕巧性與方便性，**行動商務**(Mobile Commerce, **M-Commerce**)已成為趨勢，除了透過個人電腦，現在有越來越多的消費者透過手機，隨時隨地在線上進行消費行為。

行動商務是指**藉由行動終端設備**(例如智慧型手機、平板電腦、筆記型電腦等)，透過無線通訊的方式，進行線上購物、訂票、金融付款、行動銀行、電子錢包、導航定位服務等商業行為，其最大的特性就在於「**行動性**」，消費者可隨時上網進行商業交易行為，不受地理限制。

10-4-1 行動商務與 App

行動裝置受好評的重要原因就是行動應用軟體App的崛起，使用者透過行動軟體市集下載，通常免費或低收費，使用者可以依個人的需求下載，且使用者花費更多時間在App，App下載量不斷大幅攀升，使用的年齡層也更為廣泛，在生活中隨時可發現行動裝置及行動應用軟體的蹤跡。

如圖10-22所示，使用者透過App的行動商務訂貨，也可透過App的行動銀行直接查詢餘額或轉帳等，更可透過App的行動支付直接付款等。

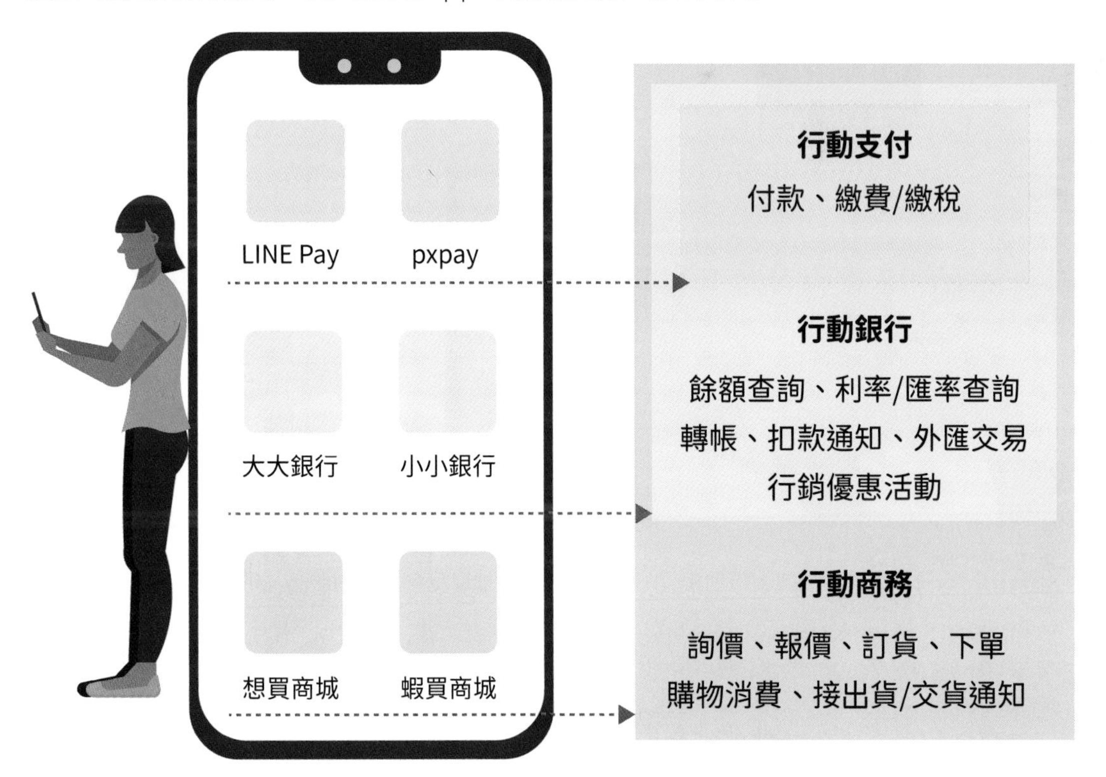

圖10-22　透過App的行動商務、行動銀行及行動支付

10-4-2 行動商務的應用

以下舉例說明幾項行動商務的相關應用。

行動購物

智慧型手機的普及帶動了行動購物，消費者只要透過手機，便可隨時隨地瀏覽、選購商品，並直接在線上進行付款。除此之外，各品牌也推出自己的購物App，使用者可隨時在App中訂購產品。

行動銀行

行動銀行是為了手機用戶所提供的個人隨身銀行服務，只要下載安裝銀行所提供的手機應用軟體，就能夠透過手機隨時查詢個人帳戶明細、匯率及銀行服務據點等資訊，如圖10-23所示。

圖10-23　只要透過手機連上行動銀行，就可以隨時隨地享受各項金融服務(圖片來源：freepik)

個人行動導航

只要搭配具有定位功能的行動配備，就能取得即時行動導航的服務，還可以結合美食情報、娛樂資訊、交通航班訊息等相關資訊，提供更完整的地圖與旅遊資訊。

線上即時訂餐

因宅經濟及新型冠狀病毒肺炎疫情，讓Uber Eats、foodpanda、有無外送等美食外送平臺崛起，使用者透過手機直接在App中瀏覽餐廳、選擇餐點、下單，美食便會送到，如圖10-24所示。

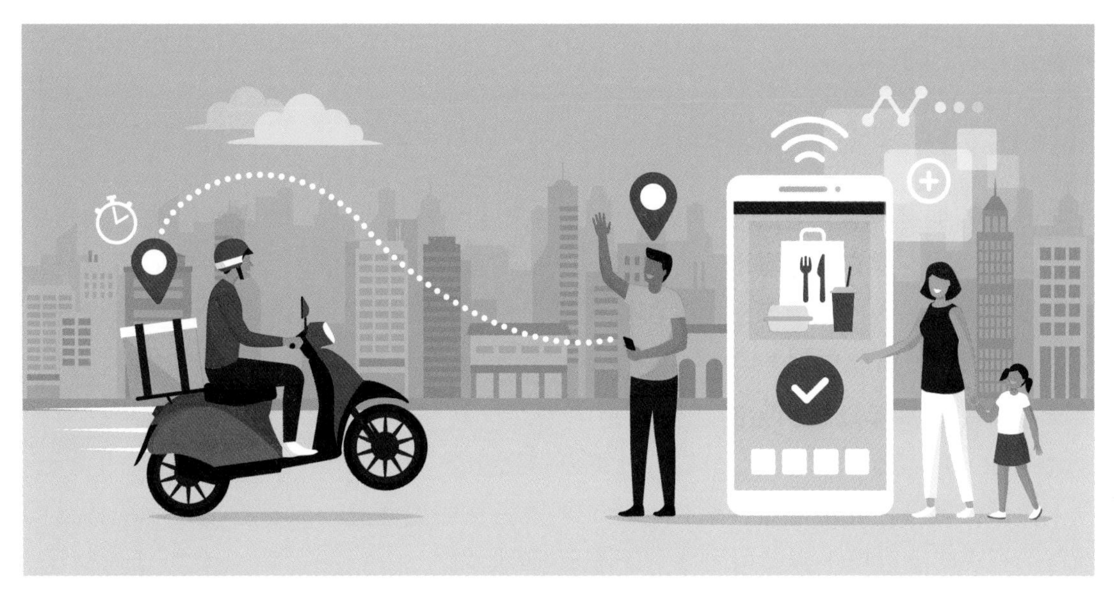

圖10-24　美食外送示意圖(圖片來源：elenabsl/Shutterstock.com)

線上即時叫車

使用者可透過手機預約叫車，便能清楚知道車輛、駕駛、預估車資、車輛定位、行車軌跡等資訊，如圖10-25所示。例如Uber，營運範疇遍布全球6大洲、70個國家，超過785個城市，提供即時資訊，讓使用者透過App即時線上叫車。

圖10-25　使用者可透過手機線上即時叫車(圖片來源：freepik)

10-5 社群商務

社群商務(Social Commerce)一詞最早出自2005年11月，當時Yahoo!用來形容網友對商品的評分、所撰寫的意見，以及蒐集的物件清單分享。根據科技顧問公司Accenture的報導，預計到2025年，社群商務的成長速度將是傳統商務的三倍，規模將達到1.2兆美元。

10-5-1 認識社群商務

一般的網路銷售是由購物網站為中介力來媒合買賣雙方；**社群商務模式則是中介者負責與買方建立信任基礎，提供資訊，並為產品增加價值，而這中介者可以是網站，也可以是個人。**簡單來說，社群商務就是結合社群網路和點對點分享，來達成範圍更廣的消費者群體互動。

社群商務每年以28.4%的速度成長，儼然已經成為趨勢，而各大社群網站，如Pinterest、Facebook、Instagram、LINE、Dcard、YouTube、X (Twitter)、TikTok等，在部分地區也已推出社群購物功能。消費者從發掘商品、查看評論到購買的整個過程，不需離開社群平臺即可完成，如圖10-26所示。

圖10-26　社群商務示意圖(圖片來源：freepik)

消費者透過社群媒體來滿足其購物行為，或者利用社群網站上用戶彼此分享資訊，讓「買東西」這件事變得更為有趣，而社群商務會蓬勃發展，主要是因為多種社群媒體App的廣泛使用。

10-5-2 社群商務的優勢

社群商務具有**導購力**、**傳散力**、**互動力**、**高轉換率**及**高黏著度**等優勢，如圖10-27所示。

圖10-27　社群商務的優勢(圖片來源：freepik)

- **導購力**：會關注某品牌社群平臺的人，大多為該品牌的粉絲，也對品牌有較高的信任感，其導購力相比消費者在網路上搜尋到品牌網站還要來得高。
- **傳散力**：在社群平臺上可以透過不同形式的貼文來與消費者互動，當有消費者感興趣的內容，只要一個連結分享，就能為品牌連結更多人。例如Pinterest的釘圖(Pin it)功能及Facebook的按讚功能等，都是用來鼓勵消費者迅速地分享他們的心得與發現，以增加平臺上粉絲、潛在顧客之間的互動，進一步提升購買意願。
- **互動力**：社群平臺可以即時雙向溝通，當消費者留言或私訊時，在社群上便可即時回應，也可以透過直播銷售商品，展示商品並回應消費者的問題。

- **高轉換率**：社群電商經營者通常都很瞭解自己粉絲可以接受的價格區間及對於產品的喜好，因此可以精準地將對的商品呈現給對的人看，造就轉換率。
- **高黏著度**：社群電商經營者擁有鮮明的個人風格，所以粉絲黏著度相當高，也因此造就了高忠誠度。

10-5-3 社群平臺商務化

財團法人台灣網路資訊中心(TWNIC)調查臺灣用戶的社群習慣，有46.9%的受訪者表示會在社群上進行購物。社群網站結合電商及**KOL**，利用KOL的會員人數與人氣，除販售與社群相關的商品外，有些也鼓勵使用者將任何喜歡的商品分享到網站上。

根據數位分析師Brian Solis的研究，88%的消費者會被其他消費者的意見或評論所影響。大多數消費者在尋找產品或是服務的時候，會選擇到YouTube、Facebook或是App (如Pinterest、小紅書)搜尋想要的資訊。

圖10-28的Pinterest社群平臺，讓用戶可依主題分類，把所看到的有趣、喜愛的圖片商品都貼在牆上，並與好友分享，而商家也可以在此分享商品及品牌文化，在圖像文化盛行的現代，能激起消費者購買慾認同。

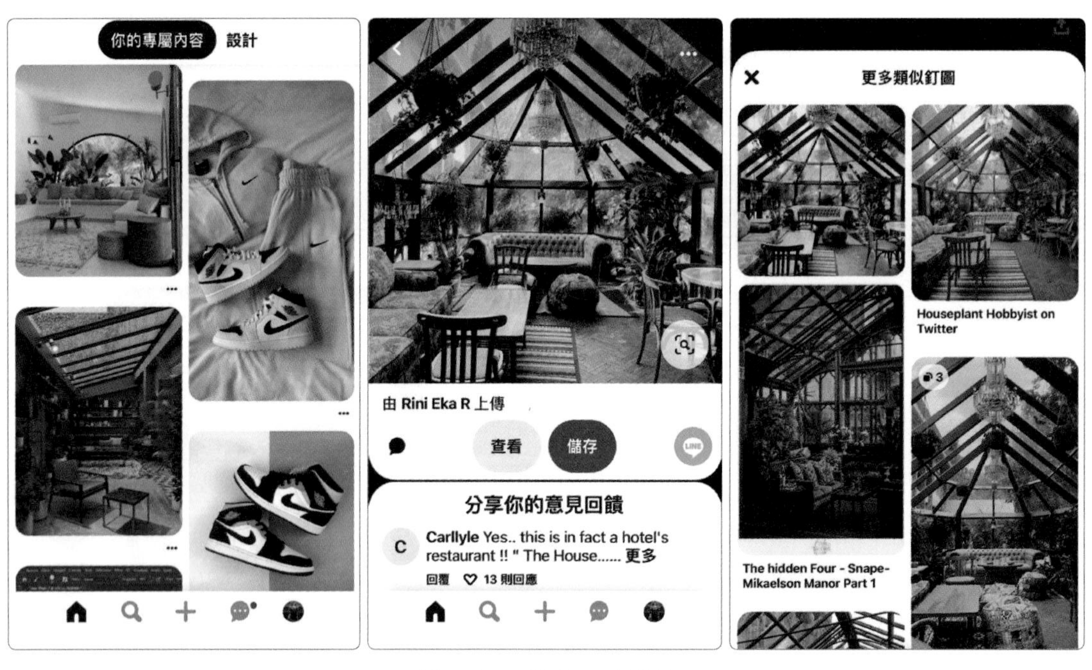

圖10-28 Pinterest頁面

KOL

KOL (Key Opinion Leader，**關鍵意見領袖**)是指在網路或社群平臺上活躍而具有影響力的人，例如某某專家、Youtuber、部落客、網紅等，通常一個KOL只專注在某一特定領域。

Pinterest網站使用**瀑布流形式**(Pinterest-Style Layout)的瀏覽方式，讓使用者的黏著度更加提高，根據MillwardBrwon的調查，有87%的使用者習慣透過Pinterest找東西，有72%的使用者透過平臺決定要在實體店面購買的商品，在所有的貼文中有三分之二的Pin貼文代表品牌或是商品。

還有許多商家也轉向經營社群商務，例如全家於2017年就開始經營各店LINE群組，並於2021年推出「全家行動購」；7-11也以門市LINE群組熟客生態圈為基礎，推出社群團購；蝦皮購物、PChome、Yahoo!奇摩、樂天市場、寶雅、家樂福、康是美等平臺皆與LINE購物合作，建構社群商務生態系，陸續推出直播商務、群組團購、Line禮物、實體商家導購等多元功能，將社群流量轉化為新客，再透過**口碑行銷**(Word of Mouth Marketing, **WOMM**)將話題擴大，帶動整個銷售，如圖10-29所示。

圖10-29　商家轉向經營社群商務

知識補充 LINE官方帳號

LINE為了經營企業客戶，推出了LINE官方帳號，讓店家申請免費的服務帳號，就可以使用訊息推播、宣傳活動、發放優惠券、收集顧客調查等多項功能。店家可進入專屬的後台管理頁面，方便業主進行客戶管理，對於企業來說，是一個很好的行銷推廣與顧客經營的工具。

10-6 網路行銷

網路行銷 (Internet Marketing) 又稱為**線上行銷** (On-Line Marketing)，是指將傳統的行銷內容以**數位媒體** (Digital Media) 的型態呈現，並利用網際網路做為媒介進行傳播與推廣的一種行銷模式。

網路行銷為企業與商家提供了一個更寬廣且方便的傳播管道，從早期的網路廣告、電子郵件行銷，發展出行動廣告、口碑行銷、關鍵字行銷、搜尋引擎行銷、社群行銷、直播行銷等更多元的行銷方式，目的都是為了爭取最佳的曝光及有效接觸目標客群。

10-6-1 網路廣告

網路廣告大多是付費刊登在各大入口網站、企業官網，或是有能聚集相同需求的群聚網站中 (圖 10-30)，當瀏覽者點擊該廣告，便可開啟更多的訊息或連結網頁，得到與該產品或服務相關的資訊。網路廣告包含各式形式，最常見的網路廣告就是網頁中常見的**橫幅廣告** (Banner Ad)，此外，透過圖片、文字、影片等形式，在網頁或應用程式上呈現的廣告皆屬之。常見的有：

- **橫幅廣告**：是在網頁中最常見的展示型廣告，也是最早在WWW中呈現的行銷推廣模式，通常位於網頁的頂部或底部。
- **插播廣告**：是指在網頁內容中插入的廣告，通常會在使用者瀏覽網頁時自動彈出。
- **影片廣告**：是指以影片形式呈現的廣告，通常會在使用者觀看影片前或中途播放。

圖 10-30　網頁廣告

10-6-2 電子郵件行銷

電子郵件行銷(E-mail Marketing)是透過E-mail來傳遞商品廣告、促銷活動，或是訊息發佈等內容的行銷方式。讀者透過**EDM** (圖10-31)就可獲得商品特惠訊息，並可直接點選連結到網頁上進行購買。

因為電子郵件是每個人普遍使用的應用之一，所以此種行銷方式最大的好處就是可以相對低廉的成本，主動快速地將訊息傳播至廣大範圍的特定潛在客戶，而非被動等待點選。也因為此種方式多半是以訂閱方式來傳播，因此可針對不同市場作區隔，將廣告資訊寄送給可能感興趣的特定族群，但是浮濫的廣告郵件同時也常被視為垃圾郵件，收件者不一定會開啟檢視。

圖10-31 EDM

10-6-3 行動廣告

隨著行動裝置的全面普及，行動廣告已成為消費者取得訊息的主要起點，行動廣告可以依據使用者的喜好、需求、位置、使用情境等，投放相關的廣告。

行動廣告包含了**行動網頁廣告**(Mobile Web)、**行動搜尋廣告**(Mobile Search)以及**應用程式內廣告**(In App)。其中行動網頁廣告及應用程式內廣告主要是以橫幅廣告為主，如圖10-32所示；而行動搜尋廣告則會依搜尋內容投放相關的廣告。根據Google調查，有超過半數以上的行動搜尋者，在搜尋完一個小時內將會產生行動，包括購物、到店拜訪、撥電話等等。

圖10-32 應用程式內廣告

10-6-4 口碑行銷

口碑行銷(Word of Mouth Marketing, **WOMM**)是指用來引起談論的各種方法，透過嚴謹的策略規劃，進行**BtoCtoC**(廠商將訊息傳播給有能力影響其他人意見的人)的行銷模式，讓意見領袖發揮他在社群中的影響力，透過消費者彼此討論、發酵，將話題逐漸擴大，帶動整體銷售業績的過程，部落格及社群網站就是進行口碑行銷的重要平臺之一。

美國口碑行銷協會的口碑行銷大師Andy Sernovitz在《做口碑》一書中，指出口碑行銷有五個操作步驟，分別是：談論者(Talkers)、話題(Topics)、工具(Tools)、參與(Taking Part)和跟蹤(Tracking)，如圖10-33所示。

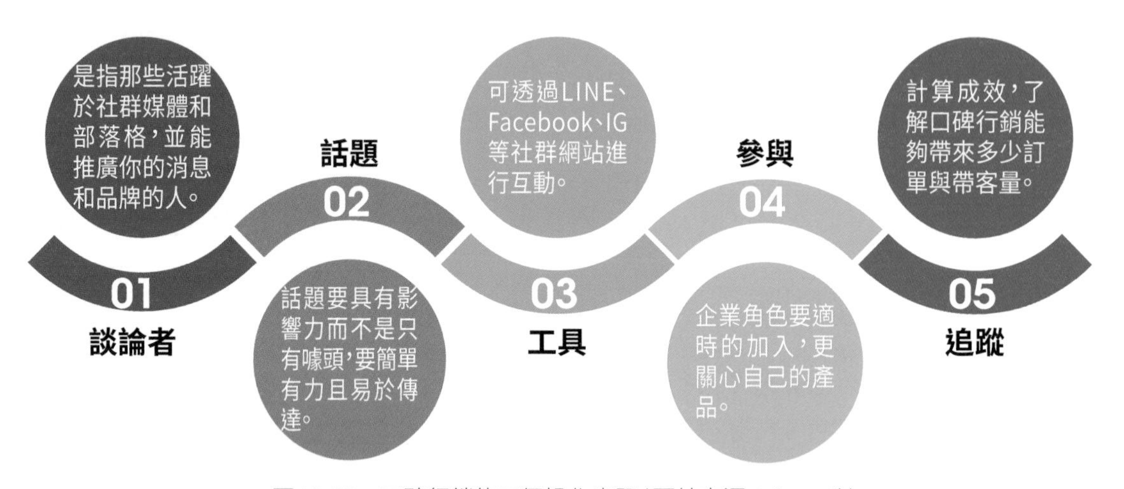

圖10-33 口碑行銷的五個操作步驟(圖片來源：Freepik)

10-6-5 關鍵字廣告

關鍵字廣告是目前常見的搜尋引擎行銷方式之一，乃由搜尋引擎根據指定關鍵字來進行廣告投放的服務，例如：Google Ads或Yahoo!關鍵字廣告，向企業主收取廣告費用，通常是採**點閱計費**(Pay Per Click, **PPC**)方式計費。

其作法是由廠商提出想要購買的關鍵字，再透過競標方式來決定每個關鍵字的網站排名與每次被點閱的費用。當網友在搜尋引擎上搜尋特定關鍵字，搜尋引擎就會在搜尋結果頁面的最上方顯示廣告網頁連結(圖10-34)，當網友點擊了其中的廣告連結才計費。

圖10-34 關鍵字廣告

10-6-6 搜尋引擎行銷

搜尋引擎最佳化(Search Engine Optimization, **SEO**)又稱為**搜尋引擎優化**，是一種透過了解搜尋引擎的運作規則來調整網站，以期提高目的網站在有關搜尋引擎內排名的方式。

搜尋引擎是上網查詢資料的第一步，而搜尋結果的次序往往會影響網站被點閱的機會。因為使用者通常只會開啟搜尋結果次序較前面的條目，因此許多商業網站為了被消費者有效搜尋，便會經由SEO服務，使網站更符合搜尋引擎的搜尋排名演算法規則，就能在搜尋引擎中獲得較佳的次序與點擊率。

如何做到搜尋引擎最佳化有許多方法，其中，最基本的方法就是在每個網頁使用簡短、獨特和文章主題相關的標題，或是自行將網站提報給搜尋引擎，來獲取被搜尋出來的機會。

- **明確的網站主題描述**：不管是網頁標題、還是網頁描述，都要準確且與網頁內容相關的文字，最好網站內每一個網頁都有獨一無二的標題及描述，一定要避免冗長及與網頁無關的文字及避免關鍵字的堆砌。
- **改善網站架構**：好的網站架構是讓使用者及搜尋引擎更容易拜訪網站，在網址中使用與網站內容和架構相關的文字，使用簡單的目錄架構，要避免過於冗長的網址、籠統的名稱等。
- **容易瀏覽的網站**：建立簡單的網站架構，讓使用者能從網站上的主要內容前往他們想要的特定內容，並放入適當的文字連結及增加外部優質網站連結，要避免複雜的導覽連結網，過度細分內容及避免完全依靠下拉式選單、圖片連結或是Flash動畫連結。
- **最佳化內容**：除了吸引人的網站內容之外，還要有容易閱讀的文字、網頁主題單純化，並依主題編排內容、創作獨特的內容，要避免篇幅冗長、夾帶錯別字及錯誤文法。圖片雖然可以讓使用者更容易了解網站內容，但是搜尋引擎是無法辨識圖片的，所以要使用簡單明瞭的檔案名稱和替代文字，讓搜尋引擎更容易了解圖片的資訊。

10-6-7 社群行銷

根據權威顧問公司We are social的年度報告，截至2024年1月，臺灣的社群媒體用戶數為1,920萬，相當於總人口的80.2%。而GWI的研究則指出，臺灣人平均擁有約6.5個不同的社群媒體平臺，除了包括Facebook、Instagram等熱門平臺，也包含PTT、Dcard等本土品牌。

社群行銷(Social Media Marketing)就是**在社群媒體上，宣傳推廣服務或產品**。透過社群的互動(例如按讚、留言、分享)，使得品牌更能深入人心，除了能迅速傳達到消費族群，還能透過消費族群分享到更多的目標族群。

蝦皮購物靠著創意貼文成功吸引粉絲關注，將平時沒有人會注意的產品透過話題包裝，進而引起討論與關注度。不管是時事跟風還是互動貼文，蝦皮購物的貼文總是能獲得超高的分享數與留言數，蝦皮購物的Facebook粉絲專頁追蹤人數已經超過了2,500萬，如圖10-35所示。

圖10-35 蝦皮粉絲專頁

KOL行銷

當傳統媒體的影響力隨著社群媒體的興起而逐漸淡化，只要掌握社群媒體力量，就能製造商機並提升品牌價值。因此，**KOL** (Key Opinion Leader，**關鍵意見領袖**)行銷成了當下最有效的行銷策略之一。

既然具有影響力，就能影響群眾想法或引發消費，帶來廣告效益。因此，透過各大人氣部落格、臉書、Instagram、YouTube平臺進行商業宣傳或產品推薦，也成為近來熱門的行銷方式之一。一般來說，KOL行銷的常見合作方式包括：

- **廣告業配**：「業配」是「業務配合」的簡稱，意指企業付費給KOL，請KOL在社群平台上發布產品、服務或活動的推薦文章或影片。
- **銷售分潤**：由KOL在自己的社群平臺上推廣企業產品或服務，並根據品牌主提供的專屬銷售連結(或推薦代碼)來追蹤KOL的銷售成績，進行結算以獲得分潤。
- **贈品**：企業提供免費產品或服務給KOL，請KOL在社群平台上分享使用心得。
- **合作活動**：企業與KOL合作舉辦線上或實體活動，例如直播、試用、團購，或是參加開幕記者會、產品發表會、一日店長活動等。

社群網紅導購分潤

有越來越多品牌與KOL、直播主、YouTuber、團購主團媽、Podcast等網紅合作時，都採用讓網紅抽成的「導購分潤機制」。透過網紅的力量推薦、業配產品給適合的消費者，可以為品牌帶來業績，而網紅也能創造與粉絲互動的機會，為雙方帶來很好的效益。

網紅導購分潤通常是由廣告主或店家提供一組專屬於網紅的推薦碼或網站連結，讓網紅在Facebook、Instagram等社群網站，分享口碑文、直播或是YouTube開箱影片等方式，提供給粉絲在品牌官網購物時使用，而網紅的分潤就是從使用推薦碼的訂單中分到一定比例的利潤。

10-6-8 直播行銷

根據「未來流通研究所」統計，2023年臺灣零售市場大餅約新台幣4.5兆，直播電商約占1000億元，顯示「直播導購」已是一種趨勢。直播導購具有即時互動、即時下單、真實呈現產品、信任感、娛樂性高、吸引粉絲目光等優勢。

近幾年是直播行銷蓬勃發展的黃金期，有許多名人、素人透過網路直播平臺與觀眾進行互動，進行「直播帶貨」，更有許多電商平臺，包括momo購物、Line購物、東森購物，也透過網路直播進行行銷活動。直播行銷強調互動性與真實性，可將品牌最真實的一面顯現出來，也能即時根據消費者的反應來做互動及反應，拉近品牌和消費者之間的距離。

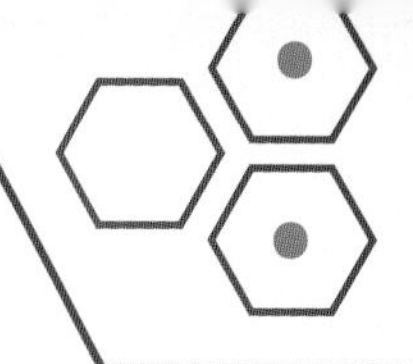

秒懂科技事

綠色電商

綠色電商是指在電子商務運營中秉持環保和永續發展理念的商業模式。大型電商平臺的綠色布局，大致可歸納為上游的「原物料採購」；中游的「製造」、「配送和包裝」；以及下游的「消費者」、「浪費和回收」等五大層面。

綠色電商的核心目標是在維持經濟增長的同時，對自然環境和社會造成最小的影響，以實現永續發展。隨著環保意識抬頭，綠色電商正逐漸成為電子商務領域的一個重要趨勢。

案例1

PChome 綠購倉儲

網家「林口A7智慧物流園區」高密度導入AI技術與全自動化倉儲設備，運用大數據為商品選擇更適合的包材，避免資源耗損造成浪費，也減少物流運送時的空間浪費。而自動化倉儲除了全面採用LED照明設備，貨架區更無須任何照明設備，實現「關燈倉庫」的情境。

蝦皮購物 綠色包裝

蝦皮購物推動「蝦皮店到店循環包裝」，使用循環包裝寄取件，可有效減少包材資源的浪費。目前已於全台100間智取門市全面上線循環包裝自助歸還的服務，消費者只要透過「下單選、自備袋、拆箱還」簡易3步驟，在無人店面也能夠自行實踐環保行動。

案例3

momo購物網 綠色物流

透過與配送商、供應商三方協作，實施運送去節點達到減少運送趟次；以及提供多元取貨服務選擇，讓消費者至就近的實體通路取貨，減少戶對戶宅配里程數。此外，導入電動三輪車加入物流陣容，除了更環保，更擁有比傳統機車車廂大3倍的容積，有效減少往返載運的趟次並增加載運效能。

資料庫系統與大數據

CHAPTER 11

11-1 認識資料庫

在日常生活中，很多地方都可以看到**資料庫**(Database)的應用，例如圖書館的借書系統，就是一種資料庫，可以從中找出需要的書籍。購物網站的訂購系統，可以管理所有的商品，以及客戶的訂購記錄，也是一種資料庫。甚至從通訊錄中尋找一位朋友的電話，都是一種資料庫的操作。

11-1-1 資料庫概念

資料庫是指**一個或多個資料的集合**，這些資料彼此相關，被整合在一起，依照一定的格式存放，並且可以分享讓不同的使用者存取或進行自動化處理。以全華圖書公司的客戶管理系統為例，將客戶的會員帳號、姓名、性別、電話等基本資料整合在一起，就形成一個資料庫，如圖11-1所示。

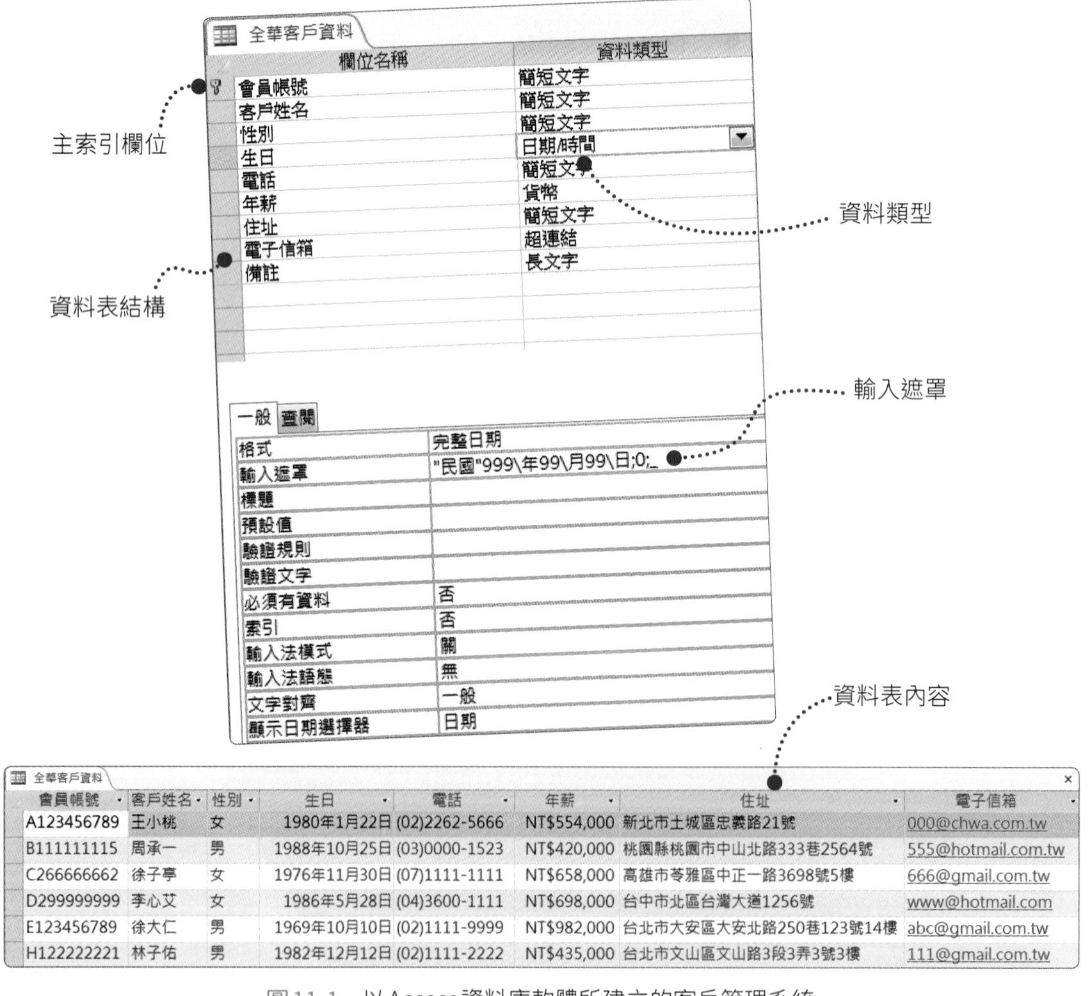

圖11-1 以Access資料庫軟體所建立的客戶管理系統

11-1-2 資料的階層

在數位化的時代中，資料皆以數位格式儲存在磁碟上，以便利用電腦處理大量資料。而資料組織由小至大可分為**位元**(Bit)、**字元**(Character)、**欄位**(Field)、**紀錄**(Record)、**檔案**(File)和**資料庫**(Database)等六個階層，如圖11-2所示。

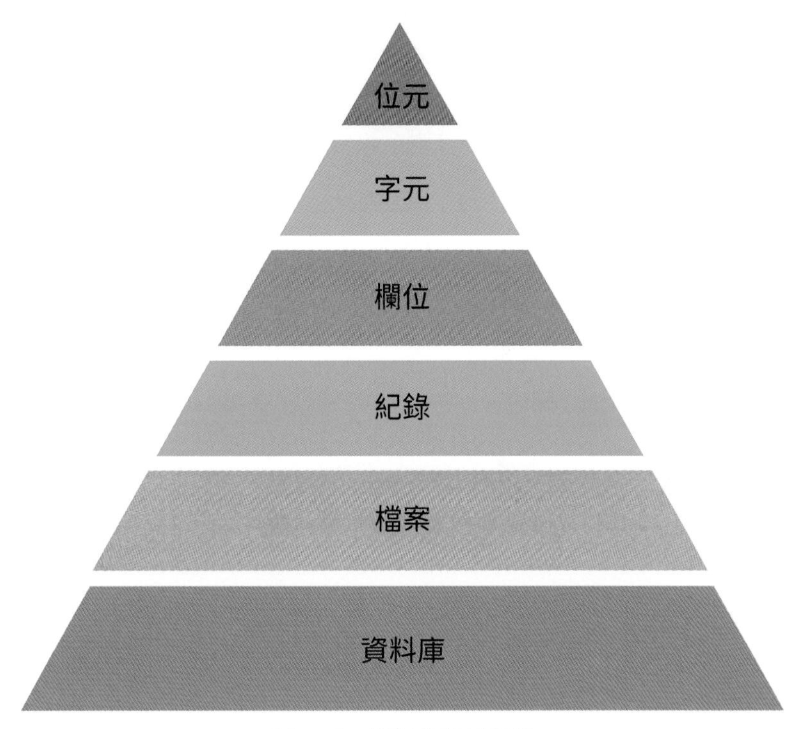

圖11-2　資料的階層架構

- **位元：**就是一個**二進位數字**(0或1)，是數位資料中的基本單位，也是電腦儲存或傳遞的最小單位。
- **字元：**可以是**一個數字、英文或特殊符號**，使用一個位元組(8個位元所組成)來表示。
- **欄位：**可包含**一或多個字元**，用來描述一個資料項目，例如姓名、出生年月日、電話等。其資料型態可以是中英文、數字、日期或邏輯值。
- **紀錄：**一組紀錄是**由一或多個相關欄位所組成**。例如「交易紀錄」是由交易日期、客戶名稱、品項、銷售數量、單價、銷售總額等欄位所組成。
- **檔案：**是**由一組相關的資料紀錄所組成**，例如某公司的「人事資料檔案」共包含了全公司200位員工的紀錄。
- **資料庫：是由一或多個資料檔案集合而成**，使用資料庫管理系統集中管理資料庫中儲存的資料。

各資料階層之間的關係如圖11-3所示，最小單位的位元組成字元，字元結合成為欄位，多個欄位聚集成紀錄，多筆紀錄則形成檔案，多個資料檔案就可組成資料庫，以便針對大批資料進行有系統的管理、查詢與統計。

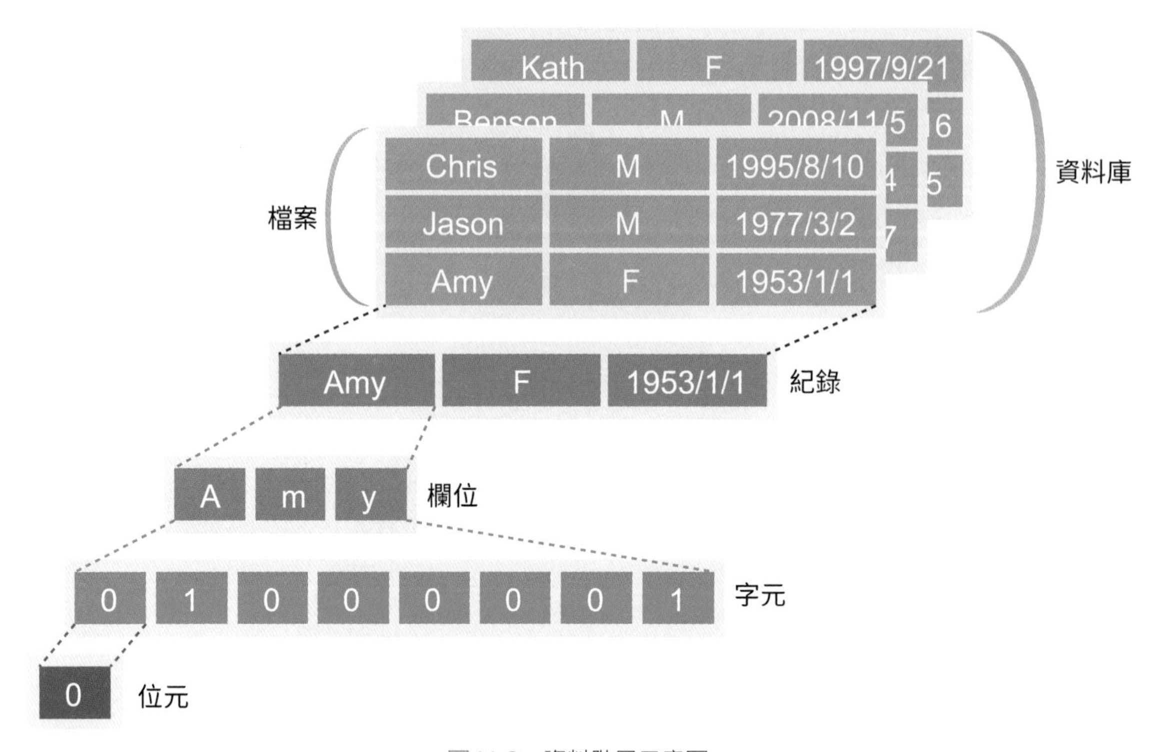

圖11-3　資料階層示意圖

11-1-3 資料庫的優點

在早期，是採用「**檔案處理系統**」來存放與管理資料，是以個別檔案為系統存取主體，其架構如圖11-4所示。其程式設計雖然單純，但卻有資料重複、資料不一致、不易分享、格式不統一、資料與應用程式高度相依等問題，使資料無法有效統整利用。

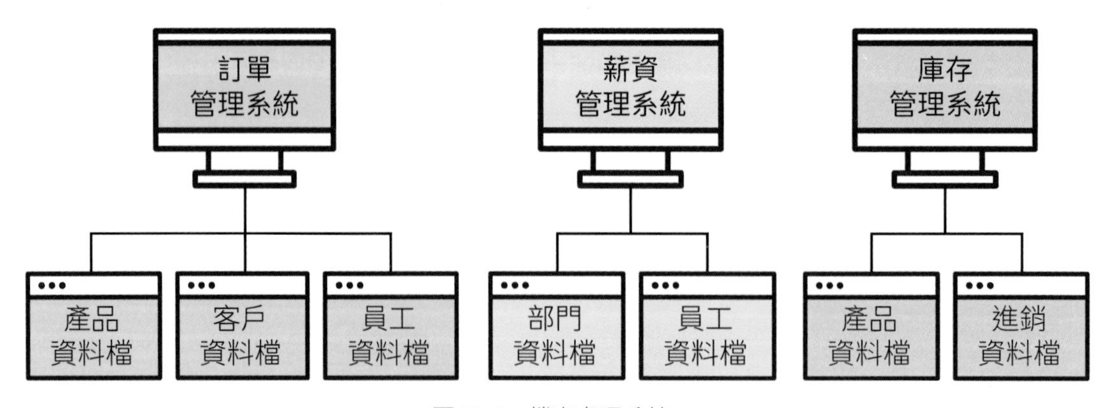

圖11-4　檔案處理系統

1970年代之後，開始使用資料庫概念，許多問題也獲得解決，與傳統的個別檔案處理方式相比較，使用資料庫來儲存具有下列幾項優點：

資料共享

傳統檔案處理系統之下，不同的應用程式就必須使用不同的資料檔案，且各自獨立。若使用資料庫系統，透過資料庫管理系統的控制，就可**讓不同的使用者在同一時間存取資料庫內的同一筆資料**。例如當某校資管系新生「陳大明」入學，無論是「學務處」、「教務處」或「資管系」，學校各單位都只存取同一個學生資料庫即可，而不用為同一個學生各自建立一個學生檔案。

資料獨立

傳統的檔案處理系統，只要檔案格式有所更改，就必須修改應用程式。若使用資料庫系統，在**資料庫管理系統**(Database Management System, **DBMS**)的協助之下，資料庫系統與應用程式之間是獨立的，不會因為資料格式的改變而必須重新改寫應用程式。

避免資料的重複

傳統的檔案處理系統可能為因應不同的應用程式，而使用個別的檔案。因此造成許多重複的檔案。資料庫的主要目的，就是以「**資料共享**」的方式來減少重複性的資料，可改善傳統檔案系統產生大量資料重複的問題。

可維持資料的一致性

因為資料庫中，**每筆資料是唯一且共享的**，所以當某筆資料有所變動，使用到該資料庫的應用程式也會統一更新資料內容，而不會有不一致的現象。例如當資管系學生「陳大明」的基本資料有所變動，該校「教務處學籍系統」與「資管系學生系統」所讀取到的學生資料也會跟著變動。

達成資料的保密性與安全控制

資料庫是組織內部的重要資產，為了避免資料庫內的資料遭受竊取或破壞，通常有專人負責管理與維護，也會對資料庫的用戶設定使用權限。

標準化的資料與文件

因為資料庫是多人共享的，不同的應用程式也能存取同一個資料庫，所以必須有**標準化的資料與文件**，才能有助資料庫的共享。

11-1-4 資料庫系統的組成

資料庫系統(Database System)是電腦化的資料儲存應用系統，其組成除了電腦硬體之外，主要分為**資料庫**(Database)及**資料庫管理系統**(Database Management System, **DBMS**)兩部分，使用者則可透過應用程式來存取其中的資料，其架構如圖11-5所示。

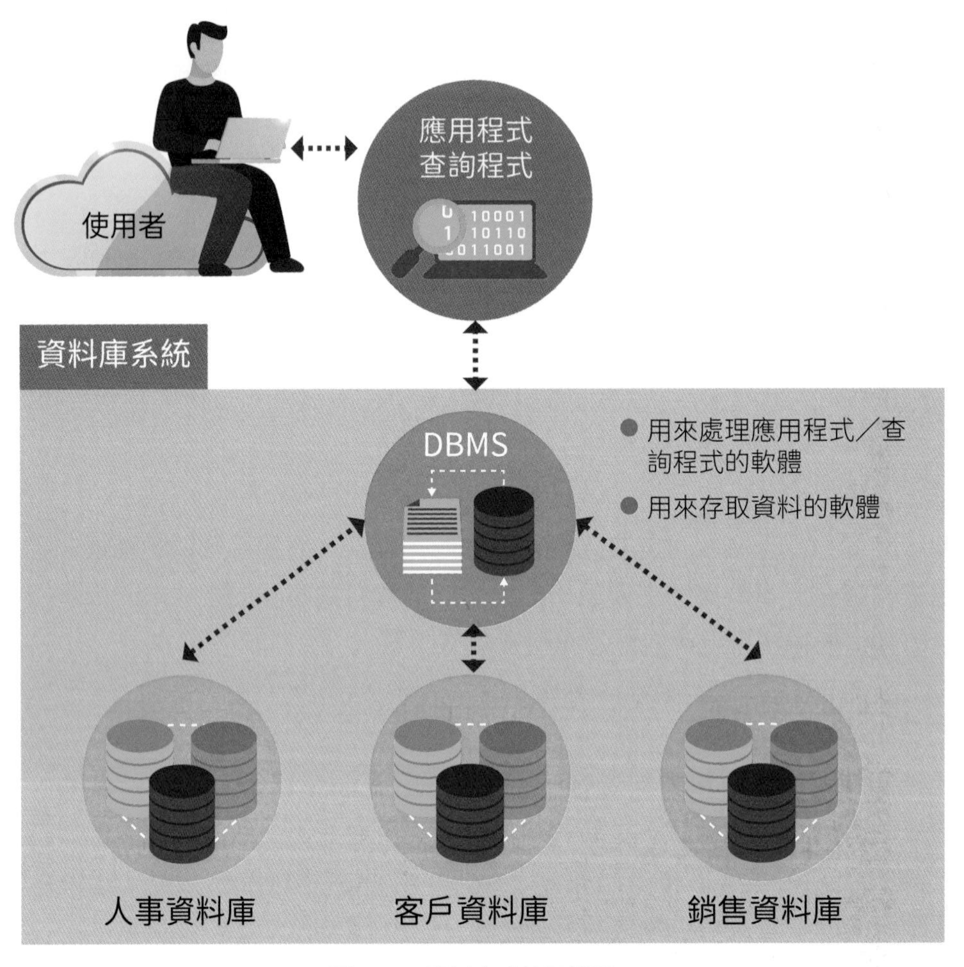

圖11-5　資料庫系統架構圖

顧名思義，「**資料庫管理系統**」是一套**用來管理資料庫的軟體**，一個資料庫管理系統可以同時管理數個資料庫，資料庫系統的主要功能都需要透過它來實現。

以圖11-5來說明，其中的人事資料庫、客戶資料庫、銷售資料庫都只是儲存特定資料的地方，使用者並無法直接使用。若要讓資料庫發揮效用，就必須透過資料庫管理系統來方便管理這些資料庫檔案，其作用除了存取資料外，也可處理應用程式或查詢程式的要求。有關資料庫管理系統的相關內容，詳見本章11-3節。

11-2 資料庫模型

資料庫依照儲存資料的結構來區分，主要可分為**階層式資料庫**、**網狀式資料庫**、**關聯式資料庫**，及**物件導向式資料庫**等四種不同的資料庫模型。

11-2-1 階層式資料庫

階層式資料庫(Hierarchical Database)的資料架構為**樹狀結構**，將所有資料分層儲存在不同的階層，是最早出現的資料庫模型。

在樹狀結構中，將每一筆資料紀錄視為一個**節點**(Node)，每個**父節點**(Parent Node)可以有多個**子節點**(Child Node)，但每個子節點只能有一個父節點，因此只適用於存放「一對一」或「一對多」的資料關係。

以圖11-6來說明，全華圖書公司出版了《計算機概論》、《網際網路應用》、《資料結構》三本書，《計算機概論》的作者為王小桃與郭欣怡；《網際網路應用》作者為王詩蕙與林宜君；《資料結構》的作者為郭欣怡，階層式資料庫的樹狀結構可以很清楚地描述出版社、書籍與作者之間的直線關係。而圖中作者郭欣怡雖然撰寫了《計算機概論》與《資料結構》兩本書，但因階層式資料庫無法描述多對一的關係，因此便會產生作者郭欣怡資料重複的問題。

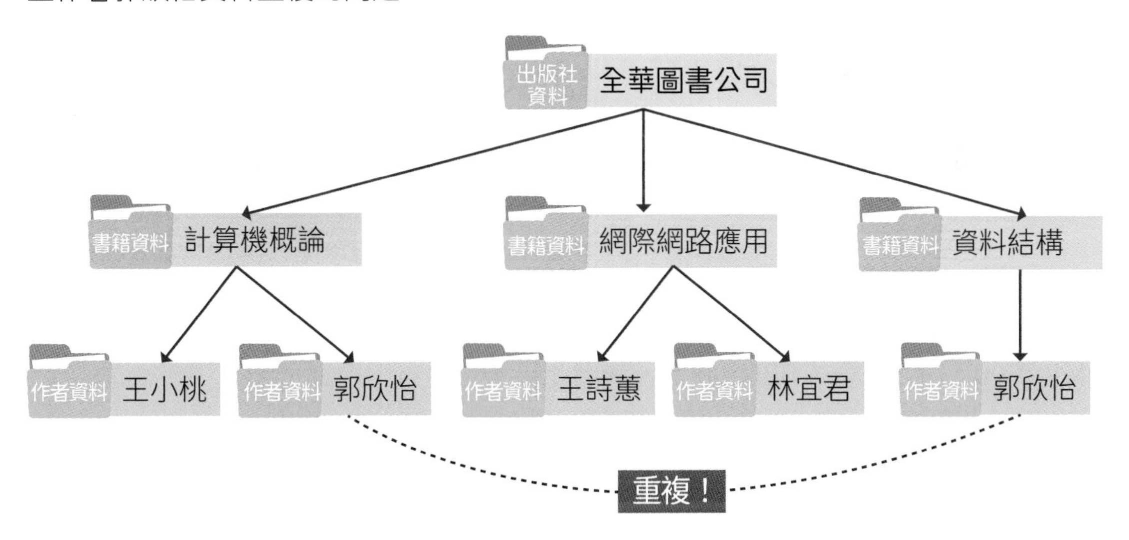

圖11-6　階層式資料庫可建立一對一或一對多的關係

IBM公司於1968年推出的**IMS** (Information Management System)資料庫管理系統即為階層式資料庫的典型代表。

11-2-2 網狀式資料庫

美國**CODASYL** (Conference on Data Systems Languages)組織中所屬的**資料庫任務組**(Data Base Task Group, **DBTG**)，於1969年提出**網狀式資料庫**(Network Database)模型，並定義了語言規格，因此網狀式資料庫模型又可稱為「**CODASYL模型**」或「**DBTG模型**」。

網狀式資料庫是**以開放的圖形結構來描述資料紀錄間的關係**。因為圖形結構不具層級的限制，剛好可解決階層式資料庫系統無法描述「**多對一**」資料關係的缺點。

在圖形結構中，同樣將每一筆資料紀錄視為一個節點，在任何節點之間可彼此建立關聯性，因此不會產生資料重複的問題。以圖11-7來說明，全華圖書公司所出版的《計算機概論》、《資料結構》兩本書的作者都有郭欣怡，網狀式資料庫可直接為書籍資料建立關聯至同一筆作者資料，因此便不須另外建立作者資料，但缺點是開放的關聯性容易造成過於複雜的網狀架構，會增加程式設計與維護的難度。

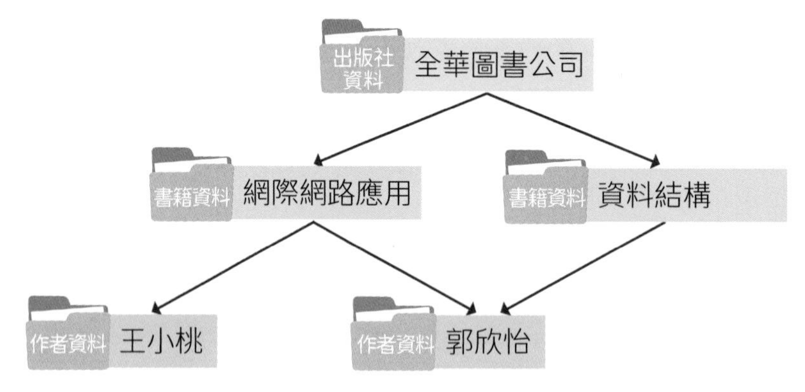

圖11-7　網狀式資料庫可建立多對一的關係

在關聯式資料庫被普遍使用之前，資料庫管理系統幾乎是網狀式資料庫模型的天下。Honeywell公司的IDS/2、Computer Associates公司的IDMS、Univac公司的DMS-1100、DEC公司的DBMS32等，皆屬此類。

11-2-3 關聯式資料庫

關聯式資料庫(Relational Database)模式是**以行與列所構成的二維表格來存放資料**，如圖11-8所示，這些包含多筆**紀錄**(Record)與**欄位**(Field)的資料表之間可透過共通的欄位來建立關聯，因此又稱為**關聯表**(Relation Table)，而關聯式資料庫即為一組關聯表的集合。

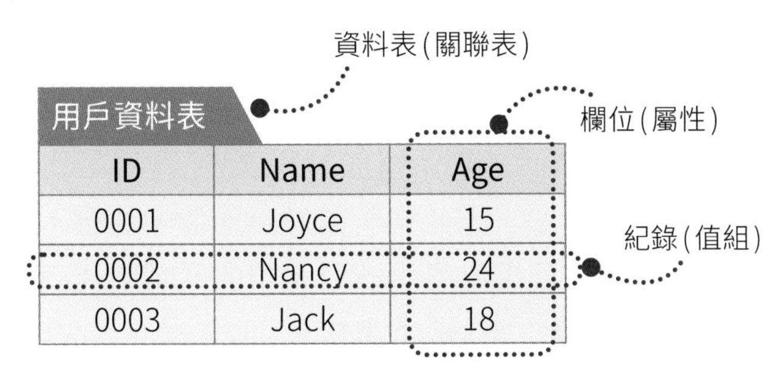

ID	Name	Age
0001	Joyce	15
0002	Nancy	24
0003	Jack	18

圖11-8　關聯式資料庫的資料表

關聯式資料表中的**每一橫列代表某一實體(人、事、物)的紀錄**，例如學生、系所、課程等；**每一縱欄則為描述該實體特徵的欄位或屬性**，例如學生基本資料表中以「學號」、「姓名」、「性別」、「系所代碼」、「年級」等欄位來描述學生資料。而不同的資料表之間可使用相同欄位值來建立關聯，例如學生基本資料表中的「系所代碼」欄位，可連結至系所資料表中的「系所代碼」欄位，得知該生所就讀的科系；學生基本資料表中的「學號」欄位，也可連結至成績資料表中的「學號」欄位，便可查詢得知某學生的成績。關聯式資料庫便是由多個相關聯的資料表所組成，如圖11-9所示。

DATABASE

系所資料表

系所代碼*	系所名稱	系所人數
121	教育心理學系	48
125	社會教育學系	35
223	資訊管理學系	102
545	土木工程學系	143

學生基本資料表

學號	姓名	性別	系所代碼	年級
S10245	王小桃	女	545	3
S10302	郭欣怡	女	223	2
S10112	張晏誠	男	121	4

課程資料表

課程代號	課程名稱	學分數	授課老師
A01	國文	3	陳清山
A03	英文	2	許曉莉
B01	計概	3	何正書
C02	微積分	2	江長展

成績資料表

學號	課程代號	成績
S10301	A01	82
S10302	C02	81
S10303	C02	88
S10404	B03	75

圖11-9　關聯式資料庫使用相同欄位來連結另一張資料表的資訊

鍵(Key)是關聯式資料庫中的重要概念，是以資料表中的一或多個欄位，來做為與其他資料表的連結標記。以圖11-9為例來說明，系所資料表中的「系所代碼」欄位為該資料表的**主鍵**(Primary Key)，表示在該資料表中，「系所代碼」欄位中的每一筆資料都是唯一的，只會出現一次，因此適合當做識別值的主鍵。**一個資料列只能有一個主鍵，且主鍵不能為空值**。而學生基本資料表中的「系所代碼」欄位則為**外來鍵**(Foreign Key)，因其值與其他資料表(系所資料表)的主鍵值相同，可用外來鍵「參考」主鍵，來建立兩資料表間的關聯。

11-2-4 物件導向式資料庫

1980年代之後，隨著物件導向程式設計的崛起與盛行，資料庫也出現了新的儲存架構，稱為**物件導向式資料庫**(Object-Oriented Database, **OODB**)。它是一個較新穎的資料庫架構，其**物件**(Objects)概念與物件導向程式設計相同，都是將現實世界中的實體當作一個物件，取代關聯式資料庫中的「紀錄」，而改以「物件」來儲存資料。

「物件」除了**資料**(Data)本身及物件的特徵，也就是**屬性**(Attribute)之外，也可包含用來操作資料的行為或動作，稱為**方法**(Methods)。以圖11-10為例，其中的「物件01」包含了學號、姓名、性別、科系等屬性，這些屬性的屬性值可以是文數字、圖形、聲音、影像，也可以是另一個物件，或是空白。也可定義「物件01」有入學、輟學或畢業等方法。而物件與物件之間，是因其屬性而自然產生連結。

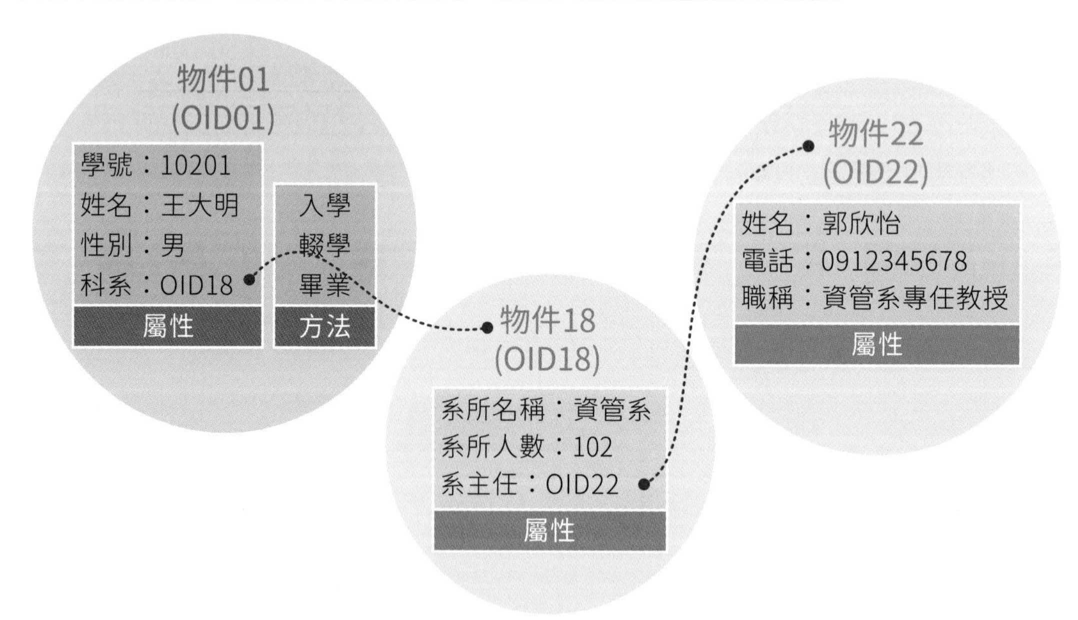

圖11-10　物件導向式資料庫使用物件來儲存資料

茲將各種資料庫模型的優缺點整理如表11-1所示。

表11-1 各資料庫模型之優缺點比較

資料庫模型	優點	缺點
階層式	● 可以清楚表達資料間一對一或一對多的關係。 ● 資料具階層關係，使資料庫易於建立、搜尋與維護。 ● 較符合人類的邏輯思考模式，操作指令語言也較簡單。	● 不適合存放多對多關係的資料。 ● 新增多筆資料時，可能出現資料重複的現象。 ● 查詢子節點上的資料必須經由父節點來查詢，無法直接描述子節點之間的關係。 ● 刪除父節點，會導致子節點也一併遭刪除。
網狀式	● 是階層式資料庫的擴充版，可避免資料重複的問題。 ● 可存放多對多關係的資料，彈性較階層式資料庫大。	● 當資料量大時，資料之間的關聯複雜度增加，使用者較不易維護與使用資料庫。 ● 資料庫進行重組、修改時，容易發生問題。
關聯式	● 結構設計較單純，理論簡明，適合表達複雜的資料關聯。 ● 資料存取路徑非事先決定，適於隨機查詢。 ● 減少資料的重複性及資料不一致。	● 在某些情況下，效率較階層式或網狀式資料庫差。 ● 資料庫較缺乏彈性。
物件導向式	● 存取資料速度較快。 ● 可存放更多類型的資料。 ● 物件具有**繼承**(Inheritance)特性，因此可減少資料的重複。 ● 程式語言大多支援物件導向，因此資料庫與系統開發可使用相同的資料模型。 ● 可處理大型且複雜的資料，系統擴充時較具彈性。	● 相關技術仍在發展中，標準尚待確立。 ● 無法完全模擬傳統資料庫的功能。

知識補充 物件關聯式資料庫

物件關聯式資料庫(Object-Relational Database, **ORDB**)模型結合了「關聯式」和「物件導向式」兩種不同資料庫架構。其概念是將物件導向的觀念整合至原有的關聯式資料庫模型上，資料改以物件方式表示，且運用物件導向技術來表示資料，但同時也保留了許多關聯式資料庫系統的特質。Oracle與PostgreSQL即為**物件關聯式資料庫管理系統**(Object-Relational Database Management System, **ORDBMS**)。

11-3 資料庫管理系統

資料庫管理系統(Database Management System, **DBMS**)是一種軟體，使用者透過資料庫管理系統去操作、存取資料庫。

11-3-1 資料庫管理系統的功能

資料庫管理系統都必須具備**管理使用權限**、**降低資料的重複與不一致**、**資料共享**、**查詢/增刪/修改資料**、**便利應用程式的發展**及**資料庫維護**等功能。

管理使用權限

資料庫管理系統必須要能管理不同使用者的權限，不同使用者能夠存取的資料並不相同，使用者無法存取其權限以外的資料，以達到資料庫保全的功能。

降低資料的重複與不一致

例如學校的教務處需要記錄學生的地址以寄發成績單，學務處也需要記錄學生的地址，以寄發某些訊息。若是這兩個單位各自建立檔案與維護學生的地址資料時，則該資料在學校裡就會被重複儲存，當學生搬家時，就有可能只改了一個單位的資料，而造成學校內有兩份不一樣的地址資料，導致資料的不一致性發生，若使用資料庫時，學生的地址就只會儲存在一個地方，就不可能發生不一致，且當學生的地址異動時，也只需更改一次。

資料共享

使用資料庫時，可以讓多個使用者能夠方便使用資料庫內的資料。

查詢/增刪/修改資料

資料庫管理系統必須要能夠讓使用者設定條件，取得他們想要的資料。並供資料庫管理員在資料庫中新增、刪除、修改資料。

便利應用程式的發展

資料庫應用程式的開發時效能夠比傳統檔案應用程式快，也能大幅降低開發應用程式所需的成本與時間。

資料庫維護

由於資料庫操作人員失誤，或是儲存媒介損毀等因素，可能會導致資料庫損毀，而為了避免資料的遺失，資料庫管理系統必須要能夠提供日常的資料庫維護功能及備份資料庫裡的資料，並且將備份的資料回復到資料庫中。

11-3-2 常見的資料庫管理系統

目前市面上常見的資料庫管理系統，其類型大多以**關聯式資料庫管理系統** (Relational Database Management System, **RDBMS**)為主，如Microsoft Access (圖11-11)、SQL Server、Oracle、Informix、Sybase、MySQL等，如表11-2所列。其中的Access是最簡單也最容易上手的，適合初學者使用，但能夠處理的資料量有限，並不適合用來管理如銀行的轉帳系統、超市的進出貨系統等大型資料庫。

圖11-11　Microsoft Access操作視窗

表11-2　**常見的資料庫管理系統**

軟體名稱	廠商	資料庫模型	軟體類型
Access	微軟(Microsoft)	關聯式	商業軟體
SQL Server	微軟(Microsoft)	關聯式	商業軟體
Informix	IBM	關聯式	商業軟體
Sybase	Sybase	關聯式	商業軟體
DB2	IBM	關聯式	商業軟體
MySQL	甲骨文(Oracle)	關聯式	開放原始碼
Firebird	Firebird Project	關聯式	開放原始碼
Oracle	甲骨文(Oracle)	物件關聯式	商業軟體
PostgreSQL	PostgreSQL Global Development Group	物件關聯式	開放原始碼

11-3-3 結構化查詢語言

資料庫管理系統通常需要提供一套完整的資料庫管理系統語言，讓外界可透過此語言與DBMS溝通。以目前最普遍的關聯式資料庫類型來說，**結構化查詢語言**(Structured Query Language, **SQL**)就是一個**用來查詢、更新和管理關聯式資料庫的標準語言**，目前市面上幾乎所有的資料庫管理系統皆支援SQL語法。

SQL語言最早是IBM公司於1970年代應用於其所開發的資料庫系統中，於1987年在**國際標準化組織**(International Organization for Standardization, **ISO**)的認證下發展成為關聯式資料庫管理系統的國際標準語言。

SQL語言運用**資料定義語言**、**資料處理語言**、**資料控制語言**及**資料查詢語言**來建立各種複雜的資料表關聯，成為查詢資料庫的標準語言。

資料定義語言

資料定義語言(Data Definition Language, **DDL**)負責「定義」資料庫的結構、欄位資料型態及長度。透過「CREATE」(建立)、「ALTER」(修改)與「DROP」(刪除)三個指令來對資料表或資料庫進行動作。

資料處理語言

資料處理語言(Data Manipulation Language, **DML**)負責「操作」資料庫中的資料。透過「INSERT」(插入)、「UPDATE」(更新)、「DELETE」(刪除)三個指令來對資料表中的資料進行新增、修改、刪除等動作。

資料控制語言

資料控制語言(Data Control Language, **DCL**)負責「管控」使用者對資料庫內容的存取權限。以「GRANT」(授權)和「REVOKE」(移除授權)兩個指令來設定使用者的權限。

資料查詢語言

資料查詢語言(Data Query Language, **DQL**)只負責進行資料查詢的動作，而不會更動資料本身內容，透過「SELECT」(查詢)語法來進行各式各樣的查詢設定。有時會被歸類在DML語言之中。

11-4 大數據

大數據(Big Data)又稱「**巨量資料**」、「**海量資料**」，顧名思義，它意指非常大量的資料，這些資料具有大量、多樣、即時、不確定等特性。大數據可應用於各種領域(例如公司內部資料分析、商業智慧和統計應用)，**將龐大資料量進行集合、分析與運算，便能從解讀出的數據資訊中，找出潛藏的線索、趨勢及商機。**

11-4-1 大數據的特性

大數據的資料和傳統資料最大的不同，是資料來源多元、種類繁多，大多是非結構化資料，而且更新速度非常快，導致資料量大增。大數據必須藉由電腦對資料進行統計、比對、解析才能得出客觀的結果。

一般而言，對於大數據特性的定義，從3V、4V、5V到8V都有人提出。3V是指：**資料量龐大**(Volume)、**資料處理速度**(Velocity)及**資料類型多樣性**(Variety)，但也有人另外加上**資料的真實性**(Veracity)及**資料的高度價值**(Value)兩個V，變成5V，近期甚至有人提出8V，增加了**資料的關聯性**(Viscosity)、**資料的揮發性**(Volatility)及**資料的視覺化**(Visualization)。圖11-12所示為大數據8V示意圖；表11-3所列為大數據8V說明。

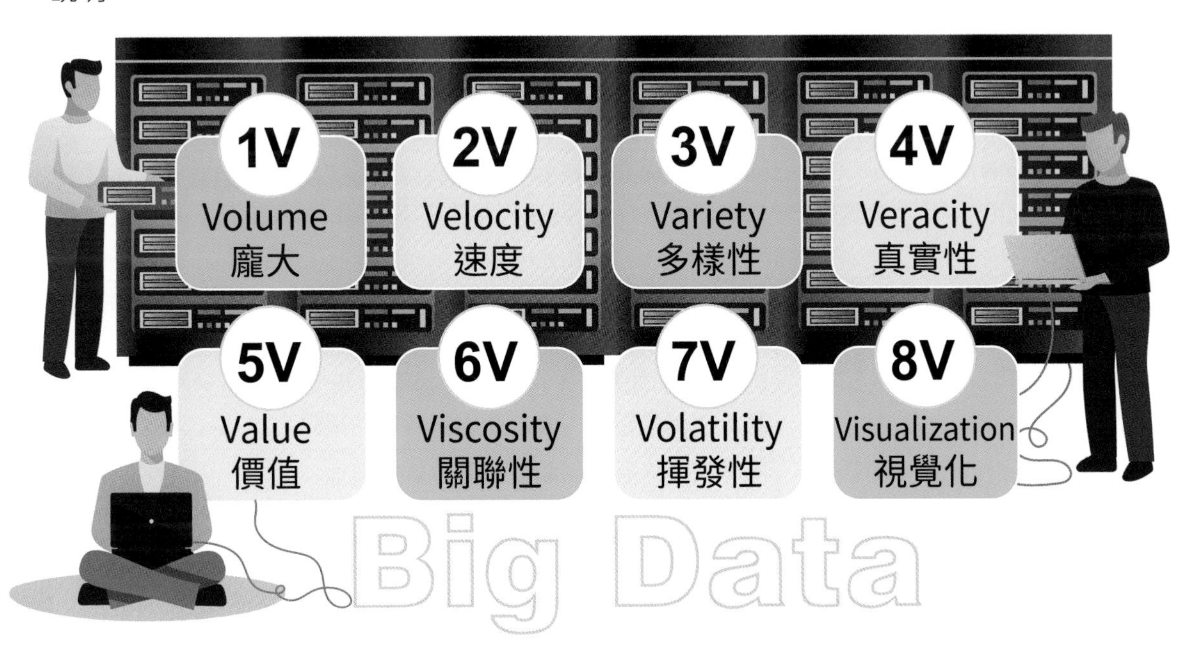

圖11-12 大數據8V

表11-3　**大數據8V說明**

8V		說明
Volume	龐大	根據維基百科的定義，資料量的單位可從**TB** (Terabyte，一兆位元組) 到**PB** (petabyte，千兆位元組)、**EB** (Exabyte，百京位元組)、**ZB** (Zettabyte，十垓位元組)，甚至更大的單位，但到目前為止，還沒有一個標準來界定大數據的大小。 其實資料量的大小，也不是大數據的重點，能夠從這些資料量取出有用的資訊，才是大數據的「價值」。
Velocity	速度	資料的傳輸是連續且快速地，資料處理的時間極短，且處理速度非常的快速，即時得到結果才能發揮最大的價值。
Variety	多樣性	大數據的資料類型包羅萬象，可以有很多不同的形式，例如社群網站的貼文或留言等文字內容、IG上的動態圖像、抖音中的影音短片、衛星導航的行車路線、交易資料、類比訊號、語法等，而這些資料大致上都是以**結構化**、**半結構**和**非結構**等方式儲存。 ● **結構化**：資訊內容有精確定義的模式，如Google試算表呈現出來的資料都是結構化資料。 ● **半結構**：介於結構與非結構資料之間，資料格式以文字為主，其長度不固定，大多是用於資料交換，如Log檔、CSV、JSON、XML等。 ● **非結構**：未經整理過的資料，資料格式不固定，也就是資料的本質，如文字、圖片、音樂、影片、PDF、網頁、社群網站上的訊息等。
Veracity	真實性	資料蒐集時是不是有資料造假或誤植？分析並過濾有偏差或異常的資料，只有真實而準確的數據才能獲取真正有意義的結果。
Value	價值	資料經過分析加值後，能得到更高的價值。如果僅是大量的數據集合，是沒有價值的，必須對未來趨勢與模式進行預測及深度且複雜的分析，例如迴歸模型分析、多變量分析、人工智慧、機器學習等，才能產出有價值的資訊。
Viscosity	關聯性	不同資料之間的關聯性需要分析與處理。
Volatility	揮發性	資料有時是短暫且波動的，在分析資料時，要確定資料的有效期限及儲存多久。
Visualization	視覺化	將數據視覺化可以更加闡釋數據的意義、並理解數據的結果，例如使用即時資料儀表板、互動式報表、圖表和其他視覺呈現各種資訊，有助於使用者更快且更有效地進行決策制定、規劃、策略和行動。

11-4-2 資料的價值

因為科技的進步，物聯網的發展，全球各行各業的資料量成長更是急速攀升，**IDC**(國際數據資訊)預測，全球資料量在2025年將成長至163 ZB(等於1,000億GB)，是2016年所產生的資料量十倍。

資料的取得成本相比過去開始大幅下降，過去要十年才能蒐集來的資料，如今一夕之間即能達成。也因為取得數據不再是科學研究最大的困難，如何「**儲存**」、「**挖掘**」數據，並成功地分析結果，才是研究重點。

當蒐集到這麼大的資料量時，可以做什麼用途？又能獲取什麼重要的資訊呢？若只是將資料儲存起來是不夠的，資料必須派上用場才具有價值，如圖11-13所示。經過整理後能產生重要分析結果的資料，必須要花很大的工夫，**資料科學家**必須投入時間整理並準備資料，這樣資料才能真正派上用場。

圖11-13　資料必須派上用場才具有價值(圖片來源：Nicoelnino/Dreamstime.com)

知識補充　資料廢氣

資料廢氣(Data Exhaust)指的是經由主要動機的附屬行為而產生的相關資料。使用者和網站間的互動，都會產生資料廢氣，例如滑鼠滑過哪裡、點擊哪裡、在同一頁面停留多久等，原本這些被視為沒什麼價值的資料，往往在經過整理發掘後，會找到有利用價值的資訊。

11-5 大數據的分析技術與工具

因大數據的熱潮，許多處理資料分析與管理的技術也應運而生。以下將介紹大數據分析步驟及一些熱門的大數據分析工具、視覺化工具。

11-5-1 大數據分析步驟

大數據分析的工作可以簡單分為**採集**、**儲存與處理**、**統計與分析**及**視覺化**等四步驟，分別說明如下。

採集

根據大數據分析的目的**蒐集有用資訊與相關資料的過程**。例如家電品牌想要了解顧客的產品使用體驗，就必須從買過家電的顧客身上獲取資訊，而不是蒐集陌生客源的數據。

一般數據採集主要可以從**資料庫採集**(Sqoop、ETL、Kettle)、**網路爬蟲獲取**(藉由解析網頁程式碼，自動抓取網頁中資料的技術)及**感測器採集**等方式。除了上述的採集方式外，也能透過統計軟體來取得資料，常見的工具有Google表單及SurveyCake，可以免費製作問卷，蒐集使用者的資料。

儲存與處理

針對篩選出來的資料進行儲存及初步的檢驗處理，以確保資料的正確性及完整性。任何大數據平臺都需要安全、可擴展及耐用的儲存庫，才得以存放處理前後的資料。建議使用分散式處理系統，將數據分割及備份，減輕記憶體負擔，同時也能提升資訊的安全性。

Apache Hadoop可做為大數據儲存工具，使用Apache Hadoop時，會將資料切割成很多小份，並為每一份資料製作多個備份，如此一來，即使部分資料損毀也能還原完整的資料。

統計與分析

透過統計與分析資料庫建造模型，使用分析工具將數據分類、排序、進行關聯分析，甚至執行更進階的演算法，找出其中有用的資訊，解讀數據代表的意義，作為決策的重要依據。大數據分析工具有Spark及Hadoop MapReduce。

視覺化

完成大數據分析之後，將數據分析的結果以簡單明瞭的方式呈現，讓決策者更容易理解及判讀，進一步提升大數據分析的價值。常見的大數據視覺化工具有Tableau、Data Studio、Apache ECharts (圖11-14)及Power BI等。

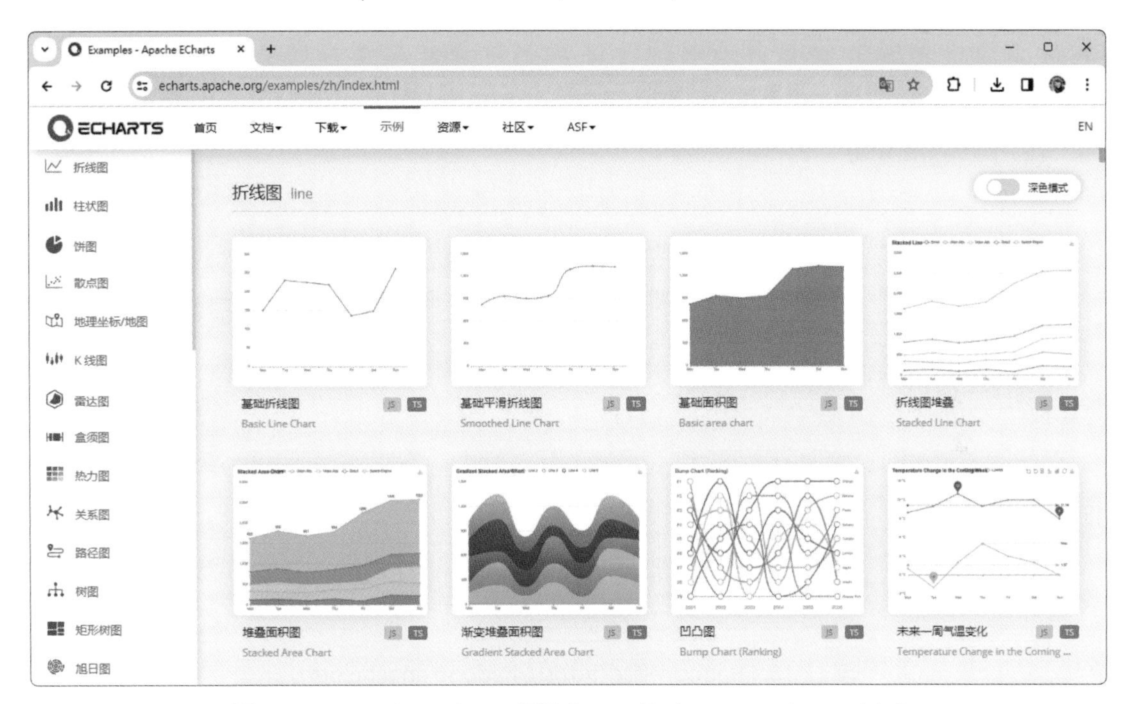

圖11-14　Apache ECharts網站(https://echarts.apache.org/zh/)

11-5-2 大數據儲存及分析工具

常見的大數據儲存及分析工具，有Apache Hadoop、Hadoop MapReduce及Apache Spark等。

Apache Hadoop

Apache Hadoop是一個開放原始碼軟體，能夠讓用戶輕鬆架構和使用的分布式計算平臺，使用者可以輕鬆地在Hadoop上開發和執行處理巨量數據的應用程式，具有可靠性、擴展性、高效性及高容錯性等優點。

Hadoop不使用單一大型電腦來處理和存放資料，而是將商用硬體結合成叢集，以平行方式分析大量資料集。Hadoop主要核心是使用Java開發，使用者端則提供C++、Java、Shell、Command等程式開發介面，可在Linux、macOS、Windows及Solaris等作業系統平臺執行。

目前IBM、Adobe、eBay、Amazon、AOL、Facebook、Yahoo、X (Twitter)、紐約時報、中華電信等企業，皆採用Hadoop運算平臺。對Hadoop有興趣的讀者，可至Hadoop官方網站查詢相關資訊，如圖11-15所示。

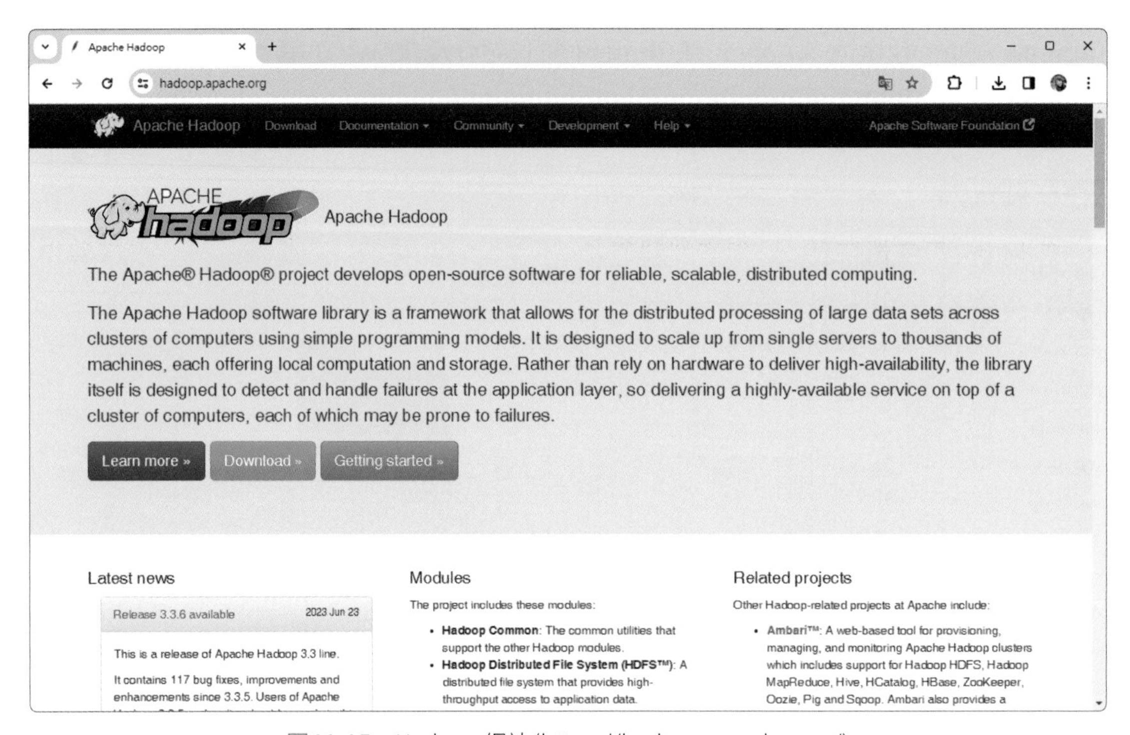

圖11-15 Hadoop網站(https://hadoop.apache.org/)

Hadoop MapReduce

MapReduce屬於Apache Hadoop系統的工具，是一種**分散式平行程式設計模型**，可以分析、處理Hadoop資料庫中的數據。它將要處理的問題拆解成Map和Reduce兩階段來執行，會將輸入的數據集分割成小塊，並分配給各節點上進行平行處理，以達到分散運算的效果。MapReduce程式設計相對簡單，不需要掌握分散式平行程式設計細節，也可以很容易把自己的程式執行在分散式系統上，完成大數據的計算。

Apache Spark

Apache Spark是一種開放原始碼處理架構，可執行大規模資料分析的應用程式。利用記憶體內計算引擎建立而成，最著名的特色是能對巨量資料展現高度的查詢效能。其運用平行資料處理架構，可視需要來將資料永久保存在記憶體內和磁碟中，能在資料尚未寫入硬碟時，就在記憶體內進行分析運算。

Spark是以Scala程式語言撰寫而成，支援多種程式語言所撰寫的相關應用程式，如Java、Python、R、Clojure等。在**資料排序基準競賽**(Sort Benchmark Competition)中，Spark用23分鐘完成100 TB的資料排序。對Apache Spark有興趣的讀者，可至Apache Spark官方網站(https://spark.apache.org/)查詢相關資訊。

11-5-3 大數據資料視覺化工具

大數據資料蒐集與分析技術進步，要如何快速處理與分析大量資料，產生簡單易懂的圖表結果，讓**資料視覺化**(Data Visualization)，能廣泛應用至各個領域，已是目前大家所重視的一環。資料視覺化是指運用特殊的運算模式、演算法將各種數據、文字、資料轉換為各種圖表、影像，成為易於吸收，容易讓人理解的內容。

Tableau

Tableau是**商業智慧**(BI)與**資料科學**(Data Science)軟體，提供Big Data處理與資料視覺化能力，如圖11-16所示。結合了資料探勘和資料視覺化的優點，可以將多種資料文件如xlsx、txt、xml等格式轉變成圖表形式呈現，使用者可以在電腦、平板等裝置上，透過簡單的拖放方式，進行資料分析，並創造視覺化、互動式的圖表。

圖11-16　Tableau網站(https://www.tableau.com/zh-tw)

Tableau架構分為Tableau Cloud、Tableau Desktop、Tableau Server、Tableau Prep等多項平臺，可在官網分別申請免費試用。此外，依照使用者的需求，分別提供Creator、Explorer和Viewer等三種不同的訂閱授權類型，各提供不同功能及服務，以滿足不同的需求。

Looker Studio

Looker Studio是Google推出的數據分析工具，它提供強大的視覺化編輯工具，只要把資料匯入，就可以輕鬆產生專業的圖表，並與他人共享視覺化資料圖表。

圖表種類則提供了橫條圖、圓餅圖和時間序列、重點式圖表等圖表樣式。Looker Studio無須安裝軟體，透過瀏覽器便能免費使用，如圖11-17所示。

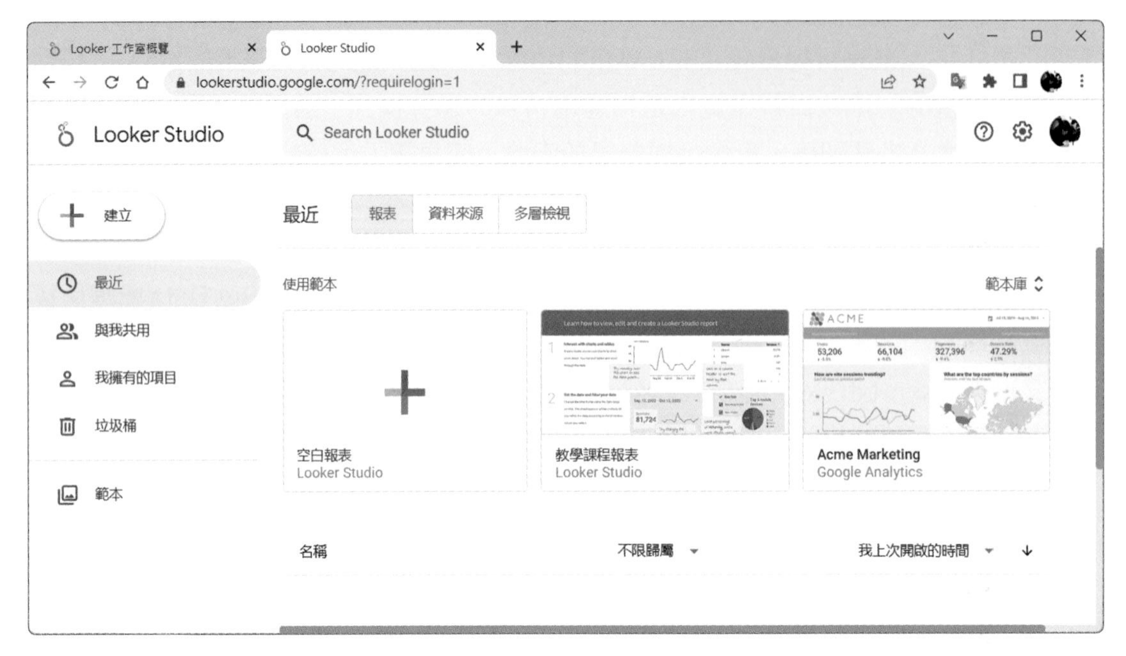

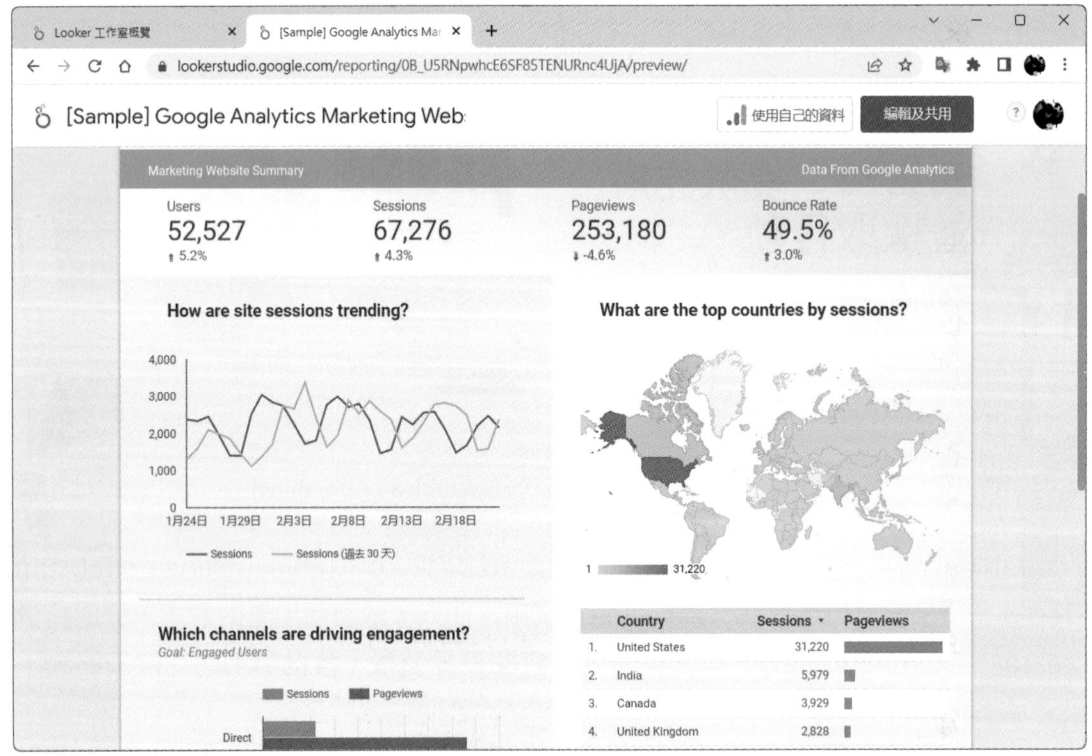

圖11-17　Looker Studio網站(https://lookerstudio.google.com)

Power BI

Power BI (圖11-18)是Microsoft推出的可視化數據商務分析工具套件，可用來分析資料及共用深入資訊，將複雜的靜態數據資料製作成動態的圖表。

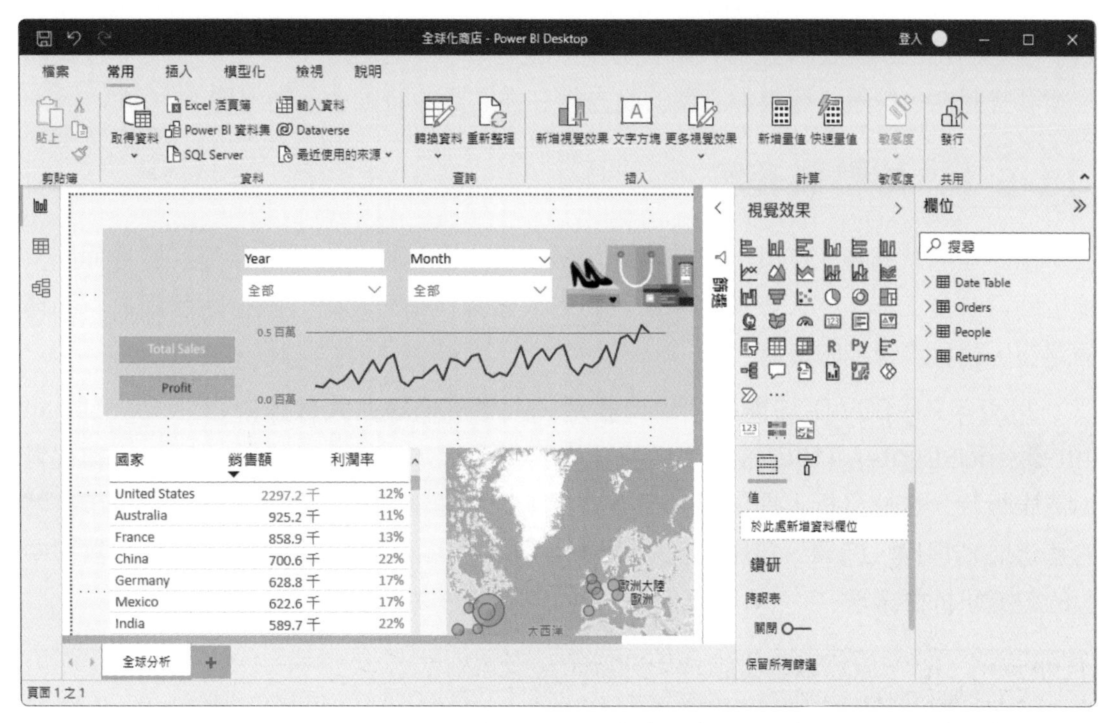

圖11-18　Power BI操作視窗

Power BI提供「Power BI服務」、「Power BI Desktop」及「Power BI 行動版」等平臺。其中，「Power BI服務」是雲端平臺，只要進入官方網站進行註冊的動作，登入後即可使用該平台；「Power BI Desktop」是Windows桌面應用程式，須安裝於電腦中使用；「Power BI 行動版」則是要在行動裝置中安裝App (圖11-19)，這三者都有提供免費服務。有興趣的讀者可以至官方網站(https://www.microsoft.com/zh-tw/power-platform/products/power-bi/)查詢相關資訊。

圖11-19　Power BI 行動版可透過行動裝置與雲端資料進行連線及互動(圖片來源：Microsoft)

11-6 大數據的應用案例

大數據的應用早已在你我生活中，例如使用瀏覽器在購物平臺購買一個衣櫥時，瀏覽器上的廣告欄便會不斷出現相關的物品，因為瀏覽經歷已經被瀏覽器和電商所記錄，透過對用戶瀏覽記錄進行大數據分析，就可以推測出目前是什麼狀態，今後又將經歷哪些狀態，於是，專為你訂製的廣告就在你需要的時候會自動出現。

11-6-1 疫情儀表板

當新型冠狀病毒(COVID-19)在全球爆發之時，全球醫務人員及科學家挺身而出，積極參與防疫工作。例如數據科學家，利用大數據技術去追蹤「新型冠狀病毒」的傳播路徑，藉以盡快控制疫情。

2020年2月COVID-19開始在世界蔓延，因應疫情**臺北大數據中心**(Taipei Urban Intelligence Center, **TUIC**)建立疫情資訊聯合儀表板，以綜觀全市的角度，透過視覺化儀表板及大數據分析，提供市府高層瀏覽，能快速掌握最新疫情發展、臺北市各地的消毒防疫準備、口罩、負壓病床等資源的調度情形。圖11-20所示為臺北大數據中心的數據研析會議室。

圖11-20　臺北大數據中心的數據研析會議室(https://tuic.gov.taipei/)

在疫情的儀表板上可以看到全球和臺灣疫情發展情形，如確診人數、康復及死亡人數，更進一步可看到臺北市的確診病例，以及居家檢疫、居家隔離人數，這些資料由臺北市衛生局每日更新風險評估。

臺灣政府以科技工具防制，運用健保大數據資料庫，透過與內政部移民署及疾管署的合作，完成由武漢、湖北、中港澳入臺名單與健保卡就醫資料的逐日勾稽。藉由建構健保卡的「即時警示」資訊，讓第一線醫師能在看診時得知民眾過去在中國大陸地區的旅遊史，協助發燒篩檢站更能有效防堵疫情。

11-6-2 Netflix 影片推薦

美國Netflix線上影音服務公司根據消費者長期的收視習慣、觀看影片紀錄、評價等進行巨量資料分析，除了據此提供用戶個別的影片推薦名單，也能針對不同觀眾推出他們更加喜歡的節目。

Netflix首頁是由不同主題的影片排列組成，而這些主題選擇、影片挑選、排列順序便是由演算法推算出來，透過大數據優化演算法，為個人量身打造推薦介面(圖11-21)。例如機器學習會找出喜好喜劇片類的的用戶，藉此推斷這類觀眾會喜愛與此類型貼近的相關影片。

圖11-21　Netflix首頁的推薦名單(https://www.netflix.com/tw/)

知識補充 OTT服務

有別於透過電纜或衛星傳播的傳統有線電視或廣播，**OTT** (Over-the-Top Service)服務是指透過網際網路直接向觀眾提供的串流媒體服務，如Netflix、Disney+、LINE TV、KKTV等皆屬之，其最大優點是可支援**隨選隨看**及**跨裝置播放**功能，讓觀看更自由。通常OTT採取訂閱或點播付費的商業模式，全球影音串流訂閱人數在2018年已正式超越有線電視。

11-6-3 酷澎數據平臺

在全球遭受疫情衝擊的期間，電商市場急速拓展。韓國電商龍頭酷澎(Coupang)的年營收從原本的新台幣2,000億元飆升至6,600億元。為此，酷澎也持續升級其數據平臺，以因應業務規模的擴張所帶來的數據處理需求。

酷澎在AWS上打造一個PB級數據平臺架構，一天負責使用70多個來源的數據來執行超過5,000項任務，並為1,300多位使用者提供決策支援，從工程團隊、商業分析師、高階主管、外部供應商和外部廣告主，總共有超過50個團隊使用這個數據平臺。

根據2022年的公開數據，酷澎數據平臺的資料量高達31.5PB，擁有15萬個資料集，每天啟動高達5萬5千個AWS EMR節點，並執行超過12萬項資料運算任務，單日資料查詢次數超過50萬次。面對如此龐大的資料處理需求，數據平臺的數據查詢及處理作業也使用各種支援大數據處理的工具，例如，使用Apache Hadoop的Hive數據庫來設計數據消費層；使用Spark來進行數據處理等。

酷澎數據平臺的架構分為「擷取」與「分析」兩大平臺。數據擷取平臺會由超過70種數據來源擷取數據，經過儲存、處理、資安及調度等程序，將數據匯入由大數據平台、客戶體驗分析平台、機器學習平台所組成的數據分析平臺。分析平臺依據數據應用的各種需求再做進一步處理，最後輸出至串接於平臺的不同系統中，供各個團隊使用。

例如為達成高速配送效率，酷澎除了在各地建置高度自動化的物流中心，更使用數據平臺預測各地訂單需求，以便提前調度各地物流中心的庫存來備貨，並使用演算法動態規畫每日派送路線，透過數據科技來協助達成配送要求(圖11-22)。

圖11-22 酷澎的供應鏈管理團隊透過數據平臺預測各地訂單需求，並提前調度庫存來備貨，以節省發貨時間

11-6-4 Amazon

Amazon (圖11-23)透過大數據分析精準預測客戶的未來需求，追蹤消費者在網站以及App上的一切行為，透過蒐集到的數據，分析消費者偏好的產品，並可對照其線上消費紀錄和瀏覽紀錄，發送相對的行銷訊息及客製化的促銷活動。

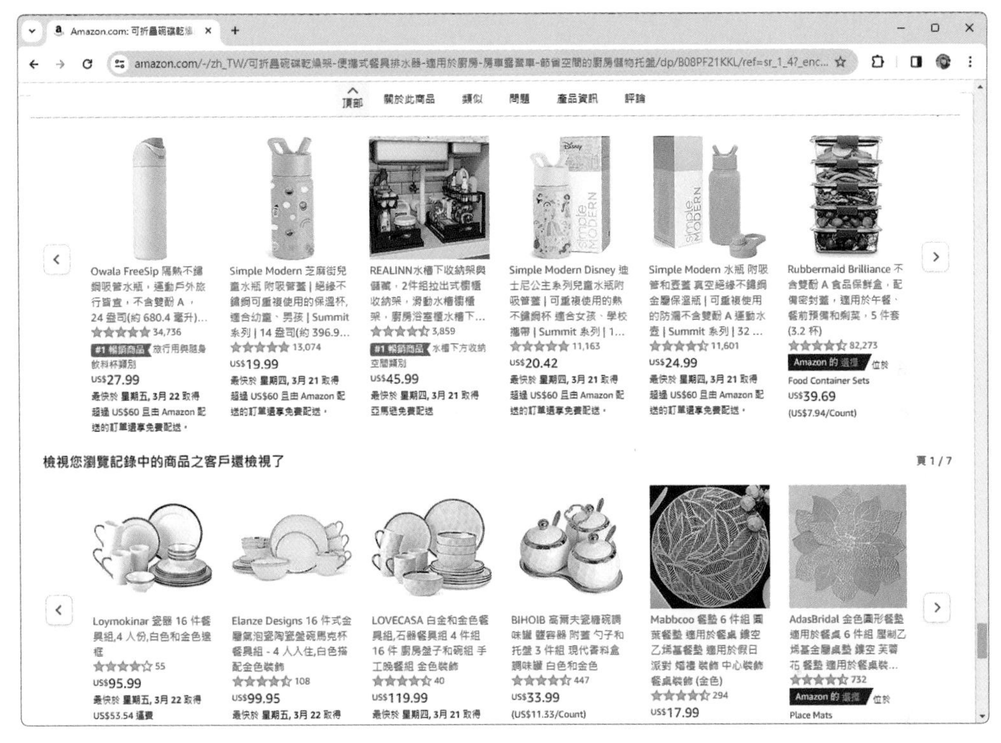

圖11-23　Amazon網站(https://www.amazon.com/)

Amazon在全球有超過200萬的賣家，服務約20億的消費者，藉著分析大數據推薦給消費者他們真正想要買的商品，以及他們真正在尋找所需要的商品，為Amazon增進了10%~30%的營收。

11-6-5 大數據精準行銷

精準行銷(Precision Marketing)是指**透過數據分析及工具的輔助，找出目標市場現況、分析受眾輪廓與需求，鎖定特定對象，對其實施不同的行銷策略**。透過數據分析，可以觀察現階段的市場環境及消費者動態、找出幫助銷售、改善客戶體驗或是拓展市場的策略。

LINE

LINE為了避免用戶收到大量非需求的廣告資訊，藉由分眾推播讓每個店家能夠和不同的族群對話，將對的訊息推播給對的人，用戶收到的都是想看到的資訊，達到精準行銷的效果。

淘寶

淘寶透過數據分析，使用了「猜你喜歡」功能(圖11-24)，推薦每位消費者有可能會購買的商品，例如某件商品消費者瀏覽了許久卻沒下單，網站就能根據他的行為，推薦一系列相似的商品；或是消費者曾經買過褲子，網站後續就能進一步推薦上衣、鞋子、帽子、配件等其他選項，藉此提升購買品項或平均客單價，如此便能為企業帶來更多的銷量及業績。

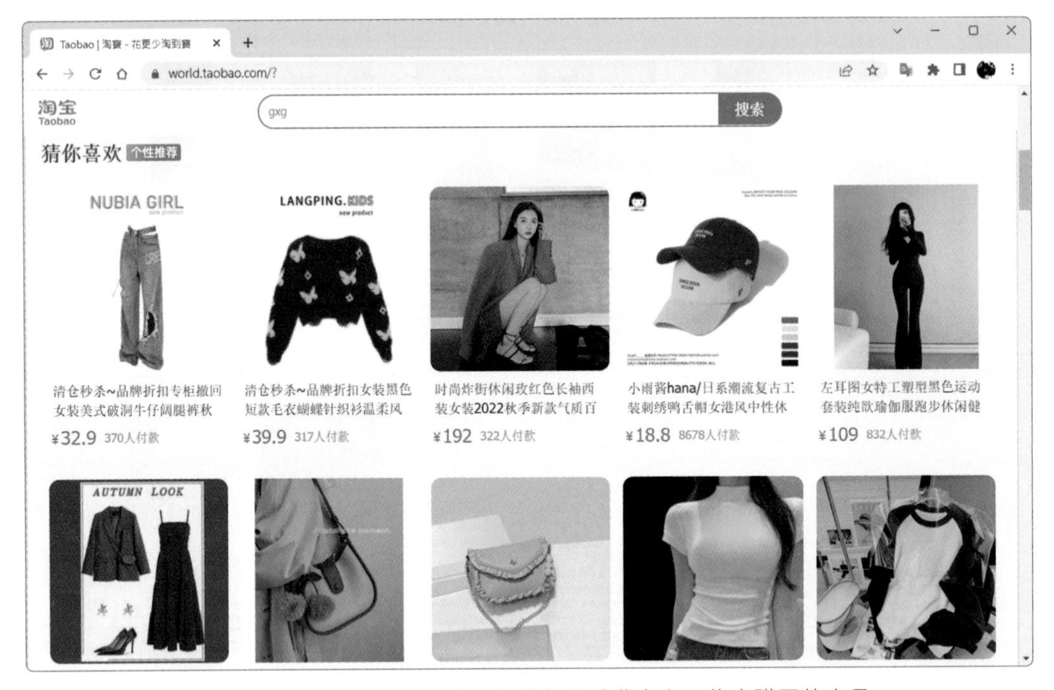

圖11-24 「猜你喜歡」功能會推薦每位消費者有可能會購買的商品

ZARA

ZARA可在數周內就挖掘最新流行趨勢，提供顧客最佳的購物體驗，主要是因為透過大數據，替他們快速設計出顧客最需要、最想要的服飾。ZARA透過自動化分析平臺，將商品售價、時段、客戶、各部門營運等相關數據都記錄、保存下來，精準掌握顧客消費習性，作為推出產品的決策及依據。

巴黎萊雅 L'oreal

巴黎萊雅L'oreal在推出新產品時，採用了精準行銷策略，利用Google Trends分析消費者在產品相關議題上搜尋了什麼及想解決哪些問題，再整合消費者搜尋意圖和自家產品優勢，定義出精準的受眾，再向精準受眾投放廣告和再行銷廣告，透過精準行銷策略，產品的數位行銷上獲得高度的瀏覽率，也讓產品大賣。

11-7 大數據與 NoSQL 資料庫

NoSQL近年來因為網路的普及以及資料量的巨幅成長而蓬勃發展，為了解決大量資料存取問題，許多大型網路公司紛紛捨棄了關聯式資料庫技術，而改用NoSQL，以提升處理資料的效能及擴充的彈性。這節就來認識NoSQL資料庫。

11-7-1 認識 NoSQL

NoSQL的全名為「Not Only SQL」，稱為**非關聯式**，是一種資料庫設計與資料管理的方法，能夠以不同於關聯式(SQL)資料庫的方式，來處理大量快速變化的**非結構化資料**。NoSQL資料庫具有擴充性及執行效能，支援多種資料儲存類型，非常適合處理巨量資料及雲端運算。NoSQL具有以下特色：

- 不需要事先定義好資料的Schema以及資料之間的關聯。
- 可以自由新增欄位，不需要回頭修改過去的資料文件。
- 可以自由定義資料文件的結構。
- 具有水平擴展與垂直擴展能力。

NoSQL資料庫模型

NoSQL資料庫模型是資料儲存方式，通常可以分為**鍵值資料庫**、**文件導向資料庫**、**列式資料庫**及**圖形資料庫**等四種模型。

- **鍵值(Key-Value)資料庫：**以**桶**的方式儲存資料，資料被稱為**鍵值對**，每筆資料各自獨立，每一筆資料只有兩個欄位(Key/Value)，在鍵與值之間建立映射關係，透過鍵可以直接存取值。主要應用於記錄檔系統、快取常用網頁等場景。Google的BigTable、Hadoop的HBase、Amazon的Dynamo、Cassandra、Hypertable等，都是使用鍵值資料庫。
- **文件(Document)導向資料庫：**以**集合**的方式儲存資料，資料被稱為文件。資料儲存的最小單位是文件，同一個表中儲存的文件屬性可以是不同的，資料可以使用XML、JSON或JSONB等多種形式儲存。主要應用於儲存結構鬆散或非結構性及半結構性資料，例如HTML、XML檔。SAP、Codecademy、Foursquare、NBC News等，都是使用文件導向資料庫。
- **列式(Column)資料庫：**將資料儲存在**列族**(Column Family)中，資料被稱為列，可以有效率地儲存資料，並在多列資料間查詢，有利於在資料庫的特定資料行間查詢。主要應用於分散式檔案系統、高擴充能力等場景。Ebay、Instagram、NASA、X (Twitter)、Facebook、Yahoo!等，都是使用列式資料庫。

- **圖形(Graph)資料庫**：是採用圖結構的概念來儲存資料，並利用圖結構相關演算法提高性能，關係越複雜的資料越適合使用圖形資料庫。圖形資料庫是使用圖形結構的**節點**、**關聯性**及**屬性**代表資料。Adobe、Cisco、T-Mobile等，都是使用圖形資料庫。

表11-4所列為NoSQL資料庫模型比較。

表11-4　NoSQL資料庫模型比較

模型	資料模式	優點	缺點	相關產品
鍵值	鍵/值對	● 擴展性高。 ● 靈活性高。 ● 大量寫操作時性能高。	● 無法儲存結構化資訊。 ● 條件查詢效率較低。	Redis、Riak SimpleDB Chordless Scalaris
文件導向	鍵/值	● 效能高、複雜性低、資料結構靈活。 ● 提供嵌入式文件功能，將經常查詢的資料儲存在同一個文件中。 ● 可以根據鍵及內容來建構索引。	● 缺乏統一的查詢語法。	MongoDB CouchDB Terrastore ThruDB RavenDB SisoDB RaptorDB
列式	列族	● 尋找速度快。 ● 可擴展性高。 ● 容易進行分散式擴展。 ● 複雜性低。	● 功能較少，大都不支援強一致性。	BigTable HBase Cassandra HadoopDB
圖形	圖形結構	● 靈活性高。 ● 支援複雜的圖形演算法。 ● 可建構複雜的關係圖譜。	● 複雜性高。 ● 只支援一定的資料規模。	Neo4J OrientDB InfoGrid Infinite Graph

NoSQL資料庫的理論基礎－CAP & BASE

CAP定理(CAP Theorem)又稱**布魯爾定理**(Brewer's Theorem)，是分散式系統的理論框架，可用來分析NoSQL資料庫的特性。CAP定理的三個字母分別代表**一致性**(Consistency)、**可用性**(Availability)及**分區容錯性**(Partition Tolerance)。

- **一致性(Consistency)**：所有節點在同一時間具有相同的數據。
- **可用性(Availablity)**：任何時候，每次向系統發出請求都能在有限的時間內獲得回應，確保服務是可用的狀態。

- **分區容錯性(Partition Tolerance)**：在網路分區的情況下，當網路出現任何狀況時(封包遺失、連接中斷、擁塞等)，系統仍可正常運作。

依據CAP定理，一個分散式資料庫無法同時符合上述這三個需求，最多只能符合其中兩項。對分散式資料庫系統而言，分區容錯性(P)是基本要求，否則就無法稱為分散式系統。因此，一般所說的NoSQL，都是要在一致性(C)與可用性(A)之間做取捨。

eBay的架構師Dan Pritchett，在ACM上發表文章提出**BASE理論**，BASE理論是對CAP理論的延伸，核心思想是即使無法做到**強一致性**，但應可以採用適合的方式達到**最終一致性**。

BASE是**Basically Available**(基本可用)、**Soft State**(軟性狀態)、**Eventually Consistent**(最終一致性)的簡寫，是CAP中C及A的延伸。

- **Basically Available**：系統出現故障時，允許部分功能停用，但其他電腦運作不會受到影響。
- **Soft-State**：允許系統存在中間狀態，而該中間狀態不會影響系統整體可用性。
- **Eventual Consistency**：經過一段時間後，所有節點資料都能夠達到一致的狀態。

資料庫應用原則，讓我們可以隨著想要處理的問題與所擁有的資料特性來選擇適當的解決工具，例如異動作業較為頻繁的即時性系統，可以應用CAP及BASE，因為CAP及BASE在一致性要求上較不嚴謹，對系統架構的水平延伸較具有彈性。

11-7-2 MongoDB

MongoDB是**以文件為導向的開源非關聯式資料庫軟體**，用Key-Value的方式來儲存資料，使用C++語言撰寫而成，適合存取非結構資料，例如HTML網頁。Google、Adobe、Facebook、Cisco、ebay等，都是MongoDB的使用者。

MongoDB最大特色是支援JSON資料格式，可以任意增加新欄位，而不需要事先定義像傳統關聯式資料庫的Schema架構，還具有即時查詢能力。

知識補充 JSON

JSON (JavaScript Object Notation)是一個資料交換的格式，以純文字為基礎，用來儲存和傳送簡單的資料，它儲存的資料可以是字串、數字、布林、陣列、物件等資料格式，與XML相比，JSON使用更簡潔的描述，讓JSON格式可以更容易和前端(JavaScript)進行資料交換。

JSON結構是一個物件以{開始，並以}結束，一個物件代表一個**集合**(Collection)，物件使用Key-Value的方式儲存。相關資訊可參考JSON網站(https://www.json.org/)。

MongoDB的層級架構

MongoDB的層級架構，由大到小依序是**Database**、**Collection**及**Document**。在一個MongoDB伺服器中，通常會有一至多個**Database**，每筆資料稱為一個**Document**，就像一般資料庫中的Row。而裝這些Documents的稱為**Collection**，就像一般資料庫中的Table (資料表)。一般資料庫的Table必須定義欄位(大小、類型、名稱等)，但是Collection不需要事先定義欄位，所以每筆Document可以有不等數量的欄位，而存在同一個Collection內。

MongoDB在儲存資料時，每組Documents以{}括起來，每個Ddocument是由Key-Value的形式來儲存資料，以JSON格式呈現，使用**BSON**格式儲存，「_id」欄位為必要欄位，可自行定義其值，未定義則由MongoDB自行加入ObjectId，如圖11-25所示。

```
{
        "_id" : ObjectId("5349b4ddd2781d08c09890f3"),
        "first_name" : "Wang",
        "last_name" : "momo"
},
{
        "_id" : ObjectId("612cf44a031915cb2af17374"),
        "first_name" : "Hsu",
        "last_name" : "tac"
}
```

圖11-25　兩筆Document

下載MongoDB

MongoDB提供了社群版(Community Server)及企業版(Enterprise Advanced)兩種服務，社群版可供免費使用，而企業版在開發環境為免費，在生產環境則須付費。MongoDB還提供MongoDB Atlas雲端資料庫服務，可以輕鬆部署在AWS、Google Cloud及Azure上。對MongoDB有興趣的使用者，可以上官方網站(https://www.mongodb.com/)查詢相關資訊並下載相關軟體。

11-7-3 Apache HBase

Apache HBase是開放原始碼的分散式資料庫系統(圖11-26)，具備高吞吐量與低延遲性的特點，提供即時隨機讀寫功能，可存取包含數十億資料列和數百萬資料欄的表格，非常適合在大數據進行更快速的讀寫操作。

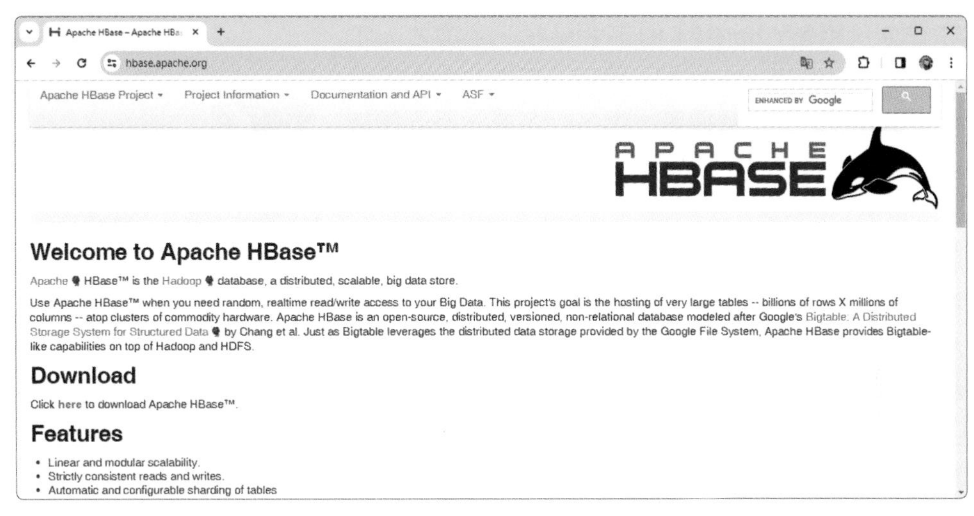

圖11-26　Apache HBase網站(https://hbase.apache.org/)

11-7-4 Azure Cosmos DB

Azure Cosmos DB是Microsoft提供的全球分散式的多模型資料庫服務(圖11-27)，會自動部署到全世界各個地區，讓各地都可以就近存取資料，並且保證讀寫速度都在10毫秒以下，相容多種資料庫API，支援SQL、MongoDB、Cassandra及Gremlin。

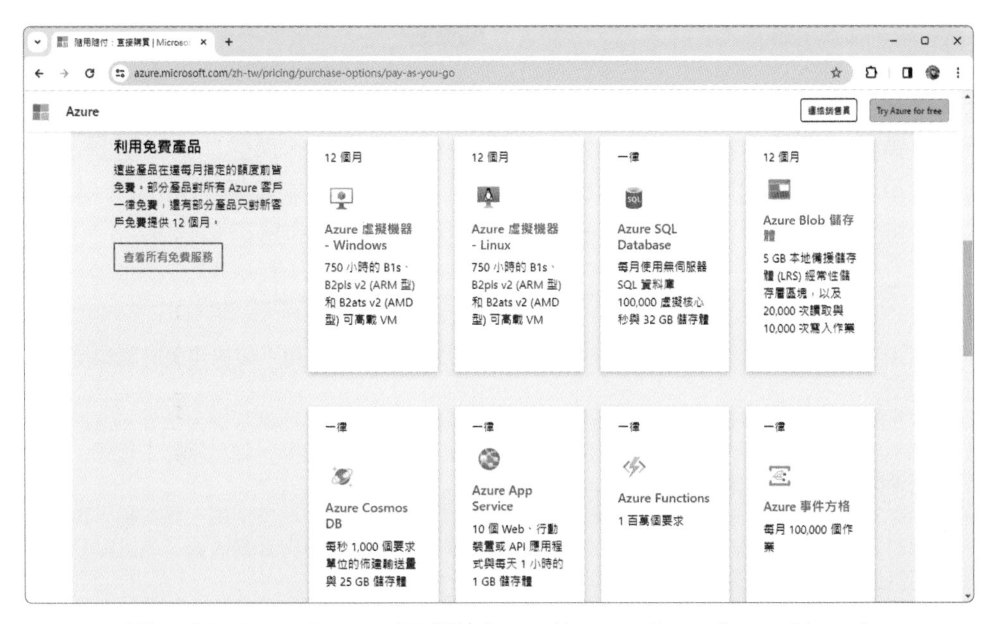

圖11-27　Azure Cosmos DB網站(https://azure.microsoft.com/zh-tw/)

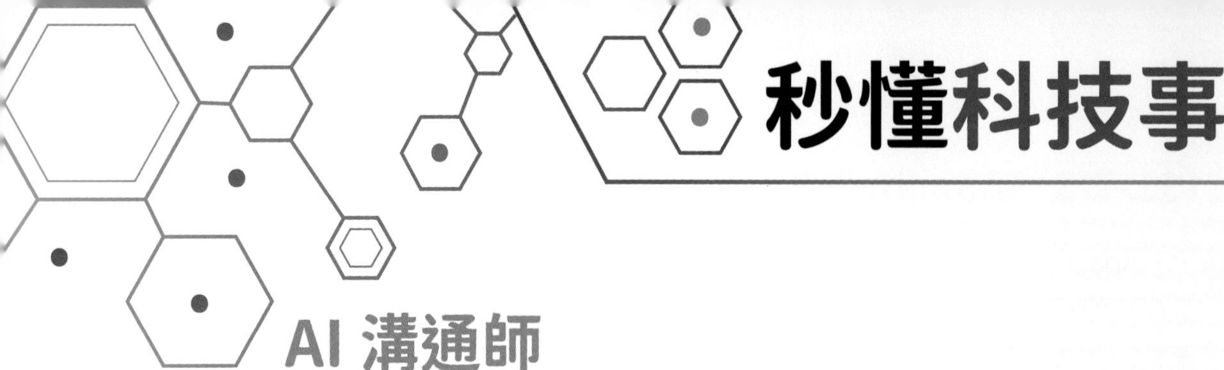

AI 溝通師

2022 年底，隨著 ChatGPT 的正式發布，生成式人工智慧一時成為顯學。企業如何導入 GPT，讓 GPT 發揮其功能來輔助企業營運等，讓各行各業、不同領域的人員躍躍欲試，也造就了「AI 溝通師」這個新興職業。

AI 溝通師又稱 AI 提示工程師 (Prompt Engineer)。顧名思義，AI 溝通師最主要的工作，就是要能準確地對 AI 下指令，誘使 AI 產出更好的結果。AI 溝通師是讓 AI 發揮最大潛能的關鍵人物，除了擁有機器學習、自然語言處理、深度學習模型等硬實力，還需要創造力、清楚表達溝通等軟實力。

OpenAI 前員工創立的新創公司 Anthropic，提出其招募 AI 溝通師的條件：

01 應徵者並不需要有電腦科學相關學位

02 具備基本程式技能

03 熟練大型語言模型操作

04 要有熱中破解問題的駭客精神(Hacker Spirit)

生成式 AI 的應用愈來愈廣泛，能讓生成式 AI 發揮最大的效益，協助企業營運，AI 溝通師不只需要有資訊科技素養與能力，發揮創造力與良好的溝通能力，更是 21 世紀必備的競爭力。理解問題，解決問題的能力必不可少，要能善用 ChatGPT 等生成式 AI 工具，除了會下指令，更要能判斷其執行結果與使用目的是否契合。

根據《未來工作 2023》報告書，發表了「最快成長的職業排名」與「最快消失的職業排名」名單如下：
最快成長的職業排名依序為：AI 與機器學習專家、永續發展專家、商業智慧分析師、資訊安全分析師、金融科技工程師、資料分析師與資料科學家、機器人工程師、電氣電力工程師、農業設備管理師、數位轉型專家。
最快消失的職業排名依序為：銀行相關職員、郵務事務員、結帳員與售票員、資料輸入職員、行政與秘書職、資料記錄與庫存管理員、會計與帳務管理員、議員與公務人員、統計財務與保險公司職員、到府訪問銷售員與地攤商。

Introduction to Computer Science

資訊系統

CHAPTER 12

12-1 認識資訊系統

電腦科技與網路的發達，各種訊息得以在世界上快速散播與流通。在這個資訊爆炸的時代，企業要取得各種訊息已經不是難事，但要如何在巨量的資訊中取得有效的內容，反而成為更重要的課題。

2-1-1 資料、資訊與資訊系統

資料 (Data) 是人類為了具體呈現事物或事件，而使用各種不同方式記錄下來的符號或紀錄，是未經處理的文字、數字、符號、圖片、影像、聲音等，屬於原始事實的客觀描述。而**資訊** (Information) 則是將資料經由儲存、擷取、分析及解釋後，所產生具目的性的內容，換言之，資訊是經過整理與組織，具有結構性的資料。

企業組織在運作的過程中，會蒐集到大量的資料，**資訊系統** (Information Systems, IS) 會將這些未整理的資料進行整理、編纂、運算、統計、會計等轉換程序，以便成為有價值的資訊，幫助組織進行組織控制或訂定決策，如圖 12-1 所示。

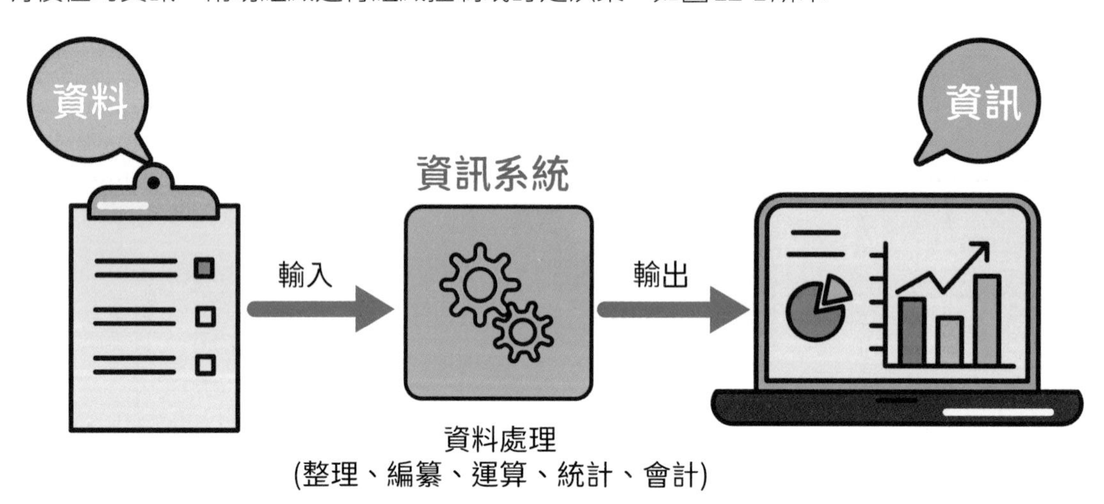

圖 12-1 「資料」與「資訊」的轉換關係

因此，如何獲取有效的資訊來幫助企業做出正確的決策，解決問題，使企業組織更具策略優勢與競爭力，便是資訊系統的主要作用。

一個組織的資訊系統應能配合每天、短期，或長期的活動，當資訊需求改變時，資訊系統也必須能滿足並提供相對應的資訊。

舉例來說，某連鎖商店對每位客人的銷售明細是一筆資料，將各家分店當月或當年度所有銷售明細內容蒐集並記錄在電腦中，區經理想要了解個別分店的當月營運狀況，或是所有分店中最暢銷的品項等資訊，只要將需要的資料進行整理與統計，再繪製成銷售圖表後，這些資料就成了具有特別意義的資訊，可幫助店家從中了解銷售狀況等訊息，甚至藉此訂定新的行銷活動或銷售目標。

事實上，**資料與資訊對於不同的人具有不同的意義**。例如某圖書公司的年度圖書銷售量，對於該公司而言是可以預測下年度的圖書銷售量的資訊，但對於一般人來說只是一個數字而已。

12-1-2 資訊系統的角色與重要性

資訊系統主要任務是要支援組織的運作，大部分組織的生存與發展，都與資訊系統息息相關，**資訊系統能提升組織效能，讓企業有競爭優勢**。

資訊系統在不同的時代中所扮演的角色也有所不同，1960年代電腦剛開始發展時，由於電腦價格相當高，只有少數企業開始導入電腦，進行自動化作業，這個時期的資訊系統主要的目的是用來支援企業中的日常例行性活動，如資訊系統大多以支援企業的財務會計為主，如圖12-2所示。

圖12-2　1960年代資訊系統大多以支援企業的財務會計為主
(圖片來源：Rawpixelimages/Dreamstime.com)

1970年代，企業從資訊需求面來考量資訊系統需求，然後再找適用的資訊科技來滿足資訊系統的需求，而這個時期由於資料庫的興起，資訊系統不再是各個獨立的系統，而開始具有整合的功能。

1980年代，資訊系統發展變得多元化了，除了傳統自行開發資訊系統及購置套裝軟體外，還有委外開發、跨組織資訊系統及使用企業系統等方式。到了二十一世紀，各行各業幾乎都已邁向資訊化作業，資訊系統也開始雲端化了。

12-1-3 資訊系統對組織的影響

資訊系統讓企業e化腳步更加速了，一般企業有百分之八十的資料幾乎都是非結構化資料，如文件、行政流程、單據、檔案管理、行程、會議管理、協同作業、溝通及專案等，這些與檔案、文件、流程及人員有關的管理系統，是企業e化要優先處理的課題。

企業傳統的管理方式是，以主管命令為中心、以人工產生流程、組織階級化，這樣的運作缺乏互動與溝通，而e化的管理方式則可以知識代替判斷、以事實代替經驗、以決策代替猜測，如此能夠提升效率、提升效能、建立與維持對外關係、降低企業營運成本，如圖12-3所示。

圖12-3　e化有助於提升效率(圖片來源：Artur Szczybylo/Dreamstime.com)

透過資訊系統的應用，企業得以更有效地管理資料和流程，提高生產力和效率，並且在競爭激烈的市場中保持競爭優勢。然而，企業在導入資訊系統時，也可能面臨一些挑戰和抵抗。

對於企業而言，導入資訊系統可能需要進行組織架構的調整，任務、決策等皆會受到改變，甚至引發人員的抗拒與衝突。這種抗拒主要來自對新技術的陌生感和對未知的恐懼，如因害怕電腦取代員工而失業、工作習慣的改變等。因此，在導入資訊系統的過程中，組織需要謹慎處理這些問題，並確保員工充分理解和接受這項變革。

除了技術層面的考慮外，企業在導入資訊系統時，還需要重視組織文化和人才培養方面的問題。建立一個開放、支持和以學習為導向的企業文化對於成功導入資訊系統至關重要。此外，提供員工必要的培訓和支持，幫助他們適應新的工作流程和技術工具，也是確保順利轉型的關鍵。

12-1-4 資訊系統的優點

資訊系統是利用電腦做為工具來進行資料處理，來取得有用的資訊。電腦本身具有執行速度快、資料儲存容量大、精確可靠等特性，因此使用資訊系統具有以下優點：

- **提高資料處理效率**：電腦的快速處理能力可在短時間內處理大量的資料，因此資訊系統可提高工作效率，增加生產力。
- **減少錯誤發生機會**：電腦是精確可靠的工具，只要確認指令與資料來源無誤，資訊系統輸出的結果就不會發生錯誤，如圖12-4所示。

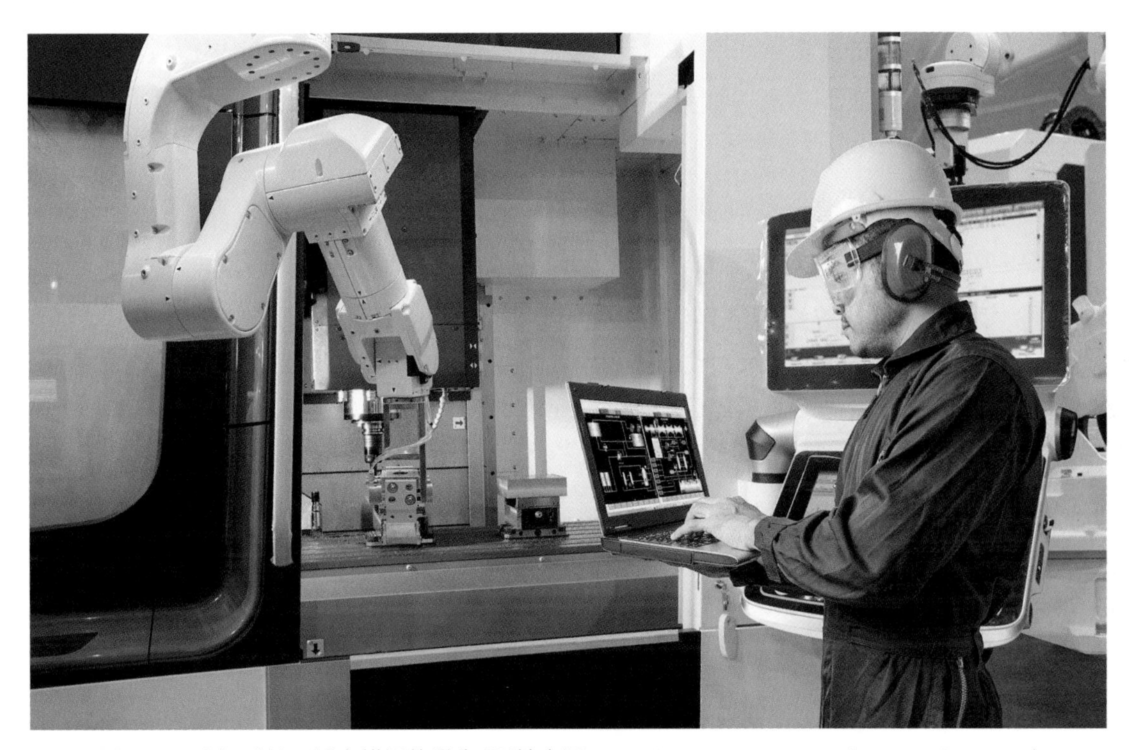

圖12-4　資訊系統可減少錯誤的發生(圖片來源：Suwin Puengsamrong/Dreamstime.com)

- **可儲存大量資料**：數位化的資料不但節省存放空間，可配合系統進行大量且即時的資料存取，也便於透過網路進行傳輸。
- **降低人力成本**：資訊系統可以自動執行重複性的作業，減少了人工操作的需求，不僅能提高工作效率，相對也節省了人力與時間成本。

12-2 資訊系統的架構與分類

了解資訊系統後，接著來看看資訊系統的架構與分類。

12-2-1 資訊系統的架構

根據美國學者Gordon B. Davis對資訊系統的定義是：**「一種整合性的人機系統，可以提供資訊以支援組織的例行作業、管理及決策活動。此系統使用到電腦硬體與軟體、人工作業程序、模式以及資料」**。因此我們可將資訊系統概分為「硬體」、「軟體」、「人員」、「流程」、「資料」等五個組成要素。

- **硬體**：電腦硬體是**資訊系統的基本元件**，包括電腦系統核心、相關周邊設備，以及各種網路通訊設備等，例如電腦主機、輸入輸出裝置、儲存媒體，以及網路環境的架設等。
- **軟體**：**提供使用者進行資料處理的程式**，包含系統軟體(作業系統)、應用軟體(文書處理軟體、資料庫軟體)、套裝軟體，以及自行開發的程式皆屬之。
- **人員**：又可分為**系統終端使用者**(例如資料輸入者、資料使用者、決策者)以及**資訊開發者**(例如程式設計師、系統分析師、資訊中心人員、網路管理人員等)，如圖12-5所示。

圖12-5　資訊系統架構中的人員(圖片來源：Tartilastock/Dreamstime.com)

- **流程**：是指系統相關作業流程，包含針對系統所需的所有資料來源的處理流程規劃，以及最終報表產出等。
- **資料**：是資訊系統主要執行運作的主體，以不同的型態呈現與儲存。包含最初的資料來源、經過系統整理的資訊，以及儲存這些資料的資料庫形式或儲存媒體。

12-2-2 資訊系統的分類

企業電子化是指企業**利用各種資訊軟硬體設備做為組織營運與流程的輔助工具，促使企業體以更有效率的方式經營運作**。對企業而言，資訊系統是企業e化的核心建設之一，所扮演的角色主要在於支援企業運作的相關組織活動，以加強企業功能並提升企業效率。

資訊系統通常依循著**企業流程而設計**。一個企業可能擁有各種不同的企業流程，為因應組織內的不同管理層級、專業領域與流程需求，也會有各式各樣不同種類的資訊系統。

若以組織層級來區分，一個企業大致可分為最基層的**作業層級**、**中階管理層級**，以及**高階策略層級**。各層級依其職責內容的不同，需要不同的資訊系統來支援各組織層級的電子化需求，如圖12-6所示。

圖12-6 組織階層的資訊系統分類

12-3 作業層級的資訊系統

作業層級是企業內最基礎的資訊系統，主要內容為幫助管理企業的例行事務與交易紀錄等，常見的有電子資料處理(EDP)及交易處理系統(TPS)。

12-3-1 電子資料處理

傳統的資料處理方式都是透過人工進行繕寫、計算、建檔與歸檔等工作，不但費時、費工，也容易出錯。**電子資料處理**(Electronic Data Processing, **EDP**)就是以電腦自動化處理來取代傳統的人工作業，將一些大量、繁瑣且例行性的資料處理程序，例如訂單、庫存、會計、人事、薪資等作業，透過電腦系統來進行，如圖12-7所示。

圖12-7　以電腦自動化處理來取代傳統的人工作業(圖片來源：Rawpixelimages/Dreamstime.com)

電子資料處理的應用層面非常廣泛，各行各業皆可使用，種類也非常多樣。在企業組織中通常應用於最基層的工作流程。一般而言，電子資料處理的基本作業模式可分為**建檔**、**異動**、**查詢**及**產生報表**。

- **建檔**：將原始資料依照設定好的格式，轉換成作業所需的數位檔案，也可以使用自動化方式輸入資料。例如將基本資料各欄位內容輸入電腦、以掃描機掃描商品條碼(圖12-8)等。

圖12-8　以掃描機掃描商品條碼(圖片來源：Dragoscondrea/Dreamstime.com)

- **異動**：更新作業所需的資料檔案，包含在檔案中新增、插入、刪除或修改紀錄內容。
- **查詢**：可以在資料檔案中，以查詢鍵來查詢特定的紀錄內容。
- **產生報表**：根據作業需求，將檔案進行運算、彙整等處理過程，最終產生各種報表。

12-3-2 交易處理系統

交易處理系統(Transaction Processing System, **TPS**)是企業內部的基礎系統，負責協助基層人員處理並記錄企業基層具標準化流程的日常交易資訊，例如銷售訂單、訂房紀錄、薪資計算、物流配送等，是企業內部最重要的資訊系統之一，若是當機便容易造成整個企業營運癱瘓。

交易處理系統同時也是企業資訊的主要提供者，負責提供資訊給其他中高層資訊系統使用，例如決策支援系統、管理資訊系統、知識管理系統等。

依照作業方式來區分，交易處理系統可分為**批次處理系統**、**分時處理系統**及**即時處理系統**等。

批次處理系統

批次處理系統(Batch Processing System)是**先將要處理的資料蒐集起來，當資料累積到一個程度時，再一次處理所有的資料**。例如學校統計學生的出缺勤狀況、公司計算員工的當月薪資等。批次處理系統只適合處理週期性的大筆資料，急迫性的資料並不適合批次處理。

分時處理系統

分時處理系統(Time Sharing Processing System)**允許多個使用者同時共用一部電腦**，它會將CPU的工作時間，分割成很多**時間片段**(Time Slice)，每個使用者使用其中一段，使用完後就換下一個使用者，當系統非常快速地由一個使用者轉移至另一個使用者時，會讓使用者產生一種彷彿自己單獨使用該電腦一樣。例如金融機構的自動櫃員機。

即時處理系統

即時處理系統(Real-Time Processing System)有著定義嚴謹的**固定時間限制**，也就是說當收到指定工作後，必須在限定時間內完成工作。此類系統為了能夠即時反應，多半以連線的方式傳送資料。例如航空公司的機票訂位系統(圖12-9)、線上售票系統、物流管制系統、交通管制系統等。

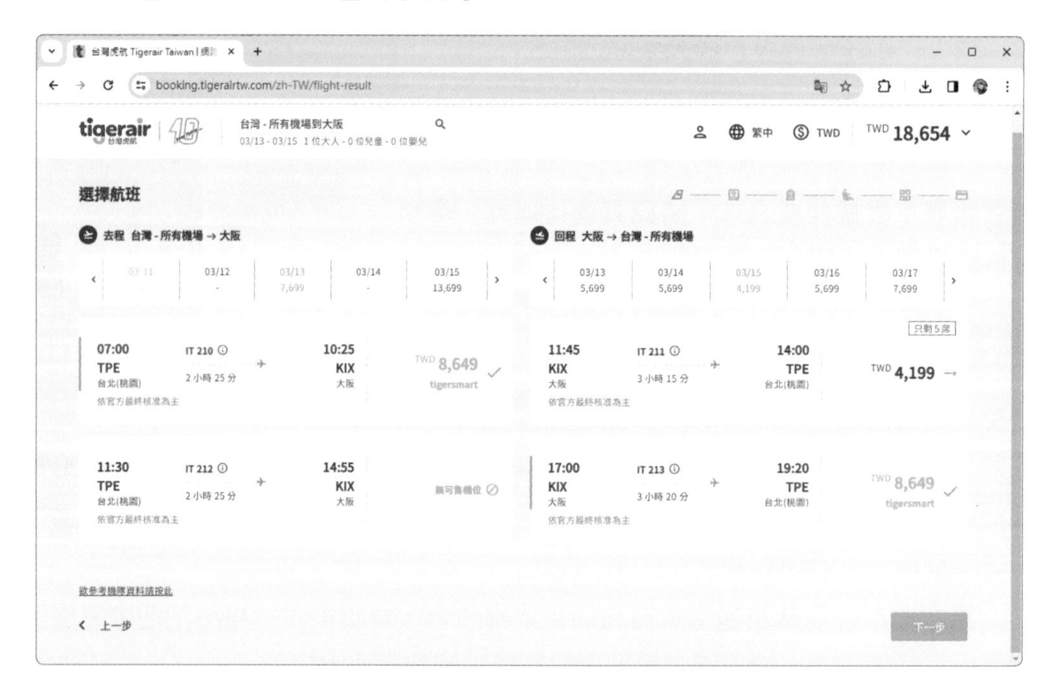

圖12-9　航空公司機票訂位系統為即時處理系統

12-4 管理層級資訊系統

管理層級的資訊系統能幫助中階主管掌握企業營運狀況及制定決策，常見的有管理資訊系統(MIS)、決策支援系統(DSS)、知識管理(KM)、專家系統(ES)等。

12-4-1 管理資訊系統

管理資訊系統(Management Information System, **MIS**)**是利用EDP與TPS的資料庫或檔案系統，進行彙整、分類、統計、分析、比較等處理，將資料彙整成定期的資訊報表**，如圖12-10所示。這些報表通常是內部導向的異常管理、進度管理、品質管理之類的例行性報表，例如工程進度管制表、成本差異分析表、銷售預測報表等，主要提供中階管理主管控制、規劃與決策參考之用。

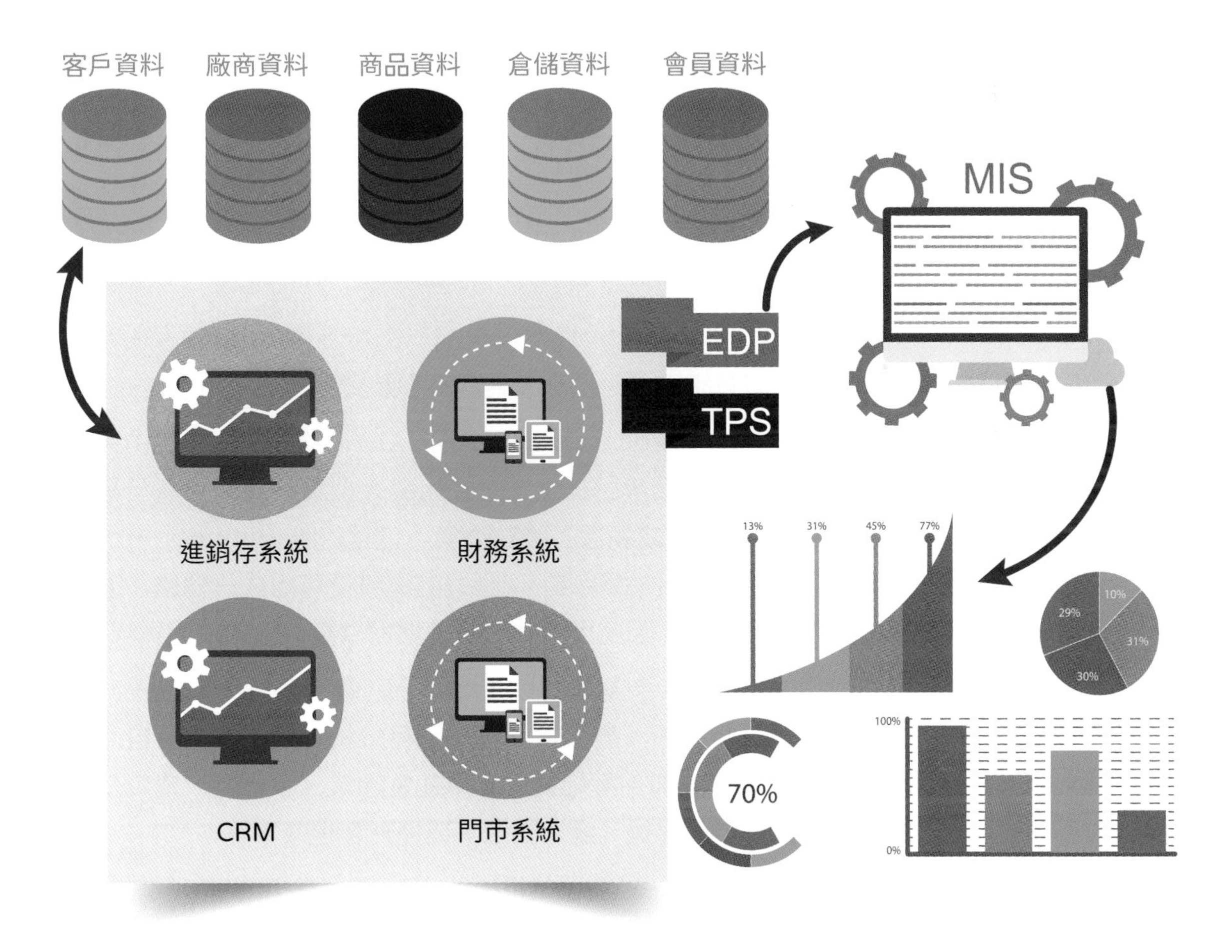

圖12-10 管理資訊系統將EDP與TPS的資料進行彙總分析以產生報表

12-4-2 決策支援系統

決策支援系統(Decision Support System, **DSS**)是一套**用來協助中高階主管制定決策的資訊系統**。相對於EDP與TPS的目的是以電子化「取代」人工作業來增加工作「**效率**」，決策支援系統其作用則是「**支援**」管理階層制定決策與執行決策，透過資訊系統來協助決策者提高決策「**效能**」。

面對不斷變化的企業環境，決策支援系統可說是管理資訊系統的延伸，管理資訊系統主要協助例行性的內部決策，而決策支援系統則是用來協助較複雜的非例行性決策。決策支援系統除了使用企業內部MIS、TPS、EDP等系統所提供的資訊，也會結合外界環境的動態資訊，能為管理階層提供多方位的分析角度與深度資訊，來協助決策者訂定決策。

決策支援系統架構

決策支援系統架構與元件可分為**資料庫**、**資料分析工具**及**使用者介面**。資料庫內的資料來源為企業內部所產生的資料或外部資料，決策支援系統的資料分析是利用模式庫中各種統計、模擬等分析資料，使用者介面是決策支援系統與使用者溝通時的重要工具，必須要容易使用，大部分的介面會具備圖形化、互動等特性。

決策支援系統資料管理技術

DSS最主要的資料管理技術有**線上分析處理**、**資料探勘**及**資料倉儲**等。

- **線上分析處理(Online Analytical Processing, OLAP)**：OLAP的概念最早是由英國計算機科學家Edgar F. Codd於1993年所提出，主要用於大型資料庫的資料分析、統計與計算。OLAP**將資料庫分為一或多個多維數據集**。這裡的**維**(Dimension)是指人類觀察客觀世界的角度，相同屬性(如時間、地點)的資料便可組成一個維。因為資料庫的資料已事先定義並計算過，因此可即時、快速地提供整合性的決策資訊。
- **資料探勘(Data Mining)**：是一個結合多種領域的技術。它**運用各種不同的統計方法、專家系統、機器學習等分析技術，對大量的資料進行分析，以擷取出資料庫中隱含的有用且具關連性的資訊或法則**。其結果可應用在金融業、零售業、或製造業等不同領域上，用於提供企業預測趨勢、解決問題，或提升製程效率等。
- **資料倉儲(Data Warehouse, DW)**：是美國William H. Inmon於1990年所提出的概念。它**將多個資料來源透過篩選、分類後，整合儲存在一個大型資料庫中，並配合有效的資料分析工具，提供綜合性分析結果**，主要支援決策者制定中長期決策之用。因為在組合資料的過程中，已預先進行計算與分析，因此可快速回應使用者的特定查詢。

12-4-3 知識管理

知識管理(Knowledge Management, **KM**)是一項在1990年代中期開始受到矚目的商業應用理論。當世界邁入知識經濟時代，**企業最重要的資產已由有形的資產與設備轉變為員工無形的知識與專業**。知識是企業的重要資產，同樣具有價值，因此自然需要妥善管理。

內隱知識與外顯知識

內隱知識(Tacit Knowledge)是指個人信仰、觀點、價值、想像力、創意或技巧，是屬於個人的，難以形式化與溝通的知識。但若將這些知識轉換為文字、聲音、影像等，就可以形式化，並利用言語傳達，就可以分享給大家，供他人學習，就稱**外顯知識**(Explicit Knowledge)。

知識管理的重點之一，就是要將企業或個人的內隱知識轉換成外顯知識，才能透過資訊科技儲存於知識資料庫中，並經過適當的分類、儲存、分析後，有助於知識的分享與再利用。

知識管理系統

知識管理的目的是在組織中**建構一個與企業內外相關的知識系統，有系統地蒐集、整合與管理組織中的訊息與知識，並透過不斷傳遞與分享的過程，最終激發創新的知識，並回饋到知識系統**。這些企業的無形資產便得以永續累積與保存。而這些成果將有助於企業整體做出正確決策。

臺灣紡織企業新光合纖因聘用管制導致人才斷層，產生技術水平落差大而影響效率與品質的問題。雖然內部已有文件管理系統，但缺乏有價值內容，功能也不符合工作流程，且無搜尋功能，員工無法快速找到需要的資料。

新光合纖導入了知識管理系統，將製造現場中的機台資訊以數位化方式記錄留存，廠內的員工日後調閱資料時，可掌握機台過去的各種維修記錄，提升維修、管理效益，還建置了強大搜尋引擎，員工可快速找到需要的資料，透過底層智慧運算將高關聯、有價值的知識優先曝光在搜尋結果上，讓企業知識管理智慧化。

12-4-4 專家系統

專家系統(Expert System, **ES**)是一組**如同人類專家般，能對特定領域的問題提出專業判斷、解釋及認知的電腦程式**。

專家系統的架構

專家系統是從資料充足的知識庫中擷取資料，並採用**人工智慧**技術來模擬人類專家思維，以解決通常須由領域專家才能解決的複雜問題。其架構簡單來說主要是由**知識庫**(Knowledge Base)與**推理機**(Inference Engine)組成，使用者則透過**使用者介面**(User Interface, **UI**)與系統進行溝通，如圖12-11所示。

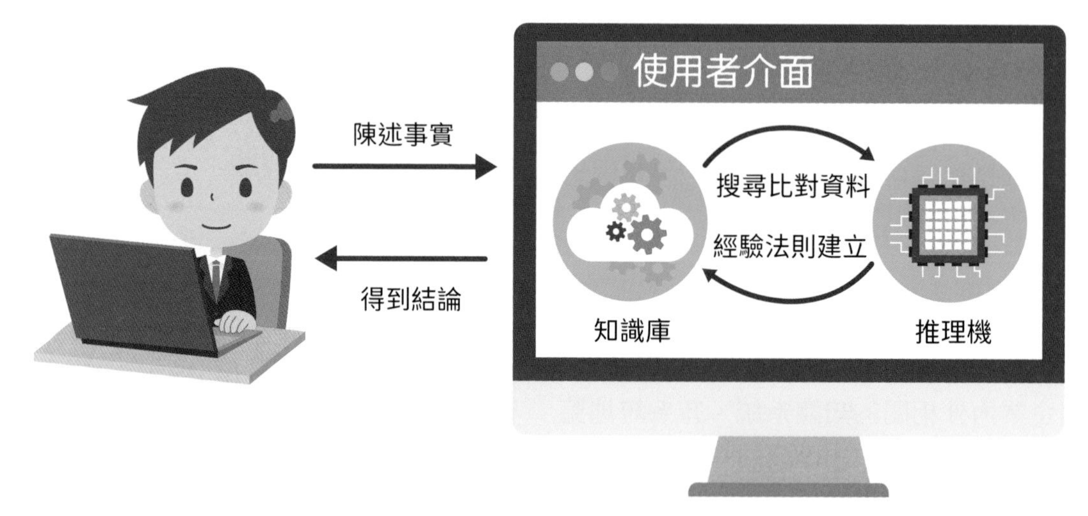

圖12-11　專家系統的架構

使用者將事實透過使用者介面輸入至專家系統中，推理機將依照知識庫中所存放的相關資料進行比對、搜尋與分析，並將最終結論透過使用者介面回覆給使用者，而推理所得的經驗法則則回存至知識庫中。

專家系統的應用

1965年史丹佛大學開發了第一個專家系統—Dendral，是一種幫助化學家判斷某特定物質分子結構的專家系統，該系統是由LISP語言寫成。在歷經數十年的持續發展，目前專家系統已經廣泛地應用在各個領域當中，例如醫學、科學、工程、軍事、商業、農業等。

我們可將專家系統看作是一個具有專業知識的程式系統，它除了可以利用知識庫裡的大量知識法則，並可分析實務上所面臨的各種狀況，以歸納出判斷結果，並提出有效解決方法。

舉例來說，使用者在「醫學診斷專家系統」中輸入所發生的各項病徵，專家系統就能依據所得到的訊息，診斷出可能的病因及病況，並提出有效的治療方法，如圖12-12所示。

圖12-12　醫學診斷專家系統示意圖(圖片來源：Everythingpossible/Dreamstime.com)

Siri (圖12-13)是一款內建在蘋果iOS系統中的人工智慧助理軟體，它透過自然語言處理技術讓使用者可以與系統進行對話，它同時也是一個具有龐大資料庫的專家系統，可針對使用者的詢問，找出合理的解釋或答案。

圖12-13　Siri透過自然語言處理技術讓使用者可以與系統進行對話

12-5 策略層級資訊系統

在策略層級中，公司的高層主管可運用主管資訊系統(EIS)及策略資訊系統(SIS)來幫助整合企業內部資訊及外界產業環境的掌握，協助制定長遠及重要的策略。

12-5-1 主管資訊系統

主管資訊系統(Executive Information Systems, **EIS**)或稱**主管支援系統**(Executive Support System, **ESS**)，通常被視為一個更高規格的決策支援系統，其主要作用在於**提供高階主管在制定決策時所需相關資訊，以進行非結構化之決策**。

主管資訊系統是一種**資料導向的系統**，當高階決策者有特定計畫或目標欲達成，主管資訊系統除了蒐集企業DSS、MIS所提供的內部資訊，也會提供與組織策略性目標相關的內外部資訊，如新制定的稅法、國內外情勢、競爭者資料等，以協助高階主管掌握經營現況與成功關鍵因素。

近年來，主管資訊系統一詞有逐漸被**商業智慧**(Business Intelligence, **BI**)與**競爭智慧**(Competitive Intelligence, **CI**)等新興名詞所取代的趨勢。

商業智慧

商業智慧是指**運用各種資料管理技術，來辨認、擷取與分析企業內部資料庫的資料，並將結果呈現在數位儀表板上**(圖12-14)，以輔助企業做為決策判斷。

圖12-14　將結果呈現在數位儀表板上(圖片來源：Elnur/Dreamstime.com)

一般在商業智慧上所常用的技術有線上分析處理、資料探勘、資料倉儲等，而隨著資訊形態的演進，新一代的商業智慧系統則可支援大數據的運用(關於大數據請參考第11章的說明)。

競爭智慧

商業智慧可提供企業內部資訊或關鍵指標，例如財務狀況、生產績效等，讓決策者可了解企業內部績效；而**競爭智慧**則是著重於外部環境、市場、競爭對手、產品與顧客反應等資訊的蒐集與分析，例如產業環境、市場調查結果、新產品的推出、競爭者的崛起、客戶滿意度等情報。

競爭智慧能監控所分析的各種變數(圖12-15)，當趨勢變化超過所設定的臨界點時，提供示警，並根據競爭分析的結果，預測競爭者可能採取的策略，確保企業即時掌控與策略規劃決策相關的競爭情報，讓企業能夠快速回應競爭環境。

圖12-15　競爭智慧能監控所分析的各種變數(圖片來源：Andrey Popov/Dreamstime.com)

企業決策者可經由商業智慧了解企業營運狀況，可經由競爭智慧增加企業競爭優勢，以利做出最佳的決策結果。

12-5-2 策略資訊系統

策略資訊系統(Strategic Information System, **SIS**)是一個支援組織策略制定的高**階決策系統，能提供總體及市場環境的外部資訊，以便決策者研擬策略性的決策**。它會將企業內部DSS、MIS所提供的資訊，結合有關顧客、競爭者、市場等外界資訊，彙整成報表與資訊，提供給企業高階主管制定目標與策略參考，為企業創造競爭優勢。

12-6 企業應用系統

現今企業還導入了許多跨越功能領域的應用系統，如企業資源規劃(ERP)、供應鏈管理(SCM)、顧客關係管理(CRM)等，讓企業流程更趨完善。

12-6-1 企業資源規劃

企業資源規劃(Enterprise Resource Planning, **ERP**)是一個**模組化的整合性流程導向企業應用系統**，其目的是「企業活動所需經營資源投入最佳化」。它將企業內部分為生產管理、進銷存貨管理、財務管理及會計專案、成本管理、人力資源管理、供應鏈管理等多個主要模組，系統負責即時重建或整合企業內部各模組的作業流程，同時也與企業經營實務與作業流程整合，以便提升企業的營運績效與快速反應能力。

ERP是橫跨各部門的系統，又跟許多作業流程相關，企業在導入時，將會面臨成本、組織、策略及系統等挑戰，所以在導入時，必須要先妥善規劃。

導入ERP的成功關鍵因素主要有：

- 思考企業的需求，選擇適合的供應商及系統。
- 訂好導入ERP後可以量化的績效指標，以了解是否有達到目標。
- 成立一個專案團隊，設置專案經理，負責系統供應商與組織的溝通。
- 建立完善的教育訓練，讓使用者快速了解系統，以減少學習時間。

ERP供應商

國內外有許多ERP供應商，例如鼎新電腦(圖12-16)、資通電腦、漢門科技、聯合資訊、SAP、Oracle、QAD、Microsoft、IBM等。

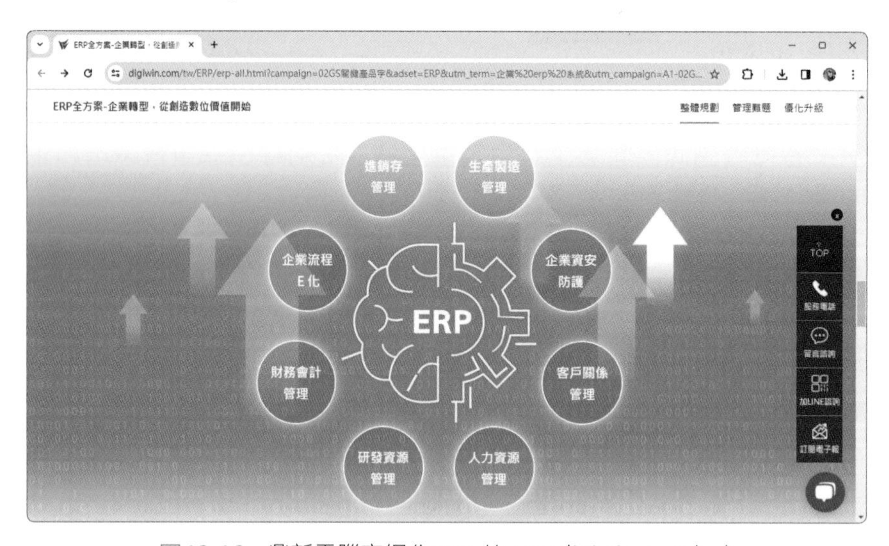

圖12-16 鼎新電腦官網(https://www.digiwin.com/tw)

除此之外，還有許多供應商推出雲端ERP，例如SAP推出的SAP S/4HANA Cloud雲端ERP系統(圖12-17)，該系統內建AI、機器學習及進階分析等智慧技術，透過自動化讓企業流程智慧轉型，企業不需購買設備、軟體，也不需擔心系統升級、軟硬體維護等。

圖12-17　SAP官網(https://www.sap.com/taiwan/)

12-6-2 供應鏈管理

所謂的**供應鏈**(Supply Chain)是指**產品從生產、配送、銷售，一直到消費者手上的過程中的所有上中下游廠商**，如圖12-18所示，及其所涉及的包含採購、生產、製造、倉儲、配銷等活動。

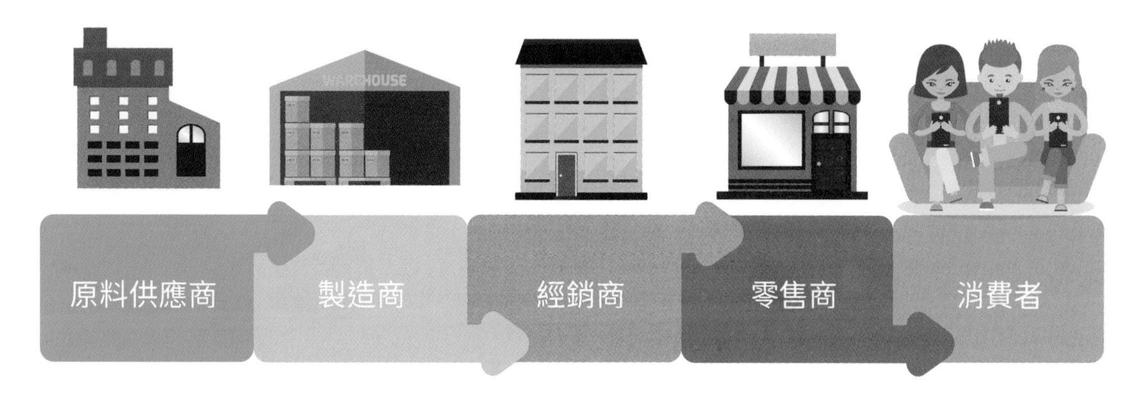

圖12-18　供應鏈是一個由上、中、下游廠商所連結而成的網路結構

供應鏈管理(Supply Chain Management, **SCM**)是**藉由資訊系統來為跨企業的供應鏈提供一個整合管理、規劃與控制的機制**，緊密連結從原料供應商到最終消費者的作業流程，使企業之間為共同利益而結盟，提升供應鏈的整體競爭力以達到共同受惠的目的。

12-6-3 顧客關係管理

相對於供應鏈管理注意的是供應面的資源管理；**顧客關係管理**(Customer Relationship Management, **CRM**)則是著重在需求面的顧客關係與互動。顧客關係管理是指**利用資訊科技或其他管道**，例如客服中心、銷售自動化、電子商務為基礎，**蒐集並分析客戶資料，準確掌握顧客的喜好，提供個人化的客戶服務**，並整合銷售、行銷、服務等流程，刺激顧客的購買慾，最終促使消費行為的產生。目的除了可提升企業營收和客戶滿意度外，也可建立良好的顧客關係與顧客忠誠度。

CRM系統類型

CRM系統依應用功能的不同，大致可分為**操作型**、**分析型**及**協作型**。不過，現今大型的CRM系統，已經很難介定是屬於哪一類型的。

- **操作型CRM**：是透過作業流程的制定與管理，結合IT技術導入工具(如聊天機器人)，讓企業在行銷、銷售與服務上，能以最佳的方法得到最好的效果。例如銷售自動化、行銷自動化、顧客服務、行動辦公室的行動銷售及現場服務等，皆屬於操作型CRM的範圍。
- **分析型CRM**：是透過ERP、操作型CRM等，蒐集顧客資訊，再透過線上分析處理、資料採礦、報表系統等，進行顧客行為的分析，幫助企業了解顧客消費行為與歷程，並做為決策判斷的依據，規劃出符合使用者需求的商品或服務。
- **協作型CRM**：主要是提供企業與顧客互動的管道，例如社交媒體、客服中心、電子郵件等，顧客能透過企業所提供的各種管道，加強溝通，拉近與顧客的距離，提升服務效率與品質。

CRM系統

根據知名諮詢公司Forrester的研究調查顯示，願意著重在「客戶體驗與服務」的品牌，營業額的成長率平均為23%，可見重視顧客關係對於提升銷售業績有顯著幫助，因此，許多企業都開始導入CRM系統，改善使用者體驗。

通常CRM軟體會具備顧客資料管理名單、貨物數量、出貨統計、電子郵件與行事曆匯入工具、銷售歷程的數據分析、自動執行重複工作的智慧技術等功能。市面上常見的CRM系統有Salesforce CRM、Oracle Siebel CRM、Microsoft Dynamics CRM、HubSpot CRM、kintone、SAP CRM等。

- **Salesforce CRM**：具有高度擴充性特性，內建多種不同CRM應用工具，並客製化功能模組，可應用於銷售、行銷、服務等。提供免費試用版，有趣興的讀者可以到該公司網站下載試用版，如圖12-19所示。

圖12-19　Salesforce官網(https://www.salesforce.com/tw/)

- **Oracle Siebel CRM**：為Oracle(甲骨文)公司所推出的CRM系統，具有自訂與整合功能，可部署在企業內部或雲端，在任何裝置上的瀏覽器都能存取Siebel CRM，有興趣的讀者可以到該公司網站查詢相關資訊，如圖12-20所示。

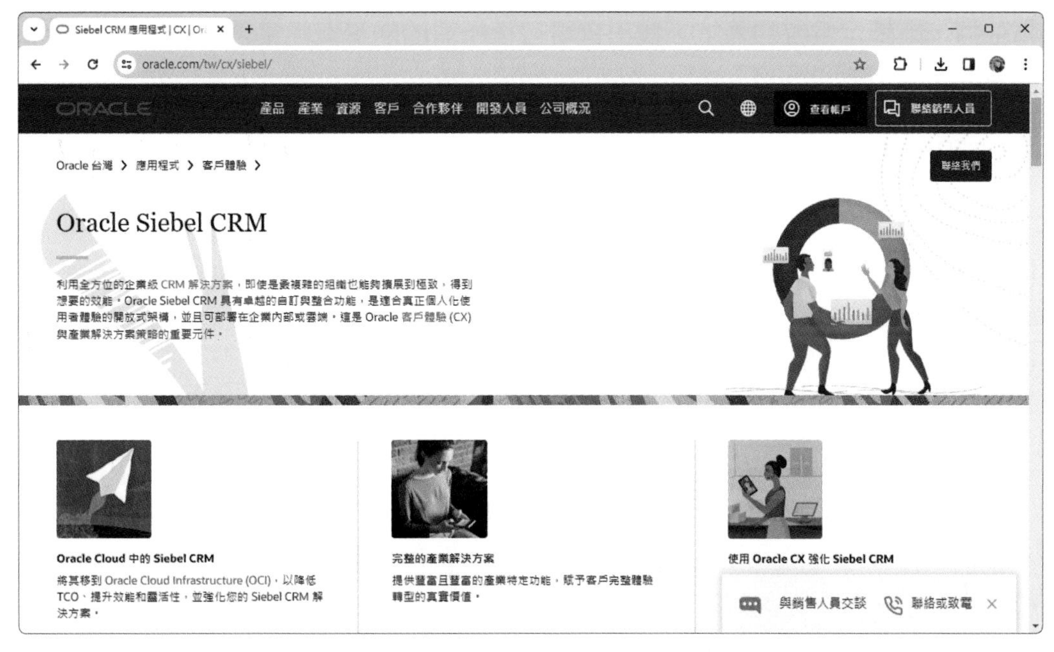

圖12-20　Oracle Siebel CRM官網(https://www.oracle.com/tw/cx/siebel/)

12-7 資訊系統的建置

企業在建置資訊系統時，必須對組織未來所需的所有資訊應用系統，做出妥善規劃，並訂出開發優先順序。

12-7-1 資訊系統整體規劃

整體規劃是整個資訊系統建置過程中的基礎階段。在進行資訊系統建置時，應對現有業務進行調查和可行性分析、需求分析，思考企業未來的可能變化及可能遭遇的問題，並考慮各種資訊科技的整合，再進一步訂定各系統的建置時程表，及所需的人力及成本。進行規劃時，可以使用下列方法及工具。

企業系統規劃法

企業系統規劃法(Business System Planning, **BSP**)是IBM提出的，其目的在幫助企業**制定管理資訊系統的規劃，以滿足企業短期和長期的資訊需求**。BSP是依組織層級(企業處理活動)由上而下來定義組織的資訊需求，對主管進行大量採樣，詢問他們如何使用資訊？如何得到資訊？目標？如何作決策？如此便可以清楚定義出整個企業各種層次的資訊架構，有助於系統發展。

關鍵成功因素法

關鍵成功因素法(Critical Success Factor, **CSF**，Key Success Factor, **KSF**)最早是由McKinsey提出，後來Jack F. Rockart重新定義流程。關鍵成功因素法是**以關鍵因素為依據，來確定系統的需求，找出實現目標所需的關鍵資訊集合，從而確定系統開發的優先次序**。

企業流程再造

企業流程再造(Business Process Reengineering, **BPR**)是**從根本重新思考企業的運作流程，並加以完全的重新設計，以達成重大的績效改變**。企業必須捨去部分過去的思維，從根本思考企業本身的運作流程是否有改善的空間，並透過正確及有效率的方式加以改善，以滿足企業面對客戶的需求與市場的競爭。

企業流程管理

企業流程管理(Business Process Management, **BPM**)是**採用一些方法來探索、建模、分析、測量、改善公司內部的工作流程**。例如在跨部門協作流程中導入電子簽核系統，採用電子表單更具效率且方便即時追溯，不但可改善紙本文件送簽過程的繁複費時，也同時解決文件管理問題，讓企業營運更有效率。

12-7-2 資訊系統建置流程

系統的建置流程，約略可區分為「**系統分析→系統設計→系統開發→系統導入→系統維護**」等階段，如圖12-21所示。

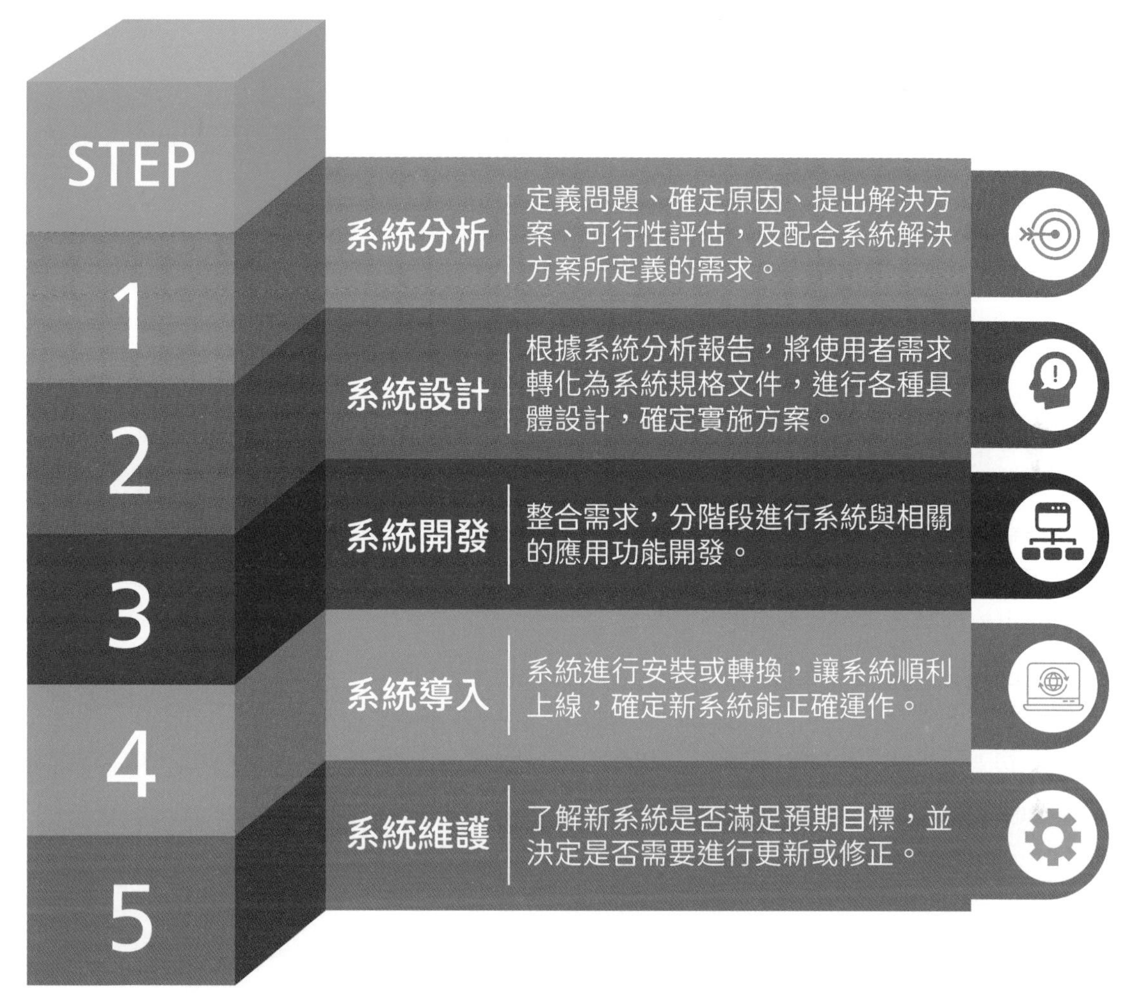

圖12-21　系統建置流程

在規劃資訊系統時，可以選擇自建系統、購買或租用套裝軟體、委外設計等建置方式。

- **自建系統**：最大優勢就是使用者本身最了解自己的需求，能設計符合需求的系統，但要避免不同部門開發相同或太類似的系統，而造成資源浪費。
- **購買或租用套裝軟體**：可以節省系統開發的時間，且廠商提供系統維護、技術支援及更新，但無法因應高度客製化。
- **委外設計**：可進行整體規劃及開發，系統較統一，節省開發成本，但開發及維護都要依賴供應商，且有公司機密資料外洩的疑慮。

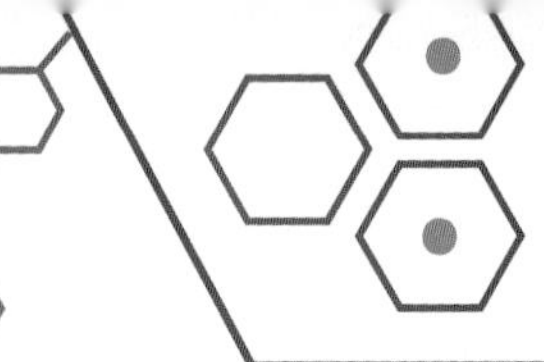

Neuralink 大腦晶片

馬斯克旗下大腦晶片新創公司 Neuralink 的成立願景，是通過腦機介面 (Brain-Computer Interface, BCI) 技術來增強人類能力。2024 年 1 月，首度成功在人腦植入 AI 大腦晶片，初期目標是讓受試者單靠意念就能控制電腦滑鼠或鍵盤。

這個名為 Telepathy (心電感應) 的大腦晶片，其大小約為一元硬幣左右，它連接著 64 根比髮絲還細的軟線，覆蓋了 1,024 個電極，透過僅比紅血球稍大的針尖與大腦皮質連接。經醫師開顱後，由機器人將晶片植入至人類大腦中掌管動作控制的區域。

該晶片的作用在於建立人類大腦與外部裝置之間的直接連結。它會捕捉個別神經元的訊號，再透過無線傳輸將訊號傳送到外部設備，接著利用訓練機器判讀這套語言，就能將思考轉譯為外部設備的執行指令，對於癱瘓或神經肌肉系統失能的患者有很大的幫助。

類似的實驗其實 Neuralink 並非首例，只是 Telepathy 尺寸更小且覆蓋更多電極，可以更細緻地觀察與記錄大腦神經元活動，在生活應用上更具潛力。

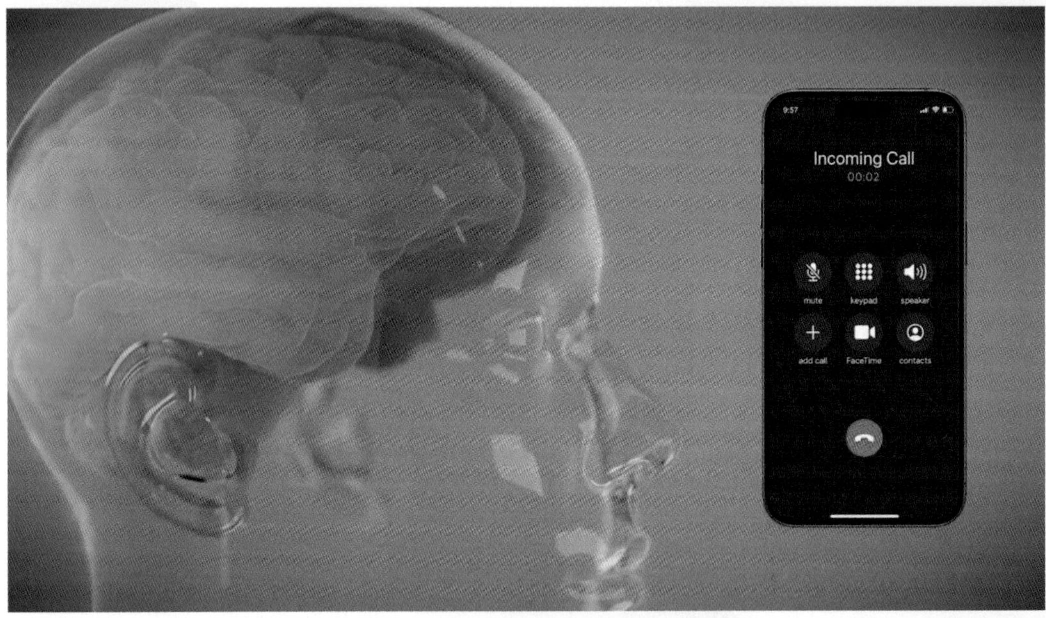

癱瘓患者可透過腦機介面，以念力控制手機或電腦。

https://neuralink.com/

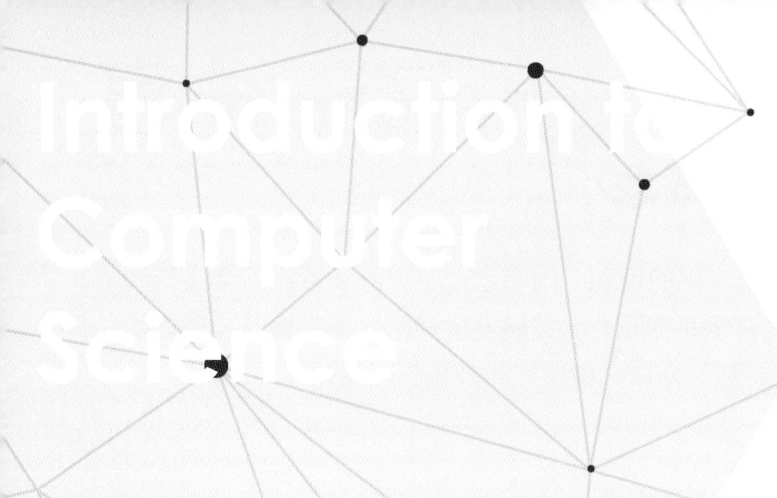

資訊安全與社會議題

CHAPTER 13

13-1 資訊安全基本概念

資訊科技為人類社會帶來了前所未有的便利，同時也衍生出許多資訊安全上的問題，迫使我們必須正視網路安全與管理的重要性。資訊安全通常簡稱為**資安**，是指防止與偵測未經授權而使用、修改、中斷、竊取、破壞資訊系統的一種過程與工具。

13-1-1 資訊安全三要素

資訊科技的蓬勃發展，導致資訊安全出現了許多問題，所以建置適當的資訊安全管理系統，可避免資源遭受破壞或不當使用，遇到緊急危難時，能迅速做出必要的應變，並在最短的時間內回復正常運作，以降低該事故可能帶來的損害。

資訊安全的組成主要包含了**機密性**、**完整性**及**可用性**等三要素，這三要素為資訊安全的三個原則，簡稱為CIA，如圖13-1所示。任何違反三原則的事件行為，都會造成資訊安全的問題，而對企業資產或機密資料造成威脅。

圖13-1　資訊安全三要素

機密性

機密性(Confidentiality)是指**任何機密資訊未經授權，都無法被看到**，例如機密的交易資料、公司正在開發的技術、個人資訊(信用卡資料、醫療紀錄、個人資訊)等。要保障訊息在對的人、對的時間、對的裝置和對的地點上被存取。

完整性

完整性(Integrity)是指**在傳輸、儲存資訊或資料的過程中，資訊或資料未被篡改**，維持資訊內容的正確與完整。

可用性

可用性(Availability)是指**讓系統隨時處於可工作狀態**，資訊服務不因任何因素而中斷或停止。企業資料必須即時並可靠地提供給企業內部各個層級的使用需求。

資訊安全三要素關係是互相影響的，例如機密性越高，就會造成完整性與可用性的降低；若需要高可用性的系統，則會讓機密性與完整性降低，因此如何在有限資源下，讓三者保持平衡是每個企業需要面對的議題。

除了上述三要素外，另外還衍伸出**不可否認性**、**存取控制**、**鑑別性**三個安全性要素，讓資訊安全更完善。

不可否認性

不可否認性 (Non-repudiation) 是指**確保無法否認於系統上完成的操作**，例如**數位簽章** (Digital Signature) 的傳送方或接收方，都不能否認曾進行傳輸或接收，因此具備不可否認性。

存取控制

存取控制 (Access Control) 是指**依照身分給予適當的權限**，確保任何操作或人員均有適當的權限界定且受到合理的授權。人為因素在資訊安全中是最難防範的，由於人為的作業疏忽所造成的資訊損毀、硬體設備損壞等，都會造成資訊安全的問題。

鑑別性

鑑別性 (Authenticity) 是指**能辨別資訊使用者的身分**，確保使用者登入時，該數位身分有合理妥當的檢驗，可以透過密碼或憑證方式驗證使用者身分。

13-1-2 資訊安全管理系統

資訊安全管理系統 (Information Security Management System, **ISMS**) 目的在於保護資訊資產的機密性、可用性及完整性，是一套有系統地分析和管理資訊安全風險的方法，目標是透過控制方法，把資訊風險降低到可接受的程度內，遭受攻擊時，系統仍可維持正常運作的能力。其中，ISO 27001是使用最廣泛的ISMS資安管理系統。

ISO 27001

ISO 27001是一套經過國際標準組織(ISO)認證，且通用的資訊安全管理系統標準，中文完整名稱為「**資訊科技—安全技術—管理系統—要求事項**」，因為它是由國際標準組織與國際電工委員會聯合發布，因此有時也會寫作ISO/IEC 27001。

資訊安全事件頻傳，企業開始重視資訊安全系統的建置，ISO 27001也因此逐漸成為主流的資訊安全架構。臺灣《資通安全管理法》規定，不論是A級、B級和C級的公務或是特定非公務機關，都必須在2年內取得臺版CNS 27001或是ISO 27001的資安認證。

PDCA流程

ISO 27001採用**PDCA** (Plan-Do-Check-Act)流程建構ISMS系統的準則，透過不斷的審視與改進，能夠及時發現資安系統的缺陷與不足，並做出修補，將資訊安全風險降至可接受的範圍，保護資訊的機密性、完整性與可用性。

PDCA是指「**計畫－執行－檢查－行動**」的過程(圖13-2)，在一開始的計劃階段，組織必須要建立符合營運目標的ISMS政策，並說明資訊安全的目標、需要透過哪些指標去衡量成效，以及管理階層應該擔負的責任。

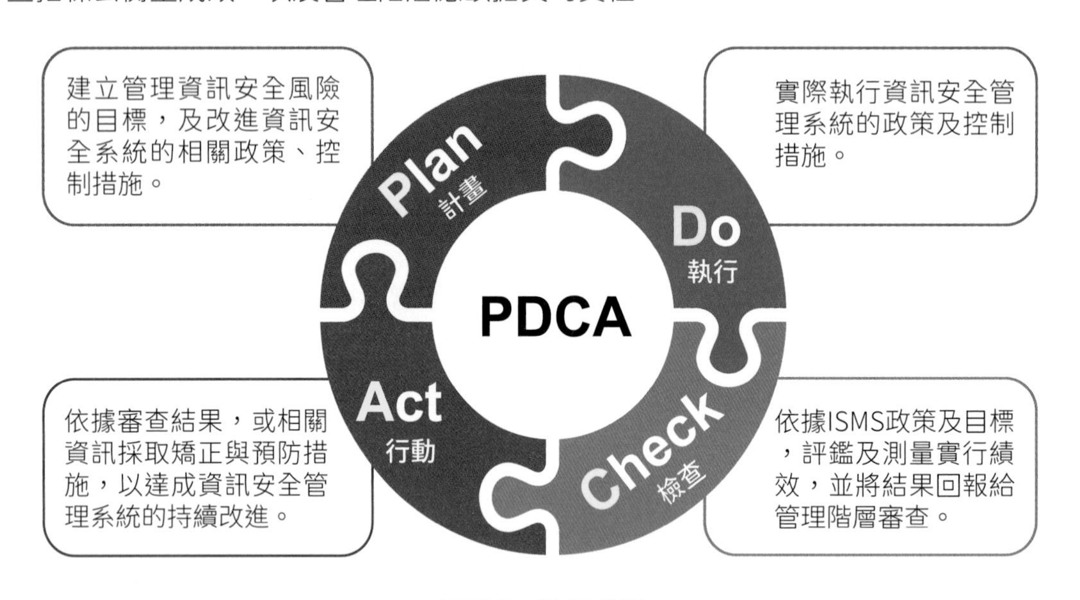

圖13-2　PDCA流程

資訊安全是一個管理過程，而不是一項技術導入過程，所以，維護資訊安全並不單只是資訊人員的責任，還牽涉到企業流程和員工資安意識，員工若沒有資安概念會威脅到整個組織。

因此，資訊安全要成為所有人員必須遵守的規範，建立員工資訊安全意識，在威脅發生之前，就要做例行性資訊安全評估，也唯有人員都具備了資訊安全的警覺與防護意識，才能降低資安事件發生的可能。

13-1-3 資訊安全的種類

資訊安全的種類可分為**硬體安全**、**軟體安全**及**資料安全**三個面向。

硬體安全

硬體的安全包含對於硬體環境的掌握以及設備管理，如建築物與週遭環境的安全考量、硬體環境控制、天然災害控制、人為破壞管理控制等。

電腦系統應設置於通風良好、乾燥之冷氣房中，勿直接曝曬陽光，機房應選用耐火、絕緣、散熱性良好的材料，並擺放防火滅火設備，嚴禁易燃易爆物品。此外，電腦系統應加裝穩壓器、**不斷電系統**(Uninterruptible Power Supply, **UPS**)(圖13-3)等設備。在臨時停電或跳電的情況下，穩壓器可避免電腦硬體因電壓不穩所造成的硬體損毀；UPS則可持續提供電力，提供使用者儲存工作並關機，避免資料因斷電而損毀。

圖13-3　不斷電系統外觀

像是地震、火災、水災等天然災害，也可能會導致電腦硬體設備、資料被破壞。這些天災可能會造成軟、硬體的損壞，導致整個資訊系統失靈。為了防止不可預測的天然災害發生，定期備份電腦中的資料是非常重要的一件事。

預防資料被毀損最好的方法，就是時常將電腦中的**資料進行備份**，而這些備份的資料，最好做到**異地備份**，儲存於不同媒體中或是別的地方。有了良好的備份習慣，以便災害發生後能夠將傷害降至最低。

知識補充　3-2-1備份原則

實務上常用的備份方式，會將重要資料遵循「3-2-1備份原則」來進行備份，亦即「至少製作**3份備份**、將備份分別**存放在2種不同儲存媒體**(例如電腦與外接硬碟)、至少**1份存放在異地**(例如雲端備份)」，才能確保資料具有多重保障。

企業備份有各種解決方案可以選擇，像是CommVault、Dell EMC Data Protection Suite等資料備份軟體、DYXnet Cloud Platform雲端備份服務，或是Pure Storage的FlashBlade儲存平臺等。

組織可配合本身的資料更新頻率，搭配不同的資料備份類型來制訂備份策略。

- **完整備份 (Full Backup)**：將所有的程式、檔案及資料全部進行備份。
- **差異備份 (Differential Backup)**：只針對上一次完整備份後有變更的檔案進行備份。
- **增量備份 (Incremental Backup)**：只針對上一次完整備份或增量備份後有變動的資料進行備份。

硬體安全的資訊安全防護，除了自行建置完善的機房環境外，尋找專業可靠的機房代管業者，能有效節省許多支出，並降低維護與人力成本。

知識補充 RPO 與 RTO

當企業發生自然災害、網路攻擊等意外導致系統中斷或停機，為確保營運，災難復原的首要任務，是要在事件後盡快讓受影響的系統恢復運作，並盡可能減少資料遺失。而資料保護的關鍵指標是**復原點目標** (Recovery Point Objective, **RPO**) 和**復原時間目標** (Recovery Time Objective, **RTO**)。

RPO 是指想復原資料的時間點，可能是前兩小時或是前兩天；RTO 是指可接受的復原資料所需時間，這兩個指標關係著企業需要投資多少來達到足夠的資料保護。一般來說，RPO 和 RTO 越接近零，所需投入的成本越高。

軟體安全

軟體安全包含**資料軟體安全和通訊管道的安全性**。現今在工作及生活中，都非常依賴各種軟體來完成工作，因此當軟體環境被入侵或因感染病毒等異常狀況時，對使用者或企業都影響很大。軟體安全在防護上要防止被入侵及資料被竊，定期更新軟體、安裝防毒軟體等，都是防護的必要措施。

資料安全

資訊的氾濫成為眾多使用者擔憂的問題，許多不同的應用程式都會記錄使用者的個人資訊，成為資料安全上的一大隱憂。資料一旦被竊取、損壞或者遺失，對於個人及企業來說都是嚴重的損失。因此，對於各種的資料處理，應該抱著謹慎態度去面對，切勿在網路上分享或是存放機密資料。

各項資料在進行輸入輸出時，最好能**設定密碼管理制度，並時常更新密碼**，以確保資料不會外流，如圖 13-4 所示。對於重要性及機密性較高的資料，應加設資料存取控制，以防止資料外流。若資料輸入須委外處理時，可以將資料分成數部分交給多人繕打，以提高安全性。

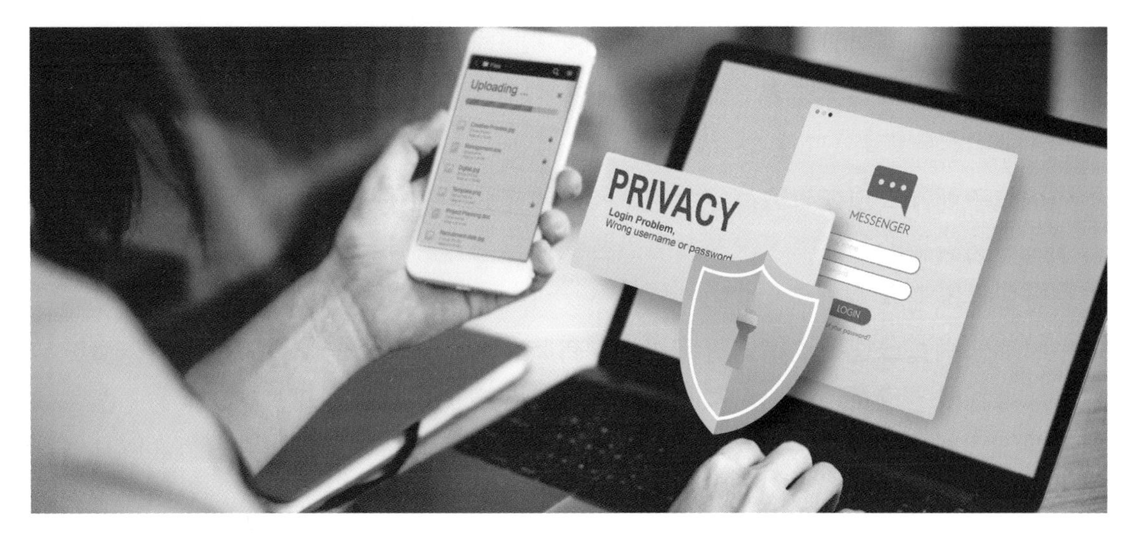

圖13-4　設定密碼管理制度，並時常更新密碼(圖片來源：Rawpixel.com/Shutterstock.com)

13-2 惡意程式的威脅與防範

網際網路的無遠弗界，反而讓惡意程式找到一條最好的散布管道。藉由網際網路開放的網路架構，就可以散播得更快速、更無孔不入、更防不勝防。

13-2-1 惡意程式的威脅

惡意程式(Malicious Code)是指**所有不懷好意的程式碼**，例如電腦病毒、電腦蠕蟲、特洛伊木馬程式、間諜程式、邏輯炸彈等。

電腦病毒

電腦病毒(Computer Virus)是由**意圖不軌的人所撰寫的程式**，這些病毒設計者，有些是為了報復、有些只是單純的惡作劇、有些則是為了炫耀自己的電腦程式設計能力，因為動機不同，所以電腦中毒後所遭受的破壞也會有所不同，輕則損失一些檔案，重則損毀整個硬碟，導致無法再啟動電腦。

電腦病毒在發作前都會有一些徵兆，例如程式執行速度突然變慢了、檔案的大小、日期改變了、出現一些奇怪的錯誤訊息或快顯視窗、出現不明的常駐程式或檔案、無故佔用記憶體、使程式無法被載入執行等。

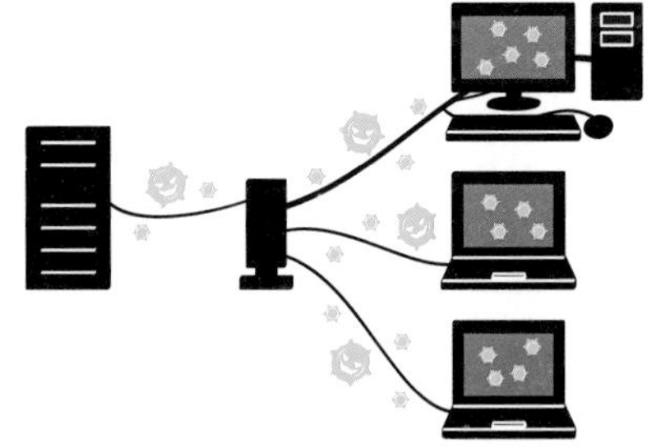

電腦病毒的傳播途徑主要有：

- **經由來路不明的儲存裝置**：如果常使用來路不明的儲存裝置(如光碟片、隨身碟等)時，那麼電腦中毒的機率就非常大。
- **經由電子郵件**：現在有愈來愈多的電腦病毒是經由電子郵件傳播的，當收到來路不明或帶有病毒的郵件時，常常會將這些病毒再傳播給通訊錄中的朋友，而導致他人電腦也一併中毒。
- **點擊廣告網頁或連結**：當瀏覽網頁時，有時會跳出一些廣告網頁，這些廣告可能含有惡意程式，只要用戶一點擊廣告，就會被強迫安裝惡意程式，電腦就會面臨中毒的風險，甚至一旦被病毒感染的電腦再連接上其他網路，駭客便可順勢入侵其他系統和電腦。
- **任何可以儲存資料、傳輸資料的地方都有可能是病毒傳播的途徑**：從網路上下載檔案也是電腦病毒的傳播途徑，下載檔案時，請確認該檔案是沒有病毒的。

電腦蠕蟲

電腦蠕蟲(Worm)可以**自我複製出許多「分身」，並透過網路連線或電子郵件等方式進行散播**。與電腦病毒不同的是，它通常不會感染其他檔案，其主要危害在於引發一連串的指令或動作，佔用大量電腦資源或網路頻寬，進而癱瘓電腦主機、網路或郵件伺服器。

特洛伊木馬

特洛伊木馬(Trojan Horse)是一種**透過網路的遠端遙控程式**。通常潛伏在惡意網頁中，或是偽裝成有趣的小程式，吸引使用者下載或執行，然後伺機在受害者電腦中安裝惡意程式，使入侵者具有與電腦使用者相同的權限，並藉此執行一些惡意行為，像是刪除檔案、竊取密碼與機密資料、或利用受害電腦進行非法行為等。

間諜程式

間諜程式(Spyware)是在**使用者不知情、且未經使用者同意的情況下，自行將軟體安裝在使用者電腦中，並觀察使用者的使用行為與監督電腦活動**。有些間諜軟體則會取得使用者的帳號、密碼等資訊，進行不法勾當。若電腦中被安裝了間諜程式，可能會出現以下的徵兆：

- 電腦運作的速度變慢。
- 常常不定時會出現快顯廣告視窗。
- 電腦中的設定突然更改，且無法改回原來設定。
- 網頁瀏覽器突然安裝了不明附加元件。

邏輯炸彈

邏輯炸彈(Logic Bombs)是特洛伊木馬的一種，它**會因某特定事件而進行攻擊**。例如某程式設計師在某系統中植入了邏輯炸彈，若該程式設計師被公司資遣，便會啟動破壞行為。

無檔案病毒

無檔案病毒(Fileless Malware)是**潛藏在電腦記憶體內的惡意軟體**，因此不容易被察覺。在不被察覺下透過特製的PowerShell腳本直接寫入電腦記憶體，一旦取得存取權限，會讓系統偷偷執行命令，且通常不會留下太多活動證據，這命令會根據攻擊者意圖及攻擊計畫時間長短而有所不同。由於是在記憶體中執行，只要受害者的電腦重新開機，記憶體中的惡意軟體和所有可供偵測及入侵後鑑識調查的證據都會隨之遭到清除。

垃圾郵件

垃圾郵件(Spam)是指未經電子郵件收信者同意或訂閱而大量寄發的電子郵件，郵件內容通常是一些無用的商業廣告、販賣盜版光碟或色情光碟、網路賭博，甚至其中還可能夾帶病毒。當收件者一開啟電子郵件收件匣，收到大量不具參考價值的郵件，不但耗用網路資源，也對收件者造成困擾。

勒索軟體

勒索軟體(Ransomware)是當今最普遍最危險的網路威脅之一，通常以企業及政府為目標(圖13-5)，它會引誘受害人前往來歷不明的網站或程式，會將受害者電腦的檔案加密，並持有解鎖所需的密鑰，導致檔案無法存取，讓受害者無法自行復原，受害人要付款才可復原，否則將毀損解密金鑰。常見的勒索軟體有CryptoLocker、Locky、Petya、Cerber、GoldenEye、SMSLocker、KeRanger、Cuba、ALPHV(又名BlackCat)、Conti、Pysa、Maze、Hive及Vice Society等。

圖13-5　勒索軟體的攻擊會迅速蔓延到整個企業(圖片來源：Andrey Popov/Dreamstime.com)

13-2-2 惡意程式的防範

要避免惡意程式最基本的方法便是安裝防毒軟體及養成良好的電腦使用習慣。

防毒軟體

為了保障自己電腦的安全，最好在電腦中安裝一套防毒軟體，可用來檢測電腦是否遭受病毒感染，並清除已偵測到的病毒威脅。防毒軟體掃毒的方式，是透過比對電腦中的檔案及防毒軟體中已登錄的病毒碼，來確認檔案是否遭到感染，因此必須常常要進行掃描引擎與病毒碼的更新，才能讓電腦得到最佳的保護。

市面上常見的防毒軟體有PC-cillin、Norton AntiVirus、Kaspersky Anti-Virus，而ClamWin、Avast (圖13-6)、AVG及Avira (俗稱小紅傘) 等廠商則有推出免費版的防毒軟體供下載使用。

圖13-6　Avast Free Antivirus防毒軟體畫面

知識補充　病毒碼

病毒碼就如同犯人的指紋一樣，防毒軟體公司會在新發現的病毒程式中，擷取一小段獨一無二且足以表示這個病毒的二進位程式碼，據以辨識此病毒並防禦之，而這個獨一無二的二進位程式碼就是所謂的病毒碼。此外，我們必須常常更新病毒碼，才能夠有效防範層出不窮的新病毒威脅。

● 雲端防毒

除了在電腦上安裝防毒軟體之外，近年來也興起「雲端防毒」的概念，也就是透過雲端伺服器來提供掃毒、偵測、保護等服務。由於將病毒偵測的運算過程轉移到強大且快速的雲端伺服器上運作，就不必佔用使用者電腦的硬體資源，而且使用雲端伺服器可省去發布病毒碼至更新防毒軟體之間的時差，可以帶來更即時的防護。

目前已有許多廠商陸續推出雲端防毒相關服務，例如PC-cillin雲端版、Symantec Endpoint Protection、Panda Dome、Webroot SecureAnywhere等。此外，部分廠商也提供線上掃毒功能，像是Panda Cloud Cleaner、趨勢科技的HouseCall等。

圖13-7為卡巴斯基推出的「Kaspersky Threat Intelligence Portal」免費線上掃毒服務，只要將檔案上傳，就能掃描是否含有病毒威脅，該服務也提供網域或網址、Hash、IP位址的掃毒功能。

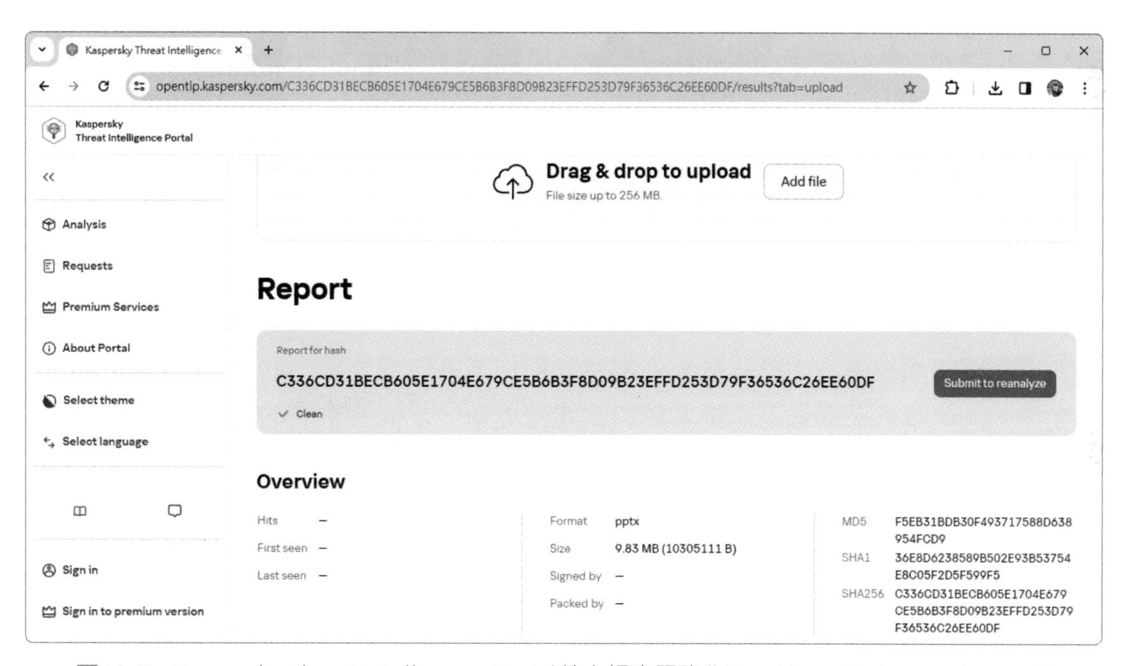

圖13-7 Kaspersky Threat Intelligence Portal線上掃毒服務(https://opentip.kaspersky.com/)

● 行動裝置防毒

近年來行動裝置的使用率激增，智慧型手機與平板電腦等行動裝置已成為網路攻擊的鎖定目標。目前行動裝置所面臨的威脅，除了惡意程式之外，還有一種是**潛在有害應用程式**(Potentially Unwanted Applications, PUA)，這類程式通常是在使用者不經意的情況下附加安裝，它可能會監測使用者行為、危害使用安全或個人隱私、顯示非預期的廣告，或是消耗系統資源等。若擔心自己成為攻擊對象，或是不小心安裝令人困擾的PUA，建議可安裝專門為行動裝置所設計的防毒軟體，保護行動裝置與資料的安全，封鎖惡意程式、可疑程式，或是高風險的網址和App。

許多知名的防毒軟體公司，如趨勢科技、賽門鐵克等，都有推出使用於行動裝置的防毒軟體，若有需要，可至該公司網站購買，或下載試用版試用。其他如Lookout Mobile Security、Avast Security & Privacy (圖13-8)、ESET Mobile Security、AVG AntiVirus、Norton 360等防毒App，皆擁有許多使用者。

圖13-8　Avast Security & Privacy App

作業系統與軟體更新

在網路的環境中，由於惡意程式常會利用作業系統或軟體的漏洞進行攻擊或入侵的動作，因此我們必須透過作業系統和軟體的更新，才能把系統的漏洞修補起來，減少被惡意程式入侵的機會。

以Windows作業系統為例，為了加強防範網路安全問題的發生，微軟會即時在發現Windows作業系統的安全性漏洞後，透過Windows Update的更新機制，提供使用者下載更新安全性修正程式。使用者也可以進入「Windows Update」項目視窗中，來檢查並執行系統的更新，如圖13-9所示。

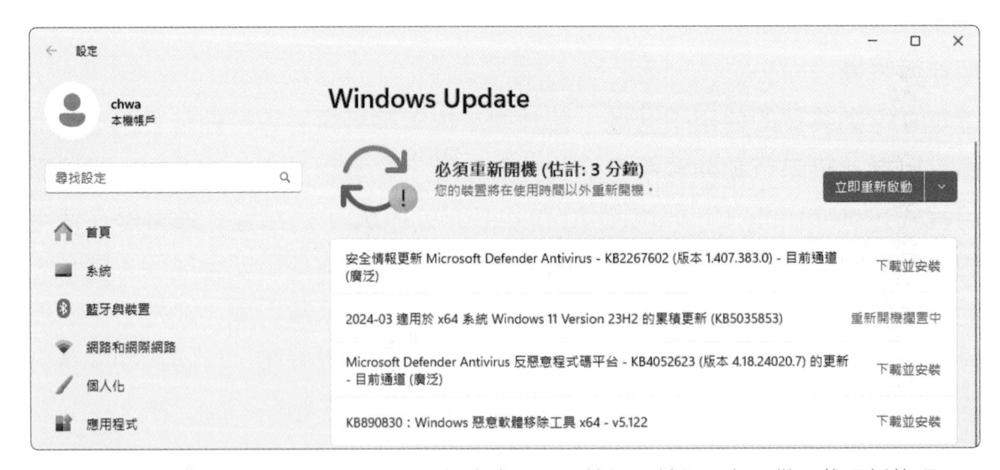

圖13-9　在「Windows Update」項目視窗中，即可檢視目前是否有可供下載更新的項目

勒索軟體的預防

勒索軟體已成為全球最關注的資安問題，對企業而言，勒索軟體攻擊帶來的前五大影響為**資料遺失**、**生產力或營收損失**、**營運中斷**、**影響客戶營運**及**名譽受損**。

美國白宮宣布成立網路安全小組，將發動勒索軟體攻擊的人列為恐怖分子，並祭出更嚴厲的懲罰打擊網路犯罪。而臺灣資通安全風險也日漸增高，行政院也著手推動相關組織成立。以下列出勒索軟體的四大症狀、緊急措施及預防方法。

四大症狀

- 出現不明對外連線。
- 各目錄下開始出現奇怪副檔名的檔案，例如 .crypt、.ECC、.AAA、.XXX、.ZZZ 等。
- 突然出現很多 Ransom Note 檔案(支付贖金的說明檔案)或捷徑，通常是 .txt 檔或是 .html 檔。
- 在瀏覽器工具列發現奇怪的捷徑。

緊急措施

- 立即切斷網路，避免將網路磁碟機或共享目錄上的檔案加密。
- 立即關閉電腦電源，不讓勒索病毒繼續加密電腦中的檔案，關機時間愈快被加密的檔案愈少，建議強制關閉電腦電源。
- 保留電腦，通報專業資安人員。
- 不要付錢。

預防方法

- 不：**不上鉤** 標題特別吸引人的郵件務必小心上鉤
- 不：**不打開** 不隨便開啟郵件所附加的檔案
- 不：**不點擊** 不隨便點擊郵件附加的連結網址
- 要：**要備份** 重要資料務必要備份
- 要：**要確認** 開啟郵件請務必確定寄件者身分
- 要：**要更新** 一定要隨時更新病毒碼

養成良好的使用習慣

養成良好的使用習慣，才能減少感染惡意程式的機會。

- 隨時留意特殊檔案(例如 COMMAND.com、SMARTDRV.com、EMM386.exe、WIN.com 等)的長度與日期，以及記憶體使用情形，並重視電腦系統所發生的異狀。
- 不使用來路不明的檔案或盜版軟體，只從官方平臺下載 App 及更新。如果常透過來路不明的隨身碟或網頁下載程式，那麼電腦中毒的機率就非常大。
- 不要隨便開啟來路不明的電子郵件或簡訊。當收到來路不明或帶有電腦病毒的郵件時，常常會將這些病毒再傳播給你通訊錄中的朋友，而導致他人電腦也一併中毒。
- 任何可以儲存資料、傳輸資料的地方都有可能是病毒傳播的途徑，從網路上下載檔案也是電腦病毒的傳播途徑，下載檔案時，請確認該檔案是沒有病毒的。

13-3 駭客的威脅與防範

電腦網路不僅為我們帶來便利的生活，同時也為駭客的網路攻擊開了一道門，網路無遠弗界、無所不在的特性，反而為電腦系統帶來更難以防範的安全威脅。

13-3-1 認識駭客

駭客(Hacker)指的是**非法入侵他人電腦系統中，竊取他人資料或篡改資料的人**。這些駭客會藉此竊取一些值錢的東西，像是信用卡號碼、下載軟體、進行非法的金錢交易等，如圖13-10所示。

圖13-10　駭客攻擊示意圖(圖片來源：Aleksey Telnov/Dreamstime.com)

知識補充　怪客 vs. 駭客

所謂的**怪客**(Cracker)是指一群未經許可便透過網路入侵他人電腦系統，進行竊取機密資料或篡改資料等犯罪行為的人；**駭客**(Hacker)是指熱衷於程式撰寫與熟悉作業系統的專業人士，他們並不會惡意破壞他人電腦。不過目前在一般用語上，普遍已將怪客及駭客兩詞混用，且駭客較為通用。

駭客依目的大致可分為**白帽駭客**(White Hat)、**灰帽駭客**(Grey Hat)、**黑帽駭客**(Black Hat)、**藍帽駭客**(Blue Hat)、**激進駭客**(Hacktivism)等類型。

- **白帽駭客：**運用程式技術發現、改善資訊安全漏洞。
- **灰帽駭客：**遊走於白帽與黑帽之間，常有意或無意下違反法律，其目的在研究和改進資訊安全，或者宣揚某種理念。
- **黑帽駭客：**則利用這些漏洞來威脅企業、政府，謀取不當利益。
- **藍帽駭客：**平時不為非作歹，但在受到挑釁、威脅等可能危害自身利益情況時，會用惡意攻擊的方式反擊對方。
- **激進駭客：**通常是為了表達政治、意識型態、社會或宗教訊息，目的不是金錢或個人利益。

Pwn2Own駭客競賽

Pwn2Own是由安全研究機構TippingPoint所贊助的駭客大賽，從2007年開始，在每年的CanSecWest安全會議期間舉行。比賽項目主要為侵入目前主流的網頁瀏覽器及智慧型手機。來自世界各地的駭客齊聚一堂，順利攻破者即可獲得TippingPoint所提供的高額獎金。競賽名稱「Pwn2Own」取自「pwn to own」("pwn" 在駭客術語中，意指駭客成功入侵與破解之意)。

而當軟體被成功破解後，主辦者TippingPoint則會提出一份不公開報告給該軟體商，其中詳盡提出軟體弱點及破解方法，以促使軟體在安全性上的更新與改善。

13-3-2 常見的駭客攻擊手法

隨著科技與網路發展的與時俱進，惡意程式的傳播媒介與管道變得更加多元，駭客可以透過電子郵件、網頁背景下載、即時訊息、P2P、網路芳鄰、藍牙、無線網路、USB隨身碟、網路硬碟、視訊會議、印表機、路由器、安全漏洞等多元管道發動惡意攻擊，駭客的攻擊手法可說是花招百出，防不勝防。

根據FortiGuard Labs威脅情資中心《2023上半年全球資安威脅報告》中顯示，臺灣2023年上半年的惡意威脅(指網路遭外部攻擊，導致資料在未經許可的情況下被盜、遺失或更改)數量高達2,248億次，高居亞太地區之冠。

中間人攻擊

中間人攻擊(Man-in-the-Middle Attack)簡稱**MitM**攻擊，**是一種從中「竊聽」兩端通訊內容的攻擊手法**，攻擊者能在客戶端與網站之間分別建立獨立的網路，並交換兩端所接收到的資訊。

只要一個未加密的Wi-Fi無線存取點，攻擊者就可以輕易將自己作為一個中間人插入這個網路，隨時蒐集、竊取通訊雙方的資料，而通訊的兩端以為雙方在直接對話，但事實上整個通訊的過程完全被攻擊者控制。

入侵網站

電腦駭客透過網路入侵他人的網站或電腦系統，篡改或盜取其中的資料或紀錄。例如駭客非法入侵購物網站，竊取網站會員的個人資料或購物明細，再將這些資料轉手販賣或用以從事不法行為。

殭屍網路

電腦駭客**透過網路散播木馬程式，待集結大批受感染的電腦**，形成**殭屍網路**(BotNet)之後，再遠端操控這些被控制的電腦，使其成為犯罪工具，進行惡意的攻擊行為，例如癱瘓他人電腦、濫發垃圾郵件，或竊取他人機密資料等。

阻斷服務攻擊

阻斷服務(Denial of Service, **DoS**)攻擊主要目的是癱瘓系統主機或網站，使其無法正常運作。電腦駭客會在**同一期間發送大量且密集的封包至特定網站，迫使網頁伺服器因為一時無法處理大量封包而導致癱瘓**，進而造成網路用戶無法連上該網站，而被阻絕在外。而**分散式阻斷服務**(Distributed Denial of Service, **DDoS**)攻擊是DoS攻擊的方式之一，它是透過網路上的多部電腦主機同時發動DoS攻擊，以分散攻擊來源。

全球最大駭客組織**匿名者**(Anonymous)，因俄羅斯入侵烏克蘭，所以號召全球駭客攻擊俄羅斯，俄羅斯國營媒體《今日俄羅斯》網站遭全球約1億臺裝置發動DDoS攻擊斷線，其他克里姆林宮、國防部、航太局、石油公司Gazprom等官網也陸續遭受攻擊，整體數量超過1,500個，網站因流量超載而癱瘓。

零時差攻擊

零時差攻擊(Zero-day Attack)是指電腦駭客**利用尚未被發現或公開的軟體安全漏洞，進行植入惡意程式等攻擊行為**。使用者應即時更新由軟體公司所提供的修補程式，避免讓駭客有機可乘。

網站掛馬攻擊

電腦駭客會設立一個網站或部落格，以各種方式吸引民眾瀏覽，或是在一般正常網站中**植入隱藏性的惡意程式**，使用者若是瀏覽這些隱含惡意程式的網站，就有可能自動下載惡意程式到電腦中。

網域名稱伺服器攻擊

電腦駭客會**擅改網域名稱伺服器上的資訊，達到誤導使用者的目的**。例如駭客入侵某網站的DNS管理伺服器，篡改該網站的首頁紀錄，使得網友在登入網站時，被定向到另一個不知名的網址，而無法正常登入該網站。

跨站腳本攻擊

跨站腳本攻擊(Cross-Site Scripting, **XSS**)是一種**網頁漏洞攻擊方式**，電腦駭客利用合法網站上的漏洞，在某些網頁中插入惡意的HTML與Script語言，藉此散布惡意程式，或是引發惡意攻擊。當不知情的使用者在觀看這些網頁的同時，便引發這些惡意網頁程式的執行，導致瀏覽器自動下載網頁中隱含的惡意程式。

鍵盤側錄程式

鍵盤側錄程式(Key-logger)是一種會**記錄使用者所敲擊的鍵盤按鍵，竊取網路帳號密碼或機密檔案**。當受害者在電腦中輸入網路帳號及密碼時，鍵盤側錄程式會自動記錄鍵盤的鍵入及操作過程，並儲存在電腦中，再結合木馬程式將紀錄回傳給不法駭客集團。

網路釣魚

網路釣魚(Phishing)是指不法人士透過E-mail或網路廣告，**假冒知名網站的超連結來進行誘騙**，將不知情的使用者引誘到他們所製作的冒牌網站，也就是所謂的「**釣魚網站**(Phishing Site)」。

釣魚網站的類型大多是知名的拍賣網站、網路銀行等，大多會設計一個以假亂真的假網站，讓使用者信以為真，然後藉由讓使用者在假冒的釣魚網站中輸入個人資料的同時，竊取帳號、密碼、信用卡號碼、身分證字號等個人機密資料。

社交工程攻擊

社交工程(Social Engineering)是指利用人性弱點來誘使人們執行某些行為的資安攻擊手法，通常是透過電話、電子郵件、訊息、社群媒體等管道，偽裝成受害人的親友、客服或是名人來取得受害人信任，誘使點選不明連結，以取得個人帳密或個資、下載惡意軟體，或是直接進行詐騙。

密碼攻擊

密碼攻擊(Password Attacks)是指駭客使用各種手段，如暴力破解、**字典式攻擊**(Dictionary Attack)、**密碼噴灑**(Password Spraying)等技術，試圖獲取用戶密碼，進而進入其帳戶或系統。其中字典式攻擊是使用一組常用單詞來嘗試各種組合，來找到可能的密碼；而密碼噴灑則是指駭客用一個強度較弱的密碼去組合配對多個不同員工帳號，進而攻破帳戶入侵內部網路。

13-3-3 預防駭客入侵的措施

要防範駭客入侵，除了可從加強軟硬體著手，強化密碼安全性也十分重要。

防火牆

防火牆(Firewall)**是網路安全的防護設備，可能是軟體也可能是硬體，它是內部網路和外部網路之間的橋樑**。防火牆可以管制資料封包的流向，並限制外界僅能存取指定的內部網路服務，藉此可以保護主機中的資料。

除了架設於企業網路與外部網路之間的防火牆設備外，一般個人電腦使用者也可使用防火牆軟體來保護電腦資訊安全。像是Windows作業系統內建的防火牆軟體，或是網路上也有一些防火牆軟體可供使用者下載使用，如ZoneAlarm Free Firewall、Comodo Firewall等。

代理人伺服器

代理人伺服器(Proxy Server)**位於網際網路和內部網路之間，會統一代替內部網路中的所有個人電腦，向外部網路傳輸資料**，如圖13-11所示。因為連外網路都需通過代理人伺服器，因此它可同時過濾網站內容，能在個人電腦讀取網頁之前，就預先偵測和移除網頁中的惡意程式。

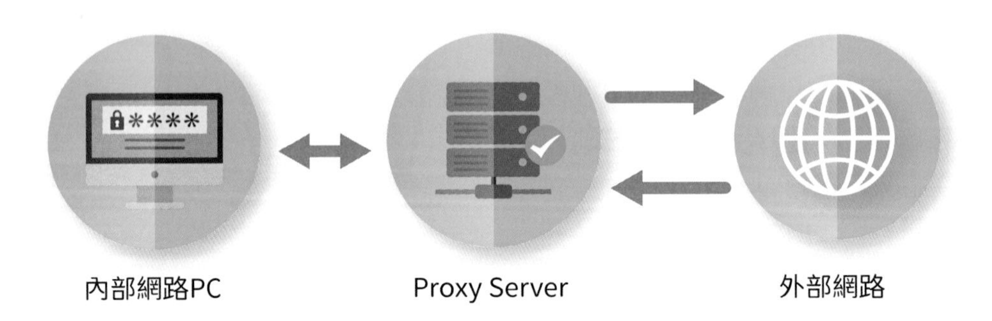

圖13-11　代理人伺服器運作示意圖

此外，代理人伺服器同時具備「**快取**」功能，當個人電腦向外部網路的目的端電腦提出網頁要求時，它會先檢查伺服器主機內是否存有該網頁的暫存資料，若有，則直接將資料傳送給使用者。因此，企業除了可藉由代理人伺服器來過濾網頁，同時也可加快內部網路對網際網路的存取速度，並達到節省頻寬的目的。

入侵偵測系統／入侵防護系統

入侵偵測系統(Intrusion Detection System, **IDS**)與**入侵防護系統**(Intrusion Prevention System, **IPS**)都是企業用來防禦網路攻擊的安全設備，位於防火牆與內部網路之間，可做為防火牆的第二道防線。

入侵偵測系統可**對網路或系統的運作狀況進行監視與資料檢測，當發現各種異常情況或攻擊行為時，便會即時向網路安全管理人員或防火牆系統發出警報**。而入侵防護系統除了可對網路中傳送的資料進行即時監控與分析，更可在發現入侵時，阻絕未經授權或惡意的網路封包，以維持網路的正常運作。IPS的型態可分為以下兩類：

- **主機型IPS**：是安裝在使用者電腦上的防護系統，用來阻絕外來網路的攻擊，或中斷系統內容的非法程序存取，以避免主機遭受破壞。
- **網路型IPS**：是裝設在網路骨幹上的防護設備，用來監控網路的所有進出流量，阻絕網路中所傳送的異常資料封包。

虛擬私有網路

企業在組織內傳送電子商務訊息時，為了安全上的考量，可能會建構一個屬於企業私用的私有數據網路，以專線連接各地分公司，來保障資料的傳輸安全。然而要建置與維護這個私有網路，都需要投入大量的成本，因此便有了**虛擬私有網路**(Virtual Private Network, **VPN**)的概念產生。

虛擬私有網路是指**在開放的網際網路上，使用通道技術、加密、認證等安全技術，以期建立一個與專屬網路具有相同安全性的私人網路**。VPN的型態同樣可區分為以下兩種：

- **軟體式VPN**：是指架設在伺服器或作業系統上的應用程式，提供較具彈性的功能設定，但由於它使用電腦設備原有的CPU進行加解密資料處理，可能會影響到傳輸效能，因此較適合於資料傳輸量小的公司或個人使用。
- **硬體式VPN**：具有一個專門處理VPN加解密工作的硬體設備，因此能提供較佳的效能，較適合資料傳輸量大的企業。

不過目前市面上的VPN設備通常還會與其他安全機制相互結合，如圖13-12所示為結合防火牆、IPS、VPN等多重防護功能的整合式網路安全設備。多機一體的設計不但可節省企業建置預算，也簡化了網路在建置、管理，及後續維護的程序。

圖13-12　現今的網路安全設備通常一併結合了防火牆、IPS、VPN等多重防護功能(圖片來源：Cisco)

強化密碼安全性

帳號和密碼主要是保護我們的資料，以防止別人盜用，在設定帳號與密碼時，請注意以下幾點：

- 設定密碼時，最好**不要使用個人的資料當做密碼**，例如英文名字、電話號碼、生日、身分證字號等懶人密碼，且最好定期更換密碼。
- 設定密碼時，可**設定不同組合的字母串，最好要連特殊符號也包含進去**，而且最好是12位數以上來加強密碼強度，同時也盡量避免在各個網站都使用同一組帳密，不要使用規則性的單字或連續的數字，如此都可減低風險。
- **不使用重複性、連續性或過於簡單的密碼**，例如password、123456、abcdef、qwert(鍵盤上的連續鍵)、abc123等此類簡單的組合。
- 密碼**不要儲存在電腦**檔案中或是寫在某個地方。
- **不要透過任何通訊軟體傳送密碼**(E-mail、LINE、Skype等)，或在電子郵件要求下提供密碼(例如釣魚信件要求您輸入某銀行帳戶的帳密)。

知識補充 HIBP密碼檢查網站

「Have I Been Pwned」(HIBP)這個網站是資安專家Troy Hunt所創立的資安驗證網，網站中收錄了近年來大型網路服務曾被駭客竊取、公布在網路上的名單資料。其中有一項「密碼搜尋」功能，使用者只要輸入你想要設定的密碼，就能幫你確認你的密碼是不是一組大家常用的密碼，如圖13-13所示。除了密碼之外，也可以輸入自己的用戶名、電子郵件地址、電話號碼等，確認看看是否曾資料外洩。

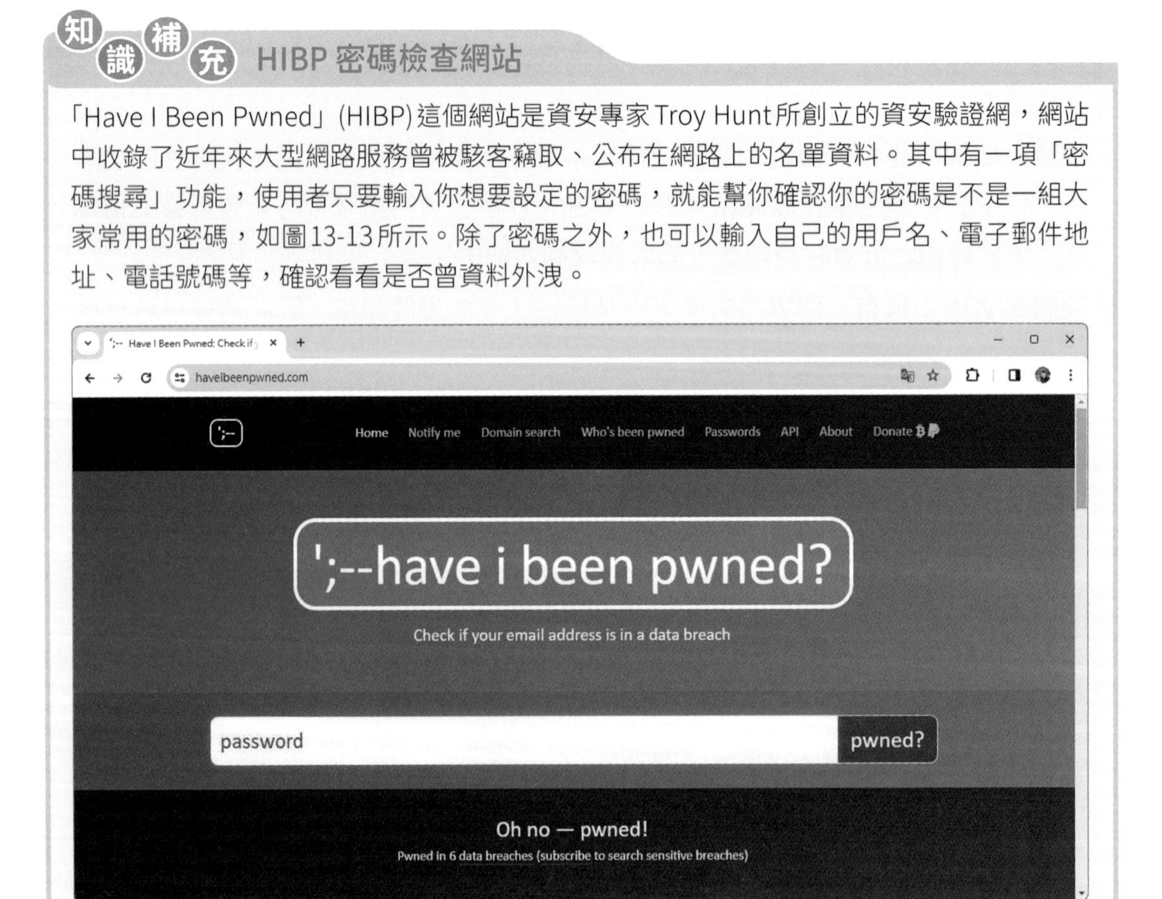

圖13-13 「Have I been pwned?」網站(https://haveibeenpwned.com/Passwords)

13-3-4 零信任架構

零信任架構(Zero Trust architecture, **ZTA**)的概念是由Forrester Research前副總裁John Kindervag於2010年所提出，他認為**裝置不再有信賴與不信賴的邊界，以及不再有信賴與不信賴的網路與使用者**。美國國家標準技術研究院NIST於2020年8月正式發布「SP 800-207」ZTA標準文件，做為各界規劃ZTA時的重要參考依據。

有別於傳統網路資安防護，零信任架構主張任何資料存取應依循「**永不信任，一律驗證**」的原則。傳統的安全性架構是使用者在工作崗位上登入帳號後，便可以存取整個公司的網路，這種架構僅能保護公司的外圍環境，會讓公司暴露在風險之下，因為當有心人士竊取密碼時，對方便能夠存取所有內容；而零信任架構不只會保護公司的外圍環境，還會透過驗證每個身分和裝置，來保護各項檔案、電子郵件和網路。

零信任架構的主要目標在於降低大多數公司在現代環境內遭受網路攻擊的風險，Google等大型企業都有建構自己的零信任模型，美國眾議院也建議政府機構採用零信任框架來防禦網路攻擊。

我國也積極推動網路安全零信任轉型，依據國家資通安全發展之政策推動策略，政府投入經費推動政府機關導入零信任網路，自民國111年起，開始遴選資通安全責任等級A級之公務機關逐步導入零信任網路之身分鑑別、設備鑑別及信任推斷三大核心機制，依規劃已於2022年推動機關導入身分鑑別機制，並預計於2023～2024年逐步導入設備鑑別與信任推斷機制，推動進程如圖13-14所示。

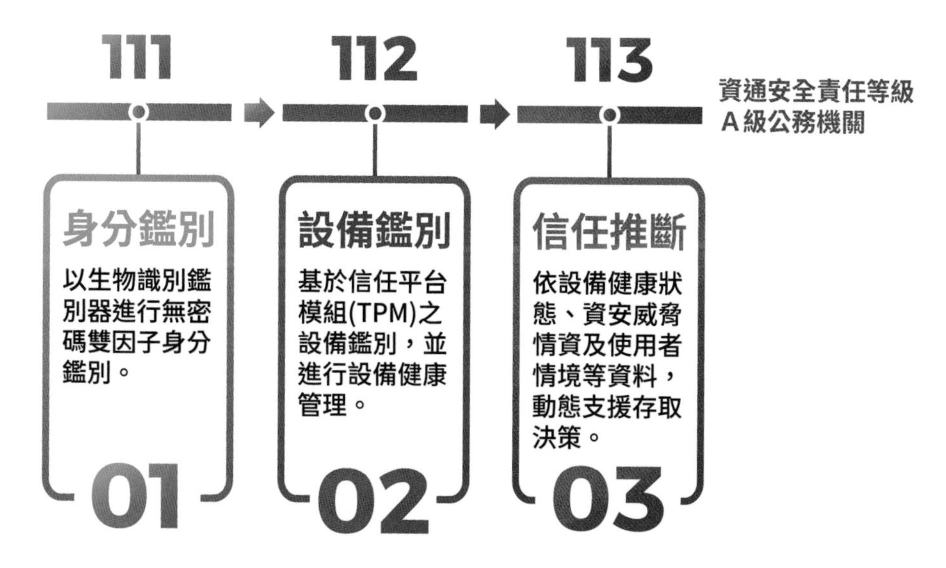

圖13-14　政府零信任網路推動進程(資料來源：國家資通安全研究院)

13-4 網路交易安全

隨著電子商務的運用越來越廣泛，消費者在網路上進行線上交易的次數也越來越頻繁。網路交易安全也受到了重視，本節將簡單介紹幾種常用的線上交易安全措施。

13-4-1 資料加解密技術

當資料在網路上傳輸時，最好將資料進行加密的動作，以確保資料不會被人任意更改及擷取。**資料加密**(Data Encryption)是指將原本容易被讀取的原始資料(原文)，透過數學演算法加以編碼，轉換為不可讀取的格式(密文)；而指定的收件者收到密文後，再經由特定的解碼規則，將密文還原為原本正常可讀取的內容，則為**資料解密**(Data Decryption)。加解密的過程如圖13-15所示。

圖13-15　資料加/解密示意圖

私密金鑰加密法

私密金鑰加密法(Secret_key Cryptography)也稱為**對稱式加密法**，此種技術所使用的加密解密的金鑰是相同的。傳送及接收資料者，都擁有相同的金鑰，才能開啟資料。不過，若有第三者取得金鑰，也可以開啟此份資料，如圖13-16所示。所以利用此技術時，除了傳送及接收資料者外，不能讓其他人知道金鑰。

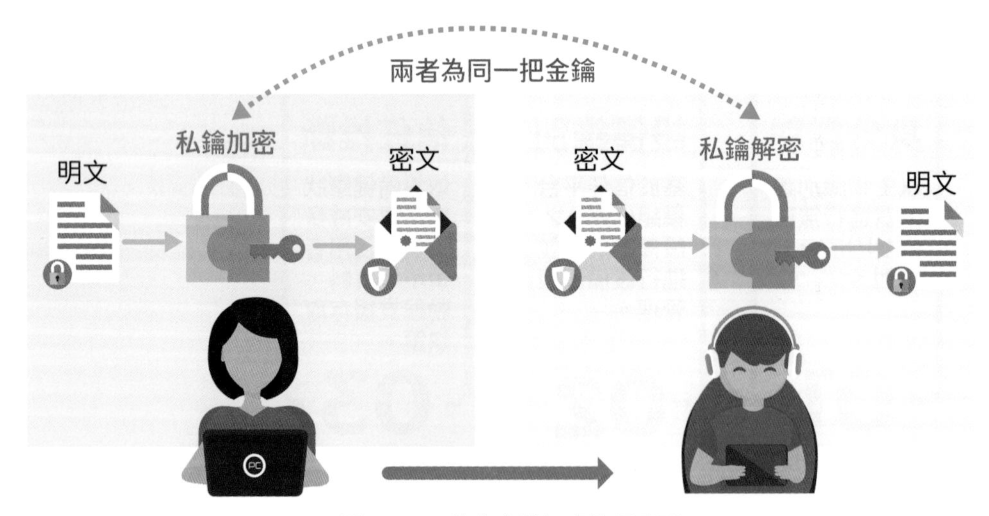

圖13-16　私密金鑰加密法示意圖

公開金鑰加密法

公開金鑰加密法 (Public_key Cryptography) 也稱為**非對稱式加密法**，此種技術所使用的加密解密的金鑰是不相同的，分別是公開金鑰和私有金鑰。

公開金鑰是每個人都可以取得的，而私有金鑰則是由個人所擁有並保存。而以某人的公鑰加密，就必須以同一人的私鑰解密；反之，以其私鑰加密，就必須以其公鑰解密。以這兩種不同的金鑰進行加解密，就可以達到資料的私密性與身分認證的功能。

● 傳送機密資料給接收者

若發送者要傳送一份不能公開的機密資料給接收者時，傳送者必須先用接收者的公開金鑰將資料加密，再將資料送出；而接收者接收到資料後，再用自己的私有金鑰解密，就可以取得原來的資料，如圖13-17所示。因為接收者的私鑰只有自己擁有，故可確保此資料只有收文者本人能開啟，以達到資料的私密性。

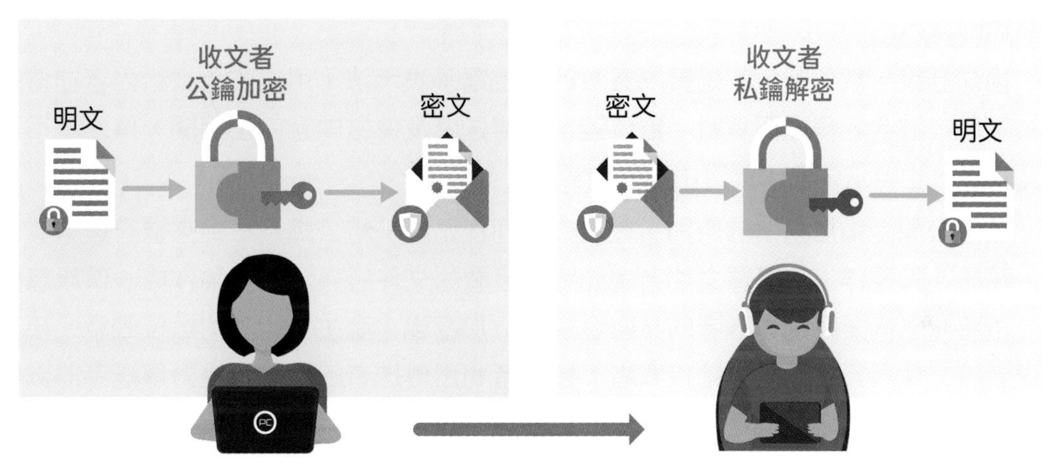

圖13-17　以公開金鑰加密法傳送機密資料示意圖

● 接收者可確認發文者身分

若發文者要傳送一份可公開的資料給接收者，並希望接收者在收到訊息時，能確認這份資料是由發文者本人所發出的。那麼，傳送者必須先用自己的私有金鑰將資料加密，再將資料送出；而接收者接收到資料後，再用傳送者的公開金鑰解密，就可以取得原來的資料，如圖13-18所示。因為發文者的私鑰只有自己擁有，故可確保此資料是由發文者所發出的，以達到身分認證的作用。

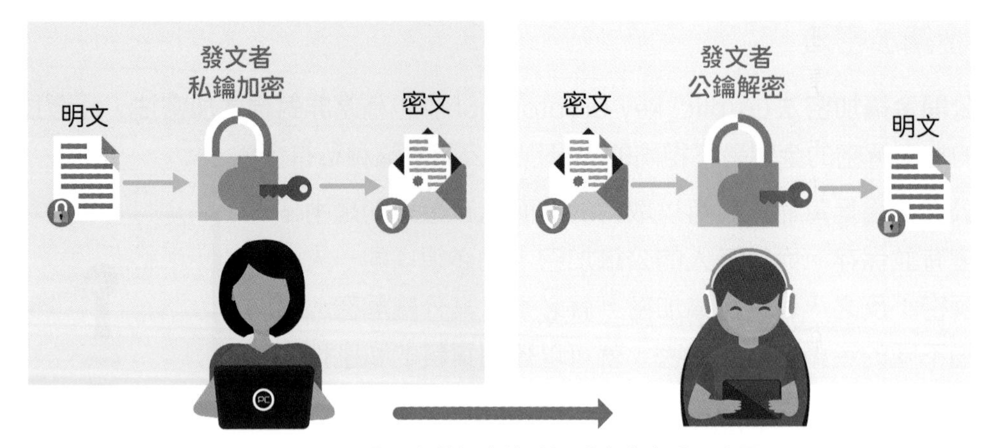

圖13-18　以公開金鑰加密法確認發文者身分示意圖

數位簽章

數位簽章(Digital Signature)是一種**利用公開金鑰加密技術所延伸出的電子安全交易要件，是一項依附於電子文件中，用以辨識及驗證電子文件簽署者的身分與電子文件真偽的資訊**。

換句話說，數位簽章就是實際簽章的數位電子表示法，用來防止資料內容在傳輸時被篡改或被冒名傳送假資料。數位簽章與傳送者及傳送內容完全相關，傳送者不可否認，他人也無法偽造，並可由第三者認證。

按照公開金鑰加密法的原則，數位簽章同樣是以一組公鑰及私鑰來進行簽署者的身分驗證。其運作上，簽署文件者會先將欲簽署的文件經過演算法製作成一份訊息摘要，再將訊息摘要經由傳送者的私密金鑰進行加密後，產生傳送者的數位簽章。接著傳送者將文件與簽章同時傳給接收者，接收者利用傳送者的公開金鑰對傳送者的數位簽章進行運算，將結果與傳送的訊息摘要進行比對，如果相同則表示該文件是由傳送者所發出。其使用方式如圖13-19所示。

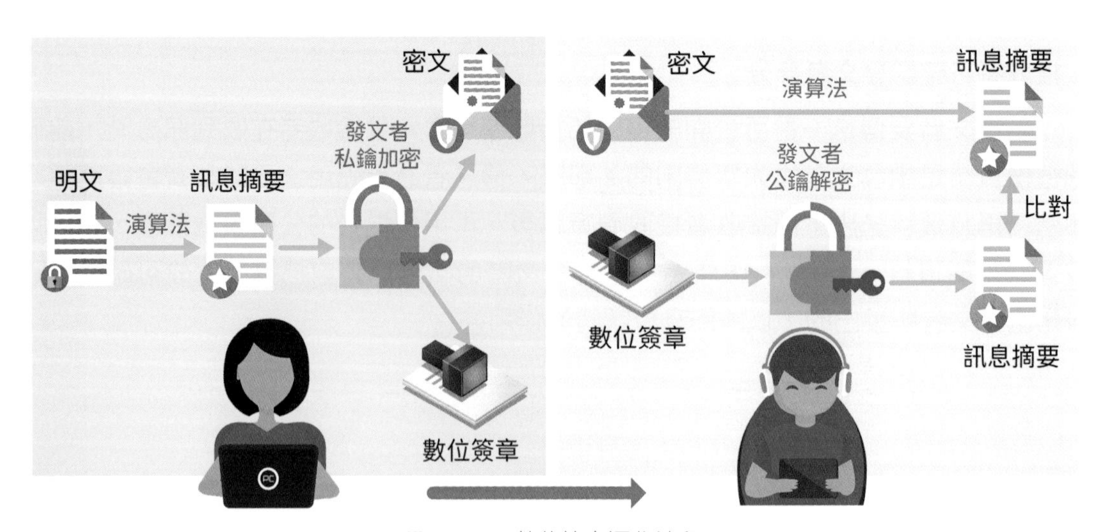

圖13-19　數位簽章運作流程

數位簽章是由可信任的**憑證管理機構**(Certification Authority, **CA**)所發行的身分識別機制，主要是在電子環境中作為身分的辨別。一般而言，數位簽章必須能提供以下四種資訊安全上的保障：

- **資料完整性(Integrity)**：文件接收者收到訊息之後，可透過數位簽章之核對來確保文件的完整性，避免遭人篡改或遺失的情事發生。
- **資料來源辨識(Authentication)**：透過網際網路無法當面確認雙方的身分，因此可使用數位簽章協助驗證數位資訊的身分識別。
- **資料隱密性(Confidentiality)**：傳送的訊息或文件可利用金鑰來進行加密與解密，以保障資訊不被他人讀取或修改。
- **不可否認性(Non-repudiation)**：透過數位簽章可協助證明所有簽署者的身分，使簽署內容無法任意被否認。例如資料若加蓋發送者的數位簽章，發送端即不能否認有發送之行為；而資料經由接收端檢查確認後，亦不能否認其接收之行為。

數位憑證

數位憑證(Digital Certificate)就如同網路身分證，是由具公信力的**憑證管理機構**(Certification Authority, **CA**)利用公開金鑰密碼技術所核發的一組資料，用以**提供網路身分證明的工具**，可在網路上代表憑證持有人進行電子交易。其資料內容包含憑證持有人的身分及公開金鑰、金鑰的有效期限、憑證管理機構及其數位簽章等訊息。

目前國內較具代表的CA有內政部憑證管理中心、政府憑證管理中心、經濟部工商憑證管理中心，以及臺灣網路認證(TWCA)公司。數位憑證在生活中最普遍的應用，即屬內政部憑證管理中心所核發的「自然人憑證」，可在網路上用以辨識使用者身分，進行線上申辦戶籍登記、報稅、勞農保查詢等服務。此外還有工商憑證、金融憑證等。

知識補充 FXML憑證

FXML (Financial eXtensible Markup Language, **金融XML**)就是俗稱的「**金融憑證**」，顧名思義，是應用於金融交易之XML，乃由財政部主導、銀行公會會員共同為國內金融機構間進行網際網路交易所訂定的安全機制。

金融憑證中內含網路銀行憑證、證券網路下單憑證、網路保險憑證等三種憑證，是由**臺灣網路認證**(TWCA)公司所簽發，使用於銀行、證券、保險等金融領域之電子憑證，目前可應用於網路銀行、證券交易等高風險金融交易，除既有之業務範圍外，亦可使用於查詢下載所得資料及進行網路報稅等須鑑別個人身分的作業。

欲申請金融憑證者，必須攜帶身分證正本及印鑑親自至金融機構臨櫃辦理。其用意在於以個人帳戶所申請之金融電子憑證，必須先經過金融單位審核，才足以作為個人身分辨識之依據。

13-4-2 SSL 與 SET

目前各家網路銀行或購物網站所採用的電子交易安全機制，主要有SSL及SET。

SSL

安全通道層(Secure Sockets Layer, **SSL**)是由Netscape Communications Corporation和RSA Data Security, Inc.開發的一個標準，它介於HTTP和TCP之間，在瀏覽器和伺服器之間建立加密的連接，確保資料能夠安全地傳輸。

有採用SSL安全機制的網站，該網站位址都是以「**https**」為開頭，且在網址列最前面，會有個已鎖上的小鎖圖案，表示SSL保密機制已啟動(圖13-20)，按下圖示則可顯示憑證內容。

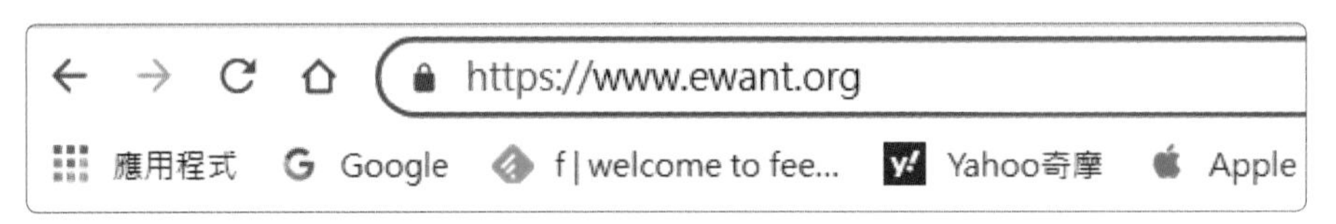

圖13-20　採用SSL安全機制的網站

由於SSL是內建於客戶端的瀏覽器上，當客戶端進入有SSL保護的網站中進行查詢或交易時，只要輸入使用者帳號及密碼，不需事先取得認證，就能夠執行相關作業，是目前多數網路交易所使用的線上安全機制。

SSL安全協定的主要特色，是在買賣雙方之間建立一個安全通道，來確保線上信用卡資料傳輸安全，其安全通道的建立方式如圖13-21所示。

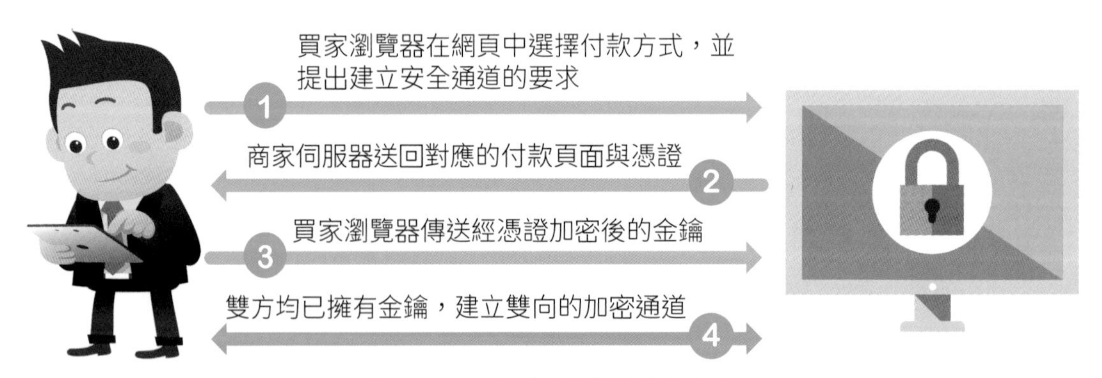

圖13-21　SSL安全通道的建立方式

SET

為了確保網路刷卡交易的安全性，VISA、Master Card、IBM、HP、Microsoft等公司，於1996年2月共同制定了**安全電子交易標準**(Secure Electronic Transaction, **SET**)，它是一種應用於網際網路上，以信用卡付款的電子付款系統規範。

有了SET，不但在網路上傳遞的資料不易被竊取，也保障了我們交易的安全。而SET已成為國際上所公認在Internet電子商業交易的安全標準。SET的架構主要是由**電子錢包(信用卡)**、**商店端伺服器(商店)**、**付款閘道(銀行)**和**憑證管理機構(政府)**等成員共同組合起來的，運用這四個成員，即可構成於Internet上符合SET標準的信用卡授權交易。

SSL機制雖然提供了完善的演算加密技術，使網路交易過程中得以保障資料傳輸的安全，但卻無法防範來自不肖網路商店的惡意盜用。但SET機制除了完備的演算加密技術外，更提供了嚴謹的多重驗證規範，在各個環節上均獲得安全的控制，讓消費者與網路商店都能得到相當程度的保障。

所以就安全層面上的考量，SET機制是比SSL機制略勝一籌。而SSL架構下的消費行為，直接由支援SSL的瀏覽器處理，不需另外申請認證，使用起來較為簡便；但SET機制就必須另外向認證公司取得認證，並且必須配合信用卡業務來進行線上交易，在程序上較為麻煩。SSL與SET的比較見表13-1所列。

表13-1　SSL與SET比較表

	SSL	SET
認證機制	只有商店端的伺服器需要認證，客戶端認證則是選擇性的	所有參與SET交易的成員(持卡人、商家、付款轉接站等)都必須先申請數位憑證來識別身分
設置成本	較低	較高(客戶端需電子錢包)
安全性	部分(只限客戶端至特約商店，客戶個人資料會在特約商店被解開)	全部(特約商店無法得知客戶個人資料，銀行無法得知客戶購買內容為何)
方便性	較高	較低
採用率	較高	較低

3-D Secure

3-D Secure驗證模式係由VISA、MasterCard及JCB等國際信用卡組織推出，是為改良SET安全標準而生，將資料的傳遞由原本SET架構的四方，減少為**發卡銀行區域**(Issuer Domain)、**收單銀行區域**(Acquirer Domain)和**跨作業系統區域**(Interoperability Domain)三方，因此稱為3-D Secure。

3D驗證方式又分為早期的**靜態密碼驗證**及目前較普遍的**動態密碼驗證**兩種驗證模式。靜態密碼驗證是指在網路上進行刷卡消費時，系統會自動跳出驗證視窗，消費者須輸入一組固定認證密碼才能進行刷付。而動態密碼驗證則是銀行會將**OTP** (One-Time Password，**一次性密碼**)密碼傳送至持卡人手機，結帳時線上輸入單次動態密碼進行驗證。因為OTP交易動態密碼是每次生成的，只能使用一次，因此具有較高的安全性。

13-5 網路帶來的影響與衝擊

網際網路的快速發展，大幅改變了人類既有的生活模式，時至今日，隨處可見網際網路在人類生活中的相關應用。網際網路應用為人類社會帶來了許多助益，也造成許多衝擊。

13-5-1 資訊超載與資訊焦慮

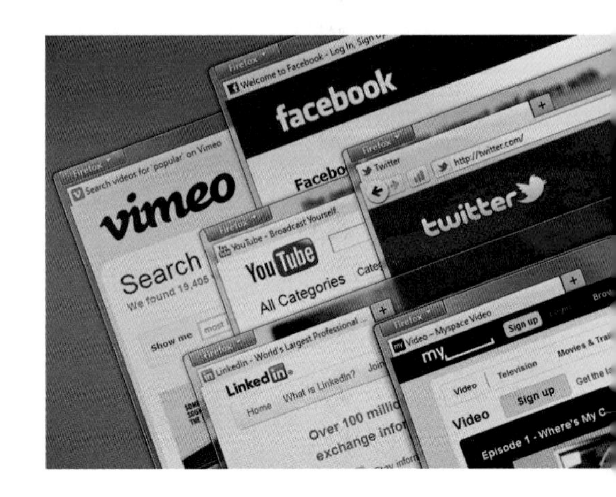

在這個資訊爆炸的時代，各種資訊在網路上流通，非常即時方便，卻也造成人們對於「資訊爆炸」的心理困擾。在現實生活中，日常工作已填滿一天的時間，每天卻都有回不完的E-mail，看不完的LINE訊息，回家邊看電視還得邊看YouTube影片，時時都處於接收資訊的狀態，龐大資訊造成的壓力排山倒海而來。

資訊超載

雖然資訊如此重要，但若未加以管理，就會形成資訊過多或缺乏資訊的情形。因為人類從環境接受輸入的容量是有限的，當人類所具有的內在過濾或選擇程序無法處理增加的資訊時，就會發生**資訊超載**(Information Overload)。

資訊超載會帶來各種負面影響，如錯失恐懼症、壓力過大等，而導致拖延，以及對工作與生活無感等。而如何有效的管理資訊，是許多人共同面臨的難題，為避免資訊超載，可以試試以下的方法：

- 允許自己忽略某些訊息，善用資訊管理工具(如Feedly、Google搜尋等)過濾資訊。
- 視需求快速瀏覽摘要與評論，抓住重點，將能有效篩選出需要精讀的內容，節省時間與精力。
- 減少社交互動、資訊豐富的社群網站及軟體的使用。
- 與團隊成員分工合作，決定好各自應掌握的訊息範疇，然後彼此分享。

資訊焦慮

藍斯．蕭(Lance Shaw)表示：「在我們這個對資訊狂熱，而且充分飽和的社會，已經開始出現一種病症，症狀是：一種偏執的迫使自己遍讀一切可讀之物，當吸收的閱讀量超過消化所需的能量時，超出的部分日積月累，最後因壓力與過度刺激轉化為所謂的**資訊焦慮症**(Information Anxiety)。」

COVID-19疫情使全球陷入不確定性，而關於疫情大流行的新聞、訊息也從不間斷，使得人人每天關注疫情最新消息，不管在哪都會檢查手機好幾遍，怕錯過任何一則通知，這些問題為人們的心理健康帶來了傷害，而出現資訊焦慮的情況。此時你可以試著這樣做：

- 限制新聞數量，留意閱讀內容，試著在特定時間查看新聞。
- 中斷社交媒體或關閉訊息提醒，如果你對社群媒體上的訊息不堪負重，請將其靜音，或者隱藏相關貼文。
- 安排例行活動並與周圍的人保持聯繫。
- 不要轉傳或散布恐慌性的資訊與照片。
- 以閱讀書籍、手寫創作取代使用各類的電子產品。

13-5-2 網路謠言及假訊息

你知道每天瀏覽的文章，有多少是網路謠言或假訊息嗎？這類的文章會無所不用其極的在標題或內容上動手腳，來引誘網友進入網站，但點進去之後，看到的往往是各種聳動激情、低素質、胡亂堆疊的資訊。趨勢科技指出，因COVID-19帶起的詐騙、假訊息及謠言層出不窮，光是在疫情傳播最高峰，所偵測到的數量即高達20萬則，暴增了203%。

網路謠言與假訊息都是**一種未經證實的訊息，它可能引起相當可怕的效應**。除了有心人士惡意散播網路謠言與假新聞之外，一般民眾在收到訊息時，可能沒有深入追查其來源與真實性，而又流傳給更多人知道，無心成為散布謠言的幫凶。若是錯誤的訊息透過口耳相傳一再散播，就可能造成他人權益的損害，甚至影響社會秩序。

假訊息的手法

假訊息並非只是明顯造假的內容或是可輕易辨別，其操作手法日新月異，結合各類的技術發展出複合式的假訊息。

- **諷刺揶揄與惡搞迷因：**常以玩笑、嘲諷形式於網路社群傳播，例如刻意竄改國小課本課文，內容抨擊政府教改政策讓臺灣教育墮落，並在LINE群組內大量流傳，原先單純無害的玩笑，反而漸漸演變成一種帶有仇恨性質且過度使用及醜化的工具。
- **圖文不符與錯誤敘事：**假訊息常常將不相干的內容套入到其他的真實圖像或影片，製成惡意虛假的故事。隨著影像處理知識與技術的提升，對圖片、影像的操作已越來越普及，或運用**深度偽造**(Deepfake)技術，冒用重要人士影像發表具爭議性言論的影片。例如YouTuber小玉遭爆，利用深度偽造換臉技術，將名人的頭像移花接木成色情影片牟利，不法所得逾新台幣上千萬元，震驚社會。

- **標題殺人與流量霸權**：流量的問題，造就了大量假訊息的**內容農場**，用各種合法、非法之手段大量、快速地生產品質不穩定的網路文章，改寫原本媒體的真實報導，利用聳動標題斷章取義，文章多半低素質、不具參考價值而且摻雜著許多廣告式的連結，以點閱數與流量換取廣告金錢收入，雖然其原始目的是為吸引大量瀏覽以賺取收益，但卻也成為假訊息操作的經常性手法之一。在這資訊爆炸的世代裡，慎選閱讀的內容非常重要，若無法判斷文章的真偽，最好的方法就是**不點擊、不分享、不轉貼**，別讓自己變成「會移動的內容農場」。
- **機器帳號與大量訊息**：透過機器人帳號大量散布訊息，以及網路社群演算法提高訊息曝光率的交互作用下，讓假訊息散布更加廣泛。

網軍

網軍是泛指**在各大社群散播訊息的人**，通常是受雇於特定政治背景的個人或組織，並為其刺探網路情報、輿論顛覆、帶動輿論風向者；另一種則是受雇於特定的民間企業，透過各種方式行銷、推廣特定人、事、物者。

網軍透過Facebook、LINE、Dcard、PTT等各大社群媒體及論壇進行發文宣傳，宣傳時，如果一直使用同一個帳號持續發布文章，很容易被揭發是固定人士在操作話題，因此就要透過不同帳號來進行發文，也就是所謂的**假帳號**或**幽靈帳號**，讓人以為有很多不同的人在討論這個話題，而不是特定單位在「**帶風向**」。

例如臺灣網路社群出現大量有關「蔡政府防疫」假訊息，調查局資安工作站追查發現，是境外敵對勢力先利用近20個「卡提諾論壇」帳號發布爭議訊息後，藉由臉書粉專以及近400個臉書假帳號分享、散布圖文形式及習慣用語以假亂真，惡意挑起國人對立，進而達成其特殊政治目的。

若網軍不能受控於一定的法律、職業道德規範下，那麼這種操控社群、操控人心的行為，很容易讓社會資源浪費，且導致憾事發生。例如有網友在PTT中散播臺灣旅客靠中國駐日使館脫困的假消息，並指責我國駐外人員態度差，間接造成駐外人員不堪輿論壓力選擇輕生以死明志。該事件經查核中心調查，網友涉嫌以每個月一萬元的酬勞雇用網軍，在論壇中帶風向，把網友們質疑駐日代表辦事不力的責任，藉由操控輿論栽贓轉移到駐日辦事處，最終遭檢警以侮辱公署罪起訴。

查證網路謠言

網路上流傳許多謠言、假訊息及假新聞，當收到存疑的內容時，宜獨立思考、小心查證，切勿任意轉發散布。看到論壇上某一個訊息，或看到任何一則新聞，可以先在網路上搜尋相關資訊，用不同角度了解全貌，並學會辨識真假，就比較不容易受到片面或偏執留言的影響，訓練自己的判斷力，避免被誤導者牽著走，**要有正確的認知，遠離虛假、垃圾訊息，並且看清真相。**

當收到存疑的內容時，趨勢科技提出了六個跡象可讓人辨別是否為假新聞：

1. 誇張聳動、讓人忍不住想點閱的標題，可能為惡意「點擊誘餌」
2. 可疑的網站地址，可能冒充真實的新聞網站
3. 內容出現拼字錯誤或網站版面不正常
4. 明顯經過刻意修圖的照片或圖片
5. 沒有附註發布日期
6. 未註明作者、消息來源或相關資料

表 13-2 列出幾個提供查證謠言及假新聞的網站。

表13-2　**查證謠言及假新聞的網站**

網站名稱	網址
MyGoPen這是假消息	https://www.mygopen.com
衛生福利部食品藥物管理署-食藥防騙專區	https://www.fda.gov.tw
台灣事實查核中心	https://tfc-taiwan.org.tw
食力foodNEXT	https://www.foodnext.net
Cofacts真的假的	https://cofacts.g0v.tw
LINE訊息查證	https://fact-checker.line.me
蘭姆酒吐司	https://rumtoast.com

13-5-3 網路犯罪

網路犯罪的定義是指以電腦及網路為一般犯罪之通訊連絡工具、以電腦及網路為犯罪之場所、以電腦及網路為犯罪之工具，只要符合上述條件其一者，即可稱為「網路犯罪」。

網路詐欺

網路詐欺是網路上最常見的犯罪行為，例如有些人會在網路上拍賣一些低價的物品，吸引消費者購買，而當消費者依指示將錢匯入對方帳戶後，卻沒有收到購買的商品，此行為可能涉及刑法第339條的詐欺罪。

網路援交

網路援交是指透過網路散播訊息，以尋求提供性服務來換取金錢的援助交際行為，透過網路這個溝通媒介，讓有意援交的兩方人馬可以約見時間與地點以進行交易，而這樣的行為其實已經觸犯兒童及少年性交易防制法。

按照該條文之規定，只要有散布、播送或刊登足以引誘、媒介、暗示或其他促使人為性交易之訊息，無須以「實際發生性交易」為必要，仍然構成犯罪，且交易雙方均依該條例處罰。

網路色情

常見的網路色情犯罪事件，是利用網路散播色情圖片，例如架設色情網站，並提供各種色情圖片、影片、利用電子郵件夾帶色情圖檔、利用網路相簿存放色情圖片等。而這些行為可能已觸犯刑法第234條的公然猥褻罪，以及刑法第235條之散布、販賣猥褻物品及製造持有罪等。

網路不當言論

在網路上以公開或匿名方式發表不實報導、網路恐嚇、公然毀謗或辱罵他人、侵犯他人權益、妨害他人名譽或留言霸凌他人等，都可能觸犯刑法的公然侮辱罪、誹謗罪，或是恐嚇罪等。

網路賭博

在網路上架設網頁，並提供賭博網站之功能，供群眾上網賭博財物者，就會觸犯刑法第268條的賭博罪。

入侵他人網站

未經過他人同意，非法入侵他人電腦系統，以竊取電腦內部重要或機密資料、偷取電玩虛擬寶物，或破壞或擅改電腦系統等，可能觸犯刑法第358條之入侵電腦或其相關設備罪，及刑法第359條的破壞電磁紀錄罪。

散布電腦病毒

在網路上散播電腦病毒，致使他人的電腦當機、檔案毀損或硬碟格式化等情形，可能觸犯刑法第360條之干擾電腦或其相關設備罪，及刑法第362條的製作犯罪電腦程式罪。

侵害他人智慧財產權

網路上有許多豐富的資源，包括文字、圖片、影音檔案等，這些資源雖然垂手可得，但它們仍然具有著作權，若是未經所有權人同意，是不能任意引用或改製的，以免不小心觸法。

散布假消息

在網路散布假新聞、假消息，可能構成刑法第310條毀謗罪、刑法第309條公然侮辱罪、刑法第151條恐嚇公眾罪、刑法第153條煽惑他人犯罪或違背法令罪等刑事責任。

另依內容則可能觸犯其他特別法，例如傳染病防治法第63條散布或傳播不實疫情消息罪、證券交易法第155條第1項第6款、第171條第1項及第2項意圖影響有價證券交易價格而散布流言或不實資料罪、災害防救法第53條散播有關災害之不實訊息罪、社會秩序維護法第63條散佈謠言罪；而網路轉貼文章，若有侵害重製權、散布權之行為，依著作權法第7章規定，亦可循刑事途徑論罪科刑。

13-5-4 區塊鏈的隱憂

區塊鏈應用的崛起，衍生出了新金融犯罪。區塊鏈分析公司Chainalysis在報告中指出，2022年非法加密貨幣活動總額超過6,000億元。Chainalysis發現不少DeFi的智慧合約與程式碼存在漏洞，只要有利可圖，駭客就會拼命鑽這些漏洞詐取虛擬貨幣。在140億美元的犯罪活動裡有32億美元屬於被盜案件，而在這32億美元中又有72%的被盜資金來自DeFi相關事件。

因為區塊鏈特性，有不少犯罪集團採用虛擬貨幣作為主要的贖金，例如鴻海遭勒索攻擊，駭客威脅交付1,804枚比特幣贖金。為避免虛擬貨幣淪為犯罪集團洗錢犯罪的工具，金管會正式實施《虛擬通貨平台及交易業務事業防制洗錢及打擊資恐辦法》，規範虛擬貨幣業者需遵循嚴格的認證與反洗錢程序。

13-5-5 暗網

在網路的世界，可以分為**明網**(Surface Web)及**深網**(Deep Web)兩大部分。一般來說，可以透過平常使用的Google、YouTube、Yahoo等搜尋引擎找到的未加密網站，即屬於明網；而內容無法被搜尋引擎找到的，例如個人電子信箱、Netflix串流服務平臺、FB帳號、公司的營運系統、學校內部的論文資料等，須有帳號密碼才能進入的網頁，則屬於深網。

暗網(Dark Web)也是深網的一部分，在深網的最底層，需要特殊的權限、特殊的瀏覽器、甚至特殊的裝置才能進入，它約佔全部網路內容的5%。要上暗網，必須要透過專屬的瀏覽器，如「**洋蔥路由器(Tor)**」，其連結網址是由一連串數字和字母所組成，最後以**.onion**結尾（例如Dream Market暗網市集的連結網址為eajwlvm3z2lcca76.onion），使用一般瀏覽器是無法連上的。使用Tor網路連線到其他網站時，需要透過層層節點，因此網站讀取速度會比較慢。圖13-22所示為Tor的官方網站，對Tor有興趣的讀者，可以至該網站下載瀏覽器。

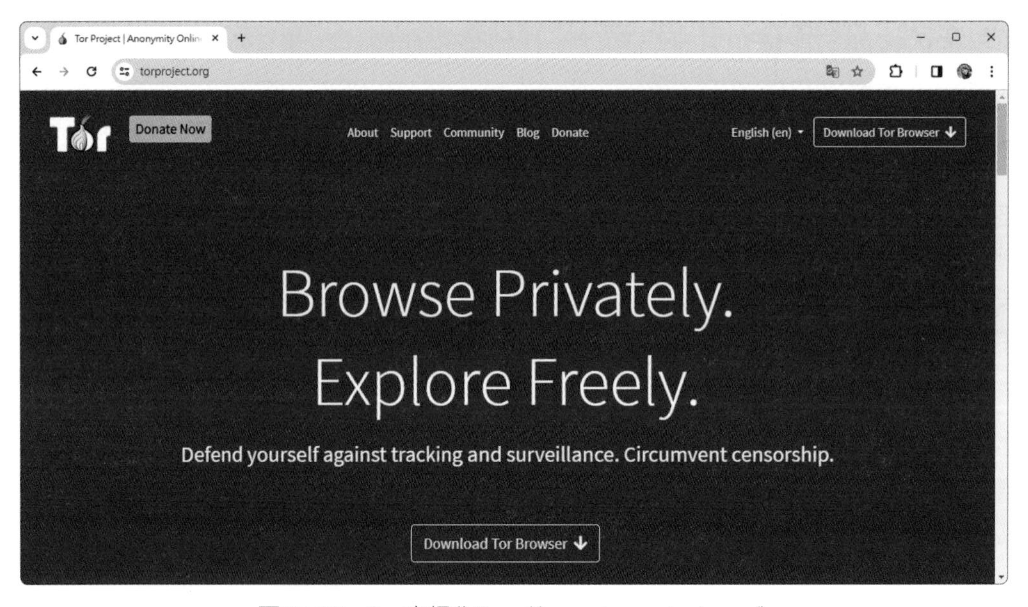

圖13-22　Tor官網(https://www.torproject.org/)

Tor原是由**美國海軍研究試驗室**(United States Naval Research Laboratory)所開發的瀏覽器，主要是為了讓在國外的間諜，可以藉由Tor進入暗網交換情報，藏身在一般用戶和暗網之中，以降低被他國機構追查到的可能性。使用者在Tor上的任何訊息，都會**像洋蔥一樣被層層加密，IP位址也很難被查出來，以達到匿名的效果**。

美國軍方公開了Tor的原始碼，讓一般民眾也能夠使用洋蔥路由器訪問暗網、架設暗網網站。由於暗網有**不易被追蹤**的特性，因此有許多不肖人士利用暗網的隱匿性，在暗網上從事非法活動，例如毒品、軍火、個資買賣、非法色情內容等黑市交易。

暗網中最知名的就是「**絲路(Silk Road)**」網站，該網站有點像匿名版的「蝦皮購物網站」，只不過網站上賣的不是生活用品或是衣服，大多是非法商品或服務，如毒品、武器、假鈔、個資等，該平臺是全球第一個要求用戶僅能使用比特幣作為唯一交易工具的平臺，如圖13-23所示。絲路於2013年遭美國聯邦調查局查禁，創辦人Ross Ulbricht兩年後被判無期徒刑。

圖13-23　絲路網站僅能使用比特幣交易(圖片來源：Nipitpon Sing Ad/Dreamstime.com)

除了絲路之外，近幾年已有多個規模不小的暗網交易市場，如華爾街市場 (Wall Street Market)、AlphaBay、Dream Market、DarkMarket、Hydra等，皆相繼遭到查獲下架，但仍有新的暗網交易市場後續崛起運作。

暗網是否如傳說中的邪惡，完全取決於使用者的使用方式，而許多網路公司，如Facebook也開發出了暗網版本，讓注重隱私的用戶也能安心使用。在暗網中的毒品、軍火等違法內容的販售網站，幾乎都是釣魚網站或詐騙網站，許多內容也暗藏惡意軟體或病毒連結，建議不要造訪違法、不安全的暗網網站。

在臺灣，單純使用Tor造訪暗網網站並沒有違法，但若在暗網上從事犯罪活動則一樣會觸犯法律。例如透過暗網向國外購買古柯鹼、大麻等毒品，已觸犯《懲治走私條例》第2條第1項的私運管制物品進口罪，以及《毒品危害防制條例》第4條第1項、第2項的運輸第一、二級毒品罪。

秒懂科技事

趨勢科技在 2024 年資安年度預測報告中指出，隨著技術躍進，企業紛紛開始轉向人工智慧 (AI)、機器學習 (ML)、雲端以及 Web3 等技術。這些突破性技術固然成為企業競爭的基本籌碼，卻也使得駭客攻擊找到新的武器或途徑。

在「生成式 AI」與「區塊鏈」等新興科技逐漸深入生活，以及「企業上雲」與「產業供應鏈緊密」的現代商業趨勢下，駭客攻擊手法也因這些新型態的結合而更進化。預測未來全球資安態勢將更加複雜詭譎，個人和企業均需提升資安意識，以因應未來的資安挑戰。

01 雲端環境的資安漏洞，讓雲端原生蠕蟲攻擊有機會大展身手

02 資料將成為攻擊雲端機器學習(ML)模型的武器

03 生成式AI 將使詐騙集團的針對性攻擊社交工程誘餌更具說服力

04 軟體供應鏈攻擊將成為供應商CI/CD系統安全的警鐘

05 駭客將前進區塊鏈領域，開發新戰場和勒索手法

Introduction to Computer Science

資訊素養與倫理

CHAPTER 14

14-1 資訊素養與倫理

在資訊科技快速發展的數位時代，人人都可以上網瀏覽資訊或發聲表達意見，因此網路上充斥著高速且大量的資訊，人們該如何面對與處理這些垂手可得的資源，學習資訊素養與資訊倫理便成為現在的重要課題。

14-1-1 資訊素養概念

資訊素養(Information Literacy)的概念是**美國圖書館學會**(American Library Association, **ALA**)的主席Zurkowski於1974年首次提出，是指個人能掌握並有效利用各種資源以利學習的能力。1989年美國圖書館學會之「資訊素養總統委員會」(Presidential Committee on Information Literacy)將資訊素養列入美國國民日常生活必備技能。

美國圖書館學會界定資訊素養係指個人能察覺到對於資訊之需要，並能有效地尋取、評估及使用所需資訊的能力，也就是具備有**確認**(to identify)、**尋獲**(to locate)、**評估**(to evaluate)和**使用**(to use)等四項運用資訊的能力，如圖14-1所示。

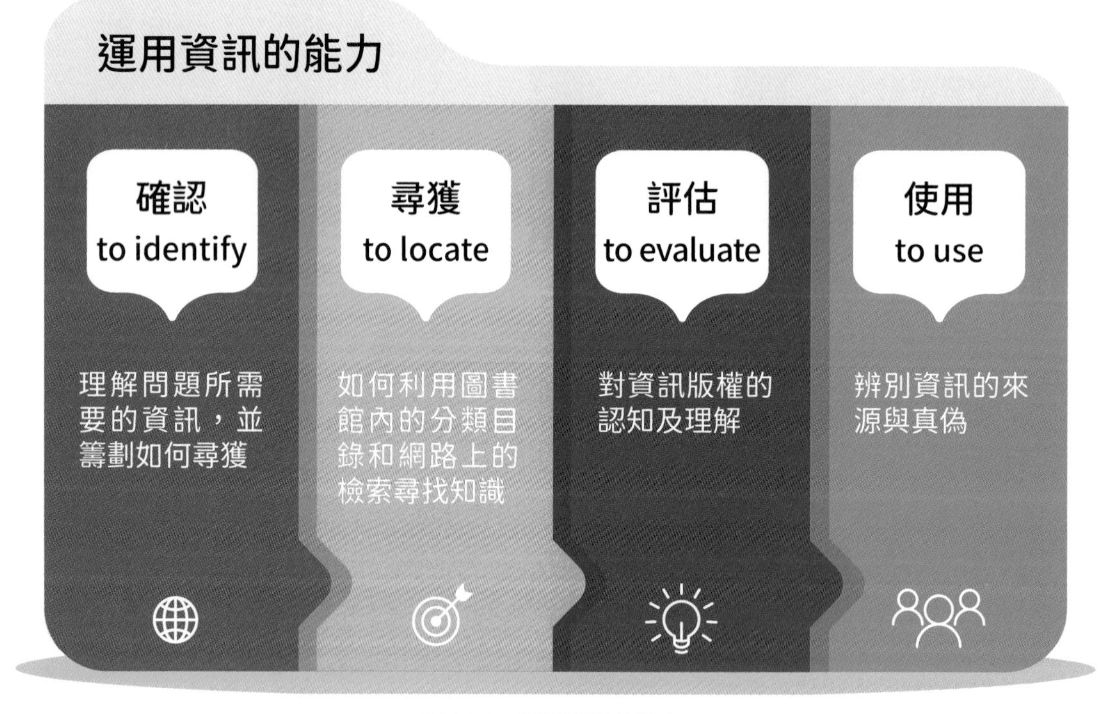

圖14-1　運用資訊的能力

14-1-2 資訊素養四種內涵

美國學者**麥克庫勞**(C. R. McClure)於1994年提出，資訊素養是利用資訊解決問題的能力，可分為**傳統素養**(Traditional Literacy)、**媒體素養**(Media Literacy)、**電腦素養**(Computer Literacy)、**網路素養**(Network Literacy)等四種能力，如圖14-2所示。

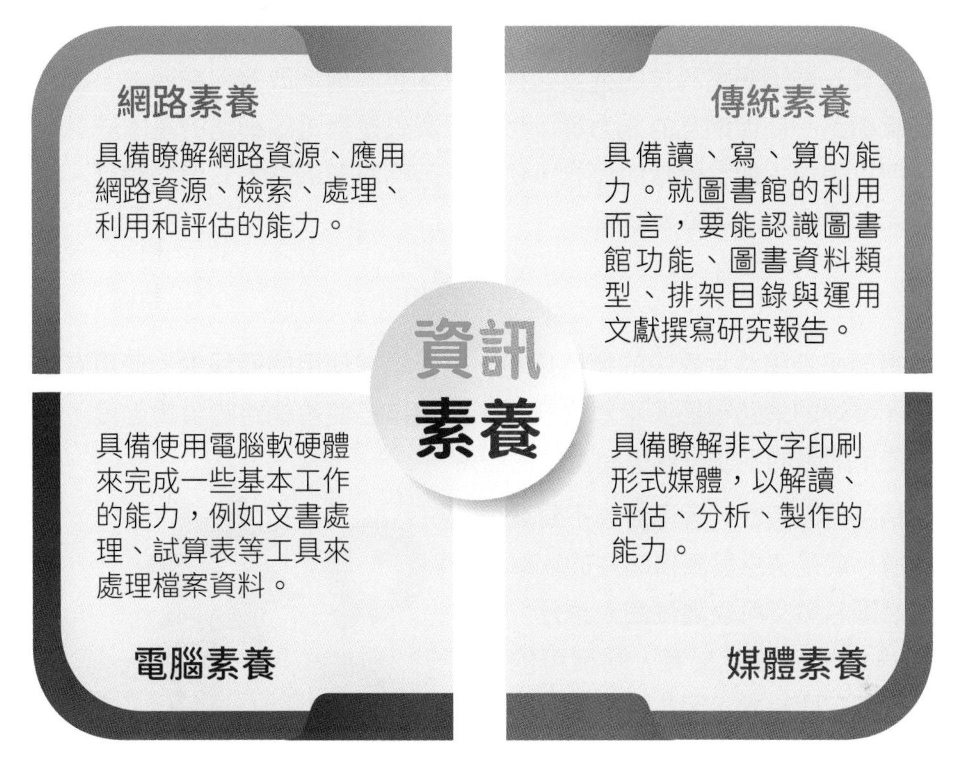

圖14-2 資訊素養的四種內涵(C. R. McClure, 1994)

資訊素養並非天生可得，而是必須經過學習。若我們能具備正確的資訊素養價值觀，在**合乎法律、道德、倫理之規範**下，以正確的**價值觀**應用資訊能力幫助自己進而有益社會，即可稱其具備良好的「資訊素養」，如圖14-3所示。

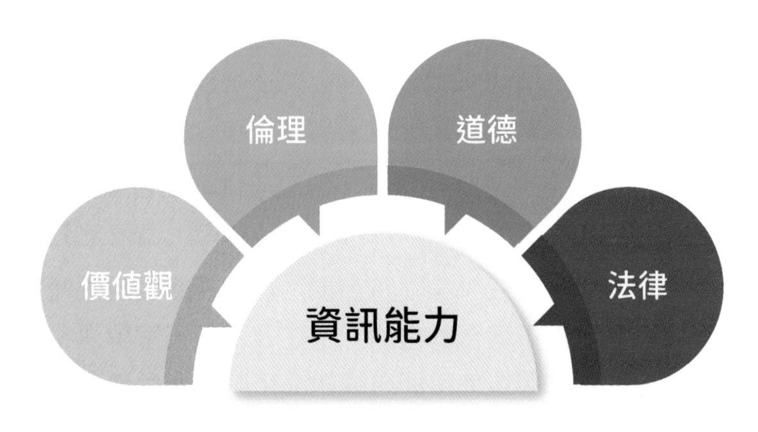

圖14-3 資訊素養概念圖

14-1-3 網路素養

網路素養是指在網路環境中，除了具備使用網路的基本知識和能力外，還能加以解讀、省思、應用，乃至於批判的能力，並安全且合乎倫理規範的使用網路資訊，以解決生活的問題。簡單的說，就是**能有效的使用網路資源，並安全、合宜、合禮、合法地使用網路**。

網路素養一詞因網路科技的進展迅速，意涵也不斷地改變。在過去，網路素養大多單指認識網路、使用網路的能力等，然而單單只是對電腦網路的基本認識與使用已經不夠，所以需加入網路倫理的概念，例如是否明瞭在網路上該怎麼說話、該怎麼自律、怎樣才不會觸犯法條等規範等。

網路禮節

網路禮節是指**網路世界中的禮儀規範，主要是在使用的過程中，使用者彼此間的互動禮儀**。良好的網路禮節表示尊重對方，展現自己使用網路的負責態度，以及避免帶給對方使用網路的不便及無意間產生的誤解。

由於網路的匿名性，容易流為不負責任的發言場所，或是恣意發表情緒性的攻擊與謾罵。雖然匿名發文可以隱藏個人身分，但仍可經由IP位址追蹤發文者，同樣可依誹謗或公然侮辱等罪論處。因此在網路上應對自己所寫的文字負責，不要讓網路只停留在情緒性的發洩，或造成他人閱讀的困擾。

以下列出了一些網路公民的基本網路禮儀原則：

- **友善發言且尊重：**發表言論或批評時不隨心所欲使用謾罵、嘲諷或污辱的字詞來抒發情緒，要**委婉、寬容與尊重的態度來表達自己的想法**。同時發文時，要注意文字內容是否適當斷行、斷句，並檢查是否有錯別字、文法是否正確。
- **信件撰寫或轉寄：**寄送電子郵件時記得填上對方的尊稱及署名。未經當事人同意，勿將私人往來的電子郵件公布於網路上。不傳送「連鎖信」、「幸運信」或是來路不明的「病毒警告信」。**轉發信件或訊息之前，應查證內容是否屬實，不傳播未經證實的訊息**。
- **遵守網站的規章：**使用留言板或討論區時，須注意站規或版規規範，**了解該網站的性質及主要內容，避免發出不適合的言論**。不在公眾聊天室解決私人事務、不強迫他人回答你的問題。在留言版或使用即時通訊交談時，避免使用火星文、注音字或是特殊縮寫，對方或許不瞭解這些文字的意思，閱讀起來可能十分困擾。

14-2 資訊倫理與 PAPA 理論

在資訊科技與通訊技術的快速發展下，為我們生活上帶來了許多的便利，也拉進了人與人之間的距離，但也產生了許多複雜的關係，及衍生了許多「**資訊倫理**」的問題。

Richard O. Mason於1986年提出了**資訊倫理**(Information Ethics)議題的研究，其中以**資訊隱私權**(Privacy)、**資訊正確權**(Accuracy)、**資訊財產權**(Property)、**資訊存取權**(Access)最受重視，而稱為**PAPA理論**。

14-2-1 資訊隱私權

網路的便利使得資訊的交換與流通十分容易，因此必須規範個人擁有隱私的權利及防止侵犯別人隱私，以確保資訊在傳播過程中能保護個人隱私而不受侵犯。

資訊隱私權是指**個人具有拒絕或限制他人蒐集、處理或利用個人相關資訊的權利**。無論是個人的姓名、身分證字號、病歷、財務資料，或者是在網路上所交談的對話、匿名所發表的文章等，都屬於資訊隱私權應保障的內容。

因網際網路的發展，人與人之間所傳遞的資訊也隨著增加，而在傳送的過程中，個人的資訊隱私也可能正被別人侵犯。所以，在**瀏覽或使用網站時，不要輕易洩露個人的資料，不要進入一些不知名的網站，才能避免隱私權外洩**。

現在很多網站為了表示尊重及保護個人的資訊隱私權，都會制訂隱私權保護宣告，在網站中宣告該網站對資訊隱私權的蒐集、使用與保護原則，如圖14-4所示。

圖14-4　陽明山國家公園網站(https://www.ymsnp.gov.tw/)的隱私權政策聲明

14-2-2 資訊正確權

網路上的資訊垂手可得，難以分辨這些資訊是否正確，因此**資訊提供者需負起提供正確資訊的責任，而資訊使用者則擁有使用正確資訊的權利**。

資訊爆炸的時代，每天都能從四面八方接收到各種新知，但哪些是真的，哪些是假的，愈來愈難判斷。波蘭的研究者**謝米斯瓦夫・華薩克**(Przemyslaw M. Wazak)等人，曾於2018年整理了波蘭2012年至2017年在臉書上的生物醫學資訊，發現4成都含有錯誤資訊，且被分享了45萬次。不正確/虛假訊息的影響，往往比正確/真實訊息更深也更廣。

根據路透社的全球數位新聞報告，來自38個國家受訪者中有超過55%的人對於自己的新聞真假辨識能力存疑。因此，我們要提升自己的**媒體資訊素養**，對於所接收到訊息的判斷能力及如何辨別真實與虛構的訊息，並培養隨手查證的精神，那麼就自然能夠獲得更好的資訊正確判斷力。

教育部建議可以使用「**5W思考法**」來判斷資訊的正確性。

14-2-3 資訊財產權

資訊的再製和分享他人成果是相當容易的，所以應維護資訊或軟體製造者之所有權，並立法規範不法盜用者之法律責任，以保護他人的智慧成果。

當我們在使用電腦時，有些使用上的基本規範必須注意，例如尊重**智慧財產權**(Intellectual Property Rights, **IPR**)、不使用拷貝或未經合法授權使用的軟體、不可侵犯他人的智慧成果等。

不管是作業系統還是應用軟體，只要是購買的軟體，皆訂有**使用者授權合約**(End User License Agreements, **EULA**)，合約中會規範該軟體可安裝的電腦數目，或可連線的使用者數目等，若使用者違反了授權合約內容時，就屬於非法使用的行為。

在網路上或是市面上的軟體，都是有**版權**(Copyright)的，使用者需要購買，才能合法使用，但也有一些軟體是可以免費使用，以下簡單說明各種軟體的分類。

- **商業軟體(Commercial Software)**：一般市面上**銷售的軟體**皆屬於商業軟體，通常要使用商業軟體時，都需經過授權或是註冊手續，才能正常使用。
- **自由軟體(Free Software)**：指的是軟體本身的自由，而不是指價格免費。
- **共享軟體(Shareware)**：常出現於網路上讓使用者自行下載使用，有些共享軟體使用一段時間後，必須付錢或是寫信給作者；有些則是可以一直使用，但是使用過程中常會出現版權聲明的視窗或是功能限制，例如WinZIP、WinRAR等壓縮軟體，或是**一般試用版軟體**，都屬於共享軟體。
- **免費軟體(Freeware)**：有些軟體的創作者會將自行設計好的軟體，放在網路上讓使用者免費下載使用，而不需要付任何的費用。例如每年財政部國稅局都會提供報稅程式讓納稅義務人下載使用，而這個軟體就屬於免費軟體。
- **公共財軟體(Public Domain Software)**：有些軟體**已過存續期限50年**(著作權人過世50年後)時，即可歸為公共財軟體，此種軟體不具有著作權，使用者不需付費即可複製使用。

14-2-4 資訊存取權

資訊存取權是指**每個人都可以擁有以合法管道存取資訊的權利**。例如合法付費下載電子書閱讀；依創用CC授權標章原則，合法且合理使用他人作品等。

1937年由美國聯邦政府顧問委員會所提出的**公平資訊慣例**(Fair Information Practices, FIP)，是資訊存取權的重要倫理原則，也是歐美國家隱私法規的基礎，內容主要包含**告知**(Notice)原則、**選擇**(Choice)原則、**存取**(Access)原則、**安全**(Security)原則、**強化**(Enforcement)原則，合稱為NCASE，如圖14-5所示。

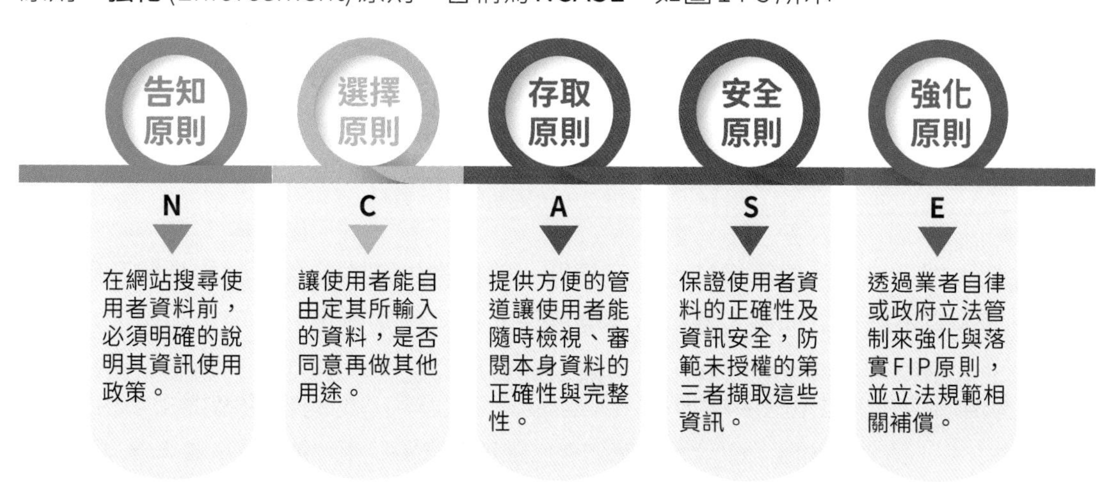

圖14-5 FIP主要原則

14-3 個人資料的保護

隨著科技的發展，資訊得以快速流通，存取也更加容易，當我們在享受這些便利時，也必須承擔個人資料外洩及被不當利用的風險。因此，個人資料保護的議題也就越來越受到重視。

14-3-1 個人資料保護法

我國在民國84年即公布施行《電腦處理個人資料保護法》，後為因應社會現況，於民國99年進行修法，擴大適用範圍，並更名為《**個人資料保護法**》，目前施行法則乃於民國101年10月1日起上路。

《個人資料保護法》的立法目的**為規範個人資料之蒐集、處理及利用，以避免人格權受侵害，並促進個人資料之合理利用**。而個資法中所定義的「個人資料」如圖14-6所示，明令此類資料除非特殊情形，不得蒐集、處理或利用。

圖14-6　個資法中所定義的個人資料

在個人部落格或臉書等網站上，可張貼一般日常生活或公共活動的合照及影音資料，只要內容不結合其他個人資料就不會觸法。但若違法蒐集、處理、利用或變造個資造成他人損害，或者意圖營利，都可處以刑責及罰金。表14-1所列為個人資料保護法之行為定義。

表14-1　個人資料保護法之行為定義

行為	《個人資料保護法》之定義
蒐集	指以任何方式取得個人資料。
處理	指為建立或利用個人資料檔案所為資料之記錄、輸入、儲存、編輯、更正、複製、檢索、刪除、輸出、連結或內部傳送。
利用	指將蒐集之個人資料為處理以外之使用。

個資法規範對象

- **公務機關**：依法行使公權力的中央或地方機關或行政法人。
- **非公務機關**：指政府機關以外的民間機關團體，包括所有自然人(也就是一般人)、法人(企業)及團體。

在蒐集、處理及利用個人資料時，都必須遵守個資法之相關規範，且違反個資法時，單位負責人及資料經手人都需面對民事、刑事及行政責任。

14-3-2 個資法案例

在蒐集用戶相關個人資料時，必須清楚載明個人資料蒐集的使用範圍及事由，若欲利用用戶資料作為特定目的之外的其他用途，則**必須經過用戶的書面同意，不得擅自使用**。若洩露消費者的個資，賠償金額最高可以達到2億元，最重可處五年有期徒刑。以下列舉常見的個資法案例。

網路「肉搜」、提供懶人包？

一般民眾從網路等管道搜尋資料(例如利用廣大網友提供線索找出虐貓者等基於公益的「人肉搜索」)，並無觸法之虞，但超出公共利益範圍的人肉搜索行為，就有可能觸法。

街頭攝影、拍照或公布行車紀錄器影像？

個資法第51條規定，若是單純為了個人或家庭活動，而去蒐集、處理或利用個人資料，就不在個資法的限制條件內，可以不用一一去向照片入鏡者，告知照片使用範圍及使用目的，而在公開場合拍攝的照片人物，沒有加上足以識別該人物的個人資料，就不違反個資法，但仍須注意肖像權的問題。

行車記錄器拍到的畫面大多是在路上，屬於公眾場合，依個資法第51條第1項第2款之規定：「於公開場所或公開活動中所蒐集、處理或利用之未與其他個人資料結合之影音資料」不適用個資法。因此，只要上傳影片的人不在影片添加其他個人資料，即不違反個資法。

學校在公布欄公告曠課學生名單(學生姓名、學號)?

可以公布。因為獎懲應符合學校辦理教育行政之目的,公布並不違法,但須注意應僅公布必要之個資。

學生求職時,公司要求學校提供該生在學成績等資料?

學校無法判斷該學生是否有到某公司求職,故應由學生先向學校提出申請,並由學生或學校直接提供給公司。

製作「Deepfake」換臉影片?

個人資料依規定包括任何足以辨識個人的資料,包括姓名、生日、特徵等。若影片內容可以清楚看到被害人的臉部,足以辨識是被害人本人,就是一種個人資料,且若非出於任何公益目的,依法就該對被害人負起「損害賠償」的責任。

此外,製作這樣的影片是為了讓自己獲得不法利益而濫用他人個資,也會同時觸犯個人資料保護法的「非公務機關非法利用個人資料罪」。

案例

YouTuber「小玉」使用AI Deepface軟體,將知名女藝人、政治人物、網紅的臉,移花接木到不雅影片上,經過新北檢偵查終結,小玉及助理莊姓男子被依《個人資料保護法》起訴。

檢警查出,小玉的莊姓助理負責在網路上下載被害人的照片、影片,並從中擷取被害人之「臉模」即人臉特徵,作為製作換臉影片素材,再由小玉使用「Deepfacelab」程式軟體中的人工智慧模擬演算及深偽(Deepfake)技術進行合成。

新北地檢署認定小玉及莊姓助理涉犯《個人資料保護法》第41條、第20條第1項之非法利用個人資料罪嫌、《刑法》第310條第2項加重誹謗罪嫌及《刑法》第235條第1項之散布、播送及販賣猥褻影像罪嫌。而被告二人共同以一行為,即蒐集個人資料非法利用、合成影片販賣、散播,致貶損各被害人名譽之一個整體犯罪歷程行為觸犯三罪,係屬想像競合犯,依《刑法》第55條前段之規定,從一重之非法利用個人資料罪處斷。

TVBS新聞網,2022/03/16,記者:李昱菫

網購留下的E-mail,店家可以用來寄送促銷訊息嗎?

網路平臺使用個人資料寄送促銷活動訊息的行為,若不符合當時取得E-mail的目的(提供購物明細),則違反個資法「比例原則」中的「合適性原則」,屬違法行為。消費者可以要求網路平臺刪除並停止使用個人資料,不可以拒絕要求。如果拒絕要求,可以向行政院消費者保護會申訴。

14-3-3 歐盟個人資料保護法

一般資料保護規範(General Data Protection Regulation, **GDPR**)是歐盟為了提升個人資料保護規範，並建立歐盟境內適用的規則，2016年通過，用來取代歐盟1995年**個人資料保護指令**(Data Protection Directive)，並於2018年5月25日生效施行。

GDPR的保護對象，無論是否屬於歐盟的公司，只要業務範圍有直接或間接對歐洲民眾的個資進行蒐集、處理、應用，都將強制遵守這個歐盟個資法的規定。GDPR保護的個資範圍如圖14-7所示。

圖14-7　GDPR保護的個資範圍

被遺忘權

GDPR中引入**被遺忘權**(Right to be Forgotten)的概念。歐盟對於被遺忘權的定義為：「**數據主體有權要求數據控制者永久刪除有關數據主體的個人數據，有權被網際網路所遺忘，除非數據的保留有合法理由。**」

2011年，一名西班牙男子到法院要求當地報章刪除一篇有關他16年前因陷入財政危機、無能力交稅而被迫拍賣物業的報導。該名男子雖然早已還清債務，但事隔多年，仍能在搜尋網站Google上搜尋到相關報導內容，男子認為相關搜尋結果影響到他的名譽。歐盟法院最終於2014年5月裁定Google敗訴，確立歐洲公民享有「被遺忘權」。

在GDPR第17條明定個資刪除權及被遺忘權，規定在下列情況下，當事人有權利要求立即刪除其個資。

- 依照原始處理個資之目的，已無必要保留個資。
- 個資原基於當事人之同意所蒐集處理，現同意已被撤回，且無其他處理之合法事由。
- 當事人行使拒絕權且無其他更重大之正當理由可以繼續處理個資。
- 個資被不合法處理。
- 依照歐盟或成員國之法律，相關個資應被刪除之。
- 未成年人過去同意提供給類似社交網站之資訊社會服務經營者之資訊。

同時，GDPR第17條也規定在幾種情況下，被遺忘權可能不適用。例如，刪除權與言論自由權相衝突時、資料被用於遵守法律義務、資料用於執行符合公眾利益的任務、資料為了科學、歷史或統計研究的公眾利益而封存，刪除可能會嚴重損害研究、資料是合法抗辯的一部分等理由，個人就無法主張其被遺忘權。

14-3-4 醫療資料的隱私權

因COVID-19疫情將AI技術推上防疫舞台，各國紛紛串聯大數據監控足跡或採用電子圍籬，進行科技防疫。許多國家都藉由數位身分來儲存醫療資訊，也使用疫苗護照來辨識使用者是否已經施打疫苗。但當**數位科技介入公共衛生與醫療健康體系，也引發了個人資料隱私的爭議及隱憂**。

有人質疑「個人生物資料」的隱私保障，擔心是否會成為藥廠的大數據。臺灣人權促進會與民間團體提出行政訴訟，質疑政府沒有取得人民同意、缺少法律授權，就將健保資料提供給醫療研究單位。民間團體批評，根據《個人資料保護法》，如果是**原始蒐集目的之外的再利用，應該取得當事人同意，而健保資料原初蒐集是為了稽核保費，並非是提供醫學研究**。

而另一方面，有些醫療研究者卻埋怨《個人資料保護法》阻礙了醫學研發。健保資料庫是珍貴的健康大數據，若能與醫療研究串接，做為學術研究，更符合公共利益。

臺灣的《個人資料保護法》在2012年就實施，問世遠早於AI時代，若仰賴現行規範，對於新興科技的因應恐怕不合時宜。醫療大數據運用於AI，多數是來自醫療過程中取得的醫療個人資料，無論是健保資料、病歷或各種檢查的影像或數據。

依《個人資料保護法》而言，性質上為特定目的之外的利用。對於臺灣而言，現行的《個人資料保護法》已不足以達成該法「**避免人格權受侵害**」、「**促進個人資料之合理利用**」兩大立法意旨。

智慧生醫

精準醫療(Precision Medicine)為各國生醫界極受重視的發展方向，隨著大數據及AI的快速發展，各國紛紛發展精準醫療。所謂的「精準醫療」是**透過生物醫學檢測**(如基因檢測、蛋白質檢測、代謝檢測等)**，將個資**(如性別、身高、體重、種族、基因檢測、蛋白質檢測、代謝檢測、過去病史、家族病史等)**透過人體基因資料庫進行比對及分析，並找出最適合病患的治療方法與藥品**。

對於此類敏感個資，是以「**告知同意**」及「**去識別化**」做為保護機制，但仍有不足，為了讓醫療資料能夠發揮用途，政府也正在研擬，用有限度且良好管控的方式，開放資料庫數據用做研究，試圖在保護患者以及生醫研究推展間取得適當的平衡。

中研院主導建置的「**臺灣人體生物資料庫**(Taiwan Biobank)」(圖14-8)，自2012年起經衛生署核發設置許可，正式開始收案。資料庫的目標為建置20萬名一般民眾及10萬名特定疾病患者之生物檢體及健康資料，提供學者申請使用，做為精準醫療的研究基礎。蒐集的資料包含參與者健康情形、醫藥史、生活環境資訊與生物檢體，長期追蹤參與者的健康變化情形與治療狀況，提供基礎研究所需要的資源，進行肺癌、乳癌、大腸直腸癌、腦中風、阿茲海默症等國人常見疾病研究。

圖14-8　臺灣人體生物資料庫網站(https://www.twbiobank.org.tw)

為維護資訊安全及民眾隱私，臺灣人體生物資料庫申請ISO相關認證，取得「**個資保護(ISO29100:2011)**」與「**資安管理(ISO27001)**」雙重國際認證，成為全臺30家登記許可的人體生物資料庫中，唯一同時獲得「個資保護」與「資安管理」雙重國際ISO認證的資料庫。

14-4 著作權議題

在資訊社會中，有些原則與法律是必須要遵守的，過度濫用或不正確使用電腦，都可能導致意想不到的慘痛後果。要如何才能得其利而不受其害呢？本節就來探討資訊科技該有的正確觀念及著作權合理使用原則。

14-4-1 認識著作權

我們平常欣賞或使用的文章、歌曲、圖畫、電腦軟體等，都是他人努力創作的成果，這些創作稱為「著作」，而著作權則是屬於此著作創作人所擁有。「著作權法」的立法用意除了保障著作人權益之外，也調和社會公共利益，促進國家文化發展。

著作權法賦予著作權人**著作人格權**與**著作財產權**兩種權益。

著作人格權

是著作權法賦予著作人因創作完成而取得的權利，包含了公開發表權、姓名表示權及禁止不當修改權。自然人及以法人為著作人之創作人，皆得享有著作人格權，且若著作人死亡或消滅，其著作人格權仍受保護。

著作財產權

是基於人類知識所產生的無形財產權，包括了重製權、公開口述權、公開播送權、公開上映權、公開演出權、公開傳輸權、公開展示權、改作權、散布權、編輯權等。創作者可以透過授權讓他人使用創作，並享有著作的經濟價值。

其中，著作人格權專屬於著作人本身，不得讓與或繼承。但著作人可將著作財產權全部或部分讓與給他人。

此外，著作權法主要是在保護該著作之表達，但並不包括其所表達之思想、程序、製程、系統、操作方法、概念、原理、發現等。例如：在腦海裡的概念或思想，因為別人無法感受到它的存在，故未達到成為著作的階段，所以概念和思想並不受著作權法的保護。

著作權的保障期間

依照著作權法規定，著作人於著作完成時即享有著作權。著作權法對著作人格權的保障是永久性的，不因著作人死亡而消失；而對著作財產權之保障期間，則為**著作人之生存期間及其死亡後五十年**。

14-4-2 著作權合理使用原則

著作權法雖**保護著作人之權益，亦必須兼顧社會大眾利用著作之權益**。因此，不得絕對地壟斷創作之成果，著作權法在特定情形下乃對於著作人之權益作限制與例外規定，允許社會大眾為學術、教育、個人利用等非營利目的，得於適當範圍內逕行利用他人之著作，此即所謂「**合理使用**」。

所謂著作權的合理使用，是指「著作權以外之人，對於著作權人依法享有之專有權利，縱使未經著作權人同意或授權，仍得在合理範圍內，以合理方法，自由且無償加以利用」之主張，在我國著作權法第44條至65條定有規範。

依據著作權法第65條對合理使用的認定，由下列四個標準綜合判斷：

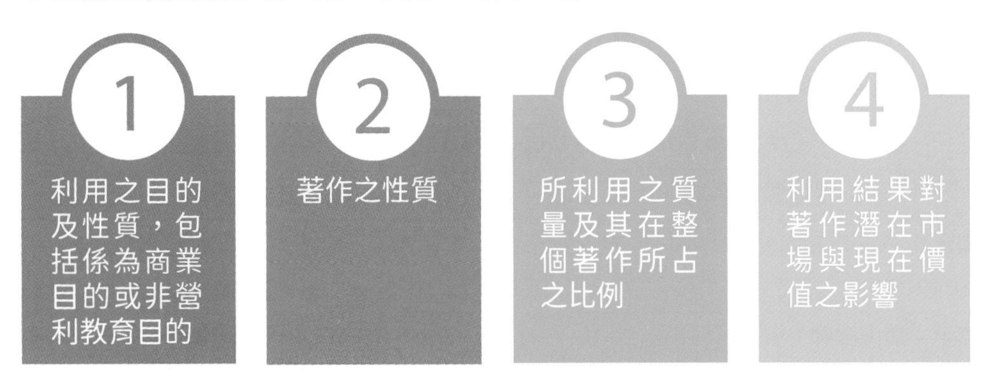

為了避免侵犯著作人之著作權，在使用他人著作時，先檢視自己是否合乎以下合理使用原則。

- **獲得同意權**：使用他人著作時最好**先獲得對方同意**，可使用授權書進行授權，授權書之內容最好包括：使用者、著作者基本資料、聯絡方式、使用目的、範圍等。若得到著作財產權人的授權，即可不用主張合理使用。
- **註明資料出處**：使用他人著作時，應依著作權法第64條規定註明出處、作者，但**並不是只要註明出處、作者，就是屬於合理使用**。
- **合理的引用量**：著作權法並無明文規定合理的引用量，故在引用時，應就**雙方互相尊重創作的原則，或是依授權書中相互約定的內容**而定。此外，如果是基於政府公務、司法、教育、新聞傳播、公益等**非營利目的，在適當範圍內使用他人著作**，可視為合理使用，但沒有營利意圖或行為，並非絕對免責的理由。
- **留意原作的著作權標示**：須注意原作是否有相關的**著作權標示**或**創用CC授權標示**。在著作上加註著作權標示，在著作權上可推定為該著作之著作人。例如：「**××公司版權所有 © 2022-2023 All Rights Reserved.**」，這段文字表示該公司對於該著作於上述期間享有著作權。而透過創用CC授權標示，則可將自己的作品釋出給大眾使用，同時也保障自己的權益。

14-4-3 創用 CC 授權標示

在著作權法中，著作人對其著作之規範都是以**保留所有權利**(All Rights Reserved)為主，任何「合理使用」之外的使用，皆須事先取得著作權人的同意授權。

但數位時代的來臨，網路上有許多的資源與資訊，若沒有清楚標示授權，要使用的人因為怕造成侵權行為，所以不敢任意使用，這對於歡迎別人複製、散佈、甚至修改其作品的創作者，反而造成困擾。

有鑑於此，法律學者Lawrence Lessig與具有相同理念的先行者，於2001年在美國成立了Creative Commons組織，提出了**保留部分權利**(Some Rights Reserved)的作法，Creative Commons以模組化的簡易條件，透過各種排列組合，提供六種不同的公共授權條款(表14-2)，創作者可以挑選出最合適的授權條款，透過標示，將自己的作品釋出給大眾使用，同時也保障自己的權益。

表14-2　Creative Commons Licenses 3.0 臺灣版各種要素組合與說明

授權條款名稱	授權要素條件設定圖案
姓名標示 Attribution	cc BY
姓名標示 - 禁止改作 Attribution-NoDerivs	cc BY ND
姓名標示 - 非商業性 - 禁止改作 Attribution-NonCommercial-NoDerivs	cc BY NC ND
姓名標示 - 非商業性 Attribution-NonCommercial	cc BY NC
姓名標示 - 非商業性 - 相同方式分享 Attribution-NonCommercial-ShareAlike	cc BY NC SA
姓名標示 - 相同方式分享 Attribution-ShareAlike	cc BY SA

各圖示說明	
姓名標示	您必須按照作者或授權人所指定的方式，表彰其姓名(但不得以任何方式暗示其為您或您使用該著作的方式背書)。
禁止改作	您不得變更、變形或修改本著作。
非商業性	您不得因獲取商業利益或私人金錢報酬為主要目的來利用作品。
相同方式分享	若您變更、變形或修改本著作，則僅能依同樣的授權條款來散布該衍生作品。

資料來源：https://tw.creativecommons.net

14-4-4 CC0 宣告

CC0 (**公眾領域貢獻宣告**)與其他創用CC授權不同，它提供另一種**不保留權利**的授權選擇，也就是著作權人在符合法律規定的最大範圍內，拋棄他們對各自著作的相關權利。標示CC0標章表示不設定任何限制條款，**任何人不需取得許可，皆可無條件自由使用該著作**(包含商業用途)。

有許多圖庫網站專門蒐集提供CC0授權的圖片、影片等素材，例如：Pixabay、Unsplash、Pexpel (圖14-9)、StockSnap (圖14-10)等，任何人皆可從網站中免費下載素材使用。

圖14-9　Pexels除了收藏大量 CC0 圖庫，也提供免費使用的影片素材 (https://www.pexels.com/zh-tw/)

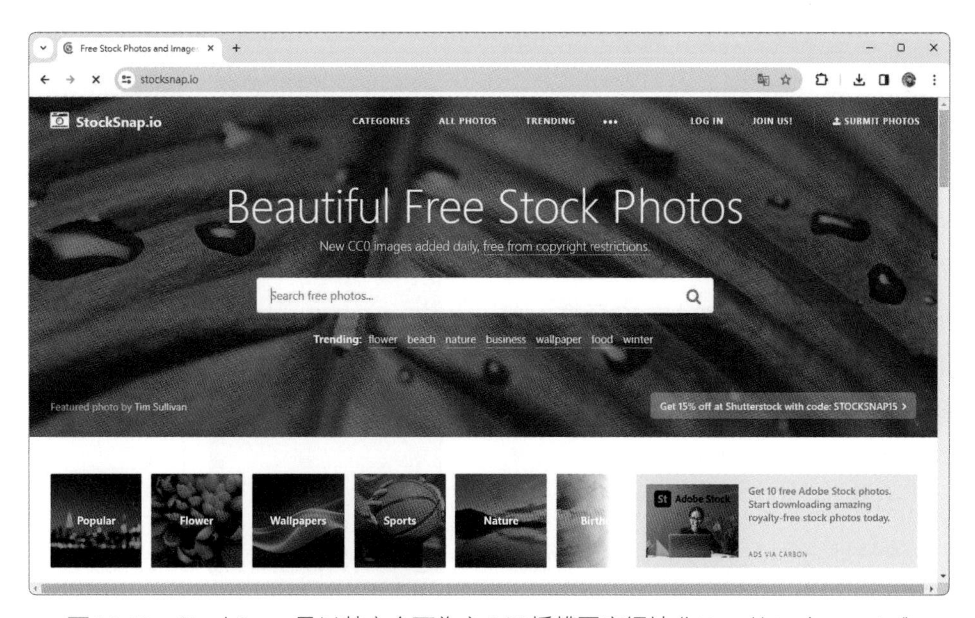

圖14-10　StockSnap是以英文介面為主CC0授權圖庫網站 (https://stocksnap.io/)

14-4-5 AI 創作著作權議題

人工智慧浪潮帶動生成式AI技術的迅速發展，各種生成式AI工具及服務如雨後春筍般出現，應用AI可生成文字、圖片、音樂、影像、……等各種形式的創作內容，讓創作變得更加輕鬆且如虎添翼，同時卻也引發前所未見的著作權相關問題與爭議。

AI 能否享有著作權？

依照《著作權法》第10條規定：「著作人於著作完成時享有著作權。」換言之，只有「人」才能作為著作權的主體。我國經濟部智慧財產局(簡稱「智財局」)曾明確表示：「著作必須出自於自然人或法人，創作才能受到著作權保護。」由於AI不具有法律上的人格，因此AI的自主創作便無法擁有著作權。

AI 生成之創作是否為獨立著作而受著作權法保護？

隨著生成式AI的崛起，應用AI可生成文字、圖片、音樂、影像、……等各種形式的創作內容，使得AI著作權的爭議日益複雜。總結來說，AI生成作品是否受到著作權保障，其關鍵在於**有無「人類精神創作」**來決定。倘若人類僅單純下指令而未投入精神創作，而由生成式AI模型獨立自主運算生成之全新內容，則該AI生成內容不受著作權法保護。但若生成內容包含自然人或法人具有創作的參與，AI僅視為輔助創作之工具，則該成果內容則受著作權法之保護，其著作權由該自然人或法人享有。

此外，若AI生成係使用人類原始著作做為訓練內容，由AI將所輸入的內容予以重製再現，則該內容之著作權仍歸屬於原始著作之著作人，不會產生新的著作權。特別要注意將受著作權法保護之著作輸入AI模型進行訓練之行為涉及「重製」，應取得該原著作權人同意或授權，始得為之。

YouTube 影音平台規範 AI 生成影片須加上特別標註

當生成式AI不再遙不可及，許多影音創作者開始使用AI進行節目或音樂影片創作，例如：仿歌手聲音的AI生成音樂、AI生成的虛擬相片或影片。為避免觀眾被假以亂真的生成內容誤導，YouTube提出了新的規範，要求創作者須在加入AI生成素材的影片中特別標註(圖14-11)，讓視聽者可以更清楚地識別AI合成的影片內容。

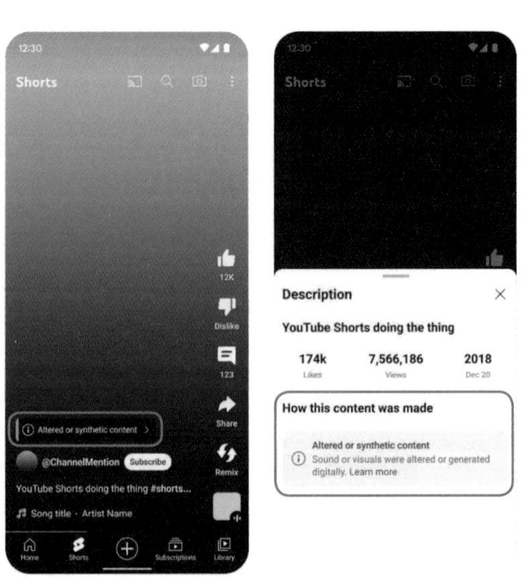

圖14-11 YouTube規範平台創作者須對使用AI生成素材的影片加註標籤

14-4-6 NFT 著作權議題

虛擬資產正在逐步擴大，從音樂著作、虛擬土地、遊戲寶物、數位藝術品、球員卡、網域名稱等，通通都能發行為NFT進行販售，如圖14-12所示。NFT熱潮也引發了數位資產和網路版權的爭論。雖然**擁有了數位資產的所有權，但卻不見得擁有著作權**。所以，消費者在購買該NFT產品後，若進行其他利用行為時，例如改作圖像內容、商業使用等，仍可能會侵害到原作者的權利。

圖14-12　許多項目都能發行為NFT進行販售(圖片來源：Elenabsl/Dreamstime.com)

一般來說，NFT所採用的技術，記載了產品的資訊，但不保證產品為「真跡」，有可能是他人將原創者的作品，私自上架或改作為NFT產品，而侵害了原創者的權利。

例如抄襲者直接將**無聊猿遊艇俱樂部**(Bored Ape Yacht Club, **BAYC**)系列圖像，未經加工直接複製，並取了一個極其類似的名稱，鑄造為NFT發行，後來雖遭平臺下架，但抄襲項目仍已銷售一空。

還有多位知名的資安專家發現自己的肖像在未經同意下被鑄造為NFT，並命名為「Cipher Punks」發行販賣(圖14-13)。最後發行者因為Twitter (後更名為X)上的強烈反對聲音，發表道歉聲明，決定完全關閉這項產品，並退還消費者購買的費用。

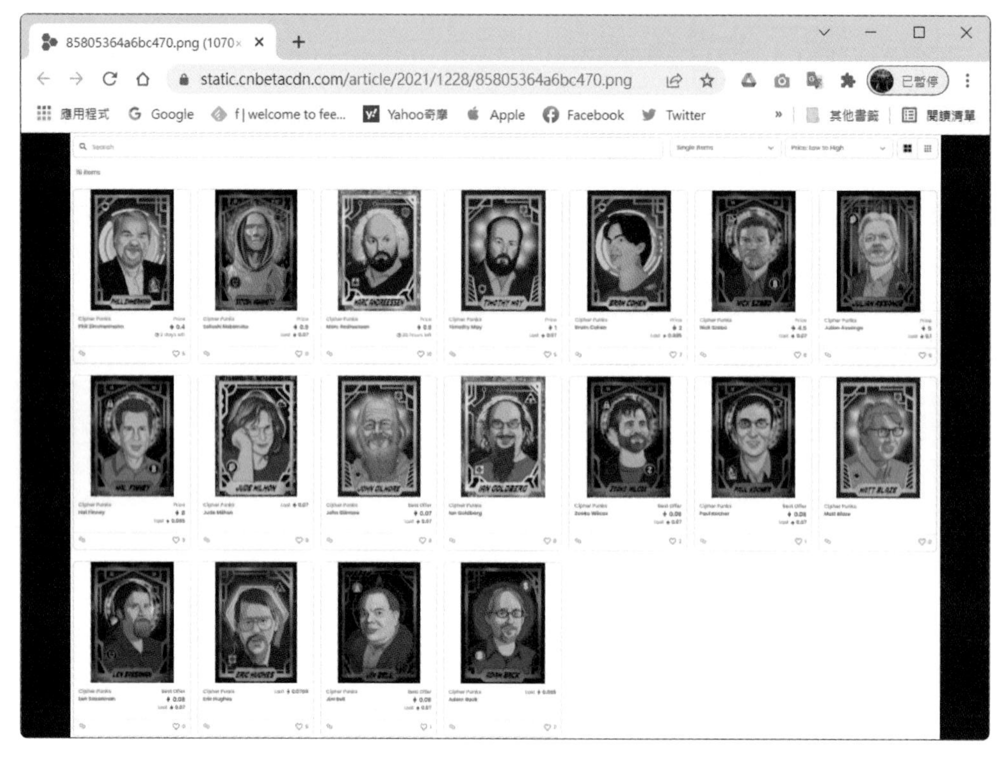

圖14-13　Cipher Punks

NFT交易平臺Cent執行長Cameron Hejazi認為目前NFT市場有三個主要問題。

- 用戶販賣未獲得授權的NFT。
- 用戶抄襲別的內容而製作的NFT。
- 用戶販售有安全疑慮的NFT。

全球最大NFT平台OpenSea也表示，**目前市面上有八成以上免費NFT，大部分都有抄襲、假冒和詐騙的問題**。

交易平臺雖不斷禁用違規用戶，但違法行為仍不斷出現。Cameron Hejazi認為Web 3.0的世界都有這樣的隱憂，去中心化的缺點就是**缺乏審查管理**，雖然區塊鏈能確保流通的資訊不易被篡改，但卻沒辦法審核一開始就有問題的資料。

因此，在購買NFT時，要留意項目本身著作權的授權條款，絕對不是買了NFT就能對它任意使用。在NFT交易平臺上，大都會有授權條款說明，例如佳士得(Christies)拍賣網站的條款中，載明對得標者不提供任何保證會取得作品的著作權或重製權；日本藝術家村上隆所訂立的條款中，也特別標註購得NFT者並不擁有版權，購買者擁有轉售NFT權力，但不能運用該圖像做為商業利用。

目前市場上所進行的NFT交易，買家於法律上難以取得數位作品的所有權或著作權，大多是取得數位作品利用之非專屬授權，可以在數位作品旁標示自己的姓名，以示自己為該NFT數位作品之買家。

14-4-7 梗圖著作權議題

網路上流傳的迷因梗圖，大多是創作者在電影劇照、相片、圖畫、影片上加入有趣的圖文，而這樣的行為若未經授權，則可能會構成侵權。若有取得著作權人授權，在創作這些梗圖時，還是要注意授權的範圍及是否有侵害**著作人格權**的疑慮。

關於梗圖著作權問題，經濟部智慧財產局說明如下：

一、電影或電視劇官方網站的圖片，如具有「原創性」及「創作性」，則為受保護的「美術著作」或「攝影著作」。**若將該等圖片改成迷因(meme)或梗圖形式，發布於網路自媒體，已涉及該等著作之「重製」、「改作」及「公開傳輸」行為**，除有符合著作權法第44條至第65條合理使用規定之情形外，縱使與產品販售無關，仍應取得著作財產權人的同意或授權，始得為之，否則可能涉及著作權侵害而有民、刑事責任。

二、**將圖片予以改作，置於社交網路上流傳，藉以嘲諷、kuso時事，在學理上稱作「詼諧仿作」**，依本局行政解釋(電子郵件1040414參照)，此種利用原則上已與原著作所欲傳達之目的或特性有所不同，而具備所謂「轉化性之利用」；如依我國著作權法第65條第2項主張合理使用，須參酌其利用之目的及性質、所利用著作之性質、質量及其在整個著作所占比例、利用結果對著作潛在市場與現在價值之影響等要件，如不致影響原著作權人之權益，有依該條規定主張「合理使用」之空間，併提供參考。

三、惟由於著作權係屬私權，所詢行為是否構成合理使用，如有爭議，仍須由司法機關於個案具體事實調查證據認定之，尚無法一概而論。

資料來源：https://topic.tipo.gov.tw/copyright-tw/cp-407-876485-34457-301.html

例如吉卜力工作室釋出了400張劇照，瞬間引爆各種梗圖的創作，但400張劇照，僅有授權大眾在「**常識の範囲でご自由にお使いください**」(**在常識範圍內得自由使用**)(圖14-14)，因此若將劇照用於營利行為，就很有可能會違反授權範圍，而構成侵權。所以，為避免發生爭議，建議使用時仍應符合我國著作權法第65條「合理使用」之相關規範，改作的梗圖不宜在其上附上自己的姓名，也不宜使用嚴重扭曲著作人立場或違反公序良俗的字眼，當然更不要作為營利使用。

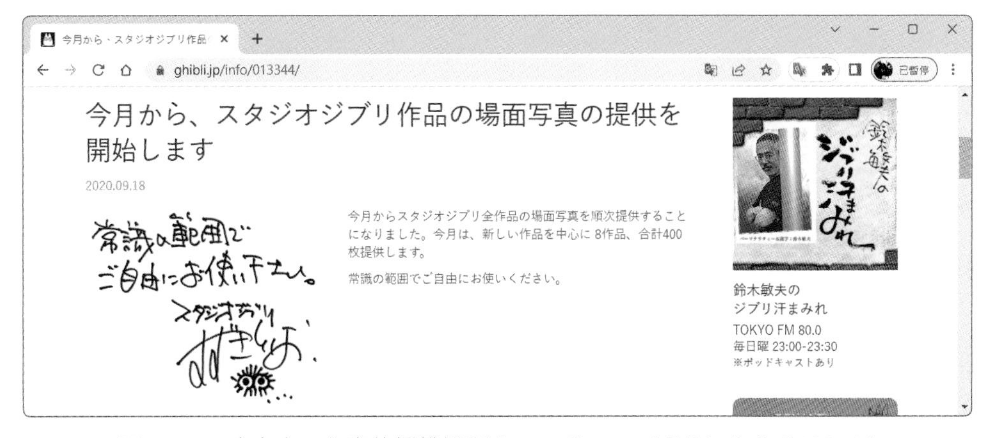

圖14-14　吉卜力工作室的授權說明(https://www.ghibli.jp/info/013344/)

台灣網路資訊中心(TWNIC)發表《2023台灣網路報告》，調查了臺灣網路使用現況、網路應用服務、新聞使用與公共議題討論、數位素養、數位落差等狀況。以下列出其中一小部分的調查結果，完整內容請掃描QR Code，連結至該網站觀看。

臺灣網路使用現況：行動寬頻與固網寬頻兩者增長率大致持平

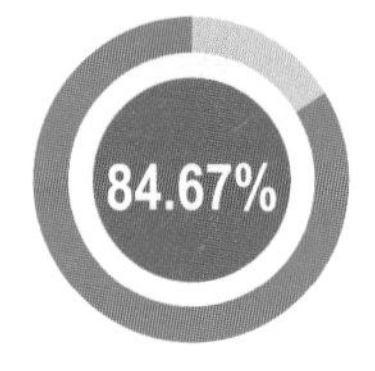

上網率

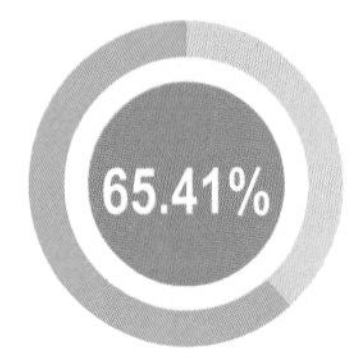

固網寬頻普及率

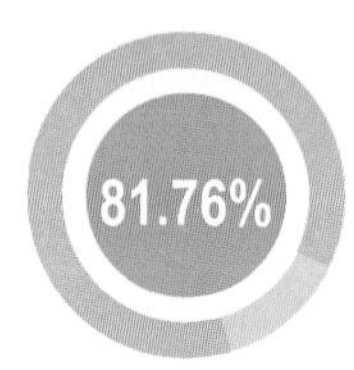

行動寬頻普及率

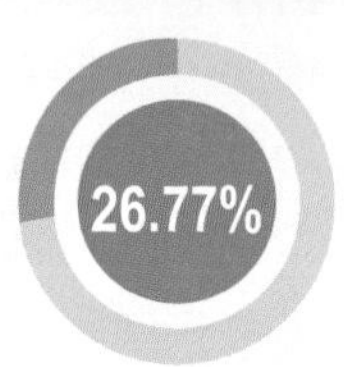

5G使用率

電子商務與網路金融服務的應用：以30-39歲年齡層比率最高

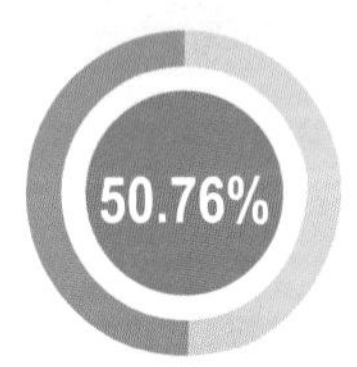

網路購物比率

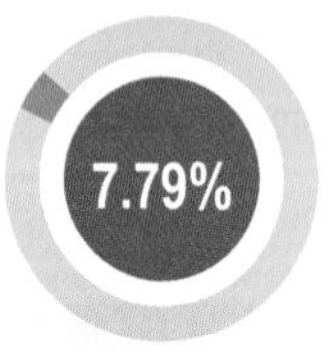

網路賣家比率

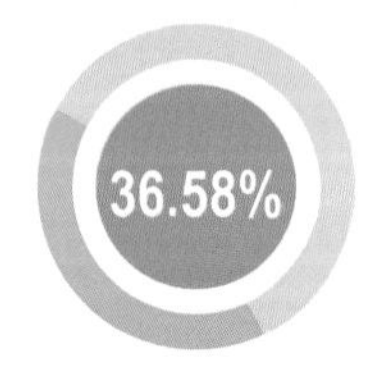

行動支付使用率

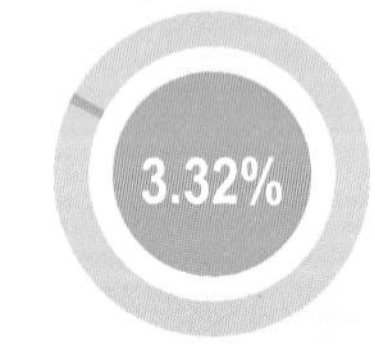

持有加密貨幣比率

數位素養：對自己評估假新聞能力有信心者低於沒有信心者

非常有信心

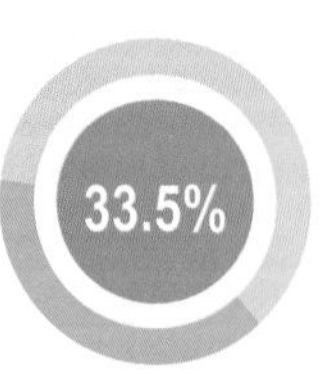

有信心

普通

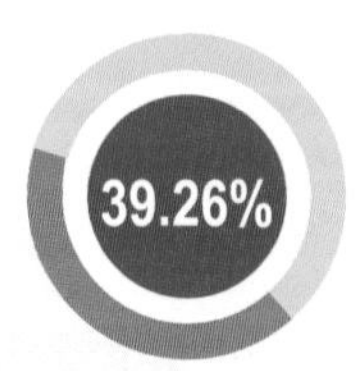

沒有太大信心

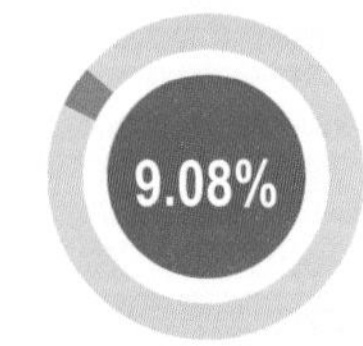

一點信心都沒有

資料來源：https://report.twnic.tw/2023/index.html

索引表
Appendix
A

數字

A

B

C

D

E

F

G

H

I

O

P

Q

R

S

T

U

V

W

Z

國家圖書館出版品預行編目資料

計算機概論：擁抱人工智慧新浪潮/全華研究室, 王麗琴,
郭欣怡著. -- 十版. -- 新北市：全華圖書股份有限公司,
2024.04
面；　公分
ISBN 978-626-328-908-6 (平裝)
1.CST: 電腦
312　　　　113004508

計算機概論－擁抱人工智慧新浪潮（第十版）

作者／全華研究室 王麗琴 郭欣怡
發行人／陳本源
執行編輯／王詩蕙
封面設計／楊昭琅
出版者／全華圖書股份有限公司
郵政帳號／0100836-1號
圖書編號／0627809
十版一刷／2024年04月
定價／新台幣 600 元
ISBN／978-626-328-908-6 (平裝)
ISBN／978-626-328-902-4 (PDF)
全華圖書／www.chwa.com.tw
全華網路書店Open Tech／www.opentech.com.tw
若您對書籍內容、排版印刷有任何問題，歡迎來信指導book@chwa.com.tw

臺北總公司(北區營業處)
地址：23671新北市土城區忠義路21號
電話：(02) 2262-5666
傳真：(02) 6637-3695、6637-3696

南區營業處
地址：80769高雄市三民區應安街12號
電話：(07) 381-1377
傳真：(07) 862-5562

中區營業處
地址：40256臺中市南區樹義一巷26號
電話：(04) 2261-8485
傳真：(04) 3600-9806（高中職）
(04) 3601-8600（大專）

得分

全華圖書(版權所有，翻印必究)

計算機概論‧擁抱人工智慧新浪潮

CH01 資訊科技新未來

班級：＿＿＿＿＿＿

學號：＿＿＿＿＿＿

姓名：＿＿＿＿＿＿

◆ **選擇題(每題5分)**

(　　)1. 下列何者不是造成資訊科技負面的影響？ (A)犯罪與安全威脅　(B)對電腦系統過度依賴　(C)健康傷害　(D)生產力降低。

(　　)2. 工業5.0是由工業4.0的技術為基礎發展而來，下列何者不是工業5.0的主要特色？ (A)強調個人化的定制生產　(B)以人工智慧為關鍵技術　(C)以電子和IT技術實現自動化　(D)強調人機協作。

(　　)3. 下列關於「量子科技」的敘述，何者正確？ (A)量子電腦的概念是由馮紐曼所提出　(B)量子位元必須在接近絕對零度的環境下運作　(C)運算能力仍不及現今最快的超級電腦　(D)量子電腦的糾纏特性，可使量子位元同時擁有0與1兩種狀態。

(　　)4. 根據美國理論物理學家約翰‧普雷斯基爾(John Phillip Preskill)對「量子霸權」的定義，預估當量子電腦發展到多少量子位元時，就能超越傳統電腦的運算能力？ (A) 10　(B) 30　(C) 50　(D) 100。

(　　)5. 下列關於「遠距教學」的敘述，何者有誤？ (A)可使用Google Meet軟體進行線上教學　(B)只能在同一時間同時上線進行即時互動教學　(C)一種隨著網路系統而發展的新興教學方式　(D)實現無所不在的學習環境。

(　　)6. 下列關於「MOOCs」的敘述，何者有誤？ (A)又稱磨課師　(B)是國內外大學興起的小規模線上封閉課程　(C)教師以5~10分鐘的分段影片課程進行教學　(D)學生可以依自己學習的速度安排學習。

(　　)7. 下列何者不是未來移動的「A.C.E.S」關鍵趨勢？ (A) Artificial Intelligence (人工智慧)　(B) Connected (車聯網)　(C) Electric (車輛電氣化)　(D) Shared (共享交通)。

(　　)8. 根據美國汽車工程師協會對自駕系統自動化程度的畫分，車輛若能在特定區域或路段下，透過自動駕駛系統自主操作，完全不需要車主介入控制，算是符合哪一個自動化等級？ (A) Level 3　(B) Level 4　(C) Level 5　(D) Level 6。

(請沿虛線撕下)

(　　) 9. 透過Apple CarPlay，便能將iOS裝置與車子連接，透過車上系統使用手機導航或播放音樂。這是屬於車聯網中的何項應用？(A) V2I　(B) V2V　(C) V2N　(D) V2D。

(　　) 10. 訓練飛行員可以運用何種電腦科技來避免人員與飛機的實際損失？(A)虛擬實境(VR)　(B)電腦輔助製造(CAM)　(C)無線射頻辨識(RFID)　(D)電腦輔助設計(CAD)。

(　　) 11. 以下何項技術最適合用於在現實世界中添加虛擬物體？(A)虛擬實境(VR)　(B)擴增實境(AR)　(C)混合實境(MR)　(D)延展實境(XR)。

(　　) 12. 下列何者不是「元宇宙」的必備要素？(A)互動性　(B)獨立經濟體系　(C)虛擬世界　(D)封閉性。

◆ 填充題（每格5分）

1. ______________是指依照科技與通訊的接觸程度不同，不同的國家、企業、特定族群甚至個人，也會因數位科技導入程度不同，而產生資訊科技資源應用與分配不均的現象。

2. ______________是指實體產品或系統的虛擬分身，藉由感測器蒐集實體產品的資料，提供給軟體世界中的虛擬分身，可用來模擬實體狀況或監控其變化。

3. 現今電腦基本架構，是將程式與資料儲存在電腦主記憶體中，再依序執行指令及存取資料，此為約翰．馮紐曼所提出的______________概念。

4. 近代知名理論物理學家________________________________提出利用量子系統來實現通用計算設備的概念，為量子電腦概念之始。

5. 量子電腦的最小儲存單位為____________________。

6. ______________是指透過線上或線下課程，幫助學員在短期間內完成某一特定領域課程，並取得認證的計畫課程。

7. 利用網路與多媒體來突破空間的限制，將系統化設計的教材傳遞給學習者的教學過程，稱為______________。

8. ________________是一種綜合VR與AR之間的模擬實境技術，可透過真實動作與虛擬影像進行體感互動。

得 分

全華圖書（版權所有，翻印必究）

計算機概論・擁抱人工智慧新浪潮

CH02 人工智慧與機器人

班級：＿＿＿＿＿＿

學號：＿＿＿＿＿＿

姓名：＿＿＿＿＿＿

◆ 選擇題（每題5分）

(　　) 1. 英國科學家艾倫・圖靈(Alan Turing)提出的圖靈測試，是用來評估一個機器是否能夠展現下列何項能力？(A)龐大資料庫　(B)快速運算　(C)人類智慧　(D)分散式處理。

(　　) 2. 下列關於「專家系統」的敘述，何者有誤？(A)通常只針對特定領域進行問答　(B) MYCIN是一款醫療診斷專家系統　(C)知識庫為主要核心，儲存用以解決處理問題的知識　(D)第三波人工智慧的發展主軸。

(　　) 3. 下列關於人工智慧發展之敘述，何者有誤？(A)目前人工智慧發展的核心技術為專家系統　(B)第一波人工智慧的發展，試圖將人類思考邏輯寫入電腦程式以解決特定問題　(C)第三波以神經網路做為機器學習的基礎技術理論　(D)起源於1956年的達特茅斯會議。

(　　) 4. 人工智慧的發展通常包含多種技術領域，下列何項技術最不相關？(A)機器學習　(B)知識發現　(C)自然語言處理　(D)雲端運算。

(　　) 5. 像ChatGPT聊天機器人這種經過訓練，用以執行特定作業的AI，是屬於下列何種人工智慧系統？(A) AZI　(B) ANI　(C) AGI　(D) ASI。

(　　) 6. 下列關於「監督式學習」的敘述，何者有誤？(A)從成對的問題或答案中找到規則　(B)資料包含多個特徵值，與其對應的標籤　(C)適用於沒有經過人為標註過的資料　(D)較耗費人力成本。

(　　) 7. 圍棋機器人依照人類對手的反饋修正自己棋路，在機器學習中，這是屬於下列何者？(A)監督式學習　(B)半監督式學習　(C)非監督式學習　(D)強化式學習。

(　　) 8. 神經網路將數個神經元集結成「層」，下列何者不屬於深度學習神經網路的三個層面？(A)輸入層　(B)隱藏層　(C)表現層　(D)輸出層。

(　　) 9. 下列何者是一種「有記憶體」的神經網路，適合運用在與時間有關及需要參考前後文的應用？(A)標準神經網路　(B)卷積神經網路　(C)循環神經網路　(D)長短期記憶神經網路。

(請沿虛線撕下)

(　　) 10. 下列關於「生成對抗網路」的敘述，何者有誤？ (A) 英文縮寫為GAN　(B) 由蒙特婁大學博士生Ian Goodfellow提出　(C) 是由生成網路及鑑別網路所組成　(D) 其主要功能是預測。

(　　) 11. 下列關於「ChatGPT」的敘述，何者有誤？ (A) 由OpenAI開發的AI聊天機器人　(B) 能處理複雜的自然語言　(C) 是一項語音生成式AI服務　(D) 可使用中文進行輸入對話。

(　　) 12. 下列何者與仿生機器人的主要技術領域較不相關？ (A) 生物學模仿　(B) 擴散模型　(C) 智能控制系統　(D) 感知系統。

◆ **填充題（每格5分）**

1. ________________在1956年的達特茅斯會議中，正式提出人工智慧的定義。
2. 1997年，IBM的超級電腦________________戰勝當時的國際西洋棋世界冠軍Garry Kasparov，成為首部在棋盤上擊敗人腦的電腦。
3. 機器學習的流程，依序為：定義問題、蒐集資料、________________、選擇並訓練模型、________________等五大步驟。
4. ________________是強化式學習的經典理論，其中心思想是「明天的世界只和今天有關、和昨天無關了」。
5. 卷積神經網路主要是透過輸入層、__________、__________、全連接層及輸出層，來模擬人類視覺的處理流程。
6. __________技術是一種透過人工智慧和深度學習的合成媒體技術，來合成媒體資訊，以生成高度逼真的假影像和假聲音，讓人難分真偽。

得 分

全華圖書（版權所有，翻印必究）

計算機概論・擁抱人工智慧新浪潮

CH03 數字系統與資料表示法

班級：________
學號：________
姓名：________

◆ 選擇題（每題5分）

(　　) 1. 電腦是採用何種數字系統？(A)二進位數字系統　(B)八進位數字系統　(C)十進位數字系統　(D)十六進位數字系統。

(　　) 2. 下列敘述何者正確？(A)某些二進位數字，無法以十進位數字表示　(B)八個位元可以表示128種二進位值　(C)以二進位表示數值資料時，一般均以數值的最右邊位元作為正負符號位元　(D)數值進行數系轉換時，一個十六進位數字等於四個二進位數字。

(　　) 3. 二進位數字系統的1001100.1轉換成十進位時，結果為何？(A) 20.2　(B) 65.25　(C) 76.5　(D) 73.625。

(　　) 4. 十進位數的29.5，若以十六進位表示，結果為何？(A) 1D.8　(B) 1D.9　(C) 1D.A　(D) 1D.B。

(　　) 5. 十進位數的−55，若以2'S補數表示，結果為何？(A) $10110111_{(2)}$　(B) $11010110_{(2)}$　(C) $11001001_{(2)}$　(D) $11001011_{(2)}$。

(　　) 6. 下列何種編碼系統可以支援多國語言？(A) ASCII碼　(B) EBCDIC碼　(C) BIG-5碼　(D) Unicode碼。

(　　) 7. ASCII編碼的字元符號雖然存放在一個位元組裡，但實際上只用了幾個位元來表示其字元符號？(A) 6　(B) 7　(C) 8　(D) 10。

(　　) 8. 以圖形的點線面等位置，透過數學運算來記載繪圖資訊，是屬於下列何種圖檔形式？(A)立體圖　(B)點陣圖　(C)向量圖　(D)矩陣圖。

(　　) 9. 下列有關影像色彩模型之敘述，何者正確？(A) RGB的混色方式稱為加色法　(B) HSB是以混合光的三原色來表示各種顏色　(C) CMYK之青色、洋紅色、黃色及黑色各以0~255的數值來表示　(D)電視、電腦及手機等螢幕呈現的色彩是使用CMYK的混色方式。

(　　) 10. 下列關於「聲音資料」的敘述，何者有誤？(A)聲音的產生主要是依據空氣中不連續變化的聲波所造成的　(B)音訊編碼的過程分為取樣、量化、編碼三步驟　(C)取樣是將連續的類比訊號轉換為不連續的數位訊號　(D)取樣解析度越高，表示取樣音質越好。

（請沿虛線撕下）

(　　) 11. 下列有關視訊之敘述，何者有誤？ (A) HDTV解析度可達1920×1080　(B) HDTV的長寬比為16:9　(C)影格速率指的是每秒顯示的影格數目，以bps為單位　(D)影像深度是指儲存每一像素所使用的位元數目，影像深度越高，所能表示的色彩就越多。

(　　) 12. 下列有關串流媒體之敘述，何者有誤？ (A)可以邊下載邊播放，不用等到完全下載才能觀賞　(B)經由網路分段傳送資料　(C)因串流影音內容經過高度壓縮，所以觀看品質通常不及傳統影音格式　(D) WMV、MOV及AVI皆為串流影音格式。

◆ **填充題（每格5分）**

1. $(15)_{10}$ = (__________)$_2$ = (__________)$_8$ = (__________)$_{16}$

2. 1 GB = 2_{30} Bytes = (__________) MB

3. 音訊取樣頻率的單位為__________；影格速率的單位為__________。

4. 視訊的播放原理與動畫相同，都是利用人類__________的特性，只要快速播放這些連續的靜態影像，就能造成畫面的動態效果。

5. 視訊解析度規格中，若看到字母_____，表示其影片掃描方式為逐行掃描。

得 分

全華圖書（版權所有，翻印必究）

計算機概論・擁抱人工智慧新浪潮

CH04 電腦硬體與軟體

班級：＿＿＿＿＿＿

學號：＿＿＿＿＿＿

姓名：＿＿＿＿＿＿

◆ 選擇題（每題5分）

(　　) 1. 電腦的基本架構中有數個主要的組成單元，其中負責判斷AND、OR、NOT等運算的是？(A)算術與邏輯單元　(B)輸出單元　(C)輸入單元　(D)控制單元。

(　　) 2. 電腦硬體架構可分成五大單元，A.輸入單元、B.控制單元、C.算術邏輯單元、D.記憶單元、E.輸出單元。請問中央處理器(CPU)包含了其中哪兩個單元？(A) CD　(B) AE　(C) BD　(D) BC。

(　　) 3. 微處理器與外部連接之各種訊號匯流排，何者具有雙向流通性？(A)控制匯流排　(B)狀態匯流排　(C)資料匯流排　(D)位址匯流排。

(　　) 4. 下列關於SRAM與DRAM的比較說明，何者不正確？(A) SRAM元件密度較DRAM高　(B) DRAM存取速度較SRAM慢　(C) SRAM主要應用於快取記憶體　(D) DRAM價格比SRAM便宜。

(　　) 5. 下列關於硬碟之敘述，何者有誤？(A)硬碟是由多個碟片所組成　(B)固態硬碟是用隨機存取記憶體來作為儲存元件　(C)磁碟陣列是利用虛擬化儲存技術將多個實體硬碟組合成一個硬碟陣列組　(D) NAS伺服器通常是透過網路存取。

(　　) 6. 下列顯示器類型中，何者以有機發光二極體製成？(A) OLED顯示器　(B) LCD顯示器　(C) CRT顯示器　(D) Micro LED顯示器。

(　　) 7. 條碼閱讀機屬於？(A)輸入設備　(B)輸出設備　(C)記憶體　(D)控制單元。

(　　) 8. 下列關於自由軟體的敘述，何者正確？(A)未開放原始碼　(B)英文名稱為Shareware　(C)使用者可自行修改自由軟體的功能　(D) Windows 11屬於自由軟體。

(　　) 9. 下列何者不是作業系統的功能？(A)記憶體管理　(B)電子郵件管理　(C)輸入/輸出管理　(D)檔案管理。

(　　) 10. 以下關於作業系統之敘述，何者有誤？(A) macOS是開放原始碼作業系統　(B) Wear OS作業系統主要用於穿戴式裝置　(C) iOS是由Apple公司為行動裝置開發的作業系統　(D) Linux是多人多工作業系統。

（請沿虛線撕下）

(　　) 11. 關於「macOS」作業系統之敘述，何者有誤？ (A)是由微軟公司開發 (B)使用圖形化使用者介面 (C)只適用於麥金塔電腦 (D)現今發表的macOS版本名稱大都以景點來命名。

(　　) 12. 下列敘述何者有誤？ (A)威力導演為影片剪輯軟體 (B) Audacity為音樂編輯軟體 (C) Adobe Illustrator為繪圖軟體 (D) OpenOffice Impress為電子試算表軟體。

◆ 填充題（每格5分）

1. 一個完整的電腦系統，包含硬體、軟體、__________及使用者等四個元素。
2. 電腦硬體架構劃分為__________、算術與邏輯運算單元、記憶單元、輸入單元、輸出單元等五大單元。各單元間是透過__________來連接不同單元與傳輸資料、訊號的通道。
3. CPU主要分為x86架構及ARM架構，其中__________架構的CPU體積小、低耗電，較適合平板電腦、智慧型手機等行動裝置。
4. __________是固態硬碟與傳統硬碟技術的結合，採用了大容量的磁盤，並內建小容量的SSD作為硬碟的快取。
5. __________是一種藉由量子點的特殊光電性質，來產生純色之紅、綠和藍光之三原色以作為顯示應用的新型顯示技術。
6. __________是針對一般使用者的需求，設計成一套軟體，並進行大量的發行銷售，像是Microsoft Office、Photoshop等；__________則是依照實際需求與條件，請軟體開發公司量身訂作的軟體，如人力資源管理系統、進銷存管理系統等。

得分

全華圖書（版權所有，翻印必究）

計算機概論・擁抱人工智慧新浪潮

CH05 程式語言

班級：＿＿＿＿＿＿

學號：＿＿＿＿＿＿

姓名：＿＿＿＿＿＿

◆ 選擇題（每題5分）

( ) 1. 下列語言哪些屬於低階語言？ a.機器語言 b.組合語言 c. SQL d.自然語言 (A) a、b (B) a、b、c (C) c、d (D) a、b、c、d。

( ) 2. 下列哪一種程式語言所撰寫的程式，在執行前無須先經過組譯、直譯或編譯的程序？ (A) 組合語言 (B) 機器語言 (C) 高階語言 (D) 自然語言。

( ) 3. 自然語言是屬於下列哪一個程式語言發展階段？ (A) 2GL (B) 3GL (C) 4GL (D) 5GL。

( ) 4. 下列何者不屬於物件導向程式語言？ (A) C# (B) R語言 (C) Scheme (D) Python。

( ) 5. 若以「物件」的角度觀察貓熊，貓熊的特徵包括吃竹子、爬樹、毛色，以下敘述何者正確？ (A) 吃竹子是屬性，爬樹是方法、毛色是屬性 (B) 吃竹子是屬性，爬樹是屬性、毛色是屬性 (C) 吃竹子是方法，爬樹是方法、毛色是屬性 (D) 吃竹子是屬性，爬樹是屬性、毛色是方法。

( ) 6. 下列何者不是「物件導向程式設計」的特性？ (A) 繼承 (B) 封裝 (C) 抽象 (D) 多型。

( ) 7. 在物件導向程式設計中，父類別與子類別之間可以擁有相同名稱但不同功能的方法(method)，此種特性稱為：(A) 封裝(encapsulation) (B) 繼承(inheritance) (C) 多型(polymorphism) (D) 委派(delegation)。

( ) 8. 關於程式語言，下列敘述何者有誤？ (A) C++是微軟為了能夠完全利用.NET平臺優勢而開發的程式語言 (B) Python是人工智慧領域中使用最廣泛的程式語言之一 (C) Java在執行前要先經過編譯 (D) R語言是一個免費且開放原始碼的軟體。

( ) 9. 下列何者不屬於MVC軟體架構模式的核心？ (A) 模型 (B) 媒體 (C) 控制器 (D) 檢視。

( ) 10. 有關「App」與桌上型電腦所使用的應用程式之差異，下列敘述何者有誤？ (A) App適用於智慧型手機 (B) App功能通常較簡單 (C) 在iOS與Android系統上的App可以通用 (D) App通常價格比應用程式便宜。

(請沿虛線撕下)

(　　) 11. 下列何者為Facebook公司所推出的App開發軟體？ (A) Swift　(B) Xamarin　(C) Xcode　(D) React Native。

(　　) 12. 下列哪一項不是瀏覽器端所使用的網頁程式語言？ (A) XML　(B) HTML　(C) CSS　(D) CGI。

◆ **填充題（每格5分）**

1. 演算法應具備輸入、輸出、明確性、__________、有效性等五個特性。
2. 程式語言大致上可分為__________和__________，前者是比較接近電腦本身的語言，一般人很難看得懂；後者比較接近人使用的語言，必須轉譯成機器語言，電腦才能夠理解。
3. 在物件導向程式設計，現實世界中所看到的各種實體都是物件，而__________是物件的特性，__________則是物件具有的行為或操作。
4. 超文本標記語言(HTML)是由許多的__________組合而成的，大多為兩兩一組。
5. __________是由W3C所定義及維護的網頁標準之一，是一種用來表現HTML或XML等文件樣式的語言。
6. __________是一種輔助程式開發人員開發軟體的應用軟體，將編輯程式、編譯、測試、除錯與執行等功能整合在一起的程式開發軟體。

得分

全華圖書（版權所有，翻印必究）

計算機概論・擁抱人工智慧新浪潮

CH06 網路與行動通訊

班級：__________

學號：__________

姓名：__________

◆ **選擇題（每題5分）**

(　　) 1. 哪種實體拓樸是將工作站連到中央的裝置？ (A)匯流排狀　(B)星狀　(C)環狀　(D)網狀。

(　　) 2. 下列對於網路的拓樸(Topology)的描述，何者錯誤？ (A)匯流排(Bus)結構適合廣播(Broadcast)的方式傳遞資料　(B)樹狀(Tree)的結構，可以形成封閉性迴路　(C)環狀(Ring)結構網路上的節點依環形順序傳遞資料　(D)星狀(Star)的結構，經常需要一個集線器(HUB)。

(　　) 3. 資料通訊中利用透明玻璃纖維為材質傳遞資料，並具體積小、通訊量不易受干擾等特性的通訊線路是 (A)光纖　(B)微波傳輸　(C)同軸電纜　(D)人造衛星。

(　　) 4. 對於雙絞線、同軸電纜和光纖作為有線傳輸媒介的比較，下列敘述，何者不正確？ (A)同軸電纜抗雜訊力較雙絞線為佳　(B)雙絞線傳輸距離最短　(C)光纖的頻寬最寬，但抗雜訊力最差　(D)光纖是以光脈衝信號的形式傳輸訊號。

(　　) 5. 下列何者最適合用來連接LAN (Local Area Network)與Internet，並能根據IP位址來傳送封包？ (A)路由器(Router)　(B)中繼器(Repeater)　(C)集線器(Hub)　(D)瀏覽器(Browser)。

(　　) 6. 下列何種網路設備具備協定轉換功能，可以連接兩個通訊協定完全不同的網路？ (A)數據機　(B)中繼器　(C)閘道器　(D)集線器。

(　　) 7. 關於在網路上使用TCP/IP的協定傳輸封包時，下列敘述何者正確？ (A)為了提高傳輸效率，使用TCP協定不會檢查封包是否錯誤或遺失，因此不會要求傳送端重傳　(B) TCP是屬於ISO組織制定的OSI通訊協定的傳輸層通訊協定　(C) IP是屬於ISO組織制定的OSI通訊協定的會議層通訊協定　(D)檔案傳輸協定FTP屬於不需使用到TCP/IP協定的一種上層服務協定。

(　　) 8. 下列有關藍牙技術的敘述，何者正確？ (A)使用紅外線傳輸　(B)有傳輸方向的限制　(C)可充當短距離無線傳輸媒介　(D)為虛擬實境的主要裝置。

(請沿虛線撕下)

(　　) 9. 台北市政府所推行的「Youbike微笑單車」，是透過下列何種無線傳輸技術進行悠遊卡感應租借的動作？ (A) NFC　(B) ZigBee　(C) RFID　(D) 藍牙。

(　　) 10. 下列何者<u>不屬於</u>蜂巢式網路的架構？ (A) 行動台　(B) 基地台　(C) 行動交換中心　(D) 數據資料中心。

(　　) 11. 下列關於5G的敘述，何者正確？ (A) 由於基地台訊號覆蓋範圍比4G大，因此5G環境須建置的基地台相對較少　(B) 資料傳輸速率需達到10 Gbps 以上　(C) 傳輸的延遲性要低於1ms以下　(D) 採用5G NR無線接入標準。

(　　) 12. 一般來說，軌道高度在距離地球表面幾公里以內的衛星，屬於低軌衛星？ (A) 1000　(B) 2000　(C) 5000　(D) 10000。

◆ 填充題（每格5分）

1. ____________ 的範圍約為10公里內，通常是企業或組織自己建立的，是屬於一種內部專用的網路，可與其他網路隔絕。

2. ________ 是一種提供資料傳輸路徑選擇的裝置；________ 主要用來將衰減的訊號增強後再送出。

3. 每一張網路卡都有唯一的一組位址號碼，稱為 ____________。

4. 網際網路在傳輸資料時，為使資料傳送更有效率，會先將資料切割成許多較小的封包，這種傳輸方式稱為 ________ 技術。

5. 近場通訊是一種短距離的無線電通訊技術，可在不同的電子裝置之間，進行非接觸式的點對點資料傳輸，其英文縮寫為 ____。

6. 雖然目前6G標準仍在開發階段，但普遍預估其傳輸速率將可達 ________。

7. SpaceX的星鏈(Starlink)計畫，是一個透過 ________ 通訊技術來提供覆蓋全球的網際網路服務。

得 分

全華圖書（版權所有，翻印必究）　班級：＿＿＿＿＿＿

計算機概論‧擁抱人工智慧新浪潮　學號：＿＿＿＿＿＿

CH07 網際網路與物聯網　姓名：＿＿＿＿＿＿

◆ 選擇題（每題5分）

(　　) 1. 下列對於IP位址之敘述，何者正確？ (A)全世界的IP位址可以分為A,B,C,D四種等級(Class)　(B) IPv4使用16位元，IPv6使用32位元　(C) IPv4位址包含網路位址與主機位址兩部分　(D) IP位址又稱為「網址」。

(　　) 2. IP位址是由四組數字所組成，按照IPv4定址規則，下列何者不是正確的IP位址？ (A) 192.192.180.180　(B) 140.116.23.77　(C) 202.39.246.80　(D) 303.64.52.10。

(　　) 3. 下列何者是不合法的IPv6位址寫法？
(A) 1001::25de::cade
(B) 1001:0DB8:0:0:0:0:1482:57ab
(C) 1001:0d8b:85a3:083d:1319:82ae:0360:7455
(D) 1001:DB8:2de::e46

(　　) 4. 在Windows中要查詢本機電腦在網路上的TCP/IP組態設定值，應使用下列哪一個指令？ (A) route　(B) telnet　(C) ping　(D) ipconfig。

(　　) 5. TCP/IP通訊協定中，兩部電腦的IP位址是否屬於同一個子網路，是依據下列何者來決定？ (A)網域名稱伺服器　(B)廣播位址　(C)網頁存取代理伺服器　(D)子網路遮罩。

(　　) 6. 某電腦的IP位址為192.168.123.132、子網路遮罩為255.255.255.128，下列何項IP與該電腦位於相同子網路？ (A) 192.168.123.123　(B) 192.168.123.254　(C) 192.168.132.123　(D) 192.168.132.254。

(　　) 7. 網域名稱(Domain Name)包含了主機名稱、機構名稱、機構類別以及下列何種資訊？ (A)路徑檔名　(B)存取方法　(C)地理名稱　(D)資料結構。

(　　) 8. Web 3.0是新一代的網路使用型態。以下何者不是Web 3.0的特徵？ (A)可驗證性　(B) AI與機器學習　(C)去信任化　(D)社群平臺的崛起。

(　　) 9. 將實際物體（如車輛、家電等）經由嵌入式感測器，透過網際網路形成訊息連結與交換的網路技術，我們稱之為？ (A)物聯網　(B)無線網路　(C)區域網路　(D)雲端運算。

(請沿虛線撕下)

(　　) 10. 下列何項不屬於物聯網技術於智慧家庭的應用？ (A) 溫度感測器發現冰箱溫度異常，自動發出警示並申請檢修　(B) 住戶透過智慧型手機可查看目前家用瓦斯桶的用量情形　(C) 依據光感測器所偵測的日照資訊，自動調整室內的窗簾　(D) 使用遙控器操控電風扇的風量及方向。

(　　) 11. 關於物聯網三層基本架構之敘述，下列何者有誤？ (A) 網路層負責將分散於各地的感測資訊集中轉換與傳遞至應用層　(B) 透過感測器擷取數據並匯集成龐大資料庫，是感知層的任務　(C) 大數據分析、資料探勘屬於網路層的相關應用技術　(D) 應用層是物聯網和使用者之間的介面，以實現物聯網的各種應用。

(　　) 12. 下列何者不屬於「智慧建築」的發展趨勢？ (A) 個人化助理　(B) 綠能環保　(C) 智慧感測　(D) 萬物互聯。

◆ 填充題（每格5分）

1. IPv4是由＿＿＿＿個位元所組成，數字間由「.」符號隔開；IPv6則是由＿＿＿＿個位元所組成，數字間由「:」符號隔開。

2. 全球IP位址的分配與管理，頂級域名是由＿＿＿＿＿＿＿＿統籌負責。

3. Internet的由來，是起源於美國國防部的＿＿＿＿＿＿＿＿計畫。

4. ＿＿＿＿＿＿＿＿＿＿＿＿是一種可以讓網頁內容隨著不同裝置的寬度來調整畫面呈現的技術，而使用者不需要透過縮放的方式瀏覽網頁。

5. 智慧聯網(AIoT)結合了＿＿＿＿＿＿＿＿和＿＿＿＿＿＿＿＿兩項技術。

6. 車輛導入＿＿＿＿＿＿＿＿＿＿＿＿＿＿，可用來提升駕駛的安全性及操控體驗，提供自動緊急煞車、自動停車、主動車道維持輔助、盲點監測、自適應巡航控制等多種功能。

得 分

全華圖書(版權所有，翻印必究)

計算機概論・擁抱人工智慧新浪潮

CH08 雲端運算與雲端工具

班級：________

學號：________

姓名：________

◆ **選擇題（每題5分）**

(　　) 1. 音樂公司提供了只要連上網路就能隨時收聽儲存在網路上的音樂，享受音樂帶著走的服務。請問這種服務是屬於下列哪一類型的網際網路應用服務？ (A) 檔案傳輸　(B) 部落格　(C) 雲端服務　(D) 檔案搜尋。

(　　) 2. 下列有關「雲端運算」技術概念的敘述，何者是正確的？ (A) 在電腦上進行雲狀式的數學運算　(B) 空軍在雲層中利用電腦進行運算　(C) 兩台電腦以藍牙互相傳送機密性資料　(D) 透過網路連線取得遠端主機提供的服務。

(　　) 3. 下列何項網路服務應用，最符合「雲端運算」的概念？ (A) 到「校園網站」查詢這學期的行事曆活動　(B) 使用「Google文件」與小組成員共同編輯報告內容　(C) 到「痞客邦」瀏覽部落格文章　(D) 在「MOMO購物網」購買筆記型電腦。

(　　) 4. 下列何者不屬於雲端運算的五大特徵？ (A) 點對點傳輸　(B) 隨選自助服務　(C) 多人共享資源區　(D) 快速彈性重新部署。

(　　) 5. 目前雲端運算(Cloud Computing)的服務類型，不包括下列何項？ (A) 平臺即服務(PaaS)　(B) 軟體即服務(SaaS)　(C) 資料即服務(DaaS)　(D) 基礎架構即服務(IaaS)。

(　　) 6. 透過網路提供一個能讓IT人員進行開發與執行的應用平台服務，屬於下列何種雲端服務類型？ (A) 平臺即服務(PaaS)　(B) 軟體即服務(SaaS)　(C) 資料即服務(DaaS)　(D) 基礎架構即服務(IaaS)。

(　　) 7. 提供應用軟體為主的服務，讓任何使用者可以隨時隨地存取使用，例如：Facebook、Google Map、DropBox等，是屬於下列何種雲端服務類型？ (A) SaaS　(B) IaaS　(C) PaaS　(D) CaaS。

(　　) 8. 關於「智慧電表」之敘述，下列何者有誤？ (A) 用戶可透過資訊平臺隨時掌握自己的用電度數　(B) 可以降低大型電器的單位耗電　(C) 台電可以透過智慧電表蒐集用戶用電資訊，進行大數據分析　(D) 會自動將用電數據即時回傳到電力公司的控制中心。

(請沿虛線撕下)

(　　) 9. 下列關於「邊緣運算」的敘述，何者有誤？ (A)是集中式運算架構　(B)主要透過點、邊、雲三個元素構成　(C)在用戶終端裝置進行運算，可加快資料處理與傳送速度　(D)可縮短網路傳輸的延遲。

(　　) 10.阿弟想要快速製作一份問卷，請問下列哪個雲端工具最適合？ (A) Flickr　(B) Photopea　(C) SurveyMonkey　(D) Google文件。

(　　) 11.關於各種雲端工具軟體功能之敘述，下列何者有誤？ (A) removebg可以快速幫人像照片去背　(B) Microsoft 365是微軟推出的網路相簿服務　(C) Typeform是一個免費的線上問卷工具　(D) Google協作平台支援響應式網頁設計技術。

(　　) 12.下列何者不是雲端硬碟服務？ (A) Google雲端硬碟　(B) OneDrive　(C) Dropbox　(D) Google協作平台。

◆ **填充題（每格5分）**

1. 依據美國國家標準技術研究所的定義，雲端運算有：私有雲、＿＿＿＿＿＿、公用雲、混合雲等四種部署模式。

2. ＿＿＿＿＿＿＿＿是提供系統平臺為主的服務，讓人員可在平臺上進行程式的開發與執行。例如Google Cloud Platform、Apple Store皆屬之。

3. ＿＿＿＿＿＿＿＿是提供應用軟體為主的服務，讓任何使用者可以隨時隨地的存取使用。例如Facebook、Google Map皆屬之。

4. Google在臺灣建立的第一座資料中心位在＿＿＿＿＿＿。

5. 邊緣運算主要是由邊緣設備、邊緣網路、邊緣運算中心及＿＿＿＿＿＿四層架構所構成。

6. ＿＿＿＿＿＿的概念是由思科(Cisco)提出，屬於雲端運算的延伸，介於雲端運算與邊緣運算之間。

7. ＿＿＿＿＿＿＿＿是微軟推出的雲端辦公室軟體，而編輯好的檔案會直接儲存在＿＿＿＿＿＿中。

得 分

全華圖書（版權所有，翻印必究）

計算機概論・擁抱人工智慧新浪潮

CH09 區塊鏈與金融科技

班級：__________

學號：__________

姓名：__________

◆ 選擇題（每題5分）

(　　) 1. 下列何者不屬於「區塊鏈」的特性？(A)匿名性　(B)不可追蹤性　(C)去中心化　(D)不可竄改性。

(　　) 2. 將區塊鏈技術應用在「證據保存」領域，是利用區塊鏈的何種特性？(A)公開性　(B)加密安全性　(C)不可竄改性　(D)獨立性。

(　　) 3. 比特幣是屬於區塊鏈的何種類型？(A)公有區塊鏈　(B)私有區塊鏈　(C)混合區塊鏈　(D)聯盟區塊鏈。

(　　) 4. 下列有關「加密貨幣」之敘述，何者有誤？(A)一種透過區塊鏈技術的應用而成的電子貨幣　(B)具有「去中心化」的特性，因此不會受到第三方的外力干涉　(C)比特幣是虛擬貨幣市值佔比最大的加密貨幣　(D)加密貨幣只能在線上使用，無法在實體商店進行消費支付。

(　　) 5. 下列加密貨幣中，何者可以「挖礦」方式取得？(A)比特幣　(B)瑞波幣　(C)萊特幣　(D)以上皆可。

(　　) 6. 下列何者不屬於「DeFi」的特性？(A)交易即清算　(B)由組織託管　(C)抗審查　(D)無地域限制。

(　　) 7. 下列何者不是NFT交易平臺？(A) Binance　(B) SuperRare　(C) Opensea　(D) The Sandbox。

(　　) 8. 根據金融穩定學院提出構成金融科技環境的元素，「數位支付服務」屬於金融科技樹的哪一個部分？(A)樹根　(B)樹幹　(C)樹果　(D)樹冠。

(　　) 9. 下列有關「群眾募資」的敘述，何者有誤？(A)透過網路平臺招募　(B)藉由「贊助」的方式進行　(C)捐贈或贊助以小額資金為主　(D)募資平臺屬於金融機構。

(　　) 10. 中國信託銀行推出的「智動GO」可為客戶自動調整投資策略，它屬於下列何種服務？(A)理財機器人　(B)虛擬貨幣　(C)口碑行銷　(D)網路廣告。

(　　) 11. 有關純網路銀行與傳統銀行的說明，下列敘述何者錯誤？(A)兩者可承做的業務項目相同　(B)兩者皆有營業時間限制　(C)純網路銀行不能設立實體分行　(D)受限於法規，純網路銀行的轉帳提款及貸款金額較傳統銀行少。

（請沿虛線撕下）

(　　) 12. 下列何者符合目前我國金管會對於「開放銀行」的推動現況？ (A) 尚未開放 (B) 第一階段 (公開資料查詢) (C) 第二階段 (客戶資訊查詢) (D) 第三階段 (開放交易資訊)。

◆ **填充題（每格5分）**

1. 「區塊鏈」是比特幣發明人＿＿＿＿＿＿＿＿在2008年於《比特幣白皮書》中提出的概念。

2. ＿＿＿＿＿＿＿＿＿＿＿＿＿＿是指具有唯一性及不可分割性的數位資產，利用區塊鏈技術所產生的獨特數位編號，可在網路平臺上進行買賣。

3. ＿＿＿＿＿＿＿＿＿＿＿＿＿＿＿＿＿是指建構在區塊鏈上的應用程式，所有數據皆公開透明且不可篡改，不依賴任何中心化的伺服器，通常結合加密貨幣機制運作。

4. ＿＿＿＿＿＿＿＿＿＿＿＿＿＿是指讓使用者獲得完整的資料主控權，並保障使用者的隱私權，也能達到身分識別的目的。

5. 金融核心服務包含＿＿＿＿＿＿＿、保險、募資、存貸、投資管理及數據分析等六大領域。

6. 透過設計一個風險可控管的實驗場域，提供給各種新興科技的新創業者測試其產品、服務以及商業模式，這個模式稱為＿＿＿＿＿＿＿＿＿。

7. 聯合國於2005年提出＿＿＿＿＿＿＿＿＿的概念，其核心要讓社會大眾都能平等享有金融服務，提倡「金融是為所有人服務，而不只是有錢人」。

8. ＿＿＿＿＿＿＿＿＿是指透過網路平臺撮合借貸雙方，讓有資金的人透過該平臺可以將錢借給需要資金的對象，並從中賺取利息跟拿回本金。例如好樂貸、鄉民貸等服務皆屬之。

得 分

全華圖書（版權所有，翻印必究）

計算機概論・擁抱人工智慧新浪潮

CH10 電子商務與網路行銷

班級：＿＿＿＿＿＿

學號：＿＿＿＿＿＿

姓名：＿＿＿＿＿＿

◆ **選擇題（每題5分）**

( ) 1. 下列何者不是現今電子商務業務的經營模式？ (A) 電子資料交換 (B) 網路行銷 (C) 行動支付 (D) 行動商務。

( ) 2. 有關電子商務的優勢，下列何者有誤？ (A) 無國界或地理限制 (B) 無須支付行銷成本 (C) 無須面對面交易 (D) 無時間限制。

( ) 3. 「新零售」一詞是指以消費者的需求及體驗感受為中心，結合並統整不同通路與技術，來提供更精準的產品及服務。此概念是由下列何人所提出？ (A) 亞馬遜創辦人—貝佐斯 (B) 微軟創辦人—比爾蓋茲 (C) 蝦皮購物創辦人—李小冬 (D) 阿里巴巴集團創辦人—馬雲。

( ) 4. 一般來說，電子商務的通路架構中，不包含下列何者？ (A) 物流 (B) 物流 (C) 資訊流 (D) 人力流。

( ) 5. 在網路交易中使用信用卡線上刷卡付帳，是屬於電子商務通路架構中的哪一個層面？ (A) 物流 (B) 金流 (C) 資訊流 (D) 商流。

( ) 6. 淘寶網提供將訂購商品直接跨海宅配到府的服務，屬於電子商務通路架構中的哪一個層面？ (A) 物流 (B) 金流 (C) 資訊流 (D) 商流。

( ) 7. 企業與其上游或下游廠商之交易行為，應屬於下列哪一種電子商務經營模式？ (A) C2C (B) B2B (C) B2C (D) C2B。

( ) 8. 下列關於電子商務O2O經營模式的敘述，何者有誤？ (A) 在網路上付費 (B) 在實體店面享受服務或取得商品 (C) 又稱為連線商務模式 (D) Uber Eats、foodpanda等外送平臺即屬O2O服務。

( ) 9. 「街口支付」除了支付之外，也具有儲值、轉帳、外幣小額匯兌等功能。若以目前國內常用行動支付服務之現況來區分，它應歸類為下列何種型態？ (A) 國際行動支付 (B) 電子支付 (C) 電子票證 (D) 第三方支付。

( ) 10. 下列關於「BNPL」的敘述，何者有誤？ (A) 讓消費者先享受後付款 (B) 不收取利息 (C) BNPL平臺合作商家的每筆交易會被抽成 (D) 對消費者的審核十分嚴格。

（請沿虛線撕下）

(　　) 11. 下列何者為社群商務的優勢？①商品利潤高②導購力③互動力④高黏著度⑤高轉換率 (A) ①②③④⑤　(B) ②③④⑤　(C) ①②④　(D) ③④⑤。

(　　) 12. 業者藉由提供部落客免費試用品或試吃，要求部落客Po文描述自己的使用經驗，是屬於下列何種行銷方式？(A) EDM　(B) BOPIS　(C) SEO　(D) WOMM。

◆ 填充題（每格5分）

1. 在電子商務運作架構中，＿＿＿＿＿代表的是交易過程中，整個商品所有權的移轉流程以及其中的商業決策。
2. 我國電子支付業務的管轄單位為＿＿＿＿＿；而第三方支付相關業務的主管機關則是＿＿＿＿＿。
3. ＿＿＿＿＿機制是指透過一個獨立於買賣雙方之外的中立第三方，來負責買賣雙方之間的金流交易，可提供交易付款的便利性、安全性與保障性。例如PayPal、LinePay、Pi拍錢包等皆屬之。
4. ＿＿＿＿＿是指藉由行動終端設備(例如智慧型手機、平板電腦、筆記型電腦等)，透過無線通訊的方式，進行線上購物、訂票、金融付款等商業行為。消費者可隨時上網進行商業交易行為，不受地理限制。
5. ＿＿＿＿＿是社群媒體崛起之後帶動的新興電子商務模式，是指結合社群網路和點對點分享，來達成範圍更廣的消費者群體互動。
6. 「KOL」一詞是指＿＿＿＿＿，意指在網路或社群平臺上活躍而具有影響力的人。
7. ＿＿＿＿＿是指透過策略規劃，進行BtoCtoC的行銷模式，以話題帶動整體銷售業績的過程。

得分

全華圖書(版權所有，翻印必究)

計算機概論・擁抱人工智慧新浪潮

CH11 資料庫系統與大數據

班級：＿＿＿＿＿＿

學號：＿＿＿＿＿＿

姓名：＿＿＿＿＿＿

◆ **選擇題(每題5分)**

( ) 1. 資料組織由小至大，正確的排序為？
(A)位元→字元→欄位→紀錄→檔案→資料庫
(B)字元→位元→紀錄→欄位→檔案→資料庫
(C)位元→欄位→字元→紀錄→檔案→資料庫
(D)位元→字元→欄位→紀錄→資料庫→檔案

( ) 2. 下列何者不是使用資料庫的優點？ (A)資料共享 (B)避免資料的重複 (C)可節省系統建置成本 (D)可維持資料的一致性。

( ) 3. 階層式資料庫是最早出現的資料庫模型，其資料架構屬於下列何種結構？(A)環狀 (B)樹狀 (C)星狀 (D)網狀。

( ) 4. 下列何者不是常見的資料庫模型？ (A)物件導向式資料庫 (B)網狀式資料庫 (C)點狀式資料庫 (D)階層式資料庫。

( ) 5. 下列何者資料庫模型，是以行與列所構成的二維表格來存放資料？ (A)物件導向式資料庫 (B)網狀式資料庫 (C)關聯式資料庫 (D)階層式資料庫。

( ) 6. 在物件導向式資料庫的架構中，使用下列何者來描述物件的特徵？ (A)屬性(Attribute) (B)方法(Methods) (C)紀錄(Record) (D)欄位(Field)。

( ) 7. 下列有關「資料庫」的敘述，何者有誤？ (A)關聯式資料庫架構中，一個資料列只能有一個主鍵 (B) Microsoft Access，屬於物件導向式資料庫 (C)網狀式資料庫是階層式資料庫的擴充版，可避免資料重複的問題 (D)階層式資料庫無法描述「多對一」的資料關係。

( ) 8. 目前市面上常見的資料庫管理系統，其類型大多為？ (A)物件導向式資料庫 (B)網狀式資料庫 (C)關聯式資料庫 (D)階層式資料庫。

( ) 9. 對於關聯式資料庫，欲建立查詢功能，應使用SQL語言的下列何種語言？(A)資料定義語言(DDL) (B)資料處理語言(DML) (C)資料控制語言(DCL) (D)資料查詢語言(DQL)。

( ) 10. 大數據分析的工作大致分為 ①視覺化、②儲存與處理、③採集、④統計與分析 四個步驟，其順序應為？ (A) ①④③② (B) ③①②④ (C) ③②④① (D) ④③①②。

(請沿虛線撕下)

(　　) 11. 在大數據的基本定義中，強調「分析資料時，要確定資料的有效期限及儲存多久」，是屬於下列何項特性？ (A) Volume　(B) Volatility　(C) Variety　(D) Velocity。

(　　) 12. 下列何者非CAP定理所定義的分散式系統設計原則？ (A) 一致性　(B) 可用性　(C) 分區容錯性　(D) 軟性狀態。

◆ 填充題（每格5分）

1. 圖書館的借書系統、購物網站的訂購系統、學生的學籍系統，其中包含了一個或多個資料的集合，資料間彼此相關並整合在一起，依照一定的格式存放並可供存取，這些都屬於＿＿＿＿＿＿應用。
2. 在資料的階層架構中，一組紀錄是由一或多個相關＿＿＿＿＿所組成。
3. 資料庫系統是電腦化的資料儲存應用系統，其組成除了電腦硬體之外，主要分為資料庫及＿＿＿＿＿＿＿＿＿＿＿＿兩部分，使用者可透過應用程式來存取其中的資料。
4. ＿＿＿＿＿＿＿＿＿＿＿＿是一個經過ISO認證，可用來查詢、更新和管理關聯式資料庫的國際標準語言。
5. 一般而言，對大數據特性的3V定義，包含資料量龐大(Volume)、資料處理速度(Velocity)及資料類型＿＿＿＿＿＿＿＿＿＿。
6. ＿＿＿＿＿＿＿是指經由主要動機的附屬行為而產生的相關資料。舉例來說，像是滑鼠滑過哪裡、點擊哪裡、在同一頁面停留多久等看似無價值的資料。
7. 大數據分析工作大致可分為數據採集、儲存與處理、統計與分析、視覺化等四個步驟。其中，使用Power BI可用來幫助＿＿＿＿＿＿階段的工作。
8. ＿＿＿＿＿服務是指透過網際網路直接向觀眾提供的串流媒體服務，其最大優點是可支援隨選隨看及跨裝置播放功能，如Netflix、Disney+、LINE TV、KKTV等皆屬之。

得 分

全華圖書（版權所有，翻印必究）

計算機概論・擁抱人工智慧新浪潮

CH12 資訊系統

班級：＿＿＿＿＿＿

學號：＿＿＿＿＿＿

姓名：＿＿＿＿＿＿

◆ **選擇題（每題5分）**

( ) 1. 下列何者不是使用資訊系統的優點？ (A)可降低人力成本 (B)無論輸入資料是否正確，輸出結果一定不會有錯 (C)可儲存大量資料 (D)提高資料處理效率。

( ) 2. 下列何者不屬於資訊系統的組成架構之一？ (A)人員 (B)流程 (C)資料 (D)政府。

( ) 3. 下列何種資訊系統的主要功能是用來維持企業的例行事務與交易紀錄？ (A)顧客關係管理(CRM) (B)決策支援系統(DSS) (C)電子資料處理(EDP) (D)主管資訊系統(EIS)。

( ) 4. 下列何種資訊系統的主要功能是幫助中階管理階層制訂決策？ (A)電子資料處理(EDP) (B)交易處理系統(TPS) (C)決策支援系統(DSS) (D)策略資訊系統(SIS)。

( ) 5. 利用科技來建立跟顧客互動的管道，藉此了解顧客的想法以發展出更適合其需求的產品，請問這是描述以下哪個概念？ (A)顧客關係管理 (B)知識管理 (C)企業電子化 (D)供應鏈管理。

( ) 6. 下列何者是指運用各種資料管理技術，來辨認、擷取與分析企業內部資料庫的資料，並將結果呈現在數位儀表板上，以輔助企業做為決策判斷？ (A)企業資源管理 (B)商業智慧 (C)競爭智慧 (D)經營智慧。

( ) 7. 公司欲開發一套系統來核算員工的每月薪資，最可能採取下列哪一種系統作業方式？ (A)批次處理系統 (B)即時處理系統 (C)分時處理系統 (D)離線處理系統。

( ) 8. 下列有關OLAP的相關敘述，何者有誤？ (A) OLAP的概念最早是由Edgar F. Codd 所提出 (B)用於大型資料庫的資料分析、統計與計算 (C)是一套以多維度方式分析資料的資料處理系統 (D)主要由基層員工所使用。

( ) 9. 下列關於「知識管理」的相關敘述，何者有誤？ (A)在1990年代中期開始受到矚目 (B)外顯知識經過分類、儲存、分析後，可以分享再利用 (C)目的是有系統地蒐集、整合與管理組織中的訊息與知識 (D)內隱知識未經轉換就可以透過資訊科技進行管理。

（請沿虛線撕下）

(　　) 10. 下列何項是指藉由資訊系統來為跨企業的供應鏈提供一個整合管理、規劃與控制的機制，緊密連結從原料供應商到最終消費者的作業流程？ (A) 供應鏈管理 (SCM)　(B) 顧客關係管理 (CRM)　(C) 專家系統 (ES)　(D) 企業資源規劃 (ERP)。

(　　) 11. 下列何項方法乃由IBM提出的，其目的在幫助企業制定管理資訊系統的規劃，以滿足企業短期和長期的資訊需求？ (A) 企業系統規劃法 (BSP)　(B) 關鍵成功因素法 (CSF)　(C) 企業流程再造 (BPR)　(D) 企業流程管理 (BPM)。

(　　) 12. 系統的建置流程，大致分為 ①系統導入、②系統設計、③系統維護、④系統分析、⑤系統開發 等階段，其正確流程順序為何？ (A) ⑤③②④①　(B) ④②⑤①③　(C) ③①②④⑤　(D) ①②⑤③④。

◆ **填充題（每格5分）**

1. 資料是資訊系統主要執行運作的主體，而____________則是經過整理與組織，具有結構性的資料。

2. 根據美國學者Gordon B. Davis的定義，資訊系統可概分為硬體、軟體、人員、____________、資料等五個組成要素。

3. 電子資料處理 (EDP) 可將大量且例行性的資料處理程序，透過電腦系統來進行。其基本作業模式，可分為建檔、異動、查詢及____________。

4. 決策支援系統 (DSS) 的架構元件有三，分別是：資料庫、____________及使用者介面。

5. ____________運用各種不同的統計方法、專家系統、機器學習等分析技術，對大量的資料進行分析，以擷取出資料庫中隱含的有用且具關連性的資訊或法則。

6. 專家系統 (ES) 是一組如同人類專家般，能對特定領域的問題提出專業判斷、解釋及認知的電腦程式，其架構主要是由____________與____________所組成。

7. 商業智慧主要提供企業內部資訊或關鍵指標，而____________則是著重於外部環境、市場、競爭對手、產品與顧客反應等資訊的蒐集與分析。

得 分

全華圖書（版權所有，翻印必究）
計算機概論・擁抱人工智慧新浪潮
CH13 資訊安全與社會議題

班級：＿＿＿＿＿＿
學號：＿＿＿＿＿＿
姓名：＿＿＿＿＿＿

◆ **選擇題（每題5分）**

(　　) 1. 下列何者不屬於資訊安全的「CIA三原則」？(A)完整性　(B)便利性　(C)機密性　(D)可用性。

(　　) 2. 下列關於「資訊安全」的敘述，何者有誤？(A)最好加裝不斷電系統(UPS)　(B)最好能設定密碼管理制度，並時常更新密碼　(C)建築物的環境安全不屬於資訊安全的考量範疇　(D)定期更新軟體，並安裝防毒軟體。

(　　) 3. 下列有關「3-2-1備份原則」之敘述，何者正確？(A)至少1份存放在異地　(B)至少製作2份備份　(C)將備份分別存放在3種不同儲存媒體　(D)至少須由2人以上負責備份。

(　　) 4. 下列何者惡意程式的主要危害是耗用電腦資源或網路頻寬？(A)電腦病毒　(B)電腦蠕蟲　(C)特洛伊木馬　(D)間諜軟體。

(　　) 5. 仿製一個以假亂真的著名網站，吸引網友進來進行誘騙，這樣的行為屬於下列何種網路詐騙行為？(A)阻斷服務攻擊　(B)殭屍網路　(C)跨站腳本攻擊　(D)網路釣魚。

(　　) 6. 熱門的社交網站因遭怪客攻擊而導致一時無法提供網站服務，你認為怪客應該是用下列何種攻擊手法呢？(A)社交工程攻擊　(B)阻斷服務攻擊　(C)密碼攻擊　(D)零時差攻擊。

(　　) 7. 下列有關虛擬私有網路(VPN)之敘述，何者有誤？(A)目的在建立一個與專屬網路具有相同安全性的私人網路　(B)是一種在公眾網路架構上所建立的私人網路　(C)可分為軟體式與硬體式兩種類型　(D)只要有VPN，就能保障企業資訊的絕對安全。

(　　) 8. 小怡欲在傳給小桃的資料中，利用公開金鑰加密法建立自己的數位簽章，她應該：(A)以小怡的公鑰加密　(B)以小怡的私鑰加密　(C)以小桃的私鑰加密　(D)以小桃的公鑰加密。

(　　) 9. 數位簽章是由可信任的憑證管理機構(CA)所發行的身分識別機制，主要是在電子環境中作為身分的辨別。下列何者不是它所提供的資訊安全保障？(A)資料完整性　(B)不可否認性　(C)資料開放性　(D)資料來源辨識。

(請沿虛線撕下)

(　　) 10. 目前瀏覽器較常採用下列何項安全協定？ (A) SSL (Secure Socket Layer) (B) IPSec (Internet Protocol Security) (C) DES (Data Encryption Standard) (D) SET (Secure Electronic Transaction)。

(　　) 11. 當人類所具有的內在過濾或選擇程序無法處理增加的資訊時，就會發生下列何種心理影響？ (A)網路沉迷 (B)網路霸凌 (C)資訊焦慮 (D)資訊超載。

(　　) 12. 下列何種網路行為沒有觸犯法律？ (A)在網路聊天室中開玩笑而發布援交的訊息 (B)在自己的部落格PO文罵某家餐廳的服務生 (C)在網路上下載開放原始碼的自由軟體使用 (D)將網路上下載的電影燒成光碟與同學分享。

◆ 填充題（每格5分）

1. ＿＿＿＿＿＿＿＿＿＿＿＿的目的在於保護資訊資產的機密性、可用性及完整性，是一套有系統地分析和管理資訊安全風險的方法，以確保當遭受攻擊時，系統仍可維持正常運作的能力。

2. 資料保護的關鍵指標之中，用以表示復原資料的時間點為＿＿＿＿＿＿＿＿，用以表示可接受的復原資料所需時間為＿＿＿＿＿＿＿＿。

3. ＿＿＿＿＿＿＿＿是指所有不懷好意的程式碼，例如：電腦病毒、電腦蠕蟲、特洛伊木馬程式、後門程式、間諜軟體等。

4. 防毒軟體公司會病毒程式中，擷取一小段獨一無二且足以表示該病毒的二進位程式碼，據以辨識此病毒並防禦之，此程式碼稱為＿＿＿＿＿＿＿＿。

5. 目前行動裝置所面臨的威脅之一是＿＿＿＿＿＿＿＿＿＿＿＿，它通常是在使用者不經意的情況下附加安裝，可能會監測使用者行為或消耗系統資源等。

6. ＿＿＿＿＿＿＿＿是指電腦駭客利用尚未被發現或公開的軟體安全漏洞，進行植入惡意程式等攻擊行為。

7. 零信任架構主張任何資料存取依循「永不信任，一律驗證」的原則。我國為推動政府機關導入零信任網路，亦逐步導入零信任網路之＿＿＿＿＿＿＿＿、設備鑑別、及信任推斷三大核心機制。

得 分

全華圖書（版權所有，翻印必究）

計算機概論・擁抱人工智慧新浪潮

CH14 資訊素養與倫理

班級：________

學號：________

姓名：________

◆ **選擇題（每題5分）**

(　　) 1. 下列何者非麥克庫勞(McClure)認為資訊素養應具備的能力？(A)傳統素養 (B)媒體素養 (C)學習素養 (D)網路素養。

(　　) 2. 在PAPA理論中，強調每個人都可以擁有經由合法管道存取資訊的權利，稱為：(A)資訊隱私權 (B)資訊正確權 (C)資訊財產權 (D)資訊存取權。

(　　) 3. 下列軟體類型中，何者本身享有著作權保護，但可藉由發佈通用公共授權的形式，允許使用者對該軟體進行重製、散佈與修改？(A)共享軟體 (B)商業軟體 (C)自由軟體 (D)公共財軟體。

(　　) 4. 以下何者不是個人資料保護法所定義的個人資料？(A)身分證號碼 (B)最高學歷 (C)車牌號碼 (D)手機號碼。

(　　) 5. 銀行行員透過職務之便，將客戶的個人資料轉售給其他公司，這樣的行為是觸犯了下列何種法律？(A)刑法 (B)民法 (C)著作權法 (D)個人資料保護法。

(　　) 6. 下列何者不是著作權法中，對於「著作財產權」之保障內容？(A)公開傳輸權 (B)姓名表示權 (C)改作權 (D)散布權。

(　　) 7. 檢調單位破獲地下光碟複製工廠，並起訴若干負責人與工作人員，請問其拷貝光碟的行為，係違反下列何者智慧財產權之法律？(A)著作權法 (B)專利法 (C)商標法 (D)營業秘密法。

(　　) 8. 下列有關著作權法之敘述，何者有誤？(A)著作人死亡之後，其著作人格權即不受保護 (B)所表達的思想並不受著作權法保護 (C)電腦軟體也屬於智慧財產的一種 (D)著作財產權存續於著作人之生存期間及其死亡後五十年。

(　　) 9. 研究生在論文中要引用他人著作時，下列何者正確？(A)可任意引用但要著作權人同意 (B)可合理引用但要註明出處 (C)可任意引用且不必註明出處 (D)完全不得引用。

(　　) 10. 阿華拍了許多攝影作品，放在個人網站上供人欣賞，他希望網友若下載使用這些照片，能標明原作者及網站來源，則他應採用下列哪一個創作CC元素呢？(A)ⓘ (B)$ (C)= (D)↻。

（請沿虛線撕下）

(　　) 11. 下列何種創用CC (Creative Commons) 授權條款，採用如右圖之授權標誌？
(A) 姓名標示－禁止改作
(B) 姓名標示－非商業性－禁止改作
(C) 姓名標示－禁止改作－相同方式分享
(D) 姓名標示－非商業性

(　　) 12. 在網頁上看到原創作者對其作品標示CC0宣告，表示：(A)原作者保留所有權利，完全不開放使用　(B)開放任意使用但禁止改作　(C)可任意使用且不必註明出處　(D)開放任意使用但須標明出處。

◆ 填充題（每格5分）

1. 美國圖書館學會界定資訊素養係指個人能察覺到對於資訊之需要，並能有效地尋取、評估及使用所需資訊的能力，也就是具備有確認(to identify)、尋獲(to locate)、__________和使用(to use)等四項運用資訊的能力。

2. 美國聯邦政府顧問委員會提出的公平資訊慣例(FIP)，是歐美國家隱私法規的基礎，其內容包含告知(Notice)原則、選擇(Choice)原則、存取(Access)原則、__________、強化(Enforcement)原則，合稱為NCASE。

3. 2018年實施的__________是歐盟為了提升個人資料保護所施行的規範，其保護範圍除了以歐盟境內作為管轄範圍的認定，如有提供歐盟人民商品或服務、監控歐盟境內人民，也屬於其規範範圍。

4.「數據主體有權要求數據控制者永久刪除有關數據主體的個人數據，有權被網際網路所遺忘，除非數據的保留有合法理由。」，此概念稱為__________。

5. 公共財軟體是已過存續期限__________，此種軟體不具有著作權，使用者不須付費即可複製使用。

6. ISO標準是國際間認定的組織系統管理標準，其中「ISO 29100」框架主要用於在資訊系統中，提供__________原則的國際標準。

7. 著作權法規定在特定情形下，允許社會大眾為學術、教育、個人利用等非營利目的，得於適當範圍內逕行利用他人之著作，此為__________。

8. AI自主創作並不擁有著作權，因此AI生成作品是否受到著作權保障，主要關鍵在於有無__________來決定。

歡迎加入 全華會員

● 會員獨享

會員享購書折扣、紅利積點、生日禮金、不定期優惠活動…等。

● 如何加入會員

掃 QRcode 或填妥讀者回函卡直接傳真（02）2262-0900 或寄回，將由專人協助登入會員資料，待收到 E-MAIL 通知後即可成為會員。

如何購買 全華書籍

1. 網路購書

全華網路書店「http://www.opentech.com.tw」，加入會員購書更便利，並享有紅利積點回饋等各式優惠。

2. 實體門市

歡迎至全華門市（新北市土城區忠義路 21 號）或各大書局選購。

3. 來電訂購

(1) 訂購專線：(02) 2262-5666 轉 321-324
(2) 傳真專線：(02) 6637-3696
(3) 郵局劃撥（帳號：0100836-1　戶名：全華圖書股份有限公司）
※ 購書未滿 990 元者，酌收運費 80 元。

全華網路書店 www.opentech.com.tw
E-mail: service@chwa.com.tw

※ 本會員制如有變更則以最新修訂制度為準，造成不便請見諒。

廣　告　回　信
板橋郵局登記證
板橋廣字第540號

行銷企劃部　收

23671 新北市土城區忠義路 21 號
全華圖書股份有限公司

讀者回函卡

掃 QRcode 線上填寫 ▶▶▶

姓名：＿＿＿＿＿＿ 生日：西元＿＿＿年＿＿＿月＿＿＿日 性別：□男 □女

電話：（ ）＿＿＿＿＿＿ 手機：＿＿＿＿＿＿

e-mail：（必填）＿＿＿＿＿＿

註：數字零，請用 Φ 表示，數字 1 與英文 L 請另註明並書寫端正，謝謝。

通訊處：□□□□□＿＿＿＿＿＿

學歷：□高中・職 □專科 □大學 □碩士 □博士

職業：□工程師 □教師 □學生 □軍・公 □其他

學校／公司：＿＿＿＿＿＿ 科系／部門：＿＿＿＿＿＿

・需求書類：

□ A. 電子 □ B. 電機 □ C. 資訊 □ D. 機械 □ E. 汽車 □ F. 工管 □ G. 土木 □ H. 化工 □ I. 設計

□ J. 商管 □ K. 日文 □ L. 美容 □ M. 休閒 □ N. 餐飲 □ O. 其他

・本次購買圖書為：＿＿＿＿＿＿ 書號：＿＿＿＿＿＿

・您對本書的評價：

封面設計：□非常滿意 □滿意 □尚可 □需改善，請說明＿＿＿＿＿＿

內容表達：□非常滿意 □滿意 □尚可 □需改善，請說明＿＿＿＿＿＿

版面編排：□非常滿意 □滿意 □尚可 □需改善，請說明＿＿＿＿＿＿

印刷品質：□非常滿意 □滿意 □尚可 □需改善，請說明＿＿＿＿＿＿

書籍定價：□非常滿意 □滿意 □尚可 □需改善，請說明＿＿＿＿＿＿

整體評價：請說明＿＿＿＿＿＿

・您在何處購買本書？

□書局 □網路書店 □書展 □團購 □其他＿＿＿＿＿＿

・您購買本書的原因？（可複選）

□個人需要 □公司採購 □親友推薦 □老師指定用書 □其他＿＿＿＿＿＿

・您希望全華以何種方式提供出版訊息及特惠活動？

□電子報 □ DM □廣告（媒體名稱＿＿＿＿＿＿）

・您是否上過全華網路書店？（www.opentech.com.tw）

□是 □否 您的建議＿＿＿＿＿＿

・您希望全華出版哪方面書籍？＿＿＿＿＿＿

・您希望全華加強哪些服務？＿＿＿＿＿＿

感謝您提供寶貴意見，全華將秉持服務的熱忱，出版更多好書，以饗讀者。

填寫日期： / /

2020.09 修訂

親愛的讀者：

感謝您對全華圖書的支持與愛護，雖然我們很慎重的處理每一本書，但恐仍有疏漏之處，若您發現本書有任何錯誤，請填寫於勘誤表內寄回，我們將於再版時修正，您的批評與指教是我們進步的原動力，謝謝！

全華圖書 敬上

勘 誤 表

書 號		書 名		作 者	
頁 數	行 數	錯誤或不當之詞句		建議修改之詞句	

我有話要說：（其它之批評與建議，如封面、編排、內容、印刷品質等・・・）